# 动物生理学

## （第二版）


主　编　刘宗柱
副主编　张　成　宁红梅　韩立强　王　莉
　　　　李　兰　于　雷
编　者　刘宗柱　青岛农业大学
　　　　李　兰　青岛农业大学
　　　　肖　琳　青岛农业大学
　　　　尹　珅　青岛农业大学
　　　　张　成　首都师范大学
　　　　王慧敏　首都师范大学
　　　　韩立强　河南农业大学
　　　　宁红梅　河南科技学院
　　　　堵守杨　河南科技学院
　　　　王　莉　河北科技大学
　　　　于　雷　青岛农业大学海都学院
　　　　李有为　青岛农业大学海都学院
　　　　张建营　临沂大学



华中科技大学出版社
中国·武汉

## 内 容 简 介

本书以哺乳动物为主要对象，并将禽类生理特点总结于最后一章。本书系统介绍了动物生理学的基本理论知识，同时对动物生理学不同研究领域的新理论、新发现也适当涉猎。本书采用了大量以外文原版教材为基础改绘的图片，以求形象地展示动物生理学相对抽象的原理。依托华中科技大学出版社的教材数字化平台，本书以二维码链接了动物生理学的相关内容，读者可以通过扫描二维码查看相关的动画、思政案例、教学视频等资源。这些资源进一步丰富了纸质版教材的内容，便于线上、线下混合式教学。

本书可作为综合性大学、师范院校、农业院校生物类各专业本科生、专科生教学用书，也可作为国家执业兽医师资格考试人员、研究生入学考试者和兽医临床工作者的参考书。

**图书在版编目(CIP)数据**

动物生理学/刘宗柱主编. —2 版. —武汉：华中科技大学出版社，2022.8(2023.8 重印)
ISBN 978-7-5680-8449-9

Ⅰ. ①动… Ⅱ. ①刘… Ⅲ. ①动物学-生理学-高等学校-教材 Ⅳ. ①Q4

中国版本图书馆 CIP 数据核字(2022)第 119559 号

**动物生理学(第二版)** 刘宗柱 主编
Dongwu Shenglixue(Di-er Ban)

策划编辑：王新华
责任编辑：王新华
封面设计：原色设计
责任校对：刘小雨
责任监印：周治超
出版发行：华中科技大学出版社(中国·武汉) 电话：(027)81321913
武汉市东湖新技术开发区华工科技园 邮编：430223
录 排：华中科技大学惠友文印中心
印 刷：武汉市洪林印务有限公司
开 本：787mm×1092mm 1/16
印 张：22
字 数：574 千字
版 次：2023 年 8 月第 2 版第 2 次印刷
定 价：59.80 元

# 普通高等学校“十四五”规划生命科学类创新型特色教材

## 编 委 会

## 普通高等学校"十四五"规划生命科学类创新型特色教材

# 作者所在院校

（排名不分先后）

北京理工大学
广西大学
广州大学
哈尔滨工业大学
华东师范大学
重庆邮电大学
滨州学院
河南师范大学
嘉兴学院
武汉轻工大学
长春工业大学
长治学院
常熟理工学院
大连大学
大连工业大学
大连海洋大学
大连民族大学
大庆师范学院
佛山科学技术学院
阜阳师范大学
广东第二师范学院
广东石油化工学院
广西师范大学
贵州师范大学
哈尔滨师范大学
合肥学院
河北大学
河北经贸大学
河北科技大学
河南科技大学
河南科技学院
河南农业大学
石河子大学
菏泽学院
贺州学院
黑龙江八一农垦大学

华中科技大学
南京工业大学
暨南大学
首都师范大学
湖北大学
湖北工业大学
湖北第二师范学院
湖北工程学院
湖北科技学院
湖北师范大学
汉江师范学院
湖南农业大学
湖南文理学院
华侨大学
武昌首义学院
淮北师范大学
淮阴工学院
黄冈师范学院
惠州学院
吉林农业科技学院
集美大学
济南大学
佳木斯大学
江汉大学
江苏大学
江西科技师范大学
荆楚理工学院
南京晓庄学院
辽东学院
锦州医科大学
聊城大学
聊城大学东昌学院
牡丹江师范学院
内蒙古民族大学
仲恺农业工程学院
宿州学院

云南大学
西北农林科技大学
中央民族大学
郑州大学
新疆大学
青岛科技大学
青岛农业大学
青岛农业大学海都学院
山西农业大学
陕西科技大学
陕西理工大学
上海海洋大学
塔里木大学
唐山师范学院
天津师范大学
天津医科大学
西北民族大学
北方民族大学
西南交通大学
新乡医学院
信阳师范学院
延安大学
盐城工学院
云南农业大学
肇庆学院
福建农林大学
浙江农林大学
浙江师范大学
浙江树人学院
浙江中医药大学
郑州轻工业大学
中国海洋大学
中南民族大学
重庆工商大学
重庆三峡学院
重庆文理学院

辽宁大学
燕山大学
临沂大学
山西医科大学
宁夏大学
重庆第二师范学院
齐鲁理工学院
六盘水师范学院
河西学院
广西贵港工业学院

# 网络增值服务使用说明

1.教师使用流程

（1）登录网址：http://yixue.hustp.com（注册时请选择教师用户）

注册 → 登录 → 完善个人信息 → 等待审核

（2）审核通过后，您可以在网站使用以下功能：

2.学员使用流程

建议学员在PC端完成注册、登录、完善个人信息的操作。

（1） PC端学员操作步骤

①登录网址：http://yixue.hustp.com（注册时请选择普通用户）

注册 → 登录 → 完善个人信息

② 查看课程资源

如有学习码，请在个人中心-学习码验证中先验证，再进行操作。

（2） 手机端扫码操作步骤

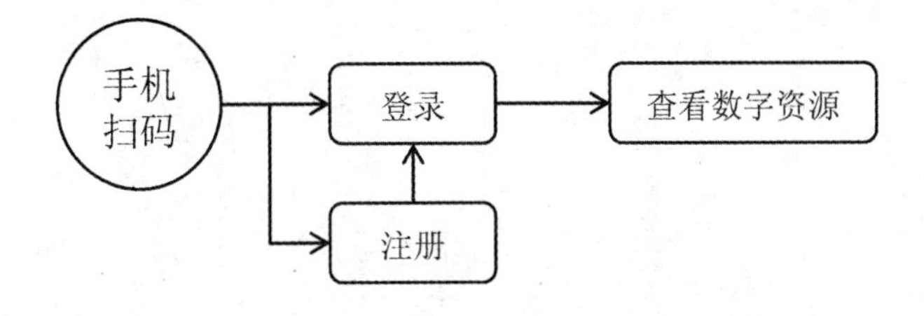

# 第二版前言

《动物生理学》第一版于2015年发行，经数次重印，教学效果良好，受到广大师生的欢迎。为适应新形势下教学改革的需要，进行了修订。

在内容编排和体例上，第二版延续了第一版的主要特色。对第10章(免疫系统)，补充了“微生物-肠-脑轴”的最新进展有关内容。

依托华中科技大学出版社提供的教材数字化平台，对各章节的文字进行了较大幅度的删改，对于部分比较深入的内容和新增的热点问题，以“知识卡片”的方式做了二维码链接，供感兴趣的教师和学生作为延伸阅读材料。每章之后的主要知识点思维路线图，统一变更为二维码链接的动画，便于学生扫码学习参考。

课程思政是近年来教学改革的一个重要内容。如何实现专业基础课与德育通识课的双向并行的教书育人目标，很多老师都做了有益的探索。我们结合专业内容，编撰了一批融入思政元素的教学案例，以二维码链接的方式插入教材的适当位置。期望这些繁简不一的教学案例在老师授课过程中起到抛砖引玉的作用，引导学生在掌握专业知识的同时，树立正确的世界观、人生观和价值观。

线上线下混合式教学是课堂教学模式改革的主导方向。为此，我们以二维码链接了部分教学视频，供老师和学生参考。学生可以扫码学习相关内容，线下课堂时教师可以组织、引导学生们探讨更深层次的问题。

参与本次修订的都是从事动物生理学教学的一线骨干教师，熟悉国内外动物生理学的教学和相关科研工作。具体分工如下：李兰负责第1章(绪论)的修订；王莉负责第2章(细胞的基本生理)的修订；韩立强负责第3章(神经系统)的修订；肖琳负责第4章(血液循环)的修订；宁红梅、堵守杨负责第5章(呼吸生理)的修订；张建营负责第6章(消化与吸收)的修订；刘宗柱负责第7章(能量代谢与体温调节)和第12章(禽类生理特点)的修订；于雷、李有为负责第8章(排泄系统)的修订；张成负责第9章(内分泌系统)的修订；王慧敏负责第10章(免疫系统)的修订；尹珅负责第11章(生殖与泌乳)的修订。全书由刘宗柱和李兰进行最后的统稿，思维导图的动画转化由李兰完成。

本书修订过程中，各位老师付出了很大的努力，但定稿之后仍感觉距离当初的愿望有一定的差距。动物生理学是一门发展很快的学科，限于编者对问题的认识深度，书中难免存在不当之处，恳请广大读者不吝批评并提出改进意见。

**《动物生理学(第二版)》编委会**

**2022年4月**

# 第一版前言

《动物生理学》教材目前已有十几个版本，这些教材各具特色，在动物生理学的教学中发挥了重要作用。

随着我国畜牧业由规模扩张向优质高效的转型，绿色、生态畜牧业的理念也日渐深入人心。如何保障规模化养殖动物、宠物以及珍稀保护动物的健康，建立人类-动物-环境和谐共存的生态关系已成为动物医学面临的重大挑战。尤其是在集约化养殖条件下，动物机体内环境稳态的维持所面临的最大挑战，来源于外环境应激、感染源对动物机体的威胁。尽管很多教材编撰了神经内分泌免疫调节的内容，但许多方面尚待进一步展开。近年来国外动物生理学教材的发展和更新也很迅速，涌现了一大批图文并茂的优秀教材，为动物生理学教材的编撰提供了比较全面的参考。为此，本教材的编撰在继承国内优秀教材的基础上，力求从以下几方面有所突破。

首先，在编撰内容上增加“免疫防御系统”一章，主要介绍动物机体免疫防御系统的构成及其生理机能的实现，并尝试从免疫体系的进化起源和生态免疫学的角度解释动物有机体免疫机能与神经内分泌体系的内在联系，以及它们在维持动物机体内环境稳态中的机能整合。

其次，鉴于纸质版教材的有限信息容量，尝试通过二维码链接动物生理学精品建设网站的相关资源。扫描二维码，可以打开本书相关的彩图、动画以及简短视频等素材。我们相信，随着 4G 以及更高通讯技术的普及，这样的尝试可以更有效丰富纸质版教材的信息内容。

最后，教材编排采用总目录与分目录相结合的形式。每章之前设置本章的分目录，便于学生找寻感兴趣的内容，也相当于本章概要；每章最后除了复习思考题之外，增加反映本章主要知识点的思维引导图，便于学生学习后理清思路，掌握重点。

参加本书编撰的教师都是长期从事一线教学的骨干教师，大部分具有博士学位和与国外交流的经历，熟悉国内外生理学教学情况。本书共 12 章，其中董晓负责编写第 1 章绪论，并对部分章节审阅定稿；王莉编写了第 2 章；韩立强编写了第 3 章；肖琳编写了第 4 章；宁红梅编写了第 5 章；王林枫编写了第 6、7 章；董方圆编写了第 8 章；张成编写了第 9 章；刘文华编写了第 10 章；朱宝长编写了第 11 章；刘宗柱编写了第 12 章。书稿由刘宗柱统稿修订，并组织全部图片的修订改绘工作。

本书的编撰，得到了青岛农业大学教材建设以及动物生理学精品课程建设项目的支持。青岛农业大学组织专家对本书的编撰提出了很多宝贵的意见和建议，在此一并表示感谢。

在本书的编撰中，各位老师付出了很大的努力。但在成书之后，仍感觉距离当初的设计和愿望有很大差距。动物生理学本身是发展很迅速的学科，限于编者对问题的认识水平以及精力，书中难免存在不当之处，恳请广大师生提出批评及改进意见。

**《动物生理学》编写组**

**2015 年 4 月**

# 总目录



动物生理学通过研究健康动物体的各种功能，来回答生命活动是如何进行的这一核心科学问题。动物机体内环境的稳态是其生命活动正常进行的基础，是动物生理学的核心理念。通过神经、体液以及免疫体系的调节，动物机体各细胞、组织、器官、系统分工协作整合形成一个和谐的有机体。



约 38 亿年前，地球上出现了原始的细胞，生命的演化完成了漫长的化学进化阶段。之后，原始细胞形成复杂的代谢系统，并逐步形成多细胞生物，直至高度复杂的生命体。作为生物体的基本结构和功能单元，细胞所表现出的生理机能是生物体整体功能的基础。本章从细胞膜的结构与功能出发，着重描述了神经细胞的生物电现象以及骨骼肌、心肌和平滑肌的收缩等基本功能。



多细胞生物体内各个细胞间最基本的通讯方式是借助化学信号分子。较晚演化出的神经系统，在细胞内借膜电位变化沿胞轴传递信息，这种电信号的传导大大加快了信息传送的效率，但在细胞间仍依赖于化学信号分子（神经递质）的中介作用。神经系统通过神经细胞之间的巧妙组合，可以对信息进行复杂加工，完成过滤、放大、分析、综合等工作。中枢神经系统的学习与记忆等高级功能，使动物获得了适应环境变化的卓越能力。



随着动物体多细胞、大型化的演化，出现了循环系统，负责在不同组织细胞间转运和输送呼吸气体、营养物质以及代谢废物。在动物机体内环境稳态的维持上，通过血液的流动和与组织液的交流，分配组织细胞新陈代谢所需要的营养物质和 $O_2$，并及时将组织细胞的代谢产物转运至排泄器官排出体外，是血液循环最重要的作用。动物机体内化学信号的传递、热量的均衡输布等机能，也依赖于血液循环。

通过有氧代谢为细胞的生命活动提供能量对于绝大多数动物的生存是必需的。因而,动物在新陈代谢过程中需要不断消耗$O_2$,产生$CO_2$。地球演化至600万年之前,大气中$O_2$积累到一定浓度,为动物体的有氧代谢提供了便利条件,动物的体型得以向大型化发展。随之而来的,则是与外环境进行气体交换的呼吸功能的进化。这一进化对于动物由低等到高等,由水生到陆地生活的进化过程有重要的作用。生存环境不同,动物体进化出的呼吸器官和呼吸方式各异,但都具备与外环境进行高效气体交换的能力,从而确保内环境的稳态。



消化道是动物体最大的外管腔,其出入口受意识控制。消化道内浓集着各种胞外酶,对食物进行逐步降解。消化道内每日有大量液体周转,但除饮水外,大部分是消化道的分泌液,自前面泌出,到后面又吸收回血液。庞大的液体量起缓冲作用,使得进食不会引起腔道内环境成分的剧烈动荡。消化系统是单向通道,食物在其中逐步经受消化。先是破碎为尽可能小的颗粒(物理消化),消化液中的水解酶再将颗粒内容分解为小分子以利吸收(化学消化)。小肠利用巨大的表面积,将消化产物通过肠黏膜转运进入内环境。



细胞的各种活动需要能量的供给,因而,能量的持续输入是动物体结构保持有序状态并推动各生理机能进行的基础。动物体通过消化系统获取的食物营养,除了供应合成代谢所需的原材料,大部分在体内分解转化为各种能量。在转化的过程中,一部分能量不可避免地以热能的形式释放。释放的热能可被动物体用以维持恒定的体温,以确保各种生化反应的顺利进行。鸟类和哺乳类进化出调节体温恒定的机制,从而获得了适应复杂多变的外环境的能力。



为了维持内环境理化因子的稳态,动物机体不断地将代谢终产物、机体不需要的物质以及过剩的物质经血液循环运送到排泄器官,并排出体外。肾脏作为哺乳动物最主要的排泄器官,通过泌尿的方式执行排泄机能,是机体最主要的排泄途径。排泄系统在泌尿排泄废物的同时,还具有调节体内水、盐代谢和酸碱平衡等功能。



多细胞生物体内各个细胞间必须互通信息才能协调活动。细胞间最基本的通

# 第1章 绪论



## 1.1 动物生理学是研究动物体各种机能的学科

### 1.1.1 动物生理学的研究内容

**生理学**(physiology)是生命科学的一个重要分支，是研究有机体正常生命活动及其规律的科学。通过生理学的研究，来回答生命活动是如何进行的这一核心科学问题。根据研究对象的不同，生理学又可分为人体生理学、植物生理学、动物生理学、微生物生理学以及运动生理学、航空航天生理学等重要分支。

**动物生理学**(animal physiology)是生理学的重要分支，是以哺乳动物为主要研究对象，研究动物体各系统、器官和细胞的正常活动和规律。动物体的正常生命活动，首先建立在动物体各大系统的结构与功能统一的基础上，如循环系统的运输功能、呼吸系统的气体交换功能、神经系统的调节整合功能等。其次，动物体与环境之间也保持着密切的联系和相互作用。因而，动物生理学的任务，就是要揭示动物体各系统、器官和细胞功能表现的内在机制，探索不同系统、器官和细胞之间的相互联系和相互作用，并阐明动物体如何协调各部分的功能，使动物体作为一个整体适应复杂多变的生存环境，为畜禽养殖及宠物保健提供理论支持。

### 1.1.2 动物实验是动物生理学的基本研究方法

动物生理学是一门实验性科学，其知识体系主要是通过**观察**(observation)和**实验**(experimentation)，并对观察到的生命活动现象和获得的实验结果进行科学分析、归纳所建立的。观察是指对动物生命现象的如实描述和记录；而实验是记录并分析在人为控制或改变某些条件时生命现象的变化,以探究某一生命活动发生的因果关系。

1.1.2.1　两类动物实验

动物实验是动物生理学最基本的研究方法,根据其特点,分为**急性实验**(acute experiment)和**慢性实验**(chronic experiment)两大类。

(1)急性实验

急性实验分为**在体实验**(*in vivo*)和**离体实验**(*in vitro*)两种。

在体实验也称为活体解剖法,是将动物麻醉或破坏大脑,解剖暴露某器官,观察该器官在体内与其他器官处于自然联系状态下的活动规律,以及各种因素对其活动的影响。

离体实验是将动物的器官、组织或细胞分离取出后,在模拟机体生理条件下对其进行实验观察,分析其活动规律和影响因素等。

上述两种实验方法通常都不能维持很长的时间,所以统称为急性实验。此类方法的优点是实验条件比较简单,可以尽量消除与研究因素无关变量,便于分析单个影响因素的作用。缺点在于急性动物实验的结果可能与其在整体内的功能活动有所不同。

(2)慢性实验

慢性实验是在无菌条件下通过外科手术暴露、摘除、损毁或移植某些器官,或者安装特定的瘘管及电极,待手术恢复后,对动物在接近正常状态下的某些生理功能活动及其变化等进行较长时间的实验观察。

慢性实验最大的优点在于所得到的实验结果最接近动物体的常态,而且实验可以反复多次观测。缺点是整体条件复杂,干扰因素比较多,实验条件较难控制。

上述各种研究方法各有利弊。在实际研究工作中,必须根据需要将各种研究技术和方法结合起来应用,才能更全面地认识动物生命活动的客观规律。

1.1.2.2　三个水平的研究

动物机体是由各器官系统相互联系、相互作用而构成的复杂整体,器官又是由结构与功能类似的细胞群体构成。细胞是动物机体结构与功能的基本单位,构成细胞的生物大分子决定着细胞的基本功能特点。动物生理学的研究是通过三个不同的层次或水平进行的(图 1-1)。

(1)整体、群体水平的研究

动物机体以整体形式存在,并与所生存的环境适应。体内各器官、系统除了完成各自的功能,更重要的是相互影响、相互联系,才能完成机体正常的生命活动,并对环境的变化作出适应性调整。例如,进食后食物在消化道消化吸收时,消化系统的血流量增加,其他器官系统的血流量则相对减少;而剧烈运动时,骨骼肌的活动增强,大量的血液被动员到运动系统,同时消化系统、排泄系统的血流量减少,功能减弱。

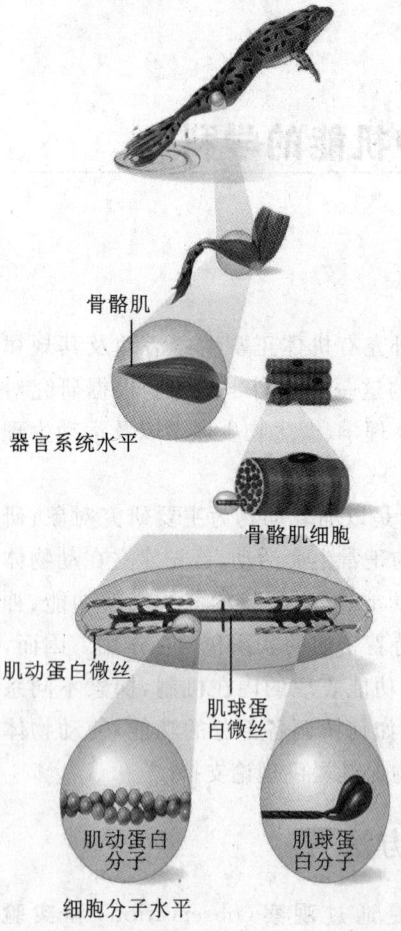

**图 1-1　动物生理学三个水平的研究**

动物个体正常的行为表现，以及外界环境变化时其行为模式的改变与内在机制，也属于整体水平的研究。野生状态下，许多动物是群居的；现代化畜牧生产中很多动物也采用集约化群养。动物在群体中的行为表现、生理机能的变化，与动物个体的健康和群体的生产性能密切相关。同时，动物个体或群体对不同的自然生存环境和人工养殖环境的适应及其内在生理机制，也是动物生理学整体水平研究的重要范畴。**行为生理学**（behavioral physiology）、**环境生理学**（environmental physiology）和**生态生理学**（ecological physiology）等都属于着重整体和群体水平研究的动物生理学分支。**动物福利**（animal welfare）的研究也主要在整体和群体水平进行。

（2）器官系统水平的研究

要了解某个器官或某个系统的功能、活动规律，以及在动物机体整体中的作用，就需要对某个器官或功能系统进行观察分析。在器官和系统水平上进行的研究称为**器官生理学**（organ physiology），或者以研究的器官和系统功能命名，如**肾生理学**（kidney physiology）、**消化生理学**（digestive physiology）、**生殖生理学**（reproductive physiology）、**内分泌生理学**（endocrine physiology）等。

码1-1 《心血运动论》

（3）细胞分子水平的研究

组成不同器官的细胞各有其形态结构和功能特点，而细胞的活动主要取决于组成细胞的各种分子，特别是生物大分子的特性。细胞和分子水平的研究，主要揭示生命活动过程的细胞、分子层次的生物学机制。例如，细胞基因表达谱的改变会导致蛋白质表达谱的变化，从而引起细胞功能的改变。因而，动物生理学的研究必须深入细胞和分子水平，这样才能够对动物的生理机能有更深入、细致的认识和理解。

码1-2 整合生理学

动物体是一个高度组织起来的复杂有机体，组成动物体的各类物质既遵循一般物质运动的基本规律，又表现出生命现象独特的运动规律。应当指出的是，不同水平上的研究，往往因出发点以及研究方法与技术手段的不同，其思维方法和所要回答的问题与所得到的结果也不相同。只有将在不同水平上的研究结果综合起来进行分析，才能对动物机体的功能有全面和完整的认识。

码1-3 林可胜与中国近代生理学

## 1.2 新陈代谢、兴奋性、生殖和适应性是生命活动的基本特征

任何生命体，从简单的单细胞生物到复杂的高等动物，尽管形态结构各异，功能表现各有特点，但均具有以下生命活动的基本特征，即新陈代谢、兴奋性、生殖和适应性。

### 1.2.1 新陈代谢

**新陈代谢**（metabolism）是指生物体与环境之间进行物质和能量交换，以实现自我更新的过程。它包括物质代谢和能量代谢两个方面，物质代谢又包括**同化作用**（anabolism）和**异化作用**（catabolism）。同化作用是指机体不断从环境中摄取营养物质以合成体内新的物质并储存能量的过程；异化作用是指机体不断分解自身原有物质，释放能量以供给各种生命活动的需要，并将分解终产物排至体外的过程。

生物体内伴随物质代谢而发生的能量的释放、储存、转移和利用的过程,称为**能量代谢**(energy metabolism)。

新陈代谢是机体与外界环境最基本的联系,也是生命现象的最基本特征。新陈代谢是一切生命活动的基础,一旦新陈代谢停止,生命也就终止了。

### 1.2.2 兴奋性

**兴奋性**(excitability)是动物机体对内、外环境的变化作出反应的特性。能被机体、组织、细胞所感受的各种内、外环境因素的变化都称为**刺激**(stimulus),如温度、压力、化学刺激、电刺激等。由刺激引起的机体活动状态的改变称为**反应**(reaction)。动物机体的反应有两种表现形式:一种是由静止状态转变为活动状态,或活动由弱变强,称为**兴奋**(excitation);另一种是由活动状态转变为静止状态或活动减弱,称为**抑制**(inhibition)。不同类型的细胞或组织,其兴奋性的表现形式多种多样,如腺体细胞的分泌、肌细胞的收缩等。随着电生理学技术的发展,发现不同的细胞受到刺激后虽然有不同的外部表现形式,但在受到刺激处的细胞膜最先都会出现一次电位变化,其他的外部反应都是由该电位变化引起或触发的。因而,现代生理学中将**兴奋**更准确地定义为细胞受到刺激后发生的**生物电**(bioelectricity)的变化,**兴奋性**则是组织或细胞受到刺激后产生生物电变化的能力或特性(详见第 2 章 2.4.3)。

### 1.2.3 生殖

**生殖**(reproduction)是指动物个体生长发育到一定阶段时,产生与自己相似的子代个体的过程。生殖活动是生命延续的方式。如果丧失生殖功能,种系不能延续,则该物种将不复存在,所以生殖也是生命活动的特征之一。

通过生殖活动产生与自己相似的后代的现象称为遗传;子代与亲代之间,以及子代个体间存在差异,称为变异。遗传使物种得以延续,变异及其有效累积则使物种不断进化。

### 1.2.4 适应性

**适应性**(adaptation)是指动物机体、器官、组织和细胞可根据内外环境的改变调整自身生理功能,使其与环境协调的能力。生活在不同环境中的动物,其生理功能的表现各有不同。例如,生活在沙漠中的沙鼠,为保持来之不易的水分,其肾脏具有强大的浓缩尿液的能力,可以将尿液浓缩 20 倍以上;而生活在淡水中的鱼类,其肾脏的一个主要功能是排出进入体内的多余水分,则不具备浓缩尿液的能力。

## 1.3 内环境稳态是动物体生命活动的必要条件

### 1.3.1 体液与内环境

**体液**(body fluid)是动物机体内液体的总称,约占体重的 60%(图 1-2)。体液的 2/3 分布在细胞内,称为**细胞内液**(intracellular fluid);另外 1/3 分布在细胞外,称为**细胞外液**(extracellular fluid)。细胞外液可分为:分布于心血管系统内的**血浆**(plasma);分布于组织细胞间隙的**细胞间液**(interstitial fluid)或称**组织液**(tissue fluid);淋巴管内的**淋巴液**(lymph fluid)或称淋巴。

动物机体的大多数细胞不与外界环境直接接触,而是被细胞外液包围。因此,细胞外液是机体细胞发挥生理机能所处的体内环境,称为**内环境**(internal environment)。内环境的概念是由法国生理学家伯尔纳(Claude Bernard,1813—1878)于 19 世纪中叶提出来的,以区别于动物机体所处的**外环境**(external environment)。相对于多变的外环境,内环境的理化性质是保持相对稳定的,而内环境的相对稳定是动物机体维持正常生命活动的必要条件。

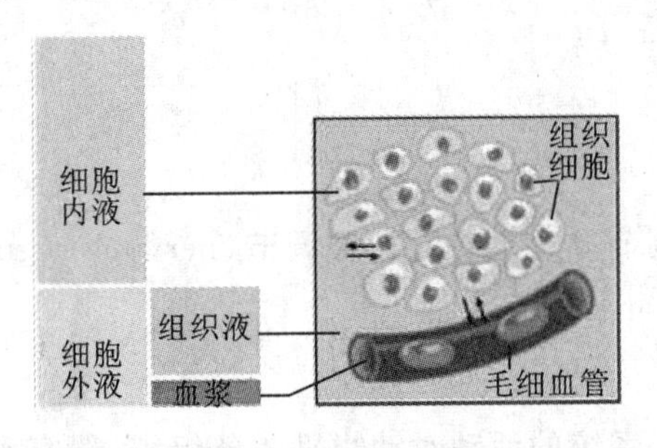


**图 1-2　体液组成及物质交换示意图**

## 1.3.2　内环境稳态

20 世纪 40 年代,美国生理学家**坎农**(W. B. Cannon,1971—1945)继承和发展了伯尔纳的研究,将内环境的理化因素只在很小的范围内波动的生理学现象称为**稳态**(homeostasis)。内环境稳态,并不是说内环境的理化性质是固定不变的。在新陈代谢的过程中,细胞与内环境之间不断进行物质交换,外环境的变化也会影响内环境。因此,机体的各器官系统必须不断通过多种调节途径,使内环境的各项指标,包括成分、相互比例、酸碱度等,都维持在一个正常的生理范围内(生理正常值)。内环境稳态是机体各功能系统相互协调、相互配合而实现的一种动态平衡,也是各种器官、细胞正常生理活动的必要条件(图 1-3)。内环境稳态的破坏或失衡会引起机体功能的紊乱而表现为疾病。从某种意义上讲,临床治疗就是通过物理、化学及生物等手段将失衡的内环境调整至正常水平,以恢复内环境稳态。

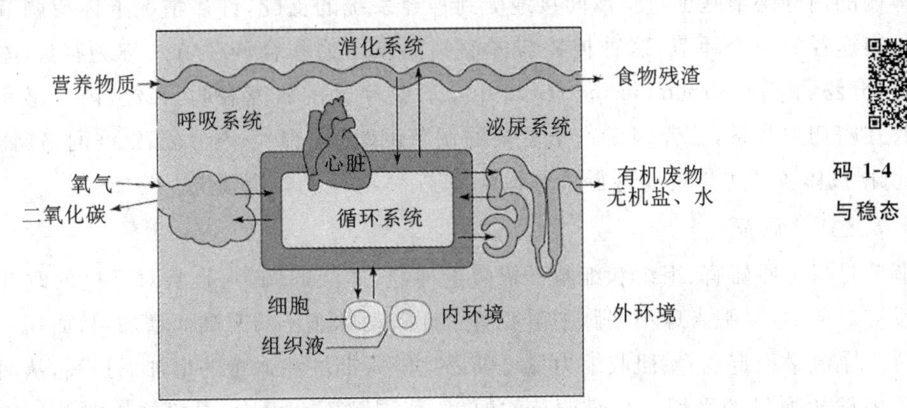


**图 1-3　内环境稳态的维持**

(仿 Widmaier 等,2007)

**码 1-4　内环境与稳态**

稳态是生理学的核心概念。现代生理学研究中,稳态的概念已不仅仅局限于内环境稳态,还包括机体内各器官、各功能系统生理活动的相对稳定和协调的状态。如交感神经系统与副交感神经系统活动的平衡、体内产热与散热的平衡、心脏与血管活动的协调平衡等。动物机体的稳态调节是一个极为复杂的过程,是通过动物机体复杂的调节和控制系统来实现的。

## 1.4 动物体通过多种方式调节内环境保持稳态

### 1.4.1 调节方式

动物机体生理机能的调节方式主要有**神经调节**(nervous regulation)、**体液调节**(humoral regulation)和**自身调节**(autoregulation)。

#### 1.4.1.1 神经调节

神经调节是指通过神经系统的活动对动物机体各组织、器官和系统的生理功能所发挥的调节作用。神经调节的基本过程是**反射**(reflex),其结构基础是**反射弧**(reflex arc),包括感受器、传入神经、神经中枢、传出神经和效应器5个基本环节。感受器将内外环境的变化转变为神经冲动信号,通过传入神经传至相应的神经中枢,神经中枢对传入的信号进行整合分析,并发出指令(神经冲动),通过传出神经传至相应的效应器,改变效应器的活动,发挥调节作用。神经调节具有高度的整合能力,具有快速、精确等特点,但作用部位局限,作用时间短。

#### 1.4.1.2 体液调节

体液调节是指由体内某些细胞分泌产生的化学信号物质,经过体液的转运到达特定的细胞、组织或器官,改变其活动的调节方式。因为所分泌的化学信号分子直接进入机体内环境,所以也称为**内分泌调节**(endocrine regulation),分泌产生化学信号的细胞称为内分泌细胞。根据分泌产生化学信号分子的细胞特点、化学信号转运的途径等又分为若干类型(详见第9章)。体液调节的特点是信号转导较慢,但作用广泛而持久。

由于体内的内分泌细胞也直接或间接地受到神经系统的支配,许多情况下体液调节构成神经调节传出途径的一个环节,这种神经与体液相互作用的联合调节方式称为神经-体液调节,或**神经内分泌调节**(neuroendocrine regulation)。近年来的研究表明,神经、内分泌和免疫系统之间存在密切的联系,三者构成一个复杂的调节网络,即神经-内分泌-免疫网络(详见第10章),对动物机体各种生理机能进行协调整合,使机体与环境的协调统一更加完善。

#### 1.4.1.3 自身调节

自身调节是指某些器官、组织和细胞不依赖于神经、体液的调节,自身对环境的改变产生的适应性反应。例如,肾脏入球小动脉平滑肌紧张性随动脉血压的升高而增加,从而在一定范围内维持肾脏血流量稳定;心室肌收缩力量可随心室舒张期灌注血量的增加而提高,从而精确调整两侧心室输出血量的平衡。自身调节的幅度、范围都不会太大,是机体机能调节的辅助方式。

### 1.4.2 动物机体机能的调节控制模式

美国数学家维纳(Nobert Wiener,1894—1964)于1948年出版了**《控制论》**(cybernetics)。用此原理分析,发现动物机体功能活动的调节原理与机器、通讯系统的运作相似,也属于自动控制系统,控制部分与受控部分存在着密切联系。由控制部分发出的信息为控制信息,由受控部分返回控制部分的,调节控制部分活动的信息成为反馈信息。反馈是稳态调节的基础,是机体最基本的生理功能。

根据控制论的基本原理,控制系统主要可分为三类:**反馈控制系统**(feedback control system)、**非自动控制系统**(non-automatic control system)和**前馈控制系统**(feed forward control system)。

#### 1.4.2.1 反馈控制系统

反馈控制系统是一个闭环系统,即控制部分(调节中枢)发出信号指示受控部分(效应器)活动,受控部分则发出反馈信号返回控制部分,使调节中枢能根据反馈信号来调整对效应器的调节,从而实现**自动控制**(automatic control)。

在反馈控制系统中,受控部分发出的反馈信号对控制部分的活动可产生不同的影响。正常动物体内,大多数情况下反馈信号能降低控制部分的活动,即**负反馈**(negative feedback)。在少数情况下,反馈信号能加强控制部分的活动,即**正反馈**(positive feedback)。负反馈是维持动物机体内环境稳态的重要调节模式。例如,当动脉血压高于正常水平时,位于血管壁的感受器向神经中枢传送反馈信号,心血管中枢发出神经冲动,抑制心脏的收缩减少输出血量,降低血管的阻力,从而使血压恢复到正常水平(详见第4章4.5.1);反之,发生相反的调节。

与负反馈相反,正反馈是一个不可逆的、不断增强的过程。其作用不在于维持系统的稳态或平衡,而是破坏原来的平衡状态。正常生理状态下,动物机体内的正反馈控制系统较为少见。排便反射、排尿反射、射精反射、分娩等生理过程属于较为典型的正反馈控制。

#### 1.4.2.2 非自动控制系统

非自动控制系统是一个开环系统,受控部分的活动不会反过来影响控制部分,是单向进行的。在正常的生理功能调节中,非自动控制系统的调控模式并不多见,仅在体内的反馈机制受到抑制时才表现出来。例如,在动物处于危险境地时,交感神经系统活动增强,肾上腺素分泌增加,突破原有的血压稳态调节,心率加快,血压升高;同时,骨骼肌细胞也突破原有的能量水平的平衡调节,大幅度提升骨骼肌细胞内的能量水平,为动物的战斗或逃跑做好准备。

#### 1.4.2.3 前馈控制系统

码1-5 “有备无患”的前馈控制

前馈控制是指早于负反馈的自动控制系统。在控制部分发出信号,指令受控部分活动的同时,通过另一快捷途径向受控部分发出前馈信号,使受控部分提前发生反应。这些调整发生在受控部分发出反馈信号之前,避免反馈控制的滞后以及受控部分的活动产生较大的波动,从而使得相关生理机能更平稳地进行,更有效地维持生理机能的相对稳定。例如,动物正式开始采食之前,即可有许多视、听、嗅觉信号传入神经中枢,神经中枢发出指令,使消化系统消化液的分泌提前启动,为消化活动做好准备。

## 复习思考题

1. 动物生理学的研究方法一般包括哪些？各有什么特点？
2. 何为稳态？为什么说内环境稳态是生理学的核心概念？
3. 机体机能活动的调节方式与机能控制模式有哪些？各有何特点？

码 1-6　第 1 章主要知识点思维路线图

# 第2章 细胞的基本生理



细胞是生物体的基本结构与功能单元。构成动物体不同类型的细胞，在形态、结构和功能上千差万别，但也存在一些共同的特点。

## 2.1 细胞膜是镶嵌蛋白质的可流动性脂质双分子层

所有的细胞都被一层质膜包围，该膜将细胞的内部结构和外界隔离。

1972年Singer和Nicholson提出了**液态镶嵌模型**(fluid mosaic model)，认为细胞膜是以液态的脂质双分子层为基架，其中镶嵌着不同分子结构和不同生理功能的蛋白质。脂质双分子厚度约为5 nm(约50个原子的尺寸)，由紧密排列的两层结构组成，作为大多数水溶性分子的非通透性屏障；蛋白质分子则介导了细胞膜的许多其他功能。

### 2.1.1 磷脂双分子层构成细胞膜基本屏障

大多数细胞膜的脂质都含有磷酸基团，因此称为磷脂。磷脂一般以甘油为骨架，一分子甘油中的两个羟基与两分子脂肪酸结合形成较长的非极性疏水烃链，为磷脂的尾部；第三个羟基与亲水的磷酸基团形成酯键。磷酸上通常连有额外的碱基,形成磷脂的头部。根据磷酸上连接的碱基不同,形成了磷脂四种最基本形式:磷脂酰胆碱、磷脂酰乙醇胺、磷脂酰丝氨酸和磷脂酰肌醇。其中,磷脂酰胆碱最为常见。所有的磷脂分子都是双亲性分子,即磷脂的磷酸和碱基形成亲水性头部,另一端长脂肪酸烃链形成疏水性尾部。生理状态下的细胞膜脂质形成磷脂双分子层结构,每一层脂质中的长烃链在质膜内侧两两相对,排斥两层脂质分子层之间的水分;亲水性头部基团分别面向膜外和膜内,形成"三明治"式的脂质双分子层结构(图 2-1)。近年来发现,膜结构中含量非常少的磷脂酰肌醇,几乎全部分布在细胞膜的内侧,与细胞信号转导有直接关系。

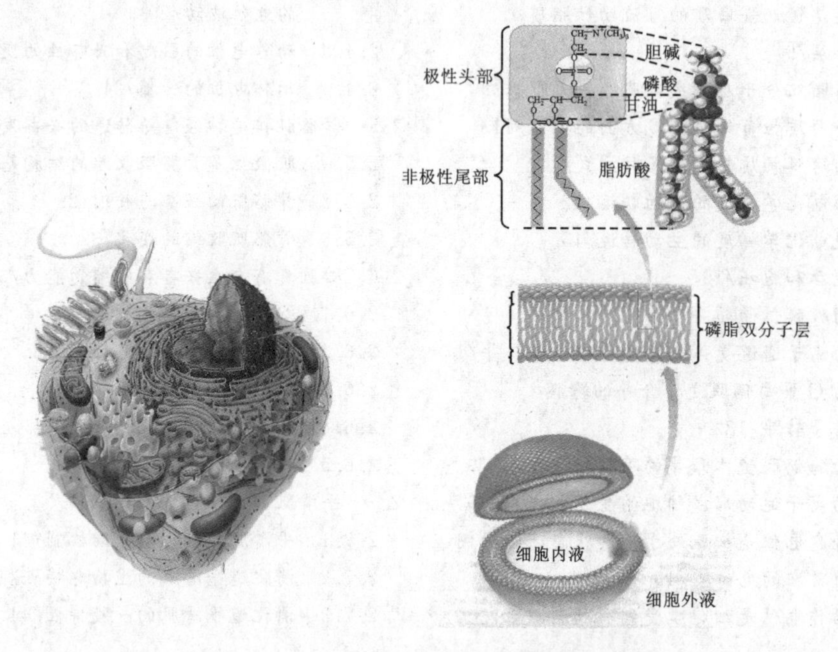


**图 2-1 磷脂双分子层构成质膜的基本骨架**

(仿 Sherwood 等,2013)

膜质熔点较低,在一般体温状态下呈液态,并具有一定程度的流动性。从热力学角度来说,流动封闭性的脂质双分子层结构的自由能最低,结构也最稳定,可以自动形成和维持。由于脂质双分子层的流动性,镶嵌在其中的蛋白质分子不是固定在某个位置,而是可以做有限的移动。磷脂双分子层如何流动取决于它的磷脂成分,特别是取决于烃尾的性质:尾部聚集得越紧密、越有规则,脂质双分子层就越黏滞,并较少流动;较短的烃尾相互作用倾向减弱,增加了脂质双分子层的流动性。另外,脂质双分子层在热力学上的稳定性和流动性也能够说明为何细胞可以承受非常大的张力和外形改变而不致破裂,而且,即使膜结构偶尔发生些小断裂,也可以自动融合而修复,仍保持连续的双分子层的形式。烃尾的两个主要性质影响了其在双分子层内的聚集:烃尾长度和所含双键的数目。不饱和尾部的每一个双键在烃尾产生一个小扭结,使这些尾部相互之间更难聚集。因此,含有较高比例不饱和烃尾的脂质双分子层比含较低比例不饱和烃尾的脂质双分子层表现出更大的流动性。另外,在动物细胞中,高含量胆固醇的存在可以调节细胞膜的流动性。胆固醇分子短而具有刚性,填充在相邻磷脂分子不饱和烃尾的扭结造成的空隙中。

另外,细胞膜还具有内外侧的不对称性。在磷脂双分子层的两个单层中通常含有显著不同的磷脂和糖脂成分。而且,蛋白质以特定的方向嵌入双层,这种定向对其功能起决定性作用。

### 2.1.2　蛋白质担负细胞膜多方面的功能

在动物细胞中，大多数质膜约 50%的物质是蛋白质。蛋白质分子以 α 螺旋或球形结构形式分散镶嵌在膜的脂质双分子层中，并以两种方式与膜脂质结合：一种是以其肽链的氨基酸基团与脂质极性基团结合，分布于膜的内侧或外侧表面，称为表面蛋白质；另一种是其肽链一次或反复多次贯穿整个脂质双分子层，两端露出膜的两侧，称为整合蛋白质。这些穿过磷脂双分子层内部疏水区域的跨膜片段，大多以 α 螺旋的形式横穿磷脂双分子层。在这些跨膜螺旋中，疏水氨基酸侧链暴露在螺旋外侧面，与疏水脂质尾部接触；而多肽主链中的亲水性氨基酸残基分布在螺旋内侧。这些蛋白质，有的形成膜通道、载体和离子泵，参与膜内外物质的转运；有的为受体蛋白，能特异性与激素或递质相结合；有的是具有催化作用的酶蛋白；有的则与细胞的免疫功能有关。各种功能的蛋白质分子并不都在所在细胞膜中自由移动和随机分布，而是存在着分布的区域特性。细胞膜内侧的细胞骨架可能对某种蛋白质分子局限在膜的某一特殊部分起着重要作用。细胞膜液态镶嵌模型及膜蛋白类型见图 2-2。

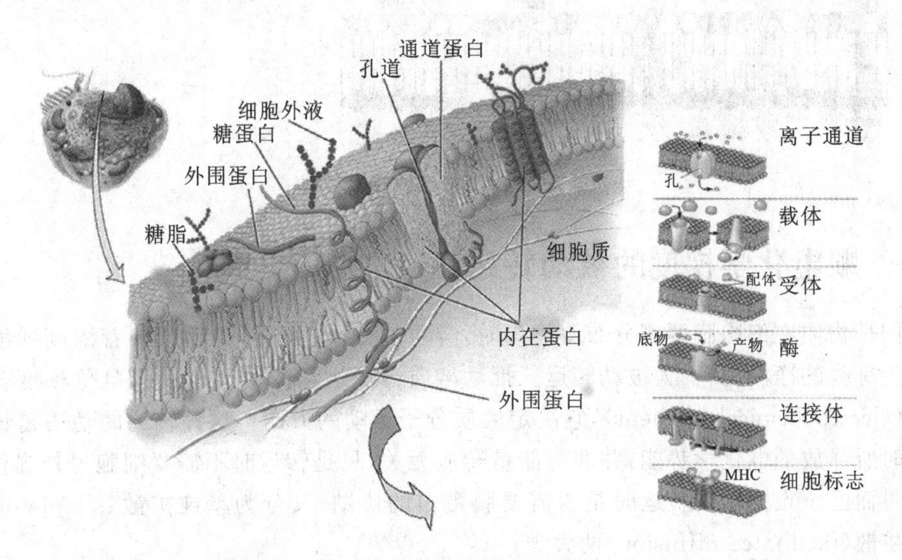


**图 2-2　细胞膜液态镶嵌模型及膜蛋白类型**

（仿 Sherwood 等，2013）

此外，膜内还有一些糖类物质，与蛋白质或脂质在碳氢链端以共价键结合，形成糖蛋白或糖脂。

## 2.2　细胞的跨膜物质转运有多种方式

细胞在生存生长过程中，必须不断同细胞外液进行物质和能量的交换。由于细胞膜脂质双层内部具有疏水性，因此几乎所有水溶性分子都不能自由通过。进出细胞的物质理化性质不同，种类众多，从而转运形式也多种多样，主要分为**被动转运**（passive transport）、**主动转运**（active transport）以及胞吞和胞吐几种类型（图 2-3）。

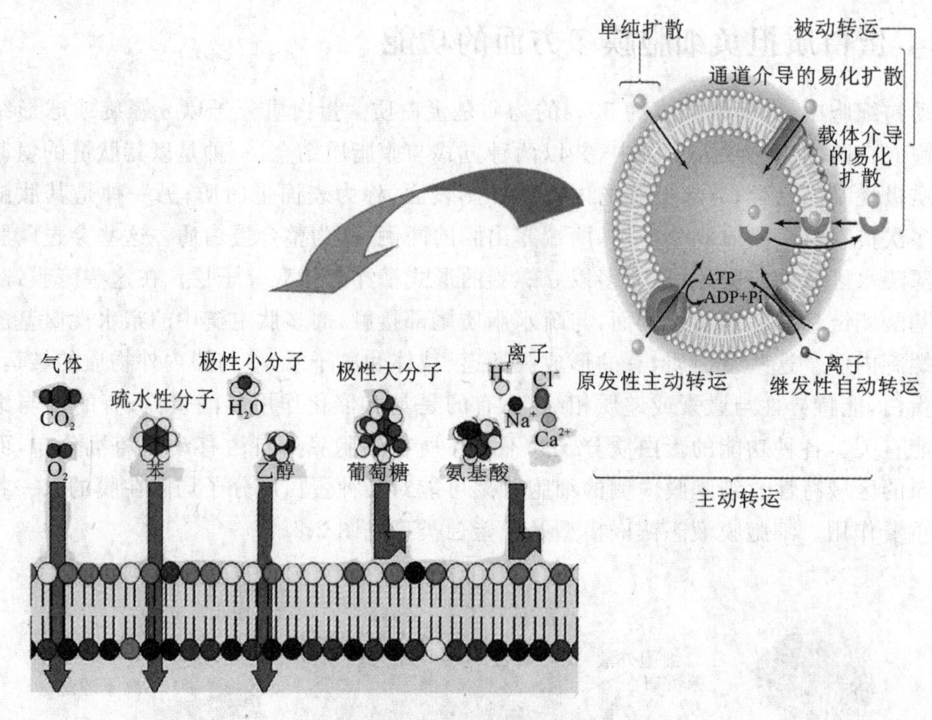


图 2-3　跨膜转运的基本类型

## 2.2.1　顺电化学梯度的被动转运

当同种物质在细胞膜两侧分布不均匀时,溶质的分子由于热运动会顺着浓度梯度或电位梯度产生跨膜的净流动,称为被动转运。推动溶质分子运动的浓度梯度和电位梯度合称**电化学梯度**(electrochemical gradient),它决定溶质分子运动的方向。这种转运的动力是该物质跨膜运动时所释放的电化学势能,并非与能量转换无关,只是转运时不需要细胞另外提供其他形式的能量而已。根据物质转运时是否需要膜蛋白的协助,又分为**单纯扩散**(simple diffusion)和**易化扩散**(facilitated diffusion)两大类。

### 2.2.1.1　单纯扩散

单纯扩散是溶质分子直接透过脂质双分子层的扩散过程。在生物体中,只有$O_2$、$N_2$、苯等疏水性小分子及$CO_2$、甘油、尿素等小的极性分子,能通过脂质双层膜迅速从高浓度区域向低浓度区域扩散,这是单纯的物理过程,此种转运方式为单纯扩散(图 2-3)。乙醇也可以快速通过,甘油通过时则稍慢。分子越小且脂溶性越强(或为非极性分子),其扩散速率越快,扩散的最终结果是使分布在膜两侧扩散分子的梯度差为零。

水分子很小,也可以通过磷脂双分子层。但由于脂质双分子层的疏水性,这一单纯扩散较慢。水分子跨膜移动的方向由膜两侧溶液的渗透压梯度的方向决定。可溶性物质的浓度越大,其渗透压也越大,水分子将从低渗透压一侧向高渗透压一侧移动,这一过程也称为**渗透**(osmosis)。

### 2.2.1.2　易化扩散

葡萄糖、氨基酸分子不具脂溶性,$Na^+$、$K^+$、$Ca^{2+}$等离子由于带电荷而不能自由通过脂质双分子层内部的疏水区,它们可以在膜转运蛋白参与下进出细胞,这种被动转运方式称为易化扩散。易化扩散分为由载体介导和由通道介导两种方式。

(1)由载体介导的易化扩散

糖、氨基酸、寡肽等分子一般由**载体蛋白**(carrier protein)介导进行跨膜扩散。其机制是载体蛋白质分子的构象可逆地变化,与被转运分子的亲和力随之改变而将分子传递过去。

镶嵌于细胞膜上的某些载体蛋白,具有一个或数个结合位点,能选择性地在膜的高浓度侧与底物相结合,引起变构。载体蛋白变构后亲和力降低,与底物分离后完成转运,载体也恢复原有的构型,以进行新一轮的转运(图 2-4)。

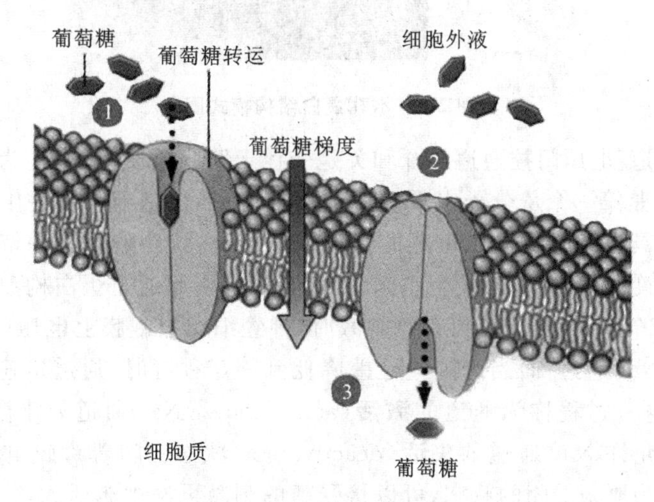


**图 2-4　由载体介导的易化扩散**

(仿 Gerard 等, 2012)

这种转运具有以下特点:①特异性:载体蛋白具有高度的结构特异性,与被转运的物质之间具有严格的对应关系,如在同样浓度梯度下,右旋葡萄糖(D-葡萄糖)比左旋葡萄糖(L-葡萄糖)更容易通过细胞膜。②饱和现象:膜转运蛋白及其结合位点的数目构成了膜对该物质转运能力的上限,一旦达到这个限度,扩散通量不再随溶质浓度的升高而增加。③竞争性抑制:某些载体蛋白对结构相似的物质都有转运能力,当一种物质转运被加强,其他结构相似的物质的转运会相应地减弱,即这些结构相似物可以竞争相同的载体。

(2)由通道介导的易化扩散

**通道蛋白**(channel protein)是横跨质膜的亲水性孔道,允许适当的离子顺浓度梯度通过,故又称离子通道。离子通道是各种无机离子跨膜被动运输的通路,大多数离子通道具有严格的离子选择性。

有些通道蛋白形成的通道通常处于开放状态,如**钾渗漏通道**(potassium leak channels),允许 $K^+$ 不断外流。许多细胞的细胞膜上分布着水通道,又称为**水孔蛋白**(aquaporin),介导水分子的易化扩散,比水分子的单纯扩散要快得多。水分子通过水孔蛋白时形成单一纵列,以适当的角度旋转穿越狭窄的通道(图 2-5)。肾脏集合管上皮细胞膜上水孔蛋白的数量可以通过激素调控,从而改变上皮细胞对水的通透性,对尿液进行浓缩或稀释。

有些通道蛋白平时处于关闭状态,仅在特定刺激下才打开,而且是瞬时开放瞬时关闭,这类通道蛋白又称为**门控通道**(gated channel)。根据这些离子通道被激活的条件,门控通道可分为**电压门控通道**(voltage-gated channel)、**化学门控通道**(chemically-gated channel)以及**机械门控通道**(mechanically-gated channel)等三类。

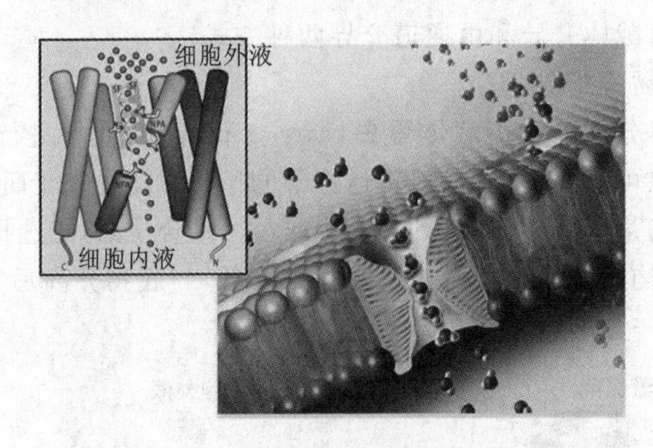


图 2-5　水孔蛋白结构模式图

①电压门控通道:电压门控通道的开和关是受控于跨膜电压的,也称为电压依赖性通道。电压门控 $Na^+$ 通道是第一个从分子水平确认的离子通道,也是细胞发生生物电变化的基础。这类通道在结构中具有对跨膜电压敏感的某种电压感受器,一般认为是带有正电荷的基团。当跨膜电压发生改变时,这些基团发生空间位置的移动,引起通道蛋白构象改变,进而引起通道阀门的开闭(图 2-6)。在没有受到有效刺激时,神经细胞细胞膜上电压门控 $Na^+$ 通道处于关闭状态,不允许 $Na^+$ 通透;而当跨膜电位差降低到一定程度时,通道迅速开放,$Na^+$ 顺电化学梯度迅速扩散,这一过程称为通道的**激活**(activation)。$Na^+$ 通道处于激活状态的时间很短,迅速转变为不允许 $Na^+$ 通透的**失活**(deactivation)状态。随着跨膜电压的恢复,失活的 $Na^+$ 通道才能转变为原来关闭的状态,可以接受新的刺激再次被激活。这一变化是单向进行的(图 2-6)。

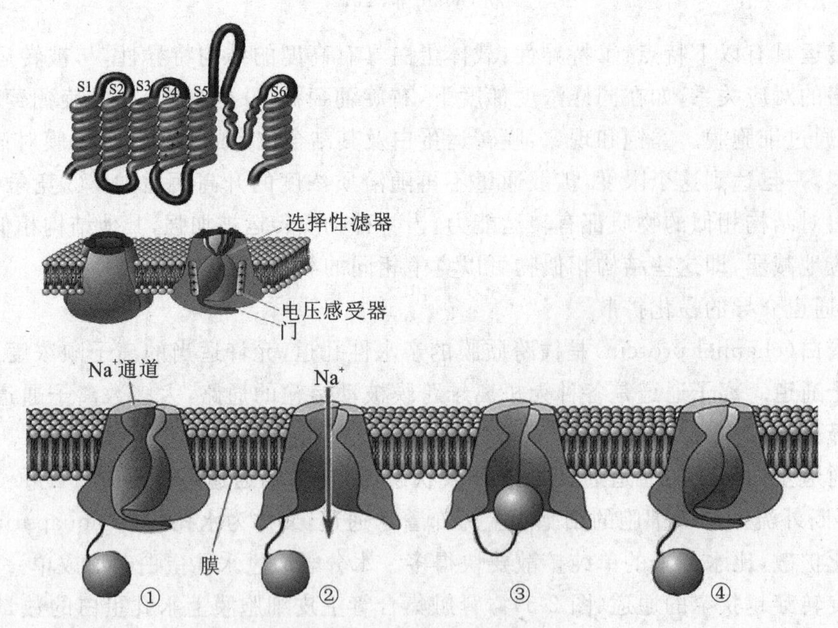


图 2-6　电压门控 $Na^+$ 通道

②化学门控通道:有些离子通道存在可与某些化学分子结合的位点,结合后导致通道蛋白变构,引起离子通道开放,这类通道称为**化学门控通道**或者**配体门控通道**(ligand-gated channel)。存在于神经-肌肉接头处骨骼肌细胞膜的离子通道是目前了解较多的一类配体门控通道。它是由四种不同的亚单位组成的五聚体,总相对分子质量约为 290000。亚单位通过

氢键等非共价键，形成一个结构为 α2βγδ 的梅花状通道样结构，其中的两个 α 亚单位是与两分子**乙酰胆碱**（acetylcholine，Ach）相结合的部位（图 2-7）。神经兴奋时释放的 Ach 与之结合后，引起通道构象改变，通道瞬间开启，$Na^+$ 和 $K^+$ 发生跨膜易化扩散。

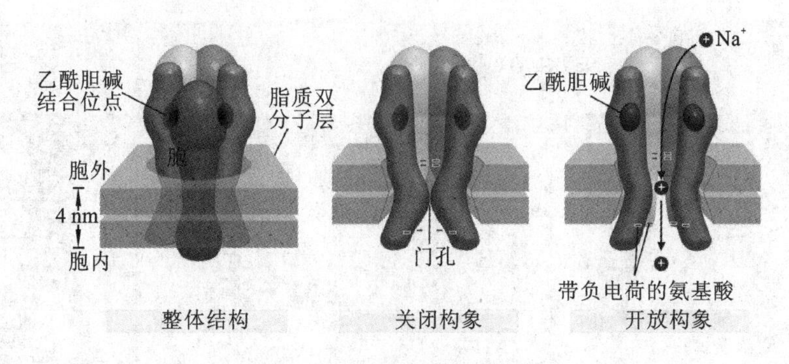


**图 2-7　乙酰胆碱门控通道**

（仿 Gerard 等，2012）

这一类通道可按激活它们的化学信号来命名，如乙酰胆碱受体通道，谷氨酸、天冬氨酸、γ-氨基丁酸和甘氨酸等受体通道以及 ATP 受体、5-羟色胺受体通道等。

③机械门控通道：体内许多细胞膜表面存在能感受机械刺激引起开放，并诱发离子流动变化的离子通道，称为机械门控通道。目前比较明确的有两类机械门控通道，其一是牵拉活化或失活的离子通道，另一类是剪切力敏感的离子通道。前者几乎存在于所有的细胞膜，后者仅发现于内皮细胞和心肌细胞。听觉感受器、牵张感受器、渗透压感受器等均与机械门控通道有关。

## 2.2.2　逆电化学梯度的主动转运

逆电化学梯度的转运需要细胞消耗能量才能进行，称为主动转运。根据是否直接消耗 ATP，又分为**原发性主动转运**（primary active transport）和**继发性主动转运**（secondary active transport）。

### 2.2.2.1　原发性主动转运

原发性主动转运是细胞直接利用代谢产生的能量将物质逆电化学梯度进行跨膜转运的过程。转运蛋白与被转运的物质在低浓度的一侧有很高的亲和力，而在膜的另一侧亲和力降低，将此物质释放。这两种亲和状态构象的转化需要连续提供能量，因而能干扰能量代谢的任何物质均可以抑制主动转运过程。

**码 2-1　主动转运**

转运蛋白一般以水解 ATP 为原发性主动转运提供能量，所以也被称为 ATP 酶（ATPase）。在水解 ATP 的同时，转运载体自身被磷酸化，改变了载体与被转运物质的亲和力，使载体的构象循环改变。

大多数细胞中有四种主动转运蛋白：①$Na^+/K^+$-ATP 酶；②$Ca^{2+}$-ATP 酶；③$H^+$-ATP 酶；④$H^+/K^+$-ATP 酶。其中，$Na^+/K^+$-ATP 酶存在于所有动物细胞的质膜中，由 α 和 β 两个亚单位以四聚体的形式组成，也称为钠-钾泵或钠泵。它是一种钠-钾依赖的 ATP 酶，在 $Mg^{2+}$ 存在的条件下，可被膜外的 $K^+$ 或膜内的 $Na^+$ 激活。钠-钾泵每分解 1 个 ATP 分子，可以从细胞内排出 3 个 $Na^+$ 和从细胞外摄入 2 个 $K^+$（图 2-8）。一般细胞代谢过程所获能量的

20%～30%被用于钠-钾泵的活动。钠-钾泵可以在细胞内外建立 $Na^+$ 和 $K^+$ 浓度梯度作为一种势能储备,供细胞的其他耗能过程(如神经细胞和肌肉细胞的电生理过程)利用,还可驱动细胞的其他转运过程。另外,细胞内高钾浓度是许多代谢反应进行的必要条件。

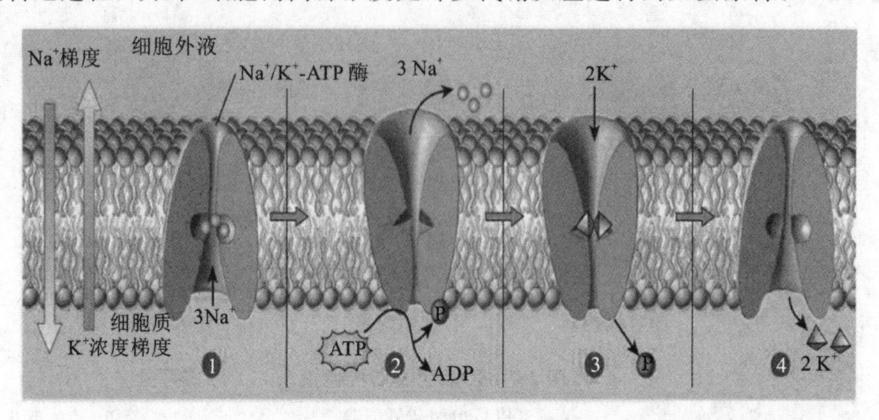


**图 2-8　钠-钾泵工作原理**

(仿 Gerard 等,2012)

$Ca^{2+}$-ATP 酶存在于质膜和一些细胞器中。在质膜中,$Ca^{2+}$ 的主动转运是从细胞质(约 $10^{-4}$ mmol/L)到细胞外液(1～2 mmol/L)。在细胞器膜中,利用水解 ATP 提供的能量,$Ca^{2+}$ 逆浓度梯度从低浓度的细胞质转运至高浓度的内质网腔中($10^{-3}$ mol/L)。

$H^+$-ATP 酶也存在于质膜和一些细胞器膜中,如线粒体内膜和溶酶体膜。细胞质膜中的 $H^+$-ATP 酶能将 $H^+$ 移出细胞。

$H^+/K^+$-ATP 酶存在于胃和肾的一些泌酸细胞的质膜中,每水解 1 个 ATP 分子,可以将 1 个 $H^+$ 泵出细胞并泵回 1 个 $K^+$。

2.2.2.2　继发性主动转运

有些物质在进行逆电化学梯度的跨膜转运时,所需的能量不直接来源于 ATP 的分解,而是来自某种离子的浓度梯度差,这种离子浓度梯度的建立和维持是通过离子泵分解 ATP 获得的能量建立的,从而,这些物质的转运间接地利用了 ATP 分解的能量,这种转运方式称为继发性主动转运(图 2-9)。如果离子和被转运物质向同一方向转运,称为**同向共转运**(co-transport),如肾小管中的葡萄糖、氨基酸和 $Cl^-$ 等与 $Na^+$ 的转运相偶联,且方向一致;如果离子和被转运物质向相反方向移动,则称为**逆向共转运**(counter-transport),如肾小管细胞分泌 $H^+$ 和 $K^+$ 时与 $Na^+$ 的转运相偶联,但方向相反。

大多数继发性主动转运是通过 $Na^+$ 的浓度梯度来驱动的。除 $Na^+$ 外,还有 $HCO_3^-$、$Cl^-$ 或 $K^+$ 等也可以驱动继发性主动转运。大多数细胞中氨基酸的浓度比胞外高 20 多倍,这种逆浓度梯度的转运是与 $Na^+$ 协同转运进入细胞内的。葡萄糖向细胞内的转运,在大多数细胞中是通过易化扩散进入细胞的;而小肠上皮细胞具有两种葡萄糖载体。在面向肠腔的细胞膜顶区,具有可以主动摄取葡萄糖的 $Na^+$-葡萄糖同向转运载体,使细胞内产生高葡萄糖浓度;在细胞膜基底面和侧区,具有葡萄糖被动单向转运载体,沿浓度梯度释放葡萄糖到组织液中。

## 2.2.3　胞吞和胞吐

有些不能通过膜蛋白转运的大分子物质可以通过**胞吞**(endocytosis)和**胞吐**(exocytosis)的方式进出细胞。

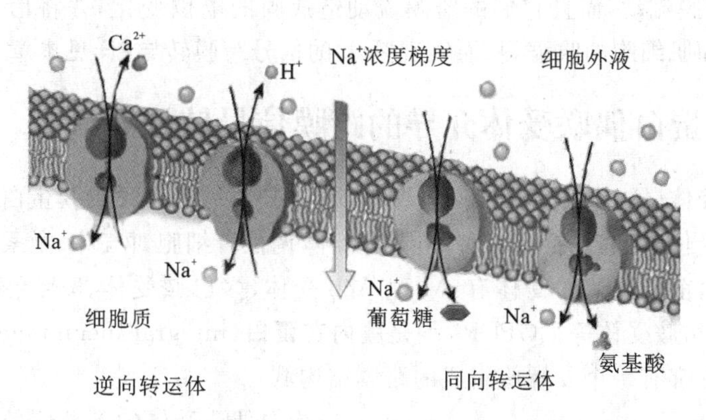


**图 2-9　继发性同向共转运与逆向共转运**

(仿 Gerard 等,2012)

胞吞是指某些物质与细胞膜接触,质膜内陷包被转运物质,膜结构出现融合和断裂,在细胞内形成胞饮泡的过程。胞吞有两种形式:**吞噬**(phagocytosis)和**胞饮**(pinocytosis)。任何形式的胞吞都需要 ATP 提供能量。如巨噬细胞的吞噬作用可以将细菌、病毒等异物及血浆脂蛋白颗粒、大分子营养物质、组织碎片、衰老红细胞、多肽激素等代谢产物吞噬到细胞内部,然后在溶酶体作用下进行消化。如果进入细胞的物质为液体或小分子,则称为胞饮作用。入胞过程中,进入细胞的质膜和质膜上的受体蛋白通常都不被破坏,而是通过外排作用等迅速返回到细胞质膜上,实现膜与受体的再循环。

胞吐是指细胞内物质以分泌囊泡的形式排出细胞的过程,如内分泌腺激素的释放过程及神经细胞轴突末梢释放神经递质的过程等。在此过程中,包裹分泌物质的囊泡向细胞膜内侧面移动,并与质膜接触、融合,然后囊泡破裂,内容物排空到细胞外,囊泡膜也成为细胞质膜的一部分,使细胞质膜获得更新。大多数细胞中,激发胞吐的过程都与钙浓度的变化有关。当细胞受到化学或电信号的刺激后,细胞质膜或细胞器膜上的钙通道开放,导致细胞质内钙浓度升高,引起囊泡向细胞膜移动并最终与细胞膜融合,排空内部包裹物质。

## 2.3　细胞的跨膜信号转导

细胞外液中的各种化学信号分子,如神经递质和调质、激素等体液调控因子并不直接进入细胞,而是通过选择性地与**靶细胞**(target cell)上的特异性受体结合,间接引起靶细胞膜的电变化或细胞内其他功能的改变,这种信息传递的方式称为**跨膜信号传递**(transmembrane signaling transduction)。**受体**(receptor)是镶嵌在细胞膜表面的特异蛋白,能与化学信号分子发生特异性结合,并向细胞内传递信息,从而引起细胞内部的变化。

### 2.3.1　由离子通道受体介导的跨膜信号转导

介导信号转导的离子通道受体也称促离子型受体,受体蛋白本身就是离子通道,通道的开放既涉及离子本身的跨膜转运,又可实现化学信号的跨膜转导。例如,骨骼肌终板膜上 $N_2$ 型 Ach 受体即为化学门控通道。当与 Ach 结合后,发生构象变化及通道的开放,不仅引起 $Na^+$

和 $K^+$ 经通道的跨膜流动，而且它们的跨膜流动造成膜的电位变化，并将信号传给周围肌膜，引发肌膜的兴奋和肌细胞的收缩，从而实现 Ach 的信号跨膜转导(详见本章 2.5.2)。

## 2.3.2 由 G 蛋白偶联受体介导的跨膜信号转导

G **蛋白偶联受体**(G protein-coupled receptors，GPCRs)是一大类膜蛋白受体的统称，是目前所知最庞大的受体家族，包括几百种不同的受体，调控着细胞对气味、激素、神经递质和趋化因子等的应答。目前已确认的受体有：M 型 Ach 受体、多巴胺受体、5-羟色胺受体、P 物质受体、K 物质受体和组胺受体等。GPCRs 均是**膜内在蛋白**(integral membrane protein)，其共同点是其立体结构中都有 7 个 α 螺旋组成的跨膜结构域。

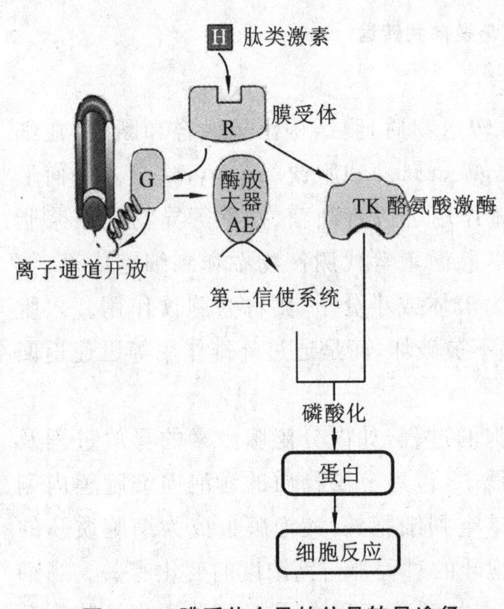


图 2-10 膜受体介导的信号转导途径

G 蛋白偶联受体的下游信号通路有多种，其中主要通过与两种效应蛋白结合后发挥作用：一种是 G 蛋白调控的离子通道；另一种是 G 蛋白活化的酶类活性物质，也称为膜效应器酶。不同类型的细胞内种类很多，如腺苷酸环化酶、磷脂酶 C、磷脂酶 $A_2$ 等。这些活化的酶类进一步催化相应的底物产生细胞内的化学信号分子，如**环磷酸腺苷**(cyclic adenosine monophosphate，cAMP)、**肌醇三磷酸**(inositol triphosphate，$IP_3$)等。这些细胞内的化学信号分子统称为**第二信使**(second messenger)，而与受体相结合的激素、神经递质等化学信号则称为第一信使。其中，$IP_3$ 可以激活内质网膜上的 $Ca^{2+}$ 通道，使储存于其内的高浓度 $Ca^{2+}$ 释放至细胞质。细胞内 $Ca^{2+}$ 浓度的突然升高，可以引发肌肉细胞收缩、神经末梢释放神经递质、受精卵启动发育等活动(图 2-10)。

cAMP 是分布最广泛的第二信使。哺乳动物细胞除红细胞外，所有组织细胞中都有分布。正常情况下细胞内 cAMP 浓度为 0.1～1 μmol/L，但在跨膜信号转导时可升高到 100 倍以上。高浓度的 cAMP 在调节细胞代谢时，还可以通过一系列共价修饰酶的作用进行信号的进一步放大。例如，骨骼肌细胞内的糖原磷酸化酶 b 是催化肌糖原分解产生 ATP 的关键酶。其活性一方面受到细胞内 ATP 和 AMP 的变构调节，从而保持细胞内合适的 ATP 的浓度，维持细胞钠-钾泵运转等基本的生理活动所需的能量水平；另一方面，该酶还可以通过共价修饰转变为更高活性的糖原磷酸化酶 a。当动物遇到危险时，肾上腺素与骨骼肌细胞表面的膜受体结合，通过 G 蛋白活化腺苷酸环化酶，使细胞内 cAMP 浓度迅速升高。cAMP 激活蛋白激酶，进而催化无活性的磷酸化酶激酶活化，活化后的磷酸化酶激酶再催化低活性的糖原磷酸化酶 b 迅速转化为高活性的糖原磷酸化酶 a。最后使肌糖原迅速酵解，大幅度提升细胞内 ATP 浓度，为粗细肌丝的滑行提供能量保障。这一信号传递过程中，cAMP 通过蛋白激酶、磷酸化酶激酶和糖原磷酸化酶的级联，使信号放大了好几个数量级。

### 2.3.3　由酶偶联受体介导的跨膜信号转导

该途径通过细胞膜上具有酶活性的受体完成信号转导，如酪氨酸激酶受体或鸟苷酸环化酶受体。这一类受体或者本身就具有激酶的结构域，与化学信号分子结合后直接活化，或者本身虽然不具有酶的活性，但结合化学信号分子后可以直接活化细胞内与之相连的激酶。

## 2.4　跨膜的离子运动形成细胞的生物电现象

生命活动过程中表现的电现象称为生物电现象。1939—1949 年霍奇金（A. L. Hodgkin）和赫克斯利（A. F. Huxley）利用枪乌贼的巨大神经轴突为材料，利用电压钳等生理技术进行了一系列实验，提出"离子学说"，推动了人类对于生物电的认识。

由于离子泵的主动转运，细胞膜两边的大多数离子浓度很不平衡（表 2-1）。$Na^+$ 是细胞外最丰富的正离子，而 $K^+$ 是细胞内最丰富的正离子。

码 2-2　彼此尊重的质疑推动了生物电的研究

当离子通道打开时，正离子内流或负离子外流时形成**内向离子流**（inward ionic current）。正离子外流或负离子内流时则形成**外向离子流**（outward ionic current）。离子的流动会改变跨膜电压（膜电位），膜电位的变化可改变所有其他离子跨膜移动的电化学驱动力，也驱使对膜电位变化敏感的其他离子通道在 1 ms 左右开放和关闭。因此，膜电位是细胞内所有电活动的基础，膜电位由细胞膜对特定离子的通透性来调控。

**表 2-1　哺乳动物细胞内外离子浓度比较**

| 成　　分 | 细胞内浓度/(mmoL/L) | 细胞外浓度/(mmoL/L) |
|---|---|---|
| $Na^+$ | 5～15 | 145 |
| $K^+$ | 140 | 5 |
| $Mg^{2+}$ | 0.5 | 1～2 |
| $Ca^{2+}$ | $10^{-4}$ | 1～2 |
| $H^+$ | $7\times10^{-5}$ | $4\times10^{-5}$ |
| $Cl^-$ | 5～15 | 110 |

注：$Ca^{2+}$ 和 $Mg^{2+}$ 浓度是指细胞质中的游离离子。细胞内大约有 20 mmol/L $Mg^{2+}$ 和 1～2 mmol/L $Ca^{2+}$，但大多数与蛋白质和其他物质结合，还有许多 $Ca^{2+}$ 储存在各种细胞器中。

### 2.4.1　静息电位是细胞处于静息状态下膜两侧所存在的电位差

细胞膜内外两侧离子分布的不均匀性及细胞膜的选择通透性是生物电现象产生的基础。**静息电位**（resting potential）是指细胞未受刺激时，存在于细胞膜内外两侧外正内负的电位差。不同细胞此电位不同，同种细胞此电位稳定。习惯上规定膜外电位水平为生理零电位，则用负号表示此电位的方向，绝对值表示其幅度大小。动物细胞静息膜电位的范围为－200～－20 mV，这取决于动物和细胞类型。例如，神经和肌肉细胞静息电位多数在－100～－65 mV；红细胞则小得多，为－10 mV。

码 2-3　生物电与静息电位

通常把细胞膜静息状态下外正内负的状态称为**极化**(polarization),膜两侧电位差的绝对值减小称为**去极化**(depolarization),膜两侧电位差的绝对值进一步加大称为**超极化**(hyperpolarization)。如果发生跨膜电位极性的倒转,称为**反极化**(reversal polarization),向静息电位恢复的过程则称为**复极化**(repolarization)。

$K^+$是细胞内主要的正离子,细胞内有机分子上的负电荷大多由$K^+$抵消。细胞内高$K^+$浓度是由钠-钾泵形成的,钠-钾泵主动把$K^+$泵进细胞,使细胞内$K^+$浓度比细胞外高很多,造成很大的跨膜$K^+$浓度梯度。同时,细胞膜上有一种$K^+$渗漏通道,在开放和关闭状态之间随机闪变。因此静息细胞膜对$K^+$通透性比对其他离子高得多。于是因$K^+$外移形成膜外正电、膜内负电的极化状态(图 2-11)。随着$K^+$流出细胞数量的增加,膜电位的值也相应增大,从而对抗浓度梯度的电位梯度作用力也逐渐增大。在平衡条件下,$K^+$浓度梯度正好与膜电位的作用平衡,没有$K^+$的净移动,达到电化学平衡。

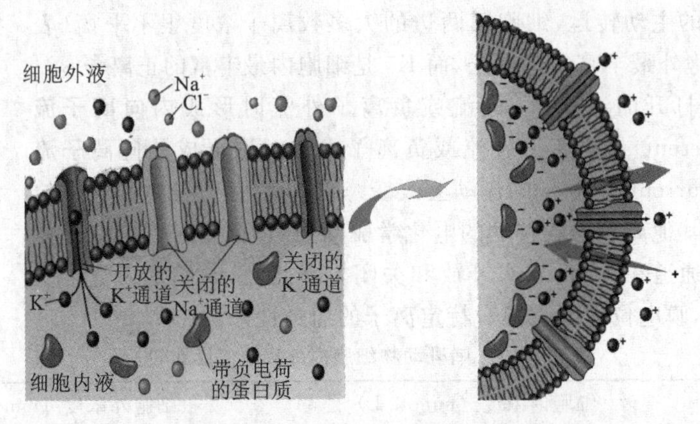


**图 2-11　静息电位形成机制**

定量表示这种平衡的公式为能斯特方程:$V=62\lg(C_o/C_i)$,其中,$V$是指膜电位(mV),$C_o$和$C_i$分别是指膜外和膜内的离子浓度。该方程假定离子为一价正离子,温度是 37 ℃。驱动离子跨膜的力有两种组分,一种是膜电位,另外一种是浓度梯度。在平衡状态下,这两种力被抵消,并满足于能斯特方程所给予的一个简单数学关系。

在活细胞中,$K^+$和$Na^+$共同对膜电位的形成发挥作用。细胞膜对某种离子的渗透性越大,则这种离子驱动膜电位向着其平衡电位发展的力就越大。在细胞静息状态下,$K^+$的通透性是$Na^+$的 50～75 倍,从而细胞膜的静息电位更接近$K^+$的平衡电位。平滑肌细胞静息时钠-钾泵的快速活动可形成明显的外向电流,其静息电位水平与$K^+$的平衡电位数值有较大偏差。

## 2.4.2　动作电位是细胞膜受到有效刺激后发生的电位波动

在静息电位的基础上,细胞受到有效刺激后,细胞膜原来的极化状态消失,继而发生倒转和复原等一系列电位变化,称为**动作电位**(action potential)。

动作电位的产生主要与$Na^+$和$K^+$两种离子的跨膜移动有关。由于$Na^+$通道的开放,$Na^+$迅速内流引起细胞膜跨膜电位差迅速减小直至反转,形成动作电位的去极化以及反极化。膜电位反极化在零电位以上的部分称为**超射**(overshoot potential)。随之$Na^+$通道迅速失活而关闭，$Na^+$ 的内流也由于反极化的跨膜电位差形成的阻力而平衡。在细胞去极化时，电压门控 $K^+$ 通道被打开，细胞膜对 $K^+$ 通透性（$P_{K^+}$）升高，$K^+$ 加速顺着其电化学梯度向细胞外流动，从而迅速将细胞带回到静息状态的膜电位。之后，钠-钾泵活动增强，将多余的 $K^+$ 泵回细胞内，将 $Na^+$ 泵出细胞，维持细胞外高 $Na^+$、胞内高 $K^+$ 的蓄能状态（图2-12）。

在神经细胞发生的动作电位称为**神经冲动**(nervous impulse)，包括迅速的去极化、反极化和复极化的电位变化，整个过程不超过 0.5 ms。这一迅速的电位变化称为**锋电位**(spike)。锋电位结束之后，产生了微小而持续时间较长的**后电位**(after potential)，包括**负后电位**(negative after potential)和**正后电位**(positive after potential)。负后电位紧接于锋电位下降支，幅度为锋电位的 5%～6%，持续 5～30 ms。一般认为负后电位的产生是由于在复极化时迅速外流的 $K^+$ 蓄积在膜外侧，因而暂时延缓了 $K^+$ 外流。在负后电位后出现超极化的电位称为正后电位，幅度约为锋电位的 0.2%，持续几十毫秒至数秒。正后电位的形成，前半部分主要是由于 $K^+$ 通道尚未关闭，细胞膜对 $K^+$ 的通透性较高，后半部分则主要是由于钠-钾泵的活动增强、$Na^+$ 加速外排。神经纤维每发生一次动作电位，细胞膜内外 $Na^+$、$K^+$ 浓度改变十万分之一至八万分之一。这种微小的变化，足以激活膜上的钠-钾泵，使之加速运转。后电位结束之后，不仅膜电位恢复到静息电位水平，而且膜内外 $Na^+$、$K^+$ 的分布也恢复到静息状态。

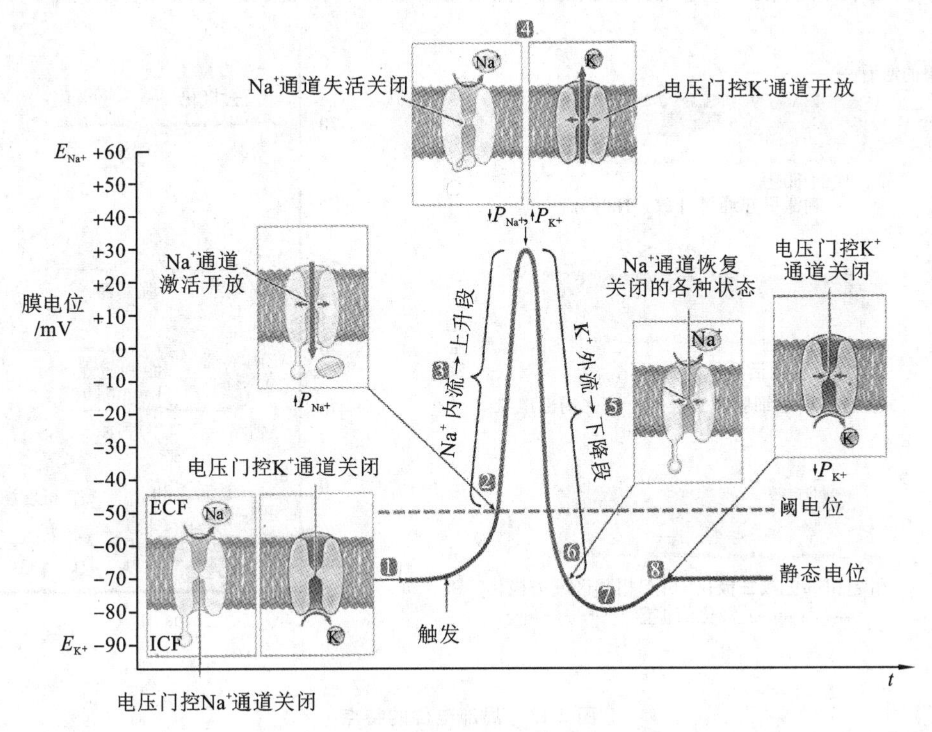


**图 2-12　动作电位的形成机制**

（仿 Sherwood 等，2013）

动作电位的幅度为静息电位与超射之和，大小与离子跨膜浓度梯度以及细胞膜离子通道的分布密度相关，与产生动作电位的条件刺激无关。可兴奋细胞细胞膜在受到刺激时，或产生一个可向外扩布且具有相同幅度值的动作电位，或完全无动作电位产生，这种特性称为动作电位的“全或无”。

动作电位的产生是细胞发生兴奋的标志，是大多数可兴奋细胞受到刺激时共有的特征性表现。神经、肌肉和腺体细胞或组织受到刺激后，比较容易产生动作电位，通常称为可兴奋细胞或可兴奋组织；骨细胞、红细胞等受到刺激后不易发生动作电位，称为不可兴奋细胞。

### 2.4.3 动作电位的引起和兴奋性的变化

引发细胞产生动作电位的关键过程是细胞膜上电压门控 $Na^+$ 通道的迅速激活。一旦 $Na^+$ 通道激活，$Na^+$ 内流以及后续的 $K^+$ 外流都是自动进行的由通道介导的易化扩散过程。

2.4.3.1 *局部电位与阈电位*

刺激作用于细胞膜时，引起细胞膜少量离子通道的开放，从而引起离子的跨膜运动所形成的电位变化称为**局部电位**(local potential)。因刺激的性质不同，可引起的局部电位包括局部去极化和局部超极化。如果刺激没有达到足够的强度，所激活的 $Na^+$ 通道的数量较少，内流的 $Na^+$ 也比较少。由于去极化的幅度较小，在能够激活其他 $Na^+$ 通道之前，即被 $K^+$ 的外流所抵消或平衡，因而这种电位变化只发生在受到刺激的细胞膜局部，所以也称为**局部兴奋**(local excitation)。

与动作电位相比，局部电位有以下特点：①不具有“全或无”的特性；②可以总和(或叠加)；③不能远距离传播，但可以扩散，而且随扩散距离的增加其幅度迅速衰减和消失(图 2-13)。

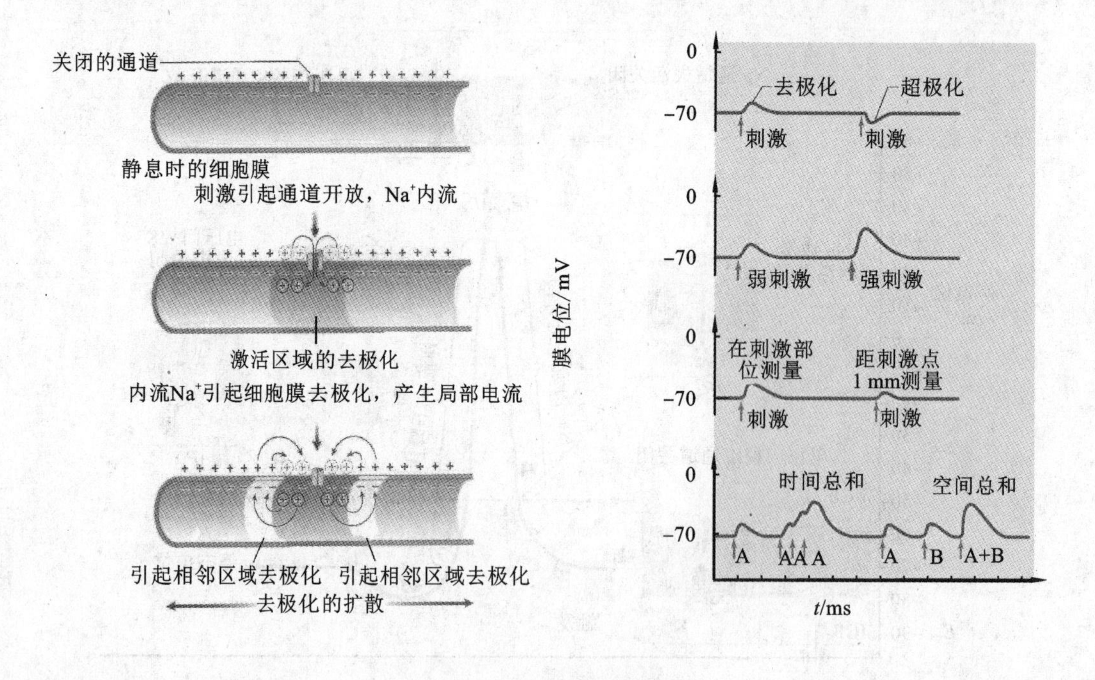


**图 2-13 局部电位的特点**

(仿 Sherwood 等，2013)

如果刺激的强度足够大，使得局部兴奋的幅度达到一个临界数值，则内流的 $Na^+$ 引起的去极化在被 $K^+$ 外流所抵消之前可以激活更多的 $Na^+$ 通道，如此便开启了一个再生性循环过程：$Na^+$ 顺其电化学梯度进入细胞，正电荷的内流使细胞膜电位进一步去极化，从而打开了更多的电压门控 $Na^+$ 通道，允许更多的 $Na^+$ 进入，引起进一步去极化，如此反复，形成一种正反馈过程(图 2-14)。正反馈式循环使细胞膜 $Na^+$ 通道迅速激活，对 $Na^+$ 的通透性迅速增加，从而引发动作电位的产生。这一理论假说最早是由 Hodgkin 提出的，因而也称为 Hodgkin 循环。刺激引起细胞膜去极化所达到的能够启动 Hodgkin 循环的这一临界数值就是**阈电位**(threshold potential)，而这一刺激的强度称为**阈强度**(threshold intensity)。相应地，达到阈强度的刺激称为阈刺激，低于阈强度的刺激称为阈下刺激，超过阈强度的刺激称为阈上刺激。只有阈刺激和阈上刺激才能引起组织或细胞的兴奋。

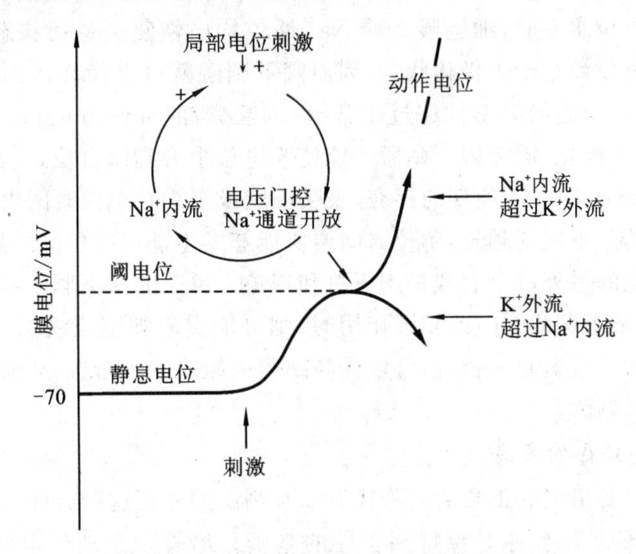


**图 2-14　Hodgkin 循环与动作电位的引发**

引发动作电位的 Hodgkin 循环一旦启动，去极化速度、超射的高度等不再取决于原刺激的大小，而取决于原来静息电位的值以及膜两侧离子浓度梯度，这就是动作电位“全或无”的原因。

2.4.3.2　兴奋性的变化

细胞发生兴奋后，其兴奋性会经历一个周期性的变化(图 2-15)。细胞发生动作电位处于锋电位期间，由于 $Na^+$ 通道被 Hodgkin 循环快速激活进而转为失活状态，对施加的任何刺激

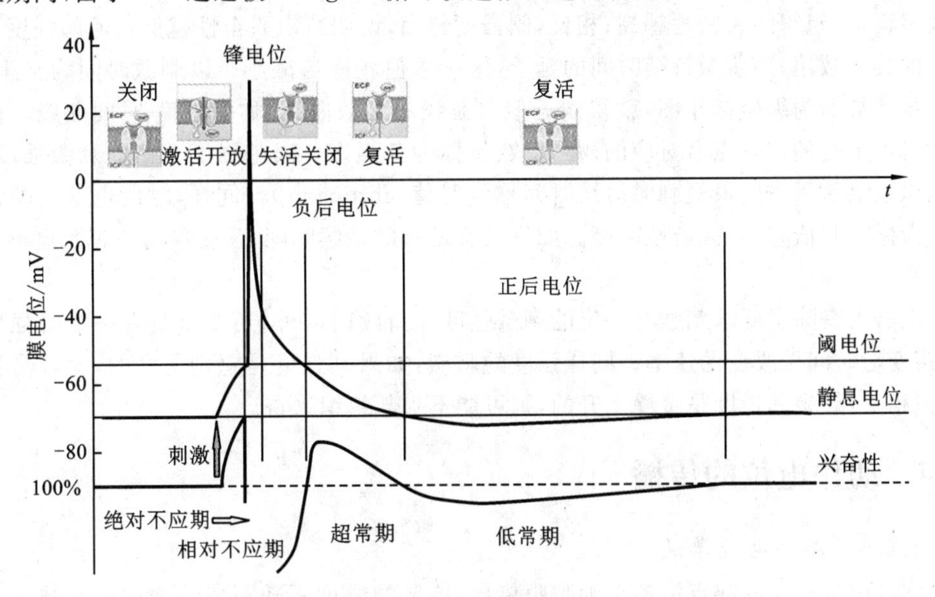


**图 2-15　兴奋性的变化**

都不能作出反应。也就是说,此时细胞的兴奋性为零,称为**绝对不应期**(absolute refractory period)。锋电位结束之后,随着细胞膜复极化的进行,电压门控 $Na^+$ 通道开始由失活转为关闭的备用状态,可以对刺激作出反应。但由于处于备用状态的 $Na^+$ 通道数量较少,刺激只能引起局部去极化,不能再次爆发动作电位,称为**相对不应期**(relative refractory period)。负后电位复极化低于阈电位水平时,细胞膜上的 $Na^+$ 通道均已恢复到备用状态,可以正常对刺激作出反应。此时膜电位尚处于去极化状态,因而阈下刺激就可以使其达到阈电位而引发动作电位。也就是说,此时细胞的兴奋性超过正常,称为**超常期**(supernormal period)。进入正后电位时,细胞膜处于超极化,需要阈上刺激才能使膜电位上升到阈电位,兴奋性低于正常,称为**低常期**(subnormal period)。不应期的存在,表明细胞或组织在单位时间内所能够发生动作电位的频率是有限度的。不应期越长,单位时间内所能够发生动作电位的最高频率越小。

细胞兴奋性变化的另外一个表现是阈下总和现象。单个的阈下刺激不能够引起细胞的兴奋,但是两个以上的阈下刺激同时或相继作用时,则可能引起细胞或组织的兴奋。这是由于,虽然单个的阈下刺激不能引起兴奋,但可以提高细胞或组织的兴奋性,从而使同时或相继发生的阈下刺激转变为阈刺激。

#### 2.4.3.3 引起兴奋的条件

引起细胞兴奋需要组织的正常的新陈代谢以及刺激的特征这两方面必要条件。

首先,组织细胞的新陈代谢是保持兴奋性的基础。尽管发生动作电位时,$Na^+$ 内流以及 $K^+$ 外流,都是通道介导的易化扩散过程,不需要消耗能量。但组织细胞要保持产生动作电位的能力,必须维持细胞内外 $K^+$、$Na^+$ 适当的浓度梯度。因而就需要由新陈代谢提供能量维持钠-钾泵的运转。新陈代谢越旺盛的组织,其兴奋性往往越高。

另一方面,只有刺激达到一定的强度和维持一定的时间,并具有一定的变化率时,才能引起组织兴奋。所有的刺激都具有强度和时间这两方面的特征。如前所述,一定时间内能够使细胞膜去极化达到阈电位引起细胞兴奋的最小强度称为阈强度。刺激的强度只有达到或超过阈强度,才能引起兴奋。阈强度是反映组织或细胞兴奋性高低的指标。阈强度越低,说明组织越易被兴奋,即组织的兴奋性越高;相反,阈强度越高,说明组织兴奋性越低。但阈强度不是一个特定的具体数值,随刺激持续时间的延长,这一数值相应地减小。以刺激时间为横坐标,对应的阈强度数值为纵坐标作图,就得到近似双曲线的函数曲线,称为强度-时间曲线。曲线与时间轴趋近平行的这一点所对应的阈强度数值称为基强度。以基强度 2 倍的刺激强度,刚能引起组织或细胞兴奋的最短刺激持续时间称为**时值**(chronaxie)。同样,时值也是反映兴奋性高低的指标。时值越小,兴奋性越高。如果没有足够的持续时间,强度再高的刺激也不能引起组织兴奋。

组织的兴奋除了要求刺激有一定的刺激强度和持续时间外,还要求具有一定的强度变化率,即强度随时间而改变的速率。同样强度的刺激,如果其强度是急剧上升的,就容易引起组织兴奋;相反,如果其强度是缓慢上升的,则可能不引起组织兴奋。

### 2.4.4 动作电位的传播

#### 2.4.4.1 局部电流学说

动作电位从产生的起点沿整个细胞膜传导,传导的幅度不随距离的增加而衰减。一旦神经纤维膜的某个局部被阈刺激兴奋,动作电位即由膜的兴奋区向周围区以相同的幅值传导。

在神经纤维的兴奋区，膜电位出现反转，而相邻区域仍为外正内负的极化状态，于是在兴奋区和邻近的静息区之间出现了电位差。在膜外，电流从静息区流向兴奋区；而在膜内，电流方向则相反。这种局部电流刺激邻近的静息区的胞膜出现去极化，发生新的动作电位。同理，发生动作电位的部位又与邻近的静息区域发生新的局部电流，刺激新的动作电位的产生。这称为**局部电流学说**(local circuit theory)(图 2-16)。

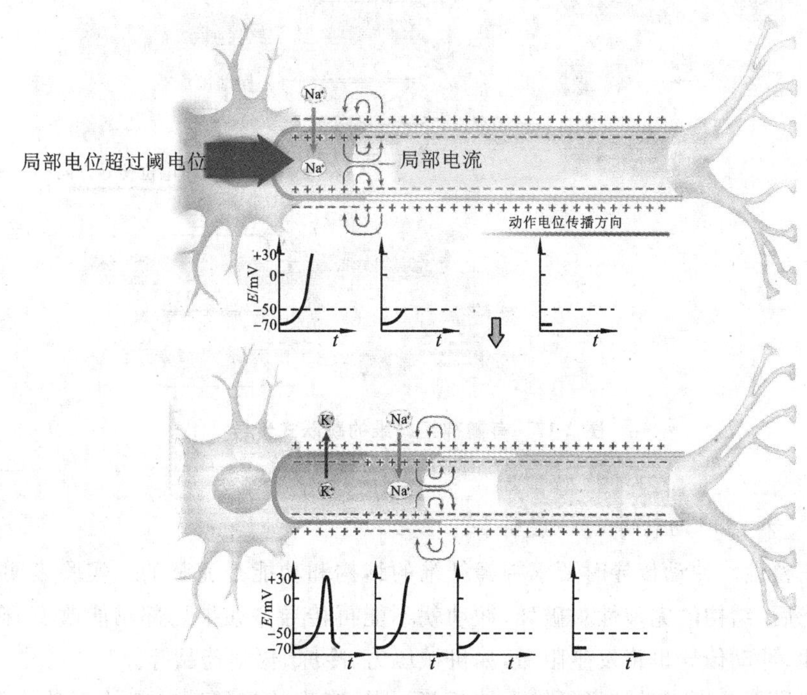


**图 2-16　无髓神经纤维上的神经冲动传导**

(仿 Sherwood 等，2013)

神经冲动在神经纤维上的传导分为**连续性传导**(continuous conduction)和**跳跃式传导**(saltatory conduction)两种。无髓鞘的神经纤维上动作电位的传导属于连续性传导，局部电流沿轴突连续而均匀地向前推进，速度较慢。中枢神经系统中，轴突被少突胶质细胞形成的髓板缠绕，每间隔 1 mm 就有一个没被髓鞘包裹的区域，称为**郎飞氏结或郎飞结**(Ranvier's node)。局部电流可以沿着郎飞结跳跃式传导(图 2-17)。这种传导方式速度快、节能。有髓神经纤维的传导速度比无髓神经纤维的快几十倍。

2.4.4.2　神经纤维的传导速度和影响因素

①纤维直径：不同种类的神经纤维的传导速度不同。一般纤维越粗，传导速度越快，这是因为直径大的神经纤维内阻小，局部电流的强度和空间跨度大。有髓神经纤维的传导速度与直径成正比：传导速度(m/s)=6×直径(μm)；无髓神经纤维的传导速度(m/s)和直径(μm)的平方根成正比。

②髓鞘：有髓神经纤维传递冲动时采用跳跃式传导方式，冲动从一个郎飞结直接传递到下一个郎飞结，从而大大地加快了传导速度。

③温度：在一定范围内，升高温度则神经纤维的传导速度加快，温度降低则传导速度减慢。当温度降低到 0 ℃以下时，会发生传导阻滞，因此，在临床上利用此原理进行冰冻麻醉。

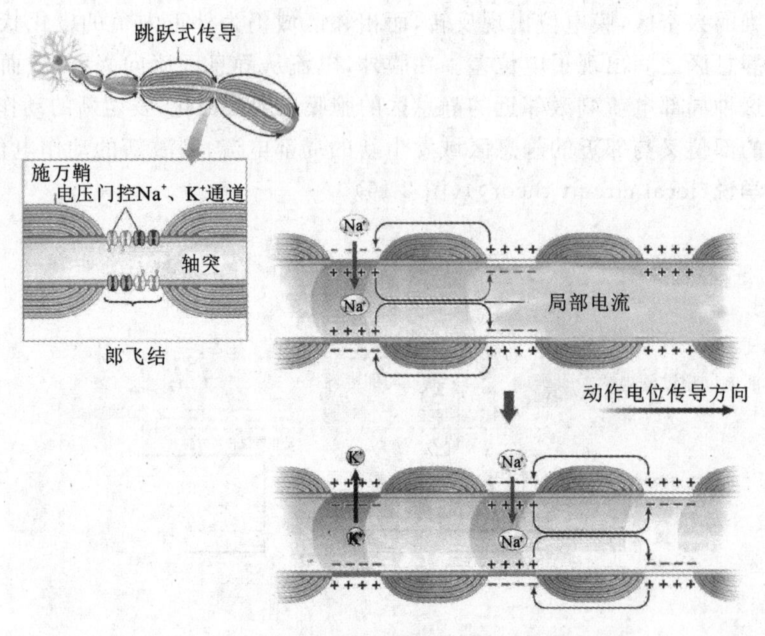


**图 2-17　有髓神经纤维的跳跃式传导**

(Sherwood 等,2013)

2.4.4.3　神经冲动传导的一般特征

①生理完整性。冲动传导时要求神经纤维的结构和功能是完整的。实验表明,神经纤维被切断或损伤后,结构的完整性被破坏,冲动就不能再传导。如果局部功能改变,破坏了生理功能的完整性,冲动传导也将发生阻滞,如机械压力、冷冻、化学药品等。

②双向传导性。当刺激神经纤维上的任何一点,产生的神经冲动就从刺激的部位开始沿着纤维向两端传导,在传向神经轴突末梢方向的同时,也可以传向树突或胞体方向。形成传导双向性的原因是局部电流在刺激点的两端产生后可继续向远端传递。但是,在跨过神经-肌肉接头到达所支配的骨骼肌纤维的这种传递是单向的。

③不衰减性。冲动在同一条神经纤维内传导时,遵循"全或无"的特征,不论传导距离的远近,其冲动的强度、频率和速度始终保持相对恒定,不会由于传导距离的增加而衰减改变,这称为传导的不衰减性。此特性对于机体神经系统的机能非常重要,是准确、迅速完成正常神经调节功能的基本保证。

④绝缘性。在一条神经干内有若干条神经纤维,它们各自传导本身的冲动而不影响邻近的纤维,即各条神经纤维之间是彼此绝缘的,传导兴奋时基本上互不干扰,从而保证了神经调节的精密与准确性。神经纤维相互绝缘的原因是局部电流在一条神经纤维上形成回路。但这种绝缘也是相对的,由于细胞间液的存在,纤维间仍有一定的电紧张性存在。

⑤相对不疲劳性。在实验条件下,采用 50～100 次/s 的电刺激连续刺激蛙的神经 9～12 h,神经纤维仍能传导冲动。与突触传递相比,神经纤维在传递兴奋时,无神经递质的消耗,因此耗能少,表现为不容易发生疲劳的特性。

2.4.4.4　神经干复合动作电位

神经干由许多粗细不等、兴奋阈值不同的神经纤维组成,这些神经纤维电活动的总和称为神经干**复合动作电位**(compound action potential)。随着刺激强度增强,神经干复合动作电位的幅度从无到有，逐渐增加。这是由于当刺激的强度比较小时，只能激活阈值最低的一类纤维，随着刺激强度的增加，阈值较高的纤维也相继兴奋产生动作电位。能够使神经干中所有的纤维都兴奋的刺激强度称作**顶强度**（maximal intensity）。此时复合动作电位的幅度达到最大，再增加刺激强度，复合动作电位的幅度不会再增加了。

## 2.5　骨骼肌接受神经纤维传递的兴奋发生收缩

动物体内的肌肉组织分为骨骼肌、心肌和平滑肌三种，都具有收缩的生理机能。不同类型的肌肉组织、形态结构存在差异，生理特性也有所不同。其中，骨骼肌是最早被研究、已了解比较多的肌肉组织。

### 2.5.1　肌微丝是骨骼肌收缩的结构基础

骨骼肌细胞外形呈细长圆柱状，直径为 10～100 μm，又称肌纤维。每条肌纤维即为一个肌细胞，内有多个细胞核。在肌浆中除有丰富的线粒体、糖原和脂滴外，还充满平行排列的肌原纤维和包在每条肌原纤维外边的肌管系统。肌原纤维和肌管系统是实现肌肉收缩的重要结构。

2.5.1.1　肌原纤维

**肌原纤维**（myofibril）呈长纤维状，纵贯肌纤维全长。每条肌原纤维都有规则的明暗交替排列的横纹，分别称**暗带**（A 带，anisotropic band）和**明带**（I 带，isotropic band），因此骨骼肌也称为横纹肌。肌原纤维由**粗肌丝**（thick filament）和**细肌丝**（thin filament）构成，呈纵向平行排列（图 2-18）。粗肌丝形成 A 带，A 带中间有一个较透明的区，为 H 区，H 区正中还有一条着色较深的 M 线。细肌丝形成 I 带，并有一部分深入 A 带，与粗肌丝交错对插。细肌丝中间有

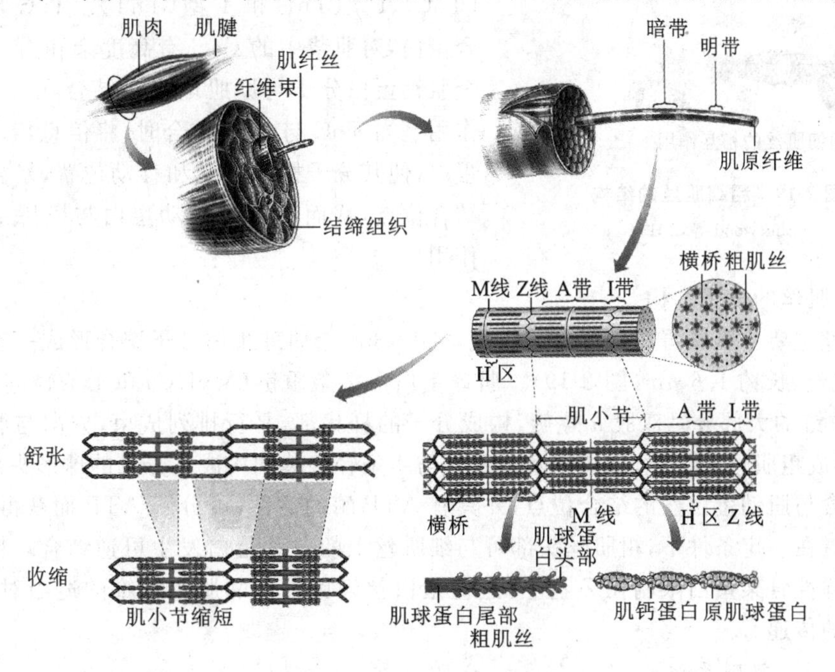


图 2-18　骨骼肌的超微结构

Z线,但是实际上应该称为Z盘,因为它几乎贯穿了肌原纤维的整个横截面。两个Z盘之间为一个**肌小节**(sarcomere)。一个肌小节由一个暗带和两个二分之一明带组成,明带在暗带的两端,肌小节是肌肉收缩与舒张的基本功能单位。当肌肉收缩时,细肌丝向粗肌丝中间滑行,A带不变,I带和H区缩短,肌小节缩短;当肌肉舒张时,A带不变,I带和H区拉长,肌小节变长。肌肉安静时,肌小节长度为2.0～2.2 μm,变化范围为1.5～3.3 μm。

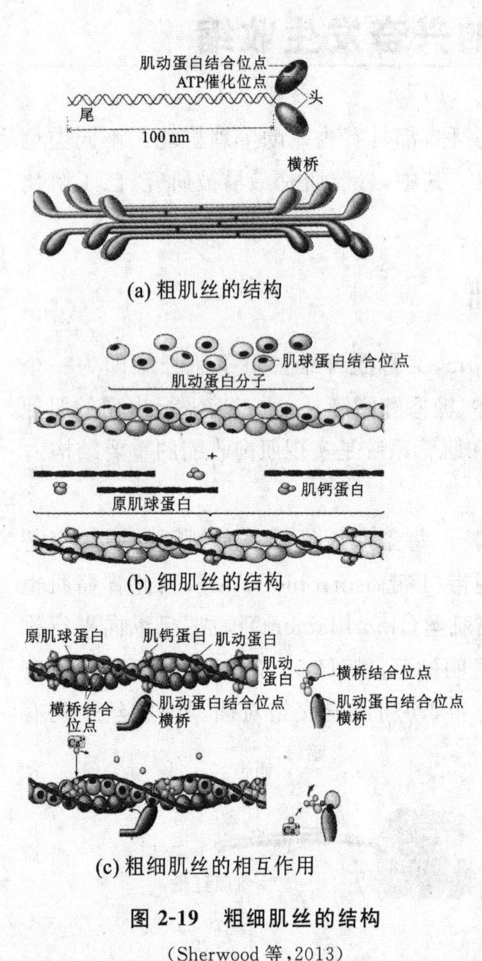


**图2-19 粗细肌丝的结构**

(Sherwood等,2013)

2.5.1.2 粗细肌丝的分子组成

(1)细肌丝的分子结构

细肌丝直径约5 nm,长约1.95 μm,由三种蛋白质多聚体构成(图2-19)。①**肌动蛋白**(actin):由**球形肌动蛋白**(G-actin)构成,长1.6 μm。肌浆中300～400个肌动蛋白连接起来,形成两条串珠状的链,扭曲成双螺旋,构成细肌丝的骨架,上边有能与横桥结合的位点,每个肌动蛋白分子长150 nm,这种线形的肌动蛋白肌丝被称为**纤维形肌动蛋白**(F-actin)。②原肌球蛋白:由两条肽链缠绕形成的双螺旋结构。位于肌动蛋白的双螺旋沟中并与其松散结合,相当于7个肌动蛋白单位的长度。肌原纤维静息时,原肌球蛋白分子位于肌动蛋白的活性位点上,将横桥与细肌丝的结合位点隔开;兴奋时,移向细肌丝双螺旋沟深处,露出结合位点。③肌钙蛋白:钙受体,是球形蛋白。大约每隔40 nm的距离与一个原肌球蛋白分子结合。肌钙蛋白由3个亚单位组成:C型(TnC)、I型(TnI)和T型(TnT)。TnC是一种钙结合蛋白,对肌浆中的$Ca^{2+}$有高度亲和力。TnT使整个肌钙蛋白分子与原肌球蛋白结合在一起。TnI的作用是当TnC与$Ca^{2+}$结合时,将信息传递给原肌球蛋白,使其分子构型改变和移动位置,暴露细肌丝的结合位点,从而解除对肌动蛋白与横桥结合的抑制作用。

(2)粗肌丝的分子结构

粗肌丝主要由**肌球蛋白**(myosin)组成,200～300个肌球蛋白分子聚合形成一条直径约10 nm的粗肌丝,长约1.6 μm(图2-19)。肌球蛋白由2条重链(MyHC)和4条轻链(MyLC)组成。2条重链的大部分呈双股α螺旋,构成分子的杆状部,平行排列成束,方向与肌原纤维长轴平行,形成粗肌丝的主干;重链的其余部分与4条轻链共同构成二分叉的球形头部,即横桥。横桥部包含与肌动蛋白丝的结合位点,并具有ATP酶的活性,可分解ATP而获得能量,用于横桥摆动。在一定条件下,粗肌丝头部可与细肌丝上的肌动蛋白发生可逆结合。粗肌丝两端被大分子弹性骨架蛋白限制在Z盘上,这些蛋白丝确保了相邻肌原纤维的适当对齐,还能协助横向力的传递。

2.5.1.3 肌膜系统

骨骼肌的肌膜系统(图2-20)由外膜系统和内膜系统组成。外膜系统是指包绕在骨骼肌纤维外侧的极细的纤维网状结构，是可传导兴奋的外部肌膜系统。内膜系统，又称**肌管系统**(sarcotubular system)，是指包绕在肌原纤维周围的管状结构。

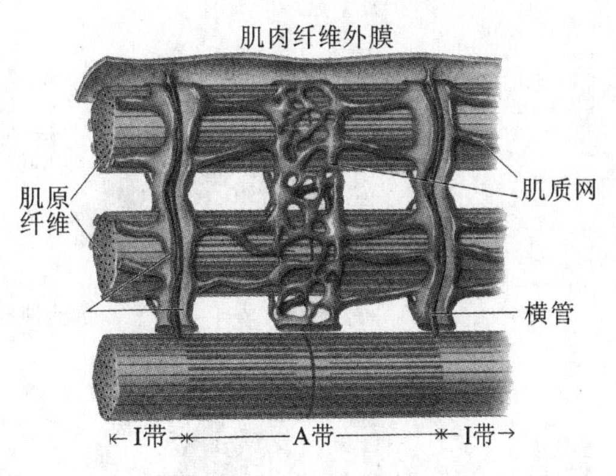


**图 2-20　骨骼肌的肌膜系统**

(Sherwood 等，2013)

肌管系统由两组独立的管道系统组成，一部分走向与肌原纤维相垂直，称**横管系统**(transverse tubule，T 小管)，是肌细胞膜向内凹陷而成，其作用是将细胞膜上的动作电位传入细胞内。在哺乳动物骨骼肌中，T 管一般出现在明带和暗带的交界处；而两栖类 T 管则处于 Z 线处。由于 T 管是由肌细胞膜表面内陷形成的，T 管的腔就是肌细胞外空间向肌细胞内的延伸，细胞外液能通过 T 管系统的开口，深入细胞内部，与每条肌原纤维内的肌浆进行物质交换，但不与肌浆直接接触。

另一部分走向和肌原纤维平行，称**纵管系统**(longitudinal tubule，L 管)，由特化的滑面内质网组成，又称肌质网，它的功能是储备细胞中的钙。构成肌质网膜的蛋白质 80%是钙泵，它可将肌浆中的 $Ca^{2+}$ 泵入肌质网中，从而调节和控制肌浆中 $Ca^{2+}$ 的浓度。纵管包绕肌原纤维，在 A 带中央，纵管由分支互相吻合，使整个纵管系统交织成网；末端在 Z 线附近膨大并相互吻合，形成**终池**(terminal cisternae)，内存 $Ca^{2+}$，在肌肉活动时实现 $Ca^{2+}$ 的储存、释放和再积聚。

T 管和两侧分属两个肌节的终池组成**三联管**(triad)，T 管的细胞膜和终池的细胞膜紧挨在一起，只有在高分辨率的电子显微镜下才有可能看到很小的电子致密斑，在两层膜之间起到物质传递作用。它是把肌细胞的电变化转变为收缩过程的关键部位，将膜电位变化与 $Ca^{2+}$ 的活动偶联起来。

## 2.5.2　骨骼肌的兴奋与收缩

### 2.5.2.1　动作电位通过神经-肌肉接头传递给骨骼肌

**码 2-4　骨骼肌的兴奋与收缩**

(1)神经-肌肉接头基本结构

源于一个 α 神经元的运动神经纤维末梢，可反复分支，形成大量的终末前细支(脱去髓鞘，称无髓终末)，每一分支都支配一根肌纤维。每个 α 运动神经元及其所支配的全部肌纤维，称为**运动单位**(motor unit)，是肌肉收缩的功能单位。一个特定的运动单位在正常情况下所支配的肌纤维数量总是固定不变的，但是不同的运动单位所支配的肌纤维的数量是不同的，从 10 条到 2000 条不等。运动神经纤维末梢和肌细胞相接触的部位，称为**神经-肌肉接头**(neuromuscular junction，NMJ)，是传递神经电信号的结构(图 2-21)。

运动神经纤维的分支在与肌纤维形成接头之前，先失去髓鞘，再分成少数长数十或数百微米的更为细小的分支：神经末梢。神经末梢半嵌入肌纤维表面所形成的浅沟中，上面覆盖着施万细胞。温血动物和变温动物如爬行动物的神经-肌肉接头呈板片状，所以又叫**运动终板**(motor end plate)，简称终板。有些脊椎动物骨骼肌的运动终板不一定是板片状，如蛙的神经-肌肉接头就是树枝状。一般如非特殊说明，终板膜专指属于肌细胞侧的接头膜，即突触后

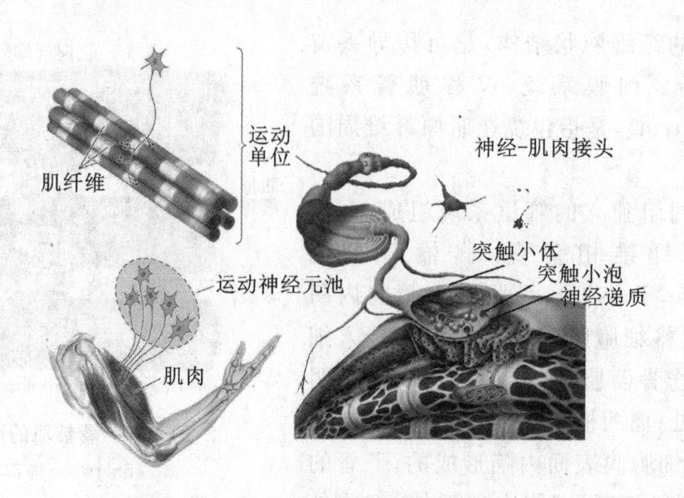


图 2-21 运动单位及神经-肌肉接头结构

膜。神经末梢侧的接头膜叫突触前膜。突触前膜与后膜间存在 30～50 nm 的突触间隙。突触间隙与细胞外间隙相通,其中充满细胞外液和散在的一些纤维基质。在此纤维基质上附有乙酰胆碱酯酶。神经末梢的胞浆内含线粒体和大量的直径约 50 nm 的球形突触小泡。突触小泡内含作为神经递质的乙酰胆碱(Ach)。无脊椎动物如螯虾的神经-肌肉接头的递质是谷氨酸。

终板膜不是平坦的,而是有规律地形成许多皱褶,叫**突触皱**(synaptic ruffle)。突触皱的存在使终板膜面积扩大了 4～5 倍。皱褶的嵴部大致与活动区相对应,因而从活动区释放出的乙酰胆碱可通过较短距离到达终板膜,与位于其中的乙酰胆碱受体相遇。在突触皱嵴部分布的乙酰胆碱受体密度要比在谷底部的高两个数量级。

(2)神经-肌肉接头信号传递的分子机制

神经冲动通过轴突传导至突触前终末,然后在骨骼肌膜上产生可传导的动作电位,这是一个电信号-化学信号-电信号的转换过程。当运动神经元的神经冲动到达轴突终末时,轴突终末上的突触前膜迅速去极化,使电压敏感 $Ca^{2+}$ 通道开放,$Ca^{2+}$ 从细胞外液沿电化学梯度快速进入突触前终末。$Ca^{2+}$ 的大量涌入激活了钙依赖蛋白激酶,同时线粒体产生大量 ATP 提供能量,使突触囊泡能够向突触前膜移动,并与质膜融合,囊泡中的 Ach 释放到突触间隙中。然后 Ach 与突触后膜上的 Ach 受体结合,改变了突触后膜对 $Na^+$ 和 $K^+$ 的通透性,由于 $Na^+$ 的电化学梯度远远大于 $K^+$,因此进入突触后膜内的 $Na^+$ 远远多于流出突触后膜的 $K^+$,使突触后膜去极化形成**终板电位**(end-plate potential,EPP)。EPP 扩散至终板膜周围的骨骼肌细胞膜,使其去极化达到阈电位水平,骨骼肌细胞就产生一次可以传播的动作电位。终板电位只持续 2 ms 左右,因为 Ach 会迅速被乙酰胆碱酯酶水解成乙酸和胆碱。其中,胆碱被重新摄入突触前终末,用于重新合成 Ach。同时,Ach 的失活机制保证了神经向肌肉传递的准确性,当突触前膜静息时突触后膜也静息下来。

没有动作电位传导时,突触前膜也会发生个别囊泡的随机释放。每个囊泡释放的 Ach 在终板膜形成幅度约 1 μV 的电位变化,称为**微终板电位**(miniature endplate potential,MEPP)。动作电位传来时,可引起 200～300 个囊泡的同时释放,引起的 EPP 幅度远高于骨骼肌兴奋的阈电位水平。高幅度的 EPP 和高活性的胆碱酯酶,是确保神经-肌肉接头兴奋传递保持 1∶1 的关键。

2.5.2.2　骨骼肌的兴奋-收缩偶联与肌丝滑行

通常把肌细胞膜产生动作电位的电学变化与引起肌丝滑行的机械变化联系在一起的过程称为**兴奋-收缩偶联**(excitation-contraction coupling)。当骨骼肌兴奋时,兴奋可以沿 T 管向内部传导,使终池膜上的 $Ca^{2+}$ 释放通道开放,导致肌质网终池内大量的 $Ca^{2+}$ 释放到细胞质中。细胞质中 $Ca^{2+}$ 浓度瞬间由 0.1 μmol/L 升高至 10 μmol/L,足够与细肌丝上的肌钙蛋白结合使其达到饱和。$Ca^{2+}$ 的结合使肌钙蛋白构象改变,牵动原肌球蛋白改变构象并离位,暴露出细肌丝上肌动蛋白与横桥的结合位点,横桥与细肌丝肌动蛋白可逆性结合。与此同时,横桥头部的 ATP 酶活性被激活,释放 ATP 分解的 ADP 和无机磷酸,横桥摆动,并拉动细肌丝向肌节中央滑行,肌节缩短,肌肉收缩。横桥头部摆动完成后,Mg-ATP 附着于头部 ATP 酶位点上,使肌球蛋白与肌动蛋白丝分离,ATP 在游离的肌球蛋白头部水解,引起肌球蛋白头部构象的变化,使头部处于储能状态。骨骼肌细胞质 $Ca^{2+}$ 的浓度升高,会同时激活肌质网纵小管膜上的 $Ca^{2+}$-ATP 酶,开始主动转运,将 $Ca^{2+}$ 逆浓度梯度泵回肌质网终池内,保证每次动作电位仅产生一次 $Ca^{2+}$ 的脉冲式快速释放。肌浆中 $Ca^{2+}$ 浓度降低,$Ca^{2+}$ 与肌钙蛋白分离,粗、细肌丝滑出,最终引起肌肉舒张(图 2-22)。

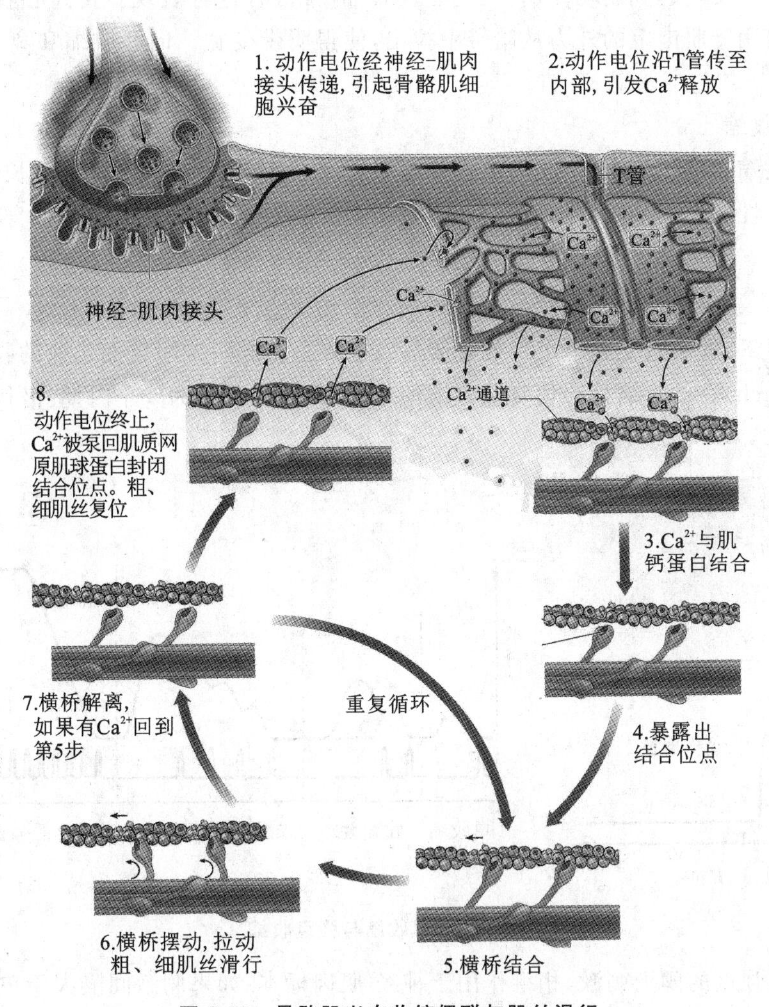


图 2-22　骨骼肌兴奋收缩偶联与肌丝滑行

## 2.5.3 骨骼肌收缩的变化

码 2-5 骨骼肌收缩的能量供应与运动能力

### 2.5.3.1 骨骼肌的收缩形式

根据肌肉收缩的长度和张力变化,一般将肌肉收缩的形式分为三类:**向心收缩**(concentric contraction)、**离心收缩**(eccentric contraction)和**等长收缩**(isometric contraction)。其中,向心收缩与离心收缩因为在收缩过程中肌肉的张力基本不变,仅表现为长度的改变,故称为**等张收缩**(isotonic contraction)。

(1)向心收缩

肌肉收缩所产生的张力大于外加阻力,导致肌纤维缩短,这种收缩叫做向心收缩。如进行屈肘、抬腿跑等练习时,参与活动的主动肌就是做向心收缩。做向心收缩时,肌肉收缩力的方向与肢体移动的方向一致,肌肉做正功。

(2)离心收缩

当肌肉收缩力小于外力时,肌肉虽然在收缩,却被拉长,这种收缩称为离心收缩。这时肌肉的收缩对关节旋转起到制动作用。“小心轻放”时常常有这种表现。在离心收缩过程中,肌动蛋白丝被作用于肌肉上的外力从暗带中拉出,使得明带变宽。向心收缩和离心收缩合称为动态收缩。

(3)等长收缩

当肌肉收缩力等于外力时,肌肉虽在收缩但长度不变,这种收缩形式称等长收缩。等长收缩是肌肉静力性工作的基础,在人体运动中对运动关节固定、支持和保持某种身体姿势起重要作用。

### 2.5.3.2 单收缩与收缩总和

实验条件下,骨骼肌受到单个有效刺激后发生兴奋引起一次短暂而迅速的收缩,称为**单收缩**(single twitch)。单收缩是一切复杂收缩的基础,其过程可分为 3 个时期:潜伏期、收缩期和舒张期(图 2-23)。

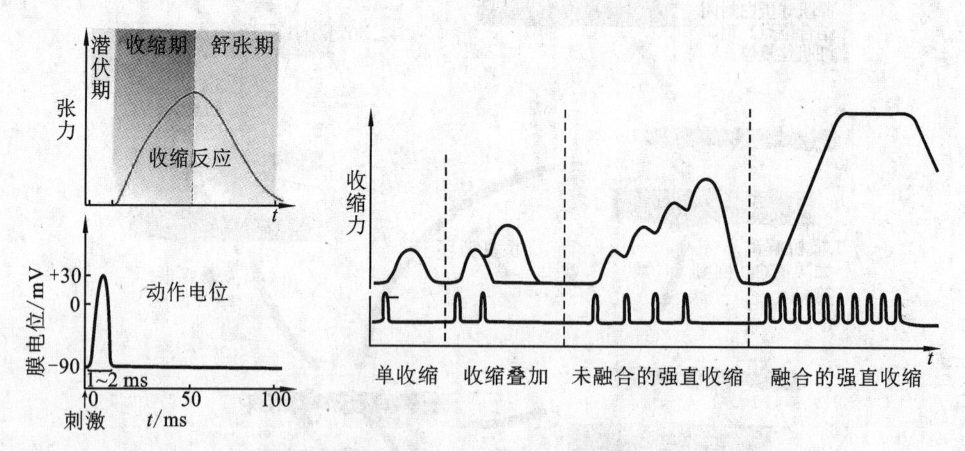


图 2-23 单收缩与强直收缩

两个相同强度的阈上刺激,相继作用于神经-肌肉标本:如果刺激间隔大于单收缩的时程,则肌肉出现两个分离的单收缩;如果刺激间隔小于单收缩的时程而大于不应期,则出现两个收缩反应的重叠，称为收缩的总和。当同等强度的连续阈上刺激作用于标本时，则出现多个收缩反应的叠加，此为**强直收缩**(tetanic contraction)。当后一收缩发生在前一收缩的舒张期时，称为不完全强直收缩；后一收缩发生在前一收缩的收缩期时，各自的收缩则完全融合，肌肉出现持续的收缩状态，此为完全强直收缩(图 2-23)。能够引起骨骼肌发生完全强直收缩的最低刺激频率称为**融合频率**(critical fusion frequency)。正常情况下，由运动神经纤维传到骨骼肌的兴奋冲动都是快速连续的，因此体内骨骼肌的收缩都是不同程度的强直收缩。强直收缩所能产生的最大张力可达到单收缩的 4 倍左右。

2.5.3.3　影响肌肉收缩的主要因素

影响肌肉收缩的主要因素有**前负荷**(preload)、**后负荷**(afterload)和肌肉收缩能力。前负荷和后负荷是外因，而肌肉收缩能力则是内因。

(1)前负荷

前负荷是指肌肉收缩前就加在肌肉上的负荷，它使肌肉在收缩前处于一定的拉长状态。改变前负荷实际上是改变肌肉收缩的初长度。若逐渐增加肌肉收缩的初长度，肌肉收缩时产生的张力也增加；当初长度继续增加到某一数值时，张力达到最大值；此后，再继续增加初长度，张力反而减小。通常把引起肌肉产生最大收缩力的初长度称为最适初长度，这一变化与粗细肌丝的空间位置导致可利用的有效横桥数目的改变有关(图 2-24)。

一般认为，人体肌肉的最适初长度稍长于肌肉在身体中的"静息长度"，此长度被认为接近在人体自然条件下最大可能的伸长。因此，预先拉长肌肉的初长度可增大肌肉的收缩力。

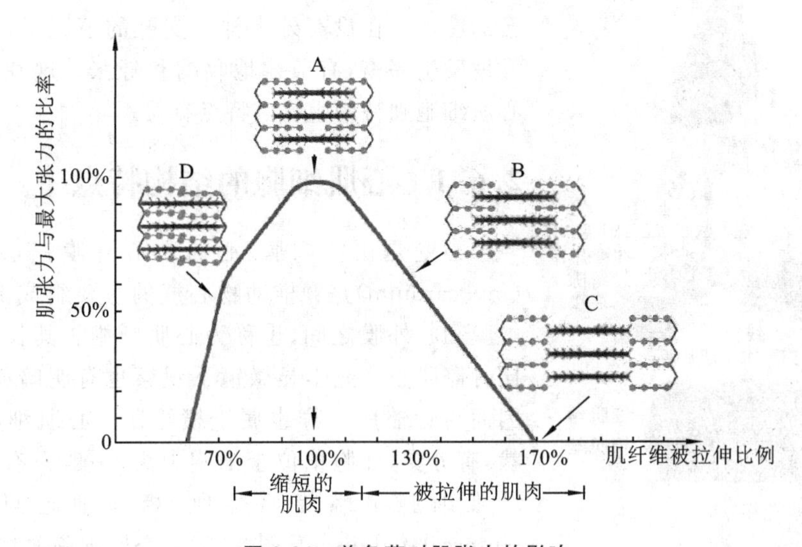


图 2-24　前负荷对肌张力的影响

(2)后负荷

肌肉开始收缩时所拉动的负荷或克服的阻力称后负荷。当肌肉在有后负荷的条件下收缩时，总是张力增加在前。如果其他条件不变，随着后负荷的增大，肌肉缩短前产生的最大张力和达到最大张力所需的时间均增加，而肌肉开始收缩的初速度和缩短的最大长度均减小。当后负荷为零时，肌肉缩短速度最快；当后负荷增大到等于最大肌力时，肌肉的缩短速度为零。后负荷与肌肉的缩短速度呈负相关关系。

后负荷过小时,虽然肌肉的缩短速度大,但肌肉力量小;反之,后负荷过大时,肌张力虽然增大,但缩短速度小。所以,适度的后负荷能使肌肉产生最大功率。要使动作速度快,后负荷必须相应减小;要使肌肉获得更大的力量,收缩速度应减慢。

2.5.3.4　骨骼肌生理特性

(1)兴奋性

兴奋性是一切活组织的共性。相比于心肌和平滑肌,骨骼肌的兴奋性高,不应期短。这是骨骼肌能够发生强直收缩的基础。

(2)传导性

传导性是神经细胞和肌肉细胞的共性。骨骼肌细胞传导兴奋快,但传播范围只局限在同一条肌纤维内,不能到另一条,这是神经系统对骨骼肌收缩进行精细调节的重要条件。

(3)收缩性

收缩性是肌肉组织的特性。相比于心肌和平滑肌,骨骼肌的收缩强度大,速度快,但不能持久。

## 2.6 心脏具有自主兴奋和收缩的能力

心脏的收缩活动是推动血液在血管内循环的原动力。与骨骼肌组织相比,构成心脏的心肌细胞虽然在收缩机制上与骨骼肌基本一致,但也有自己的特点。在没有外来神经支配的情况下,心脏可以自发地发生兴奋,有节律地收缩和舒张。这种活动特点与心肌细胞独特的生物电特点有关。

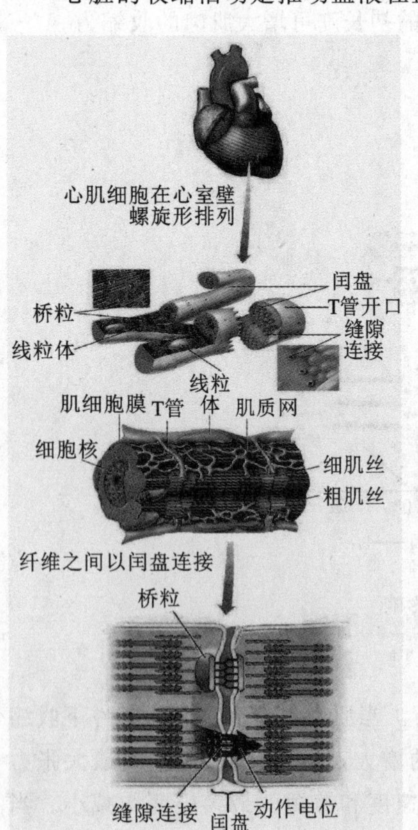


图 2-25　哺乳动物心肌纤维的结构

### 2.6.1　心肌细胞的结构特点

心壁是由心内膜、心肌和心外膜三层组成,**心肌**(myocardium)是脊椎动物心壁的主要组成部分,位于心内膜和心外膜之间,也称为心肌纤维。其长度和直径均比骨骼肌小。光学显微镜下观察也有明暗相间的横纹,因而与骨骼肌一样也属于横纹肌。心肌细胞呈短圆柱状,有分支,细胞核位于细胞中央,一般只有一个。心肌纤维细胞呈螺旋形排列,相邻细胞间形成**闰盘**(intercalated discs)(图 2-25)。心肌细胞通过相互连接形成肌束,闰盘内部有两种膜连接方式:**桥粒**(desmosome)和**缝隙连接**(gap junction)。桥粒是借助较强的物理应力使细胞黏合连接在一起。而缝隙连接是动作电位在细胞间的传递通道(详见第 3 章 3.2.3)。当心室肌细胞收缩时,心室内径变小,心尖迅速以旋转方式拉伸到心脏的顶端,使收缩产生有效压力,驱动血液由心室排出进入动脉血管。大约 1%的心肌细胞肌微丝不发达,甚至没有肌微丝，无收缩功能，如构成窦房结、房内束、房室交界部、房室束和浦肯野纤维等特殊分化了的心肌细胞。它们组成心脏传导系统，通过缝隙连接与其他心肌细胞相连。闰盘之间的缝隙连接组成细胞间通讯的高电导通路，因此，心房或心室作为一个功能合胞体，在一处引起的兴奋会迅速引起所有心肌细胞的收缩。

## 2.6.2　心肌细胞的生物电特点

根据组织学、电生理特性和功能特点，心肌细胞分为两大类：一类是构成心室壁、心房壁的**工作细胞**（working cardiac cell），这类细胞肌微丝发达，主要功能是收缩；另一类是特殊分化形成的**自律细胞**（autorhythmic cell），肌微丝不发达甚至没有肌微丝，主要功能是产生兴奋和传导兴奋。这类细胞又分为快反应细胞（如浦肯野细胞）与慢反应细胞（如窦房结 P 细胞）。

### 2.6.2.1　心室肌的生物电特点

哺乳动物心室肌细胞的静息电位约为－90 mV，也是属于 $K^+$ 的平衡电位。心室肌细胞膜存在**内向整流 $K^+$ 通道**（inward rectifying $K^+$ channel，$I_{Ki}$ 通道），静息时处于开放状态，对 $K^+$ 的通透性很高。细胞内高浓度的 $K^+$ 通过 $I_{Ki}$ 通道顺浓度梯度外流，形成外正内负的极化状态。

心室肌的动作电位与骨骼肌和神经细胞的动作电位不同，在一个迅速的去极化和超射之后出现了一个**平台期**（plateau）。去极化持续约 2 ms，但复极化持续时间长达 200 ms 以上（图 2-26）。整个动作电位分为 5 个时期。

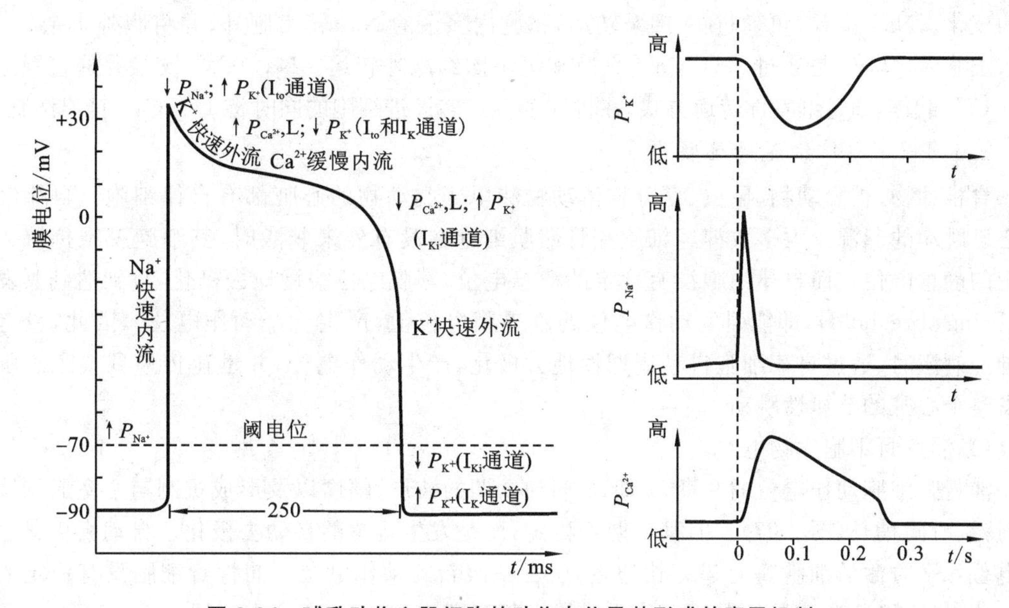


图 2-26　哺乳动物心肌细胞的动作电位及其形成的离子机制

(1)去极化过程

心室肌细胞动作电位的去极化过程称为 0 期。膜电位由静息状态下的－90 mV 迅速上升到＋20 ～＋30 mV，耗时 1～2 ms，构成动作电位的上升支。当细胞膜去极化达到阈电位水平时，激活电压依赖型的 $Na^+$ 通道，$Na^+$ 迅速内流；之后 $Na^+$ 通道迅速失活而关闭，终止 $Na^+$ 的继续内流而进入复极化时相。这种 $Na^+$ 通道的激活和失活的速度都很快，所产生的动作电位称为快反应动作电位，这些心肌细胞称为快反应细胞。

(2)复极化过程

复极化1期膜电位迅速下降,接近0 mV,又称为快速复极早期。这一电位变化主要由**瞬时外向$K^+$电流**(transient outward $K^+$ current)形成。当细胞膜0期去极化到-40～-30 mV时,便激活了细胞膜上另一种$K^+$通道,少量$K^+$开始外流;去极化到0 mV左右时,$Na^+$通道开始失活关闭,$K^+$外流加快,形成瞬时外向$K^+$电流。

复极化2期为平台期,此时外向$K^+$电流和内向$Ca^{2+}$电流达到平衡,复极化缓慢,造成平台期的产生。$Ca^{2+}$主要通过$Ca^{2+}$慢通道(L型通道)进入胞内,此通道失活缓慢,内向电流持续时间较长。此时的外向$K^+$电流是通过**延迟整流$K^+$通道**(delayed rectifier $K^+$ channel,$I_K$通道)形成的。$I_K$通道激活和失活关闭都很缓慢,在0期去极化到-40 mV左右被激活,但激活开启的速率落后于L型$Ca^{2+}$慢通道。$Ca^{2+}$慢通道逐渐失活,$Ca^{2+}$内流逐渐减少时,经$I_K$通道外流的$K^+$才逐渐增加,产生逐渐增强的外向电流,导致动作电位由2期转为3期。心肌细胞膜电位维持在0 mV附近几百毫秒,形成平台期(而神经和骨骼肌细胞只能维持1～2 ms),这是心肌细胞所独有的。

复极化3期,又称快速复极化末期,其特点是细胞复极化速度加快。此期钙通道完全失活,内向离子流终止,外向$K^+$电流随着$I_{Ki}$的加入进一步加强,膜电位迅速降低,恢复到静息电位水平。

复极化4期是复极化过程完成,膜电位稳定在静息电位水平的时期。由于此期膜内外离子的浓度比例与动作电位发生之前有所偏离,细胞膜的离子转运活动加强,但并不表现出膜电位的变化。$Na^+$和$K^+$可通过钠-钾泵转运,将胞内多余的$Na^+$转出胞外,并将胞外多余的$K^+$转入细胞内。$Ca^{2+}$是通过$Na^+$-$Ca^{2+}$交换和钙泵向细胞外转运。$Na^+$-$Ca^{2+}$交换是通过膜上的$Na^+$-$Ca^{2+}$载体,通过继发性转运方式,在将3个$Na^+$转运进细胞的同时将1个$Ca^{2+}$排出细胞。

2.6.2.2　自律细胞的生物电

脊椎动物、被囊动物、昆虫、部分软体动物和甲壳类动物的心脏都有自律细胞。自律细胞是心脏跳动的起源。大多数神经细胞和骨骼肌细胞在没有外来刺激时,其细胞膜维持持久而稳定的静息电位。而自律细胞没有稳定的静息电位,其膜电位缓慢地去极化,直到达到其**发放阈**(firing threshold),即能引发动作电位的临界膜电位值,产生一个动作电位。因此,没有任何神经刺激时,通过自律细胞自动周期性地去极化,产生动作电位,并迅速传递到整个心脏而触发整个心脏的节律性跳动。

(1)浦肯野细胞生物电

浦肯野细胞动作电位的0期、1期、2期和3期的波形、幅度以及形成机制与心室肌细胞相同,持续时间稍长(图2-27)。但其4期不稳定,而是发生缓慢的自动去极化。自动去极化达到阈电位水平时激活细胞膜上$Na^+$快通道,引发一次新的动作电位。浦肯野细胞没有稳定的静息电位,其复极化达到最低点的电位称为**最大舒张期电位**(maximal diastolic potential)或**最大复极电位**(maximal repolarization potential)。由$Na^+$快通道引起的动作电位去极化迅速,因而,浦肯野细胞属于快反应自律细胞。引起浦肯野细胞4期自动去极化的离子基础是逐渐增强的内向$Na^+$电流和逐渐衰减的外向$K^+$电流。

(2)窦房结P细胞

窦房结P细胞最大舒张期电位在-65～-60 mV,阈电位为-40 mV。动作电位没有明显的复极化1期和2期,去极化完成后随即进入复极化3期。复极化到最大舒张期电位时,即开始自动去极化。自动去极化与以下离子流有关(图2-27)。

①随时间进行性增强的内向离子流 $I_f$ 增加。自律细胞复极化或超极化时，**超极化激活环核苷酸门控离子通道**(hyperpolarization-activated cyclic nucleotide-gated channel，HCN)被激活，形成内向离子流 $I_f$。目前发现，这种类型的 $Na^+$ 通道只存在于心脏自律细胞和神经自律细胞中。随着膜电位的进一步去极化，更多的 HCN 开放。由于 HCN 独特的行为，通过 HCN 的电流被称为**起搏电流**(funny current，$I_f$)。

②随时间进行性衰减的外向 $K^+$ 电流。心肌 $K^+$ 通道在去极化中被激活开放，$K^+$ 外流；在动作电位的复极化阶段，$K^+$ 通道开始失活逐渐关闭。在 $K^+$ 外流逐渐关闭的同时，少量的 $Na^+$ 出现内流并进一步增加，膜电位趋向阈电位。

③T 型 $Ca^{2+}$ 通道的激活和 $Ca^{2+}$ 内流。在起搏点电位的后半阶段，随着 HCN 的关闭，T 型钙通道开放，$Ca^{2+}$ 内流，导致细胞膜进一步去极化达到其发放阈，此时 T 型钙通道关闭。阈电位基础上迅速增加的膜电位激活 L 型钙通道。L 型通道是慢通道，此通道开放引起大量的 $Ca^{2+}$ 内流，形成动作电位的上升期。由于这种 $Ca^{2+}$ 通道开放速率比较慢，所形成的动作电位去极化幅度小，速度慢，属于慢反应动作电位，所以这类细胞称为慢反应自律细胞。

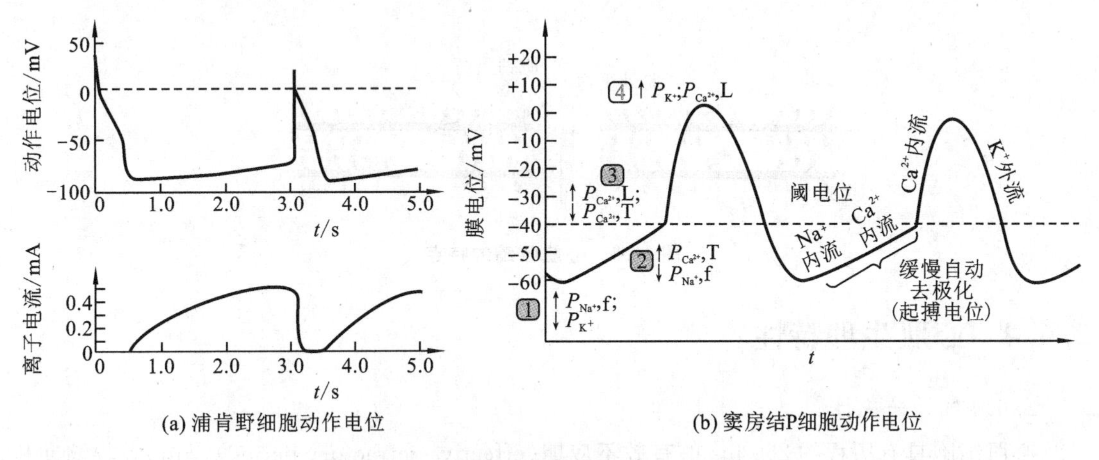


**图 2-27　浦肯野细胞与窦房结 P 细胞动作电位**

f：起搏电流通道；T：T 型 $Ca^{2+}$ 通道；L：L 型 $Ca^{2+}$ 通道

## 2.6.3　心肌的收缩

心肌也属横纹肌，含有由粗、细肌丝构成的和细胞长轴平行的肌原纤维。当胞浆内 $Ca^{2+}$ 浓度升高时，$Ca^{2+}$ 和肌钙蛋白结合，触发粗肌丝上的横桥和细肌丝结合并发生摆动，使心肌细胞收缩。但心肌细胞的结构和电生理特性并不完全和骨骼肌相同。

在骨骼肌细胞，触发肌肉收缩的 $Ca^{2+}$ 来自肌浆网内 $Ca^{2+}$ 的释放。但心肌细胞的肌浆网不如骨骼肌发达，$Ca^{2+}$ 储存量少，其收缩有赖于细胞外 $Ca^{2+}$ 的内流，如果去除细胞外 $Ca^{2+}$，心肌不能收缩，而停在舒张状态。心肌兴奋时，细胞外 $Ca^{2+}$ 通过肌膜和横管膜上的 L 型钙通道流入胞浆，触发肌浆网终池大量释放储存的 $Ca^{2+}$，使胞浆内 $Ca^{2+}$ 浓度升高约 100 倍而引起收缩。这种由少量的 $Ca^{2+}$ 引起细胞内钙库释放大量 $Ca^{2+}$ 的机制，称为**钙诱导钙释放**(calcium-induced calcium release，CICR)。心肌收缩结束时，肌浆网膜上的钙泵逆浓度梯度将胞浆中 $Ca^{2+}$ 主动泵回肌浆网，同时肌膜通过 $Na^+$-$Ca^{2+}$ 交换和钙泵将 $Ca^{2+}$ 排出胞外，使胞浆 $Ca^{2+}$ 浓度下降，心肌细胞舒张(图 2-28)。所以，与骨骼肌不同的是，心肌收缩必须依赖外源 $Ca^{2+}$ 的供给和启动。

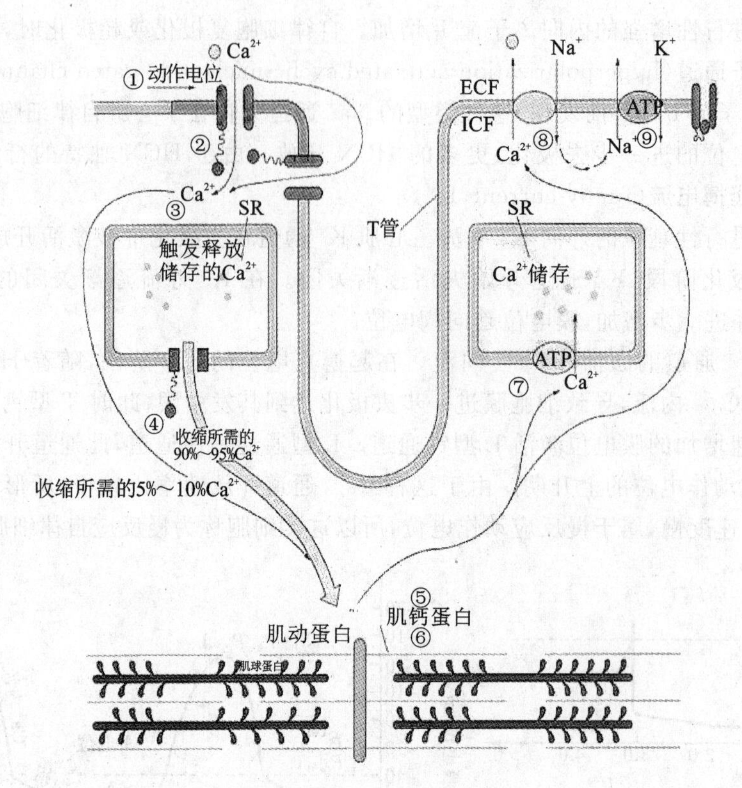

图 2-28　心肌收缩的特点

## 2.6.4　心肌生理特性

### 2.6.4.1　兴奋性

心肌细胞具有历程约 250 ms 的**有效不应期**(effective refractory period),与心脏收缩期相当(图 2-29)。因此,在心脏完成收缩之前,心肌不会被再次激活而兴奋,防止了心脏的强直收缩。如果心脏长时间强直收缩会导致死亡,因此,这是一种非常重要的、有意义的心脏保护机制。

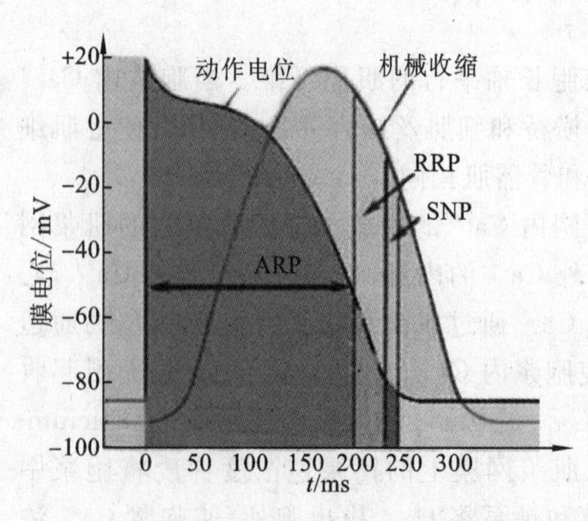

图 2-29　心室肌动作电位与不应期

ARP:绝对不应期;RRP:相对不应期;SNP:超常期

在心室肌细胞发生兴奋的短时间内,即从动作电位 0 期去极化开始,至 3 期复极化达到 −55 mV这一段时间内,任何强大的刺激都不能使其再发生任何形式的兴奋,这段时间称为**绝对不应期**(absolute refractory period,ARP)。膜电位从−55 mV 继续复极化到 − 60 mV 这段时间内,如果给予一个足够强大的刺激,可以引起局部兴奋,但不能引起可传播的兴奋(动作电位),这段时期称为局部反应期。0 期去极化开始到复极化至 −60 mV 的时间内给予任何刺激均不能产生动作电位,这段时期称为**有效不应期**(effective refractory period,ERP)。有效不应期的产生,是因为此期膜电位复极化不完全，$Na^+$通道处于完全失活或刚刚开始进入复活状态不足以再产生动作电位。

2.6.4.2　传导性

构成心房或心室的心肌细胞，在功能上是一个合胞体。起源于窦房结的动作电位通过闰盘迅速传到整个心脏，导致整个心脏的兴奋和收缩。

心肌纤维兴奋的协调统一，使每个腔室作为一个收缩单元，确保心脏泵血的高效性。如果心肌纤维各自兴奋后自由收缩，而不是协调统一地收缩，心脏将不能有效地泵出血液。心室平滑、一致的收缩是泵血所必需的。相反，随意、不协调的收缩只会导致**肌纤维震颤**（fibrillation）。心室快速震颤会引起死亡。两个心房和两个心室相互协调，并同时收缩，确保心脏向肺循环和体循环泵血的同步性。心脏兴奋传导的完美协调性主要通过以下三个阶段完成（图 2-30）。

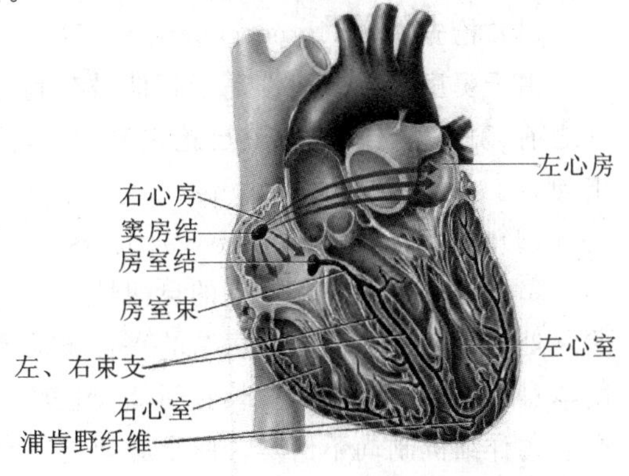


图 2-30　哺乳动物特殊的心传导系统

（1）心房兴奋的传导

窦房结发出的兴奋首先通过低电阻的缝隙连接型闰盘沿心房肌传播，对称地传递到整个左、右心房，以确保两个心房收缩的同步性。

（2）心房与心室之间的兴奋传导

房室结是兴奋由心房进入心室的唯一通道，冲动在这里延搁 0.1 s（成年人）才向心室传播，即**房室延搁**（atrioventricular delay），从而可以使心房收缩完毕之后心室才开始收缩，以确保心室收缩之前心房内血液排空。

（3）心室的兴奋传导

冲动在房室延搁之后，迅速进入以下两个特殊传导分支。

①**房室束**（atrioventricular bundle）是一组特殊分化的细胞群，起始于房室结，进入心室隔膜，分为左、右两个束支，沿心室隔膜下行，在心室底部盘曲，返回到心房外壁。

②浦肯野纤维是房室束延伸的末端细小纤维，贯穿于心室肌膜中。心室收缩纤维网络系统的特殊性在于：能将兴奋迅速传递到整个心室，使心室作为一个收缩单元。使两个心室同时分别高效地向体循环和肺循环泵血。

2.6.4.3　自律性

由心肌细胞特殊分化的、无收缩功能的自律细胞主要分布在心脏以下两个主要部位：①**窦房结**（sinoatrial node，SA node），是哺乳动物和鸟类右心房壁上的一个小的特殊部位。在鱼类和两栖动物的**静脉窦**（sinus venosus）壁上也有功能相似的自律细胞。②**房室结**（atrioventricular node，AV node），是位于右心房底部、靠近隔膜、心房与心室接合口上部的一小束特殊分化的心肌细胞。

心脏各部位的自律细胞自律性高低不同，窦房结的自律性最高，约为 100 次/min；其他各部位的自律性按传导顺序依次降低，房室交界和房室束及其分支次之，心室的末梢浦肯野纤维最低，约为 25 次/min 。由于窦房结的自律性最高，它产生的节律性冲动按一定顺序传播，引起其他部位的自律组织和心房、心室肌细胞兴奋，产生与窦房结一致的节律性活动。因此，窦房结是主导整个心脏兴奋搏动的正常部位，称为**正常起搏点**（normal pacemaker），所形成的心脏活动的节律称为**窦性节律**(sinus rhythm)。自律性较低的其他部位,因受窦房结控制,其自律性不能表现出来,故被称为**潜在起搏点**(latent pacemaker)。在某些异常情况下,例如窦房结自律性异常降低,传导阻滞,使窦房结兴奋不能传导开来,或潜在起搏点自律性特别升高时,潜在起搏点的自律性才表现出来。

正常情况下,窦房结对潜在起搏点的控制有两种方式。

(1)"抢先占领"(preoccupation)

由于窦房结的自律性高于其他潜在起搏点,在潜在起搏点 4 期自动去极化达到阈电位水平之前,窦房结传来的兴奋已抢先激动它,使之产生动作电位,从而使其自身的节律兴奋不能出现。

(2)超驱动压抑(overdrive suppression)

窦房结对于潜在起搏点的自律性产生一种直接的抑制作用。在正常情况下,潜在起搏点始终处在自律性很高的窦房结的兴奋驱动下而"被动"产生兴奋,这种兴奋的频率远远超过它们本身的自动兴奋频率。长时间的"超速"兴奋,造成了压抑效应,因此被称为超驱动压抑,其产生的详细机制尚不清楚。两个起搏点自动兴奋的频率差别愈大,压抑作用愈强,即冲动发放停止后,心脏停搏的时间也愈长。因此,临床应用人工起搏时,如要中断人工起搏,在中断前应逐渐减慢起搏频率,以免发生心搏骤停。

2.6.4.4 收缩性

由于心肌细胞之间存在闰盘的结构,兴奋会通过缝隙连接迅速传递到其他心肌细胞,从而确保这些相互连接的肌细胞作为一个收缩合胞体。脊椎动物的心房肌和心室肌形成两个单独的合胞体,各自收缩产生压力,使封闭血液排出心室。一个始于右心房的冲动,会迅速传递到整个心脏。不像骨骼肌不同数量运动单位的分等级收缩,参与收缩的肌细胞数量是变化的,而心肌纤维的收缩具有"全或无"的特点。

心室肌细胞的有效不应期特别长,所以心肌不会像骨骼肌那样产生完全强直收缩,始终保持着收缩与舒张交替的节律性活动,这是实现心脏泵血功能的重要条件。

正常情况下,心房肌或心室肌分别接受由窦房结传来的节律性兴奋进行活动。如果在心房或心室有效不应期之后,于下一次节律性兴奋到达之前,心肌受到一次人工或异位起搏点的异常刺激,便可引起一次提前出现的兴奋和收缩,称为**期前收缩**(premature systole)。引起期前收缩的期前兴奋也有自己的有效不应期,紧接着的窦性兴奋在期前兴奋之后到达心房或心室,由于正处在期前兴奋的有效不应期内,故不能引起心房或心室新的收缩,即出现一次"脱失",需待下一次窦房结的兴奋到来才能引起新的收缩。因此,在一次期前收缩之后往往出现一段较长时间的心舒张期,称为**代偿性间歇**(compensatory pause)。随后,才恢复窦性节律。

## 2.6.5 心电图

**心电图**(electrocardiogram,ECG)是指在动物体表面的一定部位放置引导电极,引导并记录到的心脏生物电活动波形。心肌兴奋过程中,各种离子通道相继开放和关闭,引起离子跨膜移动而产生动作电位;通过局部电流,动作电位由窦房结经房室交界、浦肯野纤维传导至整个心脏。因此,心电图是整个心脏在心动周期中各细胞生物电活动的综合变化。

用不同导联所记录的心电图波形各有特点,但基本上都包括一个 P 波、一个 QRS 波群和一个 T 波,偶然还有 U 波(图 2-31)。

临床上分析心电图时，主要是分析各波的波幅、时程、波形及其节律是否正常。

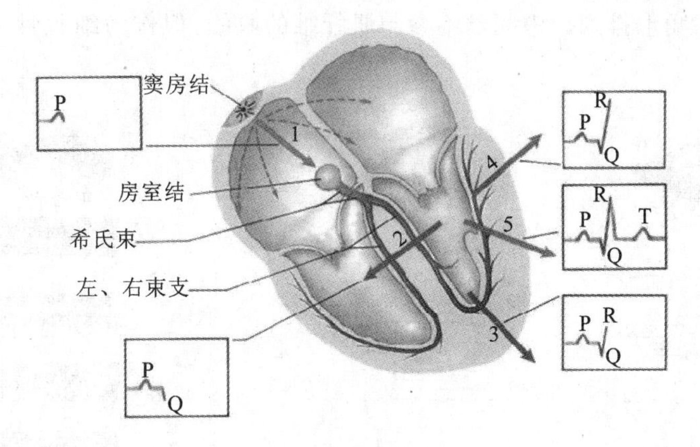


图 2-31　哺乳动物的心电图

P 波代表两心房的兴奋去极化及传播过程产生的电变化。P 波波形小而圆钝，其上升部分代表右心房开始兴奋，下降部分代表兴奋从右心房传播到左心房。

QRS 波群代表左、右心室兴奋去极化过程所产生的电位变化。Q 波向下，随后是高而尖峭向上的 R 波，最后是向下的 S 波。在不同导联中，这三个波并不一定都出现，不同种类的动物，其波形也有所差异。QRS 波群的起点标志心室兴奋开始，当心室内传导发生阻滞时，QRS 波群的时程延长。

T 波代表两心室复极化过程的电位变化。T 波起点为心室复极化开始，终点表示左右心室复极化完成。由于心室的复极化过程比去极化慢，故 T 波经历的时间比 QRS 波群的长。正常心电图 T 波的方向与 QRS 波群主波方向一致。临床检查心电图若发现 T 波方向与 QRS 波群主波方向相反(称 T 波倒置)，提示有心肌缺血或损害。

U 波方向与 T 波一致，波幅在 0.2 mV 以下，历时 0.1～0.3 s。U 波的发生机制不详，一般推测与浦肯野纤维网的复极化有关。

## 2.7　平滑肌

平滑肌与骨骼肌不同，没有明暗相间的横纹，故而也称为**无纹肌**(non-striated muscle)，被视为较横纹肌原始的一种肌肉组织。平滑肌除作为无脊椎动物的躯体肌而广泛分布外，在脊椎动物除心肌之外的大部分内脏肌肉也是由平滑肌组成的。在神经支配方面，平滑肌受自主神经支配，属不随意肌；而骨骼肌受躯体运动神经支配，属随意肌。

### 2.7.1　平滑肌的结构与收缩机制

平滑肌细胞呈梭形，长 50～100 μm，直径 2～10 μm，有单个细胞核。许多平滑肌细胞以薄层形式围绕消化管腔、血管腔和生殖器官等。平滑肌纤维中存在三种类型的肌丝：粗肌丝、细肌丝和中间丝。粗肌丝含有肌球蛋白；细肌丝含有肌动蛋白，但无肌钙蛋白。

平滑肌的粗、细肌丝并不构成肌原纤维，也不存在有规律的肌节(图 2-32)。细肌丝锚定在质膜或细胞质内的**致密体**(dense body)上,后者的功能类似于骨骼肌中的Z线。这些肌丝沿细胞的长轴呈对角形排列。中间丝不参与肌纤维的收缩,但作为细胞骨架的一部分维持细胞的形态。

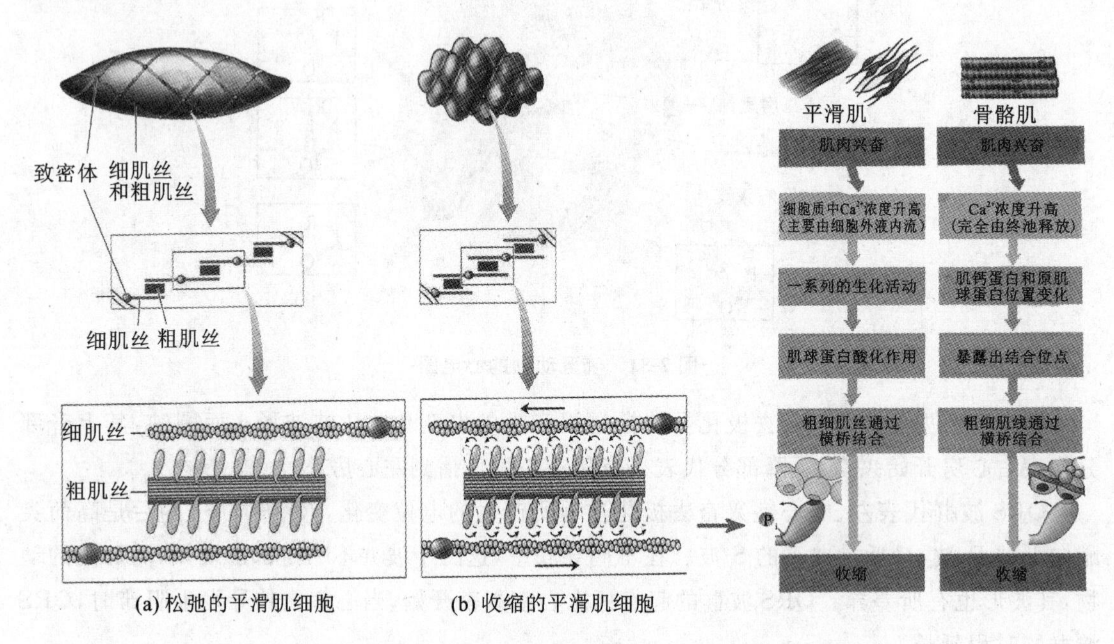


图 2-32　平滑肌的分子结构与收缩机制

在骨骼肌中,$Ca^{2+}$影响的是肌动蛋白,即收缩活动受肌动蛋白的调节;而平滑肌中,$Ca^{2+}$影响的是肌球蛋白,收缩活动受肌球蛋白调节,因为平滑肌的细肌丝中没有与$Ca^{2+}$结合的肌钙蛋白。另外,两种类型肌细胞的收缩对$Ca^{2+}$依赖的来源也有很大差别。

平滑肌细胞兴奋时,胞内$Ca^{2+}$浓度增加,后者作为信使分子引发一系列生化反应,最终引起肌球蛋白磷酸化。其过程为:①4个$Ca^{2+}$与胞内的**钙调蛋白**(calmodulin)结合,后者与肌钙蛋白结构相似;②所形成的复合物结合并激活细胞质中的**肌球蛋白轻链激酶**(myosin light-chain kinase,MLCK);③激活的MLCK分解ATP,使位于肌球蛋白头部的肌球蛋白轻链磷酸化;④磷酸化的横桥激活,与肌动蛋白结合。

平滑肌横桥的活动是通过粗肌丝中肌球蛋白的化学变化启动的,而在横纹肌中则是通过细肌丝中的物理变化启动的。平滑肌的横桥周期显著长于骨骼肌的横桥周期。

平滑肌没有T小管,肌质网也不发达。细胞质中的$Ca^{2+}$有两个来源:一是储存在肌质网中的$Ca^{2+}$;二是通过质膜$Ca^{2+}$通道从细胞外进来的$Ca^{2+}$。细胞外$Ca^{2+}$是启动平滑肌细胞收缩的主要来源。在平滑肌细胞膜上存在着电压门控敏感$Ca^{2+}$通道和胞外化学信号控制的$Ca^{2+}$化学门控通道。胞外$Ca^{2+}$的浓度大约是胞内的10000倍,当$Ca^{2+}$通道开放时,$Ca^{2+}$能顺浓度梯度快速进入胞内。

在质膜$Ca^{2+}$-ATP酶作用下,$Ca^{2+}$能主动转运回肌质网或排出胞外。骨骼肌单个动作电位诱发释放的$Ca^{2+}$数量,足以覆盖细肌丝上所有肌钙蛋白的结合位点;但在平滑肌中,多次刺激才能激活一部分横桥,$Ca^{2+}$的浓度越高,则激活的横桥数量越多,产生的张力也越大。在某些平滑肌中,细胞质中$Ca^{2+}$的浓度足以维持一个低水平的横桥活动,因此即使没有任何刺激,平滑肌也能维持在一个低水平紧张状态,这种现象称为**平滑肌紧张**(smooth muscle tone)。

根据神经支配以及结构和活动特点，平滑肌分为**一单位平滑肌**(single-unit smooth muscle)和**多单位平滑肌**(multi-unit smooth muscle)。多单位平滑肌，其中所含各平滑肌细胞在活动时各自独立，类似于骨骼肌细胞，如竖毛肌、虹膜肌、瞬膜肌(猫)，以及大血管平滑肌等，它们各细胞的活动受外来神经支配或受扩散到各细胞的激素的影响(图 2-33)；一单位平滑肌类似于心肌组织，其中各细胞通过细胞间的电偶联而可以进行同步性活动，这类平滑肌大都具有自律性，在没有外来神经支配时也可进行近于正常的收缩活动(由于起搏细胞的自律性和内在神经丛的作用)，以胃肠、子宫、输尿管平滑肌为代表。还有一些平滑肌兼有两方面的特点，很难归入哪一类，如小动脉和小静脉平滑肌一般认为属于多单位平滑肌，但又有自律性；膀胱平滑肌没有自律性，但在遇到牵拉时可作为一个整体起反应，故也列入一单位平滑肌。

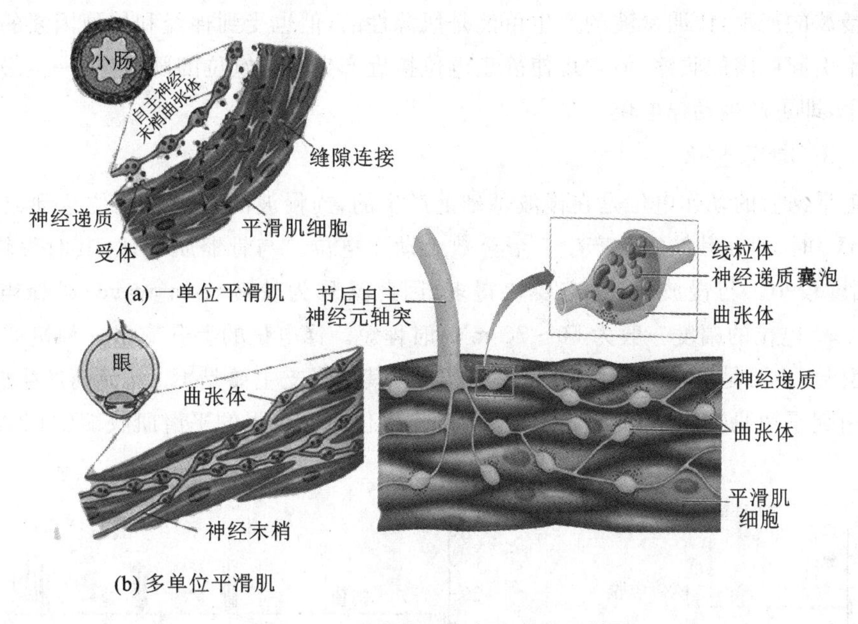


图 2-33　一单位平滑肌与多单位平滑肌

## 2.7.2　消化道平滑肌的生物电特点

分布于消化道管壁的平滑肌常形成纵行肌层和环行肌层，产生消化管道的运动，是动物体内数量最多的平滑肌组织。构成消化道的平滑肌属于一单位平滑肌，生物电变化大致有三种：**静息膜电位**(resting membrane potential)、**慢波电位**(slow wave potential)和**动作电位**(action potential)。

### 2.7.2.1　静息膜电位

消化道平滑肌细胞处于静息状态时，细胞内外的电位差表现为内负外正，幅值为－60～－50 mV。平滑肌细胞膜除了对 $K^+$ 具有通透性外，对 $Na^+$ 和 $Cl^-$ 也有一定的通透性，其静息电位的形成既有 $K^+$ 的外流，也有的 $Na^+$ 内流和 $Cl^-$ 的外流。此外，$Ca^{2+}$ 的跨膜扩散和平滑肌上的钠-钾泵活动对平滑肌细胞静息电位的形成也有重要的作用，因此，消化道平滑肌细胞的静息电位不稳定，波动较大。

### 2.7.2.2　慢波电位

用细胞内记录的方法观察到，消化道平滑肌的静息电位具有节律性波动，即周期性的缓慢去极化和复极化电位波动,因时程长,频率低,称为慢波电位或**基本电节律**(basic electrical rhythm,BER)。其波幅为 5～15 mV,慢波电位的频率因动物种类、器官以及部位而异,但是同一种动物、同一器官各部位的频率是固定的,如狗胃的慢波电位电节律为 5 次/ min,十二指肠为 18 次/min,回肠为 13 次/min。

慢波产生的离子机制尚未完全阐明,可能与细胞膜上生电性钠-钾泵的周期性低频波动有关。当钠-钾泵的活动减弱时,钠-钾泵排出量减少,膜呈去极化;当钠-钾泵恢复至基础活动水平时,钠-钾泵排出量增加,细胞内 $Na^{+}$ 减少,形成复极化。也有的资料则认为,慢波的产生主要与 $Ca^{2+}$ 有关。当平滑肌细胞上的 $Ca^{2+}$ 通道开放时,$Ca^{2+}$ 进入膜内,产生慢波的去极化相。随后,细胞内 $K^{+}$ 通道激活,$K^{+}$ 外流增加,形成慢波的复极化相。切断支配平滑肌的神经纤维并不影响慢波的产生,说明慢波的产生可能是肌源性的,但也受到神经和体液因素的调节。慢波电位并不引起肌肉的收缩,但它可使静息电位接近产生动作电位的阈电位,一旦去极化达到阈电位水平,即可产生动作电位。

#### 2.7.2.3 动作电位

消化道平滑肌的动作电位是在慢波基础上产生的,当慢波的去极化电位达到或超过阈电位(−40 mV)时,即在其波幅上产生 1 个至数个动作电位。与骨骼肌相比,其时程较长(10～20 ms)、幅度较小。与慢波相比,它要快得多,因此又称为**快波**(fast wave)或**锋电位**(spike potential)。锋电位的幅度一般为 50～70 mV,时程短。锋电位的上升支由一种慢通道介导的离子内流引起(主要是 $Ca^{2+}$ 和少量 $Na^{+}$ 的内流)。其下降支主要是 $K^{+}$ 外流而产生的复极化。$Ca^{2+}$ 内流引起平滑肌收缩,因此,较高频率的动作电位引起较强的平滑肌收缩(图 2-34)。

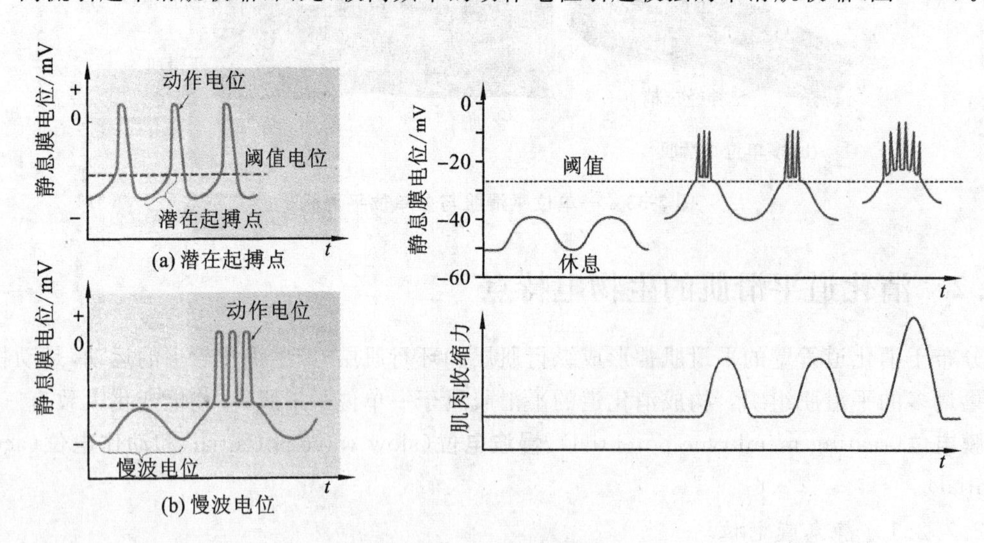


**图 2-34 平滑肌动作电位与肌张力**

## 2.7.3 消化道平滑肌的一般特性

消化道平滑肌具有肌肉组织共同的特性(如兴奋性、收缩性、传导性等),这些特性的表现又有其自身的特点。

2.7.3.1　兴奋性较低

与骨骼肌相比，消化道平滑肌的兴奋性较低，收缩的潜伏期、收缩期和舒张期也比较长，所以每次收缩的时间比骨骼肌长得多。

2.7.3.2　自动节律性

消化道平滑肌可自动、缓慢而有节律地去极化，引起节律性收缩。离体后，在适宜条件下能够自动地进行节律性收缩。但它们的收缩很缓慢，收缩的节律和振幅远不如心肌那样有规律，而且变异大。

2.7.3.3　伸展性

消化道平滑肌具有很大的伸展性，能够适应实际的需要而伸展，最长可达原来长度的 2～3 倍。这对某些器官（特别是胃）容纳、储存几倍于自身初体积的食物是十分有利的。

2.7.3.4　紧张性收缩

消化道平滑肌经常处于一种微弱持续的收缩状态，称为**紧张性**（tonus）。这种紧张性能使消化道各部分保持一定的形状、位置，使消化管内经常保持一定的基础压力，胃肠的容量与食物的容积相适应。这种紧张性是平滑肌本身的特性，平滑肌的各种收缩活动都是在紧张性的基础上发生的。

2.7.3.5　对化学、温度和机械牵张刺激的敏感性

消化道平滑肌对电刺激不敏感，但对化学刺激很敏感，如微量的乙酰胆碱可使平滑肌收缩，微量的肾上腺素、去甲肾上腺素则使之舒张。此外，牵张刺激可使其收缩加强，温度下降可使其活动减弱。

## 复习思考题

1. 简述细胞膜的结构与功能特点。
2. 简述钠-钾泵的活动以及继发性主动转运过程。
3. 分析比较静息电位、动作电位与局部电位的形成与特点。
4. 简述神经-肌肉接头的结构与兴奋传递过程。
5. 简述心肌细胞动作电位的形成与其兴奋性和收缩特点的关系。
6. 简述平滑肌的种类及其生物电特点。

**码 2-6　第 2 章主要知识点思维路线图一**

**码 2-7　第 2 章主要知识点思维路线图二**

码 2-8 第 2 章主要知识点思维路线图三

码 2-9 第 2 章主要知识点思维路线图四

码 2-10 第 2 章主要知识点思维路线图五

# 第3章 神经系统



动物体是一个复杂的有机体，机体活动的完整统一性和对环境的适应性主要依赖神经系统和内分泌系统的调节，其中神经系统是机体内起主导作用的调节系统。动物神经系统是由神经细胞和神经胶质细胞组成的庞大而复杂的信息网络系统，通过电信号的传导、传递，调节机体各系统和器官的功能，对内、外环境的变化作出迅速而完善的适应性反应。

## 3.1 神经系统的进化

### 3.1.1 无脊椎动物神经系统的进化

从多细胞动物开始，动物身体的各个部分逐渐分化，产生了特殊的神经细胞，这些细胞发出许多细长的突起，交织在一起形成最简单的神经系统——**神经网**(nerve nets)，专门执行着传递兴奋的功能(图 3-1)。神经系统的下一个重要进化是许多神经细胞的胞体聚集形成**神经节**(ganglion)。例如，蚯蚓身体的每一个体节中央都有一个神经节，且发出神经分布到身体的各个部分，联合成一个整体。

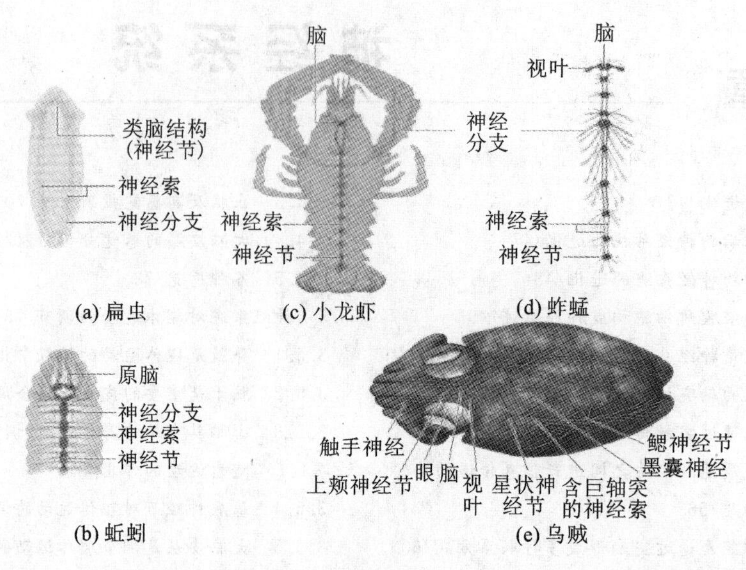


**图 3-1 无脊椎动物神经系统**

(自 Sherwood 等,2013)

## 3.1.2 脊椎动物神经系统的进化

### 3.1.2.1 中枢神经从左右对称的脊椎动物开始

由无脊椎动物进化到脊椎动物,在动物进化史上是一个重大的进步。脊椎动物的身体形态、结构、神经系统、感觉器官和运动器官都比无脊椎动物有很大的变化和发展。脊椎动物的背侧有一条脊柱骨,内有一条**神经管**(neural tube),这是脊椎动物神经系统所具有的统一形式,中枢神经系统主要存在于脊椎动物的椎管中。

### 3.1.2.2 脑部神经的进化

管状神经系统的出现为脑的形成准备了条件。在神经管的前端膨大部分首先形成**脑泡**(brain vesicles),随后逐渐发展成为相对独立的五个脑泡:前脑、间脑、中脑、延脑和小脑。两栖动物的前脑已经发展成为两个半球。爬行动物开始出现大脑皮层(又称大脑皮质),这是神经系统演化过程的新阶段(图 3-2)。随着神经系统的发展,特别是脑的发展,各种感觉器官和运动器官日趋专门化,获得了新的反应能力。

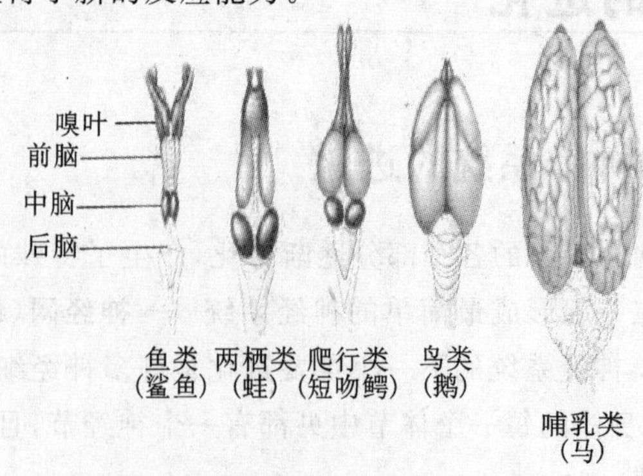


**图 3-2 不同动物脑组织形态比较**

(仿 Sherwood 等,2013)

3.1.2.3 哺乳动物神经系统的发展

哺乳动物的大脑半球开始出现**沟回**(sulcus),从而扩大了皮层的表面积,脑的各部位的机能也日趋分化。大脑皮层是整个神经系统的最重要部位,是动物各种复杂行为的最高指挥中心。哺乳动物发展到高级阶段,出现了灵长类动物。大脑皮层对外界刺激的分析和综合能力大大提高。它们不仅能用感知来控制行为,而且在某些复杂的活动中加入了表象的成分,有了最简单的概括能力。因此,在一定程度上,它们能认识事物之间的关系,具有解决问题的能力。

## 3.2 神经元与神经胶质细胞构成神经系统

### 3.2.1 神经元是神经系统结构和功能的基本单位

**神经细胞**(nerve cell)又称为**神经元**(neuron),是神经系统结构和功能的基本单位。神经元是一种高度特化的细胞,具有电化学活性,能感受细胞内外各种刺激,接受、整合信息,产生并传递**神经冲动**(nerve impulse),对所支配的效应器具有一定的调节和控制效应。此外,有一些神经元具有分泌功能,可将从其他中枢神经系统部位传来的神经信息转变为激素信息,通过体液的传输,作用于远离神经末梢的靶细胞。

3.2.1.1 神经元的基本结构

典型的神经元主要由**胞体**(cell body)和**突起**(neurite)两部分构成(图 3-3)。其中,神经元细胞质内除有一般细胞所具有的细胞器如线粒体、内质网外,还含有特有的神经原纤维及尼氏体。神经元的胞体是细胞代谢和整合信息的重要部位,主要集中在大脑和小脑皮质、脑干和脊髓灰质及神经节中。

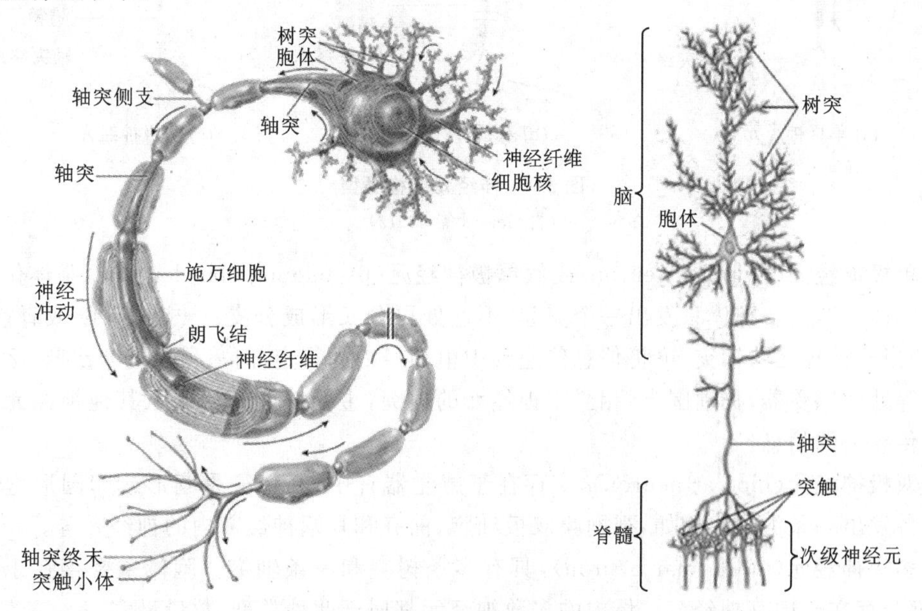


图 3-3 神经元的解剖结构

(自 Gerard 等,2012)

神经元的突起根据形状和机能不同可分为**树突**(dendrite)和**轴突**(axon)两类。树突是胞体的延伸部分,各类神经元树突的数目多少不等,形态各异,短、粗,分支多,呈树枝状,有利于扩大神经元接受信息的面积。树突的主要功能是接受冲动,并将信息传递给胞体。

轴突是由胞体发出的直径均匀的细长突起,除个别神经元外,一般一个神经元只有一根轴突。轴突与胞体连接的圆锥状膨大部分是**轴丘**(axon hillock),其顶部起始的一段(50～100 μm)裸露部分称为**轴丘始段**(initial segment),是神经冲动起源的主要部位。轴突一般具有绝缘性**髓鞘**(myelin sheath),轴突上相邻的两段髓鞘之间的狭窄部分称为郎飞结。髓鞘是神经胶质细胞的细胞膜缠绕在轴突外面形成的多层膜结构,其中最外层含有细胞质和细胞核的部分是**神经膜**(neurolemma),对轴突的再生具有重要的作用。

不同种类神经元的轴突长短不一,表面光滑,分支很少;若有分支,则是垂直于轴突主干发出,称为**侧枝**(collateral)。轴突末端失去髓鞘,形成许多细小的分支,即神经末梢。神经末梢的末端膨大成球状,称为**突触小体**(synaptic knob),内含丰富的**神经递质**(neurotransmitter)。在神经末梢与其他神经元的胞体、树突、轴突或肌细胞、腺细胞等效应器形成**突触**(synapse),将神经冲动由一个神经元传递到另一个神经元或肌肉、腺体等效应器。

3.2.1.2 神经元的分类

神经元的种类繁多,其大小、形态也有很大的差异。

(1)根据神经元突起的数目及形态结构特点分类

根据神经元突起的数目及形态结构特点,可将其分为以下三种(图 3-4)。

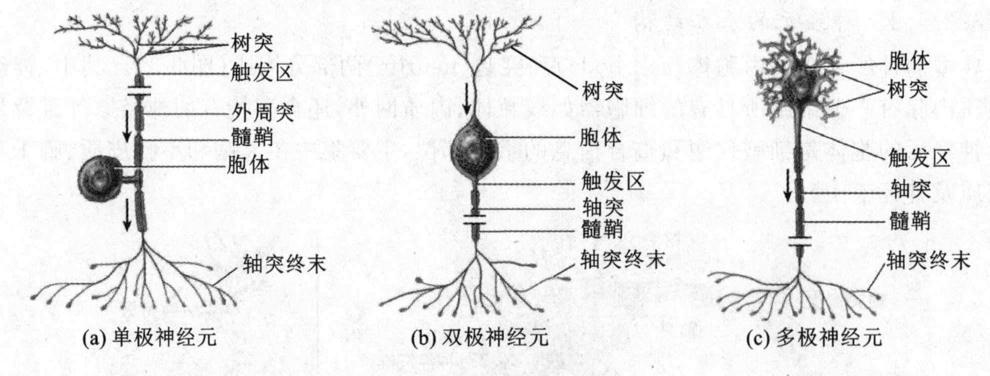


**图 3-4 神经元结构类型**

(自 Gerard 等, 2012)

①**单极神经元**(unipolar neuron)或**假单极神经元**(pseudounipolar neuron),胞体位于脑神经节或脊神经节内。胞体只发出一个突起,不远处再分叉形成分支:一支进入脑或脊髓,称中枢支,相当于神经元的轴突,可将信息传递到中枢神经内的特定部位;另一支至皮肤、运动系统或内脏等处的感受器,称周围支,相当于神经元的树突,主要功能是接受从其他神经元或外周感受器传导来的信息。

②**双极神经元**(bipolar neuron),多存在于感觉器官中,其特征是圆形或卵圆形胞体相对的两端各发出一条突起。例如,视网膜双极细胞、前庭和耳蜗神经节内的神经元等。

③**多极神经元**(multipolar neuron),具有多条树突和一条轴突。胞体主要存在于脑和脊髓内,部分存在于内脏神经节。体内的多数神经元都属于此种类型,数量最多。

(2)根据神经元的功能分类

根据神经元的功能,又可将其分为以下几种。

①**感觉神经元**(sensory neuron)又称**传入神经元**(afferent neuron),一般位于外周的感觉神经节内,为假单极或双极神经元,能够感受到体内外环境变化的刺激,并将从外周接受的各种信息向中枢神经系统传递。如脊神经节、中枢神经感觉核的神经元等。

②**运动神经元**(motor neuron)又称**传出神经元**(efferent neuron),一般位于脑、脊髓的运动核内或周围的自主神经节内,为多极神经元。它的功能是将兴奋从中枢部位传至外周,从而支配肌肉、腺体等效应器的活动。

③**联络神经元**(association neuron)又称**中间神经元**(interneuron),广泛存在于中枢神经灰质中,为多极神经元,多形成神经网络。中间神经元位于感觉神经元和运动神经元中间,起连接、整合等作用,如脊髓中的闰绍细胞、丘脑后角的一些中间神经元等(图3-5)。

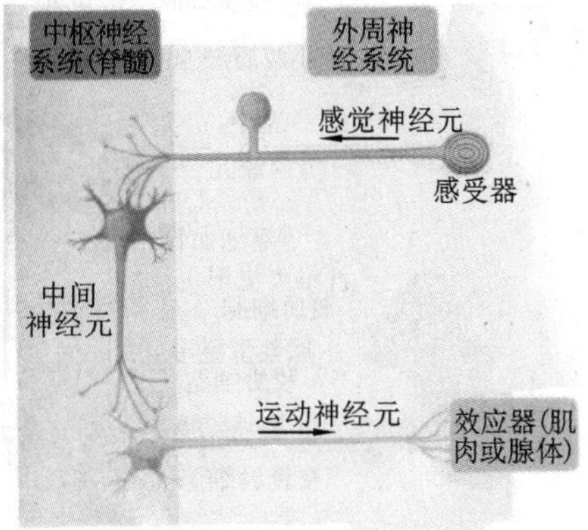

**图3-5　感觉、运动、中间神经元的结构和功能**

(仿Sherwood等,2013)

(3)其他分类

根据神经元的电生理特性,可将其分为兴奋性神经元和抑制性神经元两类。此外,根据神经元所含的递质种类,可将神经元分为**胆碱能神经元**(cholinergic neuron)、**肾上腺素能神经元**(adrenergic neuron)和其他各种递质的神经元(多巴胺能神经元、肽能神经元等)。

3.2.1.3　*神经胶质细胞的结构与功能*

**神经胶质细胞**(neuroglia cell)分布于神经元之间,是神经系统的间质细胞或支持细胞,占中枢神经系统细胞的90%。神经胶质细胞的胞体较小,虽然也具有突起,但无树突、轴突之分,不具有传导兴奋的功能。中枢神经系统内的神经胶质细胞包括**星形胶质细胞**(astrocyte)、**少突胶质细胞**(oligodendrocyte)、**小胶质细胞**(microglial cell)及**室管膜细胞**(ependymal cell)等(图3-6)。分布于外周神经系统的神经胶质细胞主要为构成髓鞘的**施万细胞**(Schwann cell)和**卫星细胞**(satellite cell),中枢神经系统中的髓鞘则由少突胶质细胞构成。

神经胶质细胞对于维持神经元形态、功能的完整性以及神经系统微环境的稳定性等都很重要。神经胶质细胞的主要功能包括以下几种。

(1)框架、支持作用

神经胶质细胞广泛地与神经细胞紧密相邻,将神经元胶合在一起,为神经元提供支持作用。例如,星形胶质细胞的胞体伸出许多长且有分支的突起,填充在神经元胞体和突起之间,起支持和隔离作用。

(2)修复、再生作用

神经胶质细胞具有终身分裂增殖的能力。神经元受损害或衰老死亡后,其空隙由神经胶质细胞进行分裂增生修补填充。

(3)吞噬和免疫应答

小胶质细胞具有细胞免疫功能。当神经损伤后,小胶质细胞可转变为巨噬细胞,吞噬凋亡或损伤的神经细胞。

(4)物质代谢和营养中心

星形胶质细胞能够进行物质的转运,有利于神经元与毛细血管之间的物质交换。此外,星

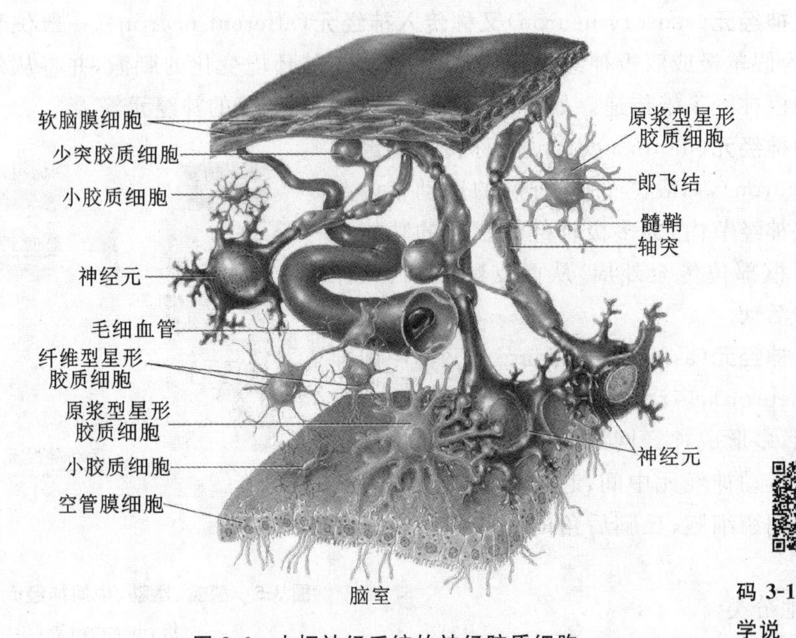


码 3-1 神经元学说

图 3-6 中枢神经系统的神经胶质细胞

(自 Gerard 等, 2012)

形胶质细胞还能分泌一些神经营养性因子,对神经元的生长、发育、功能具有重要的营养作用。

(5)绝缘

外周神经的施万细胞和中枢神经系统的少突胶质细胞围绕在神经元的轴突外面形成髓鞘,具有绝缘性,使神经纤维在传递兴奋时互不干扰。

(6)稳定细胞外的 $K^+$ 浓度

星形胶质细胞可以通过钠-钾泵的活动,调节细胞间隙合适的 $K^+$ 浓度,维持神经元正常的活动。

神经胶质细胞不仅种类和数量多,而且功能也多种多样。除了上述的功能以外,神经胶质细胞还具有参与某些递质的物质代谢、增强突触形成与强化突触传递等作用。

## 3.2.2 神经元的轴突构成神经纤维

神经纤维是神经元突起的延长部分,包括轴突和它外面所包裹的髓鞘。在周围神经系统中,神经纤维构成机体的神经传导通路;在中枢部位,神经纤维主要组成神经系统的**白质**(white matter)。神经纤维的主要功能是传导神经冲动或**兴奋**(excitation),即**动作电位**(action potential)。

### 3.2.2.1 神经纤维的分类

根据神经纤维的分布,可将其分为中枢神经纤维和外周神经纤维;根据传导的方向,可将其分为传入神经纤维(简称传入纤维)、联络神经纤维、传出神经纤维(简称传出纤维);根据髓鞘的有无,可将其分为**有髓神经纤维**(myelinated nerve fiber)和**无髓神经纤维**(unmyelinated nerve fiber)。实际上无髓神经纤维并不是完全没有髓鞘,其轴突外面也有一薄层神经膜。

在生理学上,根据神经纤维直径的大小将其分为Ⅰ、Ⅱ、Ⅲ、Ⅳ四类;根据神经纤维传导速度和动作电位的特点将其分为A、B、C三类(表 3-1)。目前传入纤维常采用第一种分类法,传出纤维采用第二种分类法。

**表 3-1　神经纤维的分类**

| 分类 | 来　源 | 纤维直径/μm | 传导速度/(m/s) | 髓鞘 |
|---|---|---|---|---|
| Ⅰ | 肌梭、腱器官的传入纤维 | 12～20,甚至 20 以上 | 70～120 | 有 |
| Ⅱ | 皮肤机械感受器传入纤维 | 6～12 | 25～70 | 有 |
| Ⅲ | 皮肤痛觉、温度感受器传入纤维;肌肉深部的压觉传入纤维等 | 2～6 | 10～25 | 有 |
| Ⅳ | 皮肤痛觉、温度、机械感受器传入纤维 | 2 以下 | 1 | 无 |
| A | 躯体传入和传出纤维 | 1～20,甚至 20 以上 | 6～120 | 有 |
| B | 植物性神经的节前纤维 | 3 以下 | 3～15 | 有 |
| C | 躯体传入纤维(dγC)和植物性神经节后纤维(SC) | 2 以下 | 0.6～2 | 无 |

3.2.2.2　神经纤维的轴浆运输

**轴浆**(axoplasm)是指轴突内的细胞质,含有线粒体、微丝、微管等细胞器。轴突内的物质随着轴浆的流动而运输的现象称为**轴浆运输**(axoplasmic transport)。

神经元轴突内无核糖体,缺乏合成蛋白质的能力,胞体是合成代谢的中心。胞体内合成的蛋白质、酶、神经分泌物等通过**顺向轴浆运输**(anterograde axoplasmic transport)输送到轴突末梢,以满足轴突的生长发育、代谢更新的需要。

**逆向轴浆运输**(retrograde axoplasmic transport)是指物质由轴突末梢向胞体的转运。重新活化的突触前末梢囊泡和某些可被轴突末梢摄取的外源性物质,如神经营养因子、狂犬病病毒、破伤风毒素等借助此方式运输。逆向轴浆运输有利于一些物质的重新回收利用,反馈调节胞体合成蛋白质,还可以帮助某些神经营养物质到达神经元的特定部位。

3.2.2.3　神经的营养性作用和支持神经的营养性因子

(1)神经的营养性作用

神经对其所支配的组织具有**功能性作用**(functional action)和**营养性作用**(trophic action)。当神经纤维传递冲动时,突触前膜释放递质作用于突触后膜,改变所支配组织的功能活动,称为功能性作用。神经纤维的营养性作用是指神经末梢经常释放某些特殊物质,持续地调节所支配组织的内在代谢活动,影响其结构、生化和生理功能。

神经的营养性作用正常情况下不易表现出来,当神经被破坏或切断时才可明显地观察到。例如脊髓灰质炎病毒感染时,运动神经损伤,肌肉内糖原合成减慢,蛋白质分解速度加快,导致肌肉逐渐萎缩;而此神经再生修复后,肌肉会逐渐恢复正常。

神经的营养性作用与神经冲动无关,其机制比较复杂。目前认为,胞体合成的某些营养性因子通过轴浆运输到达神经末梢,再经常性地释放出来,从而持久地调整其所支配组织的功能和正常代谢。

(2)支持神经的营养性因子

神经支配的组织和星形胶质细胞也可持续产生某些**神经营养性因子**(neurotrophic factor,NTF)。神经营养性因子是多肽类物质,对神经元具有支持和营养作用,可促进神经的生长发育,维持神经系统的正常功能。目前已发现多种神经营养性因子,其中**神经生长因子**(nerve growth factor,NGF)是最早发现的因子之一,结构与胰岛素类似。组织产生的 NGF

被神经末梢摄取后,通过逆向轴浆运输输送到胞体,对交感神经和背根神经节神经元的生长发育发挥重要的作用。

## 3.2.3 神经元通过突触传递信息

码 3-2 神经元之间的兴奋传递

神经元之间虽然没有原生质相连,但在功能上存在密切的联系,一个神经元的兴奋信息可以传递给另一个神经元。

两个神经元或神经元与效应器之间相接触借以传递兴奋的结构,称为突触。神经元的三个主要部分,即轴突、树突和胞体,都可以作为突触形成的部位。根据接触部位,突触可分为轴-树突触、轴-体突触和轴-轴突触,以及树突-树突型突触、树突-胞体型突触和胞体-胞体型突触等。根据突触传递所依赖的机制,可将其分为电突触和化学性突触,后者又包括兴奋性突触和抑制性突触两种。神经元之间信息的传递,以化学性突触传递为主。

3.2.3.1 电突触

神经元细胞间以**缝隙连接**(gap junction)的方式连接,间隙小(只有约 3 nm),突触的前、后膜可通过孔道使胞浆相通,从而使细胞间的电阻抗很低,细胞间的信息传递可直接以动作电位扩布的方式进行,不需化学递质的参与,称之为**电突触**(electric synapse)。电突触也普遍存在于平滑肌、心肌、干细胞以及眼睛的晶状体上皮细胞中。

在每个神经细胞接触区,两侧膜上都规则地排列着一些贯穿质膜的**连接蛋白**(connexin),每个连接蛋白是由 6 个蛋白单体形成的同源六聚体。两侧膜上的连接蛋白相互对接,形成一个六边形亲水通道,是细胞间的一个低电阻区,允许水溶性分子和离子通过,离子电流可以从一个细胞直接流入另一个细胞内(图 3-7)。

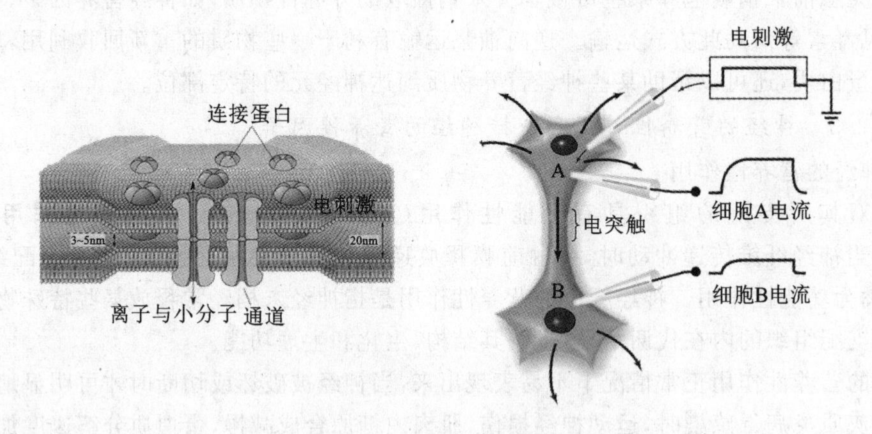


图 3-7 电突触模式图

电突触的特点:①缝隙连接的电阻对称,可以双向传递;②前、后膜的电位变化之间无突触停滞,可以使动物体对刺激快速作出反应;③对缺氧、离子或化学环境变化不敏感。

3.2.3.2 化学性突触

化学性突触由**突触前膜**(presynaptic membrane)、**突触间隙**(synaptic cleft)和**突触后膜**(postsynaptic membrane)组成(图 3-8)。神经元的轴突末梢分支膨大成球状,称为**突触小体**(synaptic knob),与另外一个神经元胞体或突起相对。突触前膜和后膜略为增厚,突触间隙宽 20~30 nm。突触小体含有大量的线粒体和**突触囊泡**(synaptic vesicle)。不同类型神经元的囊泡形态及所含递质均不相同,有些是兴奋性递质,有些是抑制性递质。突触后膜上形成富含受体蛋白的致密带，同时还存在能分解递质使其失活的酶。

3.2.3.3　化学性突触兴奋传递过程

当神经冲动传导到轴突末梢时，引起末梢去极化，激活电压门控 $Ca^{2+}$ 通道。$Ca^{2+}$ 由突触间隙通过电压门控 $Ca^{2+}$ 通道进入突触前膜，并促使突触囊泡向前膜移动，随之突触囊泡与前膜融合，经胞吐作用将化学递质释放到突触间隙。神经递质在突触间隙扩散，并与突触后膜上的神经递质受体结合，进而引起相应离子通道的开放，引发离子流动而导致突触后膜的膜电位改变（图 3-9），这一电位变化称为**突触后电位**（postsynaptic potential）。突触后电位属于局部电位，其幅度与突触前膜释放的神经递质的数量正相关。根据对突触后神经元兴奋性的影响，突触后电位分为**兴奋性突触后电位**（excitatory postsynaptic potential，EPSP）和**抑制性突触后电位**（inhibitory postsynaptic potential，IPSP）两种类型。

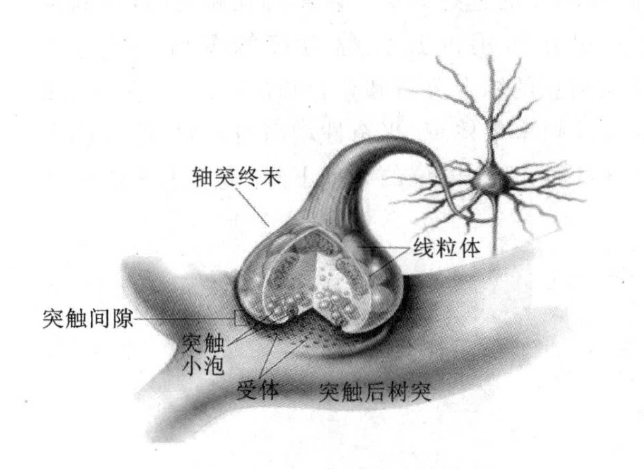


图 3-8　化学性突触结构模式图

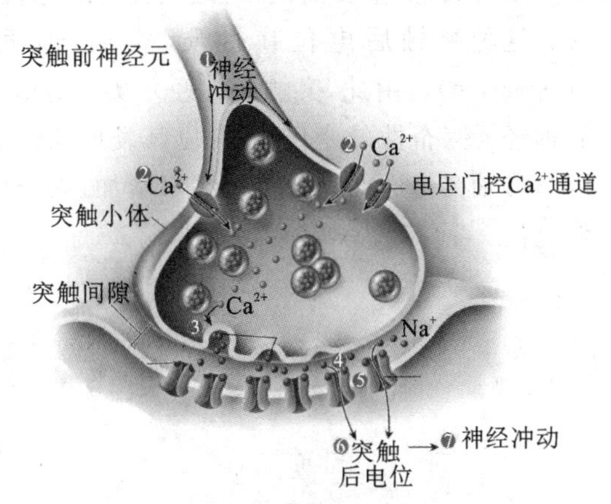


图 3-9　化学性突触传递过程

（仿 Gerard 等，2012）

如果突触前膜释放的是兴奋性神经递质，与突触后膜的受体结合后，激活突触后膜 $Na^+$ 通道，$Na^+$ 内流引起突触后膜去极化而兴奋性升高，产生 EPSP。如果突触前膜释放抑制性神经递质，与突触后膜的受体结合后，提高了突触后膜对 $K^+$、$Cl^-$，尤其是 $Cl^-$ 的通透性，$Cl^-$ 内流导致突触后膜超极化，产生 IPSP（图 3-10）。IPSP 降低突触后膜的兴奋性，呈现抑制效应。

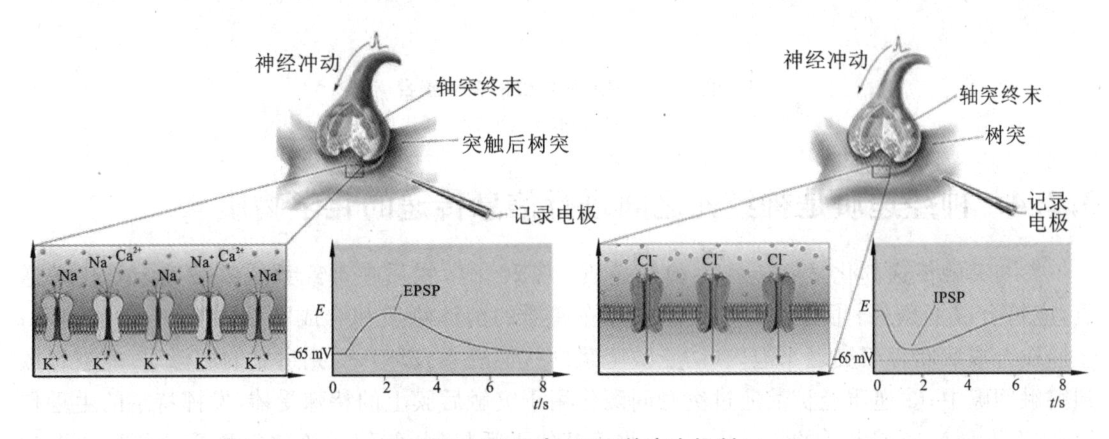


图 3-10　EPSP 与 IPSP 的产生机制

神经递质发挥作用后，迅速通过灭活酶的降解而失活，或由突触前膜摄取和进入血液循环途径终止其作用，从而保证突触传递的灵活性。

作为局部电位，EPSP 和 IPSP 均不能传播，但是可以沿细胞膜扩散和总和。与神经-肌肉接头的兴奋传递显著不同的是，单个动作电位传递引起的 EPSP 很少能够使突触后神经元立即发生兴奋。只有当足够数量的 EPSP 总和，使轴丘始段(该部位电压门控 $Na^{+}$ 通道分布密度最大，阈值最低)去极化达到阈电位水平时，才爆发一个动作电位，并沿轴突向外传播。

EPSP 和 IPSP 可以发生时间和空间两方面的总和。任何一个神经元在某一特定时间，会同时接受多个 EPSP 和 IPSP 的影响。EPSP 是细胞膜的去极化，IPSP 则是细胞膜的超极化。因此，某一时间内突触后膜的状态实际上是 EPSP 和 IPSP 总和作用的结果。由于局部电位的幅度随扩散距离呈指数式衰减，因而，突触后神经元兴奋性的变化不仅仅与 EPSP 和 IPSP 的代数和有关，更重要的是，与这些突触后电位距离轴丘的远近有关。距离轴丘越近的，影响越大。这种突触后电位在性质、空间、时间上相互作用的过程称为**突触整合**(synaptic integration)。由此，突触后神经元实现对所接收信息的综合分析和整合功能(图 3-11)。突触后神经元兴奋性的变化，通常以其发放动作电位的频率来体现：兴奋性增高时，轴丘部位产生以及沿轴突传送的动作电位频率增加；兴奋性降低时，动作电位的频率下降，直至不再产生动作电位。

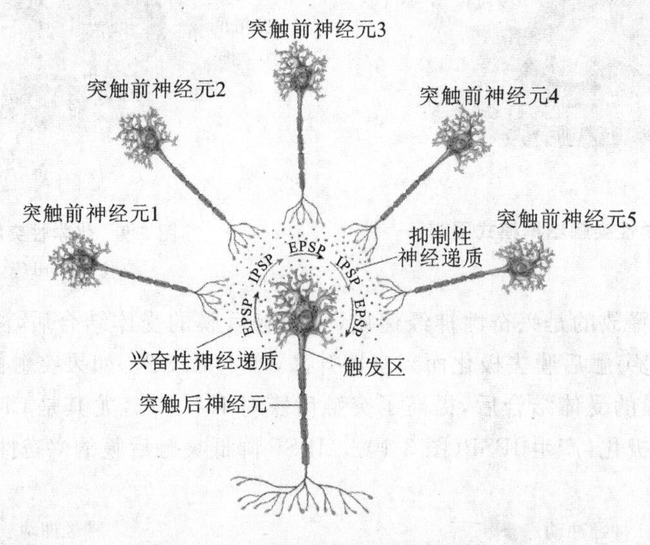


**图 3-11　突触后电位的突触整合**

(自 Gerard 等，2012)

## 3.2.4　神经递质是神经元之间进行信息传递的化学物质

参与突触传递的化学物质称为神经递质。某种化学物质在神经系统内被确定是化学递质，应符合以下条件：①突触前神经元内存在递质的前体物质和合成酶系，能够合成该递质；②递质合成后储存于突触小泡内(防止被胞浆内其他酶系破坏)，受到适宜的刺激时，能被释放到突触间隙中；③递质经扩散通过突触间隙作用于突触后膜上的特殊受体，发挥特定的生理作用；④存在使该递质失活的酶或摄取、回收等其他灭活机制；⑤使用该化学物质拟似药物即受**体激动剂**(agonist)或**受体阻断剂**(receptor blocker)能加强或阻断该递质的突触传递作用。

3.2.4.1 神经递质的种类及分布

(1)胆碱类递质

胆碱类递质主要是**乙酰胆碱**(acetylcholine,Ach),是分布最为广泛的一类神经递质。在中枢神经系统内,合成和释放Ach的神经元分布比较广泛,主要是在脊髓前角的运动神经元、脑干网状结构上行激活系统和丘脑、纹状体等脑区。中枢内Ach递质绝大多数起到兴奋性作用,参与感觉、运动、内脏活动、学习、情绪等多方面生理机能的调节。

在外周神经系统,躯体运动神经、交感神经和副交感神经的节前纤维、副交感神经的节后纤维、部分交感神经节后纤维(支配汗腺的交感神经和支配骨骼肌的交感舒血管纤维)等五种纤维的末梢都释放Ach(图3-12)。凡释放Ach作为神经递质的神经纤维均称为**胆碱能神经纤维**(cholinergic fiber)。

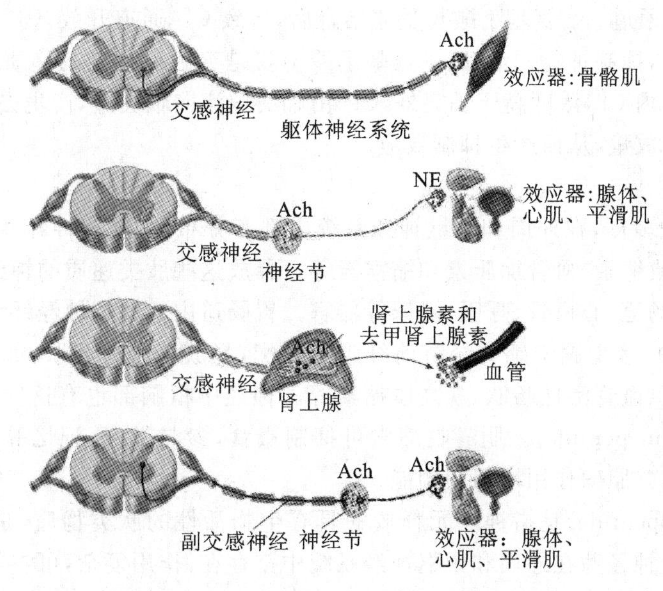


**图3-12 乙酰胆碱和去甲肾上腺素的分布**

(自Gerard等,2012)

(2)单胺类递质

单胺类递质包括**去甲肾上腺素**(noradrenalin,NA)、**肾上腺素**(adrenalin)、**多巴胺**(dopamine,DA)和5-**羟色胺**(serotonin,5-HT)等。

**码3-3 多巴胺**

在中枢神经系统内,合成去甲肾上腺素的神经元细胞体主要位于低位脑干,参与心血管活动、体温、摄食、情绪等功能的调节。合成肾上腺素的神经元大部分位于延髓,主要作用是调节心血管的活动。多巴胺递质主要分布于黑质-纹状体、中脑-边缘系统和结节-漏斗这三个部分,在运动控制、动机、唤醒、认知、奖励等功能上具有重要作用。5-羟色胺属于抑制性递质,合成5-羟色胺的神经元主要在脑干中缝核群,参与多方面的生理机能,特别与觉醒水平、睡眠-觉醒周期、心境食物和性行为密切相关。

在外周神经系统,单胺类递质主要是去甲肾上腺素。大部分交感神经节后纤维末梢释放去甲肾上腺素(图3-12)。凡是以去甲肾上腺素为递质的神经纤维都称为**肾上腺素能神经纤维**(adrenergic fiber)。

(3)氨基酸类递质

现已发现的氨基酸类递质主要存在于中枢神经系统内,分为兴奋性氨基酸(谷氨酸和天冬氨酸)和抑制性氨基酸(甘氨酸和 γ-氨基丁酸)两种类型。**谷氨酸**(glutamic acid)是中枢神经系统内含量最高、作用最广泛的兴奋性氨基酸。谷氨酸主要集中在前脑和脊髓中,大脑皮层、小脑、纹状体和脊髓背侧部分含量最高。谷氨酸在脊髓中是传递初级痛觉信息的神经递质。脑部的谷氨酸是绝大多数突触兴奋的重要神经递质,对所有的中枢神经元都有明显的兴奋性作用,参与多种生理功能的调节,如应激、学习、记忆等,对神经元和胶质细胞的生长和发育也起着重要的作用。**γ-氨基丁酸**(γ-aminobutyric acid,GABA)主要存在于大脑皮层的浅层、小脑皮层的浦肯野细胞层、黑质、纹状体、脊髓中,其中大脑黑质浓度最高。γ-氨基丁酸是一种重要的神经抑制性氨基酸,参与内分泌、骨骼肌兴奋、睡眠和觉醒等多个生理过程,可以抑制机体活动,减少能量的消耗。γ-氨基丁酸的作用是使膜对 $Cl^-$ 的通透性增高,其受体是一个由不同亚单位构成的 $Cl^-$ 通道。γ-氨基丁酸与受体结合后,导致 $Cl^-$ 通道开放,$Cl^-$ 流入神经细胞内,引起细胞膜超极化,抑制神经元活动;γ-氨基丁酸不仅是突触后抑制的递质,也是突触前抑制的递质。由于轴浆内 $Cl^-$ 浓度高于轴突外,$Cl^-$ 由轴突内流向轴突外,产生去极化,导致末梢轴突膜减少递质的释放量,从而产生抑制效应。

(4)肽类递质

肽类递质多种多样,在外周和中枢神经系统中都有分布,主要有神经肽、阿片肽、P 物质、神经加压素、胆囊收缩素、血管加压素和缩宫素等。释放这些肽类递质的神经纤维广泛分布于外周神经系统、胃肠道、心血管、呼吸、泌尿等器官。胃肠道内的肽能神经纤维的神经元胞体分布于壁内神经丛中,接受副交感神经节前纤维的支配,释放多种胃肠肽,如胆囊收缩素、胰泌素、胃泌素、胃动素、血管活性肠肽、胰高血糖素等。神经中枢脑部也有这些胃肠肽的存在,称为**脑-肠肽**(brain-gut peptide)。胆囊收缩素可抑制摄食,参与学习、记忆等功能的调节,血管活性肠肽具有使乙酰胆碱作用增强的功能。

**神经肽**(neuropeptide)是指神经元释放的具有生物活性的肽类物质,是神经组织中一类特殊的信息物质。神经肽在外周和中枢神经系统中都存在,作用复杂,可参与体内多种生理功能的调节,如痛觉、睡眠、情绪、学习与记忆乃至神经系统本身的分化和发育等。神经肽种类繁多,一些是神经激素,一些是神经递质或调质,有些则具有激素和递质的双重功能。

脑内具有吗啡样活性的多肽称为**阿片肽**(opioid peptide),包括 β-**内啡肽**(endorphin)、**脑啡肽**(enkephalin)和**强啡肽**(dynorphin)三种。脑啡肽是五肽化合物,广泛分布于脊髓和脑部多个区域中,是调节痛觉纤维传入活动的神经递质,具有很强的镇痛活性。

3.2.4.2　神经递质的共存与神经调质

一个神经元内存在两种或两种以上递质(包括调质)的现象称为**递质共存**(co-existence of neurotransmitter)。在高等动物的交感神经节神经元发育过程中,NA 和 Ach 可以共存;在大鼠延髓的神经元中,P 物质和 5-羟色胺共存;在颈上交感神经节神经元中,去甲肾上腺素和脑啡肽共存。目前,递质共存的生理意义尚不十分清楚。有学者推测,其中一种递质起信息传递作用,而另一种递质则对传递信息的效应发挥调节作用。

**神经调质**(neuromodulator)是从递质派生出来的概念,指神经元产生的另一类化学物质,如部分神经多肽。它无信息传递的功能,但能增强或削弱递质的效应,起着调节信息传递效率的作用。神经递质和调质通过协同、拮抗等作用,共同调节突触的活动,使机体的机能更加协调。神经调质的主要特征:①可由神经细胞或神经胶质细胞释放;② 间接调节神经递质在突触前膜的释放；③可以影响突触后效应细胞对递质的反应性，对递质的效应起调节作用。

3.2.4.3 神经递质的受体

神经递质的**受体**(receptor)是指镶嵌在细胞膜上的特殊生物分子，它能与某种化学物质(如递质、调质等)发生特异性结合，并产生一定的生物效应。神经递质必须与相应的受体结合，才能发挥生理作用，所结合的受体类型不同，引起的生物效应也存在差别。凡是能与受体发生特异性结合，并产生生物效应的化学物质都称为激动剂；只与受体特异结合，但不产生相应生物效应的物质称为拮抗剂或受体阻断剂；能与受体特异性结合的化学物质统称为**配体**(ligand)。

受体与配体的结合一般具有以下四种特性：①特异性：受体只能与特定的配体特异性结合。②饱和性：细胞膜上的受体是有限的，所以只能结合一定数量的配体。③可逆性：受体与配体的结合是可逆的，既能结合也能解离。但不同配体与受体结合的紧密程度不一样，所以解离时难易程度也不同。有些拮抗剂与受体可发生不可逆结合，则很难解离。④受体的脱敏性：当受体长时间暴露于配体时，大多数受体失去反应性，产生**脱敏现象**(desensitization)。

(1)胆碱能受体

与乙酰胆碱结合的受体称为**胆碱能受体**(cholinoceptor)，有M型和N型两类。其中M型受体(**毒蕈碱受体**，muscarinic receptor)又分为$M_1 \sim M_5$多种亚型，主要存在于副交感神经节后纤维支配的效应细胞、支配汗腺的交感神经和骨骼肌的交感舒血管纤维上，**阿托品**(atropine)是其阻断剂。当乙酰胆碱与M型受体结合后，可产生一系列副交感神经末梢兴奋的效应，包括心脏活动的抑制、支气管平滑肌收缩、胃肠平滑肌运动加强、消化腺和小汗腺分泌量增加、膀胱逼尿肌收缩、虹膜环行肌收缩等。这些效应与毒蕈碱的药理作用相同，因此被称为毒蕈碱样作用(M样作用)。

N型受体(**烟碱型受体**，nicotinic receptor)存在于交感和副交感神经节的突触后膜($N_1$型)和神经-肌肉接头的终板膜上($N_2$型)。当乙酰胆碱与N型受体结合后，可产生兴奋性突触后电位和终板电位，导致节后神经元和骨骼肌的兴奋，此效应称为烟碱样作用(N样作用)。**筒箭毒碱**(tubocurarine)是N型受体的阻断剂。

(2)肾上腺素能受体

凡是能与单胺类物质结合产生生理效应的受体都称为**肾上腺素能受体**(adrenoceptor)，广泛分布于外周和中枢神经系统内。在中枢部位，去甲肾上腺素能神经元主要参与心血管活动、体温、摄食、情绪等功能的调节，而肾上腺素能神经元的主要作用是调节心血管的活动。在外周神经系统中，肾上腺素能受体主要分布在交感神经节后纤维所支配的效应器上，分为α和β两种类型。有的效应器只有α受体，有的只有β受体，有的则两种受体都存在。当α受体与单胺类物质结合后，主要作用是兴奋平滑肌，如血管收缩、子宫收缩和瞳孔开张肌收缩等，但也有的表现抑制作用，如小肠平滑肌舒张。β受体与单胺类物质结合后主要是抑制平滑肌的活动，如血管舒张、子宫收缩减弱、小肠舒张、支气管舒张等，但它对心肌是兴奋性的效应。肾上腺素能受体与单胺类物质结合后对效应器具有兴奋和抑制的双重效应，其效应差异是由于效应器细胞上的受体不同。一般情况下，递质与α受体结合后使效应器细胞膜去极化，而与β受体结合后，则引起超极化，因此产生不同的生理效应。

(3)突触前受体

研究发现，神经递质的绝大多数受体位于突触后膜，但突触前膜上也存在部分**突触前受体**(presynaptic receptor)。突触前受体具有调节自身神经末梢对递质释放的功能，因此又称为

**自身受体**(autoreceptor)。例如,肾上腺素能纤维末梢释放的去甲肾上腺素超过一定量时,就可以与突触前膜上的 α 受体结合,从而反馈抑制去甲肾上腺素的释放量。

## 3.2.5 中枢神经元通过突触形成多种联系方式

在动物体神经系统内存在着数量巨大的神经元,通过突触形成非常复杂的联系模式。神经元的联系方式主要有下面几种。

3.2.5.1 单线式联系(single connection)

单线式联系指一个突触前神经元仅与一个突触后神经元发生突触联系。例如,视网膜中央凹处的一个视锥细胞通常只与一个双极细胞形成突触联系,而该双极细胞也只与一个神经节细胞形成单线式联系,使视锥系统具有较高的分辨能力。实际上,真正的单线式联系很少见,常可以将会聚程度较低的突触联系视为单线式联系。

3.2.5.2 辐散式联系(divergence connection)

一个神经元可通过其轴突末梢分支与多个神经元形成突触联系,使与之相联系的许多神经元同时兴奋或抑制,从而扩大影响范围。这种联系方式在传入通路中较多见。例如,脊髓内的感觉神经元进入中枢后,轴突的分支不但与本节段脊髓的中间神经元及运动神经元发生联系,还有上升和下降的分支与其他节段脊髓的中间神经元形成突触联系。

3.2.5.3 聚合式联系(convergence connection)

聚合式联系指许多神经元的轴突末梢共同与一个神经元建立突触联系,在传出通路中较为多见。一个神经元可接受不同来源神经元传来的冲动,发生整合,产生兴奋或抑制(图 3-13)。

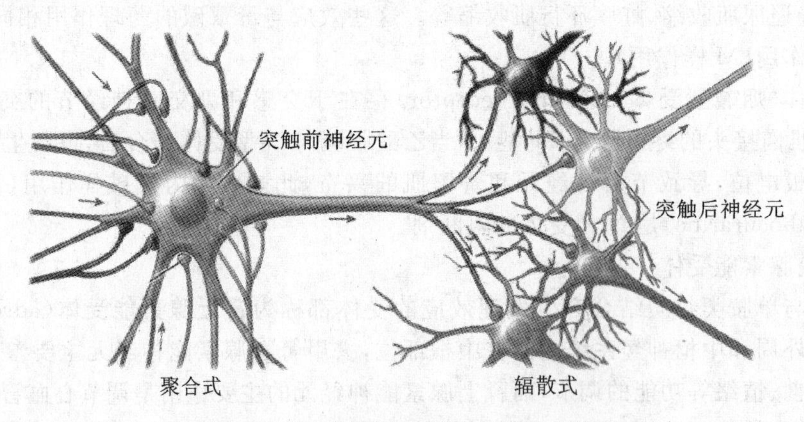


**图 3-13 神经元辐散式联系和聚合式联系**

(仿 Sherwood 等,2013)

3.2.5.4 链锁式联系与环状式联系

神经系统内中间神经元间的联系多种多样,辐散式、聚合式联系同时存在,形成更复杂的**链锁式联系**(chain circuit connection)和**环状式联系** (recurrent circuit connection)(图 3-14)。当兴奋传来时,通过链锁式联系使神经元扩大作用范围。当神经冲动通过环状式联系时,由于神经元的性质不同,则表现不同的生理效应。如果环状式结构中各突触的生理性质相同,由于正反馈作用,可以使兴奋增强和时间上延续。即使最初的刺激已经停止,冲动发放仍能在传出通路上继续一段时间,此现象称为后发放或**后放电**(after discharge),常见于各种神经反馈活动中。另一方面,若环状式结构中存在抑制性突触,由于回返的负反馈作用,原来的神经元活性会减弱或及时终止。

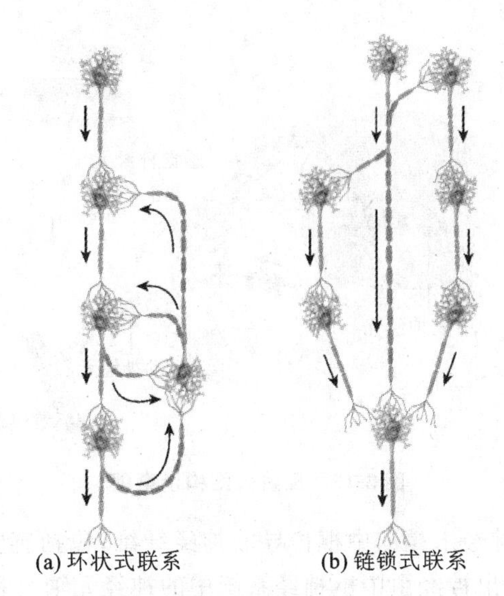


图 3-14　神经元的链锁式联系与环状式联系方式

（Gerard 等，2012）

# 3.3 反射是神经系统的基本活动

## 3.3.1 反射弧是执行反射活动的全部神经结构

反射指在中枢神经系统参与下，机体对内、外环境刺激作出的规律性应答反应。反射是神经系统活动的基本形式。神经系统就是通过反射活动来控制和调节机体内的生理代谢过程，与外环境保持密切的联系和相互平衡。

3.3.1.1　反射分类

反射分为**非条件反射**（unconditioned reflex）和**条件反射**（conditioned reflex）两类。非条件反射是指机体生来就有的先天性反射，数量少、形式固定，如眨眼反射、食物反射和性反射等。非条件反射是一种比较低级的神经活动，不需大脑皮层的参与，通过皮层下中枢（如脑干、脊髓）就可完成。这类反射能保证基本生命活动的正常进行，对机体生存和种系繁衍、发展等有重要意义。

动物出生后通过学习和训练等建立起来的后天性反射称为条件反射，它是在大脑皮层参与下，经过一定的过程完成的一种高级神经活动，起主导作用。条件反射以非条件反射为基础，没有固定的途径，可以建立，也可以消退。当环境发生改变时，条件反射也跟着改变，数量可以无限地增加。条件反射的不断建立，与非条件反射密切地融合在一起，从而扩大了机体的反应范围，更适应复杂变化的生存环境（详见本章 3.7.1）。

3.3.1.2　反射弧

执行反射活动的全部神经结构称为**反射弧**（reflex arc）（图 3-15），包括**感受器**（sensory receptor）、传入神经、神经中枢、传出神经和**效应器**（effector）。感受器是能将内外界各种刺激转变为神经冲动的特殊神经末梢结构，效应器是接受神经冲动产生应答反应的器官，如肌肉、腺体等。

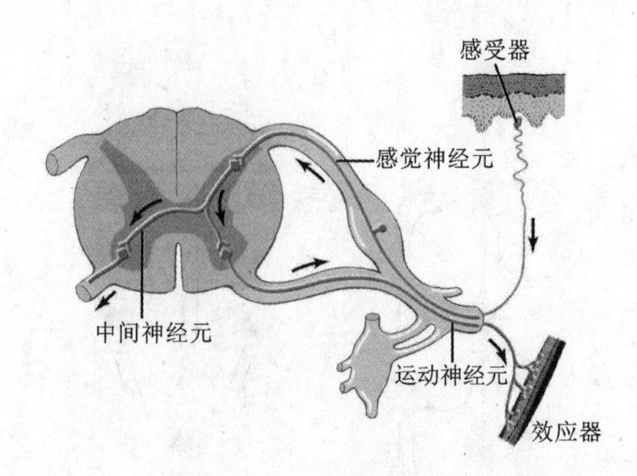


图 3-15　反射弧结构示意图

传入神经是将冲动从神经末梢向中枢传导的神经纤维,包括感觉神经元的传入神经和脊髓、脑干中的传入神经。传出神经由中枢神经系统中的神经元轴突和其他下行神经元组成,是将兴奋传到效应器的神经。在某些反射中,神经中枢的兴奋也可以通过内分泌活动间接作用于效应器,产生缓慢、广泛而持久的效应,如哺乳类的排乳反射,称为神经内分泌反射(详见第9章)。

神经中枢是指中枢神经系统中调节某一特定生理功能的神经元群。一般参与简单反射活动的神经中枢范围很窄,例如角膜反射的神经中枢在脑桥。而参与复杂反射活动的神经中枢范围很广,例如延髓、脑桥、下丘脑、大脑皮层等多个部位内都有调节呼吸运动的神经中枢分布。神经中枢兴奋性的高低,决定了该反射是否容易发生。反射活动往往由多级中枢参与控制,较高级中枢通过提高低级中枢的兴奋性使反射容易发生,称为反射活动的易化;抑制低级中枢的兴奋性,则该反射不容易发生,称为反射活动的抑制。因而,兴奋与抑制是神经中枢活动的两个基本过程,兴奋和抑制的协调是神经系统整合功能的基础。通过中枢兴奋和抑制,反射活动协调起来,按照一定的次序和强度进行,有重要的适应意义。

## 3.3.2　兴奋和抑制是神经中枢活动的两种基本过程

### 3.3.2.1　中枢兴奋过程的特征

中枢神经元接受其他神经元传递来的刺激而提高其兴奋性。因而,中枢兴奋的特征也就是兴奋传递的特征。

(1)单向传播

反射活动中的兴奋在进行传导时,必须经过神经中枢内存在的化学性突触,因此兴奋只能由一个神经元的轴突向另一个神经元的胞体或突起传递,而不能逆向传导。中枢神经系统内兴奋只能沿特定的方向进行单向传导,从而保证神经系统进行规律的整合和调节。

(2)中枢延搁

兴奋通过反射弧各个环节完成反射所需的时间称为**反射时**(reflex time),其中兴奋通过神经中枢比较缓慢,即**中枢延搁**(central delay)。产生中枢延搁的原因是突触传递的过程复杂,要经过突触前膜递质的释放、扩散、突触后膜受体结合等多个环节,耗费的时间比较多。兴奋通过一个突触的时间为0.3～0.5 ms,因此,在反射活动中参与的突触数量愈多,则中枢延搁的时间就愈长。例如,一些与大脑皮层活动相联系的反射,中枢延搁可达500 ms。

(3)总和(summation)

在反射活动中,单根传入纤维的单一冲动只引起该神经元的局部阈下兴奋,产生兴奋性突触后电位较小,一般不能引起反射性传出效应。如果若干条传入纤维同时将冲动传递到同一神经中枢,则许多的兴奋性突触后电位可总和在一起。当超过始段的阈电位水平时,爆发动作电位,发生反射的传出效应,这一过程称为兴奋的总和,包括空间性总和与时间性总和两类(图3-16)。

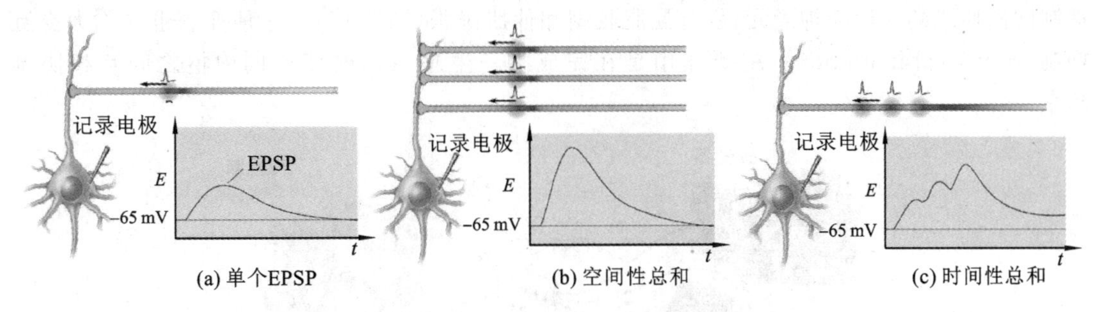


图3-16 中枢兴奋的空间性总和与时间性总和

(4)兴奋节律的改变

反射活动中,传入神经和传出神经的冲动频率往往不同,即兴奋的节律发生改变。这是因为兴奋在中枢部分传导必须经过突触接替,运动神经元的兴奋节律由传入冲动的节律、中间神经元与运动神经元的联系方式及它们自身的功能状态共同决定。

(5)后放

在一个反射活动中,刺激停止后,传出神经仍能在一定时间内继续发放冲动的现象称为后放或后发放。在一定的范围内,刺激的强度越大,作用的时间越久,后放持续的时间越长。后放常发生在中间神经元环式联系的反射通路中,反复的兴奋反馈使兴奋得到增强和时间上的延续。此外,当效应器发生反应时,自身的感受器(如骨骼肌的肌梭)受到刺激产生的冲动又经传入神经传达到神经中枢,这些继发性传入冲动的信息可以纠正和维持原来的反射活动,这也是后放形成的原因。

(6)易疲劳性和对内环境变化的敏感性

在反射活动中,突触部位是反射弧中最容易疲劳的环节。因为长时间的突触传递,突触小泡内的递质数量大大减少,从而使突触传递产生疲劳现象。同时,由于突触间隙与细胞外液相通,缺氧、$CO_2$过多、麻醉剂、某些药物等内环境因素均可影响递质的合成与释放,改变突触的传递能力。例如,突触对内环境的酸碱度极为敏感。当动脉血的pH值从正常值7.4上升到7.8时,突触后膜对递质的敏感性提高,易于兴奋,从而出现惊厥(碱中毒);当动脉血的pH值下降到7.0时,后膜对递质的敏感性降低,难以兴奋,从而导致昏迷(酸中毒)。

3.3.2.2 中枢抑制过程的特征

**中枢抑制**(central inhibition)根据产生的机制不同,可分为**突触后抑制**(postsynaptic inhibition)和**突触前抑制**(presynaptic inhibition)两类。

(1)突触后抑制

抑制性中间神经元兴奋时,其轴突末梢释放抑制性递质使突触后膜超极化,形成抑制性突触后电位(IPSP),从而使该突触后神经元对其他刺激的兴奋性降低,活动受到抑制,因此称为**超极化抑制**(hyperpolarizatic inhibition)。这种抑制过程发生在突触传递之后,因而也称为突触后抑制。

突触后抑制根据抑制性神经元的功能和联系方式又分为**传入侧支性抑制**(afferent collateral inhibition)和**回返性抑制**(recurrent inhibition)。

①传入侧支性抑制。神经冲动沿一条感觉传入纤维进入脊髓后,除了直接兴奋中枢内的某一神经元,同时还通过侧支使一抑制性中间神经元兴奋,进而再抑制另一中枢神经元。例如,动物受到伤害性刺激发生屈肌反射运动时,感受器兴奋沿传入纤维进入中枢,一方面使脊髓内支配屈肌的 α 运动神经元兴奋,另一方面还发出侧支兴奋另一抑制性中间神经元,转而再抑制同侧伸肌的 α 运动神经元,引起屈肌收缩和伸肌舒张(图 3-17)。这种抑制也被称为**交互抑制**(reciprocal inhibition),主要作用是在完成某一生理活动时使不同中枢之间互相协调起来。

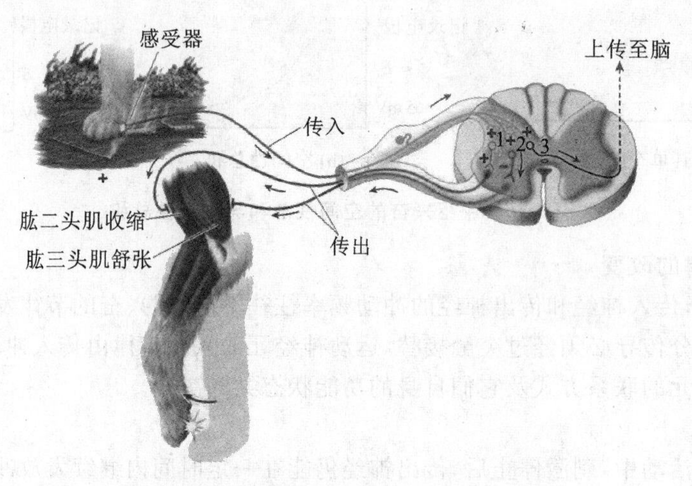


**图 3-17 感受器传入对拮抗肌的侧支抑制**

(Sherwood 等,2013)

②回返性抑制。某一中枢的神经元兴奋时,其传出冲动沿轴突外传,同时又经轴突侧支兴奋另一抑制性中间神经元;该抑制性神经元兴奋后,沿轴突作用于原先发动冲动的神经元和同一中枢的其他神经元,从而使神经元活动及时终止或使同一中枢内许多神经元的活动同步化。例如,脊髓前角运动神经元发出轴突支配外周的骨骼肌,同时也发出侧支去兴奋**闰绍细胞**(Renshaw cell)。闰绍细胞是一种中间性抑制神经元,它的兴奋沿轴突回返,作用于脊髓前角运动神经元,抑制原先发动兴奋的神经元和其他神经元的活动(图 3-18)。回返性抑制结构基础为神经元之间的环式联系,除了脊髓,海马、丘脑等部位也有存在。

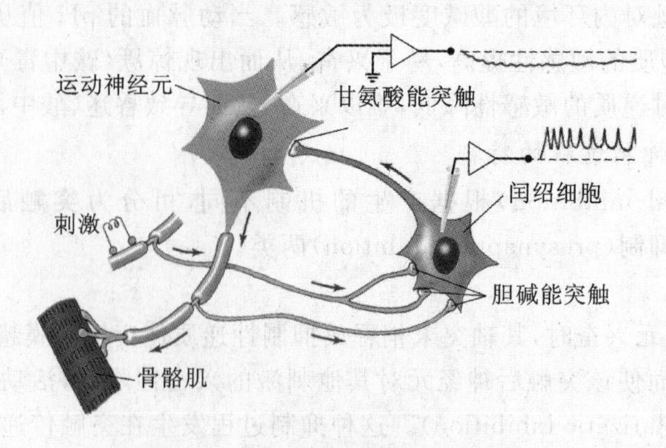


**图 3-18 运动神经元的回返性抑制**

(2)突触前抑制

突触前抑制是指兴奋性突触前神经元轴突末梢受到另一神经元轴突末梢的作用,兴奋传递时轴突末梢兴奋性递质的释放量减少,导致后膜上 EPSP 幅度减小,使突触后神经元不易或不能兴奋,呈现抑制效应。突触前抑制是由于突触前膜的去极化引起的,故也称**去极化抑制**(depolarizatic inhibition)。

轴-轴突触是突触前抑制的结构基础。图 3-19 中,A 纤维末梢与运动神经元构成轴突-胞体型突触,当 A 纤维兴奋传入冲动抵达末梢时,可导致运动神经元出现兴奋性突触后电位。B 纤维不直接与运动神经元的胞体接触,其末梢与 A 纤维末梢构成轴突-轴突型突触。当仅有 A 纤维兴奋时,通过突触传递在神经元 C 上产生一个正常幅度的 EPSP;如果 A 的动作电位传来之前,B 预先兴奋,通过突触传递使 A 发生局部去极化。这一局部去极化引发神经元 A 末梢 $K^+$ 外流,当神经元 A 的动作电位传来时,$Na^+$ 内流的同时有更多的 $K^+$ 外流,因而动作电位的高度和幅度降低。动作电位幅度的降低,缩短了细胞膜上 $Ca^{2+}$ 通道开放时间,$Ca^{2+}$ 内流量降低,减少了兴奋性递质的释放量,因而,在神经元 C 上产生的 EPSP 幅度下降。

这种轴-轴突触结构也是实现突触前易化的基础。通过神经元 B 的活动,延缓轴突 A 传来动作电位时 $K^+$ 外流,则可以增加轴突 A 动作电位的时程,延长 $Ca^{2+}$ 通道开放时间,$Ca^{2+}$ 内流量增加,进而增加兴奋性递质的释放量,神经元 C 上产生的 EPSP 幅度提高。

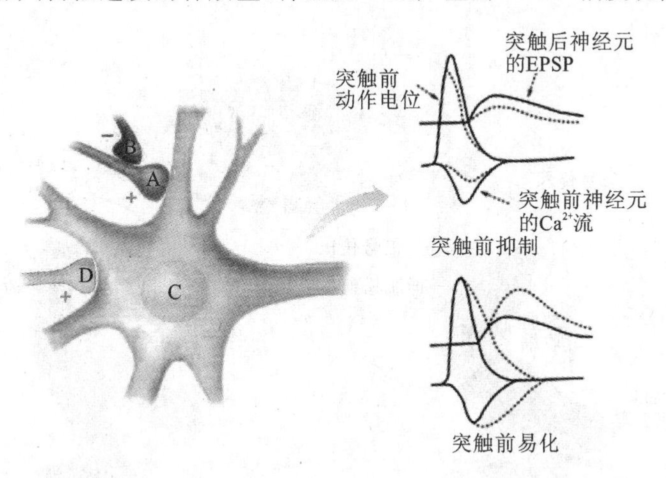


**图 3-19　突触前抑制与易化**

(仿 Sherwood 等,2013)

中枢神经系统内突触前抑制广泛存在,尤其是脊髓背角的感觉传入系统比较常见,对调节感觉传入活动有重要作用。一个感觉传入纤维的冲动进入中枢后,沿特定的传导路径传向高位中枢;同时还通过多个神经元的接替,对其周围的感觉传入纤维产生突触前抑制,限制其他感觉的传入活动。此外,大脑皮层、脑干、小脑等发出的下行束也可以对感觉传入的冲动产生突触前抑制,有利于机体产生精确、清晰的感觉。

突触传递的抑制和易化,在神经中枢的兴奋抑制活动、痛觉与镇痛、各种反射的协调以及学习记忆活动中均占有重要地位。

## 3.3.3　多个反射发生时具有多种协调方式

动物机体多个反射同时或相继发生时彼此之间的关系,称为反射活动的协调。反射活动的协调是通过不同反射中枢之间兴奋性的调整实现的。反射活动的协调主要表现为以下几种类型。

3.3.3.1　交互抑制

当一个反射发生时,与之相拮抗的反射被抑制而不会发生。例如,吞咽反射发生时呼吸反射被抑制;屈肌反射发生时,同一肢体的伸肌被抑制等。

3.3.3.2　反馈

当一个刺激引发反射效应器产生效应后,效应器的活动又成为新的刺激,作用于本身或本系统内的感受器,引起继发性反射,对反射活动进行精确的反馈性调节。反馈性调节有负反馈和正反馈两种方式。负反馈主要用于维持机体生理活动的稳态,例如血压调节的降压反射。正反馈可以使控制部分的活动增强,具有加速生理过程的作用,如排尿反射。

3.3.3.3　扩散

当一个反射发生时,与之相一致的反射也同时发生,以确保该反射活动的顺利进行。例如,动物一侧肢体受到伤害性刺激发生屈肌反射时,兴奋会扩散到对侧肢体的伸肌反射中枢,使对侧肢体发生伸肌反射(图 3-20),从而完成协调的姿势调整。中枢神经元辐散式联系是扩散的结构基础,扩散的广度取决于刺激的强度以及中枢的机能状态。

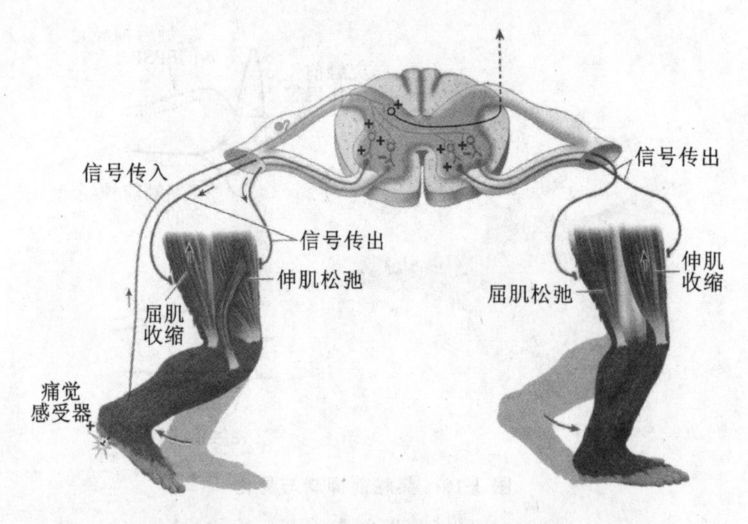


**图 3-20　屈肌反射与伸肌反射的协调**

(仿 Sherwood 等,2013)

3.3.3.4　优势原则

某一反射中枢强烈兴奋时,在中枢内形成优势兴奋灶,抑制其他中枢原有的反射活动,并吸引其兴奋加强自己,称为**优势原则**(dominant principle)。例如,当动物排便反射中枢强烈兴奋时,再刺激后肢皮肤,会进一步加强排便反射而不发生屈肌反射。

## 3.4　神经系统的感觉功能

感觉是神经系统反映机体内、外环境变化的一种特殊的高级功能。感受器受到有效刺激后产生神经冲动，经神经传导通路进入中枢神经系统，引起中枢神经相关神经元的兴奋，便产生一种与刺激相适应的反应，就是感觉。

## 3.4.1 感受器是一种特殊换能装置

### 3.4.1.1 感受器的分类

感受器是动物体表或组织内部的一种特殊换能装置，由感觉传入神经与其附属装置构成。附属装置复杂到一定程度时，常称为感觉器官。当它接受内、外环境变化的刺激时，能将各种形式的能量转化为神经冲动，并沿一定的传导通路传向神经中枢（图3-21）。

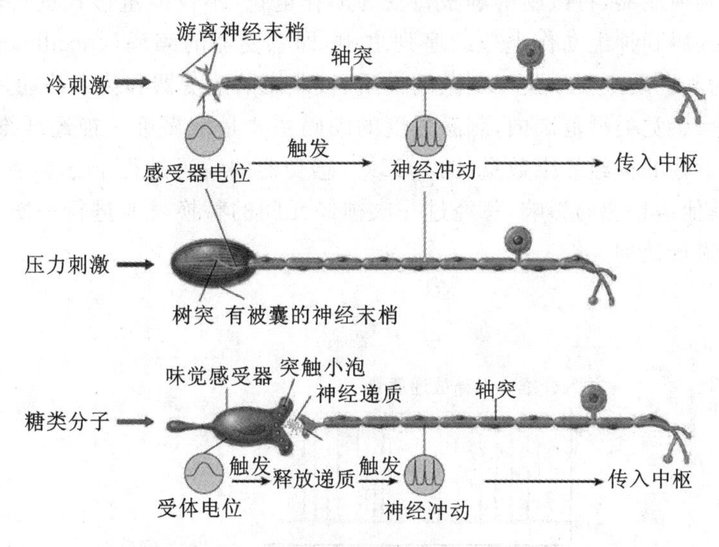


**图3-21 不同感受器的基本结构模式**

（仿 Gerard 等，2012）

不同的感受器结构有很大的差异，有些是感觉神经末梢，如与痛觉有关的神经末梢；有些是高度分化的感觉细胞，如视网膜中的视锥细胞、耳蜗内的毛细胞；还有一些感受器是裸露的神经末梢及周围包绕的一些细胞或结缔组织共同形成的特殊结构，如与触压觉有关的环层小体和触觉小体等。

感受器根据所接受的刺激性质，可分为温度感受器、机械感受器、化学感受器等；按照分布部位和一般功能特点，可分为内感受器和外感受器。外感受器是能感受外界环境变化的结构，接受刺激后能引起清晰的意识感觉。内感受器常分布在血管壁、内脏、骨骼肌、肌腱、前庭等部位，受到刺激后，一般不引起意识感觉或意识感觉不清晰。

### 3.4.1.2 感受器的一般生理特性

动物体内的感受器种类很多，结构和活动存在较大的差异，但它们的生理机能在某些方面也有相同的特点。

（1）适宜刺激

一般各种感受器只对某一能量形式的刺激比较敏感，仅需要极小强度的刺激就能引起其兴奋，这种刺激形式称为该感受器的适宜刺激。感受器对适宜刺激以外的其他能量形式的刺激敏感性很低或不发生反应。感受器最容易接受的适宜刺激是动物长期进化的结果，有利于机体对某些有意义的内、外环境变化进行精确的分析，产生灵敏的感受。

(2)感受器的换能与编码作用

感受器具有换能作用,当感受器接受刺激兴奋时,可以将刺激的物理能量或化学能量转变为生物能量,即膜电位的变化。当刺激达到一定的水平,膜电位变化超过阈值时,爆发的神经冲动传入中枢神经系统的相应部位。因此,感受器可以看作具有传导作用的**换能器**(transducer)。其换能作用实质上是跨膜信号转换的过程,即不同能量形式的外界刺激经感受器的作用,转化成相应的传入神经末梢的**发生器电位**(generator potential,启动电位)或感受细胞的**感受器电位**(receptor potential)。这两种电位都是局部电位,它们需要被转化为动作电位才能沿传入纤维抵达中枢。

感受器是生物换能器,将接受的刺激转变为动作电位,不仅能量形式进行转换,还把外界环境变化的信息编码到神经动作电位的序列之中,即感受器的**编码**(encoding)作用。对于感觉,现在一般认为其性质主要取决于刺激的性质、被刺激的感受器和传入冲动达到高级中枢的终点部位。在同一感觉类型范围内,刺激强度的编码主要是依靠单一神经纤维上冲动频率的改变及参与信息传输的神经纤维数量(图 3-22)。感受器的编码过程十分复杂,信息在传递过程中,可能受到其他信息源的影响,每经过一次神经元间的替换就要进行一次重新的编码,从而不断地对信息进行处理。

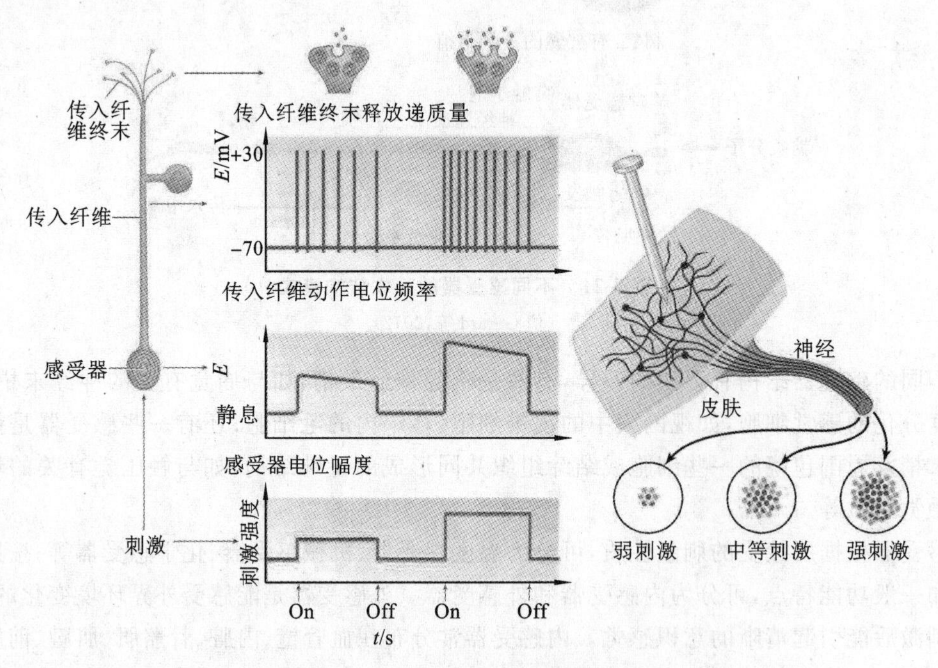


**图 3-22 不同强度刺激引起的冲动频率及传递兴奋纤维数量的改变**

(仿 Sherwood 等,2013)

(3)感受器的适应现象

当恒定强度的刺激连续作用于感受器时,传入纤维的冲动频率逐渐降低,引起的感觉逐渐减弱或消失的现象称为**适应**(adaptation)。适应并不是疲劳,当某一刺激产生适应之后,若此刺激的强度增加,则引起的传入冲动增加。

所有感受器都具有适应特性,但不同感受器适应出现的速度有很大的差异。嗅觉、触觉感受器属于**快适应感受器**(rapidly adapting receptor),对刺激变化很敏感,有利于感受器及中枢再接受新事物的刺激。**慢适应感受器**(slowly adapting receptor)如肌梭、颈动脉窦压力感受器等，可以长期持续监测机体的某些功能状态（如姿势、血压），有利于进行随时的调整。感受器适应产生的机制很复杂，与感受器的附属结构、通路中的突触传递及感觉中枢某些功能的改变等有关。

（4）对比现象与后作用

感受器受到截然相反的刺激时，会感觉到刺激格外强烈，称为对比现象；刺激撤除后，感受器发放神经冲动不会立即停止，仍然在短时间内向中枢传送神经冲动，称为后作用。最明显的例子是视觉暂留现象。

## 3.4.2　脊髓的感觉传导通路

感觉传导通路又称为上行传导通路，一般由三级神经元组成。第一级神经元的胞体位于脑神经节或脊神经节内，其周围突与感受器相连，中枢突进入中枢后与第二级神经元形成突触联系；第二级神经元的胞体位于脊髓或脑干内，其纤维多交叉到对侧再上行至第三级神经元；第三级神经元的胞体都位于丘脑内，发出的纤维组成丘脑皮质束，最后投射到大脑。

除了头面部的感觉外，来自躯体和内脏各种感受器的神经冲动均通过脊髓上传。脊髓上传到大脑皮层的感觉传导通路分为**浅感觉传导通路**（superficial sensory conduction system）和**深感觉传导通路**（deep sensory conduction system）两类（图 3-23）。

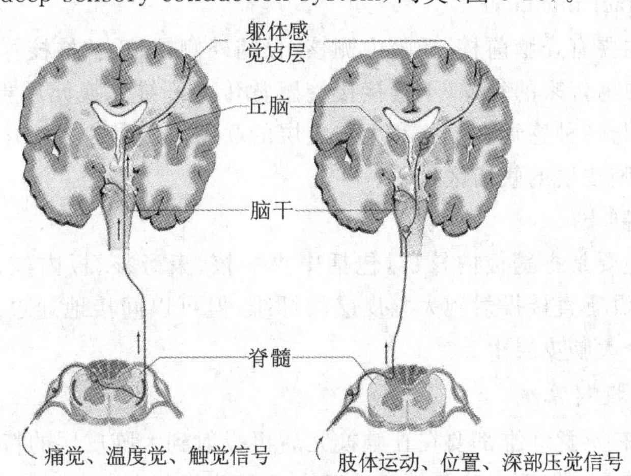


**图 3-23　浅感觉（左）与深感觉（右）传导通路**

### 3.4.2.1　浅感觉传导通路

浅感觉传导通路主要传导痛觉、温度觉和触觉感受器的冲动。躯干、四肢的浅感觉由后根的外侧部进入脊髓，在脊髓后角换元后，发出纤维在中央管下交叉到对侧，分别沿脊髓丘脑侧束（痛觉、温度觉）和脊髓丘脑前束（触觉）上行到达丘脑，丘脑中更换第三级神经元后，再投射到大脑皮层的躯体感觉区。头面部的浅感觉冲动由三叉神经传入脑桥，在三叉神经主核和脑桥核（触觉和本体感觉）或三叉神经脊束核（痛觉和温度觉）换元后交叉到对侧组成三叉丘系，上行至丘脑后更换第三级神经元，最后投射到大脑皮层的躯体感觉区。

### 3.4.2.2　深感觉传导通路

深感觉传导通路传导肌肉、肌腱、关节等的本体感觉和深部压觉的冲动。这些冲动经脊神经传入脊髓后角，沿同侧后索上行至延髓的薄束核和楔束核，换元后再发出纤维交叉到对侧，然后由内侧丘系至丘脑更换第三级神经元，最后投射到大脑皮层的躯体感觉区。

在两类脊髓传导感觉冲动的途径中都有一次交叉,浅感觉传导通路是传入神经进入脊髓后先交叉到对侧再上行,深感觉传导通路是先上行至延脑再交叉到对侧。因此,当脊髓半离断后,浅感觉的障碍发生在离断的对侧,而深感觉的障碍发生在离断的同侧。

## 3.4.3 丘脑及其感觉投射系统

丘脑是大脑皮层不发达动物的最高级感觉中枢;而大脑皮层发达的动物,丘脑是最重要的感觉传导接替站,各种感觉(嗅觉除外)神经纤维均在丘脑内换元后再投射到大脑皮层。此外,丘脑与下丘脑、纹状体之间有纤维联系,共同构成一些非条件反射的皮层下中枢。

3.4.3.1 丘脑的神经核团

丘脑位于第三脑室的两侧,是间脑中最大的卵圆形灰质核团。丘脑由多个神经核团组成,大致分为三种类型。

(1)感觉接替核(sensory relay nucleus)

这类神经核团主要有膝状体和后腹核,是特定的感觉(嗅觉除外)传向大脑皮层的换元接替部位。来自不同部位的感觉纤维在后腹核内换元有一定的空间分布,与大脑皮层感觉区的空间定位相对应。

(2)联络核(contact nucleus)

这类神经核团主要有丘脑前核、丘脑内侧核、丘脑外侧核、丘脑枕核等,它们只接受感觉接替核和其他皮层下中枢传来的纤维(不直接接受感觉传入纤维),换元后再投射到大脑皮层特定的联络区,其功能与各种感觉在丘脑和大脑皮层的联系协调有关。此外,还有许多神经核团的纤维向下丘脑、大脑皮层的联络区投射。

(3)非特异性核群

这类神经核团主要是指髓板内核群,包括中央中核、束旁核、板内核、网状核、腹前核等。一般认为,这类核群没有直接投射到大脑皮层的纤维,但可以间接地通过多突触接替换元后,再弥散地投射到整个大脑皮层中。

3.4.3.2 感觉投射系统

除嗅觉以外,所有感觉纤维都要在丘脑换元后再投射到大脑皮层的特定区域,因此丘脑是各种感觉冲动的汇集点。根据丘脑各神经核团向大脑皮层投射的特征,感觉投射系统分为**特异性投射系统**(specific projection system)和**非特异性投射系统**(nonspecific projection system)两类。

(1)特异性投射系统

特异性投射系统是指丘脑内特定的神经核群(感觉接替核、联络核)发出的纤维,投射到大脑皮层的特定区域。除了嗅觉以外,从机体各种感受器发出的感觉冲动(如本体感觉、视觉、听觉、味觉、痛觉、平衡觉等),沿着脊髓和脑干内特定的传导路径进入丘脑,经过粗略的分析和综合,再通过特异性投射系统投射到大脑皮层的各感觉区,产生特定感觉(图3-24)。所以,特异性投射系统的主要功能是向大脑皮层传递精确的信息,从而引起特定的感觉。此外,特异性投射系统还能激发大脑皮层发出神经冲动,引发相应的反应(骨骼肌活动、内脏反应和情绪反应)。

(2)非特异性投射系统

非特异性投射系统是指丘脑的非特异性核群弥散地投射到大脑皮层广泛区域的纤维联

系。来自身体各部分的感觉纤维进入脑干网状结构后，都要发出侧支与脑干网状结构内的神经元发生广泛的突触联系，反复换元后上行至丘脑内侧核群，最后弥散地投射到大脑皮层的广泛区域。由于各种感觉冲动经过脑干网状结构时，在许多交织在一起的神经元的相互作用下失去了特异性，因而到达大脑皮层后就不能再产生特定的感觉。

非特异性投射系统的主要功能是改变大脑皮层兴奋状态，维持机体的觉醒。当该系统的传入冲动增多时，大脑皮层的兴奋活动增强，动物保持觉醒状态，甚至引起激动状态；当该系统的传入冲动减少时，皮质兴奋活动减弱，动物处于相对安静状态，甚至由于皮层的广大区域转入抑制状态而引起动物睡眠。脑干网状结构内存在对大脑皮层具有上行唤醒作用的功能系统，称为**上行网状激活系统**(ascending reticular activating system)(图 3-25)，它在功能上与丘脑非特异性投射系统密不可分，形成一个统一的系统，是各种不同感觉的共同上传通路。非特异性投射系统还具有调节皮层各感觉区兴奋性的作用，可提高或降低各种特异性感觉的敏感度。若该系统受到损伤，大脑皮层的兴奋活动减弱，动物会出现昏睡现象。

特异性投射系统和非特异性投射系统在功能上相互依赖。通过非特异性投射系统传入的各种感觉冲动，使大脑皮层保持一定的兴奋性，才能使经特异性投射系统传导的冲动在大脑皮层各感觉区形成特定的感觉。通过非特异性投射系统传入的冲动越多，对大脑皮层的唤醒作用越强，皮层的兴奋状态越好，经特异投射系统上传产生的感觉也就越完善。

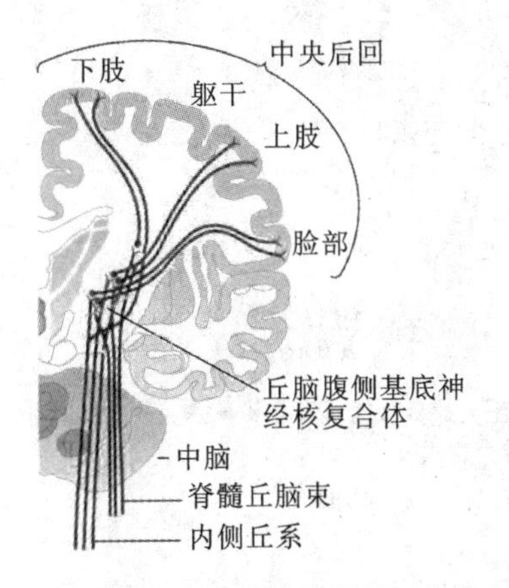


**图 3-24 丘脑深感觉特异性投射系统示意图**

(仿 Gerard 等，2012)

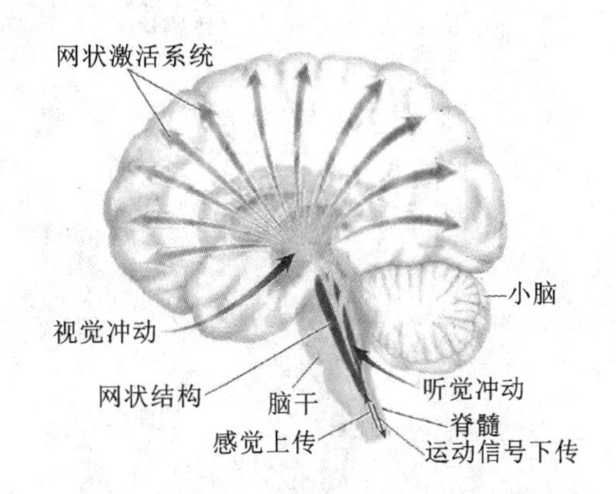


**图 3-25 脑干上行网状激活系统作用示意图**

(仿 Sherwood 等，2013)

## 3.4.4 大脑皮层的感觉分析功能

大脑皮层是感觉的最高中枢。来自身体各部位传入的感觉冲动最终抵达大脑皮层，经过分析和整合后产生精细的感觉，并发生一定的反应。不同类型的感觉在大脑皮层内有不同的代表区，且各感觉代表区之间有密切的功能联系，它们协同活动，产生复杂的感觉。

3.4.4.1 躯体感觉区

由于动物的进化程度不同，其躯体感觉区在大脑皮层中的确切定位存在差异。兔、鼠等低等哺乳类的躯体感觉区与躯体运动区基本重合在一起，统称**感觉运动区**(sensorimotor area)；猫、狗、家畜的躯体感觉区与躯体运动区也有部分重叠，躯体感觉区主要在十字沟的后侧和外侧，称为第一感觉区；猴、猩猩等灵长类动物的躯体感觉区在顶叶中央后回。

躯体感觉区可接受经丘脑传来的全身浅感觉和深感觉冲动，其投射具有以下规律。

(1)左右交叉

躯体、四肢部分的感觉为左右交叉性投射,即一侧感觉冲动传向对侧皮层的相应区域。头面部的感觉投射是双侧性的。

(2)前后倒置

投射区总体上呈倒置的空间排布,下肢代表区在大脑皮层顶部(膝部以下的代表区在皮层内侧面),上肢代表区在中间部,头面部代表区在底部,但头面部代表区内部是正立的排列。

(3)投射区面积大小与不同部位的感觉分辨精细度有关

感觉功能愈精细,投射区所占的范围也愈大。不同种类的动物,躯体各部位的感觉所占的相对面积也存在很大差异,反映了不同动物对不同感觉的依赖程度(图 3-26)。研究发现,动物脑内还存在第二感觉区。人的第二感觉区位于中央前回和岛叶之间,面积较小,主要功能是对感觉信息进行粗糙分析。也有学者认为,第二感觉区可能接受痛觉传入的投射,与痛觉有较密切的关系。

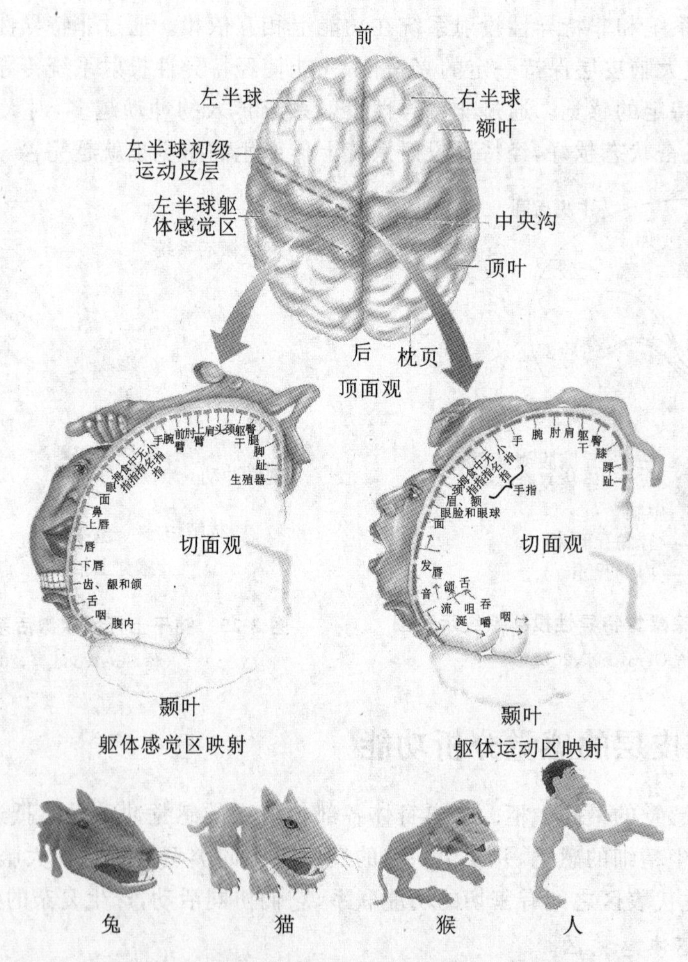


**图 3-26　大脑皮层躯体感觉区与躯体运动区以及不同物种的特点**

(仿 Sherwood 等,2013)

3.4.4.2　视觉区

视觉区位于枕叶的距状裂。来自视网膜的传入冲动通过特定的纤维,投射到视觉区的一定部位。视网膜上半部投射到距状裂的上缘,下半部投射到下缘;视网膜中央的黄斑区投射到距状裂的后部，周边区投射到前部。

3.4.4.3　听觉区

听觉区位于颞叶。听觉是双侧性投射，即一侧皮层的代表区可接受双侧耳蜗的传入投射，但与对侧的联系较强。

3.4.4.4　嗅觉区和味觉区

嗅觉区随动物的进化而缩小，高等动物的嗅觉区位于边缘皮层的前底部，包括梨状区皮层的前部、杏仁核的一部分等。味觉区位于中央后回头面部感觉投射区的下侧。

3.4.4.5　内脏感觉区

内脏感觉区在大脑皮层的投射范围较弥散，来自内脏的传入冲动可投射到第一和第二感觉区。此外，边缘系统的某些区域也是内脏感觉的投射区。

## 3.4.5　各种感觉

码 3-4　张香桐与针刺麻醉

3.4.5.1　痛觉

**痛觉**(pain)是机体受到伤害性刺激所产生的感觉。它是体内的警戒系统，能引起防御性反应，具有保护作用，但强烈的疼痛会引起机体生理功能的紊乱，甚至休克。

传递痛觉的伤害感受器是一些没有形成特殊结构的游离神经末梢，广泛地分布于皮肤各层、小血管、毛细血管、腹膜、黏膜下层等处。当皮肤或内脏器官在创伤、炎症病变或肌肉缺血等情况下，导致局部组织细胞被破坏，释放出 $K^+$、组胺、缓激肽、5-羟色胺、前列腺素 E、乙酰胆碱和 P 物质等致痛物质，刺激伤害感受器，产生痛觉信号，传入大脑后产生痛觉。根据痛觉感受器分布的部位，痛觉可分为体表痛和**内脏痛**(visceral pain)。

(1)体表痛与传导路径

体表痛又可分为**快痛**(fast pain)和**慢痛**(slow pain)。快痛是一种尖锐的**刺痛**(pricking)，具有感觉鲜明、定位明确、潜伏期短(迅速形成、除去刺激后迅速消失)等特点。一般认为，刺痛由外周神经中的 $A\delta$ 类有髓纤维来传导。慢痛又称**灼痛**(burning pain)，是一种定位不明确、持续时间长、强烈而难以忍受的疼痛，表现为痛觉形成缓慢、呈烧灼感。这类疼痛常伴有心血管和呼吸系统的变化，同时还影响着机体的情绪反应。传导慢痛的主要为外周神经中的 C 类无髓纤维。

(2)内脏痛与牵涉痛

内脏痛常由机械性牵拉、痉挛、缺血和炎症等刺激引起。内脏痛觉感受器的传入纤维大部分混于交感神经中，然后由背根进入脊髓。盆腔器官的疼痛感觉主要由副交感神经(盆神经)传入脊髓，然后再上传至大脑高级部位。内脏痛发生缓慢，持续时间较长，主要表现为慢痛，常呈渐进性增强，但有时也可迅速转为剧烈疼痛。痛觉感受器在内脏的分布比较稀疏，内脏感觉的传入通路比较分散，因此，内脏痛定位不准确。内脏痛又可分为浆膜痛和脏器痛两种。

当某些内脏发生病变时，常在体表一定区域发生疼痛或痛觉过敏，这种现象称为**牵涉痛**(referred pain)。例如，心绞痛时，胸前区及左臂内侧皮肤常感到疼痛；患胃溃疡和胰腺炎时，疼痛会出现在左上腹和肩胛间(图 3-27)。临床上，牵涉痛有助于内脏疾病的诊断。

牵涉痛的发生机制，可能是来自某内脏器官的感觉纤维和该段皮肤区传来的感觉纤维，都进入同一节段脊髓，在后角内密切联系，发出侧支易化传导皮肤痛觉的神经元，然后再沿各自

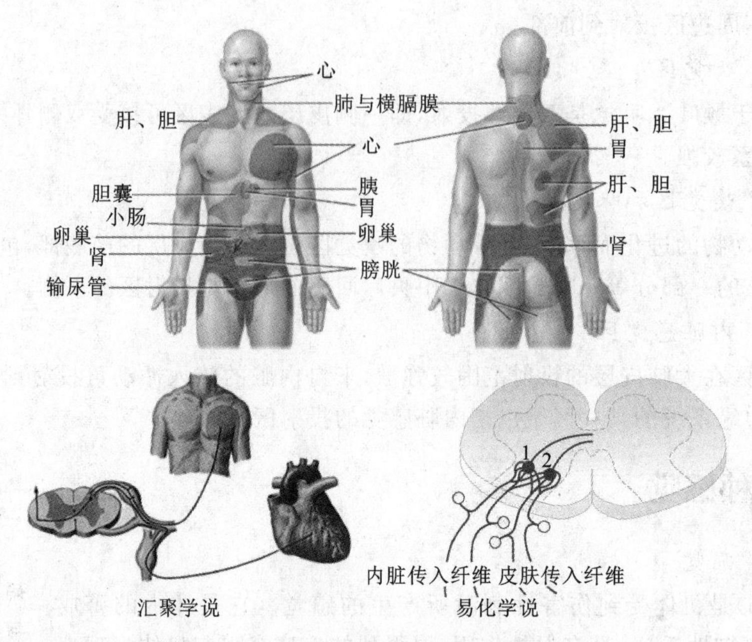


**图 3-27　牵涉痛的皮肤投射区及其机制**

特定的神经元上传到丘脑(易化学说)。另一种学说认为,脏器和皮肤的一部分感觉纤维传来的冲动,在该段脊髓内,沿共用的神经元传到丘脑,由丘脑再传至大脑皮层,产生脏器感觉或皮肤感觉(汇聚学说)。因此,从患病内脏传来的冲动可以扩散或影响到邻近的躯体感觉神经元,从而产生牵涉痛。

3.4.5.2　视觉

对于大部分动物而言,视觉是占主导地位的感觉。眼睛是动物的光感受器,接受光的刺激后在视网膜上成像,视网膜产生的冲动再经一定的传导途径到达大脑皮层视觉中枢,产生视觉,使机体能够感知到客观物体的形象、颜色和运动等。

视网膜是眼的感光系统,结构十分复杂,由外向内分别为色素细胞层、感光细胞层、双极细胞层、神经节细胞层(图 3-28)。感光细胞分为**视杆细胞**(rods)和**视锥细胞**(cones),前者主要分布在视网膜周边部,而后者集中在视网膜的中央部,但黄斑中心的中央凹处只有视锥细胞。视锥细胞对光的敏感性差,只有感受强光刺激才兴奋,但可辨别颜色,视物精确性高。视杆细胞对光的敏感性高,能感受弱光刺激引起视觉,无色觉,只能辨别明暗。夜行性动物眼底进化出**明毯**(tapetum lucidum)或称照膜的结构,将可见光反射给视网膜,极大提高了动物的夜视能力。夜间光线照射下,可见到这些动物的眼睛发出蓝色、绿色或黄色等色彩的光,即是明毯的反光。

视网膜的感光细胞受到光线的刺激后,将光信号转变成电信号,经双极细胞传至神经节细胞形成视觉信息,这些神经冲动再通过视神经传向大脑皮层进行分析和处理,最终形成视觉。由于双眼位置的差异,同一景物在双侧眼睛视网膜形成的影像存在细微的不同,经大脑皮层的对比分析,即可产生立体视觉和距离感。两侧眼睛的交叉视野越大,对距离感的判断越精准。捕猎动物基于对距离判断的需求,两只眼睛在头部的位置很靠近;草食性动物出于对广阔双眼视野的需求,两只眼睛往往位于头部的两侧,交叉视野很小,因而牺牲了对距离的精准判断(图 3-29)。

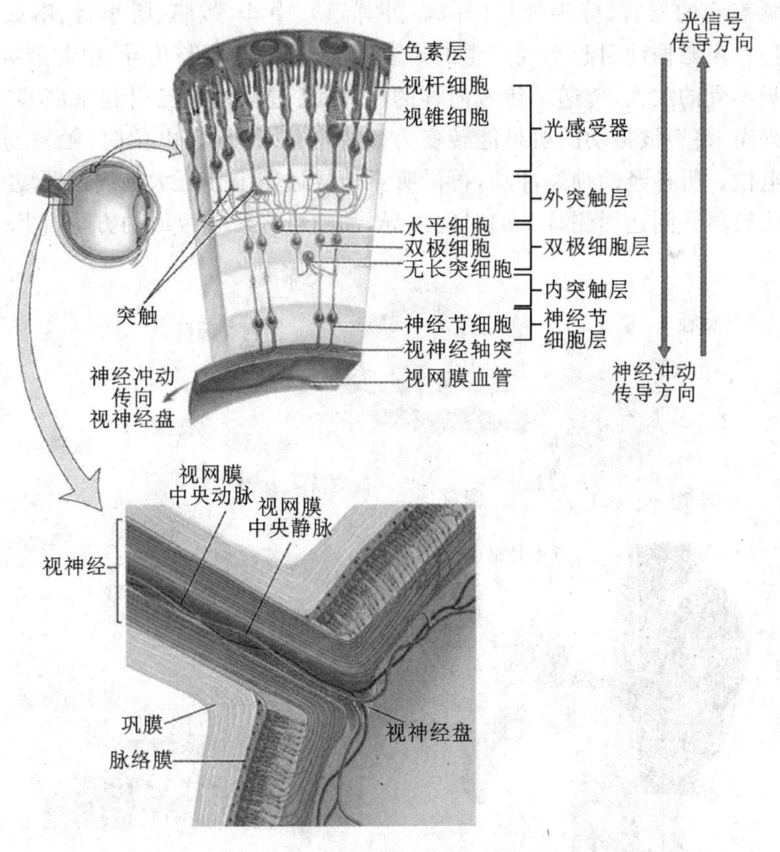


**图 3-28　视网膜结构模式图**

（Gerard 等，2012）

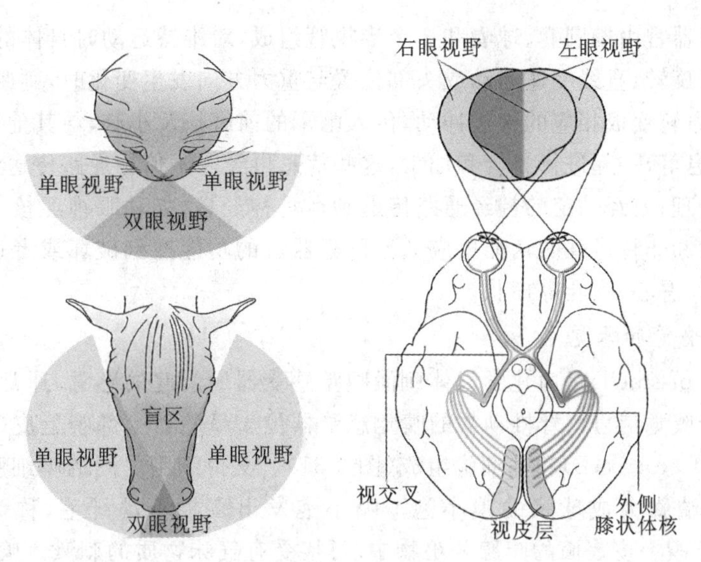


**图 3-29　双眼视野**

3.4.5.3 听觉与平衡

耳是感觉声音的器官,分为外耳(耳廓、外耳道)、中耳(鼓膜、听小骨、咽鼓管)和内耳(耳蜗、前庭器官)。声源振动引起空气产生的声波,经外耳的收集与传导,引起鼓膜的振动。振动再经过3块听小骨的放大、传递。传入内耳的声波,通过耳蜗淋巴引起基底膜的振动,使毛细胞弯曲变形兴奋,将声波振动的机械能转变为微音电位,达到阈电位时,触发与其相连的蜗神经产生动作电位。听神经的神经冲动,再沿听觉传导通路上传至大脑皮层听觉中枢,从而产生听觉。通过比较声音到达两侧耳朵的时间差异,动物可以辨别声源的方位(图3-30)。

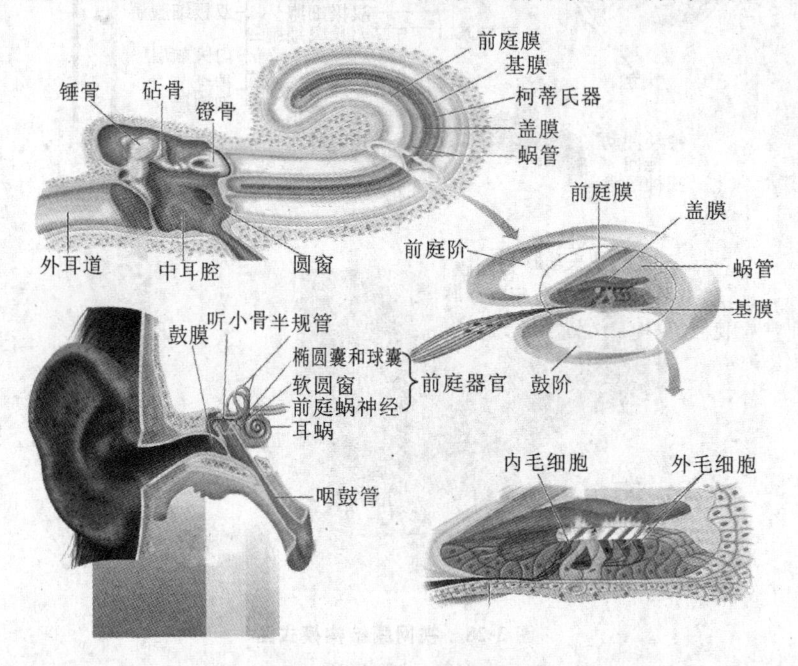


**图3-30 哺乳动物听觉器官**

(仿Sherwood等,2013)

内耳的前庭器官由椭圆囊、球囊和3个半规管组成,对维持运动时身体的平衡有重要的作用。当动物进行旋转、直线变速运动或头部位置与重力方向发生变化时,刺激前庭系统的特殊感觉细胞,将信息转变成相应的神经冲动,传入脑干的前庭核及小脑,与其他感觉信息(如视觉信息、本体觉信息等)一起进行整合和加工,这些信息再经多条传导通路传送到大脑皮层,进行高层次的加工处理;或经一定的神经通路传送到运动神经核(如动眼神经核、脊髓前角运动核等),作出特异性和非特异性的功能反应。若前庭器官的功能遭到破坏或者过于敏感时,机体常常会出现眩晕、恶心、呕吐等症状。

3.4.5.4 嗅觉和味觉

**嗅觉**(sense of smell)是由化学气体刺激嗅觉感受器所引起的感觉,通常所说的"滋味"其实大部分来源于嗅觉信号。脊椎动物的嗅觉感受器位于鼻腔后上部嗅上皮(嗅黏膜),由支持细胞、**嗅细胞**(olfactory cell)和基细胞组成(图3-31)。支持细胞之间的嗅细胞为双极细胞,其树突细长,有末端膨大成球状的嗅小泡。嗅小泡发出多根不动纤毛,称为**嗅毛**(olfactory cilia)。嗅毛浸于嗅上皮表面的嗅腺分泌物中,可接受有气味物质的刺激。嗅细胞基部发出一条细长的神经纤维,若干条纤维集中在一起组成嗅丝,穿过鼻腔顶的小筛孔上行,终止于嗅球。嗅球内的神经细胞再发出纤维组成嗅束,多次换元,最后到达大脑中部深处的嗅皮质。当嗅细胞的嗅毛受到某些挥发性有味物质刺激时，产生的神经冲动沿嗅神经传导至大脑皮层的嗅中枢，形成嗅觉。嗅觉对于动物的觅食、识别等活动有重要作用。

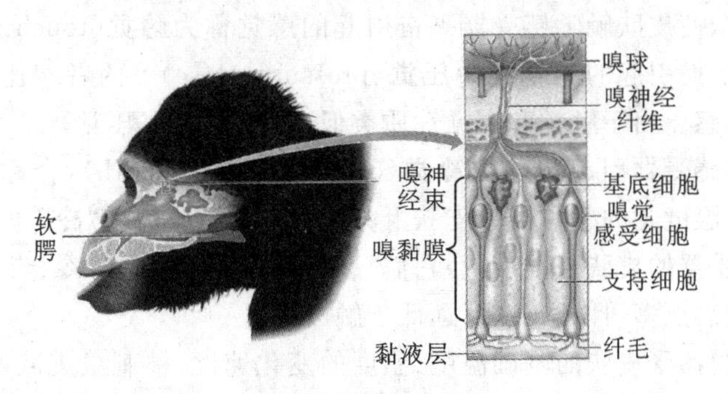


**图3-31　嗅球的结构**

(仿 Sherwood 等，2013)

**味觉**(gustation)是指食物对味觉器官化学感受系统的刺激所产生的一种感觉，分为酸、甜、苦、咸四种基本味觉。味觉的感受器是**味蕾**(taste bud)，主要分布于舌头表面的乳头状突起中，少数散在于软腭、会厌及咽等部位的上皮内。鱼类借由味觉发现和觅食，在触须、体表均有味蕾分布。味蕾由味觉细胞、支持细胞和基底细胞组成。味蕾一般含有40～150个味觉细胞，10～14天更换一次。味觉细胞表面有许多味觉感受分子，不同物质与不同的味觉感受分子结合后，由不同的传入纤维进入脑干后终于孤束核，更换神经元后上行，经丘脑到达大脑皮层岛盖部的味觉中枢。最后通过大脑的综合神经中枢系统的分析和处理，从而产生味觉(图3-32)。

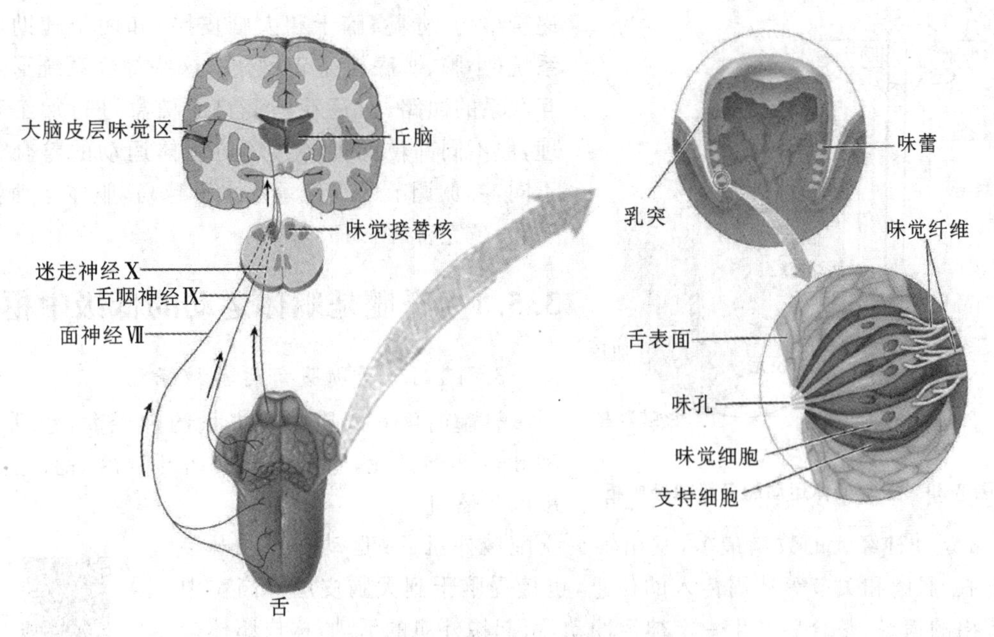


**图3-32　味蕾的化学信号转导**

(仿 Sherwood 等，2013)

3.4.5.5　其他感觉

皮肤是身体最大的感觉器官，其感觉主要有触觉、温度觉(冷觉和温觉)、痛觉。皮肤中的神经十分敏感,得到的信息可以迅速地传送到大脑内,从而作出一定的反应,起到保护机体、维持正常的体温、产生各种触觉感受的重要作用。

微弱的机械刺激使皮肤触觉感受器兴奋引起的感觉称为**触觉**(touch sense);较强的机械刺激使深部组织变形而引起的感觉称为**压觉**(pressure sense)。两者相比,触觉的适应性快,刺激阈值低,比较敏感。由于触觉和压觉性质类似,可合称为触-压觉。

温度刺激冷、热感受器引起机体的**冷觉**(cold)和**温觉**(warmth),合称为温度觉。一般认为,游离神经末梢是温度觉的感受器。皮肤上分布着具有特殊感受"冷"和"热"的冷点和热点,即冷感受器和热感受器的皮肤表面装置,它们只对冷、热产生感觉。冷、热点分布于全身,但各处密度不同,冷点比热点多,且分布密度远低于触、压点。

皮肤的温度感受器受皮肤的基础温度、温度的变化速度、被刺激皮肤范围等因素的影响。温度感觉具有总和的特性,温度刺激所产生的感觉强度取决于受刺激部位的面积。受刺激部位的面积大时,较小的温度变化也可被感知;相反,受刺激部位的面积小时,较大的温度变化也可能不被感知。

## 3.5 神经系统对躯体运动的调节

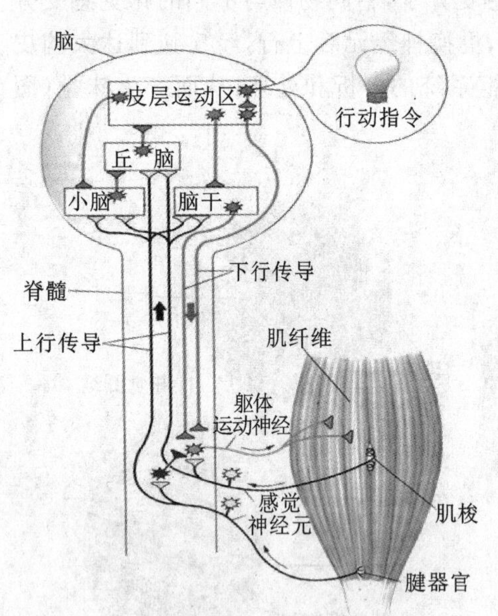

图 3-33 控制躯体运动的各级神经中枢

通常将动物为了迅速适应外界环境变化,以骨骼肌的活动为基础所进行的躯体各种姿势和位置的改变称为躯体运动。运动神经系统主要由三大等级递阶结构(脊髓、脑干和大脑皮层)和两个辅助监控系统(小脑、基底神经节)组成,这些神经系统形成交互联系的回路,对运动与姿势的信息进行加工和处理,但不同部位的神经系统对躯体运动的整合作用不同,参加调节的神经系统水平越高,躯体运动就越复杂、越完善(图 3-33)。

### 3.5.1 脊髓是躯体运动的低级中枢

#### 3.5.1.1 脊髓腹角运动神经元

脊髓前角的灰质中有大量的神经元,包括 α、γ 和 β 运动神经元,它们的轴突离开脊髓后直达所支配的骨骼肌。

α 运动神经元的数量最多,发出轴突支配梭外肌。α 运动神经元既接受皮肤、肌肉和关节等外周传入的信息,也接受脑干到大脑皮层等高位中枢传出的信息,整合后产生一定神经冲动,引起梭外肌的活动,构成躯体运动反射的最后"公路"。由一个 α 运动神经元和它的轴突末梢分支所支配的全部肌纤维所构成的功能单位称为**运动单位**(motor unit)。运动单位的大小不一,取决于神经元轴突分支数目的多少,一般是肌肉愈大,运动单位愈大。大运动单位有利于骨骼肌产生巨大的肌张力,而小运动单位有利于

码 3-5 身患渐冻症与新冠病毒竞速的张定宇

进行精细的活动。此外,不同运动单位的肌纤维之间可以交叉分布,扩大空间范围,使肌肉产生均匀的张力。

γ 运动神经元的胞体较小,分散在 α 运动神经元之间,支配骨骼肌的梭内肌纤维。γ 运动神经元的兴奋性较高,常以较高的频率持续放电,能调节肌梭感受器的敏感性,与肌紧张的产生有关。一般 α 运动神经元活动增加时,γ 运动神经元也相应增加,它们都以乙酰胆碱为递质。

β 运动神经元胞体较大,它发出的传出纤维支配骨骼肌的梭内肌与梭外肌纤维,功能尚不十分清楚。

码 3-6　脊髓的运动中枢

3.5.1.2　脊髓反射

脊髓是躯体运动的初级中枢,在正常状态下,受高级神经中枢的调节。当脊髓与高位中枢离断后,只能在脊髓控制下完成一些简单的躯体运动反射活动,称为**脊髓反射**(spinal reflex),如**牵张反射**(stretch reflex)和屈肌反射。

(1)牵张反射的感受器

当骨骼肌受外力牵拉伸长时,引起被牵拉的同一肌肉发生收缩,称为牵张反射。牵张反射的反射弧比较简单,整体内受高位神经中枢的控制。

**肌梭**(muscle spindle)是牵张反射的主要感受器,是一种由 2～12 根细短梭内肌纤维组成的特殊梭形结构,外层包裹结缔组织囊(图 3-34)。肌梭属于本体感受器,主要分布在抗重力肌上,通过感受肌纤维的长度变化或牵拉刺激,调节骨骼肌的活动,控制适应的姿势。

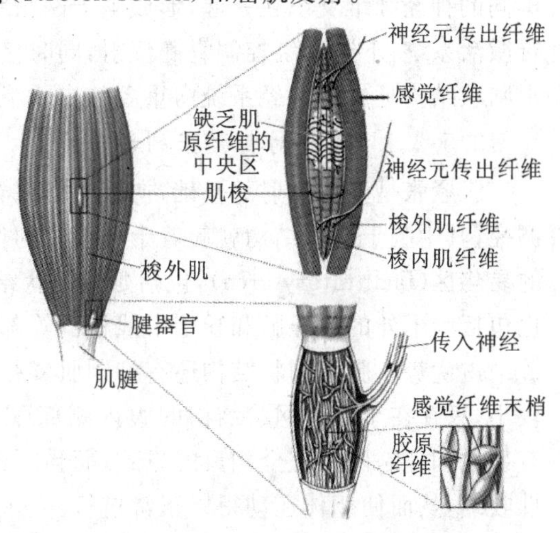


图 3-34　肌梭与腱器官

梭内肌纤维受脊髓发出的 γ 运动纤维的支配。当肌肉受牵拉时,位于梭内肌纤维中间的感受装置被动拉长,产生的神经冲动经由背根传入脊髓,引起支配同一肌肉的 α 运动神经元的活动和梭外肌收缩,形成一次牵张反射。

**腱器官**(tendon organ)分布于肌腱胶原纤维之间,是一种张力感受器(肌梭为长度感受器),其传入冲动对同一肌肉的 α 运动神经元有抑制作用。当肌肉受到牵拉时,肌梭先兴奋,使被牵拉的肌肉收缩;当牵拉力量增强、肌肉收缩达到一定的程度时,腱器官兴奋,从而抑制牵张反射,防止肌肉过分地收缩受到损伤。

(2)牵张反射的类型

牵张反射一般分为**腱反射**(tendon reflex)和**肌紧张**(muscle tension)两种类型。腱反射又称位相性牵张反射,是快速牵拉肌腱时引起的牵张反射。例如,敲击股四头肌腱,可引起股四头肌收缩,膝关节伸直,发生**膝反射**(knee jerk);敲击跟腱,可引起小腿腓肠肌收缩,跗关节伸直,发生**跟腱反射**(achilles tendon reflex)。腱反射主要发生在快肌纤维上,属于单突触反射,感受器为肌梭,效应器为同一肌肉的肌纤维。

肌紧张是缓慢持续地牵拉肌腱时所引起的牵张反射,外力牵拉越强,肌紧张越强烈。肌紧张是同一肌肉不同运动单位的交替性收缩,不表现明显的动作,所以不易发生疲劳,能持久地进行。肌紧张主要用于保持身体平衡和维持身体的姿势,是姿势反射的基础。例如,动物站立时，由于重力作用的影响，支持体重的关节趋于弯曲，使伸肌肌腱受到持续的牵拉，反射性引起该肌群的肌紧张加强，以对抗关节的弯曲，从而维持站立的姿势。肌紧张是多突触反射，效应器主要是肌肉内收缩较慢的慢肌纤维成分。

3.5.1.3　脊休克

位于脊髓的低级中枢受到高级中枢易化和抑制的双重调节，其中，易化作用占优势。因而当脊髓突然横断时，断面以下的中枢由于失去了高级中枢的易化作用，兴奋性急剧降低，暂时丧失反射活动能力进入无反应状态，称为**脊休克**(spinal shock)。发生脊休克时，肌紧张消失，内脏活动的排尿反射、排便反射也不再发生。

## 3.5.2　脑干是重要的皮质下整合调节中心

脑干包括延髓、脑桥和中脑。在脑干中轴部位，许多形状和大小各异的神经元与各类走向不同的神经纤维交织在一起，形成脑干网状结构。脑干网状结构的上行神经传导通路构成上行激活系统；下行系统控制脊髓反射，同时接受大脑皮层、小脑和丘脑等部位的调节。因此，脑干网状结构是中枢神经系统内重要的皮质下整合调节中心。

3.5.2.1　脑干对肌紧张的调节

肌紧张是姿势反射的基础，初级中枢在脊髓。正常状况下，脊髓经常受到上位神经中枢的调控，其中脑干网状结构就起着十分重要的作用。脑干网状结构存在加强肌紧张和肌肉运动的**易化区**(facilitatory area)，包括延髓网状结构背外侧部分、脑桥被盖、中脑中央灰质及被盖，也包括脑干外的下丘脑和丘脑中线核群等部位。易化区的范围大、活动强，在肌紧张的平衡调节中占优势。脑干网状结构还有抑制肌紧张和肌肉运动的**抑制区**(inhibitory area)，该区范围较小，只存在于延髓网状结构的腹内侧部(图 3-35)。在正常状态下，脑干对肌紧张的调节具有易化和抑制两种完全相反的方式，而且二者经常保持动态平衡，使全身肌肉保持适当的紧张性收缩，从而使躯体运动得以正常进行。

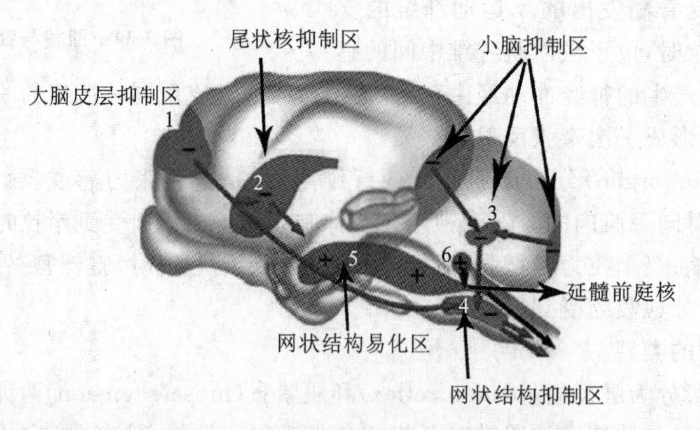


**图 3-35　脑干网状结构后行抑制(－)和易化(＋)系统示意图**

(周定刚，2011)

在中脑上、下丘之间切断脑干，动物出现四肢僵直、头尾昂起、脊柱反张后挺的现象，称为**去大脑僵直**(decerebrate rigidity)。去大脑僵直是以伸肌为主的肌紧张亢进现象，是一种增强的牵张反射。形成去大脑僵直的原因有两个方面：①在中脑水平切断脑干后，来自红核以上部位的下行抑制性影响被阻断，脑干网状结构的抑制系统活动降低；②前庭核和脑干网状结构易化系统的活动加强。这两方面的效应结合起来，由于失去抑制系统的对抗，易化系统的作用占优势，因而导致四肢伸肌和所有抗重力肌肉群的强烈性收缩、僵直。

3.5.2.2 脑干对姿势反射的调节

在躯体活动过程中，中枢神经系统不断地调节骨骼肌的肌紧张或进行相应的运动，以保持或改变躯体各部分位置的反射活动称为**姿势反射**(postural reflex)。肌紧张是姿势反射的基础，牵张反射是最简单的姿势反射。姿势反射的初级中枢在脊髓，但涉及全身的姿势反射基本上是由脊髓以上的高级神经中枢来控制，其中脑干具有重要的整合调节作用。

(1)状态反射

**状态反射**(attitudinal reflex)是指当动物头部的空间位置发生变化，或者头部与躯干的相对位置发生改变时，反射性地引起躯体肌肉紧张性的改变，从而形成各种形式的状态。正常状态下，状态反射常受到高级中枢的抑制不易表现出来，常见于去大脑动物。

**迷路紧张反射**(tonic labyrinthine reflex)是内耳迷路耳石器官(椭圆囊和球囊)的传入冲动对躯体伸肌紧张性的反射性调节，反射中枢主要是前庭核。不同的头部位置对耳石器官的刺激不同，所以造成伸肌紧张性也不相同。例如，去大脑动物仰卧时伸肌紧张性最高，俯卧时伸肌紧张性最低。

**颈紧张反射**(tonic neck reflex)是颈部扭曲时，颈上部椎关节韧带和肌肉本体感受器受到刺激，引起四肢肌肉紧张性的调节反射，反射中枢位于颈部脊髓。去大脑动物实验证明，当头向一侧扭转时，下颏所指一侧的伸肌紧张性加强；当头后仰时，前肢伸肌紧张性加强，后肢伸肌紧张性降低；当头前俯时，前肢伸肌紧张性降低，而后肢伸肌紧张性加强。

(2)翻正反射

当动物处于不正常体位时，通过一系列协调运动使体位恢复正常的反射活动称为**翻正反射**(righting reflex)(图 3-36)。例如，动物四足朝天从空中下落时，首先动物的头颈扭转，然后前肢和躯干扭转，最后后肢也扭转过来，落地时四足着地。这一系列的反射活动是由于头部位置不正常，视觉与内耳迷路受到刺激，从而引起头部位置的翻正，头部复正后，造成头与躯干的位置关系不正常，刺激颈部关节韧带及肌肉本体感受器，继而导致躯干位置的翻正，使动物恢复站立姿势。视觉和前庭迷路对翻正反射的形成具有重要的作用，若毁坏中脑动物的双侧迷路器官，并蒙住两眼，则动物下落时翻正反射消失。

图 3-36 动物的翻正反射

## 3.5.3 小脑具有维持身体平衡、调节肌紧张、协调随意运动的作用

小脑位于大脑半球后方，覆盖在脑桥和延髓上，是躯体运动调节的重要中枢，具有维持身体平衡、调节肌紧张、协调随意运动的作用。根据进化和功能的差异，可以将小脑划分为**前庭小脑**(vestibulocerebellum，又称**古小脑** archicerebellum)、**脊髓小脑**(spinocerebellum，又称**旧小脑** paleocerebellum)和**皮层小脑**(cerebrocerebellum，又称**新小脑** neocerebellum)，它们分别与前庭、脊髓和大脑皮层形成丰富的纤维联系。

3.5.3.1　前庭小脑

前庭小脑主要由**绒球小结叶**(flocculonodular lobe)构成,其功能与前庭器官和前庭核的活动有密切关系。前庭器官的平衡感觉信息(如位置改变、直线或旋转加速度运动)传入前庭小脑后,发出的传出冲动经脊神经到达肌肉,协调有关拮抗肌群的活动,从而维持身体平衡。此外,前庭小脑也接受来自外侧膝状体、上丘和视皮层等的视觉传入,传出冲动通过对眼外肌的调节从而控制眼球的运动。切除绒球小结叶的猫会出现**位置性眼震颤**(positional nystagmus),即当头部固定于某一特定位置时,动物出现眼震颤。

3.5.3.2　脊髓小脑

脊髓小脑由**小脑前叶**(anterior lobe)和**后叶**(posterior lobe)的中间带区组成,主要接受脊髓小脑束和三叉小脑束传入纤维的投射,也接受视觉和听觉的传入信息。脊髓小脑与脊髓、脑干、大脑皮层存在大量的纤维联系。

脊髓小脑主要功能是协助大脑皮层对随意运动的控制,调节正在进行的运动。运动过程中,大脑皮层运动区向脊髓发出运动指令时,还通过锥体束的侧支向脊髓小脑传递有关运动指令的"副本"(内源性反馈信息);同时来自外周皮肤、肌肉、关节等处的本体感觉传入和视、听觉传入等(外源性反馈信息),通过脊髓-小脑束也到达脊髓小脑。脊髓小脑对这两方面的信息进行比较和整合,分析运动执行的情况及运动指令的误差。脊髓小脑一方面向大脑皮层发出校正信号,修正运动皮层的活动,另一方面通过脑干－脊髓下传途径调节肌肉的活动,纠正运动的偏差(图 3-37)。当脊髓小脑受到损伤,动物丧失利用反馈信息协调运动的能力,致使随意运动笨拙且不准确,出现**小脑性共济失调**(cerebellar ataxia)症状。

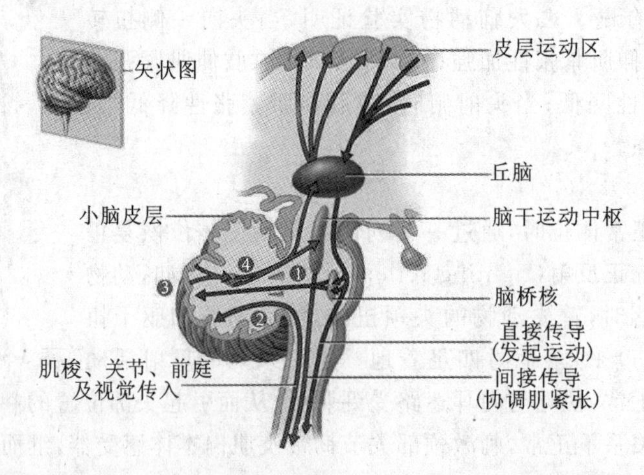


**图 3-37　小脑在随意运动的发起和执行中的作用**

(仿 Gerard 等,2012)

此外,脊髓小脑还具有调节肌紧张的功能,表现为抑制和易化双重作用。抑制肌紧张的区域是小脑前叶的蚓部,易化肌紧张的区域是小脑前叶两侧部和半球中间部。脊髓小脑对肌紧张的抑制或易化作用分别通过脑干网状结构的抑制区和易化区来实现。

3.5.3.3　皮层小脑

皮层小脑主要是指小脑半球(后叶的外侧部)。皮层小脑具有协调随意运动的功能,主要通过两条反馈环路来完成:①大脑皮层运动区－脑桥－小脑－红核－丘脑外侧核－大脑皮层运动区;②来自肌肉、肌腱等处本体感受器的冲动－脊髓小脑束－小脑－红核－丘脑－大脑皮层运动区。皮层小脑与大脑皮层之间存在双向性纤维联系，可以接受由大脑皮层广大区域（感觉区、运动区、联络区）传入的信息，整合后通过反馈环路再返回皮层运动区，从而实现对躯体运动的调节。

## 3.5.4　基底神经节对躯体运动的调节

**基底神经节**（basal ganglion）是位于大脑半球底部的一群神经核团，与大脑皮层、丘脑和脑干相连，包括**尾状核**（caudate nucleus）、**豆状核**（lentiform nucleus，分为**壳核**（putamen）和**苍白球**（globus pallidus））、**丘脑底核**（subthalamic nucleus，STN）、**黑质**（substantia nigra，SN）和**红核**（corpora rubrum），其中尾状核和豆状核合称为**纹状体**（striate body），是基底神经节主要的组成部分。

组成基底神经节的神经核团以苍白球为中心形成复杂的神经纤维联系。豆状核、尾状核及丘脑之间的白质为投射纤维，称为内囊，是大脑皮层与下级中枢联系的通道。对于大脑皮层不发达的低等脊椎动物（鱼类、两栖类、爬行类及鸟类等），纹状体与丘脑构成中枢神经系统的高级部位。对于哺乳动物，纹状体是大脑皮层控制下调节肌紧张和协调肌肉运动的中枢，它还与丘脑、下丘脑一起组成非条件反射的高级中枢，对完成复杂的本能行为具有重要作用。

基底神经节的功能与运动的发起和稳定、肌紧张的控制，以及本体感觉传入冲动的处理有关，并参与与内脏神经活动的整合，调节意识活动和运动反应。此外，基底神经节中某些核团还参与情绪、学习和记忆等高级功能活动。基底神经节的损伤可导致多种运动和认知障碍，在临床上主要表现为肌紧张的异常，这种异常可分为两大类：①肌紧张亢进、随意运动过少的僵直综合征，如**震颤麻痹**（paralysis agitans，又称**帕金森病** Parkinson disease）；②肌紧张减退、运动过多的低张力综合征，如**舞蹈病**（chorea，又称**亨廷顿病** Huntington disease）和**手足徐动症**（athetosis）。

## 3.5.5　大脑皮层是调节躯体运动的最高级中枢

大脑皮层是调节躯体运动的最高级中枢，通过锥体系统和锥体外系统来实现它的发动和控制机体随意运动的功能。

### 3.5.5.1　*大脑皮层的运动区*

大脑皮层中控制躯体运动的区域称为**皮层运动区**（motor cortex）。灵长类动物的皮层运动区主要位于中央前回和运动前区，具有下列几种功能特征（图3-26）。

（1）交叉支配

一侧皮层运动区控制对侧躯体的肌肉运动，两侧呈交叉支配的关系，但对头面部的肌肉大部分是双侧性支配（面神经支配的下部面肌、舌下神经支配的舌肌主要受对侧皮层运动区的控制）。

（2）精细的功能定位

刺激一定部位的皮层运动区可引起一定肌肉的收缩。支配不同部位肌肉的运动区占有定位区面积的大小不同，运动简单、粗糙的肌群（如躯干、下肢）所占的定位区较小，而运动精细、复杂的肌群（如手部）所占有的定位区较大。

（3）倒置的功能定位分布

运动区的上下分布呈身体的倒影：下肢肌肉代表区位于皮层顶部，膝关节以下肌肉代表区在皮层内侧面;上肢肌肉代表区在中间部;头面部代表区在底部(头面部代表区内部为正立安排)。运动区的前后分布呈前后倒置关系:躯干和肢体近端肌肉的代表区位于前部;肢体远端肌肉的代表区位于后部;手指、足趾、唇和舌的肌肉代表区位于中央沟前缘。

皮层运动区和大脑皮层体表感觉区的功能特征有些相似。位于大脑皮层运动区的垂直切面上的细胞也呈纵向柱状排列,组成大脑皮层的基本功能单位**运动柱**(motor column)。一个运动柱可控制同一关节的几块肌肉的活动,而一个肌肉可接受多个运动柱的控制。此外,猴和人的大脑皮层中还有运动辅助区,在皮层内侧面(两半球纵裂的侧壁)、下肢运动代表区的前面。当运动辅助区受到刺激时,可引起肢体运动和发声,一般为双侧性反应。

#### 3.5.5.2 运动传导通路

大脑皮层的运动信号通过**锥体系统**(pyramidal system)和**锥体外系统**(extrapyramidal system)传递到位于脊髓的运动中枢。

(1)锥体系统

锥体系统包括**皮质脑干束**(corticonuclear tract)和**皮质脊髓束**(corticospinal tract)两部分,主要起源于中央前回运动区。皮质脑干束是指由大脑皮层发出,经内囊下行至脑干内神经运动核的传导束。皮质脊髓束又称为**锥状束**(pyramidal tract),是大脑皮层内锥体细胞轴突纤维组成的纤维束。此纤维束经内囊下行,到达延髓锥体后,大部分纤维在锥体下端左右交叉形成锥体交叉。交叉后的纤维到对侧脊髓的侧索形成**皮质脊髓侧束**(lateral corticospinal tract)再下行。皮质脊髓侧束贯穿全部脊髓,沿途中分出的纤维陆续终止于同侧脊髓各节的前角运动神经元。皮质脊髓束中还有小部分的纤维不交叉,称为**皮质脊髓前束**(anterior corticospinal tract),沿脊髓前索前正中裂两侧下行至胸脊髓上部,沿途发出纤维逐节经白质前连合交叉终止于对侧的脊髓前角运动神经元。

锥体系统是大脑皮层下行控制躯体运动的最直接通路。经锥体系统下传的神经冲动可兴奋脊髓前角 $\alpha$ 运动神经元(发动肌肉运动)和 $\gamma$ 运动神经元(调整肌梭的敏感性),机体通过两者的协同作用,控制肌肉的收缩和维持肌肉张力,从而完成随意运动,特别是迅速且精确的运动。锥体系统还能传送神经营养因子,保持肌肉正常的代谢。此外,锥体系统下行纤维与脊髓中间神经元也有突触联系,可改变脊髓拮抗肌运动神经元之间的平衡,使肢体运动更加协调。

(2)锥体外系统

锥体外系统是一个复杂的概念,泛指锥体系统以外的所有躯体运动的传导通路,包括经典的锥体外系统、皮层起源的锥体外系统和**旁锥体系统**(parapyramidal system)。经典的锥体外系统起源于皮层下的某些核团(如尾核、壳核、苍白球、黑质、红核等),其下行通路控制脊髓的运动神经元活动;皮层起源的锥体外系统是由大脑皮层发出,在皮层下核团(主要指基底神经节)换元后控制脊髓运动神经元的下行传导系统;旁锥体系统是锥体束侧支进入皮层下核团,换元后控制脊髓运动神经元的传导系统。

锥体系统和锥体外系统都是大脑皮层调节肌肉活动的下行途径,在功能上是协调一致的。锥体外系统的主要功能是调节肌紧张、协调肌群的运动、维持正常的姿势等,确保锥体系统进行精细的随意运动。当锥体外系统损伤后,肌紧张的改变导致随意运动缓慢,出现异常动作,如帕金森病、舞蹈症等。

# 3.6 神经系统对内脏活动的调节

调节内脏活动的神经结构称为**内脏神经系统**(visceral nervous system),主要通过调节内脏的活动维持机体内环境的稳定。由于其活动一般不受意识的控制,也被称为**自主神经系统**(autonomic nervous system)或植物性神经系统。

内脏神经系统包括传入神经、中枢和传出神经,习惯上,内脏神经系统仅指支配内脏和血管的传出神经,包括**交感神经**(sympathetic nerve)和**副交感神经**(parasympathetic nerve)两部分(图 3-38)。

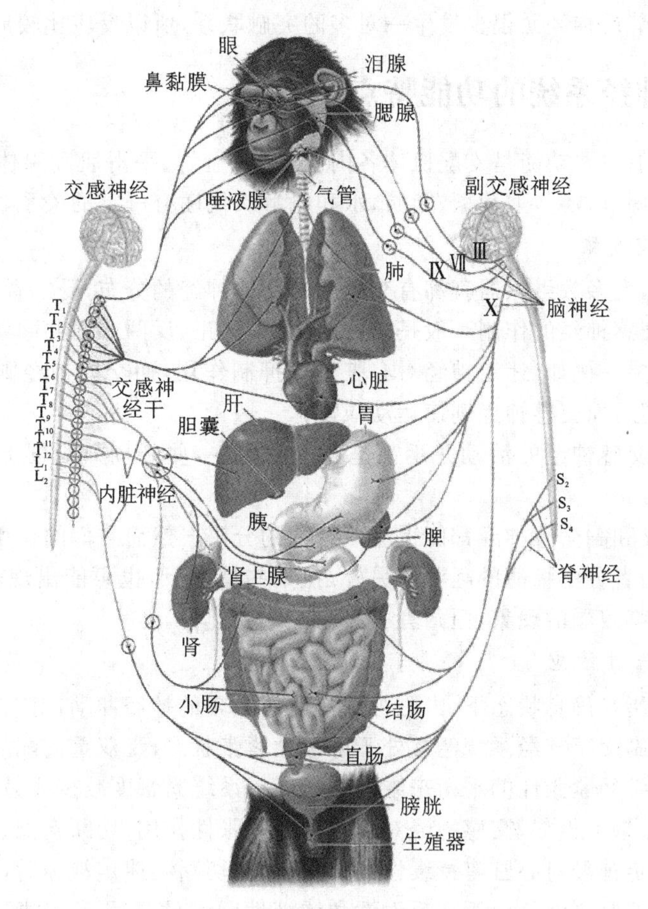


**图 3-38　哺乳动物内脏神经系统**

(仿 Sherwood 等,2013)

## 3.6.1 内脏神经系统的结构特点

从中枢神经系统发出的内脏神经,先进入外周神经节交换神经元,再发出纤维到达所支配的效应器。因此,中枢的兴奋,沿内脏神经传递时,必须经过两个神经元才能到达效应器。通常由中枢神经系统发出到神经节的纤维称为**节前纤维**(preganglionic fiber),从神经节发出到效应器的纤维称为**节后纤维**(postganglionic fiber)。

交感神经起源于脊髓胸腰段灰质侧角,随脊髓腹角传出后进入交感神经节。交感神经分布广泛,全身绝大多数内脏器官都受它的支配。交感神经节离效应器较远,节前纤维短,而且每根节前纤维一般和多个节后神经元发生突触联系,反应比较弥散;节后纤维比较长,也发出多个分支支配许多的效应器细胞。但在胃和小肠中,大多数的交感神经节后纤维支配消化道壁内神经节细胞,还有少量的交感神经节后纤维支配心脏和膀胱壁内神经节细胞。

副交感神经的起源比较复杂:一部分来自脑干有关的副交感神经核,如中脑缩瞳核、延髓上唾液核和下唾液核、延髓迷走背核和疑核等;另一部分起自脊髓骶部中间外侧核。副交感神经的分布比较局限,能调控头、胸和腹腔器官的活动,但某些器官或组织(例如,皮肤和肌肉的血管、肾上腺髓质、一般的汗腺、竖毛肌等)不受它的支配。副交感神经节常常分散在效应器官附近,还有些结构复杂的神经节分布在效应器壁内,因此,节前纤维长而节后纤维短。副交感神经的节前纤维与节后神经元很少发生一对多的突触联系,所以反应比较局限。

## 3.6.2 内脏神经系统的功能特点

内脏神经系统的主要功能是支配机体各内脏器官、血管、平滑肌和腺体的活动,并参与血压、体温、睡眠等的调节,还与葡萄糖、脂肪、水和电解质代谢有一定的关系。

### 3.6.2.1 双重支配

除少数器官外,大多数组织器官都有交感和副交感神经的分布,受二者的双重支配。对同一器官,交感和副交感神经的作用一般是拮抗的,可以从正、反两方面共同调节,从而使器官的活动适应机体的需要。例如:迷走神经对心脏具有抑制作用,而交感神经则是兴奋作用;迷走神经使胃肠运动加强,而交感神经则使运动减慢。

交感神经和副交感神经的活动并不都是对立的,在一些外周效应器上,二者表现为协调作用。

例如,交感神经和副交感神经都能促进唾液腺的分泌。然而它们的作用也有差别,前者分泌黏稠的唾液,而后者分泌稀薄的唾液。另外,在某些情况下,也可能出现交感神经和副交感神经活动都增强或都减弱的现象,但两者中必有一个占优势。

### 3.6.2.2 紧张性效应

紧张性效应是指在静息状态下,内脏神经常发放低频的神经冲动,对效应器有轻微的刺激作用。交感神经和副交感神经系统经常处于持续性紧张状态,受双重支配的某一器官,其兴奋性就依靠这两个系统间紧张性的平衡来维持。当某一系统紧张度减少或另一系统的紧张度增加时,具有同样的效果。例如,交感神经对心脏具有紧张性作用,切断支配心脏的交感神经时,心率减慢;相反,迷走神经对心脏有持续性的抑制作用,切断心迷走神经后,心率加快。

内脏神经活动的紧张性是由于在反射性和体液性因素的作用下,中枢经常发出紧张性冲动所形成。例如,从主动脉弓和颈动脉窦的压力和化学感受器传入的冲动,对维持内脏神经的紧张性起重要作用;中枢神经内 $CO_2$ 浓度,对维持交感缩血管中枢的紧张性活动很重要。

### 3.6.2.3 效应器所处功能状态的影响

内脏神经的外周性作用与效应器本身的功能状态有关。例如,胃肠处于收缩状态时,刺激迷走神经可使其舒张;相反,胃肠处于舒张状态时,刺激迷走神经则使其收缩。又如,刺激动物的交感神经,可引起有孕子宫运动加强,无孕子宫运动受到抑制。

### 3.6.2.4 对整体生理功能的调节意义

一般交感神经系统的活动比较广泛,经常以一个完整的系统来参与反应,主要功能是在应急情况下，动员机体多个器官的潜能，增强动物对环境的适应性。例如，动物处于剧烈运动、寒冷、窒息、失血等状态时，交感神经系统兴奋，机体出现心血管功能亢进（心脏收缩加强、心率加快、内脏血管收缩、血压升高、心输出量增加等）、胃肠活动抑制、支气管扩张、血糖升高等现象。此外，交感神经系统兴奋时常伴随肾上腺素分泌量增多，所以这一活动系统称为**交感-肾上腺系统**（sympathetic-adrenal system）。

与交感神经系统相比，副交感神经系统活动比较局限，主要具有保护机体、休整恢复、促进消化、储藏能量、加强排泄和生殖等方面的功能。例如，动物在安静状态下，副交感神经系统功能增强，此时，心脏活动受到抑制、瞳孔缩小、消化道活动加强等。迷走神经兴奋时常伴随胰岛素分泌量增加，因此，这一活动系统称为迷走-胰岛素系统。

在功能上，交感神经和副交感神经不仅相互拮抗，也是协调统一的。在应激情况下，交感-肾上腺系统广泛兴奋，迷走-胰岛素系统也广泛兴奋，不过前者比后者作用强，后者的效应弱而不易察觉。在能量代谢上，交感神经的功能是促进能量消耗，副交感神经则是加强能量储存。由于消耗后更便于储存，而储存的目的就是以后的消耗，所以两者也是相辅相成的。

## 3.6.3　内脏神经活动的调节中枢

### 3.6.3.1　脊髓

交感神经和一部分副交感神经起源于脊髓灰质外侧角，参与一些简单活动的调节，如排粪反射、排尿反射、勃起反射、血管运动反射、出汗和竖毛反射等，因此脊髓是内脏活动的最基本反射中枢。脊髓只具备初级的反射调节功能，正常状态下，受高级中枢的调控。

### 3.6.3.2　脑干

脑干位于大脑下部，具有维持个体生命的重要生理功能，能够完成较复杂的反射活动。延髓中存在心血管活动、呼吸、消化功能等重要的反射调节中枢，被称为“生命中枢”，它发出的副交感神经支配头部的所有腺体、心、支气管、胃、肝等许多内脏器官，控制着循环、呼吸等基本生命活动。脑桥中有呼吸调整中枢、角膜反射中枢，中脑有瞳孔对光反射中枢。另外，脑干网状结构居于脑干的中央，也有许多与内脏活动有关的中枢，如呼吸中枢、心血管中枢、咳嗽中枢、呕吐中枢、吞咽中枢、唾液分泌中枢等。同时，脑干网状结构发出下行纤维支配脊髓，调节脊髓的内脏神经功能（图 3-39）。

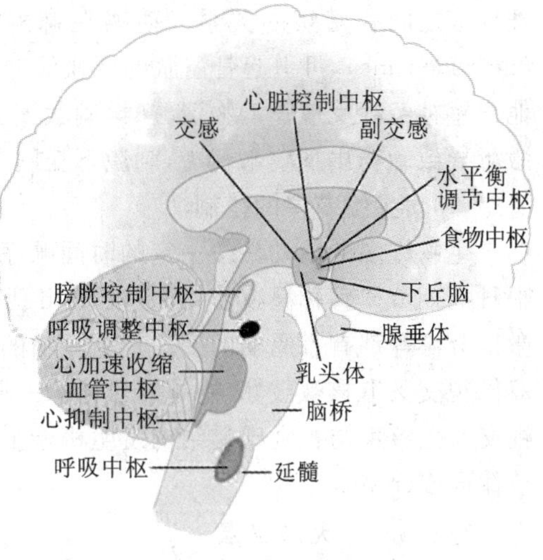

心脏控制中枢
交感
副交感
水平衡调节中枢
食物中枢
膀胱控制中枢
下丘脑
呼吸调整中枢
腺垂体
心加速收缩血管中枢
乳头体
心抑制中枢
脑桥
呼吸中枢
延髓

**图 3-39　脑干和丘脑的内脏神经中枢**

（仿 Gerard 等，2012）

### 3.6.3.3　下丘脑

下丘脑中存在许多重要的神经核群，与脑干网状结构、大脑皮层有紧密的形态和功能联系，是内脏活动的较高级中枢。下丘脑具有复杂的整合功能，可将内脏活动与其他生理活动协调起来，调节着体温、摄食、水平衡和内分泌、情绪反应、生物节律等生理过程。

（1）体温调节

下丘脑中有体温调节中枢。温度敏感神经元位于下丘脑前部，可以感受体内、外温度的变化,通过调节产热和散热活动使体温恢复正常和保持稳定状态。下丘脑后部还存在另一部分体温调节中枢,具有控制产热和散热功能的整合作用。它对温度变化不敏感,但能发出冲动,改变产热和散热器官的活动,与温度敏感区一起维持体温的相对恒定。

(2)水平衡调节

一般认为下丘脑的视上核和室旁核是水平衡调节中枢,它能控制饮水,使动物产生渴感引起摄水反应。同时,它还可以通过调节抗利尿激素的合成和分泌来控制排水。下丘脑内存在渗透压感受器,当血浆渗透压变化时,刺激抗利尿激素的合成与释放,改变远曲小管和集合管对水分的重吸收,从而调节水的平衡(详见第8章)。

(3)摄食行为调节

下丘脑对摄食行为具有调控作用,如果破坏外侧区中的**摄食中枢**(feeding center),动物拒食;若破坏腹内侧核内的**饱中枢**(satiety center),则动物食欲增大(调节途径参见第6章)。

(4)内分泌腺活动的调节

下丘脑的神经分泌小细胞能合成多种激素,经过垂体门脉系统到达腺垂体后,控制腺垂体各种激素的合成和分泌,进而调节其他内分泌腺的活动,因此称为**下丘脑调节肽**(hypothalamus regulatory peptide,HRP)。此外,下丘脑还有一些监察细胞,当它们感受到血液中某些激素浓度变化的信息后,通过反馈调节下丘脑调节肽的分泌,从而更好地控制内分泌腺的活动(详见第9章)。

(5)对情绪生理反应的影响

喜、怒、哀、乐等都属于**情绪**(emotion)反应,是中枢神经系统的高级功能。随着情绪活动会发生一系列生理变化,称为**情绪生理反应**(emotional reaction)。研究发现,下丘脑与情绪生理反应之间有密切的关系。动物在麻醉状态下,刺激下丘脑近中线两旁内的**防御反应区**(defense zone),可引起骨骼肌的舒血管效应、血压上升、皮肤及小肠血管收缩、心率加速和其他交感神经性反应。动物清醒时,刺激该区机体表现防御性行为。另外,下丘脑外侧区受到刺激可导致动物出现攻击行为,刺激下丘脑背侧区则出现逃避性行为。

(6)对生物节律的控制

生物许多的活动常按一定的时间顺序发生周期性的变化,称为**生物节律**(biorhythm)。其中日周期节律又称昼夜节律,是以24 h为一周期的节律,例如血细胞数、体温、促肾上腺皮质激素分泌等都有日周期的变动。下丘脑的视交叉上核(SCN)可能是生物节律的控制中心。若双侧视交叉上核被破坏,则导致机体的一些正常昼夜节律丧失。视交叉上核可能通过视网膜-视交叉上核束与视觉感受结构发生机能上的联系,从而使机体的生物节律与外界环境的昼夜节律同步起来。

#### 3.6.3.4 大脑皮层

大脑皮层是神经系统的最高级中枢,不仅对躯体运动具有调节作用,对内脏神经活动的中枢也具有调控作用。

(1)新皮层

仅在哺乳动物大脑中发现,位于大脑半球顶层,可分为六层。进化等级愈高的动物,新皮层就愈发达。新皮层不仅与知觉、意识、语言等一些高级功能有关,而且还具有调节躯体运动和内脏活动的功能。例如,刺激中央前回的外侧面,可引起呼吸和血管活动的变化;刺激内侧面,导致直肠和膀胱运动的变化;而刺激外侧面的底部时,会产生消化道运动和唾液分泌的变化。新皮层调节内脏活动的区域分布与躯体运动代表区的分布有一些相同的地方。

(2)边缘叶

边缘叶是指大脑半球内侧面皮层与脑干连接部和胼胝体旁的环周结构,包括扣带回、胼胝体回、海马回、海马、穹窿等。这些结构属于进化上比较古老的部分,所以又称为**旧皮层**(paleocortex)。边缘叶和一些相关的某些皮层下神经核(岛叶、颞极、眶回、杏仁核、隔区、下丘脑、丘脑前核等)关系密切,统称为**边缘系统**(limbic system),其调节功能复杂多变,与内脏活动、情绪反应、学习和记忆等有关。

## 3.7 脑的高级功能

大脑皮层是动物神经系统的最高级中枢,具有复杂的高级神经活动,即脑的高级功能,如**条件反射**(conditioned reflex)、**学习和记忆**(learning and memory)、**睡眠和觉醒**(sleep and wakefulness)等。

码 3-7 脑的高级功能

### 3.7.1 条件反射

反射是神经系统活动的基本形式,分为非条件反射和条件反射。条件反射是动物出生后,在大脑皮层参与下,通过学习和训练等逐渐形成的后天性反射。动物的生活过程中,在非条件反射的基础上可以不断地建立大量的条件反射,从而扩展了反射活动的范围,使机体有更大的预见性、灵活性,增强对外界复杂环境的适应性。

码 3-8 巴甫洛夫与条件反射研究

3.7.1.1 条件反射形成机制

条件反射的建立与中枢许多部位有密切的关系,其中以脑干网状结构和大脑皮层的作用最为重要,但条件反射形成的机制目前尚不完全清楚。传统观点认为,传入的条件和非条件刺激信息在各级神经中枢之间发生了机能上的"暂时联系"(图 3-40)。

高等动物的暂时性功能联系是在大脑皮层内接通的。大脑皮层中,非条件刺激和无关刺激形成的兴奋灶在时间或空间上多次重复出现,它们之间的神经通过暂时联系被接通,从而建立条件反射。例如,狗进食时,食物刺激口腔味觉感受器,产生的冲动沿传入神经到达延髓唾液中枢。唾液中枢兴奋后,冲动一方面经传出神经促使唾液腺分泌,另一方面沿传入神经传到大脑皮层味觉中枢,形成一个兴奋灶。于是在引起味觉的同时,大脑皮层也发出下行冲动促使唾液分泌。当每次进食之前给予狗铃声刺激,反复多次结合后,大脑皮层、味觉中枢兴奋灶、听觉皮质兴奋灶之间形成一条新的通路。于是铃声出现时,条件刺激引起的兴奋沿暂时联系通路到达非条件反射的皮层代表区,从而引起唾液分泌。

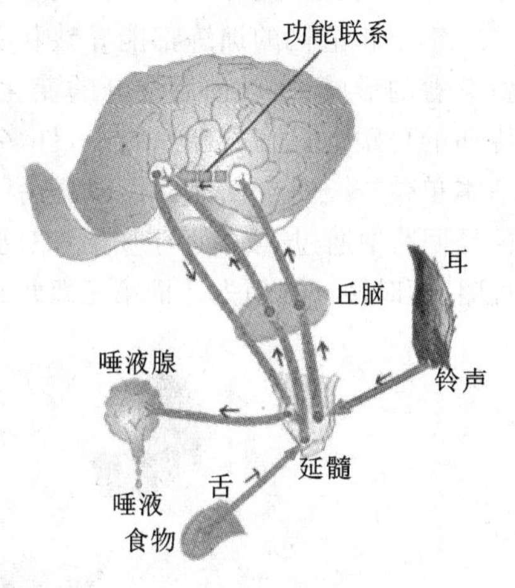


图 3-40 条件反射形成机制

条件反射建立之后,如果反复使用条件刺激而得不到非条件刺激的强化,条件反射就会消退。在条件反射形成的初期,条件反射还出现泛化与分化的现象,这是大脑皮层实现复杂的分析综合机能的基础。

3.7.1.2　动力定型

**动力定型**(dynamic stereotype)是巴甫洛夫学说中的一个概念,是指大脑皮层内由固定程序的条件刺激建立的自动化条件反射系统,即动物在有固定的时间、顺序的条件刺激作用下,经过长期的训练,形成一整套与刺激相适应的规律化条件反射,例如机体在生活中养成的习惯、技能等。

动力定型是动物调教的生理基础。在畜牧业生产中,人们利用有规律的饲养管理方法使动物建立一定的动力定型,例如,训练猪养成定时定位的排尿、排粪习惯,可以减少劳动消耗,提高工作效率。

建立一个动力定型需要消耗很多的能量,而动力定型形成后,消耗的能量越来越少,大大地提高了功效。动力定型是按固定程序进行的活动,具有稳定性,很难用新的刺激去改变它。此外,动力定型还有一定的灵活性。当环境改变时,为适应客观条件的要求,动力定型可以发生改造或发展,但新动力定型的建立往往需要消耗更多的能量。

## 3.7.2　学习与记忆

学习与记忆是两个紧密联系的神经过程,是脑的最高级功能之一。学习是神经系统可塑性的表现,是指人和动物为了适应外界环境的不断变化,通过对信息的接受,获得新行为或新经验的神经活动过程;记忆是学习后获得信息的储存和再现的过程,使机体具有保持和回忆过去经验(或思维)的能力。

学习和记忆的机制目前尚不很清楚,从不同的角度研究,提出了许多不同的理论。学习和记忆是信息接收和储存的生理过程,是大脑皮层的主要机能之一,还与边缘系统、基底神经节、丘脑、脑干等部位有一定的关系。有学者提出学习和记忆的生理基础可能是条件反射的形成和固定,它们在脑的不同部位建立了新的功能联系通路。学习和记忆需要许多相互联系的神经元共同活动来完成,因此,有人认为学习和记忆的神经基础是神经元之间的连接,即突触。观察发现,记忆越发达的动物,突触结构就越多。

学习和记忆的训练都能导致相关的大脑区域产生明显的结构可塑性变化,如突触的重排、新突触的形成、突触前后成分的变化等。突触的反复活动导致突触传递效率的变化,称为突触传递的可塑性。在神经系统中,许多神经元通过突触建立复杂的联结或沟通,形成信息处理的基本单位——神经回路。返回震荡回路学说认为,短时性记忆的基础是信息在局部大脑皮层的神经回路中通过,或往返于皮层和丘脑之间。当返回回路发生疲劳,或返回过程受到新信息的干扰时,短时性记忆消失。而第三级记忆则是不同神经元之间建立了固定的突触联系(图3-41)。

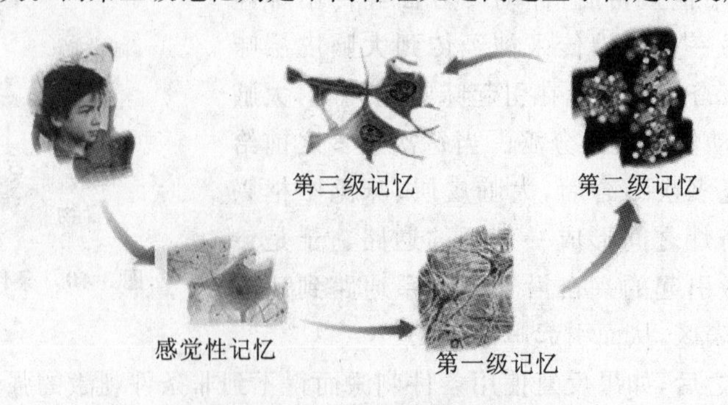


**图3-41　记忆形成的机理**

### 3.7.3　觉醒和睡眠

觉醒和睡眠都是动物生存所必要的正常生理活动，两者交替出现，有昼夜节律性。觉醒时，机体对内、外环境变化比较敏感，能迅速作出反应，可以进行各种体力、脑力活动。相反，睡眠时，意识暂时中断，机体对刺激的敏感性差，反应性降低。动物在睡眠状态下，学习、记忆等复杂的高级神经活动丧失，仅保留内脏神经系统的调节等少数有特殊意义的功能，但各种生理活动减弱。睡眠可以使动物消除疲劳，恢复精力和体力，保持良好的觉醒状态，还具有保存能量、促进身体生长和脑部发育的功能。

觉醒状态比较复杂，可分为行为觉醒和脑电觉醒。行为觉醒表现为对新异刺激有探究行为，可能与黑质多巴胺能系统的功能有关；脑电觉醒呈现去同步化快波，与蓝斑上部去甲肾上腺素能系统和脑干网状结构胆碱能系统的作用都有关系。

根据睡眠时脑电波的特征变化，正常的睡眠分为**慢波睡眠**(slow wave sleep，SWS)和**快波睡眠**(fast wave sleep，FWS)两种时相，两者交替出现。睡眠开始时，一般先进入以高幅低频脑电波为特征的慢波睡眠，持续 80～120 min，然后转入以低幅高频脑电波为特征的快波睡眠，20～30 min 后又转入慢波睡眠，整个睡眠过程交替 4～5 次。但睡眠过程不是 SWS 和 FWS 周期的简单重复，到了睡眠的后期，慢波睡眠逐步缩短，而快波睡眠越来越长。觉醒可发生在任一睡眠时相中，但再次入睡时，一般不能直接进入快波睡眠，仍须从慢波睡眠开始。

慢波睡眠是脑电波呈现同步化慢波的时相，有利于促进动物的生长和体力恢复。随着睡眠状态由浅入深，意识逐步丧失。

快波睡眠是睡眠过程中周期出现的一种激动状态，呈现同步化的高频低电压脑波，与觉醒时的脑电波相似。快波睡眠时，睡得更深，更难唤醒，又称**异相睡眠**(paradoxical sleep，PS)。由于异相睡眠中频繁出现快速的眼球运动，所以又称为**快速眼球运动睡眠**(rapid eye movement，REM)。此外，做梦也是异相睡眠期间的重要特征之一。

实验观察发现，生长激素的分泌与睡眠的时相相关，觉醒时生长激素分泌量较少；慢波睡眠期，生长激素分泌量明显增加；异相睡眠期，生长激素分泌量又减少。另外，异相睡眠期间脑内蛋白质合成加快，有利于促进生长、学习记忆和精力恢复。

睡眠不是大脑活动的简单抑制过程，而是一种主动活动过程，与脑内许多神经结构有密切的关系。中枢神经递质研究发现，某些神经递质和化学物质也影响睡眠的发生。

## 复习思考题

1. 简述神经元的结构与功能的关系。
2. 化学性突触传递是怎么启动的？其主要过程是什么？
3. 兴奋在神经纤维上传导和在中枢内传递有何区别？
4. 受体是如何进行分类的？它具有哪些特征？
5. 试述中枢抑制的分类、发生机制及生理意义。
6. 试述声波传入内耳的主要途径及其换能作用。
7. 试比较交感神经和副交感神经的异同。
8. 特异性投射系统和非特异性投射系统有何不同？
9. 高位中枢对脊髓反射的调控是如何实现的？

10. 动物的动力定型、神经类型有何实用性？

码 3-9　第 3 章主要知识点思维路线图一

码 3-10　第 3 章主要知识点思维路线图二

# 第4章 血液循环



循环系统是动物的体内转运系统,将动物体内大量的重要分子进行组织间转运,被转运的分子包括气体($O_2$、$CO_2$)、营养物质(葡萄糖、脂肪酸、氨基酸等)、代谢废物、激素等。

## 4.1 循环系统的进化

动物演化到真体腔动物的环节动物、软体动物、节肢动物、棘皮动物等才出现真正的循环系统。循环系统的出现极大地加快了重要分子(尤其是$O_2$)在体内的运动,克服了分子扩散缓慢的局限性,使得位于动物体不同位置的细胞均可以获得相对均一的交换条件。实际上,对$O_2$运输的需求是循环系统进化的主要选择压力。大多数动物的循环系统表现为与呼吸系统协同进化。

码 4-1 循环系统的进化

循环系统由循环液体、泵与管道组成。循环液体里出现专一性结合$O_2$的呼吸色素,并包裹在细胞膜内进一步提升其浓度,有效解决了$O_2$难溶于水的难题。这是循环系统演化的一大进步。约束循环液体的管道由开放式转为密闭式,为增加循环液体压力而提升循环效率奠定了基础。因而,高等动物都具有密闭的血管系统。但开放式循环也有其好处,所以动物也部分保留了开放式的管道,即淋巴循环。

心脏是推动血液循环的动力泵,经历了由简单到复杂的进化过程,由单一的腔室发展到4室结构。结合单向开放的瓣膜结构,它可以维持血液的高压、高速运行,提高了运输效率。

## 4.2 循环液体和细胞

码 4-2 血液循环的发现与近代生理学的开端

循环液体由**血浆**(plasma)和**血细胞**(blood cells)组成。液体部分即血浆,主要包含水和可溶性溶质。血细胞在血液中所占的容积百分比为**血细胞比容**(hematocrit),或者称为**血细胞压积**(packed cell volume)。

动物为了更高效地运输氧气,其血细胞比容升高。例如,威德尔海豹(*Leptonychotes weddellii*)幼年时血细胞比容为 46.5%,成年后血细胞比容为 63.5%。北京鸭在海平面时的血细胞比容为 45%,到达海拔 5640 m 高地后,其血细胞比容升高到 56%。海鲈鱼(*Perca fluviatilis*)在 5 ℃水环境中,血细胞比容为 39%,而在 25 ℃水环境中,血细胞比容为 53%。南极洲银鱼的血细胞比容低于 1%,方舟蜗牛的血细胞比容为 6%～7%。

### 4.2.1 血浆是无机离子、气体和许多有机溶质的分散介质

水占血浆的 90%以上,是大量无机和有机物质的溶解介质。哺乳动物血浆中主要的有机组分是**血浆蛋白**(plasma proteins),占血浆总质量的 6%～8%,而无机成分只占 1%。几乎所有动物的血浆中都含有大量的 $Na^+$ 和 $Cl^-$,还有少量的 $HCO_3^-$、$K^+$ 和 $Ca^{2+}$ 等。血浆中的晶体物质(主要来自 $Na^+$ 和 $Cl^-$)形成的渗透压称为**晶体渗透压**(crystal osmotic pressure),占血浆总渗透压的 99.5%以上。以胶体形式分散在血浆中的血浆蛋白形成的渗透压称为**胶体渗透压**(colloid osmotic pressure),不足血浆总渗透压的 0.5%。但由于血浆蛋白相对分子质量大,难以透过毛细血管壁而进入组织间液,因此,血浆蛋白形成血液与组织间液的渗透梯度,可限制血浆水分由毛细血管滤过到组织间液,有助于维持血浆容积及血管内外的水平衡。

血浆含有极少量的营养物质,如葡萄糖、氨基酸、脂类和维生素;还有一些代谢废物,如哺乳动物的血浆中有肌苷、胆红素和尿素。血浆中还含有气体(如 $O_2$ 和 $CO_2$)和激素。

#### 4.2.1.1 血浆蛋白的种类

根据理化性质不同,脊椎动物的血浆蛋白主要分为三类。①**纤维蛋白原**(fibrinogen),是血液凝固的关键因子。②**白蛋白**(albumins),也称为清蛋白,哺乳动物血浆中白蛋白分子数量最高,具有运输作用。胆红素、胆盐和脂肪酸与白蛋白结合运输,大量的白蛋白是构成血浆胶体渗透压的主要成分(约 80%)。③**球蛋白**(globulins),分为 α、β 和 γ 三种类型,α-球蛋白、β-球蛋白都含有**转铁蛋白**(transferrin),可与铁离子结合运输,还可与甲状腺激素和胆固醇结合运输。γ-球蛋白是脊椎动物重要的免疫球蛋白。

血浆蛋白主要是在肝脏中合成的,还有一些是在血管内皮细胞内合成的。

#### 4.2.1.2 血浆的主要功能

(1)营养功能

血浆中的白蛋白是重要的蛋白储备。从消化道获取的蛋白质不足时,单核巨噬细胞能吞饮完整的血浆蛋白,并将其分解为氨基酸,扩散进入血浆,供应给其他细胞合成蛋白质。但如果严重营养不良,白蛋白过度动员,则会引起血浆胶体渗透压明显下降,导致水肿、腹腔积水等病理变化。

(2)运输功能

疏水性的甘油三酯、长链脂肪酸、胆固醇等通过血浆转运时,需要与血浆中的脂蛋白形成相对稳定的水溶性复合物(图 4-1)。某些小分子质量的激素需要与特定的转运蛋白结合,以避免被迅速从肾脏滤除。白蛋白也是长链脂肪酸、激素等转运物质的载体。

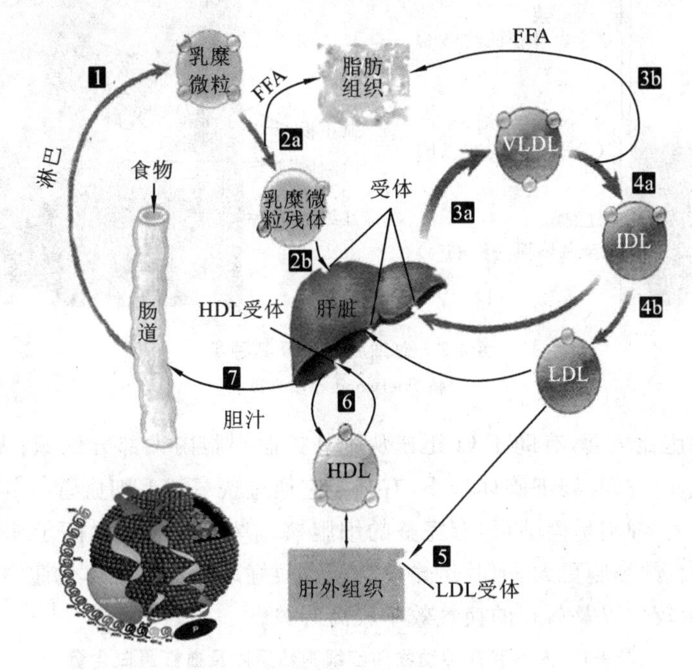


**图 4-1　脂蛋白复合物与脂类运输**

(仿 Sherwood 等,2013)

(3)免疫防御作用

血浆中的 γ-球蛋白是循环血液中的**抗体**(antibody,Ab),可以与进入血液中的特定病原体进行特异性结合,限制病原体的扩散和感染。另外,血浆中存在的补体系统介导免疫细胞的溶菌作用(详见第 10 章)。

(4)缓冲作用

血浆蛋白具有氨基和羧基,有一定的缓冲功能。它与溶解在血浆中的电解质如 $NaHCO_3/H_2CO_3$ 等共同构成血浆的缓冲体系,维持血浆 pH 值的相对稳定。

## 4.2.2　血细胞的种类和功能

哺乳动物的血细胞包括**红细胞**(erythrocytes)、**白细胞**(leukocytes)以及**血小板**(thrombocytes),脊椎动物血细胞比容的 90% 是红细胞(图 4-2)。将经抗凝处理的全血放入比容管中,离心后,血液分为三层,上层淡黄色的透明液体是血浆,下层深红色的是红细胞,中间白色薄层是白细胞和血小板。

### 4.2.2.1　红细胞的主要功能是运输 $O_2$ 和 $CO_2$

红细胞是动物血液中数量最多的血细胞(表 4-1)。红细胞的主要功能是从肺或鳃将 $O_2$ 运输到各个组织器官。低等脊椎动物的红细胞呈椭圆形,其中两栖类动物和肺鱼的红细胞体型最大。而哺乳类动物的红细胞呈双面内凹的圆盘状,且在成熟的过程中失去细胞核。这种特殊形状的红细胞有利于 $O_2$ 的运输。圆盘结构比相同体积的椭圆体具有更大的表面积,有助于

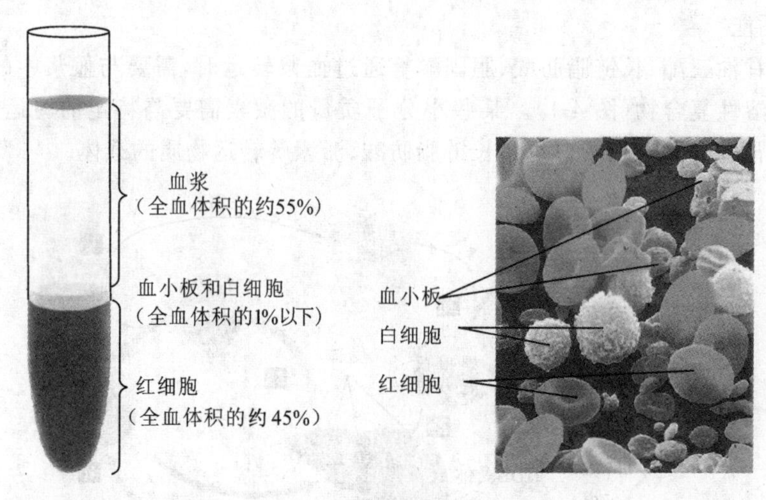


**图 4-2 血细胞容积及其种类**

(仿 Sherwood 等,2013)

$O_2$的跨膜扩散;细胞比较薄,有助于$O_2$迅速从胞外扩散到胞内大部分区域;无细胞核,为血红蛋白提供更多的胞内空间;红细胞体型小,有利于它通过狭窄的毛细血管。其他脊椎动物的红细胞数量少,体型大,细胞呈椭圆形,有完整的细胞核。鸟类的需氧量高于哺乳动物。尽管其毛细血管内径更大,红细胞更大,但其运输氧功能也很好地满足了机体代谢需要。这可能与鸟类的血液循环速度较快以及鸟肺的换气效率较高有关。

**表 4-1 人类和几种动物的红细胞数量以及血红蛋白含量**

| 生物 | | 红细胞数量/($10^{12}$/L) | 血红蛋白含量/(g/L) |
|---|---|---|---|
| 猪 | | 6.5(5.0～8.0) | 130(100～160) |
| 马 | | 7.5(5.0～10.0) | 115(80～140) |
| 牛 | | 7.0(5.0～10.0) | 110(80～150) |
| 山羊 | | 13.0(8.0～18.0) | 110(80～140) |
| 绵羊 | | 12.0(8.0～12.0) | 120(80～160) |
| 狗 | | 6.8(5.0～8.0) | 150(120～180) |
| 猫 | | 7.5(5.0～10.0) | 120(80～150) |
| 小鼠 | | 9.3(7.7～12.5) | 148(100～190) |
| 骆驼 | | 3.8～12.6 | 154(106～203) |
| 兔 | | 6.9 | 119(80～150) |
| 人 | ♀ | 4.2(3.8～4.6) | 120～160 |
| | ♂ | 5.0(4.5～5.5) | 110～150 |

红细胞运输$O_2$主要是通过细胞内的**血红蛋白**(hemoglobin,Hb)来实现的。因为细胞内缺少线粒体,红细胞主要利用糖酵解产生的ATP,不能利用它所运载的$O_2$来产生能量。结合了$O_2$的红细胞呈鲜红色,脱氧后与$CO_2$结合呈蓝色,因此,动脉血呈鲜红色,而静脉血呈暗红色。

由于含有高活性的碳酸酐酶，在 $CO_2$ 的运输中，红细胞也具有重要的作用（详见第 5 章）。

（1）可塑变形性

红细胞在全身血管中循环运行，常要挤过口径比它小的毛细血管和血窦间隙，这时红细胞将发生卷曲变形，在通过后又恢复原状，这种变形特性称为**可塑变形性**（plastic deformation）。红细胞的表面积与体积的比值越大，变形能力越强。衰老、受损红细胞的变形能力常常降低。

（2）悬浮稳定性

红细胞能均匀地悬浮于血浆中而不易下沉的特性，称为红细胞的**悬浮稳定性**（suspension stability）。常用**红细胞沉降率**（erythrocyte sedimentation rate，ERS），简称**血沉**，即 1 h 内红细胞下沉的距离（mm）来测定红细胞的这一特性。如果血浆中带正电荷的蛋白质（球蛋白、纤维蛋白原等）被红细胞吸附，则使其表面的负电荷量减少而易于叠连，从而血沉值发生变化。某些疾病使血沉改变，如高胆固醇、风湿热、结核病等使血沉增快。有些疾病引起血沉减慢，如哮喘、荨麻疹等过敏性疾病。

（3）渗透脆性与溶血

红细胞在低渗溶液中因水分的渗入而膨胀、破裂的现象称为**溶血**（hemolysis）。红细胞在渗透压低的溶液中破裂和溶血的特性，称为红细胞的**渗透脆性**（osmotic fragility），简称脆性。初成熟红细胞的脆性比成熟红细胞小，衰老红细胞的脆性较大，地中海贫血病人红细胞渗透脆性增大。

4.2.2.2　白细胞是脊椎动物免疫系统的关键组分

白细胞是一类有核的血细胞，根据白细胞的形态和功能可将其分为粒细胞、**单核细胞**（monocyte）和**淋巴细胞**（lymphocyte）三大类。其中粒细胞根据其胞浆内对染料的反应不同，又分为**嗜酸性粒细胞**（eosinophil）、**嗜碱性粒细胞**（basophil）和**中性粒细胞**（neutrophil）（图 4-3）。白细胞是机体防御系统的一个重要组成部分，它通过吞噬和产生抗体等多种方式来抵御和消灭入侵的病原微生物。不同类型的白细胞数量不同，并具有不同的功能特点（详见第 10 章）。

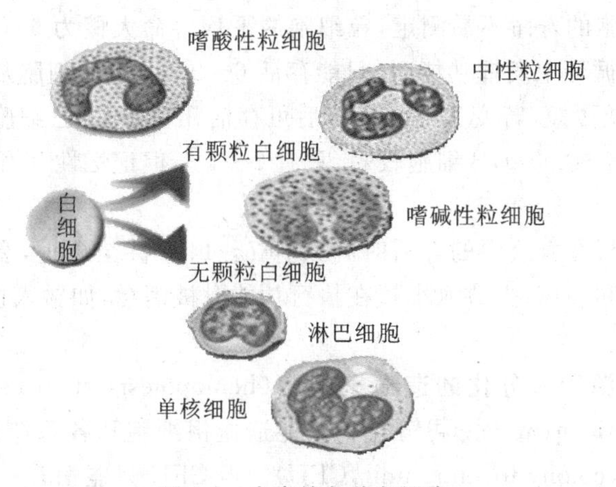


**图 4-3　人类的各种白细胞**

4.2.2.3　血小板的凝血功能

哺乳动物的血小板无核，呈椭圆形或杆状，平均直径约为 3 μm，人类的血小板呈双面微凸的圆盘状，直径为 2～3 μm。血小板细胞内存在很多细胞器，如溶酶体、致密颗粒和 α-颗粒等。致密颗粒内的活性物质主要与进一步促进血小板活化有关，如 ATP、ADP、5-羟色胺和 $Ca^{2+}$。

α-颗粒内的活性物质可促进血小板的黏附,参与血液凝固的调节。

不同物种的血小板含量差别很大(表 4-2)。血小板的数量在不同的生理状态下具有波动性,年龄小的血小板含量少。另外,运动、进食或缺氧时,血小板数量也会增加。

表 4-2 人类和几种动物的血小板数量

| 生物 | 血小板数量/($10^9$/L) | 生物 | 血小板数量/($10^9$/L) |
|---|---|---|---|
| 牛 | 260～710 | 猪 | 130～450 |
| 马 | 200～900 | 狗 | 199～577 |
| 绵羊 | 170～980 | 猫 | 100～760 |
| 山羊 | 310～1020 | 人 | 100～300 |
| 兔 | 125～250 | | |

同位素示踪实验证实,血小板可黏附在血管壁上填补于内皮细胞间隙或脱落处,并融入内皮细胞,维护血管壁的完整性,降低血管壁的脆性。当血小板数目锐减时,毛细血管脆性增高,微小的创伤可使毛细血管破裂出血。

血小板的止血作用,是通过其释放 5-羟色胺等引起血小板相互黏结成团,堵塞受损的血管,减少血液流失。同时,血小板表面可吸附大部分其他凝血因子,加快凝血反应速度。

#### 4.2.2.4 血细胞的生成与破坏

动物每天都会有一部分衰老的血细胞被白细胞吞噬清除,同时又有一部分新生的血细胞进入血液循环,血液的生成与破坏使这两个过程保持着动态平衡。

(1)血细胞的寿命

不同种类的血细胞,其寿命差异很大;不同种类的动物,也有所不同。

①红细胞 人的红细胞平均寿命约 120 d,狗的红细胞平均寿命约 118 d,猫的红细胞寿命 70～80 d,马的红细胞寿命 140～150 d,鸡的红细胞寿命 20～30 d,鸭的红细胞寿命 30～40 d。禽类红细胞寿命普遍比哺乳动物短,可能与禽类的高体温和高代谢率有关。

②白细胞 白细胞的寿命不易测定,粒细胞的平均寿命大概为 9 d,进入血液循环后大概可存活 6 d,但在血液循环中发挥功能时,只能存活 6～20 h;单核细胞从骨髓进入血液循环系统后,只能存活 24 h 或更短,若变为巨噬细胞后可存活几个月;淋巴细胞生命周期波动很大,T 细胞生命周期长达 100～200 d,B 细胞较短,只有 2～4 d,但记忆性 T 细胞和 B 细胞生命周期长达几年,甚至几十年。

③血小板 血小板在血液中的存活时间只有 7～14 d 甚至更短,衰老的血小板被脾和肝的网状内皮细胞吞噬和破坏,少数血小板在执行功能时被消耗,如融入血管内皮细胞等。

(2)血细胞的生成

各种血细胞均起源于未分化的**造血干细胞**(hemopoiesis stem cells),**多能造血干细胞**(multiple hematopoietic stem cell)可分化为多能造血祖细胞和各系造血祖细胞,形成相应血细胞的**集落形成单位**(colony forming unit,CFU)。但 CFU 只能朝着一个方向分化,在调节因子的作用下,进行有限的细胞增殖活动。多能造血干细胞分化为**红细胞系**(CFU-E)、**粒单系**(CFU-GM)、**淋巴系**(CFU-L)及**巨核细胞系**(CFU-MK)等几个造血祖细胞系。继续分化就产生了红细胞、粒细胞、单核细胞、B 细胞和血小板(源于巨核细胞系),淋巴干细胞产生 T 细胞,然后从骨髓迁入胸腺,在那里发育成熟(图 4-4)。

动物血液缺氧可促进肾的某些细胞产生**促红细胞生成素**(erythropoietin,EPO),肝脏也可产生EPO。EPO作用于骨髓,促进红细胞生成,解除动脉血液的缺氧状态,EPO产生水平下降,这是一种负反馈调节系统。

白细胞的增殖与分化受到**造血因子**(hematopoietic growth factor,HGF)的调节,包括粒-巨噬细胞集落刺激因子、粒细胞集落刺激因子和巨噬细胞集落刺激因子等。

血小板的生成受各种刺激因子和抑制因子的调节,**血小板生成素**(thrombopoietin,TPO)和巨核细胞集落刺激因子是两种主要的刺激因子。

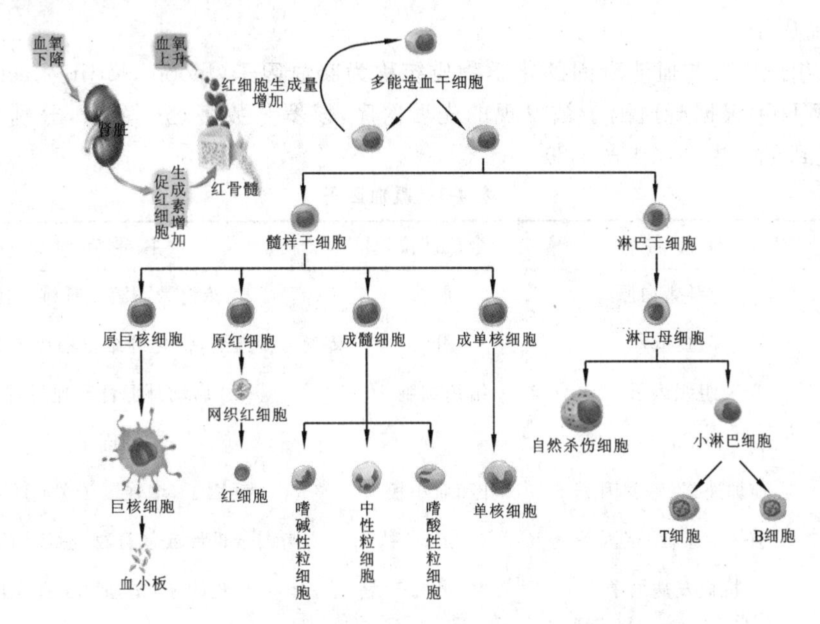


图4-4 多能造血干细胞生成血细胞及红细胞生成的调节

## 4.2.3 血液凝固和纤维蛋白溶解

血液由流动的液体经一系列酶促反应转变为不能流动的凝胶状半固体的过程称为**血液凝固**(blood coagulation)。正常的血液凝固是机体一种自身保护机制。在外伤出血或血管内膜受损时会发生生理性止血。

4.2.3.1 血管收缩减少血管损伤处的出血

脊椎动物血管损伤时,血小板会释放化学物质诱导局部血管收缩,使受损血管血流量降低,减少出血量。另外,局部血管痉挛,将对面的血管内皮与出血口挤压粘在一起,密封出血口。在有效止血栓形成之前,血管痉挛收缩减少出血量是非常重要的。

4.2.3.2 血小板血栓的形成在生理止血中是一个正反馈过程

通常情况下,血小板不会黏附在光滑的血管内皮细胞上。当血管损伤时,血管内皮破裂,血管内皮下层的**胶原蛋白**(collagen)暴露出来,血小板迅速黏附在胶原蛋白上,并被激活释放其内源颗粒(内含ADP和血栓烷$TXA_2$),ADP和$TXA_2$增强血小板的黏附性,触发更多的血小板聚集在出血口,这种正反馈调控过程加快了出血口处**血小板血栓**(platelet plug)的形成。同时,血管内皮细胞释放前列腺素和NO,有效抑制血小板的聚集,使止血反应限制在损伤局部,保持其他部位血管内血流畅通。血小板血栓的形成只发生在血管受损处,而在正常血管内不会形成。血小板血栓不但封住了出血口,还释放血清素、肾上腺素和$TXA_2$加强局部血管收缩。黏附的血小板还会释放一些化学物质促进周围成纤维细胞入侵到损伤区修复血管，并可以促进血液凝固，使血栓进一步巩固，这就是由凝血因子参与的血液凝固。

4.2.3.3　血液凝固是一系列凝血因子相继激活的正反馈过程

尽管血小板血栓能有效密封毛细血管的出血口，但大的出血口则需要形成血液凝块，才能完全止血。在血小板栓塞的顶部形成凝血块，加强和支撑栓塞，增加其密封性和固化性，使它不再流动。

(1)凝血因子

血液和组织中参与血液凝固的化学物质统称为**凝血因子**(blood clotting factors)。世界卫生组织(WHO)根据凝血因子被发现的先后次序，以罗马数字统一命名，分别命名为因子Ⅰ、Ⅱ，一直到XIII，共12个(表4-3)。

**表4-3　凝血因子**

| 凝血因子 | 同义名称 | 合成部位 | 主要功能 |
|---|---|---|---|
| Ⅰ | 纤维蛋白原 | 肝 | 转化为不溶性纤维蛋白 |
| Ⅱ | 凝血酶原 | 肝 | 转变为凝血酶，催化纤维蛋白原转变为纤维蛋白 |
| Ⅲ | 组织因子 | 组织细胞 | 启动外源性凝血过程 |
| Ⅳ | $Ca^{2+}$ | | 辅因子 |
| Ⅴ | 前加速素、易变因子 | 肝和血小板 | 辅因子，增强因子Ⅹa的作用 |
| Ⅶ | 前转变素、稳定因子 | 肝 | 与因子Ⅲ形成复合物，激活因子Ⅹ和Ⅸ |
| Ⅷ | 抗血友病因子 | 肝 | 辅因子，增强因子Ⅸ作用 |
| Ⅸ | 血浆凝血活酶 | 肝 | 激活因子Ⅹ |
| Ⅹ | Stuart因子 | 肝 | 凝血酶原复合物主要成分，激活凝血酶原 |
| Ⅺ | 血浆凝血活酶前质 | 肝 | 激活因子Ⅸ |
| Ⅻ | 接触因子或Hageman因子 | 肝 | 激活因子Ⅺ |
| XIII | 纤维蛋白稳定因子 | 骨髓、肝 | 使纤维蛋白单体变成多聚体 |
| — | 高分子激肽原(HK) | 肝 | 辅助因子，促进因子Ⅻ和PK的作用 |
| — | 前激肽释放酶(PK) | 肝 | 激活因子Ⅻ为Ⅻa |

(仿Sherwood等，2013)

(2)血凝块的形成

血凝块形成的最终步骤是可溶性**纤维蛋白原**(fibrinogen)转变为不溶性丝状**纤维蛋白**(fibrin)分子。这一转变过程是由**凝血酶**(thrombin)催化的。纤维蛋白分子黏附在受损伤的血管表面，交织成松散的网状，将血细胞(包括大量红细胞和聚集的血小板)网罗其中，形成血凝块。

(3)凝血酶的作用

凝血酶作为凝血级联反应组分之一，在血液凝固过程中具有多种功能：①催化纤维蛋白原转化为纤维蛋白；②激活凝血因子XIII，使纤维蛋白网更加稳定牢固；③以正反馈方式促进凝血酶自身的形成；④增强血小板的聚集，以正反馈方式促进血小板释放血小板因子PF3，PF3可激活凝血级联反应，使**凝血酶原**(prothrombin)激活为凝血酶。

（4）凝血级联反应

在血液凝固过程中，一系列凝血因子按一定顺序相继激活，最终凝血酶使纤维蛋白原变为纤维蛋白。凝血过程可分为凝血酶原复合物形成、凝血酶原的激活和纤维蛋白的生成三个基本步骤。初始形成凝血酶较为缓慢，而一旦形成微量凝血酶，即可通过正反馈大大加速凝血酶原激活物的形成。因而，后来又提出两阶段学说予以补充（图4-5）。

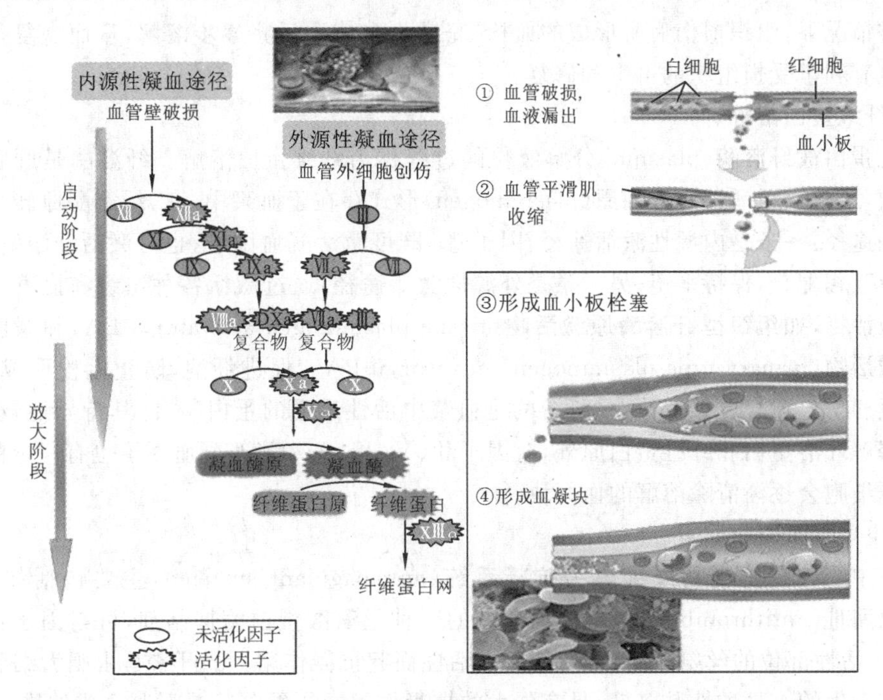


图4-5　血液凝固过程

（仿Gerard等，2012）

凝血酶原复合物即因子Ⅹa、Ⅴa、$Ca^{2+}$和血小板因子PF3共同组成的一种复合物，该复合物的关键因子是因子Ⅹ。根据因子Ⅹ的激活途径和参与凝血因子的不同，可分为**内源性凝血途径**（intrinsic pathway）和**外源性凝血途径**（extrinsic pathway）。

内源性凝血途径：参与凝血的因子全部来自血液。内源性凝血途径的启动通常是因为血液与血管内皮细胞下的胶原等表面接触，因子Ⅻ结合到这些异物表面并被激活为因子Ⅻa，因子Ⅻa再激活因子Ⅺ为因子Ⅺa。此外因子Ⅺa还能激活前激肽释放酶为激肽释放酶，后者可反过来激活因子Ⅻ，形成更多的因子Ⅻa，这是正反馈效应。表面激活还需要高分子激肽原的参与。高分子激肽原作为辅助因子加速激肽释放酶及因子Ⅻa对前激肽释放酶和因子Ⅺ的激活过程。因子Ⅺa在$Ca^{2+}$作用下，与因子Ⅷa和PF3结合成复合物，即因子Ⅹ酶复合物，并激活因子Ⅹ为Ⅹa。

外源性凝血途径：由血管外组织产生的组织因子（即因子Ⅲ）与血液接触而启动的凝血过程。当血管损伤时，组织产生的组织因子暴露，在$Ca^{2+}$的参与下，和因子Ⅶa共同组成复合物，在PF3和$Ca^{2+}$存在下迅速激活因子Ⅹ为因子Ⅹa。

内源性凝血途径和外源性凝血途径都通过激活因子Ⅹ，最终生成凝血酶和纤维蛋白，且参与两条途径的一些凝血因子可以相互激活，最后将两条途径联系起来。因此，二者联系密切，并非完全各自独立。

凝血酶原(即因子Ⅱ)在凝血酶原复合物的作用下,被激活为因子Ⅱa。在因子Ⅱa的作用下,每分子纤维蛋白原(即因子Ⅰ)脱去4个低分子肽,形成纤维蛋白单体。纤维蛋白单体在因子ⅩⅢa的作用下,相互聚合,以共价键形成牢固的不溶性纤维蛋白多聚体,将血细胞网罗其中,形成血凝块。

4.2.3.4　纤维蛋白溶解可防止有害血栓的形成

正常情况下,组织损伤后所形成的血栓,完成止血使命后将逐步溶解,从而恢复血管的畅通。这也有利于受损组织的再生和修复。

(1)纤维蛋白溶解

纤维蛋白被**纤溶酶**(plasmin)分解液化的过程称为纤维蛋白溶解。纤溶酶是肝脏产生的血浆蛋白,通常以无活性**纤溶酶原**(plasminogen)形式存在于血浆中。①纤溶酶原转变为纤溶酶有两条途径:一条是内源性激活途径,因子Ⅻa既可激活凝血因子,也可激活纤溶酶原,使凝血与纤溶互相配合,保持平衡;另一条是外源性激活途径,通过激活各种组织和血管内皮细胞合成的激活物,如**组织型纤溶酶原激活物**(tissue plasminogen activator, t-PA)和**尿激酶型纤溶酶原激活物**(urinary-type plasminogen activator, u-PA),促进纤溶,防止血栓形成,有利于组织修复和伤口愈合(图4-6)。②纤溶酶是血浆中活性最强的蛋白酶,但其特异性较差,此酶除主要降解纤溶蛋白和纤维蛋白原外,对因子Ⅱ、Ⅴ、Ⅷ、Ⅹ和Ⅻ等凝血因子也有一定的降解作用。巨噬细胞会逐渐清除溶解的血凝块。

(2)生理性抗凝物质

血浆中的各种抗凝物质统称为**抗凝系统**(anticoagulant system),主要包括如下内容。①**抗凝血酶Ⅲ**(antithrombin Ⅲ)是肝脏合成的一种丝氨酸蛋白酶抑制剂,可与因子Ⅸa、Ⅹa、Ⅺa和Ⅻa活性部位的丝氨酸结合,使其失去活性而起抗凝作用。②肝素是由肥大细胞和嗜碱性粒细胞产生的一种酸性黏多糖,具有强大的抗凝作用。③蛋白C是肝脏合成的维生素K依赖因子,在血浆中以酶原方式存在。当凝血酶与血管内皮细胞上的凝血酶调节蛋白结合时,可以激活蛋白C,激活的蛋白C可水解灭活因子Ⅴa和Ⅷa。

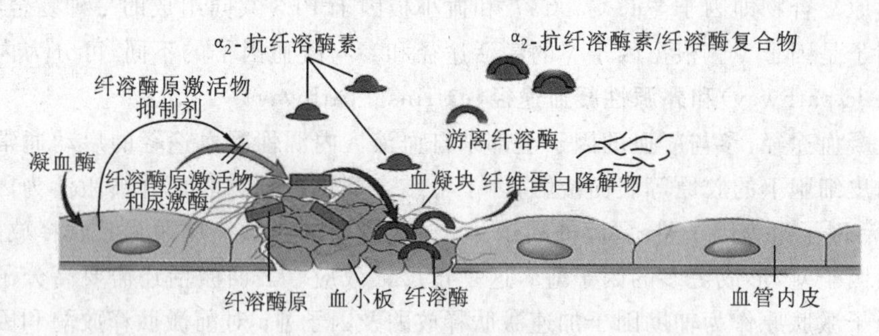


**图4-6　纤维蛋白溶解**

血液凝固系统和纤维蛋白溶解系统是两个既对立又统一的功能系统,它们之间维持着动态平衡。它们既可保证血流畅通,又可防止血管内血栓的形成。

## 4.2.4　血型与输血

4.2.4.1　血型

通常所说的**血型**(blood types)是指红细胞的血型,是由红细胞表面抗原的特异性来确定的。狭义地讲,血型专指红细胞抗原在同种不同个体间的差异,如人类的ABO血型系统和

Rh 血型系统，牛和猪的 A、B、C 系血型等。但除了红细胞外，白细胞、血小板甚至某些血浆蛋白，个体之间也存在抗原差异。因此，广义的血型应包括血液各成分的抗原在个体间出现的差异。

血型不相容的两个个体的血液混合时，红细胞会凝集成团，即发生**凝集反应**(agglutination)。这是机体的一种抗原-抗体免疫反应。红细胞膜上的特异性糖蛋白或糖脂，在凝集反应中起着抗原的作用，称为**凝集原**(agglutinogen)；血浆中与抗原发生凝集反应的特异性抗体称为**凝集素**(agglutinin)。

(1)人类的 ABO 血型系统

根据红细胞膜上是否存在特异性抗原 A 和 B(凝集原 A 和 B)，将人类血液分为 A 型、B 型、AB 型和 O 型四种血型(表 4-4)。

**表 4-4 人类 ABO 血型系统抗原和抗体**

| 血型 | 红细胞膜上的抗原 | | 血清中的抗体 | |
|---|---|---|---|---|
| | A | B | 抗 A | 抗 B |
| A 型 | + | — | — | + |
| B 型 | — | + | + | — |
| AB 型 | + | + | — | — |
| O 型 | — | — | + | + |

(2)Rh 血型系统

现已发现 40 多种 Rh 抗原，其中 D 抗原的活性最强，凡含有 D 抗原的红细胞都能被抗 Rh 凝集素凝集，此类血型称为 Rh 阳性血型，不含 D 抗原的红细胞不会被抗 Rh 凝集素凝集，因此称为 Rh 阴性血型。但不论是 Rh 阳性者还是 Rh 阴性者的血清中，都不存在天然的抗 Rh 凝集素，只有当 Rh 抗原进入 Rh 阴性血型的体内后，通过体液免疫才会产生抗 Rh 凝集素。在我国，约 99%的汉族人是 Rh 阳性血型，约 1%为 Rh 阴性血型。

(3)动物的血型及其应用

动物的血型比人类的血型更复杂。目前已经发现狗的血型有 5 种，猫有 6 种，羊有 9 种，马有 10 种，猪有 15 种，牛的血型达 40 种以上。

血型在人类学、遗传学、法医学、临床医学、亲子鉴定、个体鉴定以及判定家畜的生产性能、选种等领域都有广泛的实用价值。根据血型可推测异性双胎的母犊长大后是否具有生殖能力，从而可用于诊断异性孪生不育。应用血型鉴定原理，进行初乳与仔畜红细胞的凝集反应实验，可以预防新生仔畜溶血症。血型与经济性状都受到遗传的控制，考察血型与动物生产性能、抗病力之间的相关性，可作为优良个体选育和品种改良的依据。

#### 4.2.4.2 输血

人和动物如果一次失血超过全血量的 15%以上，机体的代偿机能将不足以维持血压正常水平。此时，**输血**(blood transfusion)成为抢救人和动物生命的一项重要手段。不恰当的输血可造成红细胞凝集，堵塞小血管，甚至出现休克，危及生命。因此，为保证输血的安全、高效，必须遵守输血的原则。

通过血液成分分离机将血液中的有效成分，如红细胞、粒细胞、血小板和血浆蛋白等分离出来，分别制成高纯度的血液制品，按需输入，称为**成分输血**(component blood transfusion)。它不仅节约血源，还能减少输血造成的不良反应。

# 4.3 心动周期和心脏泵血功能

以心肌电活动为基础的心肌收缩和舒张是心脏行使泵血功能的前提(详见第 2 章)。

## 4.3.1 心脏节律性收缩和舒张,使心室不断地射血和充盈

心脏每收缩和舒张一次完成一个机械活动周期,称为**心动周期**(cardiac cycle),由**心缩期**(systole)和**心舒期**(diastole)交替形成。由于心室的舒缩活动在心脏泵血过程中起主导作用,因此,所谓心缩期和心舒期都是指心室的收缩期和舒张期而言的。无论心房或心室,其舒张期总是长于收缩期,这是心脏能够持久工作的关键。在心动周期中,有一段时间心室和心房都处于舒张期,称为全心舒张期。心室中血液的充盈主要在该期,此期心室充盈量占总充盈量的 70%～80%。心室舒张造成强大的负压,抽吸静脉里的血液进入心室,而此时舒张的心房只作为血液进入心室的通道。随后心房的收缩提高房内压,使心室进一步充盈。

**码 4-3 冠脉循环与心肌梗阻**

4.3.1.1 心室的充盈与射血

在每一个心动周期中,心室、心房的收缩与舒张配合瓣膜的开放与关闭,完成心脏的泵血机能。以下将对哺乳动物整个心动周期内心室压力、容积和瓣膜状态的改变进行讨论(图 4-7)。只对心脏的左侧进行描述,心脏右侧也会发生同样的变化,只是心脏右侧的压力较低。

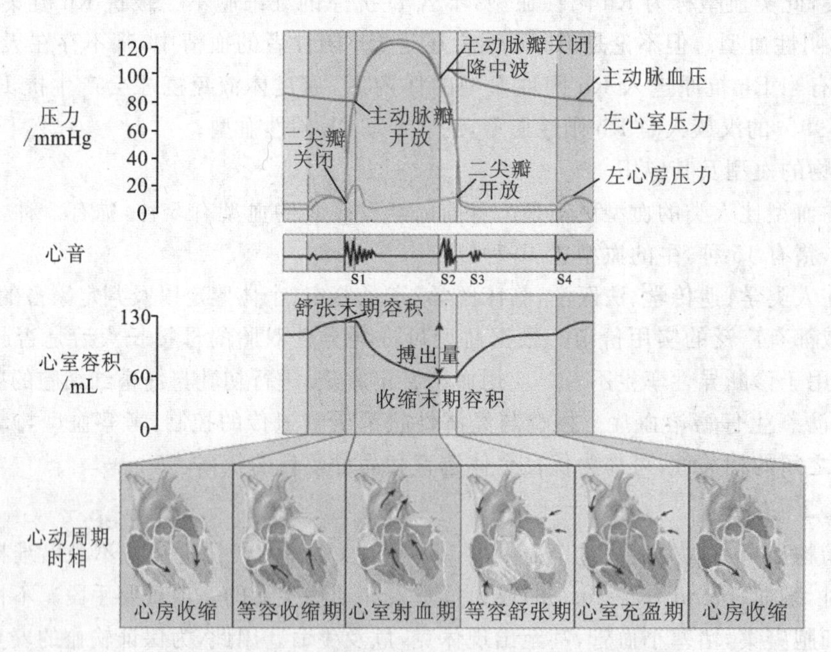


**图 4-7 心动周期各时相中左心室内压、容积的变化**

(仿 Gerard 等,2012)

1 mmHg=133.322 Pa

(1)心室收缩期

兴奋经房室结传导至心室,心室开始收缩。心室内压迅速大幅度增加,心室内压超过心房内压时,房室瓣关闭,并产生第一心音。房室瓣关闭后,心室内压急剧上升,直到主动脉瓣开放。此时,没有血液出入心室,心室容积不变,仅表现为压力升高,故称**等容收缩期**(isovolumic systole)。

当心室内压超过主动脉压力时,主动脉瓣开启,射血开始。心室血液泵出,心室容积迅速减小。随着心室肌迅速收缩,心室内压继续升高,直至顶点。这时,由心室射入主动脉的血液量最多,占总射血量的70%~80%,而且流速很快,故称为**快速射血期**(rapid ejection period)。快速射血期占时约相当于整个收缩期的三分之一。

快速射血期之后,大量血液进入主动脉,使主动脉压力升高。由于心室内血液减少,心肌收缩力量减弱,射血速度也逐渐减慢,其射出的血量占总射血量的20%~30%,称为**减慢射血期**(reduced ejection period)。在快速射血期的中期或稍后至减慢射血期,心室内压已经低于主动脉压力。但由于心室肌的收缩已经赋予血液较高的动能,血液依靠惯性作用可以在短时间内逆压力梯度继续进入主动脉。

(2)心室舒张期

收缩期结束后,心室进入舒张期。心室开始舒张后,容积增大,室内压下降。主动脉内血液向心室反流,推动半月瓣关闭,产生第二心音。此时心室内压仍然高于心房压,房室瓣仍处于关闭状态,心室又再度成为一个密封腔。从半月瓣关闭到房室瓣开放前这段时间,由于半月瓣和房室瓣都关闭,心室舒张但容积不变,故称为**等容舒张期**(isovolumic diastole)。

等容舒张期后,心室继续舒张,当心室内压下降到低于心房压时,心房内血液顺着房室压梯度冲开房室瓣,被快速"抽吸"流入心室,心室容积迅速增大,称为**快速充盈期**(rapid filling phase)。此期处于全心舒张期,心室内压低于静脉压,大静脉内的血液直接经心房流入心室快速充盈。该期时长约占整个舒张期的三分之一,但进入心室内的血液量占总充盈量的70%~80%,是心室充盈的主要阶段。

快速充盈期后,随着心室内血液不断增多,心室、心房、静脉之间的压力梯度逐渐减小,血液流入心室的速度减慢,称为**减慢充盈期**(reduced filling phase)。在心室减慢充盈期的后段,由于下一个心动周期的心房开始收缩,心房内压升高,而此时心室仍在舒张,室内压较低。在心室缓慢充盈的基础上将心房内剩余的血液继续挤入心室,使心室的充盈量略有增加。由心房收缩增加的心室充盈量仅占总充盈量的10%~30%。

综上所述,心脏是一个血泵,心室的节律性舒缩是心脏充盈和射血的动力。瓣膜的启闭是保证血液在心脏内单向流动的关键。而心室和瓣膜一起在完成等容收缩期与等容舒张期室内压大幅度升降中起着决定性作用。

4.3.1.2　*心音和心音图*

心动周期中,心肌收缩、瓣膜开闭、血液加速和减速对心血管的加压和减压作用及形成的涡流等因素引起的机械振动,可通过周围组织传递到胸壁。如将听诊器放在胸壁的一些部位,可听到与心搏一致的规则声音,称为**心音**(heart sound)。如果用换能器将此机械振动转换成电信号并记录下来,即为**心音图**(phonocardiogram,PCG)。每个心动周期中,通常可听到两个心音,分别称为**第一心音**(first heart sound,$S_1$)和**第二心音**(second heart sound,$S_2$),心音图上可描记到**第三心音**(third heart sound,$S_3$)和**第四心音**(forth heart sound,$S_4$)(图4-7)。

第一心音发生在心缩早期,它的出现标志着心脏收缩的开始;第二心音发生在心舒早期,它的出现标志着心脏舒张开始;第三心音发生在快速充盈期末;第四心音又称心房音,由于心房收缩使血液进入心室而产生振动引起。

听诊心音对于诊查心瓣膜功能有重要的临床意义。第一心音可反映房室瓣的功能,第二心音可反映半月瓣的功能。

## 4.3.2 心脏泵血功能的评价

码 4-4 心输出量的概念及影响因素

心脏的主要功能是输出血液,推动血流,供给全身组织器官所需的血量,以保证新陈代谢的正常进行。评定心脏泵血功能最常用的指标有以下几项:每搏输出量、每分输出量、射血分数、心指数和心脏做功量。

### 4.3.2.1 每搏输出量和射血分数

一侧心室一次心搏中所射出的血液量,称为**每搏输出量**(stroke volume,SV),简称搏出量。心室舒张末期由于血液的充盈,其容量增加,称为心舒末期容量;在收缩末期,心室内仍剩余部分血液,其容积称为**收缩末期容量**(end systolic volume,ESV),两者之差即为每搏输出量。每搏输出量和心舒末期容量的百分比称为**射血分数**(ejection fraction,EF),多数动物的心脏在安静状态下的 EF 一般为 50%～60%。例如,马的心舒末期容积是 800 mL,心缩末期容积是 350 mL,则其每搏输出量是 450 mL,射血分数约为 56%。心脏在正常工作范围内活动时,每搏输出量始终与心室舒张末期容积相适应。当心室舒张末期容积增加时,每搏输出量也相应增加,射血分数基本不变。

### 4.3.2.2 每分输出量和心指数

一侧心室每分钟射出的血液总量,称为**每分输出量**(minute volume),简称**心输出量**(cardiac output,简称 C.O.),其数值等于心率与每搏输出量的乘积。左右两侧心室的输出量保持相等,以确保体循环与肺循环的正常进行。心输出量随机体活动和代谢情况的变化而变化,在肌肉运动、情绪激动、怀孕等情况下,心输出量增多。心输出量的测算并没有考虑身高、体重不同的个体差异,因此,用它作为指标进行不同个体间的心功能比较,是不全面的。为便于比较,一般将在空腹和安静状态下,每平方米体表面积的心输出量,称为**心指数**(cardiac index)。但在动物中仍习惯用单位体重(kg)计算心输出量,以便于不同动物之间进行比较。

在动物界,不同的动物 C.O. 值相差很大,体型大的动物心率较低,但其每搏输出量较大。C.O. 值与动物体型和种属有关,冷血动物的 C.O. 值较低(表 4-5)。

心输出量随着动物机体的成长而发生变化,例如,6 周龄的肉仔鸡的心输出量较 4 周龄的肉仔鸡增加 1 倍。

**表 4-5 不同动物的 C.O. 值**

| 生物 | C.O. 值/(mL/min) | 心率/(次/min) | 每搏输出量/mL |
|---|---|---|---|
| 蓝鲸* | 2100000 | 6 | 350000 |
| 马 | 13500 | 30 | 450 |
| 人 | 4900 | 70 | 70 |
| 鼩鼱 | 1 | 1000 | 0.001 |
| 鸽子 | 195.5 | 115 | 1.7 |
| 虹鳟鱼(10 ℃) | 17.4 | 37.8 | 0.46 |

*蓝鲸潜水时,心率下降。

4.3.2.3　心脏做功量

血液在心血管内流动过程中所消耗的能量，由**心脏做功**(cardiac work)供给，在动脉血压不同的条件下，心脏完成相同的心输出量，所需要的做功量不同。心脏做功量也是一项评定心脏泵血功能的重要指标。

心室一次收缩所做的功，**称为每搏功**(stroke work)。一侧心室每分钟内所做的功，称为**每分功**(minute work)。

每分功等于每搏功乘以心率。用做功量来评定心脏泵血功能，较每搏输出量或心输出量更全面和有意义。因为心脏收缩不仅射出一定量的血液，而且使这部分血液具有较高的压力及较快的流速。在动脉压增高的情况下，心脏要射出与原先同等量的血液，就必须加强收缩。尤其是对动脉压高低不等的个体之间及同一个体动脉血压发生变动前后的心脏泵血功能进行比较时更有意义。

## 4.3.3　心脏泵血功能的储备与影响因素

动物在剧烈运动时，心率和每搏输出量均明显增加，心输出量可增加 5 倍以上。心输出量随机体代谢需要而增加的能力，称为心泵功能储备或**心力储备**(cardiac reserve)。心力储备的大小主要取决于每搏输出量和心率能有效提高的程度，包括每搏输出量储备、心率储备、心输出量储备、舒张末期容量与收缩末期容量储备以及左心室做功的储备。

4.3.3.1　每搏输出量的储备

每搏输出量是心室舒张末期容积和收缩末期容积之差，二者都有一定的储备量，共同构成每搏输出量的储备。心脏的每搏输出量取决于以下三个因素：**前负荷**(preload)、**心肌收缩力**(cardiac contractility)和**后负荷**(after load)。

(1)前负荷

前负荷使肌肉收缩前就处于某种程度的被拉长状态，使肌肉有一定的长度，称初长度。在完整心脏内，心室肌的初长度取决于心室收缩前的容积，即心室舒张末期容积，它主要受静脉回心血量的影响。静脉回心血量越多，心室舒张末期容积就越大，心室肌的初长度也加长。

心肌细胞之外的间质含有大量胶原纤维，限制了肌小节的拉伸而具有抗延展性，使心肌细胞收缩的前负荷限制在最适初长度之内。正常情况下，静脉回心血量的增加，总是使每搏输出量相应增加(图 4-8)。这种通过心肌细胞自身初长度的变化而引起心肌收缩强度的变化，从而改变每搏输出量的调节方式，称为**异长自身调节**(heterometric autoregulation)，其重要的生理意义是能精细地调节每搏输出量，使左右两侧心室的输出量相匹配。异长自身调节是 Starlin 于 1914 年发现的，故也称为 Starlin 机制或心脏的 Starlin 定律。

每搏输出量受心室舒张末期容积的调节，而心室舒张末期容积的大小则取决于**静脉回心血量**(venous return)。影响静脉回心血量的因素主要有心室舒张充盈期持续时间、静脉血回流速度、静脉张力、体位与血量。

(2)心肌收缩能力

心肌收缩能力是指心肌不依赖于其前、后负荷而能改变其收缩的强度和速度的内在特性，又称为心肌收缩性。此种每搏输出量的调节，因为心肌收缩性变化时，心肌的初长度并未改

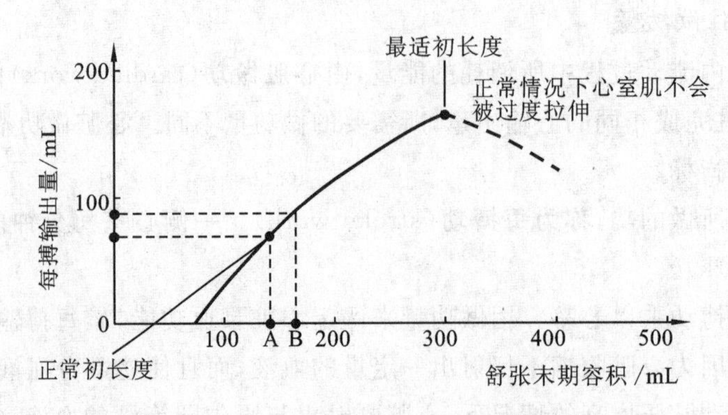


**图 4-8　每搏输出量与心室充盈体积**

(仿 Sherwood 等,2013)

变,所以称为**等长调节**(homometric regulation)。在整体情况下,经常是通过神经和体液因素,使心肌收缩能力发生改变(详见本章 4.5),从而调节心输出量。

(3)后负荷

后负荷是指心肌开始收缩时才遇到的负荷或阻力,也就是动脉血压,所以又称为压力负荷。当动脉血压升高时,一方面使冲开主动脉瓣所需要的室内压随之升高,等容收缩期延长;另一方面使心室射血所遇到的阻力加大,射血期缩短,射血速度减慢,每搏输出量减少。当每搏输出量暂时减少时,心缩末期心室内剩余血量增加,如果此时流入心室的血量不变,便会引起心室舒张末期容积加大,即心肌初长度增长,心室收缩能力随之增强。这样,经过几个心动周期的异长自身调节,每搏输出量很快恢复到正常水平。

但如果动脉压持续升高(高血压),心室肌将因收缩活动长期加强而出现心肌肥厚等病理变化,并最终导致泵血功能减弱。此外,在心力衰竭时,由于心肌收缩功能降低,后负荷增大时心肌不能发生代偿性收缩增强,每搏输出量将显著降低。

#### 4.3.3.2　心率储备

在一定范围内增快心率,将使心输出量增加。动用心率储备可使心输出量达到安静状态时的 2 ~2.5 倍。锻炼可促使心肌纤维增粗,心肌收缩力增强,使收缩期储备增加,同时心率储备也增加。但每搏输出量本身可受心率影响。如果心率过快,心舒期过短,心室充盈量减少,将使每搏输出量明显减少,心输出量也随之减少。另一方面,如心率过慢,心输出量也会减少。因为心率减慢虽可延长舒张期,但心室充盈早已接近最大值,再延长心室舒张时间也不能进一步增加充盈量和每搏输出量,反而因心率过慢而使心输出量减少。

#### 4.3.3.3　心力储备的变化

适当的训练可以增加心力储备。当进行剧烈的体力活动时,由于交感-肾上腺素系统活动增加,主要通过动用心力储备及心肌的收缩期储备,使心输出量增加。训练除了可以促进心肌的新陈代谢,增强心肌收缩力量之外,也可使调节心血管活动的神经机能更加灵活。

但心脏的储备力不是无限的,一旦心脏长期负担过重(高血压),心脏收缩力不但不能增强,反而可能减弱、每搏输出量降低,心室射血结束后心室内的余血量增加。舒张储备和收缩储备都降低,心输出量也相应变小,并最终导致泵血功能减弱。

# 4.4 血管及其血流动力学

## 4.4.1 各类血管的结构与功能

血管系统的功能主要是运送血液、分配血液和进行物质交换。血管可按血管壁结构和生理功能特点的不同分为不同的类型(图 4-9)。

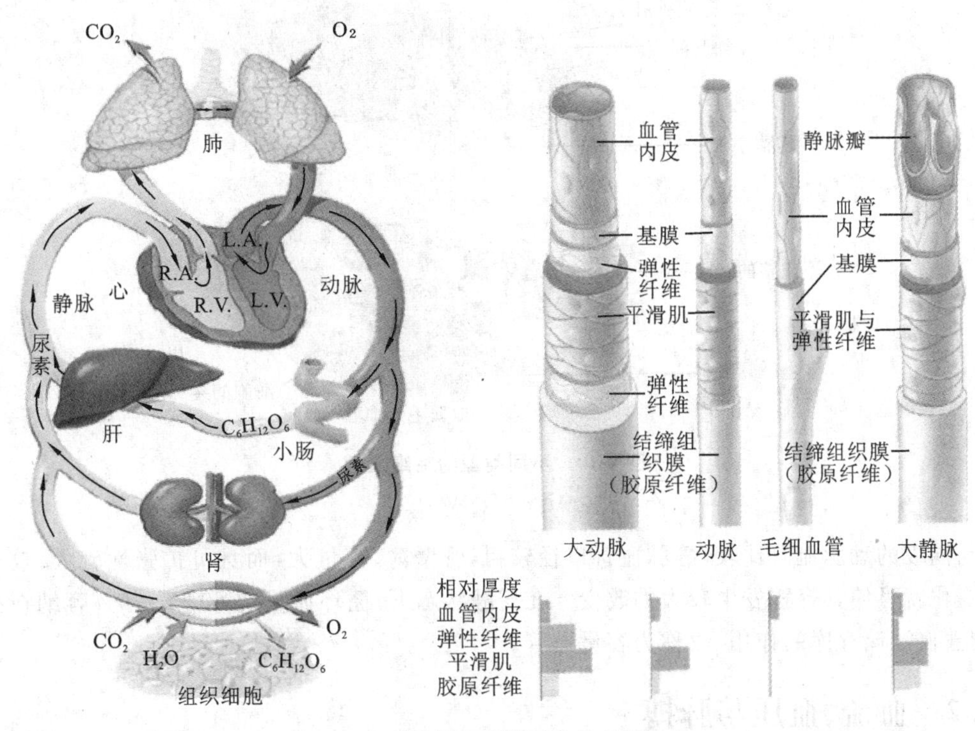


图 4-9　血液循环路径及各类血管特点

主动脉、肺动脉主干及其发出的最大分支血管的管壁较厚,主要由**胶原纤维**(collagen fiber)和**弹性纤维**(elastin fiber)组成,后者使血管富有可扩张性和弹性回缩性,称为**弹性储器血管**(windkessel vessel)。心缩期,动脉血管扩张,储存压力;心舒期,动脉血管被动回缩,释放压力,驱动血液流向组织器官,起到"外周心脏"作用。

弹性储器血管后到分支为小动脉前的动脉管道,主要功能是将血液输送到各器官组织的小血管,故称为**分配血管**(distributing vessel)。

小动脉和微动脉的管径小,对血流的阻力大,其位置在毛细血管之前,故称为毛细血管前阻力血管。微动脉的血管壁富含平滑肌,通过平滑肌的舒张和收缩活动可使血管口径发生明显变化,从而改变对血流的阻力和所在器官、组织的血流量。微静脉血管口径小,对血流也产生一定的阻力,因其位置在毛细血管之后,称为毛细血管后阻力血管。微静脉的舒缩活动可影响毛细血管前、后阻力的比值,从而改变毛细血管血压和体液在血管内与组织间隙内的分配情况。

**交换血管**(exchange vessel)是指真毛细血管,其管壁仅由单层内皮细胞构成,外面覆一层薄的基膜组织,通透性很高,成为血管内血流与血管外组织液进行物质交换的场所。分布在不同组织的毛细血管,其结构及通透性存在很大差异(图 4-10)。

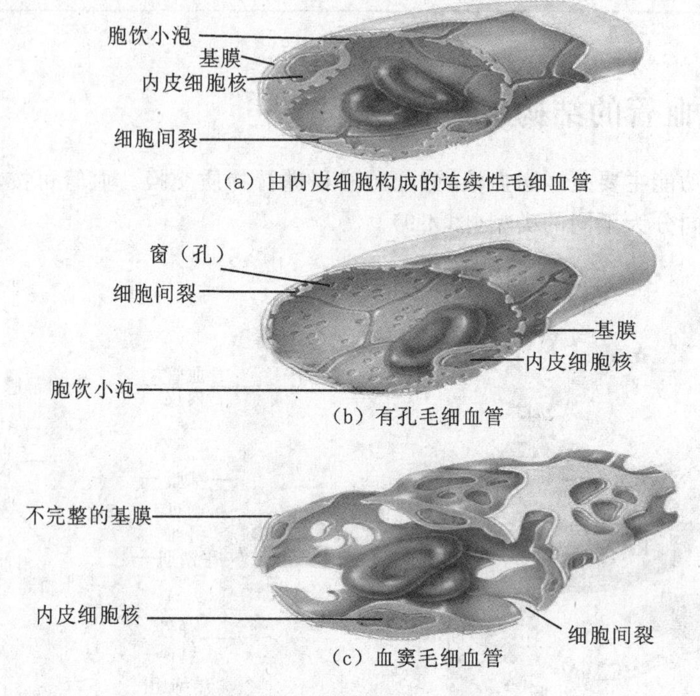


**图 4-10 不同类型的毛细血管**

(Gerard 等,2012)

与同级的动脉血管比较,静脉血管口径较粗,管壁薄,容量大,而且可扩张性较大,较小的压力变化就可使其容积发生较大的改变。在安静状态下,循环血量的 60%～70%容纳在静脉中,起着血液储存库的作用,故称为容量血管。

## 4.4.2 血流、血压与脉搏

血液在心血管内流动的基本问题是**血流量**(blood flow)、**血流阻力**(blood flow resistance)和**血压**(blood pressure),以及它们相互之间的关系。由于血管具有弹性和可扩张性,而非硬质的管道系统,再加上血液含有血细胞与胶体物质等多种成分而不是理想液体,因此,血流动力学既有一般流体力学的共性,又有其自身的个性。

血压是推动血管内血液流动的动力。由心脏泵出的血液在血管内流动时对单位面积血管壁的侧向压力称为血压。统一用国际标准单位帕(Pa)表示,即牛顿/平方米($N/m^2$)。帕的单位比较小,故血压常用千帕(kPa)表示。但习惯上仍沿用水银检压计水银柱高度的毫米数(mmHg)表示(1 mmHg=0.133322 kPa)。各段血管的血压不尽相同,静脉血压较低,有时也用厘米水柱($cmH_2O$)为单位。

4.4.2.1 血流量和血流速度

(1)血流量

血流量是指单位时间内流经血管某一截面的血量,也称为容积速度,单位是 mL/min 或 L/min。血流量主要取决于两个因素:一是推动血流的动力,即血管两端的压力差;二是血流阻力。根据流体力学原理，血流量($Q$)与血管两端压力差($\Delta p$)成正比，与血流阻力($R$)成反比，三者之间的关系可用以下公式表示：

$$Q=\Delta p/R$$

对于某个器官而言，$Q$ 为器官的血流量，$\Delta p$ 为灌注该器官的平均动脉压和静脉压之差，$R$ 为该器官的血流阻力。在整个体循环和肺循环中，$Q$ 相当于心输出量，$R$ 相当于总外周阻力，$\Delta p$ 相当于平均主动脉压($p_A$)与右心房压力之差。在整体内，器官的动脉血压基本相等，而该器官血流量多少则主要取决于该器官的血流阻力。因此，器官血流阻力的变化是调节器官血流量的主要因素。

重力是影响 $\Delta p$ 的另一个主要因素。维持脑部合适的 $\Delta p$ 是确保脑部血液循环的前提，对于陆栖动物来说尤为重要。而头部与心脏的高度差不同，$\Delta p$ 也差别很大(图 4-11)。

血流速度是指血液中一个质点在血管内流动的**线速度**(linear velocity)。按物理学原理，血液在血管内流动时，血流速度与血流量成正比，与血管的横截面积成反比。因此，总口径最小的主动脉内血流速度最快，毛细血管具有最大的总横截面积，其血流速度最慢。

(2)血流阻力

血液在血管内流动所遇到的阻力，称为血流阻力。血流阻力来源于血液各成分之间以及血液与血管壁的摩擦力。血液在血管内流动时，必须克服血流阻力，消耗能量，因此，血液在血管内流动时压力逐渐降低(图 4-12)。

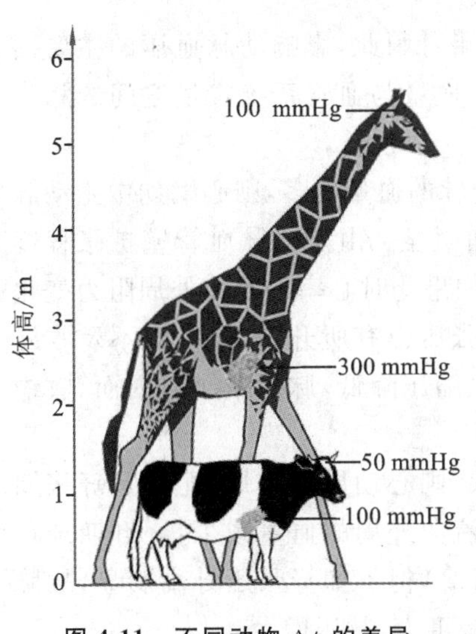


**图 4-11　不同动物 $\Delta p$ 的差异**

(Sjaastad 等，2013)

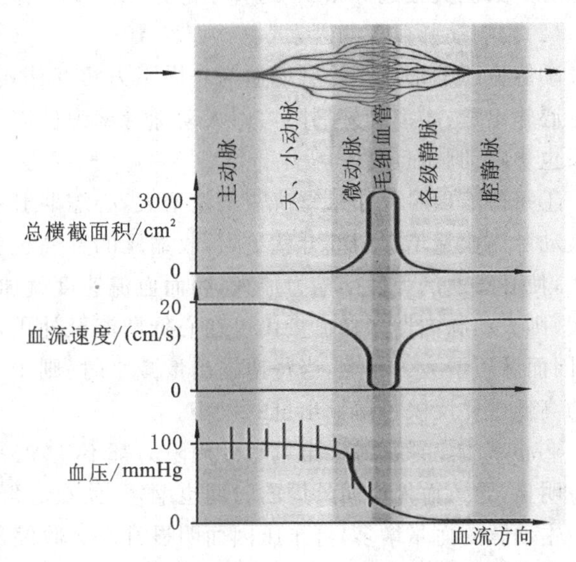


**图 4-12　血管系统各部分血管口径、血压和血流速度的关系**

根据**泊肃叶定律**(Poiseuille's law)，血流阻力与血管口径、长度及血液黏滞性密切相关，其关系可用下面的公式表示：

$$R=8\eta L/(\pi r^4)$$

式中，$\eta$ 为血液黏滞系数，$L$ 为血管长度，$r$ 为血管半径。血流阻力的变化主要由血管口径和血液的黏滞系数决定。血液的黏滞系数主要取决于血液中的红细胞数以及血浆蛋白、血脂等成分的含量等因素。由于血流阻力与血管半径的 4 次方成反比，故血管口径的微小变化即可引起血流阻力的较大变化。在生理条件下，血管长度和血液黏滞系数的变化很小，但血管壁平滑肌的紧张度则易受神经、体液因素的影响而改变，从而改变血管口径。在整个循环系统中，小动脉，特别是微动脉，是形成体循环中血流阻力的主要部位。

如果将血流阻力公式代入血流量公式，则可得到下式：

$$Q=\Delta p \cdot \pi r^4/(8\eta L)$$

这一公式表达了血流量与血压、血液黏滞系数、血管长度及口径之间的关系，即血流量($Q$)与管道系统两端的压力差($\Delta p$)及管道半径($r$)的4次方成正比，与管道长度($L$)和血液黏滞系数($\eta$)成反比。因此，机体主要通过控制阻力血管口径的变化来改变外周阻力，从而有效地调节各器官之间的血流量分配比例。

4.4.2.2 动脉血压与脉搏

(1)动脉血压的概念

码 4-5 动脉血压及其影响因素

动脉血管内流动的血液对管壁的侧压力称为**动脉血压**(arterial blood pressure)。通常所说的血压即指动脉血压。每个心动周期中，心脏收缩射血时动脉血压急剧上升，所达到的最高值称为**收缩压**(systolic pressure)，也称为高压；心室舒张末期动脉血压降至最低，称为**舒张压**(diastolic pressure)，也称为低压；收缩压与舒张压之差值称为**脉搏压**(pulse pressure)，简称脉压；一个心动周期中动脉血压平均值称为**平均动脉压**(mean arterial pressure)。在一个心动周期中，心舒期比较长，所以平均动脉压的数值更接近舒张压，约等于舒张压与1/3脉压之和。

(2)影响动脉血压的因素

动脉血压的形成是心脏射血与外周阻力相互作用的结果。因此，影响动脉血压的主要因素是心输出量、心率和外周阻力。大动脉管壁弹性以及循环血量与血管系统容量之间的相互关系也影响动脉血压。

①每搏输出量　如果每搏输出量增大，心缩期射入主动脉的血量增多，则心缩期中主动脉和大动脉内血量增加的部分就更大，收缩压的升高也就更加明显。由于动脉血管壁扩张程度增大，使心舒期的弹性回缩力加大，因而血流速度就加快。如果此时心率不变和外周阻力变化不大，则大动脉内增多的血量仍可在心舒期流至外周，使舒张压也有所升高，但升幅不及收缩压，因而脉压增大。相反，当每搏输出量减小时，则主要使收缩压降低，脉压减小。因而，收缩压的高低主要反映每搏输出量的大小。

②心率　如果每搏输出量和外周阻力都不变，心率加快，则心动周期缩短，尤其是舒张期缩短明显，导致血液流向外周的时间也缩短，使在心舒期内流向外周的血量减少，心舒期末存留于主动脉的血量增多，舒张压因而明显升高。收缩压也升高，但不如舒张压升高明显，故脉压减小。相反，如心率变慢，舒张压降低幅度比收缩压降低幅度大，脉压增大。

③外周阻力　外周阻力对舒张压的影响较收缩压更明显。若心输出量不变而外周阻力增大，则心舒期内血液流向外周的速度减慢，心舒期末存留在主动脉内的血量明显增多，故舒张压明显升高；收缩压的升高不及舒张压显著，脉压相对减小。反之，当外周阻力减小时，舒张压降低幅度比收缩压更明显，故脉压加大。一般情况下，舒张压的高低主要反映外周阻力的大小。

④主动脉和大动脉的弹性　一般情况下，左心室收缩时向主动脉射入的血液，在心缩期内只有大约1/3流到外周，其余2/3被储存在扩张了的主动脉和大动脉内。心室舒张时，主动脉和大动脉发生弹性回缩，把血管内储存的那部分血液继续向外周推动，并且使动脉血压在心舒期仍能维持在较高水平(图4-13)。弹性储器血管的作用：一方面可使心室间断性的射血变为

动脉内持续的血流；另一方面，能缓冲动脉血压的波动。

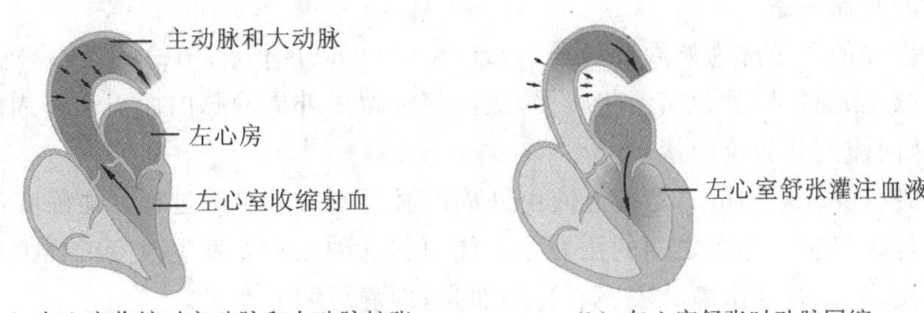


(a) 左心室收缩时主动脉和大动脉扩张　　(b) 左心室舒张时动脉回缩

**图 4-13　主动脉的弹性储器作用**

(Gerard 等，2012)

⑤循环血量　心血管系统保持足够的血液充盈是形成动脉血压的前提。任何原因导致的循环血量减少，都会使血管系统的充盈度降低，致使动脉血压下降；相反，循环血量增多，或血管系统容积相对减小，将导致动脉血压升高。

在完整机体内，通常在各种不同的生理情况下，上述各种因素经常同时发生改变。因此，动脉血压的任何改变往往是多种因素综合作用的结果。生理情况下，大动脉弹性不会随时发生变化，循环血量变化也很小，因而这两种因素对动脉血压影响较为次要。心血管的活动经常受神经、体液因素的影响，心输出量和外周阻力随时会发生变化，因此这两种因素是影响动脉血压的主要因素。例如激烈运动时，交感-肾上腺髓质系统活动加强，不仅引起心输出量增加，而且外周阻力也随之发生变化，使动脉血压明显升高。

(3)动脉脉搏

在每个心动周期中，由于心脏的泵血活动引起动脉管壁相应地产生扩张和回缩的振动，称为**动脉脉搏**(arterial pulse)，简称**脉搏**(pulse)。脉搏起源于主动脉，沿动脉管壁以弹性压力波的形式向外周传播。脉搏波传播速度远比血流速度快，并主要与血管壁的可扩张程度有关。动脉管壁可扩张度越大，其传播速度越慢。因此，主动脉的脉搏波传播速度最慢，为 3～5 m/s；到股动脉段脉搏波传播速度达 8～10 m/s 。由于小动脉和微动脉处阻力很大，故在微动脉后脉搏波已大大减弱，到毛细血管已基本消失。在身体浅表部位可触摸到脉搏，如桡动脉、颞动脉、颈动脉、股动脉和足背动脉等部位。中医临床通常诊病触摸的是腕部桡动脉的脉搏。各种动物检查脉搏常用的动脉有尾动脉、颌外动脉、指总动脉等。小动物脉搏则主要在股动脉。

#### 4.4.2.3　静脉血压与静脉回流

静脉血管不仅作为血液回流至心脏的通道，而且在心血管活动的调节中也起着重要作用。如前所述，静脉血管被称为容量血管，在功能上起着血液储存库的作用。静脉血管的收缩和舒张可有效调节回心血量和心输出量，使循环功能可以适应机体在各种生理状态下的需要。

(1)静脉血压

动脉中的血液流经小动脉和毛细血管前括约肌等区域时，遇到很大阻力，克服阻力消耗很多能量，当血液流入静脉系统时，压力变得很低。通常将右心房和胸腔内大静脉的血压称为**中心静脉压**(central venous pressure)。中心静脉压的高低取决于心脏的射血能力与静脉回心血量之间的对比关系。如果心脏功能良好，能及时将回心的血量射入动脉，则中心静脉压较低；若心脏射血功能减弱，不能及时将回心的血量射出，则中心静脉压升高。另外，静脉回流速度也影响中心静脉压。静脉回流速度加快，中心静脉压会升高；相反，静脉回流速度减慢，则中心静脉压降低。另外,静脉血液对心房壁、大静脉血管壁的扩张程度也反映了循环血量与心血管容积之间的对比关系。

各器官静脉的血压称为**外周静脉压**(peripheral venous pressure)。当心脏射血功能减弱而使中心静脉压升高时,静脉回流将减慢,血液将滞留于外周静脉内而引起外周静脉压升高。

(2)静脉回流及其影响因素

**静脉回流**(venous return)是指血液由外周静脉返回右心房的过程。血液在静脉内的流动主要依赖于各级静脉与心房之间的压力差。能引起这种压力差发生改变的任何因素都能影响静脉内的血流,从而改变由静脉流回心脏的血量,即静脉回心血量。

①心脏收缩力量　心脏收缩力量增强可促进静脉血回流入心。心脏收缩力量强,则射血速度快、量多,使心脏排空比较完全,在心舒期心室内压较低,对心房和大静脉中血液的抽吸力量就比较大,使静脉回心血量增多;反之,心脏收缩无力,不能及时将静脉回流的血液射出,致使大量血液淤积于心房和大静脉,造成心脏扩大,静脉高压,静脉回流受阻。

②呼吸运动　呼吸运动也能影响静脉回流。由于胸膜腔内压低于大气压,胸腔内大静脉的跨壁压较大,经常处于充盈扩张状态。吸气时,胸腔容积加大,胸膜腔内压进一步降低,使胸腔内的大静脉和右心房更加扩张,压力也进一步降低,从而使外周静脉内的血液回流的速度加快。呼气时,胸膜腔内压与大气压的差距减小,静脉回心血量相应减少。

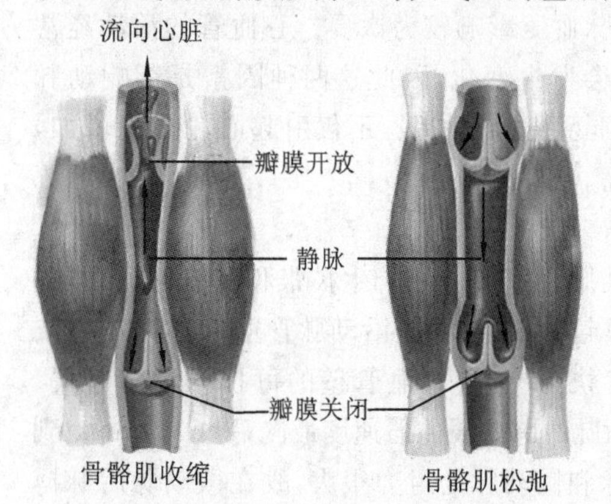


**图 4-14　骨骼肌收缩对静脉回流的促进作用**

③骨骼肌的挤压作用　骨骼肌收缩时,静脉受到挤压,可使静脉回流加快。尤其是下肢静脉瓣的存在,使静脉血液由下向上回流时,不至于因重力作用而逆流。因此,骨骼肌与静脉瓣一起发挥着推动静脉血回流入心脏的"泵"作用,称为静脉泵或肌肉泵(图 4-14)。

④体位改变　体位及姿势改变对静脉回流也有很大影响。由于静脉血管的可扩张性大,当体位改变时,由于重力的影响,心脏水平以下部分的静脉因跨壁压增大而扩张,容纳的血量增多,故静脉回心血量减少。

## 4.4.3　血液通过微循环实现与组织细胞的物质交换

**码 4-6　微循环**

**微循环**(microcirculation)是指微动脉与微静脉之间的血液循环。它是实现血液与组织细胞物质交换的场所。此外,在微循环处通过组织液的生成和回流还影响着体液在血管内外的分布。

### 4.4.3.1　微循环的组成与通路

(1)微循环的组成

由于各组织器官的形态与功能不同,其微循环的组成与结构也不尽相同。典型微循环由微动脉、后微动脉、毛细血管前括约肌、真毛细血管、通血毛细血管、动-静脉吻合支和微静脉等七部分组成(图 4-15)。

**微动脉**(arteriole)是小动脉的末梢部分,血管壁含有丰富的平滑肌。它收缩或舒张时,可使管腔内径显著缩小或扩大,因此起着控制微循环血流量的"总闸门"作用。在后微动脉发出

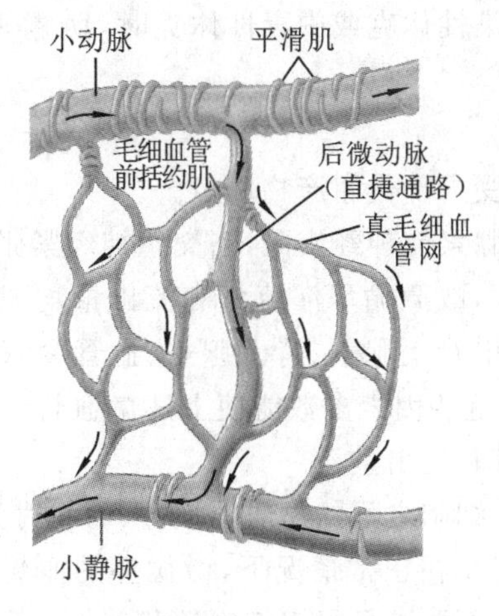


(a)括约肌舒张

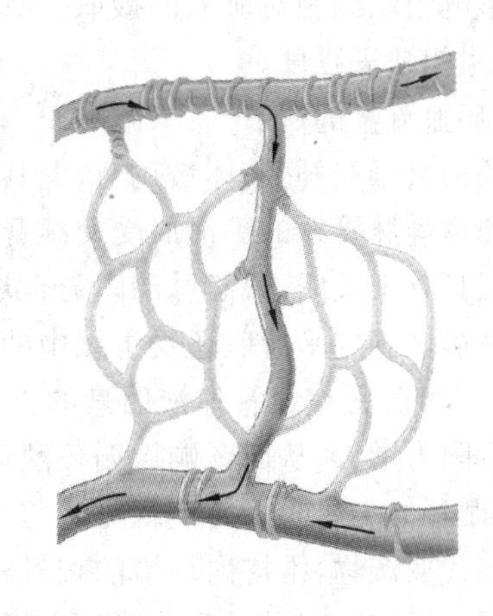

(b) 括约肌收缩

**图 4-15　微循环的构成及控制示意图**

（仿 Sherwood 等，2013）

毛细血管的入口处有稀疏的平滑肌缠绕，称为**毛细血管前括约肌**(pre-capillary sphincter)，主要受局部代谢产物的调控，其舒缩活动可控制部分毛细血管网的血流量，在微循环中起“分闸门”的作用。真毛细血管是由单层内皮细胞组成的管道，彼此互相连接成网状，称为真毛细血管网。血管外面有基膜包围，内皮细胞之间有细微裂隙，形成沟通毛细血管内外的孔道。真毛细血管通透性好，数量多，与组织液进行物质交换的面积大。**微静脉**(veinule)血管壁有较薄的平滑肌，其收缩可影响毛细血管血压、在功能上起微循环“后阻力血管”的作用。**通血毛细血管**(preferential channel)是与后微动脉直接相通的较长的毛细血管。

(2)微循环的血流通路及其功能特点

微循环的血液可经**迂回通路**(circuitous channel)、**直捷通路**(thoroughfare channel)和**动-静脉短路**(arterio venous shunt)等三条功能不同的通路由微动脉流向微静脉。

①迂回通路　血液由微动脉、后微动脉，再经毛细血管前括约肌和真毛细血管网，最后汇入微静脉流出。该通路的真毛细血管数量多，迂回曲折，互相联通，交织成网；管壁薄，通透性好；管腔口径小，血液流动速度缓慢。因此，这条通路是血液与组织液之间高效进行物质交换的场所，又称为**营养通路**(nutritional channel)。

器官内的真毛细血管并非都同时开放，而是轮流交替开放，其开放的数量与器官当时的代谢水平有关。安静情况下，同一时间内平均有 20%左右的毛细血管是开放的，其余大部分处于关闭状态；毛细血管的开放与关闭受后微动脉和毛细血管前括约肌控制。

②直捷通路　血液由微动脉、后微动脉，经通血毛细血管，到微静脉流出。通血毛细血管与真毛细血管相比，口径大，血流快。这条通路经常处在开放状态，血流较快，进行物质交换的作用有限，其主要功能是促进静脉血回流，以保证一定的静脉回心血量。在骨骼肌微循环中，这种通路较多。

③动-静脉短路　血液从微动脉直接经过动-静脉吻合支流入微静脉。这条通路的血管壁较厚，血流迅速，没有物质交换功能，也称为非营养通路，其功能是参与体温调节。一般情况下，动-静脉吻合支经常处在关闭状态，有利于保存体热。当环境温度升高时，动-静脉短路开放，使皮肤血流量增多，增加散热。由于动-静脉短路没有物质交换功能，大量血液经由此通路

流向静脉会影响组织细胞对血氧的摄取。在感染性休克或中毒性休克时,动-静脉短路可大量开放,会加重组织缺氧程度。

(3)微循环血流量的调节

微循环的血流量受神经、体液调节,尤其是受局部代谢产物调节。

微动脉和微静脉管壁的平滑肌受交感肾上腺素能神经支配,当交感神经紧张性增高时,微循环的"总闸门"趋于关闭,微静脉的阻力也增大,故微循环灌流量和流出量均减少。微动脉、后微动脉和微静脉管壁平滑肌还受组织中的去甲肾上腺素、肾上腺素、血管紧张素、**血管升压素**(vasopressin,VP)等缩血管体液因素的影响,这些因素多数能使上述微血管收缩,使微循环的前阻力和后阻力增大,从而影响微循环灌流量和流出量。

总之,微循环的主要功能是实现血液与组织细胞之间的物质交换,从而及时为组织细胞运送养料和清除代谢产物,维持内环境的相对稳定。在正常情况下,微循环的血流量与组织、器官的代谢水平相适应。当微循环功能发生障碍,不能满足组织细胞的营养代谢需要时,就会影响各器官的生理功能。

4.4.3.2 组织液的生成与回流

流经毛细血管的血液与组织细胞以组织液为媒介进行物质交换。组织液存在于组织细胞的间隙中,因含有大量的胶原纤维和透明质酸细丝,绝大部分呈胶冻状,不能自由流动,但其中的水分及溶质可以自由扩散。

(1)血液与组织液物质交换的方式

①扩散 **扩散**(diffusion)是血液与组织液之间进行物质交换的主要形式。血液中的营养物和氧的浓度较高,可经毛细血管壁扩散到组织液中;组织液中的代谢产物如 $CO_2$ 的浓度较高,同样可经毛细血管壁扩散入血液。

②滤过和重吸收 因毛细血管壁两侧存在压力差,液体(水分连同溶于其中的小分子溶质)由毛细血管内向组织液移动,称为滤过;液体由组织液移入毛细血管内,称为重吸收。决定液体是滤过还是重吸收的因素是跨血管壁压力差的方向。

③吞饮 大分子的血浆蛋白等物质不能通过毛细血管壁扩散,而是通过**吞饮**(pinocytosis)的方式通过毛细血管壁进行物质交换。在毛细血管内皮细胞一侧的某些大分子物质,当靠近细胞膜时,先被吸附,然后细胞膜凹陷,将其包围,形成小泡,进入细胞内,运送到细胞的另一侧,然后排出细胞外(图 4-16)。

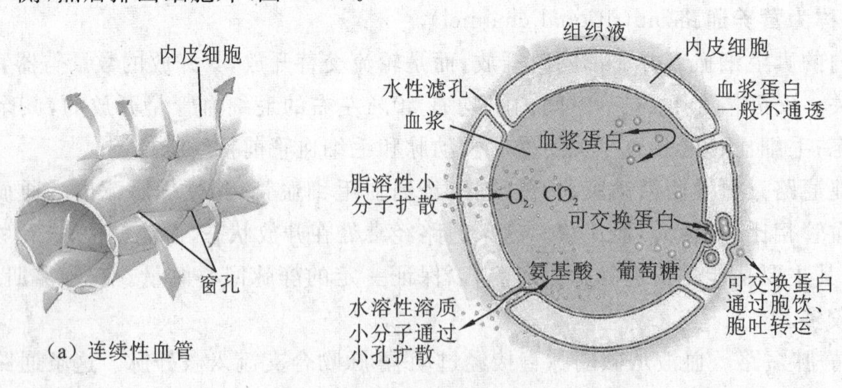


**图 4-16 物质通过毛细血管的方式**

(仿 Sherwood 等,2013)

(2)组织液的生成及其影响因素

毛细血管内血浆中的水和小分子营养物质通过毛细血管壁进入组织细胞间隙，生成组织液。组织液中的水和细胞代谢产物透过毛细血管壁进入毛细血管血液的过程，称为组织液回流。在毛细血管近动脉的一端(毛细血管动脉端)血浆不断从血液滤出毛细血管而成组织液；在近静脉端，组织液中的大部分又不断被重吸收回到血液，小部分进入毛细淋巴管成为淋巴。

液体通过毛细血管壁的滤过和重吸收取决于四个因素：毛细血管血压、血浆胶体渗透压、组织液静水压、组织液胶体渗透压(图 4-17)。

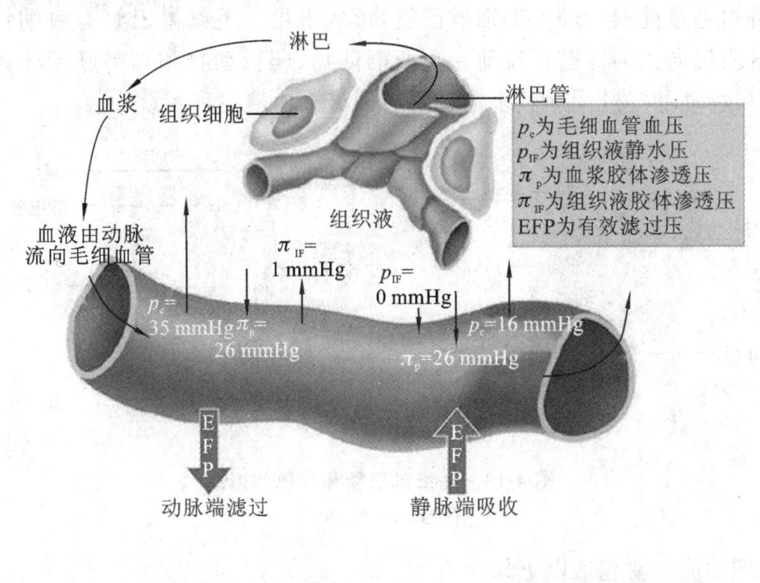


| 动脉端 | 静脉端 |
| --- | --- |
| EFP=[(35+1)−(26+0)] mmHg<br>=10 mmHg | EFP=[(16+1)−(26+0)] mmHg<br>= −9 mmHg |

**图 4-17　有效滤过压的形成示意图**

(Gerard 等，2012)

①毛细血管血压($p_c$)　$p_c$是促进血液中的水分和溶质由毛细血管滤出的动力。毛细血管血压的高低取决于动脉压、静脉压以及毛细血管前、后阻力的比值等因素。

②血浆胶体渗透压($\pi_p$)　$\pi_p$是使液体从毛细血管外重吸收回血管的力量，由于血浆蛋白不能滤过，因此随血液流向静脉端$\pi_p$逐渐增加，促进水由组织液进入毛细血管内。

③组织液静水压($p_{IF}$)　$p_{IF}$是使液体从毛细血管外重吸收回血管的力量。由于$p_{IF}$难以测定，一般假设为 1 mmHg。

④组织液胶体渗透压($\pi_{IF}$)　$\pi_{IF}$是促进血液从毛细血管滤出的动力。由于只有极少量血浆蛋白从毛细血管壁漏入组织间隙(它通过淋巴又回到血液循环系统中)，蛋白浓度很低，因此，$\pi_{IF}$的数值很低。

滤过的力量与重吸收的力量之差，称为**有效滤过压**(effective filtration pressure，EFP)，可用下式表示：$EFP=(p_c+\pi_{IF})-(\pi_p+p_{IF})$

流经毛细血管的血浆有 0.5%～2%在毛细血管动脉端以滤过的方式进入组织间隙，滤出的液体约 90%在静脉端被重吸收回血液，10%进入毛细淋巴管成为淋巴。

(3)淋巴系统是组织液向血液回流的重要辅助系统

组织液的10%左右进入淋巴管即成为淋巴。因此,淋巴的成分与组织液相近,但当淋巴流经淋巴结时,由淋巴结产生的淋巴细胞加入了淋巴。来自各组织的淋巴成分各不相同,如肠系膜和胸导管的淋巴中,含大量脂肪滴,而来自下肢的淋巴则较清。

**起始淋巴管**(initial lymphatics)是位于淋巴系统末端的毛细淋巴管。盲端起始于组织间隙相互吻合成网,其管壁由单层内皮细胞组成,相连细胞呈叠瓦状互相覆盖,形成向管腔内开启的单向活瓣结构(图4-18)。组织间隙中的液体和大分子物质,如蛋白质,甚至进入组织的细菌、病毒等都可通过此瓣口进入毛细淋巴管,形成淋巴。毛细淋巴管有收缩性,每分钟能收缩若干次,推送淋巴向大的淋巴管流动。在两栖动物、爬行动物和鸟类胚胎体内,其身体两侧各有一个膨大可搏动的"淋巴心脏"来推动淋巴回流入血液循环系统中。

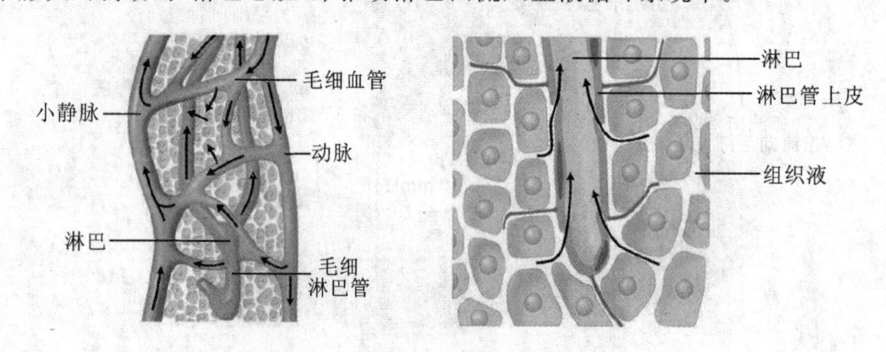


**图4-18 毛细淋巴管和淋巴的形成**

(仿Gerard等,2012)

淋巴的生理功能主要包括以下几个方面。

①回收血浆蛋白　由毛细血管动脉端滤出的少量血浆蛋白分子,通过毛细淋巴管进入淋巴,再转运回血液。这也是组织液中的蛋白质能保持较低水平的重要机制。

②运输脂肪和其他营养物质　经消化管消化后的营养物质,绝大部分在小肠黏膜吸收,其中有80%～90%的脂肪经小肠绒毛的毛细淋巴管吸收。因此,小肠的淋巴呈乳糜状。少量胆固醇和磷脂也经淋巴管吸收并被输入血液循环。

③调节血浆和组织液平衡　淋巴回流的速度虽较慢,但一天中回流的淋巴总量大致相当于血浆总量。故淋巴回流在组织液生成与回流的平衡中起着重要的作用。

④防御和免疫功能　淋巴在回流途中要经过**淋巴结**(lymph node),其主要功能是滤过淋巴,产生淋巴细胞和浆细胞,参与机体的免疫反应,构成机体的免疫防御体系。当局部感染时,细菌、病毒或癌细胞等可沿淋巴管侵入,引起局部淋巴结肿大。淋巴结的肿大或疼痛常表示其属区内的器官有炎症或其他病变,对于诊断和了解某些感染性疾病的发展具有重要的意义。

## 4.5 心血管系统的功能调节

当内、外环境发生变化时,作为动物体内重要的运输系统,血液循环的效率需要进行及时的调整,以适应这些变化。循环系统的调控旨在实现以下两个主要功能:一是合适的气体、热量以及营养运输;二是保持内环境稳态的血压稳定性调节。通过神经、体液以及自身调节,循环系统保持合适的心输出量以及外周阻力,确保血液循环压力的平稳;当需要时,调配血液在不同系统的分配，以满足动物机体适应内外环境变化的需求。

## 4.5.1　神经调节

心脏和血管壁平滑肌接受自主神经支配。机体通过各种心血管反射活动实现对心血管活动的神经调节。

#### 4.5.1.1　心脏和血管的神经支配

(1)心脏的神经支配和功能

心脏接受**心交感神经**(cardiac sympathetic nerve)和**心迷走神经**(cardiac vagus nerve)双重支配(图 4-19)。

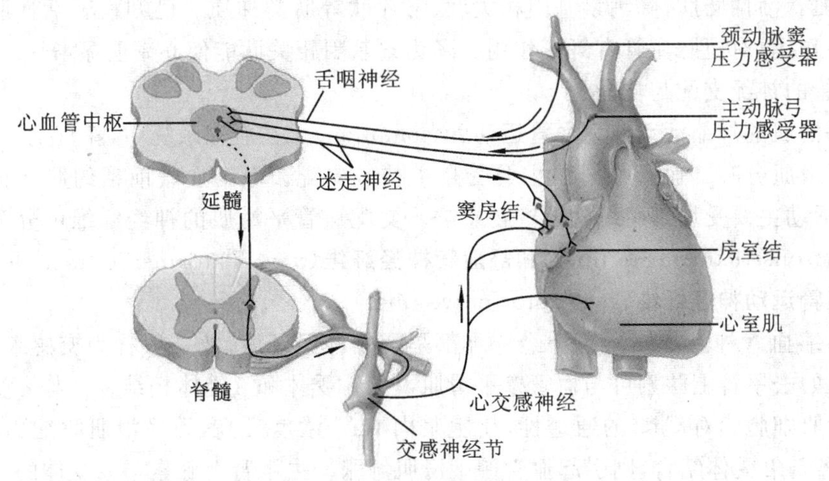


**图 4-19　心脏的神经支配**

心交感神经节后纤维末梢释放的递质是**去甲肾上腺素**(noradrenaline, NE)，主要与心肌细胞膜上的 β 受体结合，通过 cAMP 第二信使作用，激活心肌细胞膜上 $Ca^{2+}$ 通道，膜对 $Ca^{2+}$ 通透性增高，引起心脏活动增强。①心率加快：**正性变时作用**(positive chronotropic effect)。因为 $Ca^{2+}$ 内流量增多，自律细胞 4 期自动去极化速度加快，自律性增高。②心肌收缩力加强：**正性变力作用**(positive inotropic effect)。$Ca^{2+}$ 通道激活后，心肌动作电位 2 期 $Ca^{2+}$ 内流量增多，肌浆网释放 $Ca^{2+}$ 也增多，因而心肌兴奋-收缩偶联加强；去甲肾上腺素还能促进糖原分解，提供心肌活动所需要的能量，故心肌收缩力加强。另外，由于兴奋传导加速，使心肌收缩活动更加同步，心肌收缩更有力。③传导性加强：**正性变传导作用**(positive dromotropic effect)。膜对 $Ca^{2+}$ 通透性增高，使慢反应细胞 0 期 $Ca^{2+}$ 内流量增多，动作电位 0 期上升速度和幅度都增加，故兴奋传导加快；房室交界传导速度增加，房室传导时间缩短。由于心交感神经兴奋，使心肌收缩力加强，心率加快，故心输出量增多。

心迷走神经节后纤维支配窦房结、心房肌、房室交界、房室束及其分支，仅有极少量支配心室肌。右侧心迷走神经对窦房结的支配占优势，左侧心迷走神经对房室交界的作用较强。当心迷走神经兴奋时，其节后纤维末梢释放乙酰胆碱，与 M 受体结合：一方面提高心肌细胞膜上的 $K^+$ 通透性，使心肌细胞处于超极化状态；另一方面可抑制腺苷酸环化酶活性，降低细胞内 cAMP 的浓度，减缓 $Ca^{2+}$ 内流。所以心迷走神经兴奋时，可产生对心脏活动的抑制效应。①心率减慢：**负性变时作用**(negative chronotropic effect)。窦房结起搏细胞复极过程中 $K^+$ 外流增多，使最大舒张电位增大，从而与阈电位之间距离加大；加上 4 期 $K^+$ 外流增加，使 4 期自动去极化速度减慢。这两方面的作用均使窦房结自律性降低,心率减慢。②心房肌收缩能力减弱:**负性变力作用**(negative inotropic effect)。复极化过程 $K^+$ 外流量增多,使复极加速,平台期也缩短,动作电位期间进入心房肌细胞内的 $Ca^{2+}$ 量相应减少;乙酰胆碱能直接抑制 $Ca^{2+}$ 通道,使 $Ca^{2+}$ 内流减少;还可激活一氧化氮(NO)合成酶,使细胞内 cGMP 增多,$Ca^{2+}$ 通道开放的概率变小,使 $Ca^{2+}$ 内流减少,因而心房肌收缩力减弱。③兴奋在房室交界的传导速度减慢:**负性变传导作用**(negative dromotropic effect)。由于乙酰胆碱使房室交界处慢反应细胞的动作电位 0 期 $Ca^{2+}$ 内流量减少,0 期去极化速度和幅度都下降,因而兴奋传导速度减慢,甚至可出现房室传导阻滞。

除心交感神经和心迷走神经对心脏的双重支配外,心脏中还有肽能神经元,其末梢可释放神经肽 Y、血管活性肠肽、降钙素基因相关肽、阿片肽等肽类递质。已知血管活性肠肽对心肌有正性变力作用,对冠脉血管有舒张作用。降钙素基因相关肽能使心率明显增快。

(2)血管的神经支配与功能

血管平滑肌的舒缩活动称为**血管运动**(vasomotion)。在血管系统中,除真毛细血管外,血管壁都有平滑肌分布。血管平滑肌主要受自主神经支配。毛细血管前括约肌上神经分布很少,其舒缩活动主要受局部组织代谢产物影响。支配血管平滑肌的神经纤维可分为**缩血管神经纤维**(vasoconstrictor nerve fiber)和**舒血管神经纤维**(vasodilator nerve fiber)两大类,二者又统称为**血管运动神经纤维**(vasomotor nerve fiber)。

①交感缩血管神经　缩血管神经纤维都是交感神经纤维,故一般称为交感缩血管神经。其末梢释放的去甲肾上腺素可与血管壁平滑肌上的 α 受体和 β 受体相结合。与 α 受体结合后可增加平滑肌细胞膜对 $Ca^{2+}$ 的通透性,使胞浆内 $Ca^{2+}$ 浓度升高,致平滑肌收缩力增强,血管口径缩小;若与 β 受体结合,则引起血管壁平滑肌舒张。去甲肾上腺素与 α 受体的亲和力高于与 β 受体的亲和力,故交感缩血管神经兴奋时主要引起缩血管效应。

体内几乎所有的血管平滑肌都受交感缩血管神经支配,但神经纤维分布的密度不同。在皮肤和肾血管中分布密度最高,骨骼肌和内脏血管次之,冠脉血管和脑血管分布较少。当大失血等应急状态引起交感神经高度兴奋时,皮肤、内脏等处血管强烈收缩,有利于保证心、脑等重要器官的血液供应。

②舒血管神经　体内的血管除主要接受缩血管神经支配外,还有少数血管兼受舒血管神经支配。舒血管神经主要包括**交感舒血管神经**(sympathetic vasodilator fiber)和**副交感舒血管神经**(parasympathetic vasodilator fiber)。

舒血管神经节后纤维末梢释放的递质是乙酰胆碱,与血管平滑肌 M 受体结合,使血管舒张。交感舒血管神经平时没有紧张性活动,只有当机体处于情绪激动或准备做剧烈肌肉运动等情况时才发放冲动,使骨骼肌血管舒张,血流量增多,为肌肉活动提供充足血液;而其他器官血管则因为交感缩血管神经兴奋而加强收缩,使血流量重新分配。目前认为,交感舒血管神经可能参与机体的防御性反应,对正常生理条件下动脉血压的调节作用很小。

副交感舒血管神经主要分布在脑、唾液腺、胃肠道腺体和外生殖器官等少数器官的血管。节后纤维末梢释放的递质是乙酰胆碱,与血管平滑肌的 M 受体结合,可引起血管舒张。此舒血管神经一般无紧张性活动,只对所支配器官的血流起调节作用,几乎不影响循环系统的总外周阻力。

有些自主神经元内有**血管活性肠肽**(vasoactive intestinal polypeptide, VIP)和乙酰胆碱共存,例如支配汗腺的交感神经元和支配颌下腺的副交感神经元等。这些神经元兴奋时,末梢释放乙酰胆碱，引起腺细胞分泌，同时释放血管活性肠肽，使局部血管舒张，增加局部血流量。

4.5.1.2 心血管中枢

在中枢神经系统中，与调节心血管活动有关的神经元集中的部位称为**心血管中枢**(cardiovascular center)。它们广泛分布于中枢神经系统的各个部位，包括脊髓、脑干、下丘脑、大脑边缘叶以及大脑皮层的一些部位。

脑干的延髓是心血管运动调节的基本中枢，延髓腹侧面结构是脑干中维持心血管交感紧张性活动的主要部位，对维持动脉血压相对稳定起重要作用。按功能特点一般可分为以下四个区域(图 4-20)。

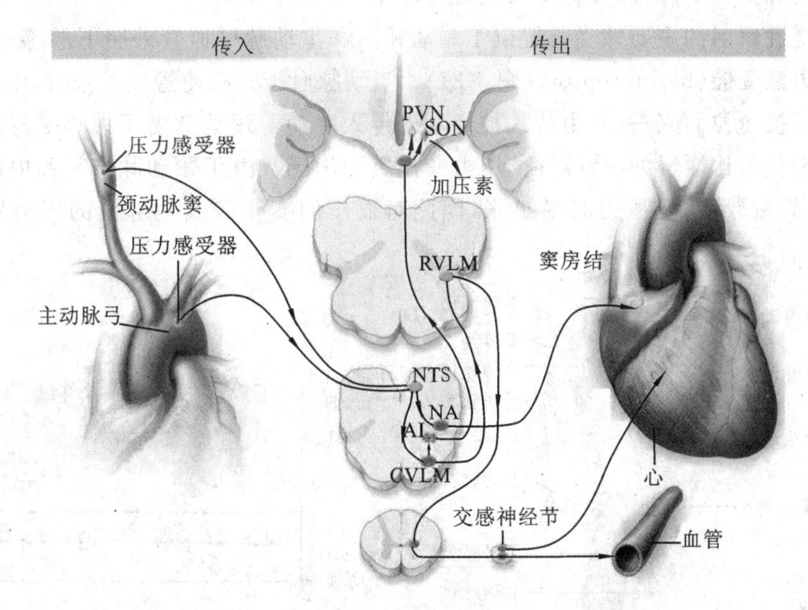


**图 4-20 延髓心血管中枢及其传入和传出神经**

(Freeman,2008)

①传入神经接替站：**延髓孤束核**(nucleus of tractus solitaries,NTS)的神经元，它们接受外周感受器传入的神经冲动，又发出纤维至延髓及其他部位的神经元，继而影响心血管活动。

②缩血管区：位于**延髓头端腹外侧部**(rostral ventrolateral medulla,RVLM)的神经元，其轴突下行直接支配脊髓灰质侧角的交感神经节前神经元，进而通过交感神经支配心脏和血管平滑肌。RVLM 神经元不断发放传出冲动，是心血管交感紧张性活动的中枢来源。

③舒血管区：位于**延髓尾端腹外侧部**(caudal ventrolateral medulla,CVLM)，接受 NTS 神经元的纤维投射，通过短突触的抑制性神经元抑制缩血管区神经元的兴奋，引起血管扩张，血压下降。

④心抑制区：位于延髓的背核和疑核，是心迷走神经元的细胞体。NTS 神经元传递来的兴奋可加强迷走神经的紧张性活动。正常情况下，哺乳类心抑制区的神经元活动占优势，通过心迷走神经发出神经冲动抑制心脏的跳动，称为**迷走紧张**(cardiac vagal tone)。

延髓以上的脑干、大脑、小脑都存在与心血管活动有关的神经元，对心血管活动和机体其他功能之间起复杂的整合作用。例如，下丘脑在体温调节以及发怒、恐惧等情绪反应的整合中起重要作用。大脑皮层尤其是边缘系统也都影响心血管的活动。大脑新皮层运动区兴奋时，除引起骨骼肌收缩外，还能引起骨骼肌的血管舒张。

4.5.1.3　反射性调节

机体受到内外环境变化的刺激后,通过相应的反射结构,引起各种心血管效应,称为心血管反射。

(1)压力感受性反射

当动脉血压升高或降低时,通过刺激颈动脉窦和主动脉弓压力感受器发出传入神经冲动,引发心血管活动的变化,使动脉血压回降或回升的调节过程,称颈动脉窦和主动脉弓**压力感受性反射**(baroreceptor reflex),它是机体保持动脉血压相对稳定的一种反射活动。因其反射效应主要是使动脉血压下降,故又称**降压反射**(depressor reflex)。

压力感受性反射的主要感受装置位于颈动脉窦和主动脉弓血管外膜下的感觉神经末梢,称为**动脉压力感受器**(baroreceptor)(图 4-21)。当动脉血压升高使管壁扩张时,由于血管外膜下的神经末梢被牵拉而兴奋,并由传入神经发出传入冲动。颈动脉窦压力感受器对快速的搏动性的压力变化要比缓慢的、持续性的压力变化更加敏感。由于颈动脉窦是颈内动脉根部略膨大的部分,管壁较薄,受压力时易扩张,因此对血压的变化较其他部位的压力感受器更为敏感。

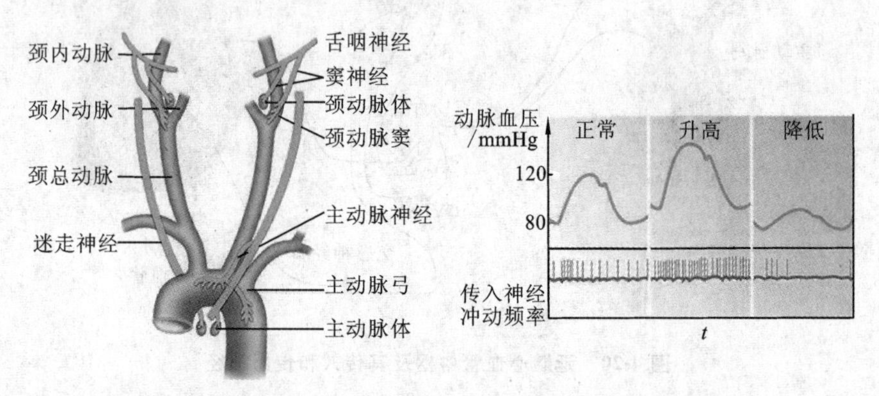


图 4-21　主动脉和颈动脉窦的压力感受器与化学感受器

颈动脉窦压力感受器的传入神经是**窦神经**(sinus nerve),它加入舌咽神经进入延髓,与孤束核的神经元发生突触联系。主动脉弓压力感受器的传入纤维加入迷走神经进入延髓。兔的主动脉弓传入纤维在颈部自成一束,由于其传入的神经冲动导致血压的降低,所以称为减压神经。

压力感受性反射是一种负反馈调节机制(图 4-22)。其调节过程如下:动脉血压升高时,压力感受器传入冲动频率增加,分别经窦神经和迷走神经传入延髓心血管中枢,使心迷走中枢紧张性升高,心交感中枢和交感缩血管中枢的紧张性降低,从而使心率减慢,心肌收缩力减弱,心输出量减少。同时,由于交感缩血管神经传出冲动减少,血管扩张,使外周阻力降低。最后导致动脉血压回降。反之,当动脉血压降低时,压力感受器传入冲动减少,使心迷走紧张性减弱,心交感和交感缩血管紧张性增强,于是心率加快,心肌收缩力增强,心输出量增多,外周阻力增大,使动脉血压回升。

压力感受性反射的生理意义是维持动脉血压相对稳定。在机体心输出量、外周阻力、血量等发生突然变化的情况下,通过压力感受性反射,对动脉血压进行快速调节,使动脉血压避免发生过大波动。因此,在生理学中将窦神经和主动脉神经合称**缓冲神经**(buffer nerve)。动物实验切断两侧缓冲神经后，动脉血压不能维持相对稳定，常出现大幅度波动，尤其是当受外界刺激或改变体位时，血压波动幅度更大。

在慢性高血压或实验性高血压动物观察到，压力感受性反射的工作范围可以随之发生改变，即在较正常值高的水平上工作，故动脉血压在较高水平上保持稳定，这种现象称为压力感受性反射的**重调定**(resetting)。压力感受性反射可以在许多环境条件变化的情况下发生各种不同的重调定。

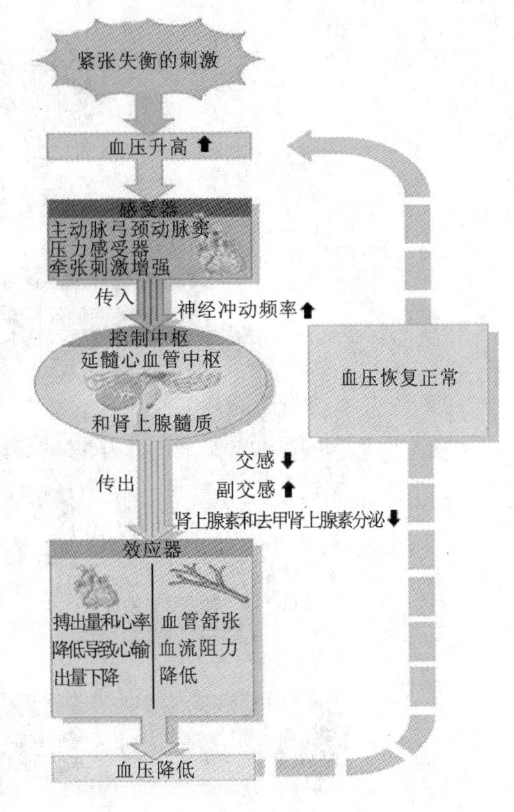


**图 4-22　降压反射**

(Gerard 等，2012)

(2)化学感受性反射

在颈总动脉分叉处和主动脉弓区域存在可以感受血液中某些化学成分变化的**化学感受器**(chemoreceptor)，分别称为**颈动脉体**(carotid body)和**主动脉体**(aortic body)(图 4-21)。当血液中低氧、$CO_2$分压升高或 $H^+$ 浓度升高时，颈动脉体和主动脉体化学感受器兴奋，引起冲动发放，经窦神经和主动脉神经将冲动传至延髓呼吸中枢和心血管中枢，使呼吸加深、加快，并引起心率加快，心输出量增加，外周阻力增大，血压升高，称为**化学感受性反射**(chemoreflex)。一般认为化学感受性反射的生理意义在于：①使血液循环与呼吸运动的变化相协调；②正常情况下对心血管活动不起明显的调节作用，只有在低氧、窒息、失血、动脉血压过低或酸中毒等特殊情况下才发生作用，主要是对器官血流量进行重新分配，以保证机体在缺氧等情况下最重要器官的血液优先供应。但也有资料认为，这一反射可能对防止睡眠时动脉血压下降及脑缺血有重要意义。

(3)心肺感受器引起的心血管反射

在心房、心室和肺循环大血管壁也存在许多感受器，总称为**心肺感受器**(cardiopulmonary receptor)。其传入纤维走行于迷走神经干中，也有少数经交感神经进入中枢。心肺感受器的适宜刺激有如下两类。

①机械牵张刺激：当心房或肺循环大血管中压力升高或血容量增多时，心肺感受器受牵张刺激而发生兴奋。生理情况下，心房壁的牵张主要是由于血容量增多而引起的，因此心房中的感受器也称为**容量感受器**(volume receptor)。

②化学物质刺激：如**前列腺素**(prostaglandin)、**缓激肽**(bradykinin)等。大多数心肺感受器兴奋时引起的效应是使交感紧张性降低，心迷走紧张性增强，导致心率减慢，血压下降。心肺感受器的传入冲动可间接抑制下丘脑**抗利尿激素**(ADH)的释放，导致肾脏排尿增多，使循环血量得以恢复(图 4-23)。因此，心肺感受器反射不仅参与血压调节，而且在调节血容量和维持体液稳态中有重要意义。

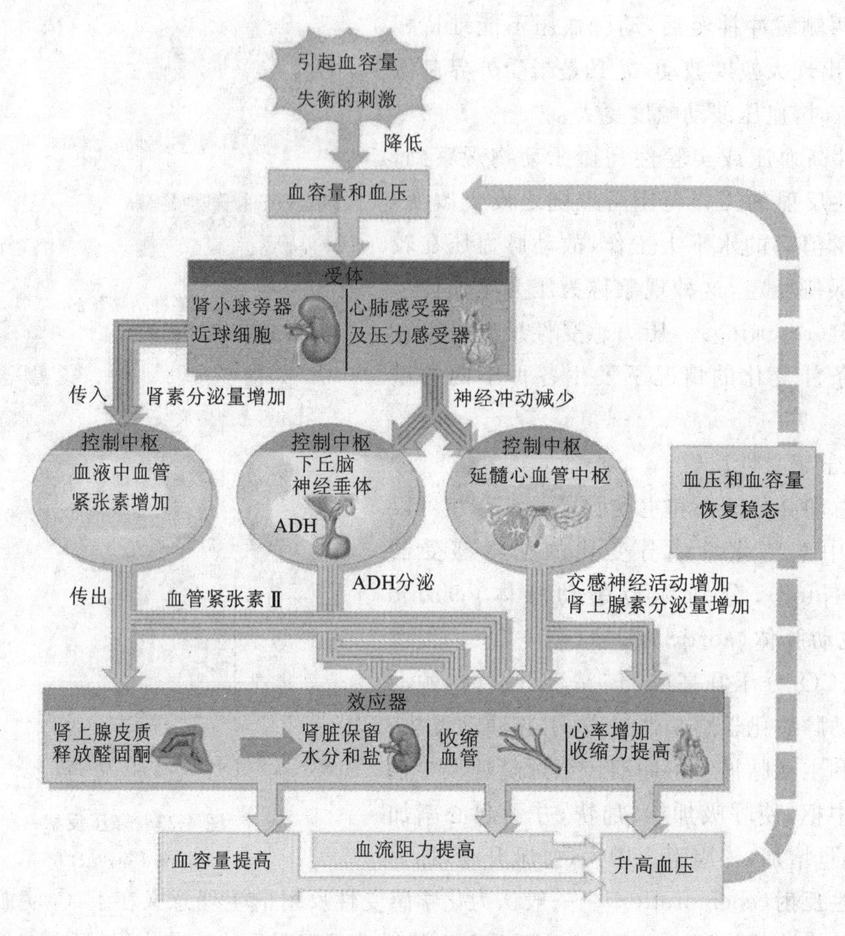


**图 4-23　心肺感受器反射**

(Gerard 等,2012)

## 4.5.2　体液调节

通过体液因素(激素、组织代谢产物等)对心血管活动的调节称为**体液调节**(humoral regulation)。激素通过血液循环,广泛作用于心血管系统;组织代谢产物主要作用于局部的血管平滑肌,调节局部组织的血流量。

4.5.2.1　全身性体液调节因素

(1)肾上腺素和去甲肾上腺素

**肾上腺素**(adrenaline,A)和**去甲肾上腺素**(noradrenaline,NE)都属于儿茶酚胺类激素。血液中的肾上腺素和去甲肾上腺素主要由肾上腺髓质分泌,其中肾上腺素占80%。少量去甲肾上腺素由交感神经末梢释放。肾上腺素和去甲肾上腺素对心脏和血管的作用有许多共同点,但又不完全相同,主要是因为两者对不同类型的肾上腺素能受体的亲和力不同。肾上腺素与心脏β受体结合,使心跳加强、加快,心输出量增加;在血管,肾上腺素的作用取决于两类受体在血管平滑肌上的分布情况。在皮肤、肾脏和胃肠道的血管平滑肌上,α受体的数量占优势,肾上腺素引起缩血管效应。骨骼肌、肝脏和冠状血管平滑肌细胞以β受体为主,小剂量肾上腺素引起骨骼肌、肝脏和冠脉血管舒张;只有大剂量才引起缩血管效应。肾上腺素对心脏的作用比去甲肾上腺素的作用强得多，故在临床上可作强心剂使用。

去甲肾上腺素主要作用于 α 受体。由于大多数血管平滑肌上的肾上腺素能受体均为 α 受体，去甲肾上腺素与 α 受体结合能使相应血管强烈收缩，导致外周阻力明显增加，血压上升。故临床上将去甲肾上腺素作为升压药和血管收缩剂使用。

(2)肾素-血管紧张素-醛固酮系统

当血压降低致使肾脏血压供应不足或血浆 $Na^+$ 浓度降低时，由肾脏肾小球旁器合成和分泌的一种酸性蛋白酶**肾素**(renin)，经肾静脉进入血液循环。肾素可以将由肝脏合成并释放到血浆中的 14 肽的**血管紧张素原**(angiotensinogen)水解为 10 肽的**血管紧张素Ⅰ**(angiotensin Ⅰ，Ang Ⅰ)。血管紧张素Ⅰ经过肺循环时，可在**血管紧张素转换酶**(angiotensin converting enzyme，ACE)的作用下转变成 8 肽的**血管紧张素Ⅱ**(angiotensin Ⅱ，Ang Ⅱ)。Ang Ⅱ进一步在血浆和组织中被血管紧张素酶 A 水解为 7 肽的**血管紧张素Ⅲ**(angiotensin Ⅲ)。Ang Ⅱ的主要作用如下。①引起全身微动脉血管强烈收缩，增加外周阻力，血压升高；同时也可以使静脉血管收缩，增加回心血量。Ang Ⅱ的这种缩血管效应几乎是去甲肾上腺素的 40 倍。②作用于交感神经缩血管纤维末梢，增加神经递质的释放。③作用于中枢神经系统的一些神经元，增强交感神经的紧张性以及引起动物的渴觉。④刺激肾上腺皮质释放醛固酮，促进肾小管对 $Na^+$ 的重吸收(图 4-24)。

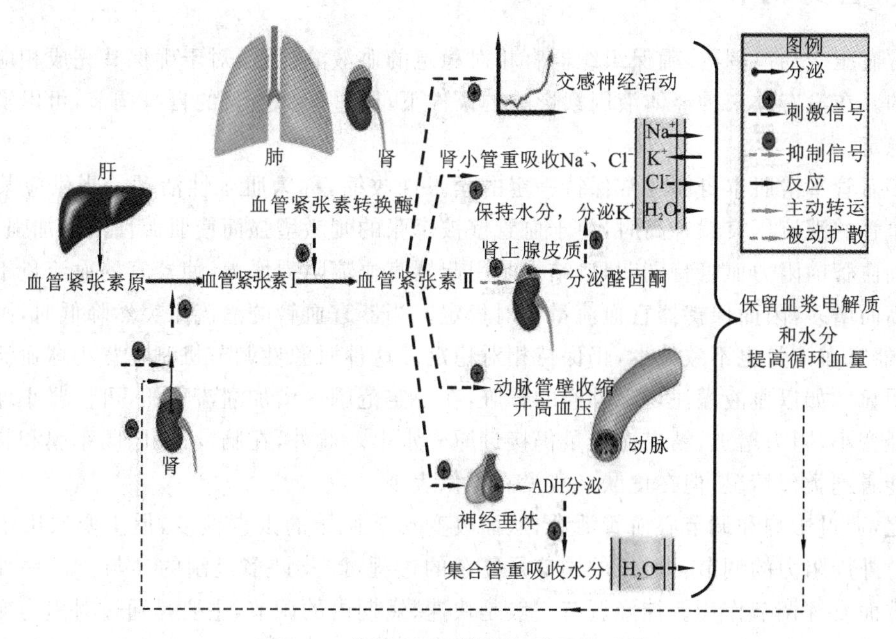


图 4-24 肾素-血管紧张素-醛固酮系统

(3)其他体液因素

血管升压素(arginine vasopressin，AVP)是由 9 个氨基酸组成的多肽，由下丘脑视上核和室旁核合成和分泌，经下丘脑-垂体束运输到神经垂体储存，平时有少量释放入血液循环。正常情况下，血管升压素在血中浓度升高时主要引起抗利尿作用，故亦称抗利尿激素。但在禁水、失血等情况下，交感神经和肾素-血管紧张素-醛固酮系统等活动发生异常时，血管升压素在血中的浓度明显升高，此时它可作用于血管平滑肌，使其强烈收缩，参与动脉血压的调节。

**心房钠尿肽**(atrial natriuretic peptide，ANP)又称**心钠素**(cardionatrin)，是心房肌细胞分泌的含 28 个氨基酸残基的多肽类激素。当心房壁受牵张刺激时可引起 ANP 释放。生理情况下，血容量增多时，血浆 ANP 浓度升高。心房钠尿肽有强烈的利尿排钠作用，并有较强的舒血管平滑肌作用，从而降低血压；还可抑制肾素分泌，降低肾素活性，从而使血管紧张素Ⅱ的生成量减少；也可使每搏输出量减少，心率减慢，因而使心输出量减少。

4.5.2.2　*局部性体液调节*

机体内各器官的血流量主要取决于该器官的代谢活动。许多局部化学因素共同影响小动脉内径的自我局部调节，以下几个因素会引起微动脉以及毛细血管前括约肌松弛，加大局部血液灌流量：①$O_2$浓度下降：组织或器官活性增加。耗氧量增加，导致局部 $O_2$浓度下降，如骨骼肌的收缩。②$CO_2$浓度升高：组织供血不充分时，积累大量 $CO_2$。③酸性增加：$CO_2$浓度升高致使碳酸产生，另外，糖酵解途径致使乳酸堆积。④$K^+$浓度增加：脑部或肌肉不断产生动作电位，致使组织液中 $K^+$浓度过高，超过了钠-钾泵的工作负荷。⑤渗透性增加：可能由于代谢活性增强，引起渗透性颗粒形成。⑥肾上腺素释放：特别是在心肌内，由于代谢活性增加或 $O_2$浓度下降，诱导肾上腺素释放。以上这些因素都会引起局部血流量增加，加快营养和 $O_2$供应，消除代谢废弃物。相反，当器官、组织的代谢活动减弱时，血流量也减少。因而始终使器官血流量与代谢水平相适应，保持器官血流量的相对稳定。

## 4.5.3　自身调节

正常血压变动范围内，确保组织器官相对稳定的血液灌流量，对于确保其完成相应的功能是必要的。在没有外来神经体液因素影响的条件下，通过局部血管的自身调节，可以实现局部血流的稳定。

许多血管平滑肌本身能经常保持一定的紧张性收缩，称为肌源性活动。当供应某一器官血液的血管的灌流压突然升高时，由于血管壁被牵张的刺激增强而使肌源性活动加强，这种现象在毛细血管前阻力血管特别明显，结果是引起器官血流阻力增大，使器官的血流量不致因灌流压升高而增多，因而保持器官血流量相对稳定。当器官血管的灌流压突然降低时，则发生相反变化，器官血流量也不致减少，仍保持相对稳定。这种肌源性调节机制在肾小球血流量的调节特别明显。如以血液灌注切除神经的肾脏，在一定范围内增加灌流血压，可使肾小球入球小动脉口径变小，阻力增加，结果血流量仍接近原先水平。此外，在脑、心、肝、肠系膜和骨骼肌的血管也能看到类似情况，但在皮肤一般没有类似表现。

总之，通过影响和调节心血管活动，从而改变动脉血压的因素很多，但主要取决于对心输出量和总外周阻力的调节。血压的调节是复杂的过程，涉及许多机制的参与。每一种机制都在某一方面发挥调节作用。神经调节一般是快速、短期内的调节，主要是通过对阻力血管口径及心脏活动的调节来实现的；体液调节属于长期性调节，它主要是通过对细胞外液量的调节实现的。

## 复习思考题

1. 试述血液在维持内环境稳态中的作用。
2. 试述血液凝固的主要步骤以及其正反馈作用机制。
3. 试述血液凝固、红细胞凝集与红细胞叠联的区别。
4. 哺乳动物各个腔室何时充盈和排空？每个瓣膜何时开放和关闭？

5. 试述影响心输出量的因素。
6. 试述组织液形成的过程及其重要性。
7. 静脉回流的主要影响因素有哪些?
8. 试述压力感受性反射的过程及生理意义。
9. 何谓血型? 试述输血基本原则。

**码 4-7　第 4 章主要知识点思维路线图一**

**码 4-8　第 4 章主要知识点思维路线图二**

**码 4-9　第 4 章主要知识点思维路线图三**

**码 4-10　第 4 章主要知识点思维路线图四**

# 第5章 呼吸生理



能量是维持所有生命细胞活动所必需的，生物体所消耗的大多数能量来源于有氧代谢。因而，从外界获得氧气($O_2$)是大多数动物生存所必需的。绝大多数科学家认为直到5.5亿到6亿年前地球上空气中$O_2$含量达到一个临界水平后非微生物生命才开始真正的进化。由于$CO_2$能合成碳酸，除了获得$O_2$之外，动物体必须及时消除由有氧代谢所产生的$CO_2$，防止其产生酸，导致体液pH值的不稳定变化。因此，机体必须从外界不断摄取$O_2$，并将$CO_2$及时排至体外，新陈代谢才能正常进行。机体与外界环境之间以及组织内部的气体交换过程称为**呼吸**(respiration)。呼吸是维持机体新陈代谢和其他机能活动所必需的基本生理过程之一，呼吸一旦停止，生命也将终止。

## 5.1 呼吸过程与呼吸器官

### 5.1.1 呼吸的步骤与过程

依靠空气呼吸的动物，其呼吸至少包括外呼吸、气体运输和内呼吸三个连续的阶段(图5-1)，而**外呼吸**(external respiration)又包括肺通气和肺换气：①外环境的空气与呼吸器官(肺)的气体交换，称为**肺通气**(pulmonary ventilation)；②肺内气体与流经肺泡壁的血液进行气体交换，称为**肺换气**(pulmonary gas exchange)；③机体通过血液循环把肺摄取的$O_2$运送到组织，又把组织细胞产生的$CO_2$运送到肺，称为**气体运输**(gas transport)；④由血液运输的气体与组织细胞间的气体交换，称为**内呼吸**(internal respiration)，又称为**组织换气**(tissue gas exchange)或**组织呼吸**(tissue respiration)。呼吸过程还需要血液和血液循环系统的配合。在正常情况下，这两种活动通过神经和体液调节保持高度协调。

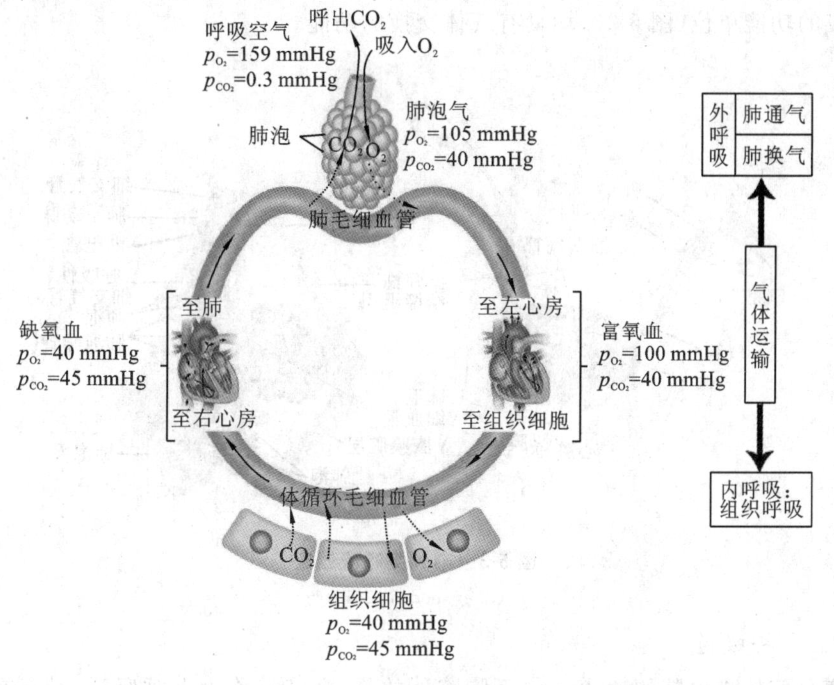


**图 5-1　呼吸的全过程**

(Gerard 等,2012)

## 5.1.2　呼吸器官的结构与功能

5.1.2.1　胸廓和肺

(1)胸廓

**胸廓**(thorax)是胸腔壁的骨性基础和支架。胸廓由胸椎、肋骨和胸骨借关节、软骨联结而组成。

(2)胸膜腔(pleural cavity)

胸膜有两层,即紧贴于肺表面的脏层和紧贴于胸廓内壁的壁层。两层胸膜形成一个密闭、潜在的腔隙,称为胸膜腔。胸膜腔内只有少量的浆液,它有两方面的作用:一是起润滑作用,减小两层膜之间的摩擦力;二是浆液分子的内聚力使两层胸膜紧紧贴附在一起,不易分开。如果胸膜的壁层或脏层破损,则胸膜腔与大气相通,空气立即进入胸膜腔,形成**气胸**(pneumothorax);两层胸膜彼此分开,肺将因自身的回缩力而塌陷,肺便失去了通气机能(图 5-2)。

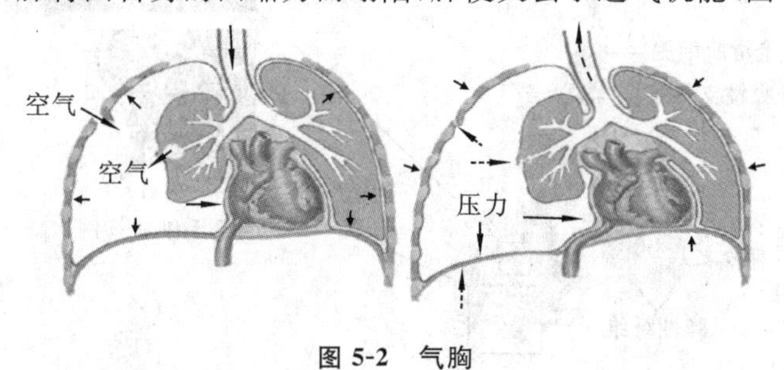


**图 5-2　气胸**

(3)肺

**肺**(lung)是一对含有丰富弹性组织的气囊,由呼吸性小支气管、肺泡管、肺泡囊和肺泡四个部分组成的功能单位(图 5-3),均具有气体交换的功能。

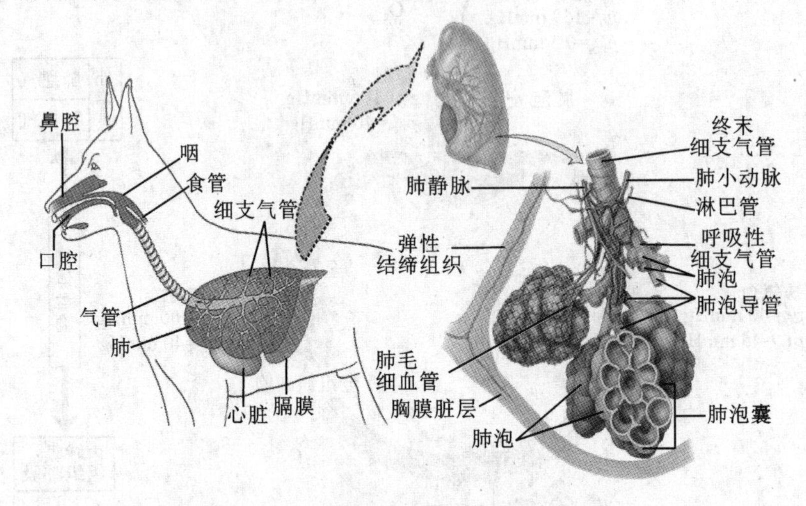


**图 5-3　哺乳类呼吸器官**

(Sherwood 等,2013)

5.1.2.2　呼吸道

呼吸道是气体进出肺的通道。位于胸腔外的鼻、咽、喉,称为上呼吸道;位于胸腔内的气管、支气管及其在肺内的分支,称为下呼吸道。上呼吸道黏膜含有丰富的毛细血管和黏液腺,并分泌黏液,因此对吸入的冷空气和干燥的空气有加温和湿润作用。下呼吸道黏膜由纤毛上皮构成,纤毛可作定向摆动,黏膜含黏液腺,可分泌黏液,能将吸入空气中的尘埃、微生物等黏着在纤毛顶端,借其摆动移至咽部排至体外,形成重要的固有免疫屏障(详见第 10 章)。

5.1.2.3　肺泡

**肺泡**(alveoli)是支气管终末盲端的膜性囊状结构,被肺循环系统的毛细血管包裹。肺泡壁上皮细胞可以分为两种,大多数为扁平上皮细胞(Ⅰ型细胞),少数为较大的分泌上皮细胞(Ⅱ型细胞)(图 5-4)。

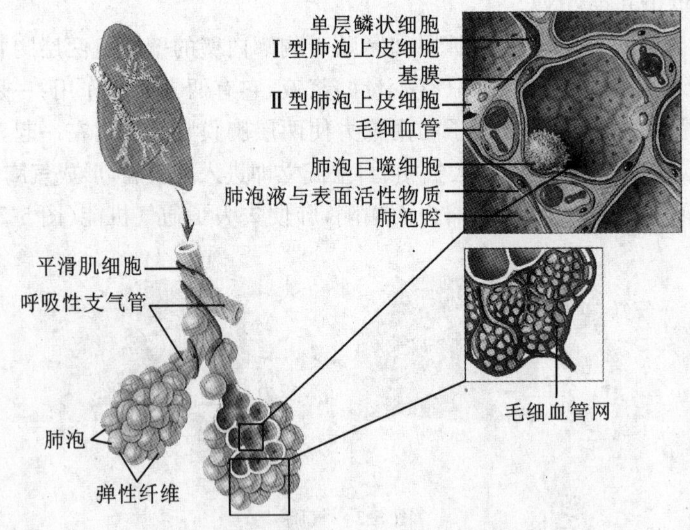


**图 5-4　肺泡上皮细胞与微血管**

(Sjaastad 等,2013)

(1)Ⅰ型肺泡上皮细胞

Ⅰ型肺泡上皮细胞是肺泡上皮中最多的细胞，其形态扁平，细胞核呈扁圆形，略向肺泡腔突出。Ⅰ型肺泡上皮细胞几乎覆盖着全部肺泡腔，与邻近的毛细血管壁紧密相贴，是进行气体交换的基本场所。

(2)Ⅱ型肺泡上皮细胞

Ⅱ型肺泡上皮细胞散在分布于Ⅰ型肺泡上皮细胞之间及相邻的肺泡间隔结合处。其体积较小，呈立方形，表面稍突向肺泡腔，占肺泡上皮细胞总数的14%～16%，但仅覆盖5%的肺泡表面。

(3)肺泡表面张力(surface tension)

肺泡内表面的液体层与肺泡气形成液-气界面，由于界面液体分子间的吸引力大于液气分子间的吸引力，因而产生表面张力。力的方向指向肺泡中心，驱使肺泡回缩，并与肺泡壁含有的弹力纤维的回缩作用共同构成肺泡的回缩力。据 Laplace 定律，吹胀的液泡的内缩压($p$)与液泡表面张力($T$)成正比，与液泡的半径($r$)成反比，即

$$p=2T/r$$

肺内有大量的大小不同的肺泡，并通过肺泡管互相连通(图 5-5)。这些大小不一的肺泡互不影响，均能维持一定的充气状态。

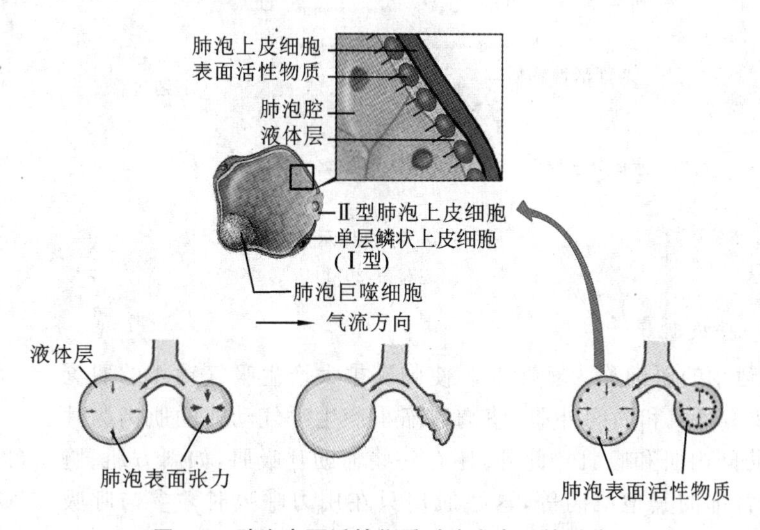


**图 5-5 肺泡表面活性物质对液泡内压的影响**

(仿 Sjaastad 等，2013)

(4)肺泡表面活性物质

码 5-1 呼吸膜与肺泡表面活性物质

**肺泡表面活性物质**(alveolar surfactant)是由Ⅱ型肺泡上皮细胞分泌的一种复杂的脂蛋白，主要成分是**二棕榈酰卵磷脂**(dipalmitoyl phosphatidylcholine，DPPC)。肺泡表面活性物质形成单分子层分布在液-气界面上，并随着肺泡的张缩而改变其浓度。正常肺的表面活性物质在不断更新，以保持其正常功能。肺泡表面活性物质的主要功能如下。①维持肺泡容积的相对稳定。表面活性物质降低表面张力的能力与其浓度成正比(图 5-5)。小肺泡或在呼气时，表面活性物质的浓度大，降低肺泡液-气界面表面张力的作用相对较强，因而肺回缩力较小，肺泡不会出现塌陷。而大肺泡或吸气时，由于表面活性物质浓

度小,降低表面张力作用较弱,肺泡回缩力较大,因而肺泡不会过度膨胀,从而维持肺泡容积的相对稳定。②阻止肺泡积液。肺泡表面张力使肺泡回缩,肺组织间隙必然扩大,使组织液间静水压降低,导致毛细血管滤出的液体过多进入肺泡而形成肺水肿。但是,由于肺泡表面活性物质的存在,降低了肺泡表面张力,阻止了肺毛细血管内液体的滤出,因此保证了肺的良好换气机能。③降低吸气阻力,增加肺的顺应性,减少吸气做功。

5.1.2.4 呼吸膜是实现肺换气的结构基础

肺泡与肺毛细血管血液之间进行气体交换所通过的组织结构,称为肺换气的**呼吸膜**(respiratory membrane)。在电子显微镜下,肺换气的呼吸膜由六层结构组成(图 5-6):溶解有肺泡表面活性物质的液体分子层、肺泡上皮细胞及其基膜、肺泡上皮和肺毛细血管之间的组织间隙、毛细血管基膜和毛细血管内皮细胞。肺换气的呼吸膜虽然有六层结构,但很薄,总厚度仅为 0.2~1 μm,通透性大,$O_2$和 $CO_2$分子极易扩散通过。

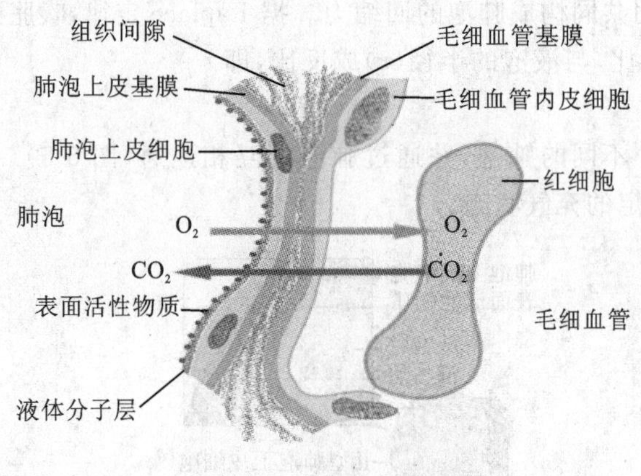


图 5-6 呼吸膜示意图

(赵茹茜,2011)

5.1.2.5 呼吸肌

引起呼吸运动的肌肉称为呼吸肌。使胸廓扩大产生吸气动作的肌肉为吸气肌,主要有膈肌和肋间外肌;使胸廓缩小产生呼气动作的肌肉为呼气肌,主要有肋间内肌和腹肌。此外,还有一些辅助呼吸肌,如斜方肌、胸锁乳突肌和胸背部的其他肌肉等,这些肌肉只在用力呼吸时才参与呼吸运动。

码 5-2 呼吸机与人工膜肺氧合器(ECMO)

## 5.2 肺通气

**肺通气**(pulmonary ventilation)是指肺与大气之间的气体交换,即气体经呼吸道出入肺泡的过程。肺通气使肺泡气不断更新,为血液与环境之间的气体交换提供基础。气体能够出入肺泡取决于两方面因素的相互作用:一是推动气体流动的动力;二是阻止其流动的阻力。

### 5.2.1 肺通气动力

肺气体流动的动力取决于大气和肺泡气之间的压力差。由于肺本身不具有主动张缩的能力，呼吸肌的收缩和舒张引起胸廓容积的扩大和缩小，胸廓的扩大和缩小牵引着肺被动地扩张和缩小，因而形成有节律性的呼吸。所以，实现肺通气的原动力是呼吸运动，肺通气的直接动力是大气与肺泡气之间的压力差。

5.2.1.1　呼吸运动

呼吸肌收缩、舒张引起胸廓节律性的扩大和缩小，称为**呼吸运动**(respiratory movement)。可分为平静呼吸和用力呼吸两种类型。

平静呼吸是指安静状态下的呼吸，主要特点是呼吸运动平稳、均匀；吸气是主动的，呼气则是被动的；吸气动作主要靠膈肌及肋间外肌收缩完成，而呼气动作则只需吸气肌舒张，而不需呼气肌的主动运动。

用力吸气是指用力而加深的呼吸。除膈肌和肋间外肌外，一些辅助吸气肌(如斜方肌、胸锁乳突肌等)也参与，使胸廓进一步扩大，吸入气增多。用力呼气时，呼气肌也主动收缩，呼气动作增强，呼出更多的气体。所以用力呼气时，吸气和呼气都是主动的。在缺 $O_2$ 和 $CO_2$ 增多或肺通气阻力增大较严重的情况下，可出现**呼吸困难**(dyspnea)，表现为呼吸运动显著加深，鼻翼扇动，同时还会出现胸部困压的感觉。

(1)吸气运动和呼气运动

当吸气肌收缩时，胸廓扩大，肺随之扩张，肺容积增大，肺内压暂时下降并低于大气压，空气就顺此压差而进入肺，造成**吸气**(inspiration)。膈肌和肋间外肌是主要的吸气肌。膈肌收缩时向腹腔方向移位。由于胸腔近似于圆锥体，底边位置的改变对其容积的变化贡献更大，因而膈肌是更重要的吸气肌。肋间外肌收缩时，肌纤维缩短，肋骨上抬，同时外翻，主要导致胸廓的左右径增大，胸廓容积扩大。在平静呼吸时，膈肌作用占3/4，肋间外肌占1/4。

当吸气肌舒张和(或)呼气肌收缩时，胸廓缩小，肺也随之缩小，肺容积减小，肺内压暂时高于大气压，肺内气便顺此压差流出肺，造成**呼气**(expiration)。所以平静呼吸时，呼气是被动的。只有在深呼吸时，呼气肌才参与收缩，使胸廓进一步缩小，此时呼气也是主动的。主要的呼气肌是肋间内肌和腹壁肌。肋间内肌收缩，使胸腔的横径和上下径都缩小，进而胸腔缩小，增强呼气。腹壁肌收缩，压迫腹腔内器官，推动膈肌前移，使胸腔纵径缩小，结果使胸腔进一步缩小，协助产生呼气。

(2)呼吸运动的类型

根据在呼吸过程中呼吸肌活动的主次、多少和强度以及胸、腹部起伏变化的程度，可将呼吸运动分为三种类型。

①**胸式呼吸**(thoracic breathing)：吸气时以肋间外肌收缩为主，表现为胸壁起伏明显。

②**腹式呼吸**(abdominal breathing)：吸气时以膈肌收缩为主，表现为腹部起伏明显。

③**胸腹式呼吸又称混合式呼吸**(combined breathing)：吸气时肋间外肌与膈肌都参与，胸壁和腹壁的运动都比较明显。健康动物(除狗外)的呼吸均为胸腹式呼吸这一类型。只有在胸部或腹部活动受到限制时，才可能出现单独的胸式呼吸或腹式呼吸。呼吸类型的改变是临床诊断的重要参考。

(3)呼吸频率

呼吸频率是指动物每分钟的呼吸次数。可因种别、年龄、环境温度、海拔、新陈代谢强度、情绪等因素而不同。各种正常动物的呼吸频率见表5-1。

表 5-1　正常动物的平静呼吸频率

| 动物 | 频率/(次/min) | 动物 | 频率/(次/min) |
|---|---|---|---|
| 马 | 8～16 | 鹿 | 8～16 |
| 绵羊 | 10～20 | 狗 | 10～30 |
| 山羊 | 10～16 | 猫 | 10～25 |
| 猪 | 8～16 | 兔 | 10～15 |
| 牛 | 10～30 | 鸡 | 22～25 |
| 骆驼 | 5～12 | 鸽 | 50～70 |

(赵茹茜,2011)

(4)呼吸音

呼吸运动时气体通过呼吸道及出入肺泡时,与其摩擦产生的声音叫做呼吸音。常于胸廓的表面或颈部气管附近听取。呼吸音的异常变化也是临床诊断的重要指标。

5.2.1.2　肺内压

肺泡内的压力称为**肺内压**(intrapulmonary pressure)(图 5-7)。肺泡通过呼吸道与大气相通,因此在呼吸运动暂停、声带开放、呼吸道畅通时,肺内压与大气压相等。吸气时,肺容积增大,肺内压低于大气压,空气在压力差作用下进入肺泡,随着肺内气体逐渐增加,肺内压也逐渐升高。至吸气末,肺内压已升高到和大气压相等,气体流动停止。反之,在呼气时,肺容积减小,肺内压暂时升高并超过大气压,肺内气体便流出肺,肺内压逐渐下降,至呼气末,肺内压又降到和大气压相等。呼吸过程中肺内压变化的程度,取决于呼吸的缓急、深浅和呼吸道是否通畅。若呼吸慢且呼吸道通畅,则肺内压变化较小;若呼吸较快而呼吸道不通畅,则肺内压变化较大。肺内压的周期性交替升降是推动气体进出肺的直接动力。

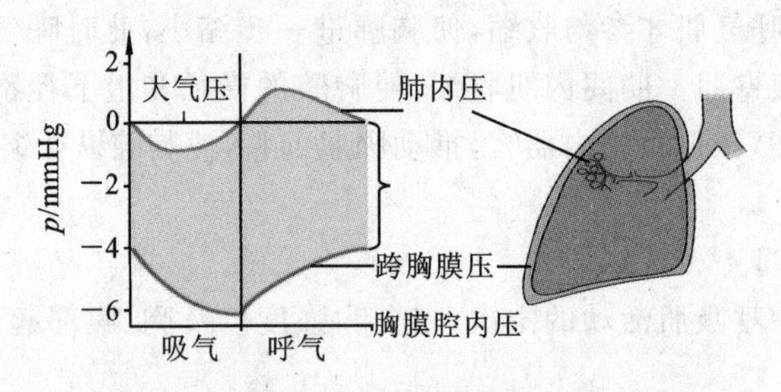


图 5-7　呼吸时肺内压、胸膜腔内压的变化

(Sjaastad 等,2013)

5.2.1.3　胸膜腔内压

胸膜腔内的压力称为**胸膜腔内压**(intrapleural pressure)。

从图 5-7 可以看到:靠近胸膜腔的液面高些,高于与大气相连的这一端。这说明胸膜腔内的压力比大气压低,习惯上以大气压为 0,称为胸内负压。

胸膜腔内负压的形成与肺和胸廓的自然容积不同有关。胎儿出生时,肺处于扩张状态。在生长过程中胸廓的发育速度比肺快,所以胸廓的自然容积大于肺。肺被牵引着,就会产生一个向肺的弹性回缩力。另外,肺内压压着肺泡壁,肺泡壁非常薄,这个力就会作用于胸膜。所以胸膜脏层同时受到两个力的作用:肺内压使肺扩张;弹性回缩力使肺回缩。两力方向相反,其代数和就是胸膜腔内压。所以

胸膜腔内压＝肺内压－肺弹性回缩力

肺容积不变时，肺内压与大气压相同，若以大气压为0，则

胸膜腔内压＝－肺弹性回缩力

胸膜腔内压为负压。在此基础上吸气时胸廓扩大，牵引程度增加，弹性回缩力也加大，负压绝对值增大，所以肺的弹性回缩力是形成胸内负压的直接原因。

胸膜腔内压的生理意义是，在生理情况下，胸膜腔内压低于大气压，牵引着肺，使肺和小气道保持扩张状态；使肺不致因回缩力而完全塌陷，从而使气体交换能够持续进行；胸腔里有腔静脉、胸导管，吸气时，胸膜腔内压降得更低，引起腔静脉和胸导管扩张，促进静脉血和淋巴回流。胸内负压还可使胸部食管扩张，食管内压下降，因此在呕吐和反刍逆呕时，均表现出强烈的吸气动作。对呕吐反射和反刍动物反刍时的逆呕有促进作用。

## 5.2.2　肺通气阻力

肺通气过程中所遇到的阻力称为肺通气阻力，来自两个方面：一是弹性阻力，包括肺的弹性阻力和胸廓的弹性阻力，它是平静呼吸时的主要阻力，约占总阻力的70%；二是非弹性阻力，包括气道阻力、惯性阻力和黏滞阻力，约占总阻力的30%，以气道阻力为主。弹性阻力在气流停止的静止状态下仍然存在，属于静态阻力。非弹性阻力只在气体流动时才会发生，故称为动态阻力。

### 5.2.2.1　弹性阻力和顺应性

弹性组织在外力作用下发生变形时，可产生对抗变形和弹性回位的力，称为**弹性阻力**(elastic resistance)。弹性阻力的大小可用**顺应性**(compliance)来度量。顺应性是指在外力作用下弹性组织发生变形的难易程度，反映的是脏器的**可扩张性**(distensibility)。顺应性($C$)与弹性阻力($R$)成反比，即

$$C=1/R$$

顺应性用单位压力变化($\Delta p$)所引起的容积变化($\Delta V$)来表示，单位是$L/cmH_2O$，即

$$C=\Delta V/\Delta p \quad (L/cmH_2O)$$

(1)肺弹性阻力和肺顺应性

肺扩张变形时所产生的弹性回缩力，其方向与肺扩张的方向相反，因此成为吸气的阻力，同时也是呼气的动力。肺的弹性阻力可用肺顺应性表示：

$$\text{肺顺应性}(C_L)=\text{肺容积的变化}(\Delta V)/\text{跨肺压的变化}(\Delta p) \quad (L/cmH_2O)$$

式中，跨肺压是肺内压与胸膜腔内压之差。肺弹性阻力来自两个方面：一是肺组织本身的弹性回缩力，约占肺总弹性阻力的1/3；二是肺泡液-气界面的表面张力所产生的回缩力，约占肺总弹性阻力的2/3。

(2)胸廓的弹性阻力和顺应性

胸廓的弹性阻力来自胸部肌肉、腱、结缔组织、腹壁肌以及腹腔内脏等弹性组织。与肺的弹性阻力不同的是，肺的弹性阻力总是吸气的阻力，而胸廓的弹性阻力既可能是吸气或呼气的阻力，也可能是吸气或呼气的动力，这取决于胸廓的位置。当胸廓处于自然位置时，也就是平静呼气末，肺容量约相当于肺总量的67%左右，此时胸廓处于自然位置，不表现出弹性阻力。当肺容量小于肺总量的67%时，胸廓被牵引向内而缩小，胸廓的弹性回缩力向外，是吸气的动力，呼气的阻力；当肺容量大于肺总量的67%时，胸廓被牵引向外而扩大，其弹性回缩力向内，

成为吸气的阻力,呼气的动力。

5.2.2.2 非弹性阻力

非弹性阻力包括惯性阻力、黏滞阻力和气道阻力。惯性阻力是气流在发动、变速、换向时因气流和组织惯性所产生的阻止气体流动的因素。平和呼吸时,惯性阻力小,可忽略不计。黏滞阻力来自呼吸时组织相对位移所发生的摩擦。气道阻力来自气体流经呼吸道时,气体分子之间以及气体分子与气道壁之间的摩擦,这是非弹性阻力的主要成分,占 80%~90%。非弹性阻力是在气体流动时产生的,并随气流速度加快而增加。

气道阻力的分布是不均匀的。上呼吸道的阻力最大,因而动物在呼吸困难时常表现出张口喘息。下呼吸道中,肺段支气管的阻力最大,并且容易受到炎症反应等因素的影响。

## 5.2.3 肺通气功能的评价

肺容量测定的传统方法是利用肺活量计。用一个口罩状容器将动物口罩住,通过肺活量计就能得到动物的肺容量。肺活量计是由一个倒立在水槽中的充满空气的卷筒构成的。当动物通过一个连接口和空气筒的管子呼吸时,卷筒会在水槽中随着呼气和吸气而上下浮动(图 5-8)。这种浮动被描记为呼吸图,图中标记了容量的变化。

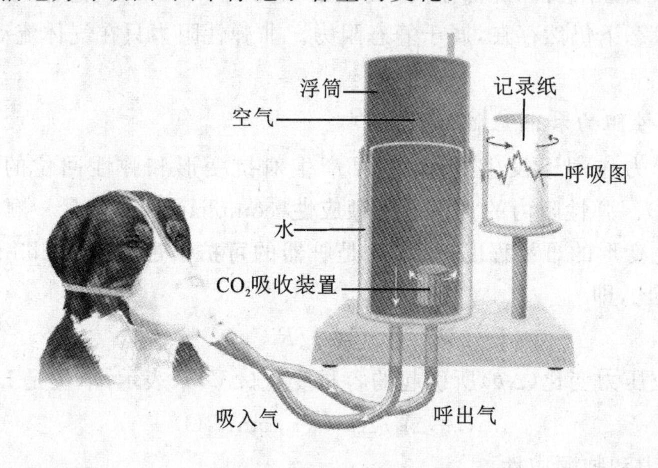


**图 5-8 动物的肺活量计**

(Sherwood 等,2013)

5.2.3.1 肺容积和肺容量是反映进出肺气体量的指标

绝大多数哺乳动物的呼吸循环系统相似,但不同物种间的肺容积和肺容量不同。

**肺容积**(pulmonary volume)是指肺内气体的容积。有四种基本肺容积:潮气量、补吸气量、补呼气量和余气量。

**潮气量**(tidal volume,TV):每次呼吸时吸入或呼出的气体量。一般测量的是平静潮气量。当处于平静呼吸状态下,马吸入 4~6 L 空气(人吸入 0.4~0.5 L 空气),并呼出同样量的空气。在平静呼吸状态下,马肺容积在 24 L(呼气结束时)到 30 L(吸气结束时)之间变化(人的肺容积则在 2.2~2.7 L 变化)。对于大多数哺乳动物,平静呼吸的潮气量是肺总量的 10%~14%。如奶牛躺卧时 3.1 L,站立时 3.8 L;山羊 0.3 L;绵羊 0.26 L;猪 0.3~0.5 L。

**补吸气量**(inspiratory reserve volume,IRV)或吸气储备量:平静吸气末,再尽力吸气时所能吸入的气体量。马约为 12 L,正常成人为 1.5~2 L。补吸气量可反映吸气的储备量。

**补呼气量**(expiratory reserve volume,ERV)或呼气储备量:平静呼气末,再尽力呼气时所能呼出的气量。马的补呼气量约为12 L,正常成人为0.9～1.2 L。补呼气量可反映呼气的储备量。补呼气量的个体差异较大,也因体位的不同而变化。

**余气量或残气量**(residual volume,RV):最大呼气末尚存留于肺中不能被呼出的气体量。马的余气量约为12 L。正常成人的余气量为1～1.5 L。罹患支气管哮喘和肺气肿的动物余气量增加。

**肺容量**(pulmonary capacity):指基本肺容积中两项或两项以上的联合气体量(图5-9)。它包括深吸气量、功能余气量、肺活量和肺总量四种指标。

**深吸气量**(inspiratory capacity,IC):从平静呼气末做最大吸气时所能吸入的气体量为深吸气量,等于潮气量和补吸气量之和,是衡量最大通气潜力的一个重要指标。胸廓、胸膜、肺组织和呼吸肌等的病变,可使深吸气量减少,最大通气潜力降低。

**功能余气量**(functional residual capacity,FRC):平静呼吸末尚留在肺内的气量,是余气量和补呼气量之和。一般情况下,在平静呼吸时,肺不会最大限度地膨胀或最大限度地收缩。在平静呼吸的呼气末,马的肺仍有24 L(人有2.2 L)空气。功能余气量的生理意义是由于功能余气量的存在,吸入的气体受到稀释,对肺泡气内氧分压和二氧化碳分压的变化起缓冲作用,使肺泡气和动脉血内的氧分压和二氧化碳分压不会因肺换气而发生大幅度的波动,有利于气体的交换。生理条件下,功能余气量约为潮气量的4倍。

**肺活量**(vital capacity,VC):最大吸气后,用力呼气所能呼出的最大气量。它是潮气量、补吸气量和补呼气量之和。肺活量有较大的个体差异,与躯体的大小、性别、年龄、体位、呼吸肌强弱等因素有关。这种呼吸很少用到,因为这种呼吸会过度利用呼吸肌,但在测量肺的功能气量时有用。马的平均肺活量为30 L(人的平均肺活量是4.5 L)。

**肺总量或肺总容量**(total lung capacity,TLC):肺所能容纳的最大气量,是肺活量和余气量之和。其大小因性别、年龄、运动情况和体位改变等因素而异。正常情况下,马的平均肺总量是42 L,而人的为5.7 L。动物的种类、解剖学结构、年龄、肺弹性以及呼吸道是否有疾病都会影响肺总量。但是肺总量的气体并不完全进行气体交换。

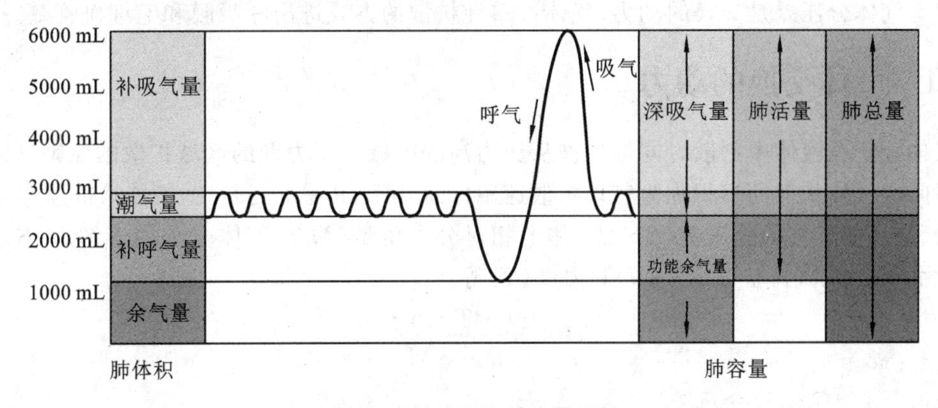


**图5-9　肺容积和肺容量图解**

5.2.3.2　肺通气量和肺泡通气量分别反映肺通气的程度和效率

(1)肺通气量

**肺通气量**(pulmonary ventilation)也称**每分通气量**(minute ventilation volume),是指每分钟吸入或呼出肺的气体总量,等于潮气量乘以呼吸频率。每分通气量越大,肺通气功能越好。

它反映肺的通气功能。

(2)肺泡通气量

**肺泡通气量**(alveolar ventilation)是指每分钟吸入肺泡的新鲜空气量。因为每次吸入气中,都有一部分留在从上呼吸道到呼吸性细支气管之前的呼吸道内的气体,这一部分空间没有气体交换的功能,停留在此空间的气体并不参与肺泡与血液间的气体交换,因此被称为**解剖无效腔**(anatomical dead space)。成年人的呼吸道平均容量为 0.15 L,马的呼吸道平均容量为 1.8 L。马每次吸入 6 L 空气,但只有 4.2 L 空气在肺泡和血液间进行了气体交换。另有一些进入肺泡的气体也可能因肺内血流分布不均匀,而未能与血液进行气体交换,这部分肺泡的容量被称为**肺泡无效腔**(alveolar dead space)。解剖无效腔与肺泡无效腔合称**生理无效腔**(physiological dead space)。因此

肺泡通气量=(潮气量-无效腔容量)×呼吸频率

健康动物的肺泡无效腔很小,可忽略不计,因此,正常情况下生理无效腔与解剖无效腔容量大致相等。急促呼吸时,肺泡通气量降低而影响气体交换效率(表 5-2)。

**表 5-2 不同呼吸频率和潮气量时的肺通气量和肺泡通气量**

| 呼吸特点 | 呼吸频率/(次/min) | 潮气量/mL | 肺通气量/(mL/min) | 肺泡通气量/(mL/min) |
|---|---|---|---|---|
| 平静呼吸 | 16 | 500 | 8000 | 5600 |
| 深慢呼吸 | 8 | 1000 | 8000 | 6800 |
| 浅快呼吸 | 32 | 250 | 8000 | 3200 |

(赵茹茜,2011)

# 5.3 气体交换

气体交换包括肺换气和组织换气,即肺泡与其周围毛细血管之间和血液与组织之间的气体交换。气体分压差是交换的动力,气体以单纯扩散的方式进出呼吸膜和毛细血管壁。

## 5.3.1 气体交换的动力

气体分子在液体中扩散时同样遵循从压力高的区域向压力低的区域扩散的原则。通常将单位时间内气体扩散的容积称为**气体扩散速率**(gas diffusion rate,$D$)。气体扩散速率受多种因素的影响,如气体的分压差($\Delta p$)、气体的相对分子质量($M_r$)、气体分子的溶解度($S$)、气体的扩散面积($A$)、气体扩散距离($d$)和温度($T$)等。

$$D \propto \frac{\Delta p \cdot T \cdot A \cdot S}{d \cdot \sqrt{M_r}}$$

### 5.3.1.1 气体的分压差

**分压**(partial pressure,$p$)是指在混合气体中,各组成气体分子运动所产生的压力。混合气体的总压力等于各气体分压之和。在温度恒定时,某一气体的分压只取决于它自身的浓度和气体的总压力,它不受其他气体及其分压存在的影响。即

气体分压=总压力×该气体的容积百分比

已知大气压力,根据各气体在空气中的容积百分比就能计算出各种气体的分压(表5-3)。

**表 5-3　空气中各气体成分的容积百分比及其分压(101.325 kPa)**

| 气体 | $O_2$ | $CO_2$ | $H_2O$ | $N_2$ | 大气 |
|---|---|---|---|---|---|
| 容积百分比/(%) | 20.71 | 0.04 | 1.25 | 78.0 | 100.0 |
| 分压/kPa | 20.98 | 0.04 | 1.27 | 79.0 | 101.3 |

(赵茹茜,2011)

气体扩散速率与气体的分压差成正比。气体分压差越大,则气体扩散速率越大;反之,气体分压越小,则气体扩散速率越小。

5.3.1.2　气体分子的溶解度和相对分子质量

在同等条件下,气体分子的相对扩散速率与气体相对分子质量($M_r$)的平方根成反比,与溶解度成正比。溶解度是指单位分压下溶解于单位体积液体中的气体量,一般以一个大气压(101.325 kPa)下,38 ℃时 100 mL 液体中溶解气体的体积(mL)来表示。$O_2$和 $CO_2$在水、血浆和全血中的溶解度见表 5-4。

**表 5-4　气体在液体中的溶解度**

| 气体 | 水中溶解度/mL | 血浆中溶解度/mL | 全血中溶解度/mL |
|---|---|---|---|
| $O_2$ | 2.4 | 2.1 | 2.4 |
| $CO_2$ | 56.7 | 51.5 | 48.0 |

气体分子的溶解度与相对分子质量的平方根之比称为**扩散系数**(diffusion coefficient),扩散系数取决于气体分子本身的特性。从表 5-4 可看到,$CO_2$在血浆中的溶解度约为 $O_2$的 24 倍,$CO_2$的相对分子质量(44)略大于 $O_2$的相对分子质量(32),所以 $CO_2$的扩散系数是 $O_2$的 20 倍。$CO_2$在血浆中的溶解度是 $O_2$的 24.5 倍,是其在体内易于扩散的主要原因,也是临床多见缺 $O_2$而罕见 $CO_2$潴留的原因之一。

5.3.1.3　气体的扩散面积和距离

气体扩散速率与气体的扩散面积($A$)成正比,与扩散距离($d$)成反比。气体的扩散面积越大,气体分子扩散的总量就越多;扩散距离越大,所需时间越长,扩散速率越低。

5.3.1.4　温度

气体扩散速率与温度($T$)成正比。温度高,气体分子的运动活跃,气体扩散速率增高。但在动物体内,体温相对恒定,故温度因素可忽略不计。

## 5.3.2　肺换气

5.3.2.1　肺换气过程

肺换气的动力是肺泡气和肺毛细血管血液之间的气体分压差。肺泡气和肺毛细血管血液中的 $p_{O_2}$ 和 $p_{CO_2}$ 见表 5-5。

**表 5-5　海平面肺泡气、血液和组织细胞内 $p_{O_2}$ 和 $p_{CO_2}$** (单位:kPa,括号中为 mmHg)

| 对象 | 肺泡气 | 肺毛细血管中的混合静脉血 | 组织毛细血管中的动脉血 | 组织细胞 |
|---|---|---|---|---|
| $O_2$分压 | 13.6(102) | 5.33(40) | 13.3(100) | 3.99(30) |
| $CO_2$分压 | 5.33(40) | 6.13(46) | 5.33(40) | 6.66(50) |

随着肺通气的不断进行，吸气时，新鲜空气不断进入肺泡，肺泡气内的 $p_{O_2}$ 总是高于肺毛细血管血液(含混合静脉血)中 $p_{O_2}$，故 $O_2$ 由肺泡内扩散到肺毛细血管；呼气时，不断排出 $CO_2$，使肺毛细血管血液(含混合静脉血)中 $p_{CO_2}$ 总是高于肺泡气内的 $p_{CO_2}$，$CO_2$ 则由肺毛细血管向肺泡内扩散，从而使流经肺毛细血管的血液由混合静脉血变为动脉血(图 5-1)。血液流经肺毛细血管的时间约为 0.9 s，而 $O_2$ 和 $CO_2$ 的扩散都很快，一般只需 0.3 s 就基本完成肺换气，即当血液流经肺毛细血管全长约 1/3 时，静脉血就已变成了动脉血，可见肺换气有很大的储备能力。

5.3.2.2　影响肺换气的因素

(1)肺泡气体的更新率

气体分压差、气体的相对分子质量、气体分子的溶解度、气体的扩散面积、气体扩散距离和温度等均可影响气体扩散速率。肺泡气与血液间气体分压差增大，可使驱动气体扩散的动力增强，肺部气体交换效率提高。

(2)呼吸膜状态

呼吸膜的厚度不仅影响气体扩散的距离，还影响膜的通透性。气体扩散速率与呼吸膜的厚度成反比，膜越厚，则扩散速率越慢。正常情况下，呼吸膜很薄(0.2～1 μm)，通透性大，气体易于扩散通过；肺毛细血管平均直径不足 8 μm，红细胞与呼吸膜的距离很近，有利于气体交换。在病理情况下，使呼吸膜增厚或扩散距离增加的疾病，都会降低扩散速率，减少扩散量。如肺纤维化、肺水肿等疾病，可直接影响机体的换气功能。特别是运动时，由于血流加速，气体在肺内交换时间缩短，这时呼吸膜的厚度和扩散距离的改变显得更为重要。

(3)通气血流比例

**通气血流比例**(ventilation perfusion ratio)是指每分肺泡通气量($V_A$)和每分肺血流量($Q$)之间的比值。健康动物 $V_A/Q$ 是相对恒定的(健康成人就整个肺而言，$V_A/Q$ 为 0.84)。只有适宜的 $V_A/Q$ 才能实现适宜的气体交换(图 5-10)。也就是说，良好的肺换气需要肺泡的通气量($V_A$)与其血流量($Q$)配合，比例恰当，否则就不能发挥血流或通气在肺换气中的作用。当 $V_A/Q$ 为 0.84 时，表示流经肺部的混合静脉血能充分地进行气体交换，全部变成动脉血。如果 $V_A/Q$ 增大，则表明部分肺泡不能与血液中气体充分交换，血流相对不足，部分肺泡气未能与血液气体充分交换，即增加了生理无效腔；反之，该比值减小，则表明通气不良，血流过剩，部分血液流经通气不良的肺泡，混合静脉血中的气体未得到充分更新，未能成为动脉血就流回了心脏，犹如发生了动-静脉短路一样。由此可见，无论 $V_A/Q$ 增大，还是减小，两者都妨碍了有效气体交换，导致血液缺 $O_2$ 或 $CO_2$ 滞留，尤其是缺 $O_2$。

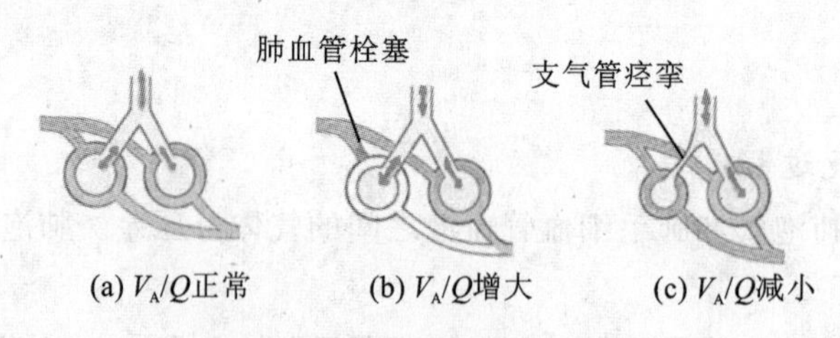


**图 5-10　通气血流比例($V_A/Q$)**

## 5.3.3　组织换气

血液流经体循环的毛细血管时，与组织细胞之间进行气体交换。与肺换气不同，组织换气完全在液相中完成。

5.3.3.1　组织换气过程

组织细胞在有氧代谢中不断消耗 $O_2$ 并产生 $CO_2$。体循环毛细血管中动脉血的 $p_{O_2}$ 为 13.33 kPa(100 mmHg)，$p_{CO_2}$ 为 5.33 kPa(40 mmHg)，而组织中由于氧化营养物质不断消耗 $O_2$，$p_{O_2}$ 为 3.99 kPa(30 mmHg)。在组织代谢过程中由于不断产生 $CO_2$，$p_{CO_2}$ 为 6.00～7.33 kPa(45～55 mmHg)，依据气体由高分压向低分压扩散的规律，组织中的 $CO_2$ 进入血液，而血液中的 $O_2$ 进入组织。毛细血管中的动脉血边流动边进行气体交换，逐渐变成静脉血(图 5-1)。

5.3.3.2　影响组织换气的因素

影响组织交换的主要因素除了呼吸膜的厚度等因素外，还受组织细胞代谢水平和组织血流量的影响。

(1)组织换气的呼吸膜

组织换气的呼吸膜分为四层，即组织细胞膜、组织液、毛细血管的基膜和毛细血管内皮。正常情况下，呼吸膜很薄，具有很强的通透性，$O_2$ 和 $CO_2$ 分子极易扩散通过。

(2)组织细胞代谢水平和组织血流量

当血流量不变时，代谢增强，耗氧量大，组织液中的 $p_{CO_2}$ 可高达 6.66 kPa(50 mmHg)以上，$p_{O_2}$ 可降至 4 kPa(30 mmHg)以下。如果代谢强度不变，血流量加大时，则 $p_{O_2}$ 升高，$p_{CO_2}$ 降低。这些气体分压的变化将直接影响气体扩散速率和组织换气功能。同时，局部温度、$p_{CO_2}$ 和 $H^+$ 浓度的升高，可使毛细血管开放数目增加，局部血流量增加，并缩短气体扩散距离，还有利于红细胞释放 $O_2$。

## 5.4　气体运输

气体运输是联系外呼吸和内呼吸的中间环节。经肺换气摄取的 $O_2$，必须通过血液循环运输到动物机体各器官组织供细胞利用；由细胞代谢产生的 $CO_2$ 经组织换气进入血液后，也必须经血液循环运输到肺部再排至体外。

气体在血液中的运输有两种方式：一种是物理溶解，另一种是化学结合。以物理溶解方式运输 $O_2$ 和 $CO_2$ 虽然量很小(表 5-6)，但很重要。在肺换气和组织换气过程中，进入血液中的 $O_2$ 和 $CO_2$ 都是先物理溶解在血浆中，提高各自的分压后，再发生化学结合。物理溶解和化学结合之间处于动态平衡。

**表 5-6　100 mL 血液中氧气和二氧化碳气体的量**　　(单位：mL)

| 气体 | 动脉 | | | 静脉(混合血) | | |
|---|---|---|---|---|---|---|
| | 化学结合 | 物理溶解 | 合计 | 化学结合 | 物理溶解 | 合计 |
| $O_2$ | 20.0 | 0.30 | 20.30 | 15.2 | 0.12 | 15.32 |
| $CO_2$ | 46.4 | 2.62 | 49.02 | 50.0 | 3.00 | 53.00 |

### 5.4.1　氧的运输

5.4.1.1　血液中氧的主要运输形式是化学结合

血液中以物理溶解形式存在的 $O_2$ 量很小，仅占血液 $O_2$ 含量的 1.5%左右，化学结合的约占 98.5%。血液中的 $O_2$ 主要是与红细胞内的血红蛋白(Hb)结合,以**氧合血红蛋白**(oxyhemoglobin 或 oxygenated hemoglobin,$HbO_2$)的形式运输。

5.4.1.2　血红蛋白与氧的结合

Hb 是红细胞内的色素蛋白,其分子结构特征使之成为运输 $O_2$ 的有效工具。另外,Hb 也参与 $CO_2$ 的运输。

(1)Hb 的分子结构

1 分子 Hb 由 1 个珠蛋白和 4 个血红素(又称亚铁原卟啉)组成(图 5-11)。每个血红素又由 4 个吡咯基组成一个环,中心为一个 $Fe^{2+}$。每个珠蛋白有 4 条多肽链,每条多肽链与 1 个血红素相连接,构成 Hb 亚单位。Hb 是由 4 个亚单位构成的四聚体,Hb 的 4 个亚单位之间和亚单位内部由离子键连接。不同 Hb 分子的珠蛋白多肽链的组成不同。血红素基团中心的 $Fe^{2+}$ 可与氧分子结合而使 Hb 成为氧合血红蛋白。

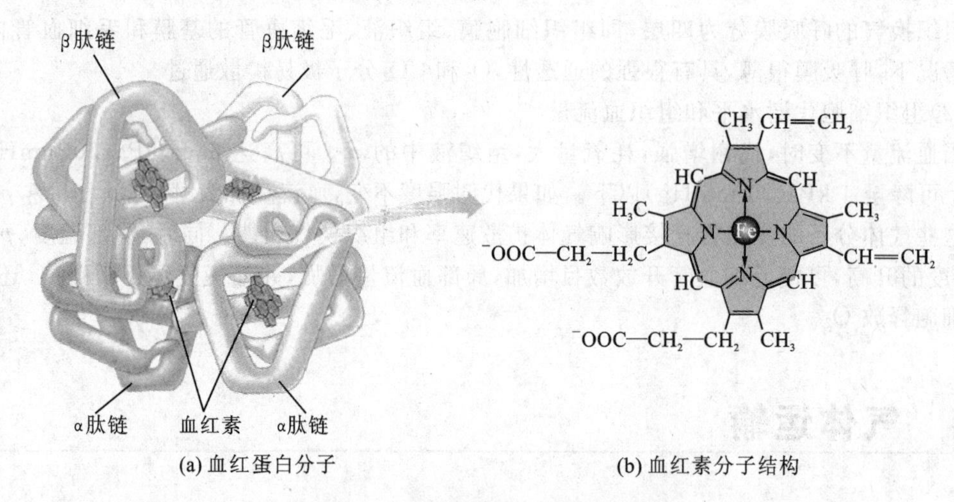


(a) 血红蛋白分子　　(b) 血红素分子结构

**图 5-11　血红蛋白的分子构型示意图**

(Sherwood 等,2013)

(2)Hb 与 $O_2$ 结合的特征

①Hb 与 $O_2$ 的结合是可逆的。Hb 与 $O_2$ 的结合反应速度很快(小于 0.01 s),而且可逆,该反应不需要酶的催化,主要受血液中 $p_{O_2}$ 的影响。肺换气后,动脉血中 $p_{O_2}$ 升高,Hb 与 $O_2$ 结合,生成 $HbO_2$;$HbO_2$ 由肺毛细血管经血液运输到全身毛细血管时,由于组织代谢消耗 $O_2$,组织内 $p_{O_2}$ 降低,使得 $HbO_2$ 迅速解离,变成去氧血红蛋白。

② $O_2$ 与 Hb 结合的过程是氧合而非氧化。当 $O_2$ 进入血液,与红细胞中 Hb 的 $Fe^{2+}$ 结合后,$Fe^{2+}$ 仍然是二价铁,没有电子的转移,因此,不是**氧化**(oxidation)反应,是一种疏松的结合,称为**氧合**(oxygenation)。当 $Fe^{2+}$ 被氧化成 $Fe^{3+}$ 后,则 Hb 失去结合 $O_2$ 的能力。

③ 1 分子 Hb 可以结合 4 分子 $O_2$。一个 Hb 分子含有 4 个血红素,每个血红素含有 1 个 $Fe^{2+}$,因此 1 分子 Hb 可以结合 4 分子 $O_2$。1 g Hb 可以结合 1.34~1.36 mL 的 $O_2$。正常情况下,将 100 mL 血液中 Hb 所能结合的最大氧量称为 Hb 氧容量(或称为血氧容量);100 mL 血液中 Hb 实际结合的 $O_2$ 量称为 Hb 的氧含量(或称为血氧含量)。Hb 氧含量与氧容量的百分比称为(血)氧饱和度。用氧饱和度表示血液中含氧程度更为确切。正常情况下,动脉血的氧饱和度为 97.4%,此时氧含量约为 19.4 mL;静脉血的氧饱和度约为 75%,氧含量约为 14.4 mL。即每 100 mL 动脉血转变为静脉血时,可释放出 5 mL 氧气。

④$HbO_2$与去氧 Hb 的颜色不同，$HbO_2$吸收短波光线（如蓝光）的能力较强，而去氧 Hb 吸收长波光线（如红光）的能力较强。因此，$HbO_2$呈鲜红色，去氧 Hb 呈暗紫色，动脉血液因含$HbO_2$较多而呈红色，而静脉血因含去氧 Hb 较多而呈暗紫色。当皮肤或黏膜表层毛细血管中去氧 Hb 含量达 5 g/dL 时，皮肤或黏膜会出现暗紫色，这种现象称为**发绀**（cyanosis）。一氧化碳（CO）中毒时，CO 与 Hb 结合成 HbCO，使 Hb 失去运输$O_2$的能力，而且 CO 与 Hb 的结合力比$O_2$大 210 倍。由于 HbCO 呈樱桃红色，动物虽缺氧却不出现发绀。

5.4.1.3 氧离曲线及其生理意义

**氧离曲线或氧合血红蛋白解离曲线**（oxygen dissociation curve）是表示 $p_{O_2}$ 与氧饱和度的关系曲线。该曲线既表示不同 $p_{O_2}$ 下，$O_2$与 Hb 分离情况，同样也反映了不同 $p_{O_2}$ 时 $O_2$与 Hb 的结合情况。

氧离曲线呈 S 形，与 Hb 的变构效应有关，是由珠蛋白含有的 4 个亚单位所决定的。Hb 有两种构型，去氧 Hb 为**紧密型**（tense form，T 型），$HbO_2$ 为**疏松型**（relaxed form，R 型）。当 Hb 逐渐由 T 型转变为 R 型时，对氧的亲和力逐渐加大，R 型的亲和力为 T 型的数百倍。也就是说 Hb 的 4 个亚单位，无论在结合$O_2$或释放$O_2$时，彼此间有协同效应，即第一个亚单位与$O_2$结合时，变构效应可促使其他亚单位与$O_2$结合；反之，当$HbO_2$中的一个亚单位释放$O_2$后，可促使其他亚单位释放$O_2$，因此，氧离曲线呈 S 形。

氧解离曲线可分上、中、下三段，各段的功能意义如下。

氧离曲线的上段相当于血液 $p_{O_2}$ 在 7.98～13.3 kPa（60～100 mmHg）的氧饱和度。此即 $p_{O_2}$ 较高的水平，可以认为是 Hb 与$O_2$结合的部分。这段曲线较平坦，表明 $p_{O_2}$ 的变化对氧饱和度影响不大。

氧离曲线的中段相当于血液 $p_{O_2}$ 在 5.32～7.98 kPa（40～60 mmHg），是$HbO_2$释放$O_2$的部分，该段曲线较陡。通常在此范围内，$HbO_2$释放的氧足够供应机体在安静条件下代谢所需。

氧离曲线的下段相当于血液 $p_{O_2}$ 在 2.0～5.32 kPa（15～40 mmHg）的氧饱和度，也是 Hb 与$O_2$解离的部分，是曲线坡度最陡的一段，即血液中 $p_{O_2}$ 稍微下降，$HbO_2$就大大下降。

5.4.1.4 氧离曲线的位移及其影响因素

Hb 与$O_2$的结合和解离受多种因素影响，使氧离曲线的位置偏移，亦即使 Hb 对$O_2$的亲和力发生变化。通常用 $p_{50}$ 表示 Hb 对$O_2$的亲和力。$p_{50}$ 是使氧饱和度达 50%时的 $p_{O_2}$。影响 Hb 与$O_2$亲和力或 $p_{50}$ 的因素有血液的 pH 值、$p_{CO_2}$、温度和 2，3-二磷酸甘油酸（2，3-DPG）等（图 5-12）。

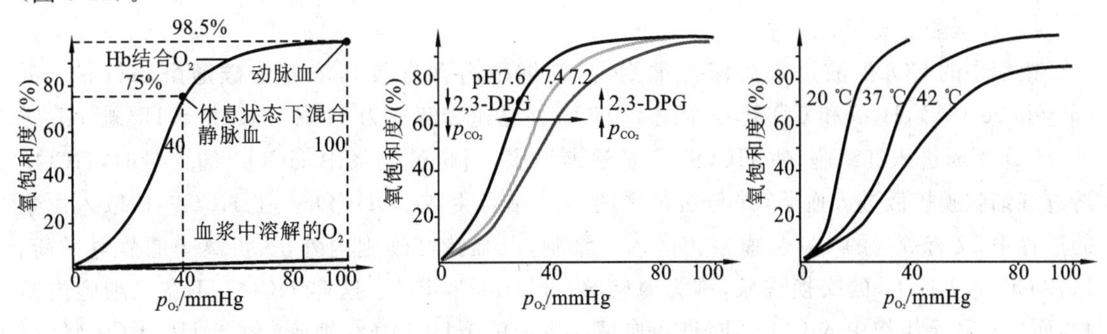


**图 5-12 氧离曲线及其影响因素**
（Scanvetpress. com）

(1)pH 值和 $CO_2$浓度的影响

码 5-3　氧离曲线及其影响因素

血液中 pH 值降低或 $p_{CO_2}$ 升高时,Hb 对 $O_2$的亲和力降低时,$p_{50}$增大,曲线右移;pH 值升高或 $p_{CO_2}$ 降低时,Hb 对 $O_2$的亲和力增加,$p_{50}$降低,曲线左移。pH 值和 $CO_2$浓度对 Hb 氧亲和力的这种影响称为**波尔效应**(Bohr effect)。波尔效应的机制与 pH 值改变时 Hb 构型变化有关。当血液酸度增加时,$H^+$与 Hb 多肽链某些氨基酸残基的基团结合,促进离子键形成,促使 Hb 分子构型变为 T 型,从而降低了对 $O_2$的亲和力,曲线右移;反之,酸度降低时,则促使离子键断裂放出 $H^+$,Hb 变为 R 型,对 $O_2$的亲和力增加,曲线左移。

波尔效应有重要的生理意义,它既可促进肺毛细血管血液与 $O_2$的氧合,又有利于组织毛细血管血液释放 $O_2$。当血液流经肺时,$CO_2$从血液向肺泡扩散,血液 $p_{CO_2}$ 下降,酸度也降低,均使 Hb 对 $O_2$的亲和力增加,曲线左移,在任一 $p_{O_2}$ 下氧饱和度均增加,血液运输 $O_2$量增加。当血液流经组织时,$CO_2$从组织扩散进入血液,血液 $p_{CO_2}$ 和酸度升高,Hb 对 $O_2$的亲和力降低,曲线右移,促使 $HbO_2$解离向组织释放更多的 $O_2$。

(2)温度的影响

温度升高时,氧离曲线右移,Hb 对 $O_2$的亲和力降低,促进 $O_2$的释放。如动物激烈运动时,组织代谢活动增强,局部组织温度升高,$CO_2$和酸性代谢产物增加时,都有利于 $HbO_2$解离,使组织获得更多 $O_2$,以适应代谢增加的需要;反之,当温度下降时,氧离曲线左移,$HbO_2$不易释放 $O_2$。

(3)2,3-二磷酸甘油酸(2,3-DPG)

红细胞中含有很多有机磷化物,如 2,3-**二磷酸甘油酸**(2.3-bisphosphoglyceric acid,2,3-DPG),在调节 Hb 对 $O_2$的亲和力中起重要作用。2,3-DPG 浓度升高,Hb 对 $O_2$的亲和力降低,氧离曲线右移;2,3-DPG 浓度降低,Hb 对 $O_2$的亲和力增加,曲线左移。其机制可能是 2,3-DPG 与 Hb β 链形成离子键,促使 Hb 变成 T 型。此外,2,3-DPG 也可以提高 $H^+$的活度,由波尔效应来影响 Hb 对 $O_2$的亲和力。

## 5.4.2　二氧化碳的运输

### 5.4.2.1　血液中 $CO_2$的主要运输形式是化学结合

$CO_2$在血液中也以物理溶解和化学结合两种形式运输,以物理溶解形式运输的量仅占血液运输 $CO_2$总量的 5%,而以化学结合形式运输的量则高达 95%,其中以碳酸氢盐形式运输的占 88%,以氨基甲酸血红蛋白形式运输的占 7%(图 5-13)。

(1)以碳酸氢盐形式运输

组织中的 $CO_2$扩散进入血液红细胞内,红细胞内含有较高浓度的**碳酸酐酶**(carbonic anhydrase,CA),$H_2O$ 和 $CO_2$迅速生成 $H_2CO_3$,并迅速分解成为 $H^+$和 $HCO_3^-$。$H^+$被 Hb 缓冲。$CO_2$不断进入红细胞,使 $HCO_3^-$ 含量逐渐增多,当超过血浆中 $HCO_3^-$ 的含量时,$HCO_3^-$ 透过红细胞膜扩散进入血浆,并与血浆中的 $Na^+$结合生成 $NaHCO_3$。在 $HCO_3^-$ 扩散入血浆的过程中,又有等量的 $Cl^-$ 从血浆扩散入红细胞,以维持红细胞内外正、负离子的静电平衡。这种 $Cl^-$ 与 $HCO_3^-$ 的交换现象,称为**氯转移**(chloride shift)。这样 $HCO_3^-$ 不在红细胞内蓄积,而且有利于组织中的 $CO_2$不断进入血液。生成的 $KHCO_3$(红细胞)和 $NaHCO_3$(血浆中)经血液循环运至肺部。当静脉血流经肺泡时,红细胞内的 $H_2CO_3$ 在 CA 催化下,分解为 $CO_2$

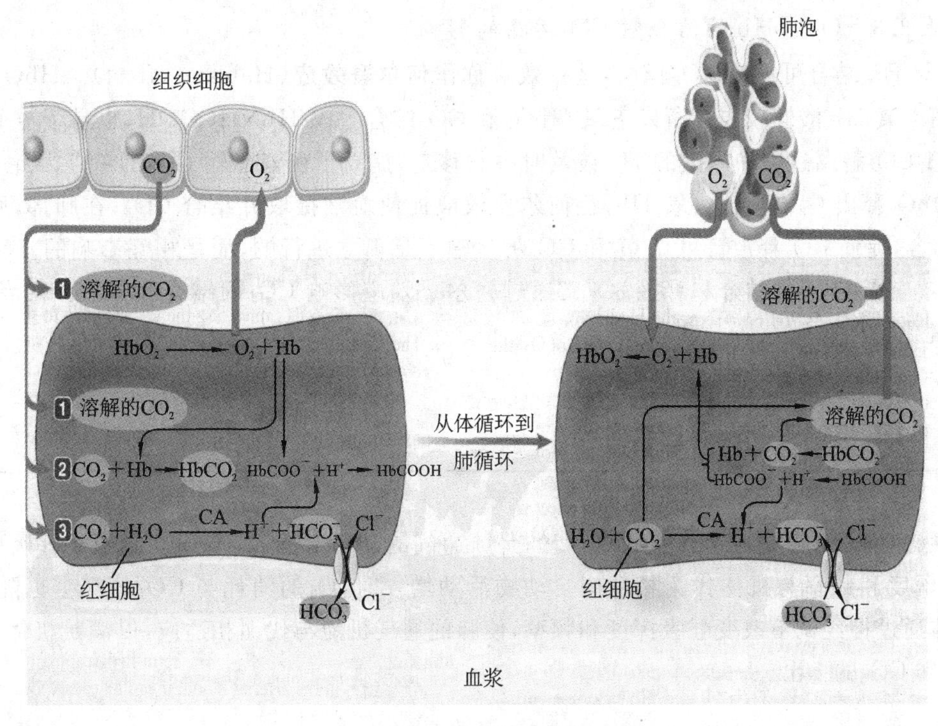


**图 5-13 二氧化碳在血液中运输示意图**

（仿 Sherwood 等，2013）

和 $H_2O$，$CO_2$ 扩散进入血浆，进而扩散到肺泡气中，经肺呼出体外。这样，红细胞内的 $H_2CO_3$ 逐步降低，于是血浆中的 $NaHCO_3$ 分解，$HCO_3^-$ 进入红细胞内，与此同时红细胞内的 $Cl^-$ 又返回血浆，进行反向的氯转移。

（2）以氨基甲酸血红蛋白形式运输

进入红细胞内的 $CO_2$ 少部分与 Hb 的氨基结合，形成**氨基甲酰血红蛋白**（carbaminohemoglobin，HbNHCOOH）。这一反应很迅速，不需酶参与。调节这一反应的主要因素是氧合作用。$HbO_2$ 的酸性高，难与 $CO_2$ 直接结合；而 HHb 酸性低，容易与 $CO_2$ 直接结合。因此，在组织毛细血管内，$CO_2$ 与 HHb 结合形成 HbNHCOOH，血液流经肺部时，Hb 与 $O_2$ 结合，促使 $CO_2$ 释放进入肺泡而排至体外。

5.4.2.2 二氧化碳解离曲线

**二氧化碳解离曲线**（carbon dioxide dissociation curve）是表示血液中 $CO_2$ 含量与 $p_{CO_2}$ 关系的曲线（图 5-14）。与氧离曲线不同，血液 $CO_2$ 含量随 $p_{CO_2}$ 上升而增加，几乎呈线性关系而不呈 S 形，而且没有饱和点。因此，$CO_2$ 解离曲线的纵坐标不用饱和度而用浓度来表示。

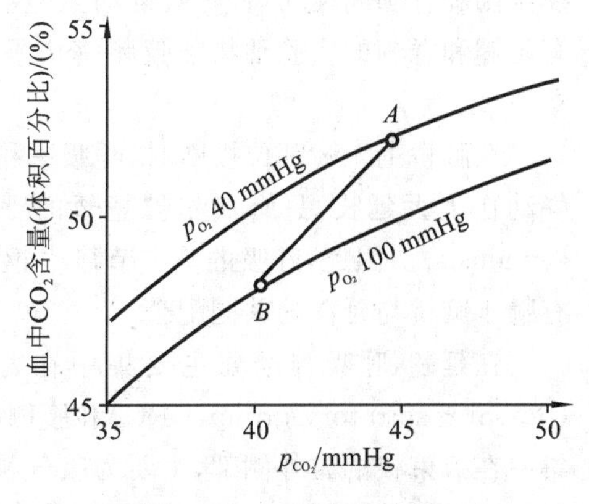


**图 5-14 二氧化碳解离曲线**

图 5-14 中的 $A$ 点是静脉血 $p_{O_2}$（40 mmHg），$p_{CO_2}$（45 mmHg）时的 $CO_2$ 含量，约为 52%；$B$ 点是动脉血 $p_{O_2}$（100 mmHg），$p_{CO_2}$（40 mmHg）时的 $CO_2$ 含

量,约为48%,每100 mL静脉血液流经肺时通常释出4 mL $CO_2$。

5.4.2.3 $O_2$与Hb的结合对$CO_2$运输的影响

$O_2$与Hb结合可促使$CO_2$释放,这一效应称作**何尔登效应**(Haldane effect)。$HbO_2$酸性较强,而去氧Hb酸性较弱。所以去氧Hb易和$CO_2$结合生成HbNHCOOH,也易于与$H^+$结合,使$H_2CO_3$解离过程中产生的$H^+$被及时中和移走,提高了血液运输$CO_2$的量。因此,在组织中,$HbO_2$释出$O_2$而生成去氧Hb,经何尔登效应促使血液摄取并结合$CO_2$;在肺部,则Hb与$O_2$结合,促使$CO_2$释放。可见$O_2$和$CO_2$的运输不是孤立进行的,而是相互影响的。$CO_2$通过波尔效应影响$O_2$的结合和释放,$O_2$又通过何尔登效应影响$CO_2$的结合和释放。两者都与Hb的理化特性有关。

# 5.5 呼吸运动的调节

呼吸运动是呼吸肌的节律性收缩活动,是肺通气的动力来源,其节律性起源于呼吸中枢。呼吸的深度和频率与机体代谢相适应。动物活动增强时,$O_2$的消耗与$CO_2$的产生也随之增多,机体通过神经调节改变呼吸深度和频率,使肺的通气机能与代谢相适应,以满足机体对$O_2$的需求和$CO_2$的排出。

## 5.5.1 神经调节中枢与物理感受器反射

5.5.1.1 调节呼吸的各级中枢

在中枢神经系统内,调节呼吸运动的神经细胞群称为**呼吸中枢**(respiratory center)。呼吸中枢广泛分布于从脊髓到大脑皮层的整个中枢神经系统各个层面,它们相互协调,共同完成对节律性呼吸运动的形成和调控(图5-15)。

(1)脊髓

脊髓中有支配呼吸肌的运动神经元,但不能产生自主的节律性兴奋,只是呼吸的初级中枢和联系上位呼吸中枢和呼吸肌的中继站。

(2)低位脑干

低位脑干包括延髓和脑桥。在中脑和脑桥之间横断脑干后,动物的呼吸运动无明显变化;在延髓和脊髓间横切后,呼吸运动立即停止。这说明延髓是产生呼吸的基本节律中枢。但只有延髓和脊髓的实验动物呼吸频率快慢不一,幅度深浅不一,表明还应该有更高一级的中枢参与。

在脑桥上1/3部位横断时,呼吸平稳均匀,呼吸运动加深加快。再切断双侧迷走神经,吸气动作大大延长,只有偶尔被短暂的呼气动作所中断,这种呼吸运动形式称为**长吸式呼吸**(apneusis)。因此,呼吸的基本节律中枢是延髓,呼吸调整中枢在脑桥,正常的呼吸节律形成有赖于脑桥与延髓的共同配合。

在延髓,呼吸神经元主要集中在背侧和腹侧两组神经核团内,分别称为**背侧呼吸组**(dorsal respiratory group,DRG)和**腹侧呼吸组**(ventral respiratory group,VRG)。DRG主要集中在孤束核的腹外侧部,主要为吸气神经元,兴奋时产生吸气。DRG某些吸气神经元轴突投射到VRG或脑桥、边缘系统等,DRG还接受来自肺、支气管、窦神经、VRG、脑桥、大脑皮层

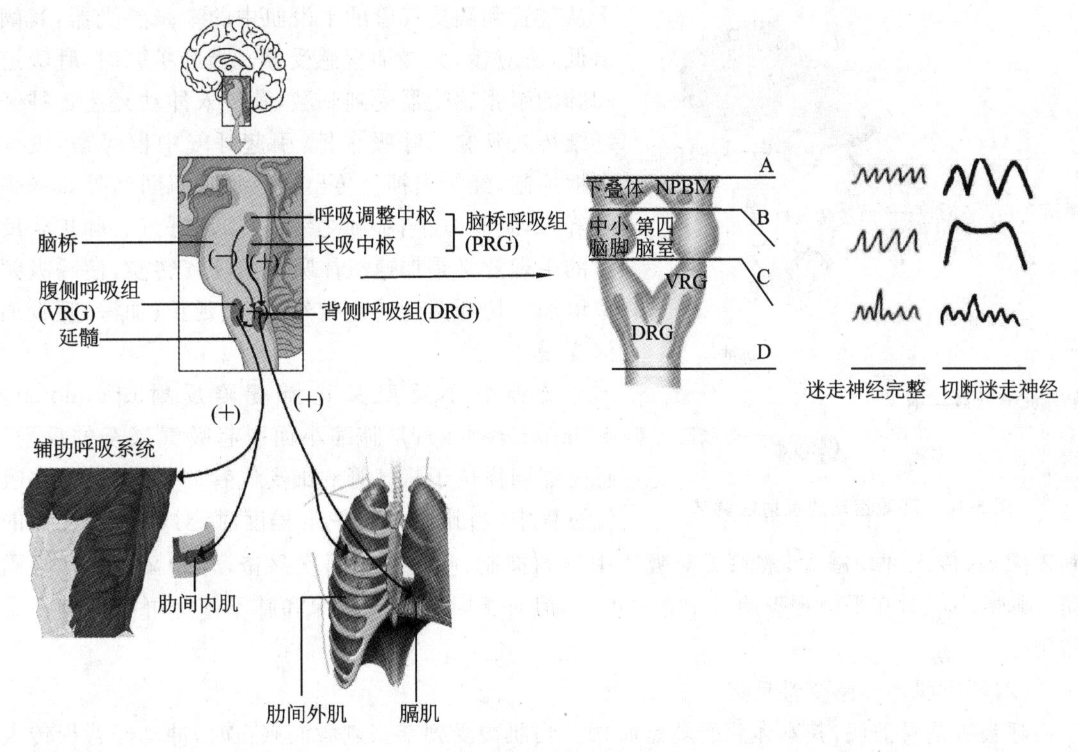


图5-15　呼吸中枢

等的传入信号。VRG主要集中在疑核、后疑核和面神经后核以及它们的邻近区域，含有多种类型的呼吸神经元，其主要作用是引起呼气肌收缩，产生主动呼气，还可调节咽喉部辅助呼吸肌的活动以及延髓和脊髓内呼吸神经元的活动。

在脑桥，呼吸神经元主要集中在脑桥头端的背侧部，称为**脑桥呼吸组**(pontine respiratory group，PRG)，为呼吸调整中枢所在的部位，主要含呼气神经元，其作用是限制吸气，促使吸气向呼气转换。

(3)高位脑

呼吸运动还受脑桥以上部位的调节，如大脑皮层、边缘系统、下丘脑等。大脑皮层可通过皮层脑干束和皮层脊髓束在一定程度上有意识地控制呼吸，能随意暂停呼吸或加强、加快呼吸，从而使机体更灵活而精确地适应环境的变化。下位脑干的呼吸调节系统是不随意的自主节律呼吸系统，如狗在高温环境中伸舌喘息，以增加机体散热，是下丘脑参与调节的结果。动物情绪激动时，呼吸急促，则是边缘系统中某些部位兴奋的结果。

5.5.1.2　呼吸运动的物理感受性反射调节

中枢神经系统通过接受感受器的相关冲动，调节呼吸活动的过程称为呼吸的反射性调节。呼吸节律虽然产生于中枢神经系统，但其活动可受来自呼吸器官本身、骨骼肌以及其他器官系统感受器传入冲动的反射性调节(图5-16)。

(1)肺牵张反射

由肺扩张或缩小而反射性地引起吸气抑制或吸气兴奋的反射称为**肺牵张反射**(pulmonary stretch reflex)或**黑-伯反射**(Hering-Breuer reflex)。它包括肺扩张反射和肺缩小反射。

①**肺扩张反射**(pulmonary inflation reflex)是肺扩张时引起吸气抑制的反射。感受器位

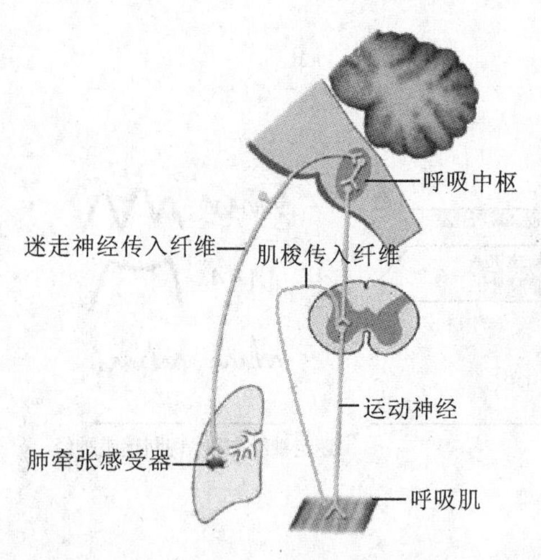


图 5-16 呼吸运动的反射性调节

于从气管到细支气管的平滑肌中的牵张感受器,其阈值低,适应慢,为慢适应感受器。当肺扩张时,呼吸道和肺的牵张感受器受到刺激,其传入冲动经迷走神经纤维传入延髓的呼吸中枢,引起呼气中枢兴奋,吸气中枢抑制,经传出神经传出导致呼吸肌肋间外肌和膈肌舒张,胸腔缩小,肺随之缩小,引起呼气。肺扩张反射的生理意义是加速机体吸气向呼气转换,使呼吸频率增加。切断两侧迷走神经,吸气延长、加深,呼吸加深变慢。

②肺缩小反射又称**肺萎陷反射**(pulmonary deflation reflex),是肺缩小而引起吸气兴奋的反射。感受器同样位于从气管到细支气管的平滑肌中,在吸气过程中,当肺缩小到一定程度时,对牵张感受器的刺激减弱,传入冲动减少,解除了对吸气中枢的抑制,吸气中枢再次兴奋,开始又一次呼吸周期。肺缩小反射在平静呼吸调节中意义不大,但对于阻止呼气过深和肺不张等可能具有一定作用。

(2)呼吸肌本体感受性反射

呼吸肌是骨骼肌,其本体感受器是肌梭。当肌梭受到牵张刺激而兴奋时,冲动经背根传入脊髓中枢,反射性地引起受刺激肌梭所在肌肉的收缩,称为呼吸肌的本体感受性反射。该反射在维持正常呼吸运动中起一定作用。尤其在运动状态或气道阻力加大时,吸气肌因增大收缩程度而使肌梭受到牵拉刺激,从而反射性地引起呼吸肌收缩加强,以克服气道阻力,维持正常肺通气功能。

(3)防御性呼吸反射

呼吸道黏膜受刺激时所引起的一系列保护性呼吸反射称为防御性呼吸反射,主要有咳嗽反射和喷嚏反射。

①**咳嗽反射**(cough reflex)是常见的重要防御反射。感受器位于喉、气管和支气管的黏膜。当感受器受到异物刺激时,神经冲动经迷走神经传入延髓,触发一系列协调的反射反应,引起咳嗽反射,有助于清除喉以下呼吸道内的刺激物。

②**喷嚏反射**(sneeze reflex)类似于咳嗽反射,其不同点是感受器在鼻黏膜,传入冲动是三叉神经,反射效应是软腭下降,舌压向软腭,并产生爆发性呼气。喷嚏反射有助于清除鼻腔内的刺激物。

## 5.5.2 化学因素对呼吸的调节

调节呼吸的化学因素是指动脉血液或脑脊液中的 $O_2$、$CO_2$ 和 $H^+$。当血液或脑脊液中的 $CO_2$、$H^+$ 浓度升高,$O_2$ 浓度降低时,刺激化学感受器通过调节呼吸中枢兴奋性,排出体内过多的 $CO_2$、$H^+$,摄入 $O_2$,以维持血液与脑脊液中 $CO_2$、$O_2$、$H^+$ 浓度的相对稳定。

5.5.2.1 化学感受器

化学感受器(chemoreceptor)是指其适宜刺激是 $O_2$、$CO_2$ 和 $H^+$ 等化学物质的感受器。参与呼吸运动调节的化学感受器因其所在部位的不同,分为外周化学感受器和中枢化学感受器。

(1)外周化学感受器

颈动脉体和主动脉体是调节呼吸和循环的重要外周化学感受器,颈动脉体的传入神经为窦神经,后汇入舌咽神经;主动脉体的传入神经独立成束,与迷走神经并行,入颅前汇入迷走神经。当动脉血液 $p_{O_2}$ 降低、$p_{CO_2}$ 或 $H^+$ 浓度升高时,颈动脉体和主动脉体外周化学感受器受到刺激,传入冲动经窦神经和迷走神经传入延髓呼吸中枢,反射性地引起呼吸加深加快和血液循环的变化。虽然颈动脉体和主动脉体都参与呼吸和循环的调节,但是颈动脉体主要调节呼吸运动,而主动脉体在循环功能调节方面较为重要。外周化学感受器尤其对缺氧的刺激敏感。(图 5-17)。

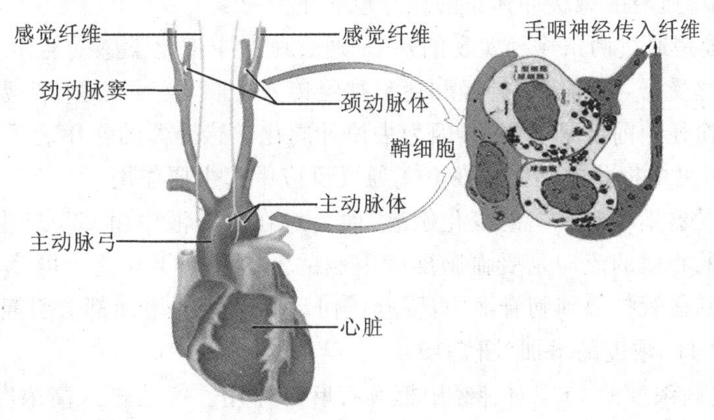


**图 5-17　颈动脉体组织结构示意图**

(2)中枢化学感受器

中枢化学感受器位于延髓腹外侧浅表部位,左右对称,可分为头、中、尾三个区,头区和尾区都有化学感受性;中区无化学感受性,但可将头区和尾区的传入冲动向脑干呼吸中枢投射。

中枢化学感受器的生理刺激是脑脊液和局部细胞外液的 $H^+$。在体内,血液中的 $CO_2$ 能迅速通过血脑屏障,使化学感受器周围液体中的 $H^+$ 浓度升高,从而刺激中枢化学感受器,再引起呼吸中枢的兴奋。但是,脑脊液中缺乏碳酸酐酶,$CO_2$ 与水的水合反应很慢,所以对 $CO_2$ 的反应有一定的时间延迟。血液中的 $H^+$ 不易通过血脑屏障,故血液 pH 值的变化对中枢化学感受器的直接作用不大,也较缓慢(图 5-18)。

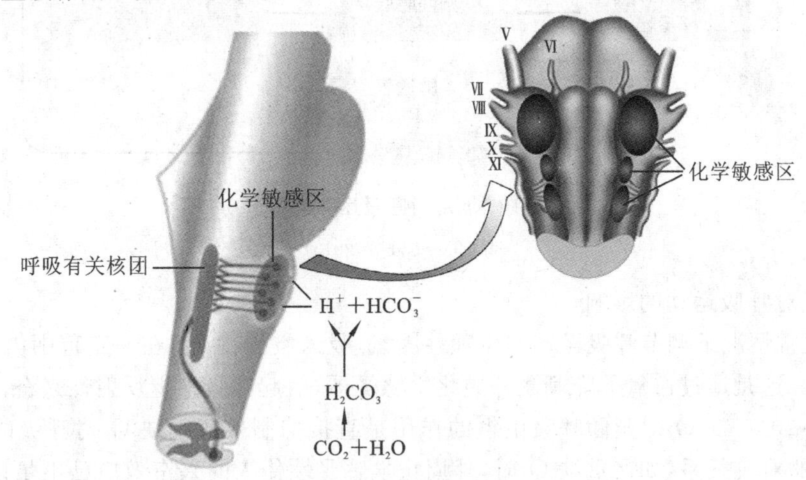


**图 5-18　延髓腹外侧的化学敏感区**

中枢化学感受器与外周化学感受器不同，它不感受缺 $O_2$ 的刺激，但对 $CO_2$ 的敏感性比外周的高，反应潜伏期较长。中枢化学感受器的作用可能是调节脑脊液的 $H^+$，使中枢神经系统有一稳定的 pH 值环境，而外周化学感受器的作用主要是在机体缺 $O_2$ 时，维持对呼吸动作的驱动。

5.5.2.2 $p_{CO_2}$、$H^+$ 和 $p_{O_2}$ 对呼吸的影响

(1) $p_{CO_2}$ 对呼吸运动的调节

生理浓度范围内，$CO_2$ 可以提高肺通气量。通过对肺通气量的负反馈调节，稳定动脉血 $p_{CO_2}$ 水平，对于维持血液酸碱缓冲体系的稳定也有重要意义。

$CO_2$ 刺激呼吸是通过两条途径实现的：一是通过刺激中枢化学感受器而兴奋呼吸中枢；二是刺激外周化学感受器，冲动沿窦神经和迷走神经传入延髓，反射性地使呼吸加深、加快，增加肺通气。在两条途径中前者是主要的，因为去掉外周化学感受器的作用之后，$CO_2$ 的通气反应仅下降约 20%，可见中枢化学感受器在 $CO_2$ 通气反应中起主要作用。

中枢化学感受器不是对 $CO_2$ 的变化敏感，而是对在脑脊液中由 $CO_2$ 产生的 $H^+$ 敏感。穿过大脑毛细血管的物质的流动是受血脑屏障限制的。由于 $CO_2$ 对这个屏障有穿透性，$CO_2$ 可以顺分压差从大脑血管扩散到脑脊液中，因此任何动脉 $p_{CO_2}$ 的增加都会引起脑脊液 $p_{CO_2}$ 的增加，造成脑脊液中 $H^+$ 浓度的增加(图 5-19)。

另一方面，过高浓度的 $CO_2$ 对神经中枢具有麻醉作用。突然进入高浓度 $CO_2$ 环境中，因呼吸中枢麻痹，机体缺氧，可导致动物迅速死亡。

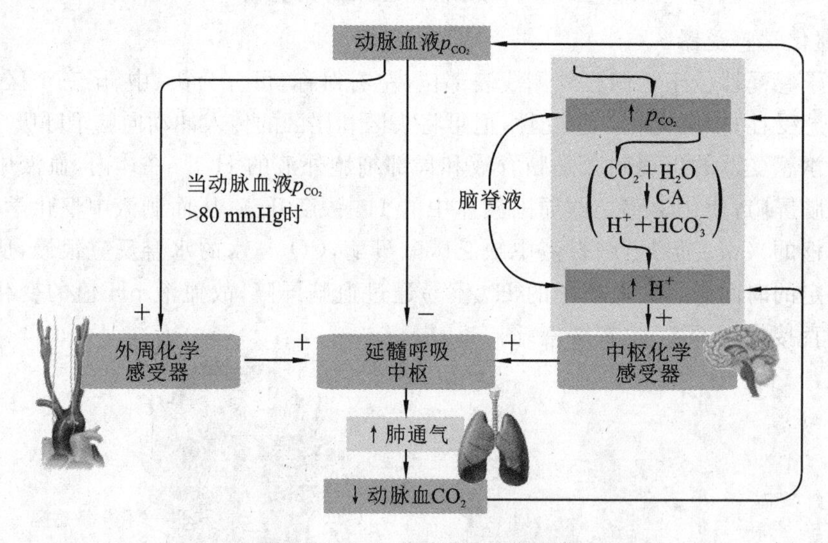


**图 5-19 $p_{CO_2}$ 对呼吸运动的调节**

(仿 Sherwood 等，2013)

(2) 低氧对呼吸运动的影响

$p_{O_2}$ 是正常情况下调节呼吸运动的生理性因素，吸入空气中 $p_{O_2}$ 在一定范围内下降可以引起呼吸增强。这是通过血氧下降刺激外周化学感受器，引起呼吸中枢反射性兴奋，导致呼吸加深加快(图 5-20)。缺 $O_2$ 对延髓呼吸中枢的作用是直接抑制效应。缺 $O_2$ 对呼吸的影响，取决于以上二者的对抗关系，如严重缺 $O_2$ 时，外周化学感受性传入的兴奋效应已不足以克服低 $O_2$ 对中枢的抑制效应，导致呼吸障碍，甚至呼吸停止。

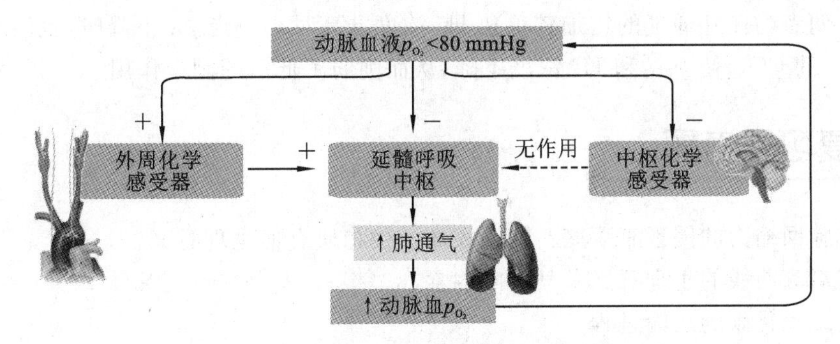


图 5-20 缺氧对呼吸运动的调节

(仿 Sherwood 等,2013)

(3)$H^+$对呼吸的影响

动脉血中 $H^+$ 增加,呼吸加深加快;$H^+$ 降低,呼吸受到抑制。$H^+$ 对呼吸的调节也是通过外周化学感受器和中枢化学感受器实现的。中枢化学感受器对 $H^+$ 的敏感性较外周化学感受器高。与 $CO_2$不同,$H^+$不能透过血脑屏障,不能直接到达中枢化学感受器。所以血中 $H^+$ 对呼吸的调节主要是通过外周化学感受器实现的。但是血液中 $H^+$ 增高,可引起呼吸加强,排出过多的 $CO_2$导致血中 $p_{CO_2}$ 降低(图 5-21),从而又限制了呼吸的加强。因此,$H^+$ 对呼吸的影响不如 $CO_2$明显。

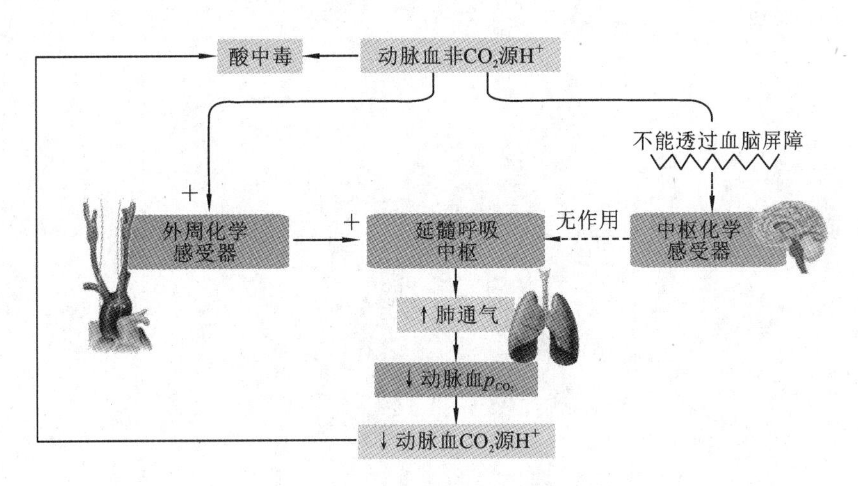


图 5-21 $H^+$对呼吸运动的调节

(仿 Sherwood 等,2013)

5.5.2.3 $p_{CO_2}$、$H^+$和缺氧在呼吸调节中的相互作用

血液中 $p_{CO_2}$、$H^+$浓度升高及 $p_{O_2}$ 降低都能刺激呼吸,但三者之间互相影响,往往不只是一种因素在起作用。例如窒息时既缺 $O_2$,同时 $p_{CO_2}$ 和 $H^+$浓度升高,对通气的影响较复杂,应全面分析。在这三个因素中,如果改变其中一个因素,而保持另外两个因素不变,对通气量的影响明显不同。$CO_2$对呼吸运动的作用最强,$H^+$浓度次之。$p_{CO_2}$ 升高时,$H^+$浓度也随之升高,两者的作用总和起来比单独 $p_{CO_2}$ 升高时的作用大。$H^+$浓度升高时,因肺通气增大而使 $CO_2$ 排出量增加,血液中 $p_{CO_2}$ 下降,抵消了一部分 $H^+$ 的刺激作用;$CO_2$含量的下降,也使 $H^+$浓度

有所降低。两者均使肺通气的增加较单独 $H^+$ 浓度升高时小。当 $p_{O_2}$ 下降时，也因肺通气量增加，呼出较多的 $CO_2$，使 $p_{CO_2}$ 和 $H^+$ 浓度下降，从而削弱了低氧的刺激作用。

## 复习思考题

1. 形成肺回缩力的因素有哪些？肺泡表面活性物质有何生理意义？
2. 简述氧离曲线的生理意义及其影响因素。
3. 简述二氧化碳的运输过程。
4. 简述呼吸运动的化学因素调节。

码 5-4　第 5 章主要知识点思维路线图

# 第6章 消化与吸收



消化与吸收是动物体从外环境获取能量和各种营养物质的生命活动。尽管各类动物的身体结构与食物来源存在差异,但在长期的进化历程中,都发展出了适应各自需要的消化功能。

## 6.1 动物的消化系统由消化管道和消化腺体组成

### 6.1.1 消化机能的进化

在动物进化过程中,消化系统经历了不同的发展阶段。

脊椎动物的消化系统高度分化,形成消化管和消化腺两大部分。一般地,脊椎动物的消化道可分为**前肠**(foregut)、**中肠**(midgut)和**后肠**(hindgut)三部分。动物在进化过程中,其消化方式不仅由细胞内消化向细胞外消化发展,而且不同种类的动物其消化道的形态、结构和功能也发生了明显的适应性变化,以适应不同的生存环境和食物来源(图6-1)。

### 6.1.2 消化方式

动物的消化方式包括**机械性消化**(mechanical digestion)、**化学性消化**(chemical

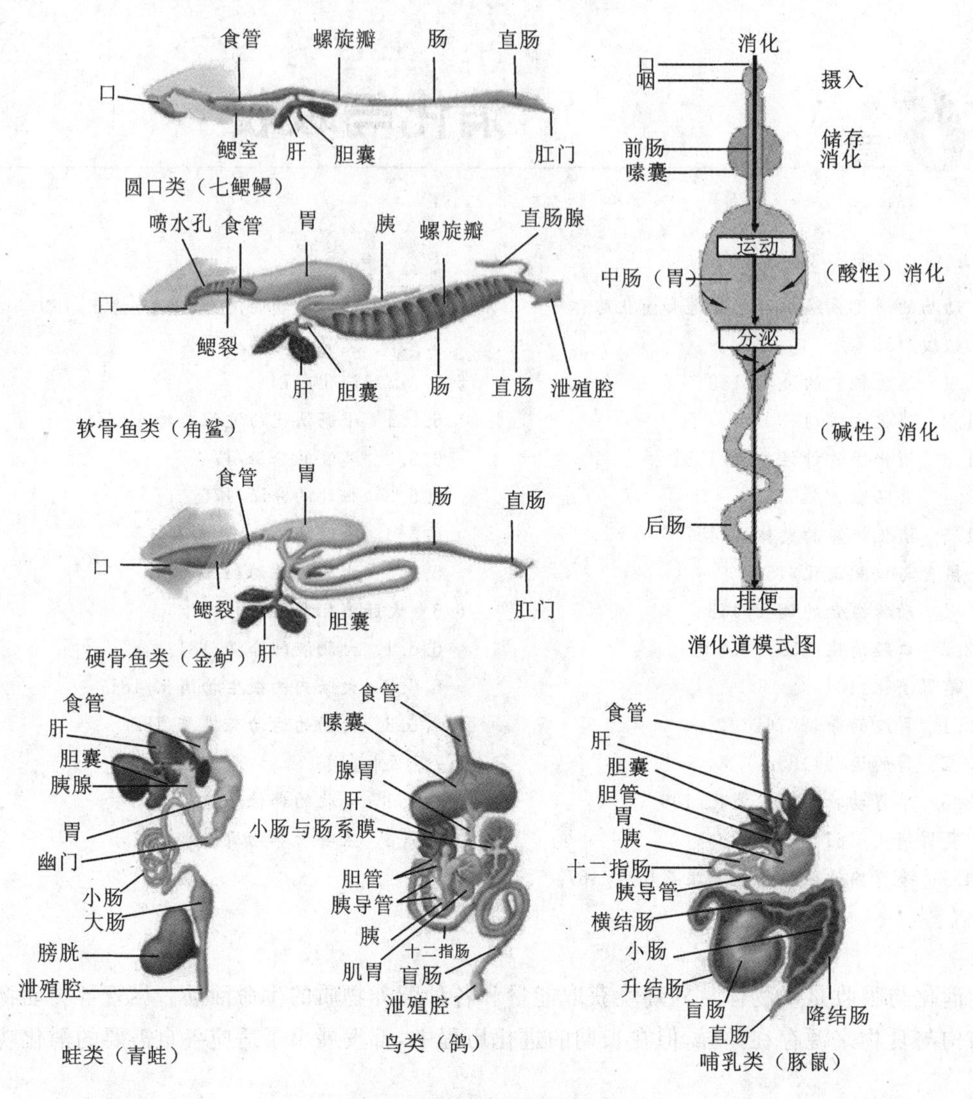


**图 6-1　脊椎动物的消化系统**

（仿 Sherwood 等，2013）

digestion)和**微生物消化**(microbial digestion)三种。通常情况下，三种消化方式是同时进行、相互联系的。

6.1.2.1　机械性消化

机械性消化又称**物理性消化**(physical digestion)，是指饲料在消化道内经过咀嚼和消化道肌肉的收缩活动被揉搓、研磨而破碎，并与消化液充分混合形成流动的**食糜**(chyme)后，不断地向消化道的后段推移的过程。

6.1.2.2　化学性消化

化学性消化是指由消化腺分泌的各种消化酶和饲料本身的酶，将饲料中的蛋白质、脂肪和糖等营养物质分解成可被吸收的小分子物质(如氨基酸、甘油、脂肪酸以及单糖等)的消化过程。

6.1.2.3 微生物消化

动物消化道内栖居着大量的微生物，由微生物产生的酶类对饲料中的营养物质进行分解的过程，称为微生物消化。微生物消化对于畜禽分解饲料纤维素很重要，在反刍动物（牛、绵羊、山羊、骆驼等）的瘤胃和单胃草食性动物（马、兔等）的盲肠内，饲料中纤维素的消化完全依靠微生物的发酵。肉食性动物大肠内含有大量的细菌，可以分解未被消化的蛋白质。有些鱼类的肠道内亦有微生物的存在，它们所分泌的酶有助于消化饲料中的多糖、纤维素等。

## 6.1.3 消化道的神经支配

消化道的活动受神经、体液的调节。支配消化道的神经包括**内在神经系统**（intrinsic nervous system）和**外来神经系统**（extrinsic nervous system）两大部分，外来神经系统属于植物性神经系统，包括交感神经和副交感神经。

6.1.3.1 内在神经系统

内在神经系统又称**肠神经系统**（enteric nervous system），分布于食管中段至肛门上段的消化道管壁内，亦称**壁内神经丛**（intrinsic plexus），它们由位于消化道管壁黏膜下层的**黏膜下神经丛**（submucosal plexus，或称**麦氏神经丛**（Meissonier's plexus））和位于环行肌与纵行肌之间的**肌间神经丛**（myenteric plexus，或**欧氏神经丛**（Auerbach's plexus））组成（图 6-2）。

神经丛中含有感觉神经元、运动神经元以及中间神经元。感觉神经元感受消化道内化学、机械、温度等刺激；运动神经元支配消化道平滑肌、腺体和血管。各种神经元之间通过神经纤维形成网络联系，构成一个自主的神经系统，能够独立整合信息，实现局部反射。然而在整体情况下，内在神经系统受外来神经的调控。内在神经系统的神经递质的种类很多，几乎具有中枢神经系统所有的递质，这就意味着消化道有非常广的调节反应范围。

6.1.3.2 外来神经系统

外来神经系统包括**交感神经**（sympathetic nerve）和**副交感神经**（parasympathetic nerve）（图 6-2），消化道的功能一般受交感和副交感神经的双重支配，其作用因器官不同而异。交感神经的节后纤维属于肾上腺素能纤维，主要分布在内在神经元上。刺激交感神经可引起胃肠运动减弱和消化液分泌量减少，但对胆总管括约肌、回盲括约肌与肛门括约肌来说，则引起收缩。

副交感神经主要是迷走神经，结肠后段、直肠和肛门内括约肌的副交感神经是盆神经。副交感神经的节后纤维支配胃肠道平滑肌和腺体，多数是胆碱能纤维，它兴奋时引起胃肠道运动加强、腺体分泌量增加。少数为非胆碱能、非肾上腺素能纤维，它们的作用因具体器官而异，引起胃容受性舒张即是这类神经的抑制作用。

## 6.1.4 胃肠激素

由散在于胃肠黏膜上皮的内分泌细胞所分泌的生物活性物质，统称为**胃肠激素**（gastrointestinal hormone），目前已经被鉴定的有 30 多种。胃肠激素在化学结构上属于肽类，又称为**胃肠肽**（gastrointestinal peptide）。由于胃肠黏膜面积巨大，胃肠道内分泌细胞种类多，消化道也被认为是体内最大、最复杂的内分泌器官。这些内分泌细胞都具有摄取胺前体，进行脱羧而产生肽类激素或活性胺的能力，具有这种能力的细胞统称为 **APUD 细胞**（amine

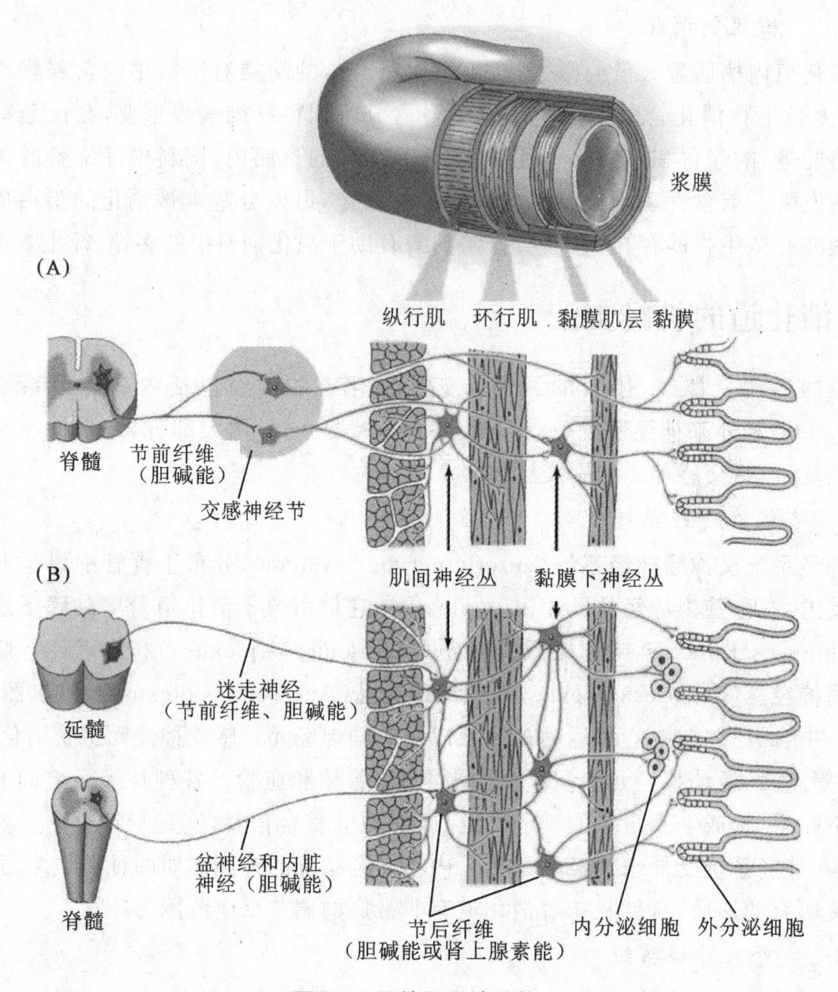


**图 6-2 肠神经系统结构**

precursor uptake and decarboxylation cell)。

6.1.4.1 *胃肠内分泌细胞*

消化道内分泌细胞呈单个、不均匀地分布于胃肠道黏膜上皮细胞之间,按其细胞的形态可分为两类:一是开放型细胞,细胞呈梭形、烧瓶形,细胞顶端的微绒毛伸入胃肠腔,可以直接感受胃肠道内食物成分和pH值的刺激而分泌。分泌颗粒集中在细胞基底。分泌时,颗粒膜与基膜融合,将内容物向细胞外释放。大多数胃肠内分泌细胞属于这种开放型,又称感受器内分泌细胞。第二类是闭合型细胞,细胞顶端无微绒毛,呈圆形、卵圆形或锥形,位于基膜上,因此与胃肠腔无直接联系。闭合式细胞分泌物从细胞的基部释放出来。

6.1.4.2 *胃肠激素的分泌方式*

胃肠分泌细胞的分泌方式主要有五种:①**内分泌**(endocrine)方式,激素被分泌入血,通过血液循环到达靶细胞起作用,如胃泌素、胆囊收缩素、胰泌素等;②**旁分泌**(paracrine)方式,胃肠激素通过细胞外液的局部弥散,作用于邻近细胞;③**神经分泌**(neurocrine)方式,胃肠激素作为神经递质或调质发挥作用;④**自分泌**(autocrine)方式,胃肠激素分泌扩散至细胞间隙,再反过来作用于分泌细胞本身;⑤**腔内分泌**(exocrine)方式,激素自内分泌细胞分泌出后,顺着细胞侧壁的间隙到达消化道腔内,如分布于胃部的D细胞将生长抑素分泌入胃腔,调节胃酸和胃泌素的分泌，十二指肠的 D 细胞亦有突起伸入肠腔。

6.1.4.3　脑-肠肽

除胃、肠和胰腺的内分泌细胞外，神经系统、甲状腺、肾上腺髓质、垂体的各个组织中也含有 APUD 细胞。近年研究发现，有些胃肠激素还存在于中枢神经系统，而有些原来认为只存在于中枢神经系统的神经肽也在胃、肠和胰腺中被发现，这类双重分布的激素称为**脑肠肽**(brain-gut peptide)。这些肽的双重分布有重要意义。如胆囊收缩素在外周对胰酶分泌和胆汁排放具有调节意义，在中枢对摄食具有抑制作用，提示脑内及肠内的胆囊收缩素在消化和吸收中具有协调作用。

6.1.4.4　胃肠激素及其作用

胃肠激素的生理作用极为广泛，主要有四个方面：①调控消化道的运动、消化腺的分泌(图 6-3)。一种激素可对多种胃肠道功能进行调节，而一种胃肠道又可受多种胃肠激素的调节。②**营养作用**(trophic action)。如胃泌素能刺激泌酸部位的黏膜和十二指肠黏膜的 DNA、RNA 和蛋白质的合成，促进胃肠道的代谢和生长。③对其他激素分泌的调节作用。**胆囊收缩素**(cholecystokinin，CCK)能促进胰岛素、胰多肽和肠抑胃多肽(GIP)的释放，生长抑素能抑制胃泌素、胰泌素、CCK、胰岛素、胰高血糖素等的分泌。④免疫调节。胃肠激素对免疫细胞增殖以及细胞因子的释放、免疫球蛋白的生成、白细胞的趋化与吞噬作用等都有广泛影响。

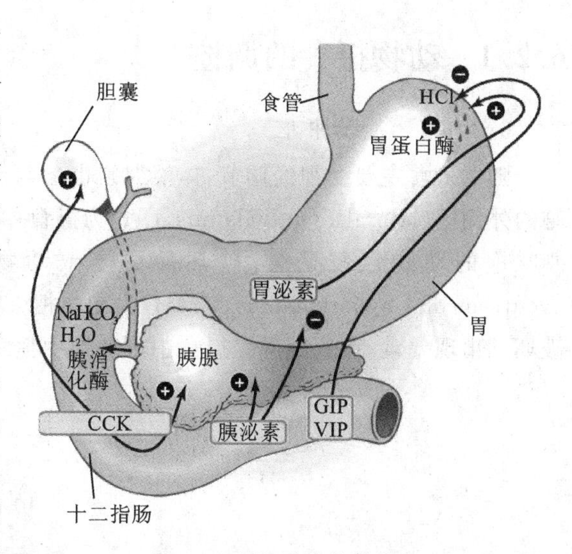


**图 6-3　胃肠激素及其分泌**

## 6.1.5　消化机能的整体性

动物对饲料的消化虽然是在各消化器官中分别进行的，但是整体条件下，各消化器官的机能密切相关，消化机能与机体的其他机能相互协调，因此，动物的消化是一个有序的整体性的生理过程。

6.1.5.1　消化器官机能的整体性

消化系统中各消化器官的活动相互联系。如动物摄取饲料以后，在口腔中开始机械性消化和化学性消化的同时，也引起胃肠道运动相应增强，消化液分泌量相应增多，为食物进入下一段的消化做好准备。当食糜进入十二指肠，对肠壁感受器的刺激可以反射性地抑制胃的运动及胃液的分泌。消化道的运动、消化液的分泌与营养物质的吸收等生理过程也是密切配合的，胃的排空、消化液的分泌均具有反馈性调节机制，使消化道以适当的速率和适量的消化酶达到稳定的消化功能。

6.1.5.2　消化机能与其他机能的相关性

消化器官的机能与机体其他器官系统的机能密切相关。各消化器官之间生理功能的协调是通过神经系统和内分泌系统的调控来实现的。动物通过视、听、嗅、味等感受器,感受食物的信号。

胃肠激素不仅调节消化道本身的机能活动,而且对机体其他系统的机能亦有调节作用,如血管活性肠肽既能够促进下丘脑释放神经激素,又能作为神经递质传递信息。因此,消化系统的机能可影响其他系统的机能,而其他系统的机能也会影响消化过程。

# 6.2 摄食与口腔消化

## 6.2.1 动物摄食的调控

### 6.2.1.1 食物中枢

随意采食主要受神经调节,体液因素也参与。哺乳动物的采食基本中枢在下丘脑。**下丘脑的外侧区**(lateral hypothalamus,LH)为**摄食中枢**(feeding center)。刺激摄食中枢时,可使刚吃饱的动物恢复采食;破坏后可导致动物厌食甚至饥饿致死。**下丘脑腹内侧区**(ventromedial hypothalamus,VMH)为**饱中枢**(satiety center)。饱中枢兴奋,动物停止摄食;破坏则出现暴食,造成肥胖。摄食中枢和饱中枢之间有交互抑制作用(图 6-4)。

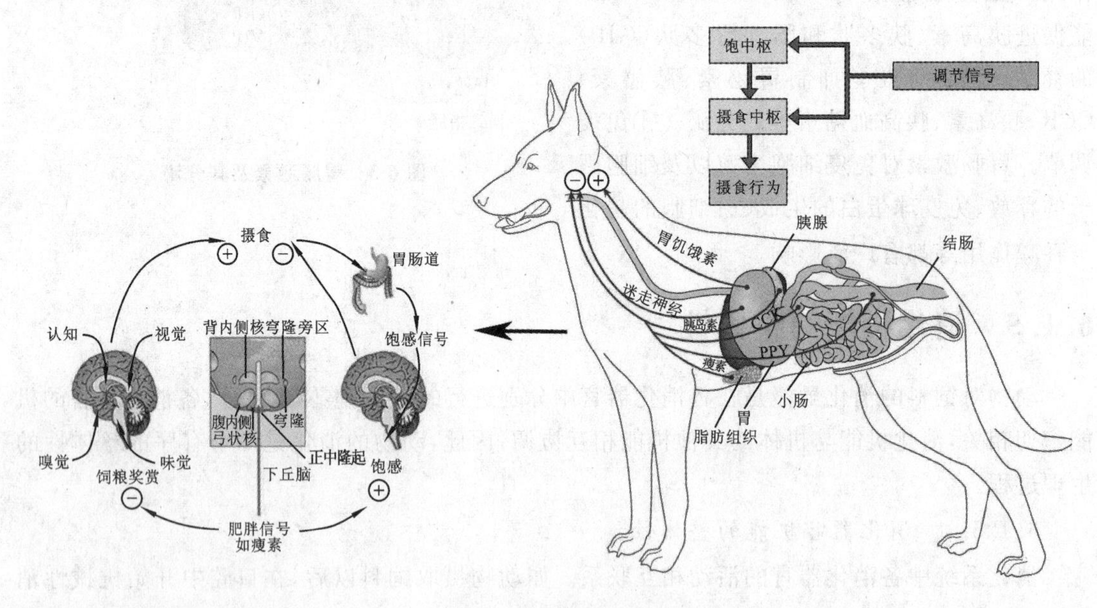


图 6-4 动物摄食的调节

### 6.2.1.2 反射性调节

反射性调节分为短时和长期性调节。短时采食调节是动物通过视、听、嗅、味等感受器感受食物信号刺激,来兴奋或抑制采食中枢的活动。例如:对喜欢或厌恶的食物可作出不同的采食反应;通过胃肠道的机械、温度、化学、容积等感受器感受胃肠道的功能状态和食物、食糜的化学性刺激,通过(迷走神经的)传入神经把信息传入下丘脑,使摄食中枢兴奋,激发其采食行为,或产生饱感,而抑制采食行为。长期性采食调节是指在中枢神经递质和中枢肽类等的调控下,长期维持体重和身体组成相对稳定,使机体始终维持能量平衡。能够调节脂肪代谢的各种激素均与采食的长期性调节有关,如瘦素、胰岛素、甲状腺激素、糖皮质激素、CCK 等(图 6-4)。

## 6.2.2　口腔消化

消化从口腔开始,口腔内食物被咀嚼、磨碎,并与唾液混合,形成食团,通过吞咽进入食管和胃。

6.2.2.1　摄食的方式

**摄食**(food intake)是动物赖以生存的行为,包括觅食和食物的摄取。牛的舌很长,运动灵活而坚强有力,舌面粗糙,以舌、下颌门齿和上颌齿龈配合将草切断。马、驴的唇感觉敏感、运动灵活,靠门齿切割或靠头扭转扯断草。绵羊、山羊的采食方式和马大致相同,但上唇有裂隙,便于啃食很短的牧草,因而对草场的破坏力更大。

6.2.2.2　咀嚼

咀嚼是由咀嚼肌有序收缩引起的一种随意运动,是一种反射活动,受口腔感受器和咀嚼肌本体感受器传入冲动的制约。咀嚼的意义在于:① 使食物在口腔内被切割和磨碎,破坏其纤维膜,使饲料的消化面积增加,有利于消化。② 使食物与唾液充分混合,形成食团便于吞咽。③ 咀嚼还能反射性地引起消化腺分泌和胃肠运动,为食物的进一步消化做准备。咀嚼次数和时间长短与饲料干湿有关,且该过程耗能。因此,饲喂前饲料需进行加工调制。

6.2.2.3　吞咽

**吞咽**(swallowing)是口腔内的食团经咽和食管进入胃的一种复杂的反射活动。按食团经过的部位,可将吞咽动作分为 3 个连续的时期:第一期,食团由口腔到咽。由于舌的运动,食团被移送到咽部,这是一种随意活动,由来自大脑皮层的冲动引起。第二期,食团由咽部进入食管上端。这是由于食团刺激了咽部的感受器,引起一系列肌肉收缩的反射活动;软腭上升、咽喉壁向前封闭了鼻咽通路;喉头升高并向前紧贴会厌,封闭了咽与气管的通路,同时食管上口张开,食团就从咽进入食管。第三期,食团沿食管下行至胃。由于食团刺激了软腭、咽、食管等部位的感受器,反射性地引起食管肌肉进行**蠕动**(peristalsis),食团的前端是环行肌舒张、纵行肌收缩、食管腔扩大,食团的后端是环行肌收缩、纵行肌舒张,因此食团自食管开始段沿着食管进入胃(图 6-5)。

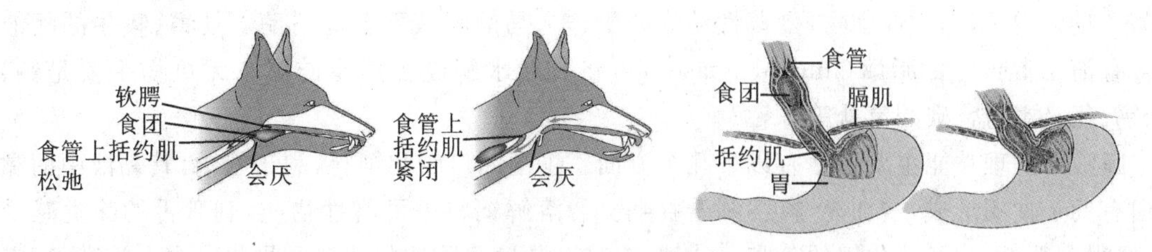


**图 6-5　吞咽及食管的蠕动和食物的运行**

食管与胃之间在解剖上并没有括约肌,但是在接近胃贲门的食管管腔内有一段高压区,因此能够阻止胃内容物逆行流入食管,起到生理性的括约肌作用,称为**食管下括约肌**(lower esophageal sphincter,LES)。LES 的张力受神经、体液调节。迷走神经的兴奋性纤维释放乙酰胆碱,使食管下括约肌收缩;迷走神经的抑制性纤维释放血管活性肠肽等递质使之舒张,另外胃泌素、胃动素、胰多肽、蛙皮素(铃蟾素)的释放均可引起食管下括约肌收缩。胰泌素、胆囊收缩素等则使其舒张。

当食团进入食管,刺激食管壁上的机械感受器时,可以反射性地使食管下括约肌舒张,有利于食团下行入胃。当食团进入胃,胃泌素等激素的释放使该括约肌收缩,阻止胃内容物逆流,起屏障的作用。

吞咽反射的基本中枢在延髓,脑干及高级中枢也参与了其调节过程。

6.2.2.4 唾液的分泌

唾液是由三对主要的唾液腺(腮腺、颌下腺、舌下腺)和口腔黏膜上分布的许多小腺体的分泌物所组成的混合液(图 6-6),是口腔内发挥化学性消化的消化液。

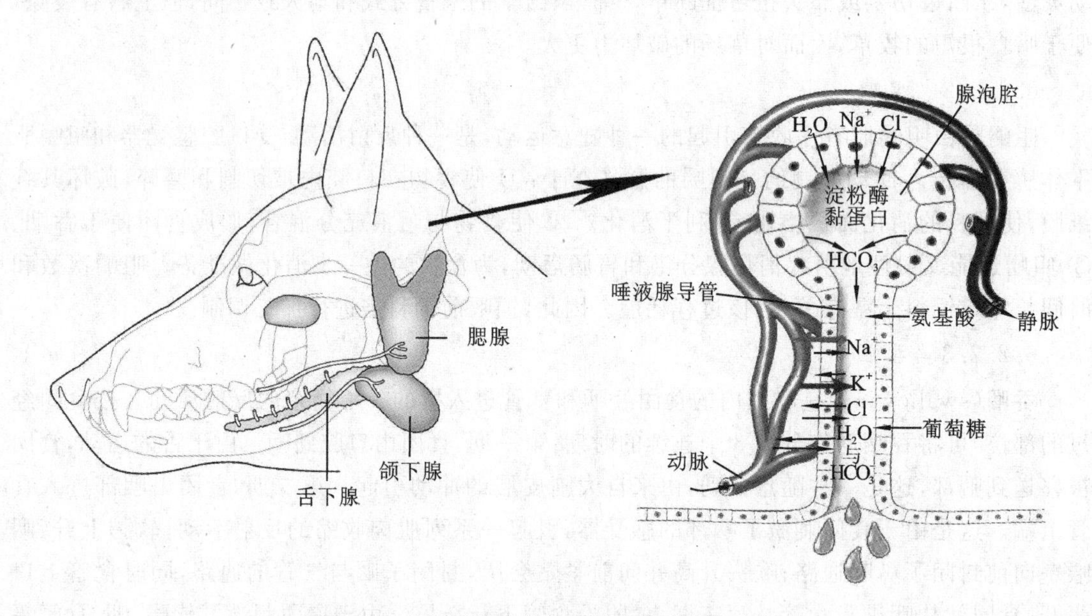


图 6-6 (狗)唾液腺的分布及唾液的分泌过程

(1)唾液的成分及生理作用

唾液是无色透明的黏性液体,呈弱碱性,其中水分占 99%。有机物主要是黏蛋白、**唾液淀粉酶**(salivary amylase)、溶菌酶、免疫球蛋白等,动物如果长期摄取较多的糖类食物,唾液中淀粉酶含量会增多,肉食性动物,食草性动物的牛、羊、马的唾液不含淀粉酶。幼畜、犊牛的唾液中含有消化脂肪的**舌脂酶**(lingual lipase),可将乳脂水解成游离脂肪酸。无机物主要是钠、钾、钙、氯、磷酸盐、碳酸氢盐等。

唾液的生理功能主要包括有以下几个方面。①湿润口腔和饲料,利于咀嚼;其黏液中的黏蛋白有助于食团形成,增加光滑度,利于吞咽。②溶解饲料中可溶性物质,刺激舌的味觉感受器,增强食欲,引起各消化腺的分泌。③清洁口腔,帮助清除饲料残渣和异物。含有溶菌酶,有杀菌、消毒作用,可消毒伤口。④中和胃酸,调节 pH 值。反刍动物唾液中高浓度的碳酸氢盐和磷酸盐具有强大的缓冲能力,能中和瘤胃内微生物发酵所产生的有机酸,借以维持瘤胃内适宜的酸碱度,保证微生物正常活动。⑤分解食物。猪等唾液中有淀粉酶,在接近中性的条件下,使淀粉分解为麦芽糖。⑥有利于散热。水牛和狗的汗腺不发达,在高温季节可分泌大量稀薄唾液，其中水分的蒸发有助于散热。⑦参与尿素再循环，详见本章6.4.2.2。

(2)唾液分泌的调节

唾液的分泌属神经性反射调节，包括非条件反射和条件反射两种。

非条件反射是食物刺激了口腔内的机械、温度、化学等感受器，经脑神经的传入纤维到达延髓的唾液分泌中枢，信息整合后发出信号经副交感神经和交感神经的传出纤维到达唾液腺，引起分泌。

条件反射是由食物的形状、气味、颜色、进食环境等各种信号通过视、嗅、听神经到达大脑皮层及以下的唾液分泌中枢，经传出神经到达唾液腺使其分泌唾液。唾液分泌的初级中枢在延髓，高级中枢在下丘脑和大脑皮层等部位。唾液分泌的传出神经以副交感(迷走)神经为主，递质为乙酰胆碱，作用于腺细胞膜上的M受体，引起细胞内三磷酸肌醇($IP_3$)释放，触发细胞钙库释放$Ca^{2+}$，使腺细胞代谢和分泌功能加强，唾液腺的血管扩张，肌性上皮收缩，唾液分泌量增加。交感传出神经节后纤维释放的递质为去甲肾上腺素，作用于腺细胞膜上的β受体引起细胞内cAMP增高，唾液分泌量增加。副交感神经和交感神经兴奋均可引起唾液分泌：副交感神经主要支配浆液细胞，兴奋时分泌的唾液量大、稀薄，含有机物少；交感神经主要支配黏液细胞，兴奋时分泌的唾液量少，含有较多的唾液蛋白。二者在中枢的整体调控下有协同作用。

# 6.3 单胃消化

胃是具有暂时储存食物、消化、吸收和内分泌功能的器官。在胃内，食物受到胃壁肌肉运动的机械性消化和胃液的化学性消化。

## 6.3.1 胃液的分泌

胃黏膜中有两类分泌腺：一类是外分泌腺，包括贲门腺、**泌酸腺**(oxyntic gland)和**幽门腺**(pyloric gland)；另一类是内分泌细胞，散在分布于胃黏膜中。贲门腺为黏液腺，分泌黏液；泌酸腺由壁细胞、主细胞、黏液颈细胞组成，分别分泌盐酸、胃蛋白酶原、内因子和黏液；幽门腺分泌碱性黏液。胃黏膜中的G细胞分泌胃泌素，D细胞分泌生长抑素，肥大细胞分泌**组胺**(histamine)等。

### 6.3.1.1 胃液的成分及生理功能

纯净的胃液为无色透明的液体，pH值为0.5～1.5。胃液由无机物和有机物组成，无机物包括盐酸，以及$Na^+$、$K^+$、$HCO_3^-$等离子，有机物包括黏蛋白、消化酶、糖蛋白和内因子等。

(1)盐酸

码6-1 胃液的成分及功能

盐酸又称**胃酸**(gastric acid)，在胃液中有两种存在形式：一种呈解离状态，称为游离酸；另一种与黏液中的蛋白质结合成盐酸蛋白盐，称为结合酸。两者在胃液中的总浓度称为胃液的总酸度。

盐酸是由壁细胞分泌的，其分泌部位在壁细胞向胃腔开放的细胞顶部，壁细胞顶部内陷与周围的细胞共同形成分泌小腔。$H^+$通过壁细胞膜上的$H^+$-$K^+$泵

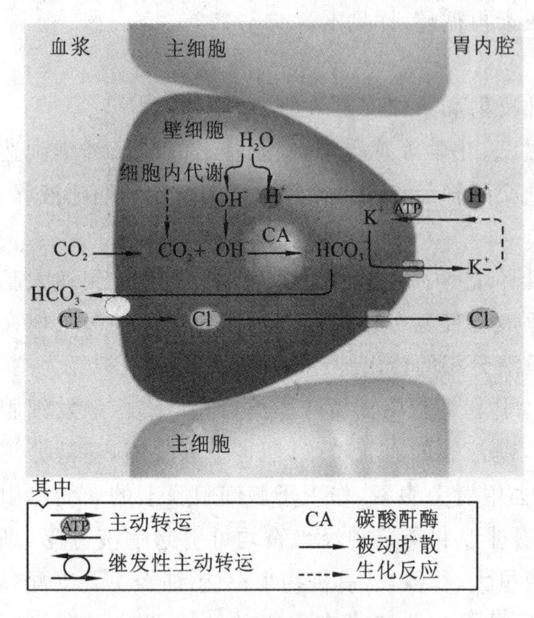


**图 6-7 胃液中盐酸的分泌**

(仿 Sherwood 等,2013)

($H^+$- $K^+$- ATP 酶,又称为质子泵)的原发性主动运输进入分泌腔内,进入胞内的 $K^+$ 通过分泌腔膜上的 $K^+$ 通道快速运出壁细胞,在分泌腔和细胞内循环。$CO_2$ 在碳酸酐酶的催化下结合成 $H_2CO_3$,迅速解离出 $H^+$ 补充。在浓度梯度的驱动下,多余的 $HCO_3^-$ 顺浓度梯度从壁细胞基底膜进入血浆,同时,$Cl^-$ 通过共转运进入壁细胞。进入壁细胞的 $Cl^-$ 在顶腔膜上通过 $Cl^-$ 通道顺电化学梯度进入分泌腔,与 $H^+$ 结合形成 HCl(图 6-7)。盐酸的分泌是耗能的,质子泵每分解 1 分子 ATP 所释放的能量可驱使一个 $H^+$ 进入分泌小管腔,同时驱动一个 $K^+$ 从分泌小管进入胞浆,细胞内 $K^+$ 的存在是质子泵分泌 $H^+$ 所必需的。

盐酸的主要生理作用如下:① 激活胃蛋白酶原,使之成为具有生物活性的胃蛋白酶,并且为胃蛋白酶提供适宜的酸性条件;② 使食物蛋白质变性而易于消化;③ 具有一定的抑菌和杀菌作用,可以杀灭随食物进入胃的细菌;④ 盐酸随食糜进入小肠,能够促进胰液、胆汁、小肠液的分泌和胰泌素的释放;⑤ 促进矿物质的吸收。在十二指肠近端,盐酸提供的酸性环境有利于小肠对铁、钙的吸收。

(2)胃蛋白酶

由主细胞分泌的无生物活性的**胃蛋白酶原**(pepsinogen)是**胃蛋白酶**(pepsin)的主要来源,此外,黏液颈细胞、贲门腺和幽门腺的黏液细胞、十二指肠近端的腺体亦能分泌少量的胃蛋白酶原。胃蛋白酶原经盐酸或已被激活的胃蛋白酶激活,才能转变为有活性的胃蛋白酶。胃蛋白酶仅仅在酸性的条件下具有活性,哺乳动物胃蛋白酶激活的最适 pH 值为 2,其活性随着 pH 值的升高而降低,当 pH>6 时,酶即发生不可逆的变性。胃蛋白酶为内切酶,能够水解蛋白质产生脲、胨以及少量的多肽和氨基酸,除此之外胃蛋白酶还有凝乳的作用。

(3)黏液和 $HCO_3^-$

胃的**黏液**(mucus)由表面上皮细胞、黏液颈细胞、贲门腺和幽门腺共同分泌。有两种黏液:一种是可溶性黏液,其主要成分为可溶性黏蛋白;另一种是不溶性黏液,其主要成分为糖蛋白,具有很大的黏稠度,为水的 30～260 倍,呈凝胶状。一般认为黏液的分泌是一种自发的持续性的分泌,在胃黏膜表面覆盖着约 500 $\mu$m 厚的黏液层。胃黏膜处于强酸和蛋白酶的环境下而不被消化分解的原因就在于**黏液-碳酸氢盐屏障**(mucus bicarbonate barrier)的保护作用(图 6-8)。

黏液中的 $HCO_3^-$ 主要由表面黏液细胞分泌,少量自组织间隙渗入,不断分泌出的 $HCO_3^-$ 会从黏液细胞逐渐向胃腔扩散,胃腔内的 $H^+$ 则进行反向扩散,由于黏液层为非流动液层,其中的离子扩散速率很慢,黏液层中 $HCO_3^-$ 会逐渐中和 $H^+$,这样在黏液层里就形成 pH 梯度,近胃腔侧呈酸性(pH 值约为 2.0),邻近胃壁侧呈中性或偏碱性(pH 值约为 6.0)。这种 pH 梯度不仅避免了 $II^+$ 对胃黏膜的直接侵蚀作用,也使胃蛋白酶原在紧邻胃上皮细胞侧不能被激活。同时,黏液凝胶层的分子结构及其表面以共价结合的脂肪酸链构成一道有效屏障,可以阻止胃蛋白酶通过黏液层,因此能够有效地阻止胃蛋白酶对胃黏膜的直接消化作用。正常情况下,胃蛋白酶能够水解胃腔侧表层黏液的糖蛋白,但是表面黏液细胞分泌黏液的速度与表层黏液被水解的速度相等,使黏液层处于动态平衡,从而保持了黏膜屏障的完整性和连续性。

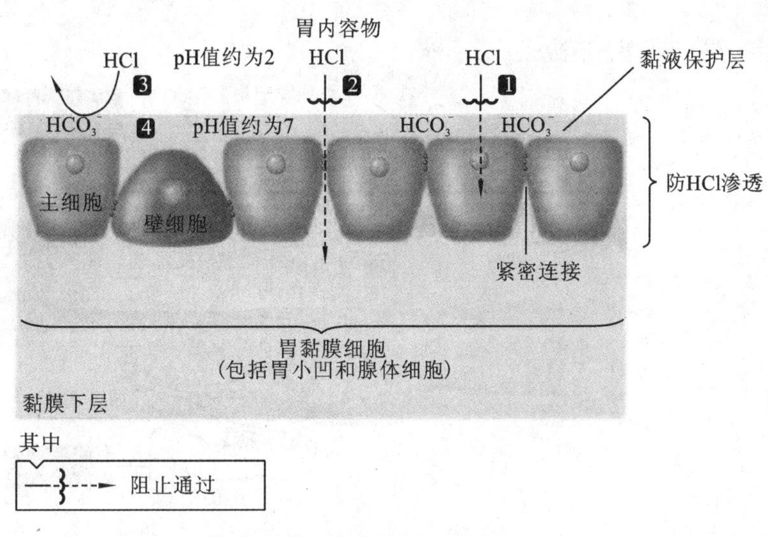


**图 6-8　黏液-碳酸氢盐屏障**

(仿 Sherwood 等,2013)

(4)内因子

**内因子**(intrinsic factor)是壁细胞分泌的一种糖蛋白,可以与进入胃内的蛋白质形成复合物,避免被水解酶破坏。维生素 $B_{12}$ 只有以此复合物的形式,才能在回肠黏膜由特异性受体介导被吸收。胃黏膜萎缩或不能分泌内因子,均会导致维生素 $B_{12}$ 不能被吸收而发生红细胞生成障碍,发生巨幼红细胞症。

6.3.1.2　*胃液分泌的调节*

生理条件下,食物是引起胃液分泌的自然刺激物,不同性质的食物引起胃液分泌的质和量不尽相同。胃液的分泌分为基础分泌和消化期分泌。空腹 12～24 h 后的胃液分泌为基础分泌,除猪、马以外,其他单胃动物胃液的基础分泌很少。基础分泌呈昼夜节律,清晨分泌量最低,夜间分泌量高。

(1)胃液分泌

由进食引起的胃液分泌量的增加,称为消化期分泌。按照接受食物刺激部位的先后,将胃液分泌分为头期、胃期和肠期,实际上这三个时期几乎是同时开始、互相重叠的。

**头期**(cephalic phase)的胃液分泌是食物进入胃之前胃液分泌量的增加。头期的胃液分泌包括条件反射和非条件反射性的分泌。前者是由食物的形状、气味、声音等刺激视、嗅、听等感受器引起的,需要大脑皮层的参与。后者是当咀嚼和吞咽食物时,刺激口腔和咽部等处的机械和化学感受器而引起的,神经冲动经第Ⅴ、Ⅶ、Ⅸ、Ⅹ对脑神经传至中枢(延髓、下丘脑、边缘叶、大脑皮层),反射性引起胃液分泌,传出神经为迷走神经。迷走神经兴奋不仅直接促进胃腺分泌,而且能够刺激幽门部黏膜的 G 细胞和嗜铬样细胞分别释放胃泌素和组胺,间接促进胃液分泌。头期的胃液分泌受神经-体液调节(图 6-9)。

头期胃液分泌的特点：潜伏期较长，分泌延续的时间较长，胃液分泌量大，胃液中胃蛋白酶的含量高，消化力强。胃液的分泌量与食欲有关，对于喜爱的食物可以大量分泌，对于厌恶的食物则分泌量很少，甚至不分泌。

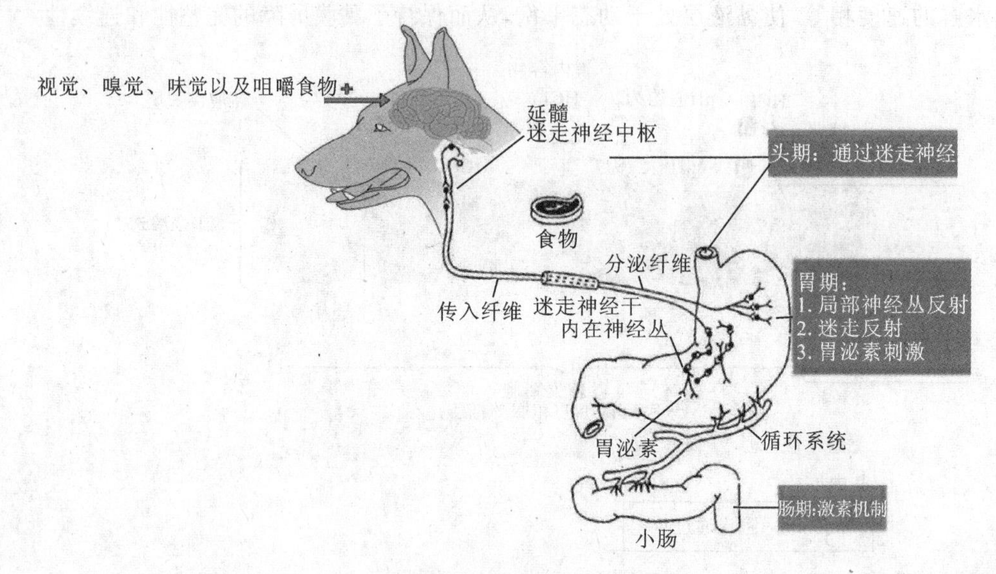


**图 6-9　胃液分泌的调节**

食物进入胃以后，刺激胃部的机械感受器和化学感受器而引起的胃液分泌，称为**胃期**(gastric phase)胃液分泌。其分泌量约占进食后总分泌量的 60%。胃期分泌的主要机制如下：① 扩张刺激胃底、胃体部感受器，通过壁内神经丛的局部反射促进胃液分泌；② 迷走-迷走长反射(vagus-vagus reflex)直接或通过刺激胃泌素的释放间接引起胃液分泌；③ 扩张刺激胃幽门部的感受器，通过壁内神经丛促进 G 细胞分泌胃泌素；④ 化学物质，尤其是蛋白质的消化产物如多肽、氨基酸直接作用于胃幽门部 G 细胞也能引起胃泌素的释放，继而促进胃液分泌(图6-9)，但是糖和脂肪类食物对胃泌素释放的刺激作用不强。

**肠期**(intestinal phase)是指食糜进入十二指肠，由于扩张以及蛋白质消化产物对于肠壁刺激也能引起的胃液分泌。当切断支配胃的外来神经，食物对小肠的刺激仍可引起胃液分泌，说明肠期的胃液分泌主要受体液调节。当食糜刺激十二指肠的 G 细胞后，释放胃泌素。食糜还可以刺激十二指肠黏膜，使其释放**肠泌酸素**(entero-oxyntin)，促进胃酸的分泌。此外，小肠吸收氨基酸以后，被吸收的氨基酸也可能参与肠期的胃液分泌。肠期胃液的分泌特点是分泌量很少，约占进食后总分泌量的 10%。

综上所述，在进食过程中，胃液分泌的三个时期是相互重叠的，其中，头期和胃期的胃液分泌占有重要位置。在胃液分泌调节中，神经和体液调节是密不可分的。

(2)胃液分泌的抑制

对消化期的胃液分泌，除了存在兴奋性调节之外，还存在抑制性调节。对胃液分泌的抑制因素主要是盐酸、脂肪和高渗溶液。

盐酸：胃腺分泌盐酸，但当盐酸分泌量增多，胃窦部 pH 值降至 1.2～1.5 时又可反过来抑制胃液的分泌，这是一种负反馈的调节作用。盐酸直接刺激胃黏膜中的 G 细胞，抑制胃泌素的释放。盐酸可刺激胃黏膜中的 D 细胞释放生长抑素，后者抑制盐酸和胃蛋白酶的分泌。盐酸还可以刺激十二指肠黏膜的S细胞分泌胰泌素，后者对胃酸的分泌具有显著的抑制作用。

脂肪：脂肪及其消化产物进入小肠对小肠黏膜的刺激，使之产生抑制性物质，抑制胃酸、胃蛋白酶的分泌和胃的运动，该物质被我国生理学家林可胜命名为**肠抑胃素**(enterogastrone)，但是该物质至今尚未被提纯，目前认为可能是几种具有抑制作用的胃肠激素总称，小肠黏膜中的抑胃肽、神经降压素等多种胃肠激素都具有类似肠抑胃素的特性。

高渗溶液：高渗溶液对小肠壁渗透压感受器的刺激，通过**肠-胃反射**(enterogastric reflex)抑制胃液的分泌；同时它还能刺激小肠黏膜释放抑制胃液分泌的胃肠激素，但是，其机制尚未被阐明。

此外，胃液分泌还受到情绪、精神状态的影响。胃的黏膜和肌层中存在大量的前列腺素，前列腺素能够显著地抑制由摄食、胃泌素所引起的胃液分泌，迷走神经兴奋和胃泌素都能够促进前列腺素的分泌。

## 6.3.2　胃的运动

胃的运动使胃能够容纳食物，并对食物进行机械性消化，研磨食物，使之与胃液混合，将食糜向十二指肠推送。

### 6.3.2.1　胃的运动形式

(1)容受性舒张

当动物咀嚼和吞咽时，由于食物对咽、食管等部位感受器的刺激，引起胃壁平滑肌的舒张，使胃的容量增加，能够容纳大量的食物，而胃内压力不会有大幅度的改变，称为**容受性舒张**(receptive relaxation)。容受性舒张是一种反射活动，其传入神经和传出神经均是迷走神经，切断双侧迷走神经，反射即消失，故属于**迷走-迷走反射**(vagus-vagus reflex)，其传出神经为抑制性纤维，神经递质为多肽，因而称为肽能神经纤维。

(2)紧张性收缩

胃壁平滑肌经常保持一定程度的缓慢而持续的收缩状态，称为**紧张性收缩**(tonic contraction)。它使胃能够维持一定的形状，维持和提高胃内压力，促使胃液渗入食糜，有利于化学性消化。当胃内充满食物时，胃壁紧张性收缩又恢复，并且在消化过程中，随着胃内容物的减少，胃紧张性收缩逐渐加强，胃内压也随之升高。

(3)蠕动

食物进入胃以后5 min左右胃开始蠕动，蠕动波自胃大弯开始，有节律地向幽门方向传播。动物进食以后，胃的蠕动是一波未平、一波又起，蠕动波初起时是小波，在传播过程中逐渐增强，当接近幽门时增强明显，故有“幽门泵”之称。大多数蠕动波到达幽门，但亦有到达胃窦即行消失，有的甚至可以传播到十二指肠(图6-10)。

蠕动的生理意义在于搅拌和粉碎食物，使食物与胃液充分混合，形成食糜，有利于胃液进行化学性消化；其次，推进胃内容物，使之向幽门部位移行进入十二指肠。

### 6.3.2.2　胃的排空

食物由胃排入十二指肠的过程称为**胃排空**(gastric emptying)。胃的收缩是胃排空的动力，胃幽门部的括约肌控制胃肠通道，静息时，幽门括约肌呈紧张性收缩，幽门处的压力高于胃

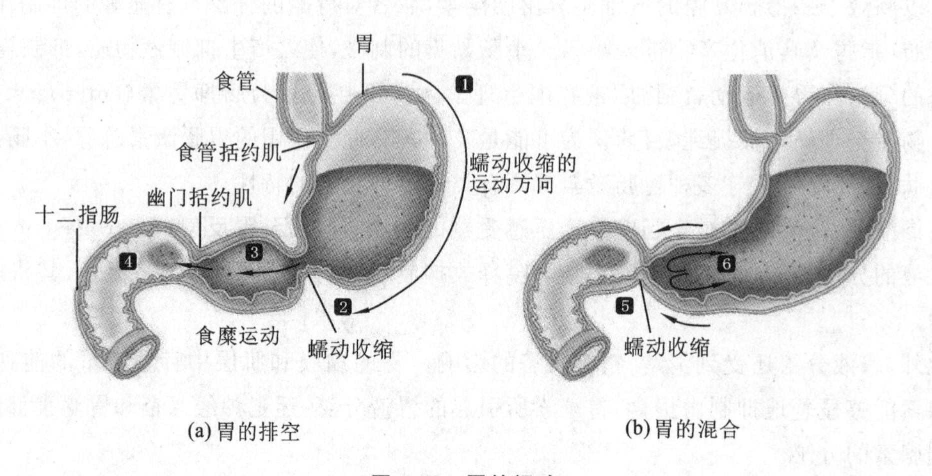


(a) 胃的排空　　(b) 胃的混合

**图 6-10　胃的蠕动**

(仿 Sherwood 等,2013)

内(图 6-10),从而限制食物过早地进入十二指肠,保证食物在胃内被充分研磨,同时亦可以防止十二指肠的内容物向胃逆流。

胃的排空速度受食物理化特性的影响。一般流体的食物比固体的排空快,颗粒小的食物比大块食物排空快。在三种主要营养物质中,糖类排空最快,蛋白质次之,脂肪排空最慢。排空速度除与食物性质有关外,不同家畜或同一家畜处于不同的生理状态,其排空速度也不相同。一般肉食性动物排空较快,采食后 4～6 h 即可排空;猪和马排空速度较慢,通常饲喂后 24 h 还留有食物残渣。此外,正常情况下,动物安静休息时胃排空较快,惊恐、疲劳时排空则受到抑制。

在非消化期内胃的运动是间歇性强力收缩,并伴有较长的静息期的周期性运动,这种运动又称为**移行性复合运动**(migrating motor complex,MMC),胃的 MMC 变化起始于胃体上部向肠道方向扩布,空腹时胃的排空间断进行,蠕动波抵达幽门时,幽门并不关闭,而保持开放状态,使胃内残余物、咽下的唾液、胃黏液、胃黏膜的脱落物可连续排入十二指肠。

6.3.2.3　呕吐

呕吐是将胃内容物从食管经口腔强力驱出的动作。机械的和化学的刺激作用于舌根、咽部、胃、大(小)肠、胆总管、泌尿与生殖器官等处的感受器,都可以引起呕吐。呕吐开始时,先是深吸气,声门紧闭,胃和食管舒张,随着膈肌、腹肌的猛烈收缩,挤压胃内容物通过食管而进入口腔。呕吐时,十二指肠和空肠上段蠕动增快,并可转为痉挛。由于胃舒张而十二指肠收缩,平时的压力差倒转,使十二指肠内容物倒流入胃,因此,呕吐物中常混有胆汁和小肠液。

呕吐的所有活动都是反射性的。呕吐中枢的位置在延髓外侧网状结构的背外侧缘。呕吐中枢在结构上和功能上与呼吸中枢、心血管中枢均有密切联系,通过协调这些邻近中枢的活动,在呕吐时产生复杂的协同反应。

## 6.3.3　单胃动物的胃内消化

食糜进入胃后,在胃液的酸性环境中,唾液淀粉酶的作用停止,淀粉在胃内几乎没有变化;其他的碳水化合物,如纤维、半纤维素等因为没有相应的酶,在胃内也没有被消化,胃中的食物消化主要表现为蛋白质的消化。饲料中的蛋白质在胃内盐酸的作用下变性，立体的结构被分解成单股，肽键暴露；在胃蛋白酶的作用下，蛋白质分子降解为蛋白胨、朊及少量小肽和氨基酸。胃蛋白酶对乳中的酪蛋白有凝固作用，乳凝固成块后在胃中停留时间延长，有利于哺乳期幼畜的充分消化。

## 6.4 复胃消化

反刍动物的复胃具有四个胃室，分别为瘤胃、网胃、瓣胃和皱胃。前三个胃室总称为前胃，前胃的黏膜没有胃腺，食物在前胃内受到机械性消化和微生物消化，第四室皱胃的消化与单胃相似，依靠酶进行消化（图 6-11）。复胃消化的特点是在瘤胃内对食物进行复杂的微生物消化。

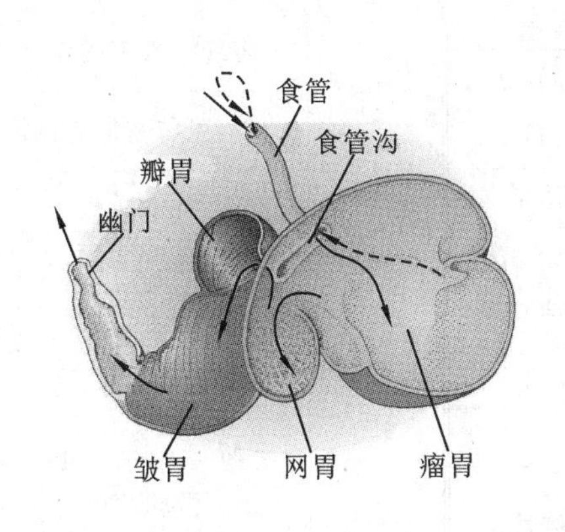


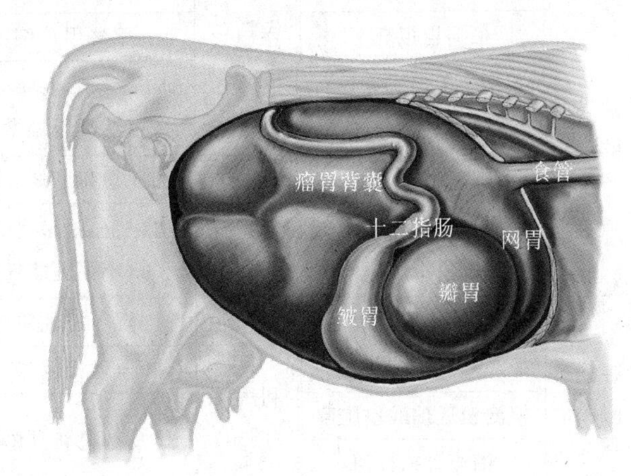


**图 6-11　反刍动物复胃的结构与位置**

（仿 Sjaastad 等，2013）

### 6.4.1　瘤胃内的微生物及其生存环境

**码 6-2　复胃结构与瘤胃微生物**

#### 6.4.1.1　瘤胃内的微生物

反刍动物的瘤胃内存在大量的厌氧微生物，主要有纤毛虫、细菌和真菌。它们的种类及数量与饲料、动物年龄等因素有关。

（1）细菌

细菌是瘤胃内最主要的微生物，每克瘤胃内容物中有 $1.5\times10^{10}\sim2.5\times10^{10}$ 个。已经过鉴定的细菌有 200 多种，有糖类分解菌、纤维素分解菌、蛋白质分解菌、淀粉分解菌、尿素分解菌、产甲烷菌以及合成维生素的细菌（表 6-1）。细菌在分解纤维素和蛋白质的同时能利用瘤胃内的短链碳水化合物（碳源）和 $NH_3$（氮源）合成自身的**菌体蛋白**（microbial protein，MCP）。在蛋白质缺乏的条件下，在粗纤维饲料中适当添加尿素等氮源有利于 MCP 的合成。当细菌随食糜进入皱胃和小肠内被消化时，可被相关酶分解，为宿主提供蛋白质营养。

表 6-1　瘤胃中细菌的种类

| 类别 | 属或种 |
|---|---|
| 分解纤维素的菌 | 产琥珀酸拟杆菌 |
| | 黄化瘤胃球菌 |
| | 白色瘤胃球菌 |
| | 溶纤维素丁酸弧菌 |
| 分解半纤维素的菌 | 溶纤维素丁酸弧菌 |
| | 栖瘤胃拟杆菌 |
| | 瘤胃球菌属 |
| 分解果胶的菌 | 溶纤维素丁酸弧菌 |
| | 栖瘤胃拟杆菌 |
| | 多生柔毛螺旋菌 |
| | 溶糊精琥珀酸弧菌 |
| | 牛链球菌 |
| | *Treponema bryantii*（布莱恩特密螺旋体菌） |
| 分解淀粉的菌 | 嗜淀粉拟杆菌 |
| | 牛链球菌 |
| | 解淀粉琥珀酸单胞菌 |
| | 栖瘤胃拟杆菌 |

| 类别 | 属或种 |
|---|---|
| 分解尿素的菌 | 溶糊精琥珀酸弧菌 |
| | 新月单胞菌属 |
| | 栖瘤胃拟杆菌 |
| | *Ruminococcus bromii*（溴化瘤胃杆菌） |
| | 丁酸弧菌属 |
| | 密螺旋体菌属 |
| 产甲烷的菌 | 反刍兽甲烷短杆菌 |
| | 甲醛甲烷细菌属 |
| | *Methanomicrobium mobile*（运动甲烷微菌） |
| 利用葡萄糖的菌 | 布莱恩特密螺旋体菌属 |
| | *Lactobacillus vitulinus*（小牛乳酸杆菌） |
| 利用酸的菌 | 反刍兽乳酸杆菌 |
| | 埃氏巨球菌 |
| | 反刍兽新月单胞菌 |

| 类别 | 属或种 |
|---|---|
| 分解蛋白质的菌 | 牛链球菌 |
| | 嗜淀粉拟杆菌 |
| | 反刍兽拟杆菌 |
| | 溶纤维素丁酸弧菌 |
| 产生氨的菌 | 反刍兽拟杆菌 |
| | 埃氏巨球菌 |
| | 反刍兽新月单胞菌 |
| 利用脂肪的菌 | 溶脂嫌气弧菌 |
| | 溶纤维素丁酸弧菌 |
| | 布莱恩特密螺旋体菌 |
| | 真细菌属 |
| | *Fusocillus* sp.（梭尾菌属） |
| | *Micrococcus* sp.（微球菌属） |

(2)纤毛虫

纤毛虫又称**原虫**(protozoa)。每克瘤胃内容物中可达 $4\times10^6$ 个,家养反刍动物瘤胃中的纤毛虫有 60 多种,主要包括头毛虫属、前毛虫属、双毛虫属、密毛虫属、内毛虫属等(表 6-2)。野生反刍动物瘤胃中纤毛虫的种类少于家养的反刍动物。

(3)真菌

瘤胃中已明确的真菌种类约有 14 种,真菌的数量尚没有确切可靠的数据。营养生长期的真菌称为孢子,孢子囊产生鞭毛,依靠鞭毛在液体中游动,直至附着到食物颗粒上。一旦附着在食物颗粒上,则很难计算其数量。真菌依靠菌丝附着在植物细胞壁上,依靠菌丝分泌的酶,如纤维素酶、木聚糖酶、糖苷酶、半乳糖醛酸酶、蛋白酶等破坏植物细胞壁结构,降低植物纤维的强度,使细菌和纤毛虫得以进入细胞壁内部进行分解,提高粗纤维的消化率。尽管真菌对饲料的总体消化率不如细菌,但由于真菌分泌的纤维素酶高于细菌,因此它对粗饲料的发酵分解更加有效。

(4)微生物之间的关系

瘤胃内的微生物不仅与宿主(动物)共生,微生物之间也存在着复杂的关系,各种微生物之间相互制约、相互依存。如白色瘤胃菌可以消化纤维素,但不能分解蛋白质;反刍兽拟杆菌可以消化蛋白质,但不能分解纤维素。二者在瘤胃内发酵时,前者分解纤维素所产生的己糖为后者提供能量,后者分解蛋白质为前者提供合成 MCP 的原料氨基酸和 $NH_3$。又如纤毛虫和细菌在饲料充足时，它们之间可以协作分解淀粉和纤维，纤毛虫可利用细菌的酶分解营养物质，有的细菌还可以共生于纤毛虫体内。在食物缺乏时，纤毛虫还可以吞噬细菌，把细菌作为营养源，限制细菌的数量。

表 6-2　反刍动物瘤胃内纤毛虫的类别及其百分比　（单位：%）

| 动物 | 贫毛虫科 | | | | 全毛虫科 |
|---|---|---|---|---|---|
| | 头毛虫属 | 双毛虫属 | 内毛虫属 | 前毛虫属 | 均毛虫属、密毛虫属 |
| 水牛 | 0 | 31.4 | 67.8 | 0.2 | 0.6 |
| 黄牛 | 0 | 28.3 | 68.0 | 3.3 | 0.4 |
| 骆驼 | 0.2 | 13.6 | 60.7 | 23.8 | 1.7 |
| 山羊 | 1.5 | 22.7 | 62.8 | 6.3 | 6.7 |

6.4.1.2　瘤胃内微生物生存的条件

反刍动物必须依赖微生物对植物性食物的发酵获得生长所需的营养物质和能量。同时，动物瘤胃为微生物提供了一个相对恒定的、不断有营养供给的生存环境。瘤胃内微生物种类多、数量大，关系复杂，各种因素间相互作用，构成适宜微生物繁殖的微生态环境，该环境有以下特点。①温度稳定：瘤胃内温度一般稳定在 39～41 ℃。②pH 值稳定：瘤胃内饲料发酵产生的酸被不断流入的唾液中的 $HCO_3^-$ 中和，产生的乙酸、丙酸、丁酸等**挥发性脂肪酸**（volatile fatty acids，VFA）被吸收进入血，pH 值通常维持在 5.5～7.5。③瘤胃内渗透压与血浆接近。④高度缺氧：厌氧环境是微生物必需的条件之一，即使随食物进入瘤胃少量氧气，也很快被微生物消耗，其背囊中的气体主要是发酵产生未被吸收的 $CO_2$、$CH_4$ 以及少量的 $N_2$、$H_2$ 等气体。⑤均匀稳定的营养：饲料和水相对稳定地进入瘤胃，瘤胃节律性地运动，可使未消化的食物与微生物均匀地混合，并不断地把瘤胃内容物向前推送，为微生物繁殖提供营养物质。因此，瘤胃是一个良好的、适合多种微生物共存和生长的生态体系，相当于一个发酵罐。

瘤胃是人们研究微生物及其各种功能的重要场所。为了方便研究，常常在瘤胃上手术安装瘤胃瘘管。安装瘤胃瘘管相当于在动物的瘤胃上开了一个“窗口”，可以随时观察和检测瘤胃内微生物的变化和饲料的消化代谢状况。

## 6.4.2　复胃动物的消化过程与特点

复胃消化是典型的微生物消化。瘤胃相对容积大，每天消化碳水化合物（主要包括淀粉和纤维素、半纤维素等）的量占总采食量的 50%～55%。饲料进入瘤胃后，在微生物作用下，发生一系列复杂的消化代谢，发酵产生各种代谢产物，供微生物合成 MCP 和维生素等营养物质供宿主（动物）机体利用，对反刍动物具有重要的意义。

6.4.2.1　碳水化合物的消化与吸收

（1）纤维的消化吸收

前胃是反刍动物消化粗饲料的主要场所，饲料中粗纤维被反刍动物采食后，在口腔中不发生变化。进入瘤胃后，在瘤胃微生物的作用下进行发酵。瘤胃细菌分泌的纤维素酶将纤维素和半纤维素分解为 VFA、$CO_2$ 和甲烷（$CH_4$）。产生的 VFA 约 75%经瘤胃壁吸收，约 20%经皱胃和瓣胃壁吸收，约 5%经小肠吸收。碳原子含量越多，吸收速度越快，丁酸吸收速度快于丙酸，丙酸快于乙酸。VFA 通过血液循环进入肝脏等组织参与代谢，通过三羧酸循环形成高能磷酸化合物(ATP),以供动物利用。此外,乙酸、丁酸还可用于合成乳脂肪中短链脂肪酸,有提高乳脂率的作用;丙酸是合成葡萄糖的原料,在肝脏生成葡萄糖被动物利用,而葡萄糖又是合成乳糖的原料。瘤胃中未分解的纤维素,进入盲肠、结肠后进一步消化。

(2)淀粉的消化吸收

反刍动物唾液中淀粉酶含量少、活性低,饲料中的淀粉在口腔中几乎不被消化。进入瘤胃后,在细菌的作用下发酵分解为VFA和$CO_2$,VFA的吸收代谢与前述相同。瘤胃中的纤毛虫具有吞噬淀粉的作用,将淀粉储存在体内,一些纤毛虫在分解淀粉的同时还产生$CO_2$和$CH_4$。瘤胃中未消化的淀粉(过瘤胃淀粉)与其他食糜转移至小肠消化。

瘤胃微生物在发酵碳水化合物的同时,还能把分解出来的单糖和双糖转化成自身的糖原,储存于细胞内。当它们随食物经过皱胃和小肠时,随着微生物的解体,其糖原可被宿主利用,成为反刍动物葡萄糖的来源之一。

6.4.2.2　蛋白质的消化与吸收

由于瘤胃中微生物的作用,对蛋白质和含氮化合物的消化利用与单胃动物有很大的不同。

(1)饲料蛋白质在瘤胃中的降解

饲料蛋白质进入瘤胃后,50%~70%的饲料蛋白质被微生物分解为多肽和氨基酸,肽和氨基酸除直接被微生物直接利用合成MCP外,一些肽和氨基酸还被微生物进一步分解为有机酸和$NH_3$,瘤胃中游离的氨基酸很少。微生物还可以利用瘤胃代谢过程中产生的丰富的有机酸和$NH_3$合成MCP。瘤胃中的$NH_3$还可以经瘤胃壁吸收进入血液,经门静脉进入肝脏代谢。在肝细胞内通过鸟氨酸循环生成尿素,产生的尿素一部分(20%左右)通过肾脏代谢随尿排出,另一部分(80%左右)经唾液返回瘤胃再次被利用,这一过程称为**尿素再循环**(urea recirculation)(图6-12)。尿素再循环对反刍动物蛋白质代谢具有重要意义,它可以提高饲料蛋白质的利用效率,减少食入蛋白质资源的浪费,并可使食入的低质蛋白质被细菌充分利用以合成优质的MCP供宿主动物利用,同时也为开发利用其他蛋白质资源提供了条件。在蛋白质饲料匮乏的情况下,尿素再循环就显得尤为重要。如给骆驼饲喂低蛋白质含量的饲料时,其代谢产生的尿素几乎全部用于合成MCP,排出的尿中几乎不含尿素。

饲料蛋白质中被瘤胃微生物分解的部分称为**瘤胃降解蛋白质**(rumen degraded protein, RDP),不被瘤胃分解的部分称为**过瘤胃蛋白**(rumen undegraded protein,RUP)。被瘤胃降解的那部分饲料蛋白质所占的百分比称为降解率。各种饲料蛋白质在瘤胃中的降解速度和降解率不一样,蛋白质溶解性愈高,降解愈快,降解率也愈高。

除蛋白质外,饲料中的**非蛋白氮**(non-protein nitrogen,NPN)如尿素、铵盐、酰胺、氨基酸等也可以被瘤胃微生物分解产生$NH_3$并用于合成MCP。在饲料蛋白质缺乏的情况下,可人为地适量添加NPN以增加MCP产量。

(2)微生物蛋白质的产量和品质

瘤胃中80%的微生物能利用$NH_3$,其中26%可全部利用$NH_3$,55%可以利用$NH_3$和氨基酸,少数的微生物能利用肽。瘤胃微生物能在氮源和能量充足的情况下,合成足以维持正常生长和一定产奶量的蛋白质。

瘤胃合成的MCP组成和结构与动物体的蛋白质组成和结构相近,优于大多数谷物蛋白质,与豆饼和苜蓿叶蛋白质相当,利用效率较高,因此,应采取措施提高MCP产量。通常采取以下几个方面的措施:①合理调整日粮结构,为瘤胃微生物提供充足的碳源和氮源,满足其合成MCP的需要;②适当使用NPN。反刍动物只有在RDP缺乏的情况下才能有效地利用

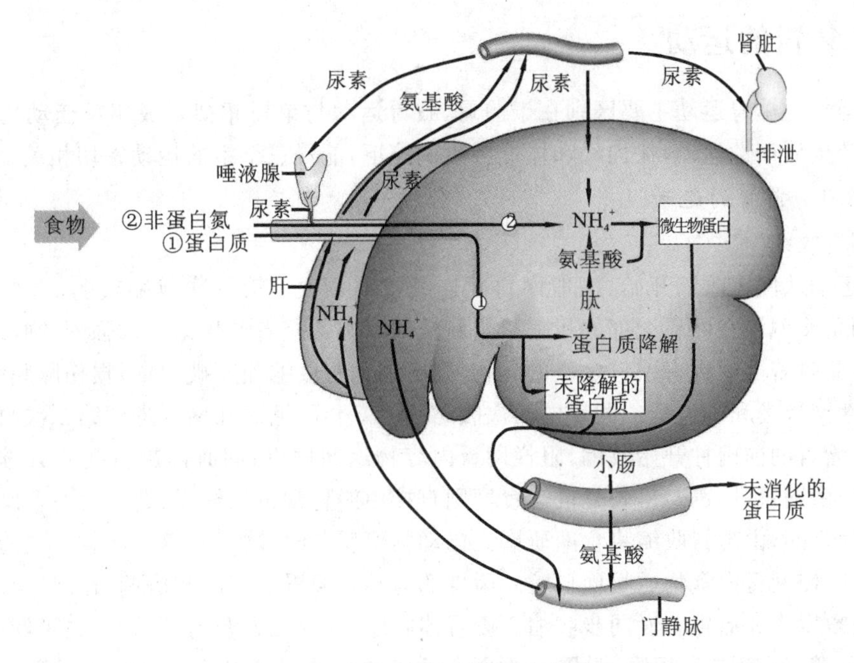


**图 6-12 瘤胃内蛋白质的消化与代谢**

（仿 Sjaastad 等，2013）

NPN，过多或不当地使用 NPN 易引起动物 $NH_3$ 中毒。③碳源和氮源同步释放，使 MCP 合成量最大。瘤胃中 NPN 分解的速度很快，而碳水化合物的分解速度较慢，两者释放不同步。常见的措施是控制 NPN 的分解，使其与碳水化合物的分解同步。

瘤胃微生物虽然能将低品质的饲料蛋白质转化为优质的 MCP，但它也可将饲料中优质的蛋白质降解，这无疑是一种浪费。因此，需对饲料中的优质蛋白进行预处理加以保护，以免被微生物分解，增加皱胃和十二指肠食糜中的 RUP 流量，提高蛋白质的整体利用效率。蛋白质在皱胃和小肠进行的消化和吸收与单胃动物相似。

6.4.2.3 脂肪的分解与合成

瘤胃中的微生物能够水解饲料中的脂肪，生成甘油和各种脂肪酸（包括饱和脂肪酸和不饱和脂肪酸），甘油很快被微生物分解成 VFA。不饱和脂肪酸在瘤胃中经过微生物的加氢作用可转化为饱和脂肪酸，脂肪酸进入小肠后被消化吸收，随血液运送至体组织，变成体脂储存于脂肪组织中，反刍动物的体脂中饱和脂肪酸的含量比单胃动物高。细菌还能够合成少量奇数碳的脂肪酸、支链脂肪酸以及脂肪酸的各种反式异构体，饲料中脂肪的水平能够影响其脂肪酸合成，脂肪含量较高，脂肪酸的合成量亦多；反之，则合成量少。瘤胃微生物体内的脂肪酸主要以膜磷脂或游离脂肪酸的形式存在。

6.4.2.4 维生素的合成

瘤胃中的微生物能够合成 B 族维生素（如生物素、吡哆醇、泛酸、维生素 $B_{12}$、维生素 $B_1$）和维生素 K，因此，成年反刍动物的饲料中即使缺少这类维生素，也不影响其健康。如果饲料中缺乏钴，瘤胃微生物合成维生素 $B_{12}$ 就受到限制，可能出现维生素 $B_{12}$ 缺乏症。幼龄反刍动物因为瘤胃发育不完善，瘤胃微生物区系尚未完全建立，可能出现维生素缺乏症。

## 6.4.3 复胃的运动

复胃运动与单胃运动主要区别在于前胃,皱胃运动与单胃相似。成年反刍动物的前胃能够自发地产生周期性运动,在神经和体液因素调控下,前胃三个室的运动密切相关、相互协调。

6.4.3.1 前胃的运动

(1)网胃收缩

前胃运动从网胃收缩开始,一般网胃要连续收缩2次。第一次收缩较弱,收缩一半即舒张,其作用是将飘浮在网胃上部的粗饲料重新压回瘤胃。接着产生第二次强烈的收缩,其内腔几乎消失,此时若网胃内有铁钉之类的异物,则可因网胃收缩而刺破胃壁,损伤膈膜和心包膜,发生创伤性网胃炎和心包炎。网胃的两次收缩称为双相收缩。在网胃进行第二次收缩尚未达到高峰时,瘤胃的前肉柱开始收缩,阻拦网胃内容物返回瘤胃;同时网瓣胃孔开放,瓣胃舒张,一部分食物由网胃进入瓣胃,若是液态食糜则直接由瓣胃沟进入皱胃;若是固态食糜即被挤入瓣胃的叶片之间,由瓣胃收缩将食糜研磨。当动物要反刍时,网胃在第一次收缩之前进行一次附加的收缩,使网胃内食物逆呕回口腔。瓣胃的运动和瘤胃的运动相协调,在网胃收缩的间隔期,恰好是瓣胃沟和瘤胃背囊同步收缩。瓣胃体收缩,其内压力升高,网瓣口关闭,瓣胃内食物不能返回网胃;而瓣皱孔开放,瓣胃中的食糜迅速被推送到皱胃。瓣胃推动食糜的速度受瘤胃、网胃和皱胃内食糜容量的影响,瘤胃内容物增多或皱胃中食糜减少,都可引起瓣胃推移食糜速度加快。有时瓣胃收缩,瓣皱孔呈关闭状,网瓣孔开放,因此瓣胃内的部分食糜会被推回到网胃,其功能可能是清除瓣胃中的较大颗粒状食糜。

(2)瘤胃收缩

当网胃第二次收缩至高峰时,瘤胃开始收缩。瘤胃的收缩波开始于瘤胃前庭,再沿着背囊向后经后背盲囊、后腹盲囊传到腹盲囊,终止于瘤胃前部,这是瘤胃的原发性收缩,称为A波。它使食物在瘤胃内按着由前向后,再由后向前的顺序和方向移动并混合(图6-13)。

瘤胃在A波收缩之后,有时还可能发生一次单独的附加收缩,这是瘤胃的继发性收缩,称为B波。B波开始于瘤胃后腹盲囊或同时开始于后腹盲囊和后背盲囊,然后由后向前,最后到达主腹囊。瘤胃继发性收缩与动物的嗳气有关。

(3)神经调节

咀嚼时饲料刺激口腔黏膜感受器,食物进入前胃时刺激机械和压力感受器,反射性引起前胃运动加强,刺激网胃感受器,不仅收缩加快,还出现反刍动作。前胃运动调节中枢在延髓,高级中枢在大脑皮层(图6-13)。传出神经为迷走神经和交感神经。迷走神经兴奋,前胃运动加强;交感神经兴奋,前胃运动被抑制。前胃的运动还受后面胃肠状态的影响,如皱胃充满时,瘤胃和网胃运动减弱;刺激十二指肠的化学感受器能抑制前胃的运动。

6.4.3.2 反刍

反刍动物摄食时没有充分咀嚼饲料就吞咽入瘤胃,饲料在瘤胃内经一定时间的浸泡、软化和发酵,休息时胃内容物又被**逆呕**(regurgitation)至口腔进行仔细咀嚼,再次吞咽的特殊消化过程称为**反刍**(rumination)。反刍包括逆呕、再咀嚼、与唾液再混合以及再吞咽四个阶段。逆呕是一个复杂的反射活动,瘤胃内的大颗粒饲料刺激位于网胃、瘤胃前庭以及食管沟黏膜上的感受器,由迷走神经将兴奋传到延髓呕吐中枢,再经传出神经(迷走神经、膈神经和肋间神经)传到网胃、食管、呼吸肌以及与咀嚼、吞咽相关的肌群。

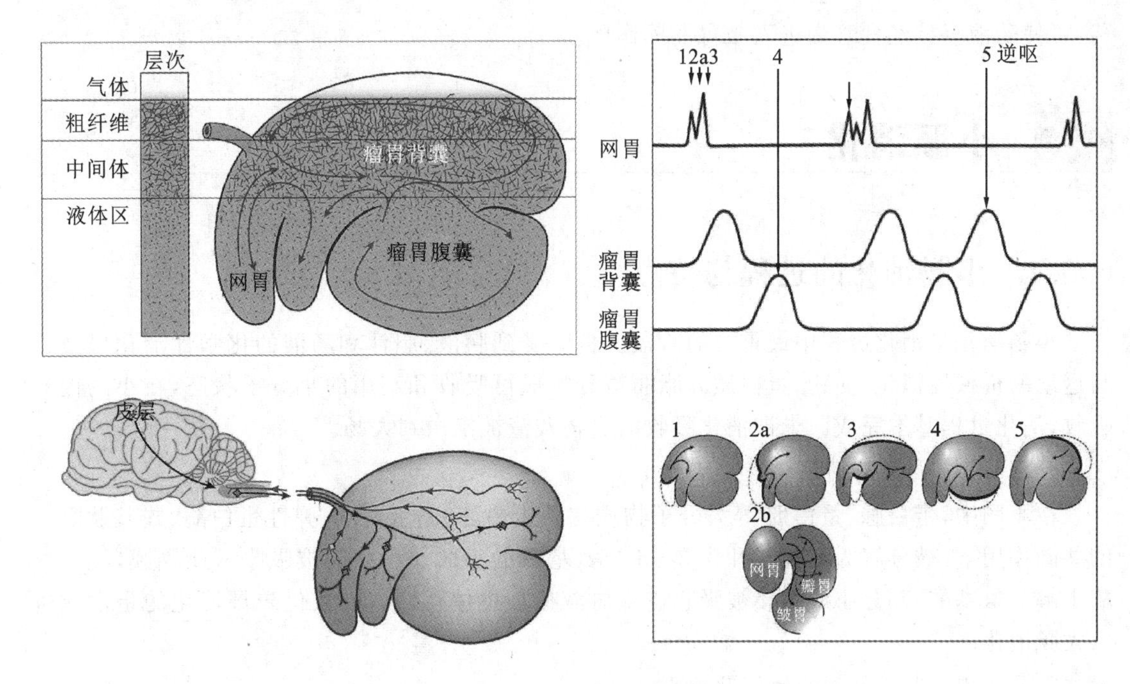


**图 6-13　前胃运动及其调节**

(仿 Sjaastad 等,2013)

6.4.3.3　气体的产生与嗳气

瘤胃微生物在发酵过程中除产生 VFA 外,还不断产生其他气体。如成年牛一昼可产生气体 600～1300 L,主要是 $CO_2$、$CH_4$。气体的组成随饲料种类和饲喂时间不同而有显著差异。瘤胃中的气体约 1/4 通过瘤胃壁吸收,进入血液,经肺排出;小部分被微生物利用,另有小部分随粪便排出,大部分以嗳气的方式排出。

不能被瘤胃吸收的气体在瘤胃蠕动的作用下由食管排至体外的现象称为**嗳气**(eructation)。瘤胃发酵产生的 $CO_2$、$CH_4$ 等气体在瘤胃背盲囊蓄积;随着气体量的增加,对瘤胃壁的刺激增强,其收缩运动也加强,继发性的收缩使背盲囊的气体向瘤胃前庭移动,同时贲门舒张,气体进入食管;当食管充满气体时,贲门括约肌收缩,咽食管括约肌舒张,随着食管收缩,气体进入鼻咽腔,然后鼻咽括约肌收缩,大部分气体经口腔逸出,少量气体经声门进入肺并被吸收入血液。如果瘤胃内残留的气体不能及时排出,将发生瘤胃鼓气。

6.4.3.4　食管沟(网胃沟)反射

**食管沟**(reticular groove)是反刍动物特有的延续食管的潜在管道,起自贲门,经网胃,过瓣胃,直到皱胃。在没有刺激因素时,呈开放或半开放状态。当幼畜吸吮乳汁或液体食物时,刺激了唇、舌、口腔、咽等部位的黏膜感受器,反射性地引起食管沟两边的唇形肌肉卷缩形成密闭或不完全密闭的管状,使乳汁或其他液体食物沿食管-食管沟-瓣胃管直接流入皱胃,避免进入瘤胃发酵。食管沟反射的传入神经为舌神经、舌下神经和三叉神经的咽支,中枢在延髓,传出神经为迷走神经。食管沟反射与吞咽同时发生,与动物吸吮乳汁密切相关,吸吮动作可以反射性引起食管沟两唇闭合成管状。断奶后,随着食物的变化,食管沟反射因长期得不到刺激便会减弱甚至消失。食管沟闭合不全易使乳汁进入瘤、网胃,发生酸败、发酵,引起犊牛腹泻。缺乏吮乳经历或桶内饮奶的犊牛或羔羊易引起食管沟闭合不全。某些无机盐(含 $Cu^{2+}$ 或 $Na^{+}$)溶液可刺激食管沟闭合。如在服药前先用 NaCl 溶液灌服,促使其食管沟反射性闭合,再投喂药,可使药液直接经食管沟进入皱胃发挥作用。

# 6.5 小肠消化

## 6.5.1 小肠消化的过程与特点

小肠消化是消化过程中最重要的阶段。食糜受到胰液、胆汁和肠液的化学性消化以及小肠运动的机械性消化,淀粉、蛋白质和脂肪被分解成可吸收和利用的小分子状态,在小肠内被吸收,消化过程基本完成。未被消化吸收的食物残渣被推送到大肠。

6.5.1.1 蛋白质的消化

在小肠中,蛋白胨、蛋白脲等大分子物质在胰蛋白酶、糜蛋白酶、弹性蛋白酶、羧基肽酶等的共同作用下,被分解为氨基酸和含2～3个氨基酸的小肽。小肽能被吸收入肠黏膜,经二肽酶水解为氨基酸,部分小肽直接被吸收进入血液参加机体代谢。少数仍未被消化的蛋白质进入大肠消化。

6.5.1.2 碳水化合物的消化吸收

食糜进入小肠后,在胰液淀粉酶的作用下淀粉分解为糊精和麦芽糖,麦芽糖在胰、肠麦芽糖酶的作用下分解为葡萄糖并被吸收。小肠内未消化的淀粉在大肠进一步消化。食糜中的纤维素、半纤维素等物质在小肠内不被消化。

6.5.1.3 脂肪的消化吸收

脂肪在胰脂肪酶、肠脂肪酶和胆盐的作用下,分解为甘油、甘油一酯和脂肪酸,甘油一酯和脂肪酸与胆汁结合形成乳糜微粒被肠壁直接吸收。

## 6.5.2 胰液的分泌

码 6-3 胰液的成分及分泌调节

6.5.2.1 胰液的成分与生理功能

胰液由胰腺外分泌部分泌,分泌后经导管进入十二指肠。胰液是无色透明的碱性(pH 7.8～8.4)液体,含有水、电解质($HCO_3^-$、$Na^+$、$Cl^-$、$K^+$等)和有机物,渗透压约与血浆相等。有机物主要是由胰腺腺泡细胞分泌的各种消化酶,包括胰淀粉酶、胰脂肪酶、胰蛋白水解酶(原)以及胰核糖核酸酶和胰脱氧核糖核酸酶等。

(1)碳酸氢盐

碳酸氢盐的主要作用是中和进入十二指肠的胃酸,使肠黏膜免受强酸的侵蚀;同时也提供小肠内多种消化酶活动的最适宜的pH值环境。

(2)胰蛋白水解酶(原)

胰蛋白水解酶类主要包括**胰蛋白酶**(trypsin)、**糜蛋白酶**(chymotrypsin)、**弹性蛋白酶**(elastase)和**羧基肽酶**(carboxypeptidase)等。这些酶从胰腺刚分泌出来都是酶原状态,没有活性。**胰蛋白酶原**(trypsinogen)在肠液中的**肠激酶**(enterokinase或enteropeptidase)的作用下,转变为有活性的胰蛋白酶。此外,胰蛋白酶本身也能使胰蛋白酶原激活,后者称为自身激活。活化的胰蛋白酶还能激活糜蛋白酶原、弹性蛋白酶原和羧基肽酶原,使它们分别转化为相应的酶。胰蛋白酶和糜蛋白酶的作用很相似，都能分解蛋白质为际和胨。当两者共同作用于蛋白质时，则可分解蛋白质为小分子多肽和氨基酸。而羧基肽酶则能分解多肽为氨基酸。正常情况下，胰腺腺泡细胞在分泌蛋白水解酶时，还分泌少量**胰蛋白酶抑制物**(trypsin inhibitor)。胰蛋白酶抑制物是一种多肽，可与微量被活化的胰蛋白酶结合形成无活性的化合物，从而防止胰蛋白酶原在胰腺内被激活而发生自身消化。

(3)胰淀粉酶(pancreatic amylase)

该酶是一种 α-淀粉酶，能将淀粉分解为糊精、麦芽糖及麦芽寡糖，但不能水解纤维素。其最适 pH 值为 6.7～7.0，其水解速度快、效率高。唾液淀粉酶只能水解熟淀粉，而胰淀粉酶可水解生、熟两种淀粉。

(4)胰脂肪酶

**胰脂肪酶**(pancreatic lipase)可分解甘油三酯为脂肪酸、甘油一酯和甘油，其最适 pH 值为 7.5～8.5。胰脂肪酶需与辅脂酶结合才能充分发挥作用，辅脂酶对胆盐微胶粒亲和力较强，三者结合形成脂肪酶-辅脂酶-胆盐配合物，才能牢固地附着在脂肪颗粒表面发挥作用。胰液中还有**胆固醇酯酶**(cholesterol esterase)和**磷脂酶** $A_2$(phospholipase $A_2$)。前者可水解胆固醇酯为胆固醇和脂肪酸；后者在胰脂肪酶的作用下被激活后，可水解底物细胞膜中的卵磷脂，生成溶血性卵磷脂。

(5)其他酶类

胰液中还有胰核糖核酸酶、胰脱氧核糖核酸酶，可分别将核糖核酸和脱氧核糖核酸水解为单核苷酸。胰液中还有胶原酶，可水解食物中的胶原纤维。

6.5.2.2　胰液分泌的调节

在非消化间期，胰液分泌量极少，呈周期性。动物进食以后，胰液分泌量开始增加。按接受食物刺激的先后，可将胰液的分泌分成头期、胃期、肠期。头期又称神经期，主要通过迷走神经来调节胰液的分泌。胃期、肠期的胰液分泌受多种因素的调节，其中肠期的胰液分泌是胰液分泌活动中最重要的环节，受神经、体液双重调节，但以体液调节为主(图 6-14)。

(1)神经调节

食物刺激可以通过条件反射和非条件反射引起胰液分泌，其传出神经主要是迷走神经。迷走神经兴奋引起胰液分泌，其特点是分泌物含有丰富的消化酶，水和 $HCO_3^-$ 的含量很少，因此分泌量不大。

(2)体液调节

促进胰液分泌的体液因素主要是胰泌素和胆囊收缩素。

① 胰泌素：酸性食糜进入十二指肠后，刺激肠黏膜 S 细胞释放的一种多肽激素称为**胰泌素**(secretin)，其主要作用是促使胰腺小导管上皮细胞分泌大量的水和 $HCO_3^-$，因此胰液的分泌量大大地增加，但是消化酶的含量很少。胰泌素是以 cAMP 作为第二信使调节胰液分泌的。引起胰泌素释放的最强刺激因子是盐酸，小肠内引起胰泌素分泌的 pH 阈值为 4.5。其次是蛋白质水解产物和脂肪，糖几乎没有作用。

② **胆囊收缩素**(cholecystokinin，CCK)：CCK 是由小肠黏膜 I 细胞释放的一种肽类激素。其主要作用是促进胰腺腺泡分泌各种消化酶，促进胆囊收缩，排出胆汁，对水和 $HCO_3^-$ 的促分泌作用较弱。CCK 与胰泌素具有协同作用。

(3)胰液分泌的其他影响因素

支配胰腺的神经末梢含有**血管活性肠肽**(vasoactive intestinal peptide, VIP)，盐酸、脂肪

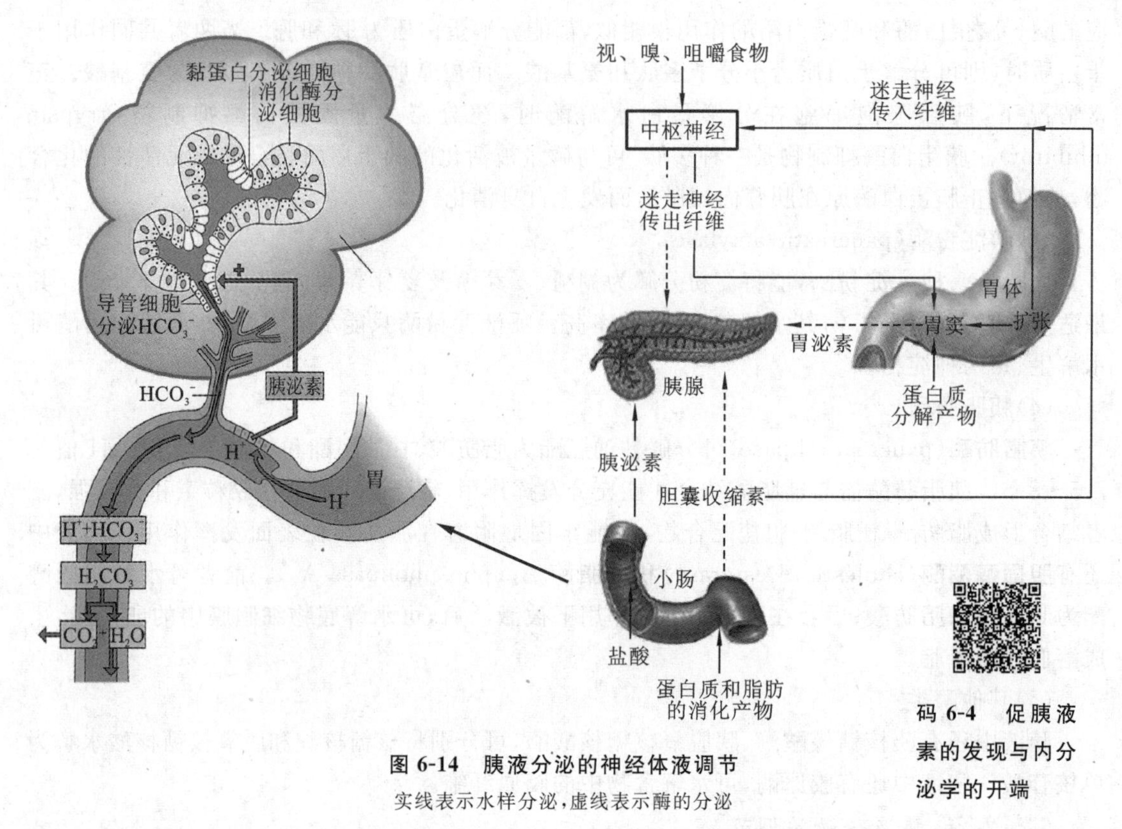


图 6-14 胰液分泌的神经体液调节

实线表示水样分泌,虚线表示酶的分泌

码 6-4 促胰液素的发现与内分泌学的开端

等可促进 VIP 的释放。VIP 与相应受体结合后,可强化小剂量胰泌素引起的胰液分泌增加,但对大剂量胰泌素的作用则可发生竞争性抑制。甲状旁腺素、心钠素等可促进胰酶的分泌,胰多肽、生长抑素等则抑制胰液的分泌。

## 6.5.3 胆汁的分泌

### 6.5.3.1 胆汁的成分与生理功能

**胆汁**(bile)是由肝细胞合成并持续分泌的一种有色、黏稠、带苦味的呈弱碱性(pH 7.1~8.5)的液体。胆汁主要由水、胆盐、胆色素、胆汁酸、胆固醇和卵磷脂等组成。胆色素包括胆红素及其氧化产物胆绿素,它们都是血红素的分解产物,不参与消化过程。胆汁的颜色因畜种及所含的胆色素的种类不同而异:草食性动物的胆汁呈暗绿色;肉食性动物的胆汁呈红褐色;猪的胆汁呈橘黄色。由于解剖结构的差异,各种动物胆汁进入十二指肠的途径不尽相同。大部分动物有胆囊,消化期分泌的胆汁由胆小管流出,汇入较大的胆管,然后由肝管出肝,经胆总管到十二指肠,称为肝胆汁;消化间期不断分泌的胆汁由肝管转入胆囊管而储存于胆囊,仅消化期间才从胆囊反射性地排入十二指肠,称为**胆囊胆汁**(gall-bladder bile)。胆囊胆汁因浓缩而颜色变深。有的动物(如马、骆驼等)没有胆囊,储存胆汁的功能则由粗大的胆管代替。猪和牛的胆管与胰导管相距较远;绵羊和山羊的胆总管则直接与胰导管连接,因此进入十二指肠的是胆汁和胰液的混合物。

胆汁生理作用:①中和胃酸。碱性的胆汁可以中和食糜中的酸,为胰脂肪酶提供适宜的pH 值环境。②乳化脂肪。食物中的脂肪滴在胆汁中胆盐的作用下形成溶于水的乳化脂肪。胆盐既有疏水基,又有亲水基,疏水基向内与脂肪结合,亲水基向外与水结合,使不溶于水的脂肪乳化成直径为 200～5000 nm 的脂肪微滴。当肠腔中的胆盐达到一定浓度时，在胆盐作用下脂肪微滴进一步分裂细化，可形成直径在 3～10 nm、结合 20～40 个胆盐分子的**微胶粒**(micells)。③促进脂肪消化分解。胆盐是胰脂肪酶的辅酶，能增强脂肪酶的活性，当胆盐与脂肪滴结合后，增加了胰脂肪酶与脂肪的接触面积，有利于脂肪酶对脂肪的分解。④促进脂肪分解物和脂溶性维生素的吸收。胆盐与脂肪分解的产物，如脂肪酸、甘油一酯、卵磷脂等结合形成水溶性的**混合微粒**(mixed micelles)。在混合微粒中脂质成分被包裹在中间，胆盐的极性端向外，亲水性大大增强，有利于其通过肠上皮表面静水层到达小肠黏膜刷状缘而被吸收。在混合微粒中，脂溶性维生素 A、D、E、K 也可与脂肪分解物结合在一起被吸收。⑤促进胆汁分泌。胆盐被小肠吸收后，经门静脉返回肝脏，可以促进胆汁分泌。

6.5.3.2　胆汁分泌的调节

胆汁分泌受神经、体液因素调节。进食动作或食物对胃、小肠的刺激可反射性地引起肝胆汁分泌，传出神经为迷走神经。体液因素中，引起肝细胞分泌胆汁的主要刺激物是通过肠肝循环进入肝脏的胆盐。此外，胃泌素、胰泌素和胆囊收缩素(CCK)均可使肝胆管分泌富含水、$Na^+$ 和 $HCO_3^-$ 的胆汁。

(1)神经调节

进食动作或饲料对胃和小肠的刺激，可反射性地引起肝胆汁分泌的少量增加，并使胆囊收缩轻度加强。反射的传出途径是迷走神经，并通过其末梢释放乙酰胆碱直接作用于肝细胞和胆囊平滑肌细胞，也可通过迷走神经-胃泌素途径间接引起肝胆汁的分泌和胆囊收缩。

(2)体液调节

调节胆汁分泌的体液因素有以下几种。

①胰泌素：胰泌素的主要作用是刺激胰液分泌，同时还有刺激肝胆汁分泌的作用。它主要作用于胆管系统，引起水和碳酸氢盐含量增加，而胆盐的含量并不增加。

②CCK：在蛋白质分解产物、盐酸和脂肪等物质作用下，小肠黏膜Ⅰ细胞可释放 CCK，引起胆囊平滑肌的强烈收缩和胆总管括约肌的紧张性降低，从而引起胆汁的大量排放。胆酸盐的乳化作用与食糜中脂肪的消化密切相关，通过 CCK 的分泌同时刺激胆汁的排放与胰酶的分泌，很巧妙地将脂肪的消化活动协调起来(图 6-15)。CCK 也能刺激胆管上皮细胞，增加胆汁流量和碳酸氢盐的分泌量，但作用较弱。

③胃泌素：胃泌素对肝胆汁的分泌和胆囊平滑肌的收缩均有一定的刺激作用。它既可以直接作用于肝细胞和胆囊，也可以先引起胃酸分泌，之后由胃酸作用于十二指肠，引起胰泌素的分泌，从而间接起作用。

④胆盐：肝脏分泌胆盐，小肠内 95%以上的胆盐和胆汁酸被肠黏膜吸收，经门静脉返回肝脏，经肝细胞加工后再随肝胆汁排入小肠，称为**胆盐的肠肝循环**(enterohepatic circulation of bile salts)。每循环一次约损失 5%，回到肝脏的胆盐可以促进胆汁分泌，是调节胆汁分泌的主要体液因素(图 6-16)。

此外，生长抑素、P 物质、促甲状腺激素释放激素等脑肠肽，均对胆汁的分泌有抑制作用。

### 6.5.4　小肠液的分泌

小肠内有小肠腺和十二指肠腺。十二指肠腺又称**勃氏腺**(Brunner gland)，位于十二指肠黏膜下层，分泌碱性黏液，内含黏蛋白，主要功能是保护十二指肠黏膜不受胃酸侵蚀。小肠腺

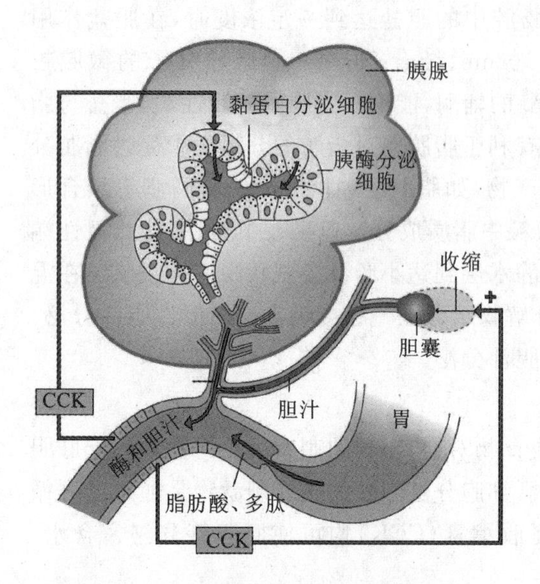


图 6-15　CCK 促进胆汁排放与胰酶的分泌

(仿 Sjaastad 等,2013)

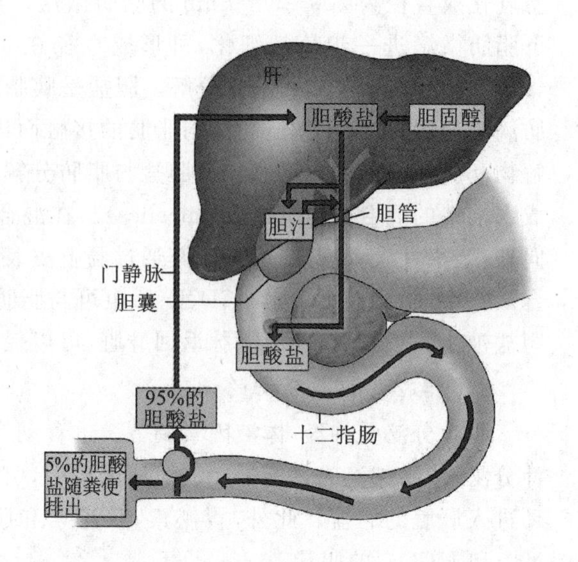


图 6-16　胆酸盐的肝肠循环

(仿 Sjaastad 等,2013)

又称为**李氏腺**(Lieberkühn crypt),分布于小肠的黏膜层,其分泌物构成小肠液的主要成分。鱼类没有特殊分化的多细胞肠腺,多数消化酶存在于细胞内。

6.5.4.1　小肠液的成分及其生理功能

小肠液是一种碱性的液体,其渗透压与血浆相同,pH 值约为 7.6,含有水、电解质(如 $Na^+$、$K^+$、$HCO_3^-$ 和 $Cl^-$)和蛋白质(包括黏蛋白、IgA 和肠致活酶),小肠液中含有脱落的上皮细胞和白细胞,其渗透压与血浆相等。小肠液的分泌量较大,可以稀释被消化的营养物质,使其渗透压降低并接近血浆,有利于吸收。小肠液还能被绒毛重吸收,这种分泌-吸收不断进行,为小肠内营养物质的吸收提供了有利条件。

真正由小肠腺分泌的消化酶是肠致活酶,它可以激活胰蛋白酶原。在哺乳动物,肠黏膜中的蔗糖酶、乳糖酶活性较高,为细胞内酶,当随细胞脱落到肠腔时仍有一定的活性,对于消化母乳中的乳糖有重要意义。小肠液中的肠肽酶类(氨基酸肽酶、二肽酶)、分解双糖与多糖的酶类(海藻糖酶、麦芽糖酶、异麦芽糖酶)以及肠脂肪酶均为细胞内酶,主要在肠上皮的刷状缘部分,当营养物质被吸收后,可以继续消化,这种细胞内消化的方式,是小肠所特有的。当这些酶随着肠上皮细胞脱落到小肠液时活性显著降低,比胰液中相应的酶的活性低得多,它们在肠腔消化中基本上不起作用。另外还有一些酶(如精氨酸酶)只参与物质代谢,并不具有消化作用。

6.5.4.2　小肠液的分泌调节

(1)神经调节

小肠液的分泌是经常性的,在不同条件下其分泌量有较大的变化。当食糜刺激十二指肠黏膜时,肠液分泌量增加。一般认为,肠壁内在神经系统在肠液分泌调节中很重要。大脑皮层也调控肠液的分泌,其传出神经为迷走神经,迷走神经兴奋,十二指肠的肠液分泌量增加,肠液内酶的含量增高;如果切断迷走神经,兴奋反应即消失。如果要使小肠下部的肠液分泌量增加,就必须切断交感神经,因此,交感神经可能抑制肠液的分泌。

(2)体液调节

小肠液的分泌同样受胃肠激素的调节。胰泌素和 CCK 能够刺激肠液分泌,并使其酶含量增加,这一效应必须有胆汁或胰液参与,CCK 的作用比胰泌素强。血管活性肠肽、胰高血糖素和胃泌素对肠液分泌均有刺激作用。肾上腺皮质激素对肠液中酶的分泌也有调节作用。若去除肾上腺,肠液中的肠致活酶、蔗糖酶、碱性磷酸酶含量剧减,但是肠液分泌的总量不受影响。正常动物若注射肾上腺皮质激素或促肾上腺皮质激素,可使小肠液中酶的含量明显增加。与之相反,生长抑素则抑制肠液分泌,而且还能抑制胰高血糖素的作用。

## 6.5.5　小肠的运动

小肠运动依靠小肠平滑肌的收缩活动,肠壁内层为环行肌,外层为纵行肌,其运动是两种肌肉的复合运动。

6.5.5.1　小肠的运动形式

(1)非消化期间小肠的运动

在非消化期,小肠的运动为周期性移行的收缩波,称为**胃肠移行复合波**(migrating motility complex,MMC)。此波从胃或十二指肠开始,经空肠到回肠末端,移行过程中传播的速度会逐渐减慢,当一个收缩波到达回肠末端时,又有一个收缩波从胃或十二指肠开始,但并不是所有的收缩波都到回肠,有的甚至只到近端的小肠。移行复合波的主要作用是防止结肠内的细菌在消化间期逆向迁入回肠,将小肠内的残留物清除到结肠,使小肠保持良好的机能状态。

(2)消化期小肠的运动

消化期小肠的运动形式除了紧张性收缩之外,还有分节运动、蠕动和摆动。

①**分节运动**(segmentation contraction):以环行肌为主的节律性收缩和舒张活动。在食糜所在的肠段上,许多点的环行肌同时收缩,由此将食糜分成许多段,然后原来收缩处舒张,原来舒张处收缩,食糜再次被分割(图 6-17)。如此反复进行,食糜与消化液充分混合,有利于化学性消化,同时又能使食糜与肠壁紧密接触、挤压肠壁,促进血液与淋巴的回流,有利于肠黏膜对消化后营养物质的吸收,这种运动方式在反刍动物及狗、猫等肉食性动物中较常见。小肠各段分节运动的频率不同,以十二指肠的频率最高(11 次/min),频率自小肠的上部向下部递减,回肠末端为 8 次/min,这与其基本电节律的变化相吻合,因此是小肠内在的节律控制了分节运动的频率,这样的活动梯度有利于肠内容物向小肠下部移行。

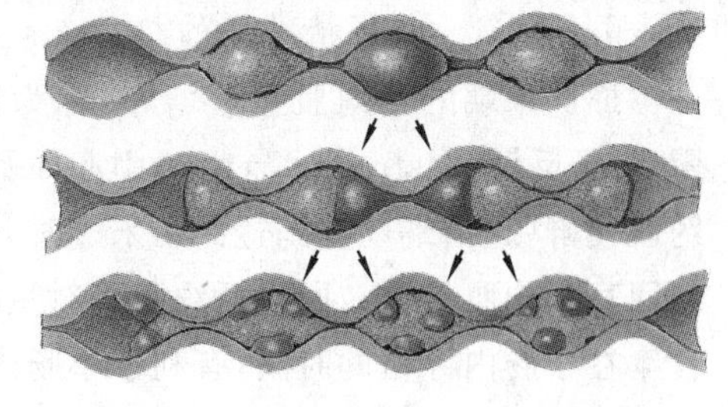


**图 6-17　小肠的分节运动与蠕动**

(仿 Sherwood 等,2013)

②**蠕动**(peristalsis):小肠的环行肌和纵行肌自小肠始端向末端依次进行的推进性收缩。一般小肠蠕动的速度很慢(0.5～2.0 cm/s),每个蠕动波也只把食糜推进很短距离后即行消失,其作用是将经过分

节运动以后的食糜向前推进(图 6-17),使之到达新肠段再进行分节运动。动物体内还有一种更为常见的速度快(2～25 cm/s)、传播远的蠕动,称为**蠕动冲**(peristaltic rush),它可以将食糜从小肠的始端推送到末端,甚至可以送到大肠。蠕动冲可能是由于吞咽或食糜对十二指肠的刺激而引起的。在动物的十二指肠和回肠末端还有一种逆蠕动,其运动的方向与蠕动相反,这样可以防止食糜过早地通过小肠,确保食糜在小肠内充分地混合、消化与吸收。

③**摆动**(pendulum movement):以纵行肌为主的节律性舒缩活动。当食糜进入小肠时,肠一侧的纵行肌收缩,对侧的纵行肌舒张,然后原来舒张的纵行肌收缩,原来收缩的纵行肌舒张,由此使肠产生摆动。这种运动方式使食糜与消化液充分混合,很少向前推动食糜,有利于化学性消化。在草食性动物中(如兔的十二指肠起始端)摆动较为明显。

#### 6.5.5.2 小肠运动的调节

(1)神经调节

小肠运动的神经调节作用包括内在神经丛和外来神经的调节作用。

位于纵行肌和环行肌之间的内在神经丛对小肠运动起主要作用。当机械或化学刺激作用于肠壁感受器时,通过局部反射可引起平滑肌蠕动。切断外来神经时,小肠的蠕动仍可进行。

小肠平滑肌受交感神经与迷走神经的双重支配。一般来说,迷走神经兴奋,小肠运动增强;交感神经兴奋,小肠运动受到抑制。但上述效果还要根据肠肌当时所处的状态而定。若肠肌的紧张度高,则无论迷走神经还是交感神经兴奋都能抑制小肠运动;若肠肌的紧张度低,则这两种神经兴奋都能增强小肠运动。

(2)体液调节

小肠壁内神经丛和平滑肌对各种化学物质具有广泛的敏感性,许多激素或化学物质可直接作用于平滑肌细胞上的受体或通过神经介导而影响小肠的运动,如乙酰胆碱、5-羟色胺、胃泌素、CCK、胃动素和P物质等可促进小肠的运动,其中P物质、5-羟色胺等作用更强;而血管活性肠肽、抑胃肽、内啡肽、胰泌素、肾上腺素和胰高血糖素等则有抑制小肠运动的作用。

#### 6.5.5.3 回盲括约肌的机能

回肠末端的括约肌显著增厚,称为**回盲括约肌**(ileocecal sphincter)。当食物进入胃时,**胃-回肠反射**(gastroileal reflex)引起回肠蠕动。当蠕动波到达距回肠末端数厘米处时,回盲括约肌便舒张;当蠕动波到达回肠末端时,少量食糜被驱入结肠。此外,胃窦分泌的胃泌素能引起回盲括约肌扩张。回盲括约肌平时呈轻微收缩状态,可以防止回肠食糜过早进入结肠,延长食糜在小肠内停留的时间,有利于小肠内容物的充分消化和吸收。回盲括约肌活动具有反馈性调节,盲肠充胀刺激或食糜对盲肠黏膜的化学刺激,可通过**肠-肌反射**(myenteric reflex)引起括约肌的收缩,从而阻止回肠内容物向结肠排放。回盲蠕动受到抑制,可延缓回肠的排空。盲肠、回盲括约肌以及回肠的一系列反射都在内在神经丛和外来神经的共同调节下完成,此外,回盲括约肌处还有活瓣样结构,可阻止大肠内容物向回肠倒流,这将保护小肠使其免受细菌的侵害。

小肠内容物向大肠的排放除与回盲括约肌的活动有关外,还与食糜的流动性和回肠与结肠之间的压力差有关。食糜越稀,越容易通过回盲瓣;小肠腔内压升高,也可迫使食糜通过回盲括约肌。

## 6.6 大肠消化与排便

大肠的功能与动物的食性有密切关系。肉食性动物的大肠主要功能是吸收水分和电解质，将食物残渣形成的粪便暂时储存并排至体外，但对于单胃草食性动物而言，大肠仍有较为强烈的消化活动。动物大肠中含有大量的细菌，可将其内容物中的营养物质进行微生物消化，在动物整体消化活动中占有重要的地位。

### 6.6.1 大肠液的分泌

大肠黏膜中的腺体分泌大肠液，大肠液为碱性液体，富含黏液、$HCO_3^-$、$HPO_4^{2-}$以及少量的消化酶。$HCO_3^-$和$HPO_4^{2-}$是重要的缓冲物质，使肠液的pH值稳定在8.3～8.4。黏液可以保护肠黏膜和润滑粪便。大肠液的分泌主要受神经调节，食物残渣对肠壁的机械性刺激可引起大肠液的分泌。迷走神经兴奋时，肠液分泌量增加；交感神经兴奋时则相反。

### 6.6.2 大肠内的微生物消化

大肠液中消化酶的含量很低，在营养物质的消化过程中作用不大。大肠的消化作用主要来自细菌。细菌来源于饲料和外环境，大肠内的温度和pH值极适宜细菌的繁殖，细菌中含有可以分解蛋白质、脂肪、糖和纤维素的酶，还能利用肠内的简单物质合成B族维生素和维生素K，被大肠吸收。

#### 6.6.2.1　肉食性动物大肠内消化

肉食性动物的大肠内容物中，未被消化的蛋白质被腐败菌分解为际、胨、氨基酸、氨、硫化氢、组胺、吲哚、甲基吲哚、酚、甲酚等。糖被细菌分解为乳酸、乙酸、甲酸、丁酸、草酸、$CO_2$、甲烷等，脂类被分解为脂肪酸、甘油、胆碱等。这些分解产物部分被肠壁吸收，有害物质经过肝脏解毒后由尿排出，不能被吸收的则由粪便排出。

#### 6.6.2.2　草食性动物大肠内消化

草食性动物的大肠消化占有重要的地位。一些非反刍的草食性哺乳动物（如马、驴和兔子等），大肠（包括盲肠和结肠）的容量大，在细菌和小肠消化酶的共同作用下，在胃和小肠中未消化的营养物质在大肠内发酵分解，大肠消化的营养占整个可消化食糜中纤维素的40%～50%、蛋白质的39%、糖的24%。反刍动物（如牛、羊等）在瘤胃和小肠未消化吸收的营养物质等在大肠进一步发酵分解，其纤维素的消化量占总纤维量的15%～20%，分解产物VFA被大肠黏膜吸收，被机体利用；蛋白质被细菌分解产生VFA和$NH_3$，除部分$NH_3$被细菌利用合成MCP外，其余的$NH_3$被大肠吸收，进入血液参加尿素再循环，被再次利用。因此，大肠消化在草食性动物氮的利用中起着重要作用。在大肠仍不能被分解的蛋白质，连同合成的MCP一起随粪便排至体外。

#### 6.6.2.3　禽类的大肠内消化

禽类的大肠有两条盲肠和一条很短的直肠，没有结肠。盲肠内的pH值为6.5～7.5，其中定殖的细菌主要是厌氧菌,饲料中的粗纤维只有在盲肠内才能被细菌发酵,产生 VFA、$CO_2$ 和 $CH_4$ 等气体。有些脂肪酸可以在盲肠被吸收。盲肠对草食性禽类的消化尤为重要。

## 6.6.3 大肠的运动与排粪

### 6.6.3.1 大肠的运动及调节

大肠对刺激的反应迟缓,运动少而慢。其运动形式有袋状往返运动、复袋推进运动、蠕动和集团运动。

(1)袋状往返运动

袋状往返运动是由环行肌无规律的收缩引起的非推进性分节运动,结肠袋内容物在肠腔内往返运动,有利于其中的水分被吸收。这是空腹及安静时常见的运动形式。

(2)复袋推进运动(或推进性的分节运动)

复袋推进运动是一个结肠袋或一段结肠收缩,将肠内容物向前推进式的运动。进食或副交感神经兴奋时,这种运动方式增强。

(3)蠕动

大肠的蠕动与小肠的相似,但是蠕动的速度慢、强度弱,每分钟将肠内容物向前推进 1～2 cm。有时大肠还存在较弱的逆蠕动,这样可延缓肠内容物的推进,有利于水分的吸收。

(4)集团运动

**集团运动**(mass peristalsis)是大肠中的一种移行速度快、传播远的强烈蠕动。一般从横结肠开始,将肠内容物推进到降结肠,甚至到达直肠,大肠的运动和食糜的流动方向见图6-18。这种运动方式常见于进食以后,可能是食物刺激胃壁,或食糜由胃进入十二指肠所引起的十二指肠-结肠的反射活动。

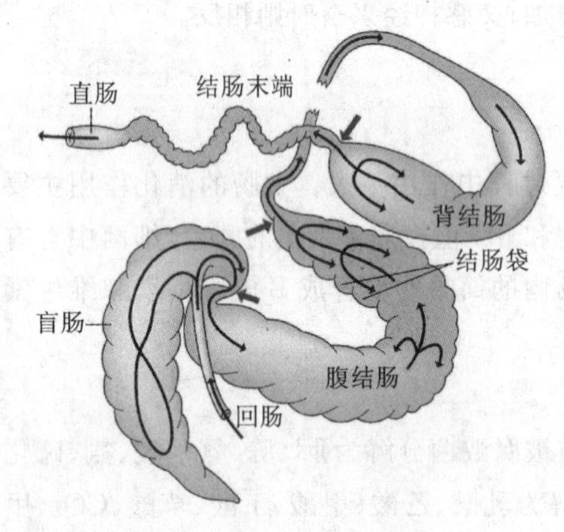


**图 6-18 大肠的运动及食糜的运动方向**

(仿 Sjaastad 等,2013)

支配大肠运动的副交感神经为迷走神经和盆内脏神经,这两种神经具有胆碱能兴奋作用,使大肠的运动增加。注射阿托品后并不能阻断盆内脏神经对大肠的兴奋效应,说明盆内脏神经中有非胆碱能神经纤维。盆内脏神经中除了有兴奋肠运动的纤维之外,还有部分纤维在肠壁内与非肾上腺素能抑制性神经元形成突触联系,因此刺激盆内脏神经还会出现先抑制后增强肠运动的效果。

支配大肠交感神经为腰结肠神经和腹下神经,这两种神经兴奋都能够抑制结肠的运动,这是由于它们能够抑制内在神经系统释放乙酰胆碱,同时又能直接抑制肠壁细胞。

### 6.6.3.2 排粪

未被消化的食物残渣经过大肠微生物的再发酵,被黏膜吸收了大部分水分,便形成了**粪便**(feces)。粪便中除了食物残渣之外,还有脱落的肠上皮细胞、细菌、胆盐、胆色素衍生物以及回肠壁排出的盐。**排粪**(defecation)是一种反射活动,由于肠的集团运动,粪便进入直肠,粪便对直肠壁机械感受器进行刺激,冲动沿盆神经、腹下神经传入排便中枢,产生便意和排粪反射,其基本中枢在脊髓骶部，高级中枢在大脑皮层，中枢传出的信息也经过盆神经和腹下神经，支配直肠和肛门内括约肌，盆神经兴奋，直肠收缩，肛门内括约肌舒张；腹下神经则相反。肛门外括约肌是横纹肌，大脑皮层通过阴部神经控制其舒缩活动，当阴部神经的传出冲动减少，肛门外括约肌舒张。正常情况下排粪反射由大脑皮层控制，大脑皮层还可以使腹肌、胸肌、呼吸肌等收缩，增加腹内压，有利于粪便的排出，因此，意识可以在一定程度上控制排粪。如果大脑皮层经常抑制排粪，直肠壁感受粪便刺激的敏感性会减弱，粪便在大肠内停留的时间过长，水分被过多地吸收，粪便变得干硬，造成排粪困难，这是产生习惯性便秘的常见原因之一。

## 6.7　吸收

食物的成分或经过消化分解之后的产物通过消化道黏膜上皮细胞进入血液或淋巴的生理过程，称为**吸收**（absorption）。

### 6.7.1　吸收的部位和途径

消化道不同部位的吸收能力和吸收速度不同。口腔内不进行营养物质的吸收。胃因为胃黏膜无绒毛，且上皮细胞之间连接紧密，其吸收能力也很差，仅吸收少量高度脂溶性物质（如乙醇）及某些药物（如阿司匹林）等。反刍动物的前胃可以吸收大量的 VFA、$NH_3$、氨基酸和小肽。小肠是主要的吸收部位，矿物质、维生素、蛋白质、糖、脂肪分解产物等主要在十二指肠和空肠吸收，回肠能主动吸收胆盐和维生素 $B_{12}$。大肠也有一定的吸收能力，但不同动物差异很大。肉食性动物的大肠吸收能力有限，只在结肠吸收部分水和无机盐；草食性动物的大肠吸收能力则较强，特别是对 VFA 的吸收。

小肠吸收的营养物质种类多、数量大，不同营养物质的结构和性质差异很大，其吸收的环境和途径也不相同，不同肠段吸收的主要营养物质见图 6-19。

小肠有许多适合吸收的条件：①大部分营养物质，如糖类、蛋白质、脂类在小肠内已消化为可吸收的小分子物质。②小肠的吸收面积大。小肠黏膜形成许多环形皱襞，皱襞上有许多绒毛，绒毛的上皮细胞上又有许多微绒毛（又称刷状缘），这样的结构使小肠黏膜表面积增加 600 倍（图 6-20）。③小肠绒毛的结构特殊，有利于吸收。绒毛内有毛细血管、毛细淋巴管（乳糜管）、平滑肌纤维、神经纤维网等；该毛细血管的内皮细胞上有小孔和隔膜，有利于被吸收的物质进入毛细血管；乳糜管有利于脂肪的吸收和转运；平滑肌的收缩可加速血液、淋巴的流动，有助于吸收。④饲料在小肠内停留的时间较长，能被充分吸收。

小肠黏膜吸收营养物质的转运方式有被动转运和主动转运两种。被动转运包括单纯扩散、易化扩散和溶剂拖曳等，主动转运包括原发性主动转运和继发性主动转运。小肠吸收营养物质有两条途径：第一为跨细胞途径，即通过小肠上皮细胞腔面膜进入细胞内，再通过细胞基底膜到达细胞间液，最后进入血液或淋巴，如葡萄糖和氨基酸的吸收；第二为旁细胞途径，即肠腔内的物质通过上皮细胞间的紧密连接，进入细胞间隙，然后转运到血液或淋巴。

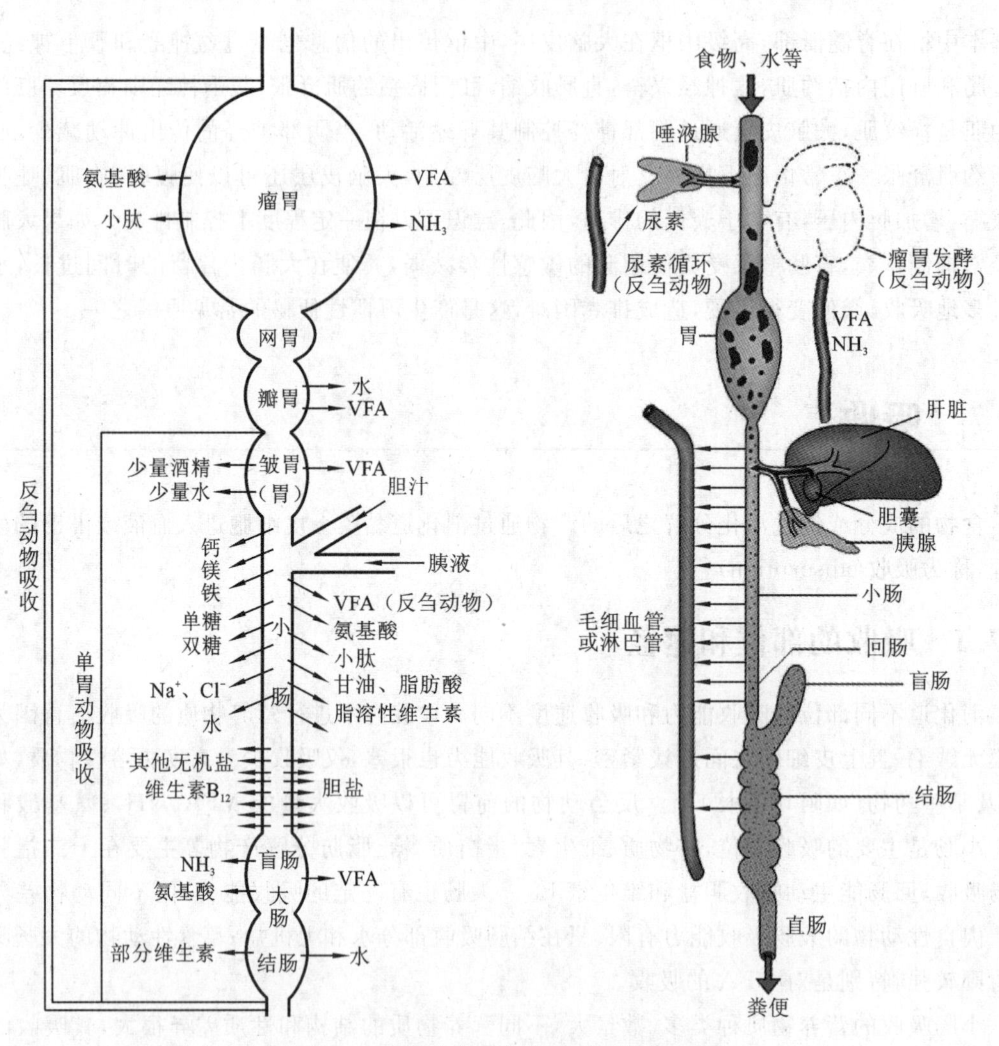


图 6-19　不同营养物质在消化道中的吸收部位

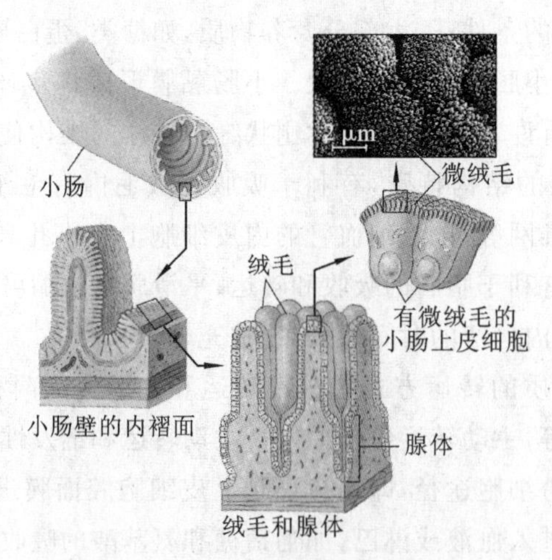


图 6-20　小肠的皱襞、绒毛和微绒毛模式图

(仿 Sherwood 等,2013)

## 6.7.2　主要营养物质的吸收

### 6.7.2.1　糖的吸收

饲料中的淀粉等必须被分解为单糖后才能被吸收。单糖主要是葡萄糖、半乳糖和果糖。糖在胃中几乎不被吸收，在小肠几乎被完全吸收。葡萄糖和半乳糖通过同向转运机制被吸收。在肠绒毛上皮细胞的基底侧膜上有钠-钾泵，不断将细胞内的 $Na^+$ 泵入细胞间隙，维持细胞内低的 $Na^+$ 浓度；在其顶端膜上存在 $Na^+$-葡萄糖和 $Na^+$-半乳糖同向转运体，它们分别能与 $Na^+$、葡萄糖和半乳糖结合，$Na^+$ 依靠细胞内外的浓度梯度进入细胞，释放的势能将葡萄糖或半乳糖协同转运入细胞，然后在基底侧膜通过易化扩散进入细胞间隙，再进入血液（图 6-21）。果糖是通过易化扩散进入肠绒毛上皮细胞的。由于它不是伴随 $Na^+$ 同向转运，因此其吸收速度比葡萄糖、半乳糖的快。

### 6.7.2.2　氨基酸的吸收

小肠内的蛋白质分解为氨基酸后几乎全部被吸收。氨基酸的吸收过程是耗能的主动转运过程。肠黏膜微绒毛的上皮细胞刷状缘上至少有 7 种载体蛋白，分别选择转运中性、酸性和碱性氨基酸。这些转运系统多与 $Na^+$ 转运偶联，为继发性主动转运。

蛋白质除了以氨基酸的形式被吸收之外，还以二肽和三肽的形式被吸收，且二肽、三肽的吸收率比氨基酸的高。这是由于上皮细胞刷状缘上有一种 $H^+$、$Na^+$-能量依赖型的同向转运载体，$H^+$ 顺着浓度梯度向细胞内转运，同时将二肽和三肽逆着浓度梯度运入细胞，膜内的 $H^+$ 通过 $H^+$-$Na^+$ 泵的作用运出细胞，进而维持 $H^+$ 的浓度梯度，这是一种三级主动转运过程。部分二肽和三肽在细胞内肽酶的作用下分解为氨基酸，细胞内氨基酸通过载体介导的易化扩散从基膜排出，进入血液（图 6-22）。

对于成年动物，有少量的蛋白质还可以通过胞饮作用被吸收入血液，因其吸收的量很少，对动物的营养作用意义不大，但是这有可能作为抗原引起过敏或中毒反应。对于初生动物，在刚出生的几天内，肠道可大量吸收初乳中完整的蛋白质，使机体尽快获得营养和免疫球蛋白，对促进机体的生长和健康有重要意义。

### 6.7.2.3　脂肪的吸收

甘油三酯在肠道内分解为甘油、脂肪酸、甘油一酯，其吸收主要在小肠完成。甘油可以直接溶于肠液被吸收。由于胆盐的亲水性，脂肪酸和甘油一酯在胆盐作用下形成水溶性的复合物，这种复合物可以聚合成混合微粒，混合微粒可穿过小肠绒毛表面的非流动水膜，到达微绒毛。在微绒毛表面，混合微粒中的脂肪酸、甘油一酯、卵磷脂、胆固醇等逐渐释放出来，通过被动的扩散作用进入上皮细胞。胆盐则留在肠腔被重新利用，或依靠主动转运在回肠被吸收。进入上皮细胞的短链脂肪酸、部分中链脂肪酸及其组成的甘油一酯可直接从细胞底侧膜扩散进入毛细血管。长链脂肪酸及其甘油一酯重新合成甘油三酯，并与细胞内的**载脂蛋白**(apolipoprotein)结合，形成大分子的**乳糜微粒**(chylomicron)，然后进入中心乳糜管（图 6-23），随淋巴进入血液循环。因此，脂肪的吸收有血液和淋巴两条途径，因动、植物脂肪中长链脂肪酸占多数，以淋巴吸收为主。

动物肠道的胆固醇主要来自饲料，其余为内源性，如来自胆汁和脱落的肠上皮细胞。饲料中的胆固醇是胆固醇酯，经酶水解后形成游离的胆固醇才能被吸收，来自胆汁的胆固醇是游离的。游离的胆固醇可以进入脂肪微粒，在小肠被吸收。但是近年来的研究表明，胆固醇可能是

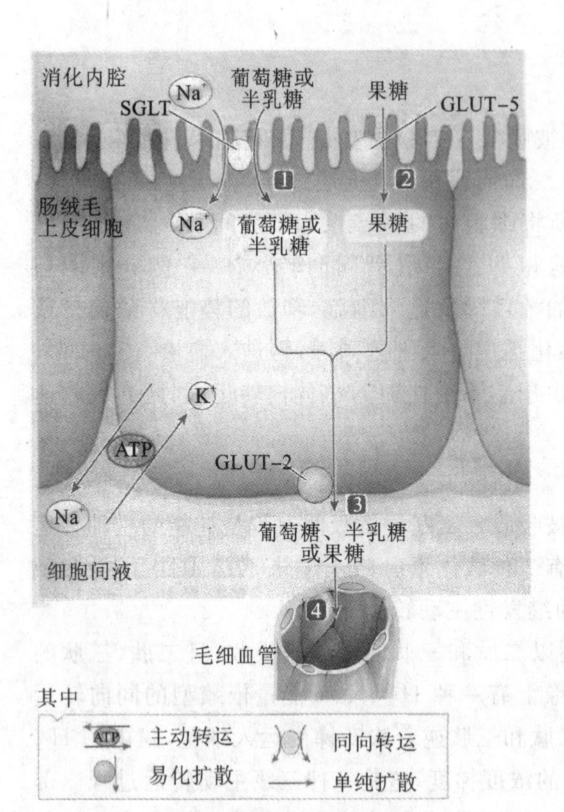


图 6-21　糖类的吸收

(仿 Sherwood 等,2013)

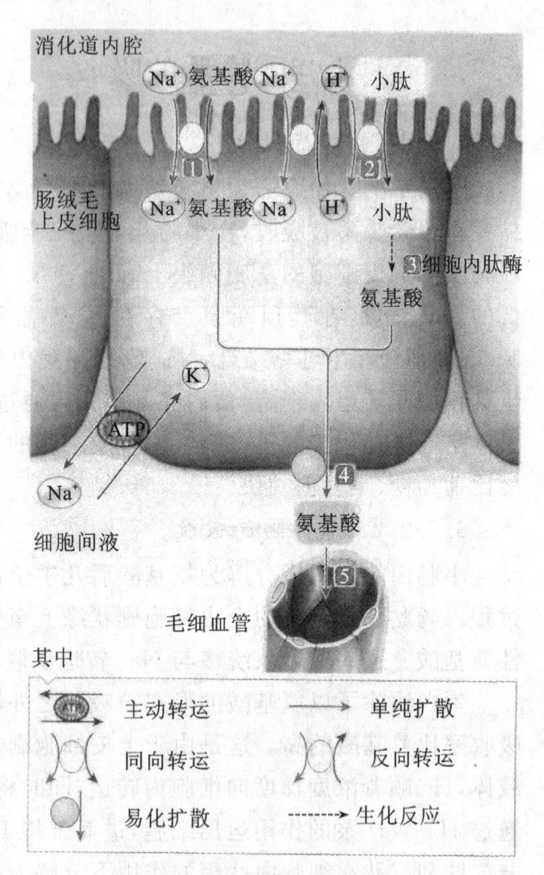


图 6-22　氨基酸和小肽的吸收

(仿 Sherwood 等,2013)

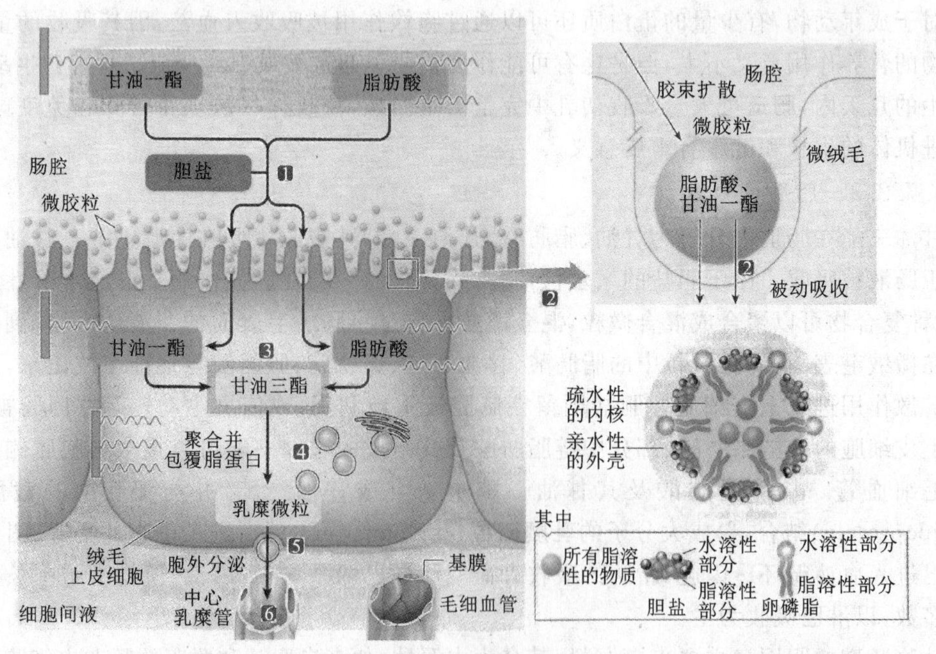


图 6-23　脂类的吸收

(仿 Sherwood 等,2013)

通过载体的主动转运被运入细胞，胆固醇进入细胞的速度比脂肪酸、甘油一酯慢。在细胞内，大多数的胆固醇再次酯化生成胆固醇酯，然后与载体蛋白组成乳糜微粒，进入淋巴。肠道内大部分的磷脂可以被水解为脂肪酸、甘油、磷酸盐等而被吸收，少量的可以不经水解被上皮细胞吸收，再随乳糜微粒进入淋巴。

6.7.2.4　水和无机盐的吸收

动物肠道只吸收溶解状态的无机盐，对不同的盐类吸收也不同，一般单价碱性盐类吸收快，二价及多价碱性盐类吸收慢，与钙结合形成沉淀的盐类则不吸收。

(1)$Na^+$和$Cl^-$的吸收

肠内容物中的$Na^+$有两个来源：摄入的饲料和分泌的消化液，其中 95%～99%的$Na^+$能够被小肠吸收。小肠通过跨细胞途径吸收$Na^+$，主要是主动转运的方式。肠黏膜上皮细胞的肠腔面上存在多种$Na^+$载体，$Na^+$可通过易化扩散的方式进入细胞，这类载体往往能与葡萄糖、氨基酸等共用，$Na^+$的主动吸收为葡萄糖、氨基酸的吸收提供动力；细胞的底侧膜上有钠-钾泵($Na^+$-$K^+$-ATP 酶)，能逆浓度梯度将$Na^+$转运到细胞间液，使细胞内$Na^+$浓度降低，同时将细胞外的$K^+$转运到细胞内(图 6-24)。小肠对$Na^+$的吸收使得$Cl^-$顺着电化学梯度也被吸收。

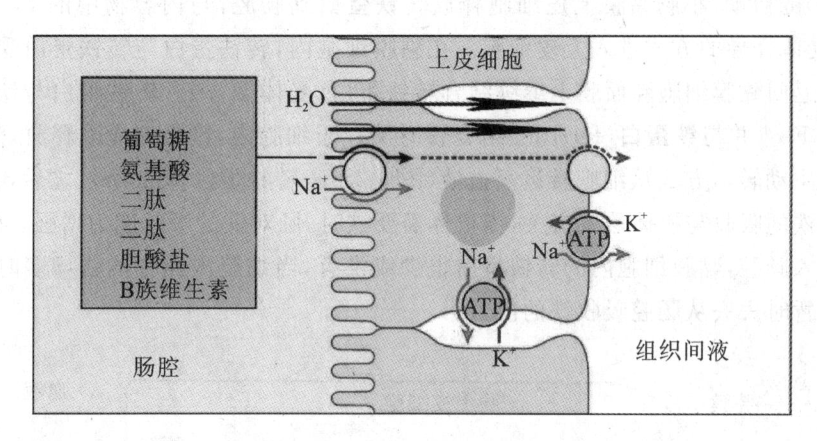


**图 6-24　$Na^+$与$H_2O$的吸收过程**

(仿 Sjaastad 等，2013)

小肠黏膜对水分的吸收是被动吸收，其动力是**渗透压差**(osmotic pressure difference)。这是由于小肠黏膜对水的通透性很好，当上皮细胞主动吸收溶质，尤其是吸收$Na^+$、$Cl^-$时，上皮细胞内的渗透压升高，从而促进水分顺着渗透压梯度进行转移，因此水的吸收是伴随着溶质吸收而进行的。水的吸收有跨细胞和旁细胞两条途径。

消化道内的水分来自饲料、饮水和消化液，其中绝大部分能被消化道吸收，随粪便排出的量很少。吸收水分的主要部位在小肠，如进入牛消化道的水分中 90%在肠道吸收，其中小肠吸收 80%。十二指肠和空肠上部的吸水量很大，但因其消化液的分泌量大，该部位的净吸收量较小。在回肠，吸水量大，消化液分泌量小，因此净吸收量较大，肠内容物大为减少。结肠的吸水能力强，鉴于这时肠内容物中的水分已经很少，所以吸水量也不大。

(2)钙的吸收

$Ca^{2+}$在小肠和结肠中均可被吸收，但主要在回肠吸收。肠对$Ca^{2+}$的吸收是跨细胞的主动吸收。在肠腔黏膜上皮细胞的微绒毛上有与$Ca^{2+}$有高度亲和力的**钙结合蛋白**(calcium binding protein,CaBP),1 个 CaBP 可以结合 4 个 $Ca^{2+}$ 进入肠上皮细胞内。进入细胞的 $Ca^{2+}$ 储存在线粒体中,需要时随时输出。胞内 $Ca^{2+}$ 通过基底膜上的钙泵($Ca^{2+}$-$Mg^{2+}$-ATP 酶)将 $Ca^{2+}$ 转运到细胞间液,进入血液。另有小部分的 $Ca^{2+}$ 则通过 $Ca^{2+}$-$Na^{+}$ 交换转运出细胞。

影响钙吸收的因素如下:①钙盐的溶解度。只有溶解态的钙才能被吸收,不溶性的钙绝大多数随粪便排出。②肠内的酸碱度。离子态的钙最易被吸收,进入小肠的胃酸可促进钙的吸收。③食物中钙磷比例。食物中钙磷的比例与机体的钙磷比例越接近,钙越容易被吸收,一般动物饲料中适合钙吸收的钙磷比例为(1.5～2.0)∶1。④其他成分的影响。肠内脂肪、乳酸、氨基酸和维生素 D 的存在有利于 $Ca^{2+}$ 的吸收;食物中的草酸、植酸,如 6-肌醇磷酸等与钙结合成不溶性的化合物,使钙不能被吸收。⑤激素调节的影响。甲状旁腺素能促进 1,25-$(OH)_2$-$D_3$的合成,增强钙的吸收;降钙素则抑制 1,25-$(OH)_2$-$D_3$的合成,减少钙的吸收。

(3)铁的吸收

铁的吸收主要在十二指肠和空肠。食物中的铁绝大部分为 $Fe^{3+}$,不易被吸收,需还原为 $Fe^{2+}$ 后才能被吸收。维生素 C 能将 $Fe^{3+}$ 还原为 $Fe^{2+}$ 而促进铁的吸收。铁在酸性条件下易溶解而便于吸收,所以在十二指肠前端的酸性环境能促进铁的吸收。铁的吸收需要**转铁蛋白**(transferrin)的协助,小肠黏膜上皮细胞释放转铁蛋白到肠腔,与内容物中的 $Fe^{2+}$ 形成复合物,进而以受体介导的方式进入上皮细胞。在黏膜细胞内,转铁蛋白与转铁蛋白受体分离,转铁蛋白受体返回黏膜细胞腔面膜上继续结合转铁蛋白(受体循环)。转铁蛋白与铁分离,部分 $Fe^{2+}$ 氧化为 $Fe^{3+}$ 并与**铁蛋白**(ferritin)结合暂时储存于细胞内,慢慢向血浆释放,尚未结合的 $Fe^{2+}$ 则通过主动转运方式从细胞转运至血液(图 6-25)。转铁蛋白释放 $Fe^{2+}$ 之后,又重新回到肠腔。肠对铁的吸收与机体需要有关,当机体需要铁时,肠对铁的吸收能力增强。转铁蛋白大量释放铁进入肠腔,黏膜细胞内的转铁蛋白很少或没有,当细胞内储存的铁增多时,黏膜细胞就减弱甚至暂时失去从肠腔吸收铁的能力。

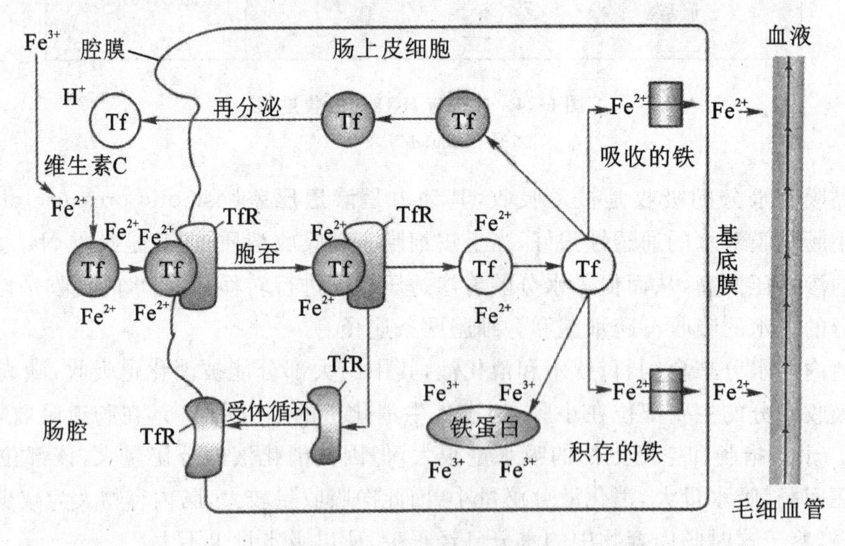


图 6-25　铁的吸收与转运

## 复习思考题

1. 试述主要胃肠激素的生理机能及其分泌调节。
2. 试述单胃运动的形式及胃排空的调节。
3. 试述胃液成分及其生理功能。
4. 试述胃液分泌的调节。
5. 试述胰液的主要成分、生理功能及分泌调节。
6. 试述胆汁的主要成分、生理功能及分泌调节。
7. 试述瘤胃内蛋白质的消化过程。
8. 何为尿素循环?
9. 简述微生物消化的特点及其在消化中的作用。
10. 简述三大营养物质(蛋白质、脂肪、糖)的吸收形式及吸收过程。

码 6-5　第 6 章主要知识点思维路线图一

码 6-6　第 6 章主要知识点思维路线图二

# 第7章 能量代谢与体温调节



## 7.1 能量代谢

机体的物质代谢包括合成代谢和分解代谢两个方面。通常将生物体内物质代谢过程中伴随发生的能量的释放、转移、储存和利用称为**能量代谢**(energy metabolism)。

### 7.1.1 机体能量的来源及转化

动物机体所需要的能量来自从外界环境摄取的营养物质,如糖类、脂肪、蛋白质在体内氧化所产生的能量。营养物质在体外充分氧化(燃烧)时会产生$CO_2$、水并释放热量,该热量称为饲料(食物)的**总能量**(gross energy,GE),总能量实际上包括**可消化能**(digestible energy,DE)和**粪能**(energy in feces,FE)。粪能不仅包括饲料中未消化的成分,还包含从体内进入胃肠道而未被吸收的物质所蕴藏的能量。可消化能包含草食性动物胃肠道中因发酵产气而丢失的**发酵气能**(energy in gaseous products of digestion,$E_g$)以及尿中未被完全氧化的物质所蕴藏的能量——**尿能**(energy in urine,UE)。动物体可利用的能量称为**代谢能**(metabolizable energy,ME),代谢能中一部分能量通过食后**增热**(heat increment,HI)被消耗(热增耗),该部分能量又称**特殊动力效应**(specific dynamic effect),是营养物质在参与代谢时不可避免地以热的形式损失的能量。其余的能量为**净能**(net energy,NE)。净能是维持动物自身基础代谢、随意运动、体温调节和生产的各种能量。净能用于维持体温和生产,用于维持体温的称为**维持净能**(net energy for maintenance,$NE_m$),用于生产的称为**生产净能**(net energy for production,$NE_p$)。当生产用途不同时,生产净能的具体表现形式不同,如生长动物的增重净能、泌乳动物的产奶净能、产蛋动物的产蛋净能等。

根据能量守恒定律,输入的能量应等于输出的能量与储存的能量之和(图 7-1)。能量的输出主要包括体内做功(维持体温的热能等)和各种生产活动的体外做功。此外,还可能有电能或其他辐射能输出,但数量很小,可忽略不计。

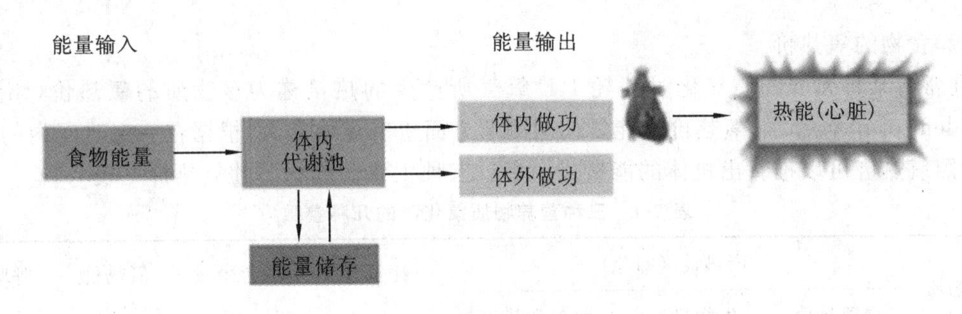


**图 7-1 能量的输入和输出**

(仿 Sherwood 等,2013)

能量输入与能量输出的关系式并不仅仅是理论上的推论,而是经过严格的实验检验后得出的。如果能量输入大于能量输出,则能量储存为正数,组成机体的物质增加,体重增加。反之,则体重减少。如动物在禁食和安静状态下,既没有进食饲料的能量输入,也没有运动做功的能量输出,动物通过消耗自身的能量储存维持机体基本生命活动所需的各种能量,即机体产生的热量来自消耗体内储存的物质,体重减轻。

虽然机体所需要的能量来自食物,但是机体的组织细胞是不能直接利用食物的能量进行各种生理活动的。机体能量的直接提供者是**三磷酸腺苷**(adenosine triphosphate,ATP)。ATP 广泛存在于动物机体的一切细胞内,分子中蕴藏着大量的能量:1 mol ATP 断裂分子中一个高能磷酸键变成**二磷酸腺苷**(adenosine diphosphate,ADP),可释放 33.47 kJ 的能量。ATP 既是体内重要的储能物质,又是直接的供能物质,它释放的能量可供给机体完成各种生理活动。动物机体生命活动过程中所消耗的 ATP,则由营养物质在体内氧化分解所释放的能量不断地将 ADP 重新变成 ATP 而得到补充。在供氧充分的条件下,1 mol 葡萄糖有氧氧化释放的能量可供合成 38 mol ATP。机体内除了含有高能磷酸键的化合物 ATP 外,还有**磷酸肌酸**(creatine phosphate,CP)等。CP 是由磷酸和肌酸合成的,主要存在于肌肉组织中,当物质氧化释放的能量过剩时,还可以通过合成 CP 而将能量储存起来。另一方面,在 ATP 转化为 ADP 并释放能量后,CP 可将所储存的能量再转给 ADP 生成 ATP,以补充 ATP 的消耗。因此,CP 可视为 ATP 的储存库。从能量代谢的整个过程来看,ATP 的合成与分解是体内能量转换和利用的关键环节。

## 7.1.2 能量代谢的测定

根据能量守恒定律,机体所利用的蕴藏于食物中的能量(化学能)与最终转化成的热能和所做外功消耗的能量是完全相等的。因此,测定机体在一定时间内所消耗的食物,或测定机体所产生的热量与所做的外功均可推算出整个机体的能量代谢率(后述)。

7.1.2.1 能量代谢的有关概念

(1)食物的热价

1 g 食物在体内氧化(或在体外燃烧)时所释放出来的热量称为**食物的热价**(caloric value)。食物的热价分为物理热价和生物热价。前者指食物在体外燃烧时释放的热量,后者指食物经过生物氧化所产生的热量。糖与脂肪的物理热价和生物热价相等,蛋白质的生物热价小于它的物理热价。根据食物的热价以及体内被氧化分解的食物各种成分的含量,可计算出这些食物氧化时释放出的总热量以及能量代谢率。三种营养物质的物理热价和生物热价见表 7-1。

(2)食物的氧热价

通常将某种营养物质氧化时消耗 1 L 氧气所产生的热量称为该物质的**氧热价**(thermal equivalent of oxygen)。氧热价在能量代谢测定方面也有重要意义,根据在一定时间内的耗氧量,参照氧热价可以推算出机体的能量代谢率。三种主要营养物质的氧热价见表 7-1。

表 7-1 三种营养物质氧化时的几种参数

| 营养物质 | 产热量/(kJ/g) | | | 耗氧量/(L/g) | $CO_2$产生量/(L/g) | 氧热价/(L/g) | 呼吸商/(L/g) |
|---|---|---|---|---|---|---|---|
| | 物理热价 | 生物热价 | 营养学热价* | | | | |
| 糖 | 17.2 | 17.2 | 16.7 | 0.83 | 0.83 | 21.0 | 1.00 |
| 蛋白质 | 23.5 | 18.0 | 16.7 | 0.95 | 0.76 | 18.8 | 0.80 |
| 脂肪 | 39.8 | 39.8 | 37.7 | 2.03 | 1.43 | 19.7 | 0.71 |

*营养学中常用该参数计算食物的热价。

(3)呼吸商

机体从外界摄取 $O_2$,以满足各种营养物质氧化分解的需要,同时将代谢终产物 $CO_2$ 呼出体外。一定时间内机体的 $CO_2$产生量(体积)与耗氧量(体积)的比值称为**呼吸商**(respiratory quotient,RQ)。某种营养物质氧化时的 $CO_2$产生量(体积)与耗氧量(体积)的比值称为该物质的呼吸商。严格说来,应该以 $CO_2$和 $O_2$的物质的量的比值来表示呼吸商,但由于在同一温度和压力条件下,相同物质的量的不同气体其体积相等,所以通常都用体积(mL 或 L)来表示 $CO_2$与 $O_2$的比值。

呼吸商并不能精确地反映动物消耗的营养成分。通常情况下,动物日粮是糖、蛋白质、脂肪的混合物,整体的呼吸商在 0.71~1.00 范围内变动。但在正常情况下家畜机体内能量主要来源于糖和脂肪的氧化供能,蛋白质的作用可忽略不计,因此计算出来的呼吸商称为**非蛋白呼吸商**(non-protein respiratory quotient,NPRO)。长期病理性饥饿情况下,能量主要来自机体本身的蛋白质和脂肪的氧化供能,则呼吸商接近 0.80。

动物剧烈运动(如鱼类快速游泳)或重度使役也可影响呼吸商的测定值。由于肌肉收缩活动增强,氧的供应不足,糖酵解增强,大量乳酸进入血液。乳酸与碳酸氢盐作用,产生大量的 $CO_2$,从呼吸器官排出,此时呼吸商增大,可能大于 1;运动停止后,乳酸的氧化和补充体内损失的 $HCO_3^-$,需要消耗较多的氧,以致呼吸商小于 1。

反刍动物瘤胃中,饲料发酵可以产生大量的 $CO_2$和甲烷,通过嗳气作用,这些气体与中间代谢产生的 $CO_2$混合在一起,主要通过肺脏呼出,从而使呼吸商增大,因此需要校正。其中一种校正方法是从 $CO_2$ 排出总量中减去发酵产生的 $CO_2$量,可得到代谢产生的 $CO_2$量,根据体外发酵产生 $CO_2$和甲烷之比为 2.6∶1,测定甲烷产生量就可计算出 $CO_2$产生量。

7.1.2.2 能量代谢测定的方法和原理

能量代谢测定是指定量测定人或动物机体单位时间消耗的能量,即**能量代谢率**(energy metabolic rate)。能量代谢率通常以单位时间内单位表面积的产热量来表示,其单位为 $kJ/(m^2 \cdot h)$。测定整个机体在一定时间内产生的总热量,通常有两类方法:直接测热法和间接测热法。

(1)**直接测热法**(direct calorimetry)

直接测定整个机体在一定时间内产生的总热量,即单位时间内所消耗的能量,即得能量代谢率。如果在测定时间内做一定的外功，应将外功（机械功）折算为热量一并计入。这种测定方法是将动物置于一个专门设计的测热室中，室内温度恒定，并有一定量的空气通过，动物产生和散发的热量用套在测热室外的水室吸收，或用装在室内的充满水的管道系统来吸收，然后根据一定时间内水温的变化、所用的水量，以及通过测热室的空气温度的变化，计算出动物的产热量。

直接测热法常用于鸟类和高代谢率的小动物的能量代谢测定。对于大动物和代谢率低的小动物及鱼类等，因其设备复杂、操作烦琐、使用不便等因素，目前很少应用。

(2)间接测热法

**间接测热法**(indirect calorimetry)又称气体代谢测定法，所依据的原理是物质化学反应的“定比定律”。在一般化学反应中，反应物与产物的量之间存在一定的比例关系，此即所谓的定比定律。同一种化学反应，不论经过什么样的中间步骤，也不论反应条件差异多大，这种定比关系都不会改变。机体内营养物质的氧化产能反应也遵循这个定律。间接测热法的基本原理就是利用这种定比关系计算出单位时间内整个机体所释放的热量及营养物质被氧化的量。反之，若测定出一定时间内机体中氧化分解的糖、脂肪和蛋白质的量，则可计算出该段时间内整个机体生物氧化所释放出来的热量。

在静息、禁食的条件下，动物体内的热量来自消耗体内储存的营养物质：糖、脂肪、蛋白质。它们在体内氧化产生 $CO_2$ 和水，蛋白质还产生含氮废物，测定这三种氧化产物的量，就可以推算出消耗的物质和产生的热量。由于这三种代谢混合物氧化所产生的水量很难确定，而耗氧量容易测定，因此一般只需测定耗氧量、$CO_2$ 产生量与尿氮量即可。

## 7.1.3　影响能量代谢的因素

机体产热受许多因素的影响，实际测定能量代谢时必须考虑这些因素的影响。这里主要讨论热增耗、肌肉活动、环境温度以及神经-内分泌对其的影响。

#### 7.1.3.1　热增耗

热增耗是摄食后机体产生“额外”能量消耗的现象。动物在进食后从第 1 h 左右开始一直延续到第 7～8 h 的一段时间内，虽然处于安静状态下，但产热量比进食前增高，可见这种额外的能量消耗是由进食所引起的。这种由食物刺激机体产生额外热量消耗的作用又称为食物的特殊动力效应。不同食物的热增耗的维持时间不相同，蛋白质食物的热增耗可持续 6～7 h，而糖类仅持续 2～3 h。食物热增耗的产生机制尚不清楚。推测其主要与肝脏对营养物质的吸收有关，特别是与氨基酸在肝脏内进行的氧化脱氨基作用有关。

#### 7.1.3.2　肌肉活动

肌肉活动对能量代谢的影响最明显。机体任何轻微的活动都会提高能量代谢率。据估测，动物在安静时的肌肉产热量占全身总产热量的 20%，在使役或运动时可高达总产热量的 90%。由于骨骼肌的活动对能量代谢的影响最为显著，因此，在冬季增强肌肉活动对维持体温相对恒定有重要作用。

#### 7.1.3.3　环境温度

环境温度明显变化时，机体代谢发生相应的改变。哺乳动物安静时，其能量代谢在 20～30 ℃的环境中最稳定。当环境温度低于 20 ℃时，可反射性地引起寒战和肌肉紧张性增强而使能量代谢率增加；当环境温度低于 10 ℃时，能量代谢率增加更为显著。当环境温度升高到

30 ℃以上时,能量代谢率也会增加,这种增加与体内化学反应加速及发汗,循环、呼吸机能加强有关。

7.1.3.4 精神活动(神经-内分泌的影响)

脑组织是机体代谢水平较高的组织。在安静状态下脑组织的耗氧量是相同质量肌肉组织的20倍。机体在惊慌、恐惧、愤怒、焦急等精神紧张状况下,骨骼肌紧张性增强,产热量增加,能量代谢率将显著升高。神经激动时,由于促进代谢的激素分泌量增加,能量代谢率将会显著升高;激怒或寒冷时,交感神经兴奋,肾上腺素分泌量增加,可增加组织耗氧量,使机体产热量增加。在低温刺激下,交感神经和肾上腺素发生协同调节作用,机体产热量迅速增加。甲状腺激素能加快大部分组织细胞的氧化过程,使机体耗氧量和产热量明显增加。机体若完全缺乏甲状腺激素,能量代谢可降低40%;而甲状腺激素增多时可使能量代谢率增加100%。

### 7.1.4 基础代谢和静止能量代谢

7.1.4.1 基础代谢

**基础代谢**(basal metabolism)是指机体处于基础状态下的能量代谢。所谓基础状态,是指室温(20~25 ℃)、清晨、空腹(受试动物至少12 h未进食)、静卧(至少半小时)、清醒而又极其安静的状态,即排除了肌肉活动、食物特殊动力效应、精神紧张和环境温度等因素影响的状态。在基础状态下,即使有能量的输入,也没有做功,动物所消耗的能量全部转化为热能散发出来,能量来源于体内储存的物质。在基础状态下,机体所消耗的能量仅用于维持心脏、肝、肾、脑等内脏器官的活动。将这种状态下,单位时间内的能量代谢率称为**基础代谢率**(basal metabolism rate,BMR)。基础代谢率有两种表示方法:一种是绝对数值,通常以kJ/($m^2$·h)或kJ/(kg·h)表示;另一种是相对数值,用超出或低于正常值的百分数来表示。临床上多采用后一种方法表示。不同动物的基础代谢率见表7-2。

表7-2 不同动物的基础代谢率

| 动物 | 体重/kg | 基础代谢率/[kJ/(kg·h)] | 基础代谢率/[kJ/($m^2$·h)] |
|---|---|---|---|
| 猪 | 128.0 | 3.33 | 187.75 |
| 人 | 64.30 | 5.60 | 181.48 |
| 狗 | 15.20 | 8.98 | 180.96 |
| 鼠 | 0.02 | 114.01 | 206.91 |

7.1.4.2 静止能量代谢

对动物而言,确切的基础状态很难达到,所以一般用**静止能量代谢**(resting energy metabolism)代替基础代谢。在测定能量代谢率时,需要确定一个标准状态,这种状态应该尽量控制影响能量代谢率的因素。以动物禁食、处在静止状态(通常是伏卧状态)时作为标准状态,在普通畜舍或实验室条件下,环境安静、温度适中,使用间接测热法,在这种条件下测定出的能量代谢率和基础代谢率仍有差异,因为它包含数量不定的特殊动力效应的能量(草食性动物即使饥饿3天,胃肠中仍存留不少食物,消化道并非处于空虚和吸收后的状态),以及用于生产和可能用于调节体温的能量。但静止能量代谢和基础代谢的实际测定结果差异并不大,即静止能量代谢与基础代谢水平接近。

# 7.2 体温及其调节

人和动物体内都具有一定的温度，这就是体温。体温是新陈代谢的结果，而机体的正常新陈代谢又要求在一定的体温条件下进行。正常的体温对于生命活动具有重要意义，也是机体健康状况的重要指标。

## 7.2.1 动物的体温

### 7.2.1.1 变温、异温和恒温动物

地球上的气温可在－70～＋60 ℃范围内变化。按照调节体温的能力，可将动物分为**变温动物**(poikilothermic animal)、**异温动物**(heterothermic animal)和**恒温动物**(homeothermic animal)三类。变温动物又称**冷血动物**(cold-blooded animal)，系指在一个狭小的温度范围内，体温随环境温度的变化而改变的一类动物。当环境温度过高时，它就换个阴凉的地方；当气温过低时，就到日光下取暖或钻入洞穴内进入冬眠状态，这种通过机体在不同环境中通过姿势和行为的改变来调节体温并保持相对稳定的方式，称为**行为性体温调节**(behavioral thermoregulation)(图 7-2)。

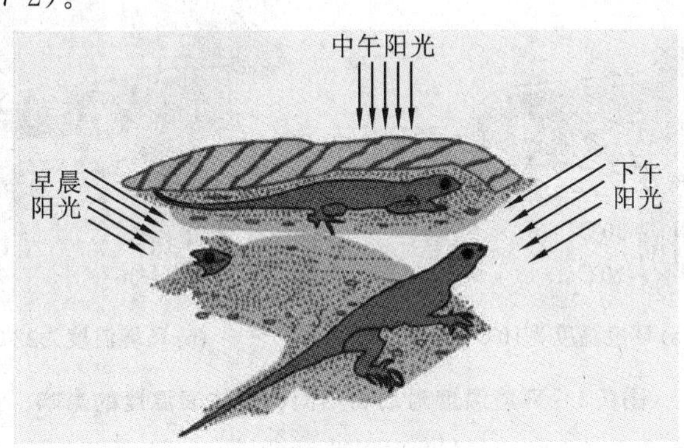


**图 7-2　蜥蜴的行为性体温调节**

恒温动物又称为温血动物，能在较大的气温变化范围内保持相对恒定的体温(35～42 ℃)。恒温动物主要是通过调节体内生理过程来维持相对稳定的体温，这种调节方式称为生理性体温调节，又称**自主性体温调节**(automatic thermoregulation)。

恒温动物是进化的产物，在动物界中只有哺乳动物和鸟类是恒温动物，其余的绝大多数是变温动物。在变温动物与恒温动物之间还有一类为数很少的异温动物，包括很少几种鸟类和一些低等哺乳动物。它们的体温调节机制介于变温动物与恒温动物之间。例如，冬眠动物在非冬眠季节能维持相当恒定的体温，在冬眠季节进入冬眠状态，体温维持在高于环境温度约2℃，并随环境温度的变化而改变。异温动物的冬眠与变温动物的冬眠有本质的区别。变温动物的体温随着环境温度的升高而升高，随着环境温度的下降而下降，变温动物的能量代谢率也随着环境温度的升高而升高，如同化学反应一样。但恒温动物的能量代谢率随着环境温度的升高而降低，随着环境温度的降低而上升。这种控制产热量的能力是恒温动物和变温动物的主要区别。

7.2.1.2　体表温度和体核温度

从生理角度对整个动物机体的温度进行划分,可分为**体表温度**(shell temperature)和**体核温度**(core temperature)。

体表温度是指机体表层,包括皮肤、皮下组织和肌肉等的温度,又称表层温度。体表温度易受环境影响,由表及里有明显的温度梯度,体表各部分温度差异也大。

体核温度是指机体深部,包括心、肺、脑和腹部器官的温度,又称深部温度。体核温度比体表温度高,且比较稳定,由于体内各器官的代谢水平不同,其温度略有差别,但变化不超过0.5 ℃。一般所说的体温是指深部的平均温度,一般有三种体温表示方法:直肠温度、腋下温度和口腔温度。

由于身体各部组织的代谢水平和散热条件不同,不同部位的温度也存在一定的差别。体表温度因体表散热快而低于体核温度;动物的体表温度因各部位的血液供应、皮毛厚度和散热程度不同也存在明显差异,通常头面部的体表温度较高,胸腹部次之,四肢末端最低(图 7-3)。机体体核温度也因各器官代谢水平不同而有差异,其中以肝脏最高。由于血液不停地循环流动于全身各部位,机体深部的血液温度可以代表体温正常值。对于人和小型动物,如果将温度计插入直肠 6 cm 以上,所测得的温度值就接近体核温度,且比较稳定,可以代表机体体温的平均值,所以动物的体温通常用直肠温度来代表,健康动物的直肠温度见表 7-3。

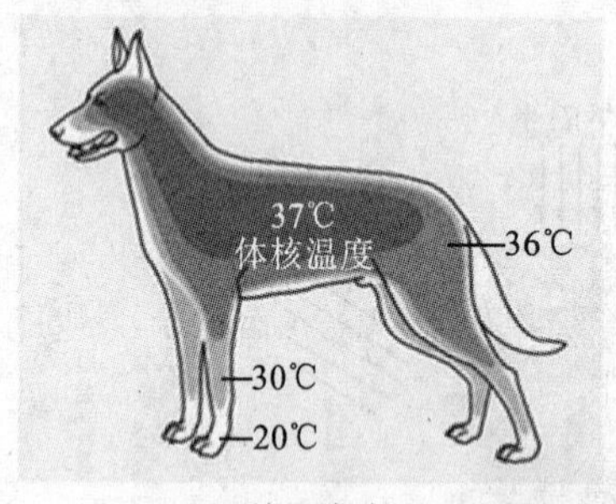

(a) 环境温度为10℃

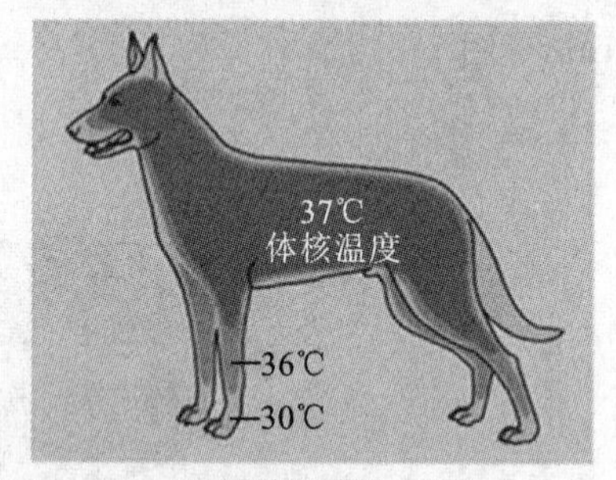

(b) 环境温度为28℃

**图 7-3　环境温度对动物不同部位体表温度的影响**

(仿 Sjaastad 等,2013)

**表 7-3　健康动物的体温(直肠内测定)**

| 动物 | 体温/℃ | 动物 | 体温/℃ |
|---|---|---|---|
| 马 | 37.5～38.6 | 绵羊 | 38.5～40.5 |
| 骡 | 38.0～39.0 | 山羊 | 37.6～40.0 |
| 驴 | 37.0～38.0 | 猪 | 38.0～40.0 |
| 黄牛 | 37.5～39.0 | 狗 | 37.0～39.0 |
| 水牛 | 37.5～39.5 | 兔 | 38.5～39.5 |
| 乳牛 | 38.0～39.3 | 猫 | 38.0～39.5 |
| 肉牛 | 36.7～39.1 | 豚鼠 | 37.8～39.5 |
| 犊牛 | 38.5～39.5 | 大白鼠 | 38.5～39.5 |
| 牦牛 | 37.0～39.7 | 小白鼠 | 37.0～39.0 |

7.2.1.3　动物体温的生理性波动

在生理情况下，机体的体温可在一定范围内变动，称为体温的生理性波动。它受昼夜、年龄、性别、肌肉活动、机体代谢等因素的影响。

(1)体温的昼夜波动

体温常在一昼夜间有规律地周期性波动。昼行性动物，其体温在清晨时最低，午后最高，一天内温差可达1 ℃左右。体温的这种昼夜周期波动称为**昼夜节律**(circadian rhythm)或近日周期。这种波动实际上与动物的睡眠与觉醒有关，也是自然界光线、温度等因素周期性变化对机体代谢影响的结果。体温昼夜波动的幅度有一定的畜种差异，也与环境温度、季节、饮水、放牧条件有关。

(2)年龄

新生动物代谢旺盛，体温比成年动物高。动物在出生后的一段时间内因其体温调节机制尚不完善，体温调节的能力弱，易受外界温度变化的影响而发生波动。因此，对新生动物要加强体温等护理工作。老龄动物因基础代谢率低，循环功能虚弱，其体温略低于正常成年动物。

(3)性别

性别差异在性成熟时开始出现。雌性动物体温高于雄性。雌性动物发情时体温升高，排卵时体温下降。实验表明，兔静脉注射孕酮(又称黄体酮)后，其体温上升。因此，雌性动物的体温随性周期变动的现象可能与性激素的周期性分泌有关，其中孕激素或其代谢产物可能是导致体温上升的因素。

(4)肌肉活动

肌肉活动时代谢增强，产热量明显增加，导致体温上升。例如马在奔驰时，体温可升高到40～41 ℃，肌肉活动停止后逐步恢复到正常水平。此外，地理气候、精神紧张、采食、环境温度变化和麻醉等因素也可对体温产生影响。在测定体温时，对以上因素应予以注意。

## 7.2.2　动物的体热平衡

恒温动物之所以能维持相对恒定的体温，是因为机体存在体温调节机构，它能调节机体的产热过程和散热过程，达到动态平衡。机体在新陈代谢过程中，不断地产生热量，用于维持体温，同时，体内热量又由循环血液带到体表，通过辐射、传导、对流以及蒸发等方式不断地向外界散发，产热过程与散热过程达到动态平衡，体温就可维持在一定的水平上。

7.2.2.1　产热过程

(1)等热范围

机体的代谢强度(产热水平)还随环境温度的变化而改变。当环境温度低时，机体代谢加强；随着外界温度升高，机体代谢在一定程度上降低；当外界环境继续升高时，机体代谢又升高。在适当的环境温度范围内，动物机体的代谢强度和产热量可保持在最低的生理水平，而体温仍能维持恒定，这种环境温度称为动物的等热范围或代谢稳定区。等热范围上限一般比体温低，不同的种属、品种、年龄及饲养管理的动物，其等热范围有差异。从动物生产上看，外界温度在等热范围内时，饲养动物最为适宜，经济上也最为有利。气温过低时，机体需通过提高代谢强度与增加产热量来维持体温，增加饲料的消耗；反之，则会因散热耗能而降低动物的生产性能。各种动物的等热范围如表7-4所示。

表 7-4 各种动物的等热范围

| 动物种类 | 等热范围/℃ | 动物种类 | 等热范围/℃ |
|---|---|---|---|
| 牛 | 16～24 | 豚鼠 | 25 |
| 猪 | 20～23 | 大鼠 | 29～31 |
| 羊 | 10～20 | 兔 | 15～25 |
| 狗 | 15～25 | 鸡 | 16～26 |

(2)临界温度

等热范围的下限温度又称为**临界温度**(critical temperature)。临界温度与动物的种类、年龄、生理状态、饲养管理等因素有关,耐寒的家畜,如牛、羊的临界温度较低。被毛密集或皮下脂肪厚实的动物,其临界温度也较低。从年龄来看,幼畜的临界温度高于成年家畜,这不仅与幼畜的体表面积与体重比值较大、较易散热有关,还与幼畜以哺乳为主,产热较少有关。当环境温度升高并超过等热范围的上限时,机体代谢开始升高,这时的外界气温称为过高温度。在炎热的环境中,机体的能量代谢率并不降低,因为机体可通过增加皮肤血流量和发汗量增强散热。

(3)恒温动物的产热及机制

机体的热量来自体内各组织器官所进行的氧化分解反应,由于各器官的代谢水平不同和机体所处的功能状态不同,它们的产热量也不同。安静状态时主要产热器官是内脏器官,产热量约占机体总产热量的56%,其中肝脏产热量最大,肌肉占20%,脑占10%。动物运动或使役时产热的主要器官是骨骼肌,其产热量可达机体总产热量的90%。由于微生物的发酵作用,草食性家畜消化道中产生大量热量,是这类动物体热的重要来源。在寒冷的环境中,为了维持体温的恒定,动物需要增加产热量。动物产热有**寒战性产热**(shivering thermogenesis)和**非寒战性产热**(non-shivering thermogenesis)两种方式。

在寒冷的环境中,寒冷刺激可引起骨骼肌发生不随意的节律性收缩的活动而使产热量增加的现象,称为寒战性产热。寒战是机体产热效率最高的方式,温度越低越强烈。寒战是骨骼肌的反射活动,由寒冷刺激作用于皮肤冷感受器,传入下丘脑后部的寒战中枢,反射性引起骨骼肌不随意的节律性收缩,其频率为9～11次/min。寒战的特点是屈肌和伸肌同时收缩,基本上不做功,但产热量很高,是平时产热量的4～5倍。寒冷时体内肾上腺素、去甲肾上腺素、甲状腺激素分泌量增多,也可促进机体(特别是肝脏)产热,增加产热量。寒战时全身脂肪代谢的酶系统也被激活,导致脂肪被分解、氧化,所以产热量很高。

非寒战性产热又称代谢性产热。在哺乳动物的啮齿目、灵长目等5目中发现的一种**褐色脂肪组织**(brown fat tissue)也是有效的热源。褐色脂肪组织分布在颈部、两肩以及胸腔内一些器官旁,周围有丰富的血管(图7-4)。在褐色脂肪细胞内有大量的脂滴、线粒体,褐色脂肪在细胞内氧化并释放大量热量。在低温时,由于交感神经的兴奋,褐色脂肪的代谢率可以比平时增加一倍;从体内的分布情况来看,褐色脂肪可以给一些重要组织(包括神经组织)迅速提供充分的热量,以保证正常的生命活动。因这种产热与肌肉收缩无关,故称为非寒战性产热。

7.2.2.2 散热过程

皮肤是机体散热的主要器官,其散热量占全部散热量的75%～85%,小部分热量是由呼吸道加热空气和蒸发水分散发,另有小部分随排尿和排粪散失。当体表温度高于外界温度时,动物机体与无机物一样,可以通过皮肤以传导、辐射、对流、蒸发等物理方式散热(图7-5),此外,还可以通过机体内部的生理过程来增加或减少散热。

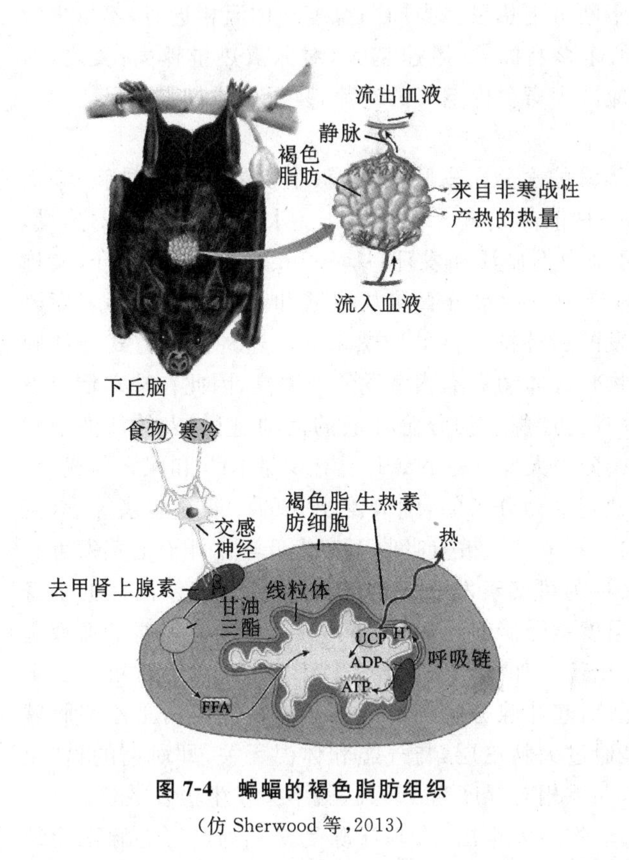


**图 7-4　蝙蝠的褐色脂肪组织**

（仿 Sherwood 等，2013）

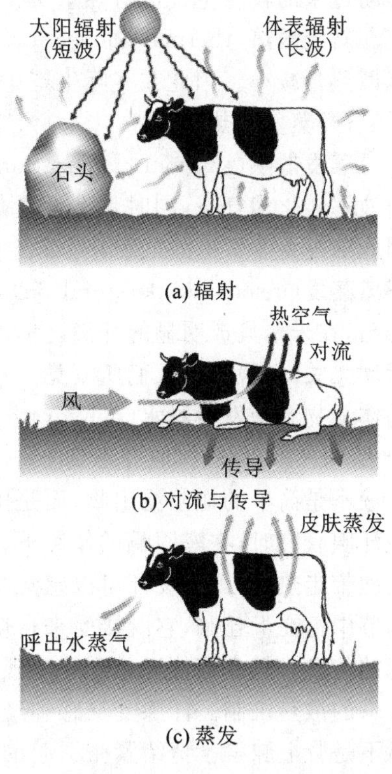


**图 7-5　动物的散热方式**

（仿 Sjaastad 等，2013）

（1）辐射散热

由温度较高的物体表面（一般为皮肤）发射红外线，而由温度较低的物体接收的散热方式称为**辐射散热**（thermal radiation）。低温环境中动物经该途径散发的热量占总散热量的 70%，因此，辐射散热是机体散热的主要方式。当皮肤与环境温差增大，辐射面积扩大时，辐射散热量增加，反之则少。当周围环境温度高于体表温度时，机体不但不能通过辐射散热，反而要吸收周围环境的辐射热。所以在寒冷时，受到阳光照射或靠近红外线灯及其他热源，均有利于动物保温；而炎热季节的烈日照射，可使体温升高，发生**日射病**（heliosis）。

（2）传导散热

将体热直接传给与机体相接触的较冷的物体的散热方式称为**传导散热**（thermal conduction）。传导散热量除了与物体接触面积、温差大小有关外，还与所接触物体的导热性能密切相关。空气是不良导热体，动物只有在裸露的皮肤与良导体接触时才发生有效的传导散热，如长时间躺卧在湿冷的地面上、浸泡在凉水中，或保定在金属手术台上（如麻醉动物）。哺乳动物和鸟类的皮肤上有毛发、羽毛，其中含有空气，在寒冷的环境中，**竖毛肌**（arrector pilli muscle）反射性收缩，使毛发或羽毛竖起，隔热层的厚度增加，散热量减小。在温热的环境中，竖毛肌舒张，隔热层厚度减小，散热量增大。动物体脂肪也是热的不良导体，因此，肥胖者由机体深部向体表的传导散热量较少。新生动物皮下脂肪薄，体热容易散失，应注意保暖。水的导热能力较强，将水浇在中暑动物的体表，可达到降温的目的。

（3）对流散热

紧贴身体的空气由于辐射而温度升高，体积膨胀而上升，冷空气接着来补充，体表又与新移动过来的较冷空气进行热量交换,因而不断带走热量。当周围温度与体温相近时,不发生对流。**对流散热**(thermal convection)量受风速影响极大,风速越大,对流散热量越大;反之,对流散热量减小。因此在实际生产中,冬季应减少畜舍内空气的对流,夏天则应加强通风。

(4)蒸发散热

**蒸发散热**(thermal evaporation)是指体液的水分在皮肤和黏膜(主要是呼吸道黏膜)表面由液态转化为气态,同时带走大量热量的一种散热方式。每蒸发 1 g 水可带走2.44 kJ热量,因此蒸发是非常有效的散热方式。蒸发可分为不显汗和**发汗**(sweating)两种。不显汗,又称**不感蒸发**(insensible perspiration),是指体液中少量水分直接从皮肤和呼吸道黏膜等表面渗透出,在未聚集成明显的汗滴之前即被蒸发的一种持续性的散热形式。这种散热方式与汗腺活动无关,一般不为人们所察觉。幼体动物较成体动物不感蒸发的速率高,因此在缺水情况下幼体动物更易发生**脱水**(dehydration)。发汗是汗腺主动分泌汗液的活动过程,人的汗液中水分占 99%以上,固体成分不到 1%。固体成分中大部分是 NaCl,也有少量 KCl 和尿素等成分。汗液不是简单的血浆滤出物,而是由汗腺细胞主动分泌的,刚分泌出来的汗液与血浆等渗,流经汗腺管腔时,在醛固酮的作用下,其中的 $Na^+$ 和 $Cl^-$ 被重吸收而变为低渗。汗液的蒸发可有效地带走热量,因为发汗可以感觉得到,又称为**可感蒸发**(sensible evaporation)。出汗的全身调节中枢在下丘脑,它既接受来自皮肤的温度感受器的刺激,又直接接受来自它本身的血液温度的信息。只有当体温达到一定限度时才出汗。如 29 ℃时开始出汗,35 ℃以上时出汗成了唯一的散热机制。汗腺受交感神经的支配,引起汗腺分泌的交感神经末梢分泌的是乙酰胆碱而不是肾上腺素。情绪紧张引起的出汗是通过大脑皮层,与气温和体温无关,即所谓的出“冷汗”。蒸发散热还与空气的相对湿度有关,如果相对湿度为 100%,就不会发生蒸发散热。

蒸发散热有明显的种属特异性。马属动物能大量出汗,其汗腺受交感神经肾上腺素能纤维支配;牛有中等程度的出汗能力;绵羊可以出汗,但以**热喘呼吸**(panting)的散热方式为主;鸟类没有汗腺,狗虽有汗腺结构,但在高温下也不能分泌汗液,二者均通过热喘呼吸从呼吸道加强蒸发散热。在炎热条件下,热喘呼吸是增加蒸发散热的一种形式。热喘呼吸时,动物的呼吸频率升高到 200~400 次/min,呈张口呼吸,此时呼吸深度减小,潮气量减少,气体在无效腔中快速流动,唾液分泌量明显增大,动物不会因通气过度而发生呼吸性碱中毒(图 7-6)。啮齿动物既不进行热喘呼吸,也不出汗,而是通过向被毛涂抹唾液或水来蒸发散热。

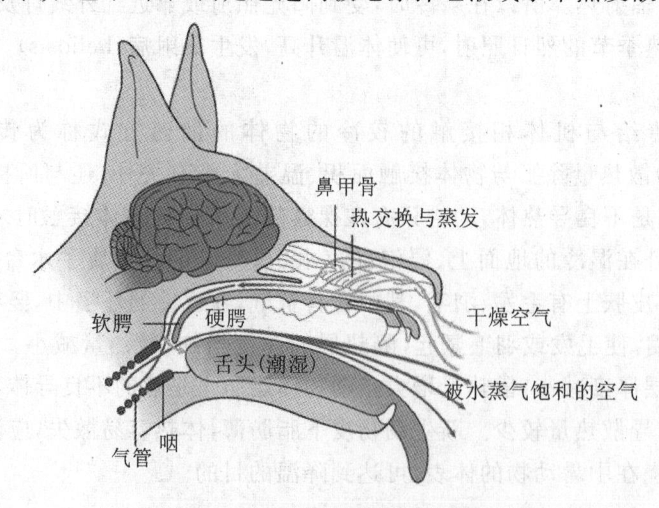


**图 7-6 狗利用分泌大量唾液散热与喘息散热**

(仿 Sjaastad 等,2013)

7.2.2.3 散热的调节

(1)环境温度对动物散热的影响

动物体通过调节散热的方式以保持体内的热平衡。环境温度在某种程度上决定着动物散热的方式。当环境温度接近或高于皮肤温度时,机体以蒸发的方式散热,如羊在外界温度达到32 ℃或直肠温度达到41 ℃时,开始热喘呼吸。当外界湿度低于65%时,羊可在高达43℃的环境中待上几小时,此时主要以出汗和热喘呼吸的方式散热。牛若长期暴露在低温环境(10 ℃以下)中,其皮肤温度下降,能量代谢率升高,毛生长加快,被毛加厚,此时主要以对流和辐射的方式散热;而当外界温度高于20 ℃时,皮肤温度开始上升,皮肤的蒸发量增加;当气温高于25 ℃时发生喘气,此时皮肤蒸发散热量高于辐射散热量和传导散热量。散热过多或散热困难都将严重影响体温恒定。

(2)循环系统在散热反应中的作用

动物通过辐射、对流、传导、蒸发等直接散热方式所散热量的多少取决于皮肤和环境之间的温度差,而皮肤的温度又由皮肤血流量控制,所以机体通过改变皮肤血管的功能状态来调节体热的散失量。动物的皮下和皮肤中的动脉迂回曲折,形成毛细血管网,延续为丰富的静脉丛;皮下还有大量的动静脉吻合支调节血流量,这些结构决定了皮肤血流量可以在很大范围内变动。机体的体温调节结构正是通过交感神经控制皮肤血管的口径以调节皮肤的血流量,从而使散热量符合当时条件下体热平衡的要求。

在炎热的环境中,交感神经兴奋性降低,皮肤小动脉舒张,动静脉吻合支开放,皮肤血流量大大增加,较多的体热由体核带到体表,皮温升高,从而增加辐射、对流、蒸发的散热量(图7-7)。如果仅靠上述反应不能使体温降到正常水平,动物还可以通过排汗的方式增加散热量,减少储热量,达到体热平衡。

在寒冷的环境中,交感神经紧张性增强,皮肤血管收缩,血流量明显减少,皮温降低,散热量大大减小。此时体表层如同一个隔热器发挥防止散热的作用。此外,四肢深部的静脉和动脉平行相伴,且深部静脉呈网状包裹着动脉,这种结构相当于一个逆流热交换系统:静脉的温度低,动脉的温度高,两者之间因温度差而进行热量交换,结果使动脉的一部分热量又被静脉带回到机体深部,减少热量的散失(图7-7)。在禽类的跖部和动物的小腿部,分布着浅静脉和深静脉,深静脉呈网状包裹着动脉,和动脉之间进行逆流热交换。在热应激条件下,深静脉收缩,浅静脉扩张,皮下静脉血流量加大,有利于散热;在冷应激条件下,深静脉扩张,浅静脉收缩,通过热交换将更多的热量带回机体深部,减少热量的散失。

(3)被毛和皮下脂肪在散热反应中的作用

绝大多数动物都有不同结构的被毛,表皮上的被毛和皮肤下的脂肪组织对散热也有明显的调节作用(图7-7)。随着季节的变化,动物被毛的密度和厚度也在发生改变,在冬季来临之前,毛皮动物的毛发开始快速生长,长度快速增加,同时,大多数动物还伴随着绒毛的生长,被毛的密度增加,绒毛的导热性能极低,有很好的保温作用,毛发之间滞留的空气也可阻止热量的散失。在绒毛生长的同时,大多数动物还伴随有皮下脂肪的增厚,皮下脂肪也可阻止热量的散失。在夏季,动物又通过脱绒、换毛等形式长出短的被毛,绒毛也停止生长,被毛变得稀疏,增加散热量。皮下脂肪的厚度在夏季也会减小,有利于散热。

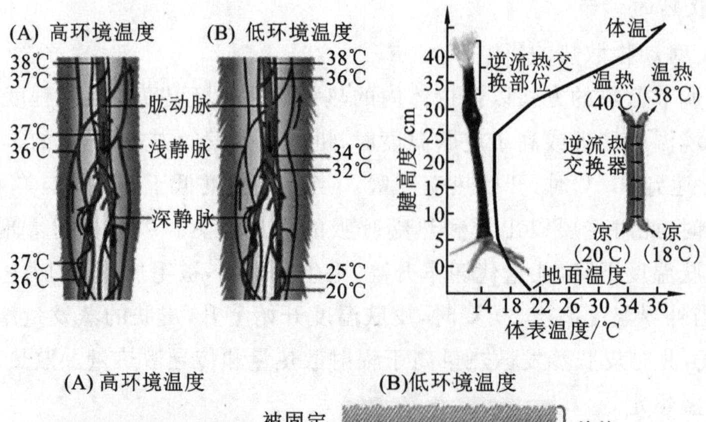




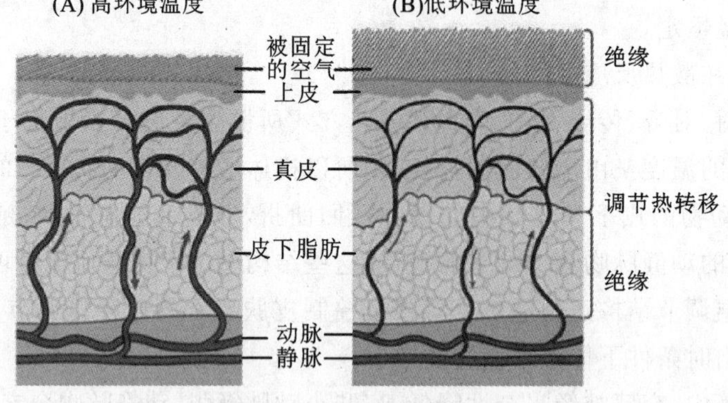


图 7-7 动物的逆流热交换

(仿 Sherwood 等,2013)

## 7.2.3 体温调节

码 7-1 体温调节

恒温动物机体内存在调节体温的自动控制系统,能够在环境温度变化的情况下维持自身体温相对恒定,其主要部分是下丘脑的体温调节中枢。机体的体温调节机制分为自主性体温调节和行为性体温调节。前者是后者的基础,两者不可截然分开。

机体通过体温调节机制调节皮肤的血流量、出汗、寒战等生理反应,在正常情况下能维持产热过程和散热过程的动态平衡,这种机制称为自主性体温调节。

自主性体温调节是通过自身体温调节系统来实现的。下丘脑的体温调节中枢,包括**调定点**(set-point),是该控制系统的关键。该系统是一个反馈控制系统,其传出的信息控制着产热器官和散热器官等受控系统的活动,使体核温度维持在一个稳定的水平。其输出变量即体温经常受到内外环境因素(如气温、湿度、风速或代谢等)变化的影响,系统通过温度检测器(皮肤及深部温度感受器)将这些变化信息反馈到体温调节中枢,经过下丘脑调定点的整合,再调整受控系统的活动,建立当时条件下的体热平衡,以维持体温的恒定。

7.2.3.1 神经调节

(1)温度感受器

根据**温度感受器**(temperature receptor)存在的部位不同,可将其分为**外周温度感受器**(peripheral temperature receptor)和**中枢温度感受器**(central temperature receptor)。

外周温度感受器存在于机体皮肤、黏膜和内脏中,由对温度变化敏感的游离神经末梢构成，有热感受器和冷感受器两种，各自对一定范围的温度敏感。例如，冷感受器在 25 ℃时发放冲动的频率最高，热感受器在 43 ℃时达高峰，当温度偏离上述温度时，两种温度感受器发放冲动的频率均下降。此外，外周温度感受器对温度变化速度更为敏感，即它们的反应强度与皮肤温度的上升或下降的速度有关。

中枢温度感受器分布在脊髓、延髓、脑干网状结构及下丘脑中，由与体温调节有关的中枢性温度敏感神经元（图 7-8）构成。其中有些神经元在局部组织温度升高时发放冲动的频率增加，称为**热敏神经元**（warm sensitive neuron）；有些神经元在局部组织温度降低时发放冲动的频率增加，称为**冷敏神经元**（clod sensitive neuron）。动物实验表明，在脑干网状结构和下丘脑的弓状核中，以冷敏神经元居多；在**视前区-下丘脑前部**（preoptic-anterior hypothalamus area，PO/AH）中，热敏神经元较多。实验证明，温度变动 0.1℃时，这两种温度敏感神经元的放电频率就可发生变化，而且不出现适应现象。随着研究的深入，发现不仅在哺乳类动物存在温度敏感神经元，在鸟类、爬行类、鱼类等动物也发现了温度敏感神经元。PO/AH 中某些温度敏感神经元还能对中脑、延髓、脊髓、皮肤等的温度变化发生反应。这说明，来自中枢和外周的温度信息都会聚于这类神经元。此外，这类神经元能直接对**致热原**（pyrogen）或 5-羟色胺、去甲肾上腺素以及许多多肽类物质发生反应，并导致体温改变。

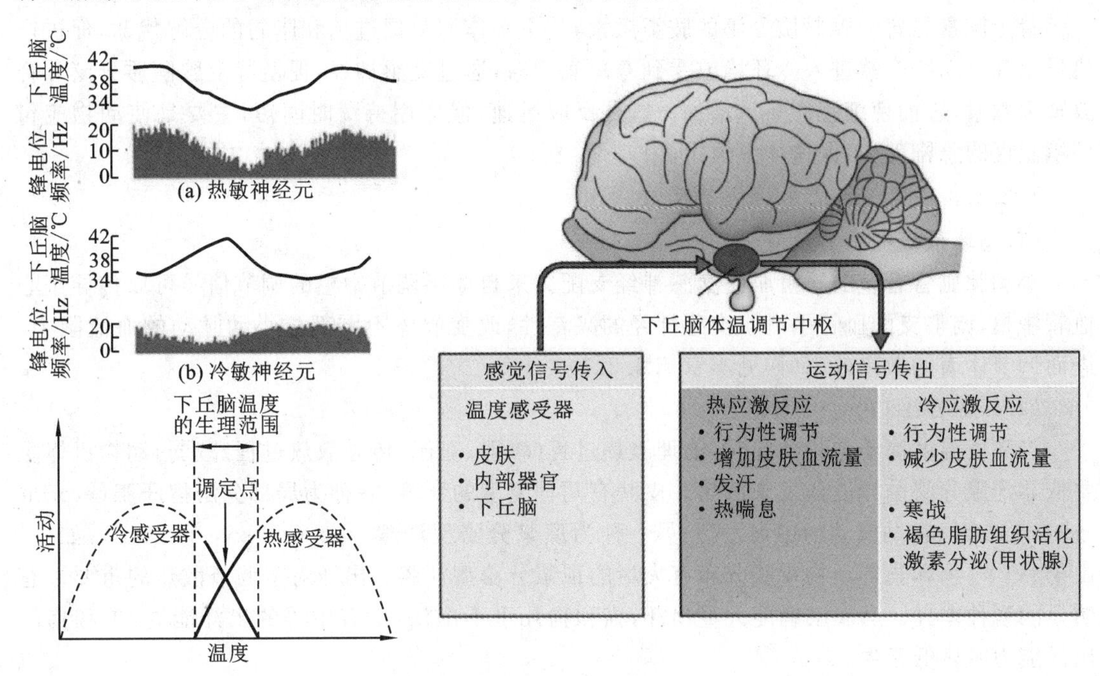


**图 7-8　体温调节中枢及传出信号**

（仿 Sjaastad 等，2013）

（2）体温调节中枢

下丘脑是体温调节的基本中枢。对多种恒温动物进行脑的分段切除实验可以观察到，切除大脑皮层及部分皮层下结构后，只要保持下丘脑以下神经结构的完整性，动物虽然在行为方面可能出现一些失调，但仍具有维持体温恒定的能力。如果破坏动物的下丘脑，则不再维持相对恒定的体温。上述实验说明，下丘脑是动物控制温度的中心。

来自各方面的温度变化信息在下丘脑整合后，经下列途径调节体温：通过交感神经控制皮肤血管舒缩反应和汗腺分泌，影响散热过程；通过躯体运动神经改变骨骼肌活动（如肌紧张、寒战);通过甲状腺和肾上腺髓质分泌活动的改变来调节代谢性产热过程(图 7-8)。

(3)中枢体温控制系统

目前关于体温调节机制常见的解释是**调定点学说**(set-point theory),尽管其详细机制尚不完全清楚,但已为多数学者所接受。该学说认为,恒温动物下丘脑存在调定点,即类似恒温器的调节机制。其核心是冷敏神经元和热敏神经元的活动随着温度改变的反应曲线呈钟形,两钟形曲线交叉点所在的温度就是体温的调定点(图 7-8)。如人的体温调定点为 37 ℃,当中枢温度超过 37 ℃时,热敏神经元活动加强,使散热过程加强;冷敏神经元活动减弱,产热量减小。当中枢温度低于 37 ℃时,则发生相反的变化。外周皮肤温度感受器的传入信息也能影响调定点的功能活动,当皮肤受到热刺激时,冲动传入中枢使调定点下移。这时中枢温度 37 ℃也能使热敏神经元兴奋,即散热加强,产生出汗等散热活动。

#### 7.2.3.2 体液调节

最主要和最直接参与体温调节的激素是甲状腺激素和肾上腺素。

由甲状腺分泌的甲状腺激素能促进糖和脂肪的分解,加速细胞内的氧化过程,使产热量增加。当动物长时间处在寒冷环境中,散热量增加,需要缓慢而持久地加强产热,这时,通过神经体液调节,甲状腺激素分泌量增加,提高能量代谢率,以适应低温环境。

肾上腺素是肾上腺髓质分泌的胺类激素,其主要作用为促进糖和脂肪的分解代谢,促进产热量增加。动物突然进入冷环境或受到寒冷刺激时,通过交感神经,促使肾上腺髓质分泌和释放肾上腺素,进而使细胞产热量增加。这种反应迅速,但作用持续时间短,主要是使动物应付环境温度的急剧变化,保持体温恒定。

#### 7.2.3.3 散热和产热的调节反应

(1)循环系统的调节反应

小动脉血管管壁的平滑肌受交感神经支配。来自体温调节中枢的调节信号可以传导至心血管中枢,调整支配血管平滑肌交感神经的兴奋性,改变躯体不同部位小动脉动的血流阻力,进而调节体表的散热效率(详见本章 7.2.2.3)。

(2)汗腺分泌

当环境温度高于动物体温时,物理散热过程(辐射、对流、传导散热过程)减弱,动物机体主要依靠汗腺分泌的汗液蒸发来散热。皮肤有两种类型的汗腺:一种为**局部分泌型汗腺**(eccrine sweet gland),在马属动物中很发达;另一种为**顶浆分泌型汗腺**(apocrine sweet gland),如牛、山羊、绵羊、狗和猫等动物皮肤分布有大量的顶浆分泌型汗腺。出汗对于调节散热的重要性有明显的畜种差异。马属动物能大量出汗,猫和狗几乎不出汗,牛有中等的出汗能力,羊和猪的出汗能力明显低于牛。

(3)行为性体温调节

当动物处在炎热或寒冷环境中,常通过**行为变化**(behavioral change)来调节其产热和散热过程。例如,许多动物夏季寻找阴凉场所,减少吸收太阳辐射热。在炎热和潮湿环境中,动物常伸展肢体,以增大热交换的体表面积;伏卧不动,尽量减少肌肉运动和降低能量代谢率。在寒冷的环境中则采取蜷缩姿势,减少散热面积;群居性动物还可采取相互拥挤或挤堆的方法,减少体表在低温环境中的暴露面积,以减少热量散失。有的动物还可寻找背风向阳的地方采暖,以提高体温。

综上所述,动物的体温调节是一个自动的、复杂的、多方面的生理调节过程,各方面相互联系和协调,达到调节体温使其保持相对稳定的目的。动物根据当时所处的环境温度通过各种途径进行调节。当外界环境温度轻微偏离临界温度时,动物可以通过调整自己的行为,如蜷缩或伸展自己的身体进行体温调节;当外界环境温度严重偏离临界温度时,动物在改变行为的同时,皮肤血液循环、呼吸等均发生相应变化,有的动物还可通过出汗或寒战调节体温。此外,动物机体还可通过相关激素的分泌,调整自身的氧化代谢水平,改变产热或散热的速度来进行体温调节。无论是增加产热量还是散热量,动物均需要额外增加能量消耗才能实现体温稳定。

7.2.3.4　恒温动物对环境温度的适应性

恒温动物体内有一套完善的体温调节系统,但在刚出生后的一段时间内,调节体温的能力还不完善,类似于变温动物的体温调节。随着动物的生长,其调节体温的功能逐渐完善,主要是通过自主性体温调节和行为性体温调节的机制来完善。同时,恒温动物对环境的适应能力也在增强,往往对寒冷环境的适应能力强于对高温的适应能力。恒温动物对高温、低温环境的生理性适应可分为以下三类。

(1)习服

动物短期(通常2～3周)生存在极端温度环境中,所发生的生理性调节反应称为习服。例如,在寒冷环境中寒战常常是增加产热量和维持体温的主要方式。冷习服的主要变化是,由寒战性产热转变为非寒战性产热,即肾上腺素、去甲肾上腺素和甲状腺激素分泌量增加,糖代谢率提高,褐色脂肪储存量增大。动物经冷习服后,可以延长在严寒中的存活时间,但冷习服动物的能量代谢率可持续增强,而启动产热调节的临界温度并不明显降低。

(2)风土驯化

随着季节性变化,机体的生理性调节逐渐发生改变,称为风土驯化。例如,由夏季经秋季到冬季,气温逐渐下降,动物在这种条件下常出现冷驯化。像冷习服那样长期依靠增加产热量来维持体温,需要消耗大量的能源储备,对动物来说是极为不利的。冷驯化动物主要通过增厚身体的隔热层减少散热量来维持体温。这时,动物的羽毛和皮下脂肪层都发生明显的增厚,汗腺萎缩退化,表皮增厚。血管运动也发生相应的变化,借以加强体热的储存。冷驯化的特点是动物的能量代谢率并没有增高,有的甚至降低,主要是提高和调整了机体保温能力,同时也显著降低了启动产热调节的临界温度。

(3)气候适应

经过几代自然选择或人工选择,动物遗传性发生变化,对气候逐渐适应。对气候的适应并没有改变动物的体温。寒带和热带动物都有大致相等的直肠温度。寒带动物体温调节的特点:皮肤具有最有效的绝热层,皮肤深部血管有良好的逆流热交换能力,不到极冷的温度,动物的代谢水平不升高,以节约能量。在寒冷的冬季,动物的食物来源奇缺,为适应极度严寒的环境,动物还可以通过降低临界温度的方式增强其适应环境的能力。如北极狐的临界温度可低至－30 ℃,牦牛、绒山羊等也可以通过降低临界温度来适应－40 ℃的低温。当环境温度升高或食物资源丰富时,动物的代谢水平随之升高,其被毛结构也发生变化,通过脱绒、换毛等形式适应外界环境温度的变化。

动物对环境温度的适应能力,受品种、营养状态、对温度适应的锻炼等因素的影响。例如寒带地区生长的动物品种,对低温的适应能力较强,而对高温则难以适应。反之,热带地区生长的动物,对高温的适应能力强,而对低温的适应能力差。在动物生产中,冬季应加强饲养管理,增加精料,以提高动物对低温的抵抗力。加强对寒冷的适应锻炼,也可增强动物的耐寒能力,如使动物(特别是幼畜)适应一定温度的冷环境后,再移到更冷的环境中生活,如此逐渐地锻炼,就可提高动物的体温调节能力,有效地增强机体对寒冷的适应能力。上述方法也可用于锻炼动物对酷热的适应能力,使它们在热环境中保持健康和高产。

### 7.2.4 动物的休眠

动物的**休眠**(dormancy)是动物在不良环境条件下维持生存的一种独特的生理适应性反应。休眠分为非季节性休眠(日常休眠)和季节性休眠。日常休眠是指动物在一天的某段时间内不活动,呈现低体温的休眠。季节性休眠持续时间较长,且有季节性限制,它又分为**冬眠**(hibernation)和**夏眠**(estivation)。

在休眠状态下,动物机体内的一切生理活动都降至最低限度。由于不能摄食,休眠过程中的生命维持主要依靠休眠前体内储存的营养物质。休眠动物最明显的生理变化是体温降低、基础代谢下降、呼吸频率和心率减慢。这样,休眠的动物可以节省能量,以度过环境不良期,经过一定时间,当条件适宜时再苏醒过来。

#### 7.2.4.1 冬眠

无脊椎动物和脊椎动物中的某些种类在寒冷的季节有休眠现象。在温带和高纬度地区,随着冬季的到来,许多小型哺乳动物就进入洞内,开始冬眠。冬眠的特征:动物较长期地昏睡,体温降到同环境温度相近的水平,呼吸频率和心率极度减慢,代谢(耗氧量)降到最低限度。冬眠期间,各种组织对低温和缺氧具有极强的适应能力,不会因低温和缺氧而造成损伤。当环境温度适宜时,又可自动苏醒,称为出眠。苏醒时,冬眠动物的产热活动和散热活动也迅速恢复,心搏加速,呼吸频率增加,接着肌肉阵发性收缩。一部分苏醒的热量来自肌肉收缩,也有一部分来自褐色脂肪组织的氧化,通过褐色脂肪组织的血管把热量迅速送进活命组织,如神经组织(包括脑和内脏神经节)、心脏,使其升温最快。当神经和血液的温度升到正常水平,身体其他部分也开始升温,直至恢复到体核温度。由此可见,冬眠主要是下丘脑调定点变化的结果。苏醒是一个高度协调的过程,神经系统起到主要作用,内分泌系统在准备冬眠和冬眠中也起到一定的作用。

在寒冷的季节,陆生的无脊椎动物,如软体动物、甲壳动物、蜘蛛和昆虫等,以及变温的脊椎动物都进入一种麻痹(休眠)状态,这种状态也称冬眠。但是这些变温动物一般没有调节体温的能力。变温动物与恒温动物的冬眠机制不同,但其生物学意义则是相同的,即以降低消耗来度过困难的冬天。许多水生无脊椎动物,在寒冷的冬天藏到池塘、湖泊和河底的淤泥中进行休眠。

某些鱼类、两栖类、爬行类在寒冷的冬天都有冬眠。鸟类中的蜂鸟,哺乳动物中的刺猬、蝙蝠、黑熊和许多啮齿动物(如山鼠、跳鼠、仓鼠、黄鼠、旱獭)也要进行冬眠。此外,在某些较大型的肉食性哺乳动物(如熊、獾、猩等)中也有类似冬眠的现象。但这些动物的冬眠程度较浅,不能进行持续性的深眠,因此有学者将其称为假冬眠。如棕熊在冬眠期其体温并不随环境温度的下降而下降,甚至孕熊可在冬眠期内产仔。总之,哺乳动物的冬眠总是从睡眠开始的,冬眠与睡眠有许多相似之处,但冬眠和睡眠是两种不同的生理现象。

#### 7.2.4.2 夏眠

夏眠(又称蛰伏)主要是指动物在高温和干旱时期的休眠现象。夏眠动物种类较少,大多数是生活在热带和赤道地区的动物。夏眠动物的特征和冬眠动物相似,首先是体温降低,直到与气温相近。在进入休眠之前,其体内也积累了一些营养物质,特别是积累了一些脂肪。另外,动物失水可能也是引起夏眠的主要原因。在这种条件下,动物明显地出现"渴"的现象。例如,肺鱼在干旱条件下可引起夏眠,由鳃呼吸转为鳔呼吸,一直休眠到雨季来临。通过夏眠,肺鱼——一种原本离不开水的鱼类——很好地适应了半年干旱、半年雨水的生存环境,有的在干旱条件下甚至能生存 4 年之久。

## 复习思考题

1. 简述机体能量的来源和去路，以及 ATP 在体内的代谢过程和生理意义。
2. 叙述间接测热法的基本原理。
3. 简述影响能量代谢的因素。
4. 测定基础代谢率时应注意哪些条件？
5. 简述散热的几种基本方式和循环系统在散热过程中的作用。
6. 试述在寒冷和炎热的环境中体温保持恒定的机制。
7. 试述冬眠的机制和生物学意义。

码 7-2　第 7 章主要知识点思维路线图一

码 7-3　第 7 章主要知识点思维路线图二

# 第8章 排泄系统



## 8.1 排泄机能的意义与进化

内环境稳态的一个重要方面是维持细胞外液组分的相对稳定，为机体细胞的生命活动提供有利的生活环境。这一稳态要求细胞外液的水分和重要的电解质只能在一个狭小的范围内变动，以保持合适的细胞外液的体积与渗透压，并且代谢废物必须保持在相对较低的浓度。然而，对食物的消化吸收、代谢产物的不断产生，以及水分和离子通过体表的渗透和丢失，都会扰乱细胞外液的稳态。排泄系统通过特定排泄器官对体液中某些成分选择性地排出和保持，实现以下主要的目标：①维持内环境无机离子(如 $Na^+$、$Cl^-$、$K^+$、$H^+$、$HCO_3^-$ 等)浓度相对稳定；②维持合适的血浆体积；③移除源于新陈代谢的非营养成分、毒害性成分(如氨、尿素、胆色素等)，消化吸收的植物碱、药物以及发挥作用之后的激素及其代谢产物；④维持体液渗透压的稳定。

### 8.1.1 排泄的主要途径

在生理学上，将机体把**代谢终产物**(final metabolite)以及过剩或不需要的物质(包括药物代谢产物)经过血液循环到达某一排泄器官而排至体外的过程称为**排泄**(excretion)。未被吸收的食物残渣由大肠排至体外的过程不属于排泄。动物机体的排泄途径主要有四种(图 8-1)。

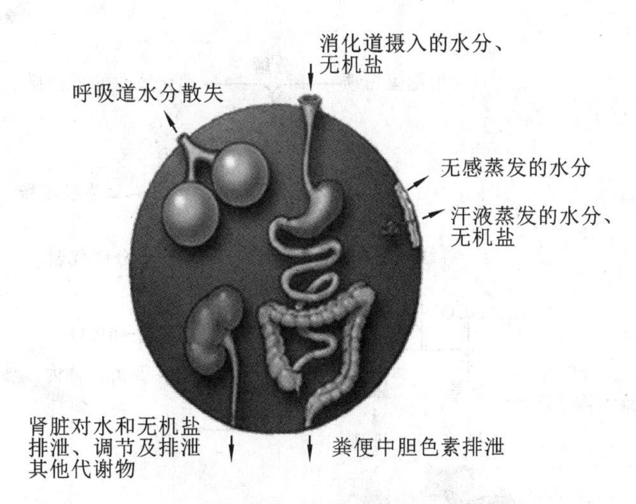


图 8-1　哺乳动物主要排泄途径

①呼吸系统：陆生动物的肺主要排泄代谢所产生的 $CO_2$、水分及部分挥发性物质，鱼类的鳃同时还排泄大量的氨。

②消化系统：主要排泄肝脏产生的胆色素等代谢产物，有些鱼类的肠黏膜细胞还承担分泌排泄无机盐的机能。

③皮肤：通过汗腺以汗液的形式排出一部分水、少量尿素、无机盐等。

④肾脏：通过肾脏以尿的形式排出代谢产物、水和药物等。

在这四种排泄途径中，从肾脏排出的物质最多、数量最多。肾脏是机体排泄大部分代谢产物、进入体内异物的最重要器官，对机体调节水平衡、渗透压、酸碱平衡以及血液中物质水平具有重要意义。

## 8.1.2　含氮废物的排泄形式

含氮废物主要来源于蛋白质以及核苷酸的分解代谢。蛋白质分解所生成的氨基酸，一部分用于合成维持和生长需要的新蛋白质，一部分则分解产生 ATP、$H_2O$、$CO_2$、$NH_3$。$NH_3$ 一方面可以结合 $H^+$，表现很强的碱性而扰乱体液的酸碱平衡；另一方面，所生成 $NH_4^+$ 也是毒性很强的离子。$NH_4^+$ 与 $K^+$ 形成竞争，抑制 $Na^+$-$K^+$-ATP 酶(钠-钾泵)的活动。尤其对于神经细胞作用最为明显，$NH_4^+$ 可影响神经细胞的形态、离子转运以及神经递质的代谢等。对哺乳动物而言，0.05 mmol/L 的 $NH_4^+$ 就可以严重影响神经系统的功能，而鱼类可以耐受的浓度是 2 mmol/L。因而，$NH_3$ 及 $NH_4^+$ 一旦产生，就要以很低的浓度排至体外，或者转变为低毒性的化合物。转化的形式通常是尿素和尿酸。各种动物排泄的含氮废物种类不同，有的主要排泄 $NH_3$，有的主要排泄尿素，而有的主要排泄尿酸，这些主要与动物的进化和生活习性有关(图 8-2)。

## 8.1.3　渗透压调节

码 8-1　含氮废物的排泄

细胞内液和细胞外液渗透压的稳定，是细胞生理机能得以实现的重要基础。然而，动物机体所处的外环境是复杂多变的。通过体表与外环境的接触，内环境渗透压稳态时刻面临被改变的威胁。

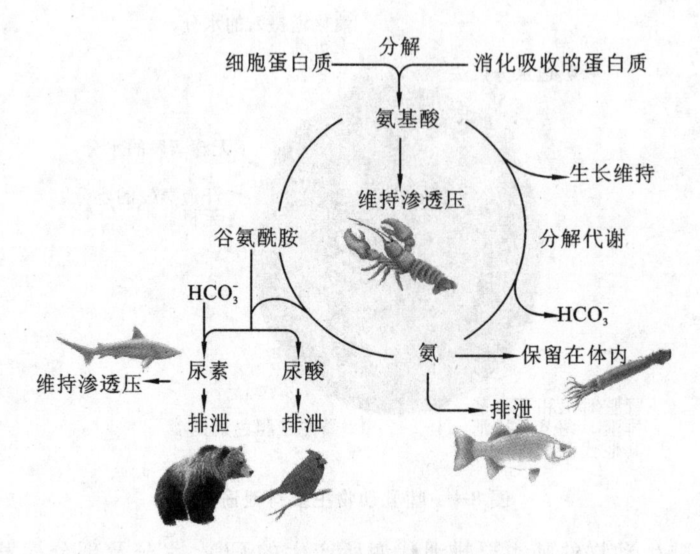


**图 8-2　含氮废物的排泄**

(Sherwood 等,2013)

有的动物维持一个不同于其所处介质的内部渗透压,这种动物称为**调渗动物**(osmoregulator);有的动物不能自由地控制其体液的渗透情况,而是去适应周围介质的渗透压,随环境变化而变化,这种动物称为**变渗动物**(osmoconformer)。大多数脊椎动物属于调渗动物,它们的体液渗透压比较稳定;而某些低等海洋动物则属于变渗动物,其体液渗透压与海水渗透压一致。漫长的生物进化过程使脊椎动物的肾成为高度发展的渗透调节器官。鸟类和哺乳动物的肾利用逆流倍增机制,产生出高渗尿;而爬行动物和两栖类动物的肾没有形成逆流倍增机制,不能产生高渗尿。有些脊椎动物具有更广泛的适应能力,存在肾外排泄的渗透调节器官(如鳃、直肠腺、盐腺等),对机体维持渗透压的稳定也起到重要作用。

## 8.2　肾单位是肾脏的基本结构和功能单元

**肾脏**(kidney)是一个排泄和渗透压调节器官。通过排出水和溶质,肾脏排出机体过剩的水和代谢产物。尽管机体摄入多种食物和大量的水分,肾脏与心血管、内分泌、神经系统共同调节体液的量和成分,并将其控制在较小的变动范围内。

肾具有以下的调节功能:体液的容量和渗透压、电解质平衡、酸碱平衡、代谢产物和异物的排泄,产生和分泌激素等。

肾也是重要的内分泌器官。它可以产生并分泌肾素、促红细胞生成素。

因此,肾是维持机体内环境相对稳定的最重要的排泄和渗透压调节器官。

### 8.2.1　脊椎动物肾脏的结构特点

肾脏位于腹后壁脊柱两侧。肾内侧缘中部凹陷,深入肾内形成一个空腔,称为**肾窦**(renal sinus)。肾窦的开口称为**肾门**(renal hilus),它是肾血管、输尿管、淋巴管及神经等进出肾的部位(图8-3)。将一侧肾切成两半,从它的剖面可清晰地看到两个区域:外层的**皮质**(cortex)和内层的**髓质**(medulla)。肾皮质主要由**肾小体**(renal corpuscle)与**肾小管**(renal tubule)构成。肾髓质位于皮质的深部,约占肾实质的2/3。髓质由15～20个**肾锥体**(renal pyramid)组成。肾锥体主要由直的肾小管构成。肾锥体的基部较宽大,接皮质,尖端为**肾乳头**(renal papillae)。肾乳头位于**肾小盏**(minor calyx)内。肾小盏搜集每个肾乳头的尿液,若干肾小盏合并为一个**肾大盏**(major calyx)。肾大盏汇入**肾盂**(renal pelvis),肾盂后接输尿管。肾盏、肾盂、输尿管壁都是由平滑肌构成的,推动尿液流向膀胱。

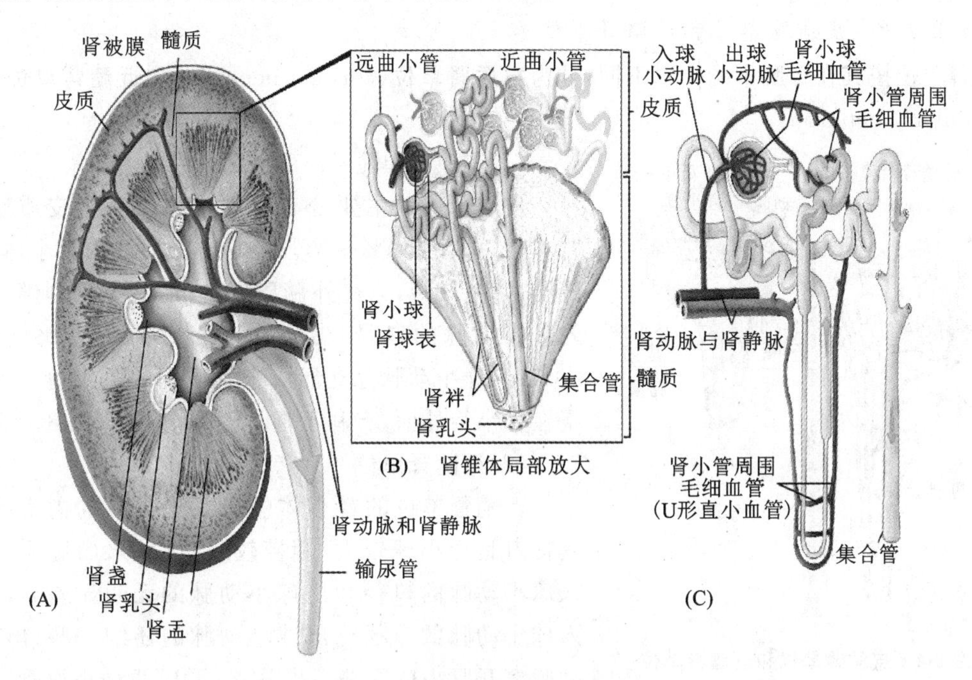


**图8-3　脊椎动物肾脏的结构**

(Sjaastad等,2013)

8.2.1.1　肾单位和集合管

脊椎动物的肾主要由**肾单位**(nephron)构成。肾单位是肾脏的基本结构和功能单位,与集合管一起完成机体的泌尿活动。

(1)肾小体

肾小体包括**肾小球**(glomerulus)和**肾小囊**(renal capsule)。肾小球是一团毛细血管网,其两端分别与**入球小动脉**(afferent glomerular arteriole)和**出球小动脉**(efferent glomerular arteriole)相连。肾小球外面的包囊称为肾小囊,由肾小管盲端膨大凹陷形成,分内、外两层:内层是后肾小管盲端在发育过程中折返内陷形成的,紧贴肾小球,在血管进出肾小体处与外层相连;外层的另一端与肾小管管壁相连。肾小囊内层与外层之间有一狭小的腔隙,称为肾囊腔,它与肾小管的管腔相通。

(2)肾小管

肾小管由**近球小管**(proximal tubule)、**髓袢**(medullary loop)和**远球小管**(distal tubule)组成。近球小管包括近曲小管和髓袢降支粗段。此段管径最粗,管壁上皮细胞多呈锥体形,细胞间界限不清。细胞的腔面呈刷状。

髓袢包括髓袢降支细段和髓袢升支细段,其管径细,管壁最薄,由扁平上皮细胞构成,在电子显微镜下可见其细胞腔面有排列不规则的微绒毛,但为数不多。

远球小管包括髓袢升支粗段和远曲小管,管径变粗,管壁细胞呈立方形,细胞界限清楚,腔面有少数短的微绒毛。远曲小管和集合管相连。

(3)集合管

集合管不包括在肾单位内,但在功能上和远曲小管密切相关,在尿液浓缩过程中起重要作用。每一条集合管接受来自远曲小管运来的液体,多条集合管再合并汇入乳头管。

8.2.1.2 皮质肾单位和近髓肾单位

肾单位按其在肾脏中的位置不同,分为**皮质肾单位**(cortical nephron)和**近髓肾单位**(juxtamedullary nephron)。

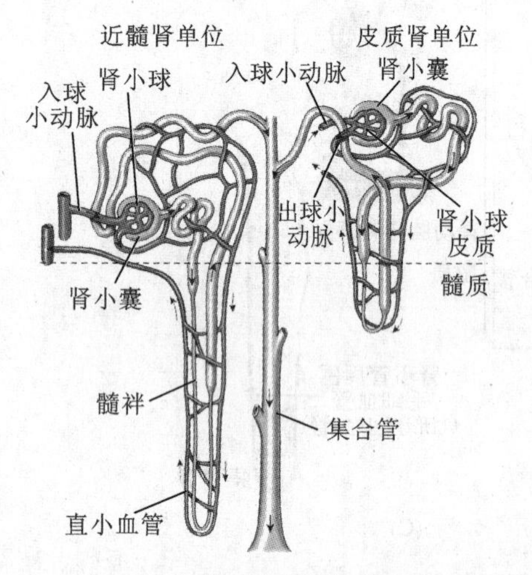


图 8-4 皮质肾单位和近髓肾单位

(1)皮质肾单位

皮质肾单位主要分布于外皮质层和中皮质层,占肾单位总数的80%~90%。皮质肾单位的肾小体相对较小,髓袢较短,只达外髓质层,有的甚至不到髓质;其入球小动脉的口径比出球小动脉大,二者比例可达2∶1;出球小动脉分支形成小管周围的毛细血管网,包绕在肾小管外面,有利于肾小管的重吸收(图 8-4)。

(2)近髓肾单位

近髓肾单位的肾小体位于靠近髓质的内皮质层,其特点是肾小球较大,髓袢较长,可深入内髓质层;其入球小动脉的口径和出球小动脉的无明显差异,甚至入球小动脉的口径比出球小动脉的还细一些;出球小动脉离开肾小球后进一步分支,形成两种小血管,一种为网状小血管,形成毛细血管网,缠绕于邻近的近曲小管和远曲小管周围,另一种是细而长的U形直小血管,与髓袢相伴而行。临近的U形直小血管之间有吻合支,血流可以相通。

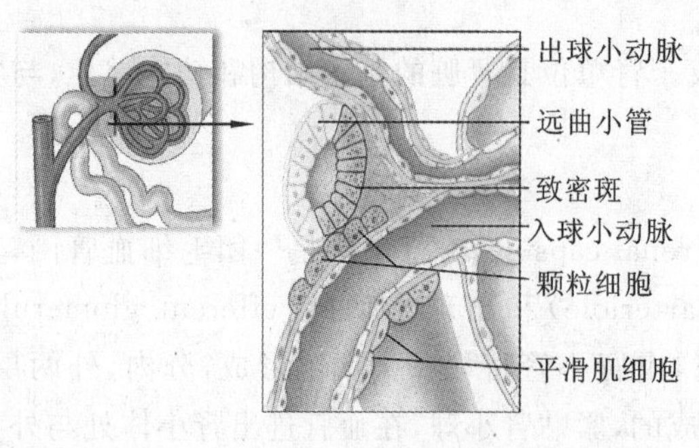


图 8-5 球旁器

(Sjaastad 等,2013)

8.2.1.3 球旁器

球旁器又称近球小体,由球旁细胞、球外系膜细胞和致密斑三部分组成,主要分布于皮质肾单位(图 8-5)。

球旁细胞又称为颗粒细胞,是入球小动脉中一些特殊化的平滑肌细胞,内含分泌颗粒,能合成、储存、释放肾素。球旁细胞的大小与血流量及血压有关,肾内动脉血压降低或严重高血压时,球旁细胞的容积增加。

球外系膜细胞是位于入球小动脉、出球小动脉和致密斑之间的一群细胞,细胞聚集成一锥形体,其底面朝向致密斑,具有吞噬功能。

致密斑位于远曲小管起始部,由特殊分化的高柱状上皮细胞组成,致密斑穿过同一肾单位入球小动脉和出球小动脉相近处并与球旁细胞及球外系膜细胞相接触。它能感受原尿中$Na^+$含量的变化,并通过某种形式的信息传递调节球旁细胞对肾素的释放。

## 8.2.2　肾脏的血液循环特点

8.2.2.1　肾脏的血液供应

肾脏的血液供应来自肾动脉。肾动脉自腹主动脉直接分出，进入肾门后在肾脏依次分支为叶间动脉、弓形动脉、小叶间动脉、入球小动脉。

入球小动脉进入肾小体的包囊后，分支形成毛细血管球(即肾小球)。肾小球毛细血管汇集成出球小动脉离开肾小体后，再次分支成毛细血管网，缠绕在肾小管和集合管的周围，为其提供血液，然后逐步汇合成小叶间静脉、弓形静脉、叶间静脉、肾静脉而出肾门。

8.2.2.2　肾脏血流特点

(1)血流量大，血流分布不均匀

肾动脉自腹主动脉直接分出，管径粗且短，血流量大，占心输出量的 1/5～1/4，且不同部位的供血不均匀，大约 94％的血流供应肾皮质，约 5％供应外髓部，剩余不到 1％供应内髓部。这些特点对尿生成和尿浓缩都具有重要意义。

(2)串联两套毛细血管网

肾内有两套毛细血管网。第一套是入球、出球小动脉之间的肾小球毛细血管网，此处毛细血管血压较高，这对肾小球的滤过作用非常有利。出球小动脉细而长，其分支缠绕在肾小管周围的毛细血管形成第二套毛细血管网，这套毛细血管网中血压较低，但血浆胶体渗透压较高，这对肾小管和集合管的重吸收作用非常有利(图 8-6)。近髓肾单位的出球小动脉除了形成第二套毛细血管网外，还分支形成 U 形直小血管，并伴随髓袢而行至肾乳头部。这一特点对维持肾髓质的高渗梯度及尿的浓缩和稀释有重要作用。

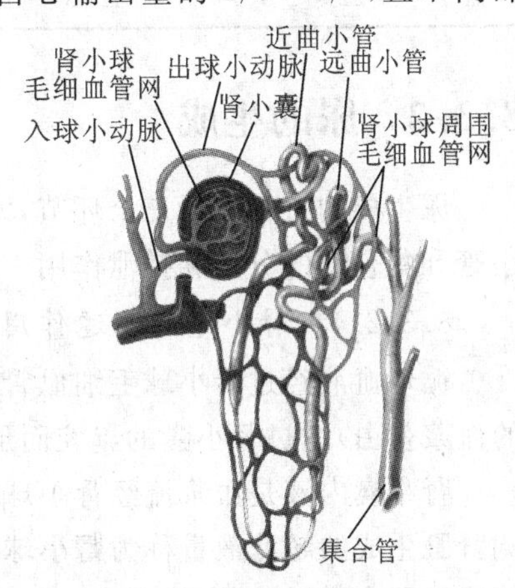


图 8-6　肾单位两套毛细血管网

# 8.3　通过对血液的滤过和重吸收形成尿液

## 8.3.1　尿的组成及理化性质

尿液是肾生理活动的产物，其理化性质和组成反映机体的代谢活动和肾的机能状态。

8.3.1.1　尿液的组成

动物尿中主要成分为水，占 96％～97％；其余的无机物和有机物占 3％～4％。有机物主要是尿素、尿酸、肌酸、肌酸酐、尿色素、某些激素和酶等。除水外的无机物主要是氯化钠、氯化钾、硫酸盐、磷酸盐、碳酸盐等。尿液的组成可因动物的种类、性别、食物性质、机体的生理水平、机体的代谢状况不同而发生改变。

8.3.1.2　尿液的理化性质

动物的正常尿液颜色是淡黄色或黄色。大多数动物的尿液在排出时为清亮的水样液。马属动物由于尿液中悬浮有极小颗粒的碳酸钙而显混浊。健康动物尿液的理化性质相对稳定，常常随动物的生理状态、食物和饮水的质与量、环境温度等因素的变化而在一定的范围内波动(表 8-1)。

**表 8-1　不同动物尿液的理化性质**

| 动物 | 尿量/[mL/(kg·d)] | 相对密度 | 渗透压/(mOsm/L) | pH 值 | 颜色 | 透明度 |
|---|---|---|---|---|---|---|
| 马 | 3.01～8.0 | 1.020～1.050 | 800～2 000 | 7.80～8.30 | 黄白色 | 混浊,有黏性 |
| 牛 | 17.0～45.0 | 1.025～1.045 | 1 000～2 000 | 7.60～8.40 | 草黄色 | 稀,透明 |
| 山羊 | 7.0～40.0 | 1.015～1.062 | 600～2 480 | 7.50～8.80 | 草黄色 | 稀,透明 |
| 绵羊 | 10.0～40.0 | 1.015～1.045 | 600～1 800 | 7.50～8.80 | 草黄色 | 稀,透明 |
| 猪 | 5.0～30.0 | 1.010～1.050 | 400～2 000 | 6.25～7.55 | 淡黄色 | 稀,透明 |
| 狗 | 21.0～41.0 | 1.015～1.045 | 600～2 000 | 5.50～7.50 | 淡黄色 | 清亮 |
| 猫 | 22.0～30.0 | 1.035～1.060 | 1 863～2 270 | 5.50～7.50 | 淡黄色 | 清亮 |

## 8.3.2　尿的生成

尿生成的过程包括三个环节,即肾小球的滤过作用、肾小管和集合管的重吸收作用以及肾小管和集合管的分泌和排泄作用。

8.3.2.1　肾小球的滤过作用

循环血液经过肾小球毛细血管时,血浆中的水和小分子溶质(包括少量相对分子质量较小的血浆蛋白)滤过肾小囊的囊腔而形成原尿的过程,称为肾小球的滤过作用。

肾小囊内液是血浆流经肾小球毛细血管时滤过来的**超滤液**(ultrafiltrate)。单位时间内两侧肾脏生成的超滤液量称为**肾小球滤过率**(glomerular filtration rate,GFR),GFR 与血浆流量的比值称为**滤过分数**(filtration fraction)。

肾小球的滤过液是通过肾小球滤过作用而产生的。而肾小球滤过作用取决于两个因素:一是肾小球滤过膜的通透性;二是肾小球的有效滤过压。其中前者是原尿产生的前提,后者是原尿滤过的动力。

(1)滤过膜及其通透性

肾小球滤过膜由 3 层结构组成,即毛细血管内皮细胞、基膜、肾小囊脏层上皮细胞(图 8-7)。

在电子显微镜下观察,内层为肾小球毛细血管的内皮细胞。内皮细胞层厚 30～50 nm,其上有许多大小不等的微细小孔,称为窗孔,直径为 70～90 nm,可以阻止血细胞通过,小分子溶质以及小相对分子质量的蛋白质可以自由通过。中间层是非细胞性基膜,厚 240～360 nm,网孔径为 4～8 nm,是滤过膜的主要机械性滤过屏障。这一屏障可以阻挡有效半径大于 4.2 nm 的大分子滤过。外层是肾小囊脏层的上皮细胞,上皮细胞有很长的足状突起,是大分子滤过的最后一道屏障。机械屏障不能阻挡血浆中含量最多的白蛋白(有效半径约 3.6 nm)滤过,内皮细胞、基膜以及肾小囊脏层上皮细胞表面都有一些带负电荷的蛋白质,构成电学屏障,可阻碍带负电荷的血浆蛋白,限制它们的滤过。在病理状态下,滤过膜上带负电荷的糖蛋白含量减少或消失,就会导致带负电荷的血浆蛋白滤过量比正常时明显增加,从而出现蛋白尿。

(2)有效滤过压的形成

肾小球滤过作用的动力是滤过膜两侧的压力差。这种压力差称为肾小球的**有效滤过压**

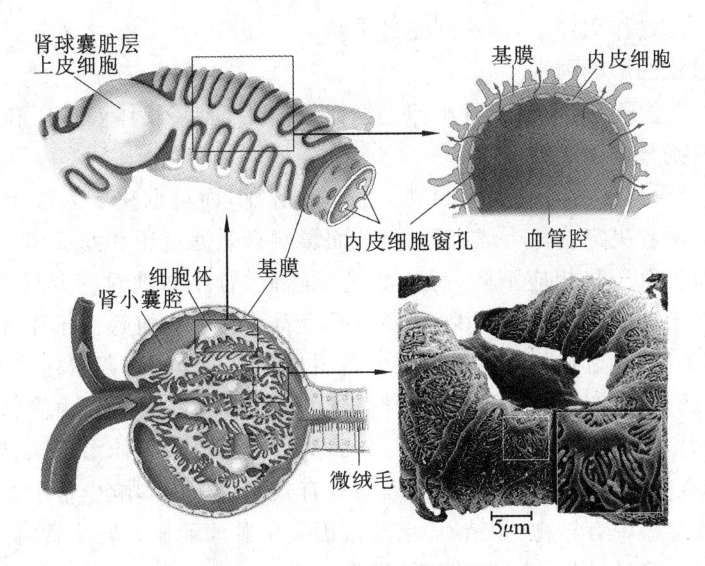


图 8-7　肾小球滤过膜的结构

（仿 Sjaastad 等，2013）

(effective filtration pressure，EFP)。

码 8-2　肾小球的滤过作用

有效滤过压是由四种力量的对比来决定的。肾小球毛细血管血压是促进血浆透过滤过膜的力量，囊内液胶体渗透压也是推动血浆滤过的动力；而血浆胶体渗透压和肾小囊内压是阻止血浆透过滤过膜的力量。肾小囊滤过液中蛋白质浓度很低，其胶体渗透压可以忽略不计。因此，其他三种力量的代数和是肾小球滤过的动力，即有效滤过压(图 8-8)。

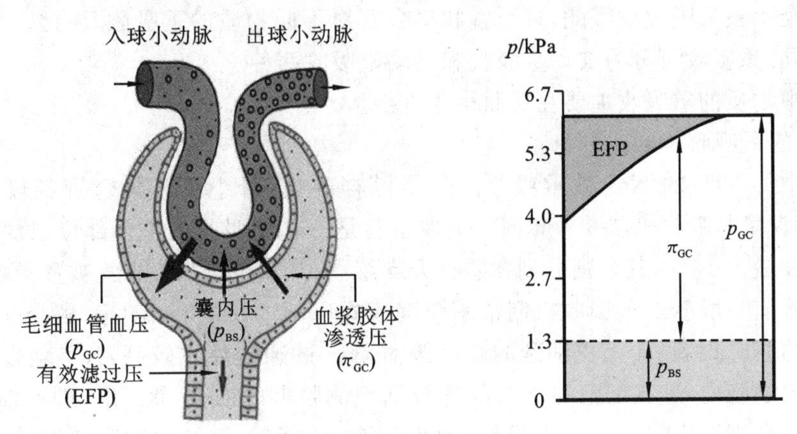


图 8-8　肾小球有效滤过压

有效滤过压(EFP)＝肾小球毛细血管血压($p_{GC}$)－血浆胶体渗透压($\pi_{GC}$)－囊内压($p_{BS}$)

正常情况下，肾小球毛细血管的平均血压约为 6.0 kPa，入球小动脉和出球小动脉的血压几乎相等；血浆胶体渗透压在入球小动脉端约为 2.7 kPa，在出球小动脉端约为 4.7 kPa；囊内压约为 1.3 kPa。因此，肾小球毛细血管不同部位的有效滤过压是不同的，越靠近入球小动脉，有效滤过压就越大，这主要是因为肾小球毛细血管内的血浆胶体渗透压不是固定不变的。当毛细血管血液从入球小动脉端流向出球小动脉端时，由于不断形成超滤液，血浆中蛋白质浓度会逐渐升高，使滤过阻力逐渐增大，有效滤过压逐渐减小。当滤过阻力等于滤过动力时，有效滤过压降为零，滤过作用停止，即达到滤过平衡。

(3)有效滤过压的影响因素

肾小球有效滤过压直接取决于肾小球毛细血管血压、血浆胶体渗透压和囊内压三种压力的对比，也间接受到肾血流量的影响。

肾小球毛细血管血压的高低不仅取决于平均动脉压，而且取决于入球小动脉和出球小动脉的舒缩状态，这两者决定着肾小球血流量，从而影响有效滤过压和滤过率。当动脉血压降低时，肾小球毛细血管血压将相应下降，有效滤过压降低，肾小球滤过率降低。家畜在创伤、出血、烧伤等情况下出现的尿量相应减少，主要就是由肾小球毛细血管血压降低所致。

在正常生理条件下，血浆胶体渗透压很少有明显变化。但当血浆蛋白浓度降低时，血浆胶体渗透压也将降低，此时有效滤过压升高，肾小球的滤过率也将升高。由静脉输入大量的生理盐水使血液稀释时，一方面升高了血压，另一方面又降低了血浆胶体渗透压，导致尿量增多。

在正常生理条件下，囊内压变动不大，因而对有效滤过压的影响也很小。只有在病理状态下，如在输尿管或肾盂中有异物(如结石)堵塞或因发生肿瘤而压迫肾小管时，可造成囊内压升高，致使有效滤过压降低，因此滤过率降低，尿量减少。

8.3.2.2　肾小管和集合管的重吸收作用

肾小管超滤液由肾小囊进入肾小管后称为小管液，即原尿。小管液流经肾小管和集合管时将管腔中的水和溶质重新吸收进入上皮细胞，再通过组织液进入毛细血管，重新回到血液中，这个过程称为肾小管和集合管的重吸收作用。小管液进入肾小管后，经过肾小管和集合管的重吸收和排泄及分泌作用后即生成终尿，也就是我们常说的尿液。

经过肾小管的重吸收和分泌之后，微量的小分子蛋白质和糖可被全部重吸收，在终尿中检测不出，$Na^+$、$Cl^-$等被大量重吸收，在终尿中大量减少，尿素和尿酸等在终尿中仍大量存在，而肌酐则完全不被重吸收。因此，肾小管和集合管对不同物质的重吸收具有选择性。根据转运机制的不同，重吸收可分为被动重吸收和主动重吸收两种。

小管液中物质的重吸收主要在近曲小管进行。

(1)$Na^+$的重吸收

小管液中约99%的$Na^+$被重吸收。除了髓袢降支，肾小管和集合管各段均可重吸收$Na^+$，但重吸收量与吸收机制并不相同。近曲小管是$Na^+$重吸收的主要部位，吸收量占65%，远曲小管吸收量占10%，其余则分别在髓袢升支细段、升支粗段和集合管被重吸收。

近曲小管前半段$Na^+$的吸收机制常用**泵漏模式**(pump-leak model)来解释。当小管液中含有高浓度的$Na^+$时，由于上皮细胞的管腔膜对$Na^+$的通透性比较高，$Na^+$就以被动扩散的方式进入上皮细胞内，进入细胞的$Na^+$随即被细胞侧膜上的钠-钾泵泵出，进入细胞间隙。这样一方面使上皮细胞内的$Na^+$浓度降低，使小管液中的$Na^+$继续顺浓度梯度扩散入细胞内；另一方面使细胞间隙中的$Na^+$浓度升高，渗透压也升高，导致小管液中的水进入细胞间隙，使细胞间隙中的静水压升高，从而促使$Na^+$和水通过基膜进入毛细血管。此外，也可以使一部分$Na^+$和水通过紧密连接返回小管液中，这一现象称为**回漏**(back-leak)。因此，$Na^+$重吸收量应为主动重吸收量减去回漏量。此外在$Na^+$被重吸收时，还有相当多的负离子(如$Cl^-$和$HCO_3^-$)也被动地随之被吸收，同时也促进了葡萄糖、氨基酸等的重吸收(图8-9)。

髓袢的降支对氯化钠不通透，但对水有一定的通透性。小管液沿髓袢降支流动时，随着水分扩散出来，氯化钠浓度逐渐增大，到达升支折返点时浓度最大。髓袢升支细段对水通透性很小，但是对氯化钠通透，于是$Na^+$和$Cl^-$就扩散进入组织间隙被重吸收。髓袢升支粗段的上皮细胞管周膜上具有钠-钾泵，将 $Na^+$ 由细胞内泵向组织间液，建立起细胞内与小管液之间的浓度梯度。管腔膜有 $Na^+$-$K^+$-$2Cl^-$ 共转运体，能将小管液中的 1 个 $Na^+$、1 个 $K^+$ 和 2 个 $Cl^-$ 转运至细胞内。进入细胞的 $Cl^-$ 从管周膜进入细胞间隙，$K^+$ 则通过管腔膜的通道回到小管液，增加小管液的正电荷。促使小管液中的 $Na^+$ 或其他正离子通过细胞旁路进入细胞间隙（图 8-10）。

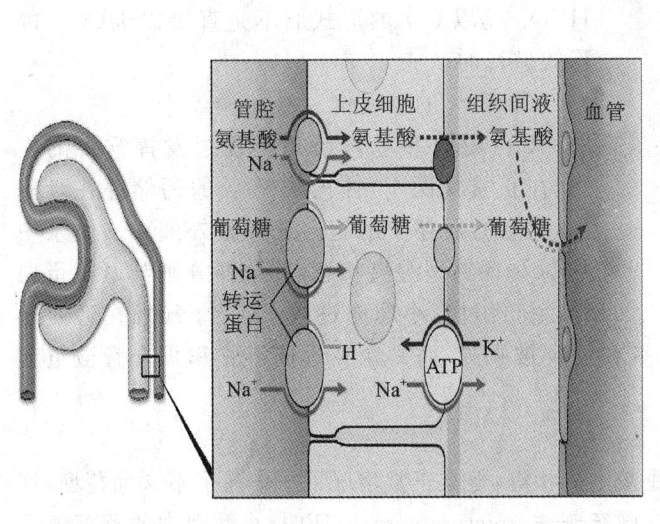


图 8-9　近曲小管 $Na^+$ 重吸收的泵漏模式

（仿 Sjaastad 等，2013）

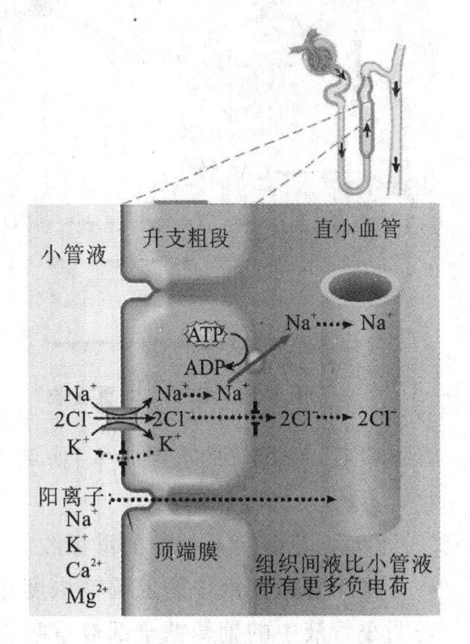


图 8-10　髓袢升支粗段 $Na^+$ 的重吸收

（仿 Sjaastad 等，2013）

远曲小管和集合管对 $Na^+$ 重吸收量较小，重吸收机制也与近曲小管不同。远曲小管管壁上皮细胞的管侧膜和管周膜上均有钠-钾泵，对 $Na^+$ 进行主动转运。此处 $Na^+$ 的主动重吸收与 $K^+$ 的分泌联系在一起，并受到**醛固酮**（aldosterone）的调控。对离子的吸收造成的渗透压差为水分的重吸收提供了基础，但管周膜水分子通道的数量受到另一种激素抗利尿激素的调控。因此，此处由两种激素分别控制氯化钠和水分的重吸收，实现了水、盐吸收的分离，为肾脏在不同条件下对尿液的浓缩和稀释提供了条件（详见 8.4.1）。

远球小管后端和集合管含有两类细胞，即主细胞和闰细胞。主细胞重吸收 $Na^+$ 和水，分泌 $K^+$；闰细胞则主要分泌 $H^+$。主细胞重吸收 $Na^+$ 主要通过管腔膜上的 $Na^+$ 通道。管腔内的 $Na^+$ 顺电化学梯度通过管腔膜上的 $Na^+$ 通道进入细胞，然后由钠-钾泵泵至细胞间液而被重吸收。

（2）$Cl^-$ 的重吸收

肾小管超滤液中的 $Cl^-$ 有 99％以上也被重吸收回血。$Cl^-$ 的重吸收主要是被动重吸收。如在近曲小管，由于 $Na^+$ 的主动重吸收，肾小管内外出现了电位差，管内比管外低 3～4 mV，这个电位梯度使 $Cl^-$ 顺电位差被动重吸收而被扩散到管外后再重回血液中。髓袢升支粗段对 $Cl^-$ 的重吸收却是主动重吸收，是与 $Na^+$、$K^+$ 协同的继发性主动转运过程（图 8-10）。

（3）$HCO_3^-$ 的重吸收

正常情况下，肾小球滤过的 $HCO_3^-$ 几乎全部被肾小管和集合管重吸收。80％的 $HCO_3^-$ 是由近曲小管重吸收的。肾小管中的 $HCO_3^-$ 不易透过管腔膜，它必须同近曲小管上皮细胞通

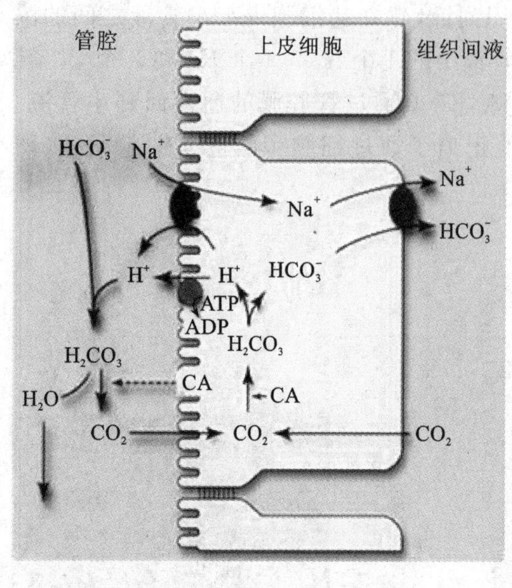


图 8-11 $HCO_3^-$ 的重吸收

过 $Na^+$-$H^+$ 交换的 $H^+$ 结合,形成 $H_2CO_3$,再解离为 $H_2O$ 和 $CO_2$。$CO_2$可迅速通过上皮细胞的管腔膜进入细胞内,并在**碳酸酐酶**(carbonic anhydrase,CA)的催化下与 $H_2O$ 结合生成 $H_2CO_3$,再解离成 $HCO_3^-$ 和 $H^+$。细胞内的 $H^+$ 通过 $Na^+$-$H^+$ 交换再分泌到小管液中,$HCO_3^-$ 和 $Na^+$ 一起转运入血(图 8-11)。因此,肾小管重吸收 $HCO_3^-$ 是以 $CO_2$的形式而不是直接以 $HCO_3^-$ 的形式进行的。

(4)$Ca^{2+}$的重吸收

$Ca^{2+}$在许多生理活动过程中发挥重要的作用,在正常情况下,体内约 99%的钙储存在骨骼中,其余的则存于细胞内或细胞外液中。血浆中约 50%的钙呈游离状态,其余部分则与血浆蛋白结合。经过肾小球滤过的 $Ca^{2+}$ 约 70%在近曲小管被吸收,与 $Na^+$ 的重吸收平行;约 20%在髓袢被吸收,而其余在远曲小管和集合管被重吸收,少于 1%的随尿排出。

(5)葡萄糖与氨基酸的重吸收

肾小管超滤液中的葡萄糖浓度与血浆中的相等,但在正常情况下尿中几乎不含葡萄糖,这表明小管液中的葡萄糖全部被重吸收。**微穿刺法**(micropuncture)证明,小管液中的葡萄糖在近曲小管特别是近曲小管前半段全部被重吸收,其余各段肾小管对葡萄糖均无吸收能力。

近曲小管上皮细胞顶端膜上有 $Na^+$-葡萄糖同向转运体,小管液中的 $Na^+$ 和葡萄糖与转运体结合后,被转入细胞内,属于继发性主动转运。进入细胞内的葡萄糖则由基底膜上的葡萄糖转运体转运入细胞间隙,进而扩散进入血液(图 8-9)。

近球小管对葡萄糖的重吸收具有一定的限度。当血糖浓度超过一定浓度时,尿中就可出现葡萄糖,在临床上称为糖尿病。因此,将刚能使尿中出现葡萄糖的浓度称为**肾糖阈**(renal glucose threshold)。肾糖阈反映肾小管对葡萄糖的最大重吸收能力。肾糖阈越高,说明肾小管对葡萄糖重吸收能力越大;反之,则越小。其原因是肾小管上皮细胞管腔膜上协同转运葡萄糖与 $Na^+$ 的载体数量有一定的限度。如果血糖浓度超过载体的转运能力,则导致一部分葡萄糖不能重吸收而随尿液排出。

氨基酸的重吸收与葡萄糖的重吸收机制相似,也与 $Na^+$ 同向转运。但是转运葡萄糖和转运氨基酸的同向转运体可能不同,也就是说,同向转运体具有特异性。此外,进入超滤液中的微量蛋白质则是通过肾小管上皮细胞吞饮作用而被重吸收。如果破坏了肾小球滤过屏障,滤过的蛋白质增多,就会出现蛋白尿。

(6)水的重吸收

小管液中的水 99%被重吸收,终尿量仅有小管液量的 1%。肾小管各段和集合管都能重吸收水,但由于各段肾小管上皮细胞对水的通透性不同,重吸收水的比例也不同。水在以上各段都按渗透原理以被动转运的方式重吸收。由于 $Na^+$、$HCO_3^-$、$Cl^-$、葡萄糖和氨基酸等溶质被吸收以后降低了小管液中的渗透压,于是小管液中的水通过细胞之间的紧密连接和跨细胞途径进入细胞间隙,再进入毛细血管。

肾小管和集合管对水的重吸收比例的微小变化都可以影响终尿的生成量。近球小管对水的通透性大，此段多伴随溶质的重吸收而被重吸收，与机体是否缺水无关。远曲小管和集合管对水的通透性很小，但受到神经垂体分泌的抗利尿激素的调节。当机体缺水时，抗利尿激素分泌量增加，从而促进水的重吸收，水分的排出量减小。

水分子的跨膜转运有单纯扩散和**水通道**(water channel)两种方式。水分子的单纯扩散存在于所有细胞，但速度较慢。组成水通道的蛋白称为**水孔蛋白**(aquaporin，AQP)，目前已鉴定出 10 多种水孔蛋白。抗利尿激素(血管升压素)可通过调节水通道插入细胞膜的数量来调节集合管上皮对水的通透性(图 8-12)。

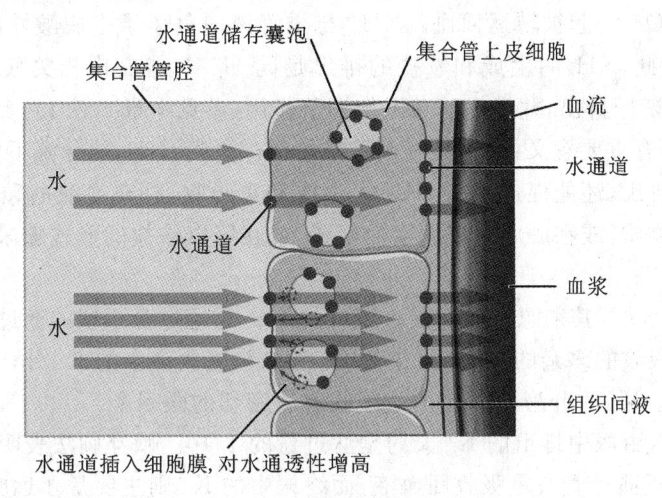


**图 8-12　$H_2O$ 的重吸收**

(仿 Sjaastad 等，2013)

8.3.2.3　肾小管和集合管的分泌和排泄作用

肾小管和集合管的分泌作用是指小管上皮细胞将所产生的代谢产物分泌到小管液中的过程，如 $H^+$、$NH_3$ 等的分泌。这些物质的分泌与体内酸碱平衡有关。肾小管和集合管的排泄作用是指小管上皮细胞将来自血液中的某些物质排到小管液中的过程。分泌和排泄都是通过肾小管上皮细胞完成的，而且分泌物和排泄物都是进入小管液，虽然二者的概念不同，但一般不做严格区分。

(1)$H^+$ 的分泌

肾小管对尿的 pH 值的变化起着重要作用。肾小管各段和集合管上皮细胞对 $H^+$ 均有分泌作用。$H^+$ 分泌的机制可以用 $H^+$-$Na^+$ 交换学说来解释。

肾小管和集合管上皮细胞内的碳酸酐酶能催化 $CO_2$ 和 $H_2O$ 结合生成 $H_2CO_3$，$H_2CO_3$ 迅速解离为 $H^+$ 和 $HCO_3^-$。$H^+$ 产生后可由肾小管上皮细胞管腔膜主动转运分泌到小管液内，而 $HCO_3^-$ 则留在细胞内，这就造成电位梯度，使小管液中由 $NaHCO_3$ 解离的 $Na^+$ 被动扩散而进入细胞内，以保持细胞内的正负离子平衡，这一过程称为 $H^+$-$Na^+$ 交换。重吸收的 $Na^+$ 由细胞的管周膜上的钠-钾泵主动转运进入组织间液，细胞内的 $HCO_3^-$ 也顺着电化学梯度扩散到组织间液，最后这两种离子被重新吸收入血液。

进入小管液的 $H^+$ 则可与小管液中的 $HCO_3^-$ 结合，生成 $H_2CO_3$，而 $H_2CO_3$ 再分解成 $CO_2$ 和 $H_2O$。$CO_2$ 能迅速透过管腔膜而扩散进入细胞，成为细胞内合成 $H_2CO_3$ 来源的一部分。肾小管每分泌一个 $H^+$，就可以重吸收 1 个 $Na^+$ 和 1 个 $HCO_3^-$ 回血。

肾小管和集合管上皮细胞分泌 $H^+$ 的生理意义在于排出酸性物质,促进 $NaHCO_3$ 的重吸收,维持血浆中碱储量的相对稳定,调节机体酸碱平衡。

(2)$NH_3$的分泌

$NH_3$生成的主要部位是远曲小管和集合管。$NH_3$分泌对保持酸碱平衡具有重要意义。远曲小管和集合管上皮细胞代谢过程中,谷氨酰胺不断地生成 $NH_3$并促进 $HCO_3^-$ 的产生。$HCO_3^-$ 和 $Na^+$被肾小管重吸收,$NH_3$则通过细胞膜向周围组织间液和小管液中扩散。$NH_3$的分泌与 $H^+$分泌密切相关。$NH_3$和 $H^+$进入小管液后可结合生成 $NH_4^+$。$NH_4^+$的生成降低了小管液中的 $H^+$浓度,又促进了 $H^+$的进一步分泌。$Na^+$和 $H^+$交换后进入肾小管细胞中,而后和细胞内的 $HCO_3^-$ 一起被转运回血。$NH_4^+$与小管液内负离子生成酸性的铵盐(如 $NH_4Cl$ 等),随尿排出。因此,$NH_3$的生成和铵盐的排出是同 $H^+$-$Na^+$交换相关联的,小管液中游离的 $H^+$随时被结合随尿排出,并发挥酸碱平衡调节作用(参见本章 8.5.1)。

$NH_3$的分泌具有重要意义:第一是有利于维持酸碱平衡,$NH_3$的分泌不仅与 $H^+$分泌相互促进,有利于酸的排出,还能促进新的 $HCO_3^-$ 生成和重吸收,补充血液的碱储备;第二是有利于解毒,氨是有毒物质,或在肝内合成尿素而解毒,或在肾以铵盐的形式随尿排出。

(3)$K^+$的分泌

尿中的 $K^+$和 $Na^+$,其来源有所不同。尿中的 $Na^+$是通过肾小球的滤过、肾小管和集合管的重吸收后,未被吸收的多余的 $Na^+$;尿中的 $K^+$除未被吸收多余的 $K^+$外,还有远曲小管和集合管所分泌的 $K^+$。$K^+$的分泌与 $Na^+$的重吸收有着密切的联系。

在正常情况下,由尿中排出的 $K^+$大约是滤过量的 1/10。微穿刺法表明,肾小球滤过液中的 $K^+$绝大部分在近曲小管被重吸收回血液,而终尿中的 $K^+$则主要是在远曲小管和集合管分泌的。近曲小管对 $K^+$的重吸收是一个主动转运过程。管腔膜 $K^+$主动重吸收的机制尚不清楚。

(4)其他物质的排泄

体内其他代谢产物和进入体内的某些物质如青霉素、利尿药等,由于与血浆蛋白结合而不能通过肾小球滤过,它们都在近球小管被主动分泌到小管液中而被排出。

有些代谢产物如肌酐和对氨基马尿酸,既能从肾小球滤出,又能由肾小管排泄。进入机体内的外来物质如青霉素、酚红等主要通过近球小管的排泄作用,随尿排出。

## 8.4 肾脏对尿液的浓缩和稀释

尿的浓缩和稀释是肾脏的主要功能之一,对动物机体水平衡和渗透压稳定的维持具有重要意义。尿的浓缩和稀释是相对于血浆晶体渗透压而言的,与血浆晶体渗透压相等的尿称为等渗尿;当体内缺水时排出的尿,其渗透压高于血浆晶体渗透压,称为**高渗尿**(hypertonic urine),即尿被浓缩;当体内水过多时排出的尿,其渗透压低于血浆晶体渗透压,称为**低渗尿**(hypotonic urine),即尿被稀释。肾脏存在高渗透压梯度以及集合管管壁对水通透性的变化,是肾脏对尿液进行浓缩的结构基础。

肾髓质部渗透压梯度的形成目前以"逆流倍增学说"来解释。这个学说包含逆流交换与逆流倍增两个内容。逆流交换是指两个并列的管道,一端相通(呈 U 形),其液流方向相反,两管溶液浓度或温度不同,而且两管相互紧贴并具有通透性。于是在液体流动的过程中,其中的溶质分子或热量可按物理学规律在两管之间进行高效交换，即形成逆流交换。逆流交换的结果使两管中的溶质浓度或温度由下而上逐步递增，这种现象称为逆流倍增。

## 8.4.1　肾髓质部渗透压梯度的形成

### 8.4.1.1　外髓部渗透压梯度的形成

髓袢是形成髓质渗透浓度的重要结构。由于髓袢也是 U 形管结构，其中的液体也是逆向流动，因此它也是一个逆流系统，尤其近髓肾单位的髓袢较长，可伸入肾髓质深部，更具有逆流倍增的效果。

髓袢升支粗段位于肾脏的外髓部，这段对水不易通透，但能主动吸收 $Na^+$ 和 $Cl^-$。因此，随着小管液由外髓部经髓袢升支粗段向皮质部流动，由于肾小管上皮细胞对 $Na^+$ 和 $Cl^-$ 的主动重吸收，外髓部组织间液的渗透压随着 $Na^+$ 和 $Cl^-$ 从小管不断扩散出来而逐渐升高。可见外髓部的高渗梯度是髓袢升支粗段主动重吸收 $Na^+$ 和 $Cl^-$ 扩散进入外髓部组织液而形成的(图 8-13)。

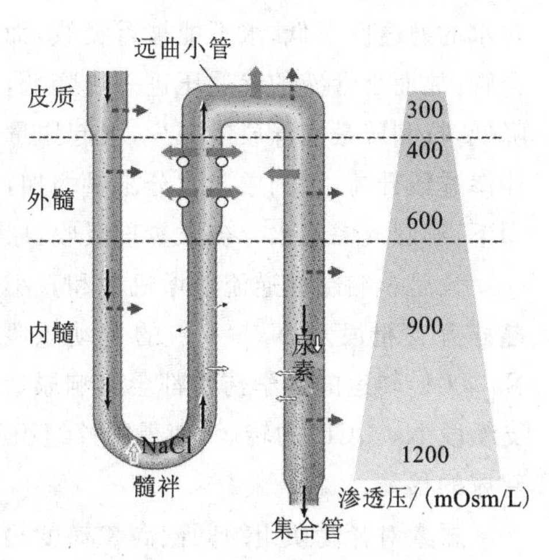


图 8-13　髓质高渗压梯度

### 8.4.1.2　内髓部高渗梯度的形成

形成内髓部高渗梯度有两个因素：①远曲小管以及皮质部和外髓部的集合管对尿素不易通透，而水可被重吸收，由此造成皮质部和外髓部集合管内小管液尿素浓度不断升高。当含有高浓度尿素的小管液向内髓部流动时，由于内髓部的集合管对尿素的通透性增大，于是小管液中的尿素透出管壁，向组织间液扩散，使内髓部组织间液尿素浓度升高，渗透压随之升高，且越近乳头部渗透压越高。②髓袢降支细段对 NaCl 和尿素相对不通透，对水通透性强，在周围高渗的作用下小管液中的水被吸出，小管液被浓缩，其中 NaCl 浓度不断增大。当小管液经髓袢顶端折返髓袢升支细段时，由于该段管壁对水不通透，对 NaCl 转为能通透，因此在肾小管内外 NaCl 浓度梯度的作用下，小管液中的 NaCl 顺浓度梯度扩散进入内髓部，从而增加了内髓部的高渗梯度。

从髓质渗透压梯度形成全过程来看，髓袢升支粗段对 $Na^+$ 和 $Cl^-$ 的主动重吸收是髓质渗透压梯度形成的主要动力，而尿素和 NaCl 则是形成髓质渗透压梯度的主要溶质。

## 8.4.2　肾髓质部渗透压梯度的维持

逆流倍增作用造成了髓质高渗的渗透压梯度，而这种高渗状态又如何保持呢？肾髓质部高渗梯度的维持有赖于直小血管的逆流交换作用。伸入髓质的直小血管也呈 U 形，位于高渗髓质中，并与 U 形髓袢伴行。管壁对水、NaCl 和尿素等具有通透性。直小血管降支中的血液最初是等渗的，流入髓质后由于髓质组织液中的 NaCl 和尿素浓度高，因此 NaCl 和尿素扩散进入降支，同时受髓质高渗影响血浆中的水分扩散出来，髓质部的溶质也顺浓度梯度进入血浆，使直小血管降支的渗透压越来越高。当直小血管转为升支时，血浆中高浓度的尿素和NaCl又向组织间液扩散。与此同时，组织间液中的水也将渗入血管，并随着血液的流动被带走。这样通过直小血管的逆流交换作用，既可保留住髓质部的溶质，维持髓质部的高渗梯度，又可将重吸收的水带入血液循环，从而使肾髓质高渗状态和渗透压梯度得以维持。

### 8.4.3 尿液稀释和浓缩过程及影响因素

尿液的稀释主要发生在远曲小管和集合管。在髓袢升支粗段末端小管液是低渗的，如果机体内水过多而造成血浆晶体渗透压降低，可使抗利尿激素的释放被抑制，远曲小管和集合管对水的通透性很低，水不能被重吸收，而小管液中的NaCl继续被重吸收，特别是髓质部的集合管，故而小管液的渗透压进一步降低，形成低渗尿。例如饮入大量清水后，血浆晶体渗透压降低，抗利尿激素释放量减少，引起尿量增加，尿液稀释。在机体失水、禁水等情况下，血浆晶体渗透压升高，抗利尿激素分泌量增加，集合管管壁对水的通透性提高。在髓质高渗透压的作用下，小管液中的水分被大量重吸收，尿液被浓缩。

凡是影响髓袢逆流倍增机制和直小血管逆流交换机制的因素都将影响尿的浓缩和稀释。髓袢升支粗段对 $Na^+$、$Cl^-$ 的主动重吸收被认为是逆流倍增的主要动力，因此一些能影响 $Na^+$、$Cl^-$ 转运的化学药物都会影响尿量。如利尿药**速尿**(furosemide)等被认为能抑制髓袢升支粗段 $Na^+$、$Cl^-$ 的转运，使得髓袢组织间液的高渗浓度难以形成，从而减小水的重吸收率，引起尿的稀释。

尿素对肾髓质组织间液高渗梯度起着重要的作用，由于尿素来自蛋白质的分解代谢，因此在蛋白质摄入不足时，尿浓缩能力减弱。当尿浓缩能力减弱时，只要肾髓质结构和机能正常，可采取增加食物中蛋白质含量的办法而得到改善。

由此可见，肾髓质高渗梯度的存在是尿被浓缩的基本条件。正常情况下尿被浓缩和稀释的程度取决于机体的水盐代谢状况，并通过抗利尿激素调节远曲小管和集合管对水的通透性，最终实现机体对尿素和尿渗透压的调节。尿的浓缩和稀释对机体水和电解质的平衡具有重要的调节作用。

## 8.5 动物体内的酸碱平衡

体液 $H^+$ 浓度的相对恒定是细胞进行正常代谢和功能活动的必要条件，而机体的代谢活动不断产生大量酸和少量碱($NH_3$和各种有机胺)。尽管体液内存在强大的缓冲体系，但这些代谢废物不能及时排出，累积之后必然干扰内环境的稳定。机体保持体液 $H^+$ 浓度相对稳定的过程称为**酸碱平衡**(acid-base balance)。在生理条件下，机体可通过体液的缓冲作用和呼吸器官、肾的功能性调节保持体液的 $H^+$ 浓度的相对稳定。

### 8.5.1 肾的泌尿机能在酸碱平衡调节中的作用

肾参与体内酸碱平衡调节包括分泌 $H^+$ 和 $HCO_3^-$ 的重吸收以及分泌氨和 $HCO_3^-$ 的产生(图 8-14)。

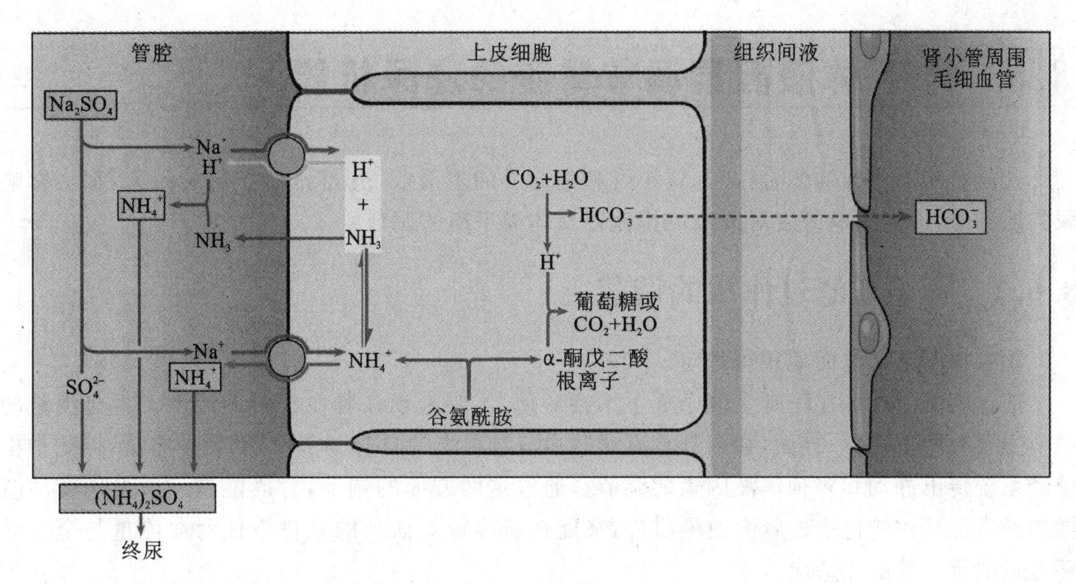


**图 8-14　肾对酸碱平衡的调节**

（仿 Sjaastad 等，2013）

①分泌 $H^+$ 和 $HCO_3^-$ 的重吸收：肾小管上皮细胞可以将 $CO_2$ 转化成 $H_2CO_3$，以 $H^+$ 形式与 $Na^+$ 进行交换。另外，也促进了小管液中 $HCO_3^-$ 转化为 $CO_2$，同时将 $HCO_3^-$ 与 $Na^+$ 重吸收回血。

②分泌氨和 $HCO_3^-$ 的产生：肾中氨的生成和分泌过程和肾内新生成的 $HCO_3^-$ 有关。$HCO_3^-$ 经上皮细胞的基底侧膜进入管周毛细血管。在细胞内 $NH_3$ 与 $NH_4^+$ 两种形式之间处于一定的平衡状态。$NH_3$ 是脂溶性分子，既可通过细胞膜自由扩散进入小管腔，也可通过基底侧膜进入细胞间隙。扩散进入小管液中的 $NH_3$ 与 $H^+$ 结合成为 $NH_4^+$。有约 75% 的 $NH_4^+$ 在髓襻升支粗段以 $NH_4^+$-$Na^+$-$2Cl^-$ 协同转运方式被重吸收，也有一部分通过细胞旁途径被重吸收。重吸收的 $NH_4^+$ 被保留在髓质的组织间隙中。因为集合管上皮细胞没有转运 $NH_4^+$ 的机制，对 $NH_4^+$ 的通透性也很低，并且集合管的小管液呈酸性，所以进入集合管腔内的 $NH_3$ 与 $H^+$ 结合成为 $NH_4^+$ 从尿中排出。因此，肾在调节酸碱平衡中的作用主要在于远曲小管下段及集合管对 $NH_3$ 的分泌和管腔内 $NH_4^+$ 的形成。从尿中每排出一个 $NH_4^+$，同时在细胞内会产生一个 $HCO_3^-$ 回血。肾必须排出 $NH_4^+$，这样才能使新的 $HCO_3^-$ 进入血液循环。如果肾生成的 $NH_4^+$ 没有被排出而进入血液，则肝会将其合成尿素并生成 $H^+$，$H^+$ 需要 $HCO_3^-$ 中和，因此机体不能得到 $HCO_3^-$ 的补充。

## 8.5.2　呼吸器官在酸碱平衡调节中的作用

以空气呼吸的高等脊椎动物都可以通过改变呼吸器官的通气量来改变体液中的 $HCO_3^-$ 浓度，而建立起机体维持酸碱平衡的第二道防线。通过肺泡的通气量调节体液的 pH 值十分迅速而且幅度较大。肺泡通气量的改变受血液 pH 值的反馈性调节。当血液的 pH 值由 7.40 降到 7.00 时，肺通气量可增加到正常值的 4～5 倍；当血液 pH 值增大时，肺通气量减少。$CO_2$ 在体内积累，同时氧分压下降，后者可抵抗因 pH 值增加而引起的呼吸抑制作用。体液中 $H^+$ 浓度的变化是通过化学感受器调节呼吸运动的（详见第 4 章）。

# 8.6 神经-体液因素调节肾脏的泌尿机能

凡能影响肾小球的滤过作用,肾小管和集合管的重吸收、分泌排泄作用的因素,都会影响尿的质和量,进而影响肾脏对废物的排泄以及体液平衡的调节。

## 8.6.1 肾小球滤过作用的调节

正常情况下滤过面积相对稳定。

滤过膜的通透性在正常生理条件下不会变化,主要表现在肾血流量的调节。肾血流量的调节主要有两方面:一方面,肾内部具有对肾血流量稳态的自身调节作用;另一方面,接受中枢神经系统传出冲动和多种体液因素的调节。通过这两方面的调节,肾既能在一般血压变动范围内经常保持比较稳定的肾内血液供应,又能在机体特殊活动的条件下使肾血流量与全身循环血量的重新分配相适应。

### 8.6.1.1 肾血流量的自身调节

肾血流量的自身调节主要是指肾在肾动脉压发生较大变动条件下,能通过肾内部的活动变化来保持肾血流量使其处于相对稳定的状态。

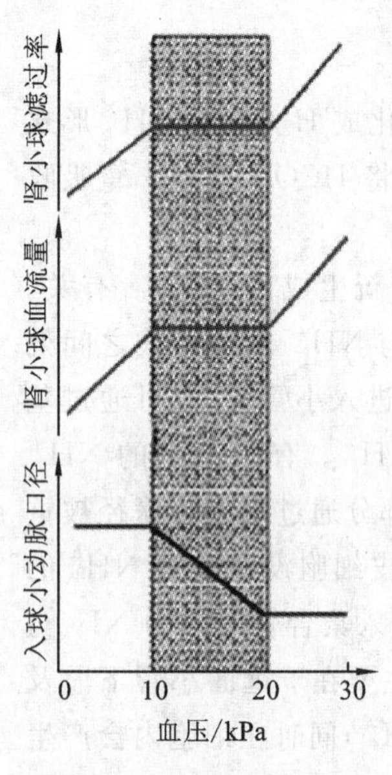

**图 8-15 肾血流量的自身稳态调节**

安静状态下,当肾动脉灌注压在一定范围(10.7~24.0 kPa)内发生变化时肾血流量能保持相对稳定。当肾动脉灌注压在一定范围内降低时,肾血管阻力将相应降低;反之,当肾动脉灌注压升高时,肾血管阻力相应增加,因而肾血流量能保持相对恒定。在没有外来神经支配的情况下肾血流量在动脉血压一定的变动范围内能保持恒定的现象,称为肾血流量的自身调节(图 8-15)。

入球小动脉管壁平滑肌紧张性的改变是肾血流量自身调节的主要因素。入球小动脉血压升高时,血管壁平滑肌所受到的牵张刺激增强,引起平滑肌收缩,口径变小,血流阻力增大;血压降低时,血管壁平滑肌受到的牵张刺激减弱,平滑肌舒张,血流阻力减小。因而,当肾动脉压在 10.7~24.0 kPa 范围内变动时,肾血流量和肾小球滤过率都没有明显改变。当肾动脉压变化较大时,由于平滑肌舒张或收缩达到极限,肾血流量将随血压改变而变化。如果用**水合氯醛**(chloral hydrate)和**罂粟碱**(papaverine)等药物抑制血管平滑肌的活动,可引起入球小动脉松弛,血管紧张性收缩基本消失,肾血流量随动脉血压的上升而增加,并一直保持在高水平,肾血流量的自身调节随之消失。

### 8.6.1.2 肾血流量的神经和体液调节

入球小动脉和出球小动脉血管平滑肌受肾交感神经支配。安静时肾交感神经使血管平滑肌有一定程度的收缩,入球小动脉的效应更为明显。失血过多导致血容量下降时,肾交感神经强烈兴奋,交感神经末梢释放的去甲肾上腺素作用于血管平滑肌上的 α 受体,引起肾血管强烈收缩,肾血流量下降,减少血液由肾脏滤过的丢失量;血容量过高时,心肺感受器的兴奋传入中枢，经中枢整合，交感神经传出的冲动频率降低，入球小动脉舒张，加大肾血流量，加快体液经由肾脏的滤过和排泄(图 8-16)。

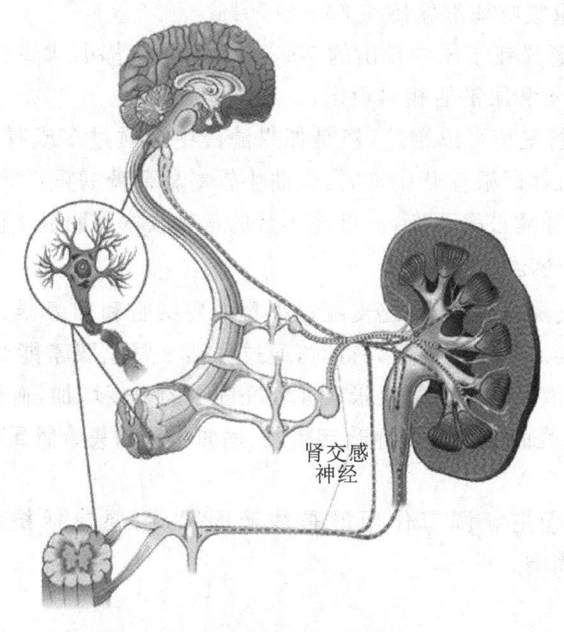


**图 8-16　肾脏的交感神经调节**

- - - - - 交感神经；——副交感神经

体液因素如肾上腺素、去甲肾上腺素、循环血液中的血管升压素和血管紧张素Ⅱ等均可引起血管收缩，肾血流量减少；肾组织生成的前列腺素等可引起肾血管舒张，引起肾血流量增加。

## 8.6.2　肾小管和集合管重吸收及分泌排泄作用的调节

8.6.2.1　自身调节

自身调节主要包括小管液中溶质浓度的影响和球管平衡。

(1)小管液中溶质的浓度对肾小管功能的调节

小管液中溶质形成的渗透压是阻碍肾小管重吸收水分的力量。如果小管液中溶质的浓度升高，渗透压升高，可导致肾小管对水的重吸收减少，尿量增多，这种现象称为**渗透性利尿**(osmotic diuresis)。例如，给动物静脉注射大量的高渗葡萄糖，使血糖浓度超过肾糖阈，这样未被重吸收的葡萄糖就留在小管液中，使小管液的渗透压升高，引起尿量增多。

(2)球-管平衡

近球小管对溶质和水的重吸收并不是固定不变的，而是随着肾小球滤过率的变化而发生改变的。即当肾小球滤过率增大时，近球小管对 $Na^+$ 和水的重吸收数量也增大；反之，当肾小球滤过率减少时，近球小管对 $Na^+$ 和水的重吸收数量也减小，这种现象称为**球-管平衡**(glomerulotubular balance)。

实验证明，近球小管对 $Na^+$ 和水的重吸收率总是占到肾小球滤过率的 65%～70%，这称为近球小管的定比吸收。其机制主要与肾小管周围的毛细血管内血浆胶体渗透压有关。如果肾血流量不变而肾小球滤过率增加(就是出球小动脉阻力增加而入球小动脉阻力不变)，则进入近球小管旁毛细血管的血量就会减少，毛细血管血压下降，而血浆胶体渗透压升高，这些改变都有利于近球小管对 $Na^+$ 和水的重吸收;当肾小球滤过率减小时,近球小管旁毛细血管的血压和血浆胶体渗透压发生相反的变化,故 $Na^+$ 和水的重吸收量减少。在上述两种情况下近球小管对 $Na^+$ 和水的重吸收率都保持在65%～70%。

球-管平衡的生理意义在于尿中排出的 $Na^+$ 和水不会随肾小球滤过率的增减而出现大幅度的变化,从而保持尿量和尿钠的相对稳定。

在正常情况下球-管平衡可以维持,但是如果滤液中溶质过多或肾小管重吸收作用减弱,平衡可能被打破。如机体因根皮苷中毒时,近曲小管对葡萄糖的重吸收能力减弱,导致尿量增加,在这种情况下肾小球滤过率不变,而近球小管的重吸收率则明显下降。

8.6.2.2 神经和体液调节

肾交感神经不仅支配肾脏血管,还支配肾小管上皮细胞和球旁器。其节后神经纤维末梢主要释放去甲肾上腺素。肾交感神经兴奋时,通过激活β肾上腺素能受体刺激球旁器的球旁细胞释放肾素,导致血液循环中血管紧张素Ⅱ和醛固酮的浓度增加,血管紧张素Ⅱ可直接促进近曲小管重吸收 $Na^+$,醛固酮可使髓袢升支粗段、远曲小管和集合管重吸收 $Na^+$ 并促进 $K^+$ 的分泌。

对肾小管的活动起主导调节作用的是体液因素,主要包括**抗利尿激素**(antidiuretic hormone,ADH)和醛固酮。

(1)抗利尿激素

码 8-3 抗利尿激素与动物水平衡代谢

抗利尿激素也称**血管升压素**(vasopressin,VP),是由下丘脑的视上核和室旁核的神经元胞体合成的由9个氨基酸残基组成的肽,沿下丘脑-垂体束被运送到神经垂体,释放入血,其主要作用是提高远曲小管和集合管上皮细胞对水的通透性,从而促进水的吸收,减少排尿量。此外,抗利尿激素也能增加髓袢升支粗段对 NaCl 的主动重吸收和内髓部集合管对尿素的通透性,从而增加髓质组织间液的溶质浓度,提高髓质组织间液的渗透浓度,有利于尿的浓缩。

抗利尿激素通过调节远曲小管和集合管上皮细胞膜上的水通道而调节管腔膜对水的通透性,对尿量产生明显影响。当缺乏抗利尿激素时,细胞内 cAMP 浓度下降,管腔膜上含水通道的小泡内移,进入上皮细胞浆,上皮对水的通透性下降或不通透,水的重吸收量就减少,尿量明显增加。

体内抗利尿激素释放的调节受多种因素的影响,其中最重要的是体液渗透压和血容量。

细胞外液渗透浓度的改变是调节抗利尿激素分泌的最重要因素。体液渗透压的改变对 ADH 分泌的影响,表现为机体内一些感受装置引起的反射。这类感受装置称为**渗透压感受器**(osmotic receptor)。渗透压感受器集中在下丘脑第三脑室前腹侧部,该区域的上部是穹窿下器,下部是终板血管器,两者之间有内侧室前核。渗透压感受器对不同溶质引起的血浆渗透压升高的敏感性是不同的。$Na^+$ 和 $Cl^-$ 形成的渗透压是引起抗利尿激素释放的最有效刺激(图8-17)。

大量出汗、严重呕吐或腹泻等情况可引起机体失水多于溶质丧失,使体液晶体渗透压升高,可刺激抗利尿激素的分泌,通过肾小管和集合管增加对水的重吸收,使尿量减少,尿液浓缩,以保留机体内的水分。但如果动物大量饮用清水之后体内水分过多,血浆晶体渗透压降低,使抗利尿激素释放量减少,远曲小管和集合管上皮细胞对水的通透性降低,减少水的重吸收量,使体内多余的水分随尿排出,这种因大量饮用清水而引起的尿量增加称为**水利尿**(water diuresis)。

当体内血容量减少时，心肺感受器的刺激减弱，经迷走神经传入下丘脑的信号减少，对抗利尿激素释放的抑制作用减弱或取消，使其释放量增加；反之，当循环血量增多，回心血量增加时，可刺激感受器，抑制抗利尿激素的释放。

此外，心房钠尿肽也可以抑制抗利尿激素的分泌，血管紧张素Ⅱ则可刺激抗利尿激素的分泌。应激、疼痛、情绪变化也可以影响抗利尿激素的释放。当下丘脑病变累及视上核和室旁核时，抗利尿激素合成与释放发生障碍，导致尿量激增，称为**尿崩症**(diabetes insipidus)。

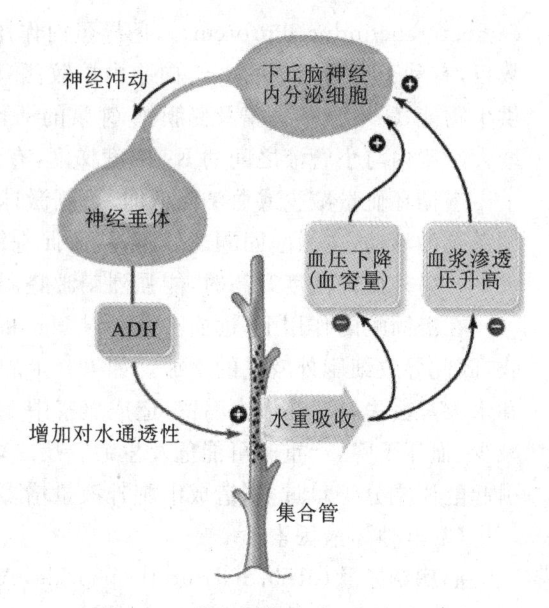


**图 8-17　抗利尿激素的分泌调节**

(2)肾素-血管紧张素-醛固酮系统

**肾素-血管紧张素-醛固酮系统**(renin-angiotensin-aldosterone，RAA)是一组相互关联、协同作用的多肽，是调节细胞外液 $Na^+$ 含量以及血容量的主要激素(图 8-18)。

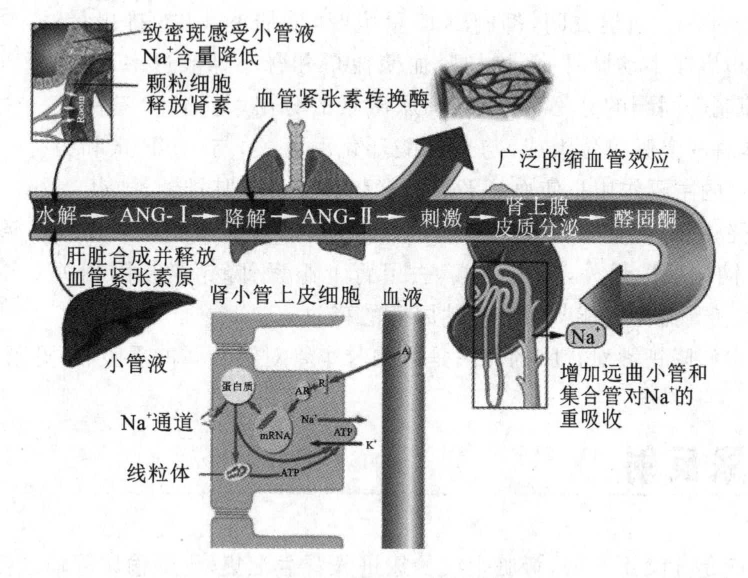


**图 8-18　肾素-血管紧张素-醛固酮系统**

(仿 Gerard 等，2012)

**肾素**(renin)是一种酸性蛋白酶，由肾脏的颗粒细胞合成，肾素作用于**血管紧张素原**(angiotensinogen)，使其生成**血管紧张素**Ⅰ(angiotensin Ⅰ，ANG-Ⅰ)，ANG-Ⅰ在肺和血浆中进一步转化，生成**血管紧张素**Ⅱ(angiotensin Ⅱ，ANG-Ⅱ)和血管紧张素Ⅲ(angiotensin Ⅲ，ANG-Ⅲ)(详见第 4 章 4.5.2.1)。其中以 ANG-Ⅱ的缩血管作用为最强，ANG-Ⅰ几乎没有生理活性，ANG-Ⅲ刺激肾上腺皮质合成分泌醛固酮的作用较 ANG-Ⅱ强。

**醛固酮**(aldosterone)是由肾上腺皮质分泌的一种激素。它主要作用于远曲小管和集合管上皮细胞，与细胞质内受体结合，形成激素-受体复合物。激素-受体复合物进入核内，通过基因调节机制，生成特异性 mRNA。mRNA 进入细胞质后由内质网合成多种**醛固酮诱导蛋白**

(aldosterone-induced protein)。诱导蛋白作用:①生成管腔膜 $Na^+$ 通道蛋白,可增加 $Na^+$ 通道数目,有利于小管液中的 $Na^+$ 向胞内扩散;②增加 ATP 的生成量,为基底膜及侧膜钠-钾泵提供生物能;③增强基底膜及侧膜钠-钾泵的活性,加速将胞内 $Na^+$ 泵出细胞并将 $K^+$ 泵入细胞,增大细胞内与小管液之间的 $K^+$ 浓度梯度,有利于 $K^+$ 的分泌。

当循环血量减少或血钠降低时,可刺激球旁细胞分泌肾素,再通过肾素-血管紧张素-醛固酮系统的活动,刺激醛固酮的分泌,从而促进钠和水的重吸收,使血钠和循环血量恢复到正常水平。另外血钾浓度升高时,能强烈刺激醛固酮的分泌,通过保钠排钾维持血钾的稳定。

在醛固酮的作用下,远曲小管在对 $Na^+$ 的重吸收增强的同时也加强了对 $Cl^-$ 和水的重吸收,因此导致细胞外液量的增加。如果肾上腺皮质机能减退,醛固酮分泌量减少,则 $Na^+$、$Cl^-$ 和水大量丢失,$K^+$ 在体内潴留,造成血浆中 $Na^+$ 和 $Cl^-$ 浓度降低,$K^+$ 浓度升高,从而引起血量减少、血压下降,严重时可能危及生命。反之,在某种病理情况下(如原发性醛固酮增多症)可引起醛固酮分泌量过多,造成细胞外液量增多而导致水肿。

(3)其他体液因素

**心房钠尿肽**(atrial natriuretic peptide,ANP)是由心房肌细胞合成的肽类激素,由 28 个氨基酸残基组成。ANP 有 B 型和 C 型两种受体。B 型受体由一个亚单位组成,与鸟苷酸环化酶偶联,造成细胞内 cGMP 含量增加,使管腔膜上的 $Na^+$ 通道关闭,抑制 $Na^+$ 重吸收,增加 NaCl 的排出量;使入球小动脉和出球小动脉舒张,增加肾血浆流量和肾小球滤过率,抑制肾素的分泌,抑制醛固酮的分泌,抑制抗利尿激素的分泌,与 ANP 有高亲和力;C 型受体由两个亚单位组成,与鸟苷酸环化酶无关,与 ANP 亲和力低。因而,ANP 的主要作用是使血管平滑肌舒张和促进肾脏排钠、排水。

码 8-4　醛固酮与无机盐代谢平衡

码 8-5　血管紧张素转换酶 2 与新冠肺炎

当心房壁受牵拉(如血量过多、中心静脉压升高等)时,可刺激心房肌细胞释放心房钠尿肽。另外,乙酰胆碱、去甲肾上腺素、降钙素基因相关肽、血管升压素和高血钾也能刺激心房钠尿肽的释放。

甲状旁腺素和降钙素对肾脏的作用是影响肾小管对钙和磷的重吸收(见第 9 章 9.5)。

## 8.7 排尿反射

尿液的生成是连续不断的,肾脏生成的尿进入肾盂汇集,再经输尿管输送到膀胱内暂时储存。当膀胱中的尿液达到一定量时,即会引起“尿意”,最终引起排尿活动。

### 8.7.1 膀胱和尿道的神经支配

尿道平滑肌与尿道交界处有内括约肌和外括约肌。膀胱平滑肌和内括约肌受副交感神经和交感神经的双重支配。副交感神经为盆神经,起始于荐部脊髓,兴奋时可以使膀胱平滑肌收缩、内括约肌舒张,促进排尿;交感神经来自腰部脊髓发出的腹下神经,兴奋时可使膀胱平滑肌舒张、内括约肌收缩,阻抑排尿。

外括约肌受阴部神经支配。阴部神经由荐部脊髓发出,属于躯体神经,接受大脑的随意支配,兴奋时可以使外括约肌收缩,阻止排尿。

排尿的初级中枢在腰荐部脊髓,并受到脑干和大脑皮层的调控。

## 8.7.2 排尿反射过程

正常情况下，当尿液使膀胱充盈到一定程度时，膀胱内压升高，膀胱平滑肌受到牵张刺激，使平滑肌内的牵张感受器兴奋，冲动沿盆神经传入脊髓排尿反射的初级中枢，进而上传到脑干和大脑皮层高级中枢，产生尿意。如果当时条件不适宜排尿，低级排尿中枢可被大脑皮层控制，使膀胱壁进一步松弛，继续储存尿液。如果具备排尿条件或当膀胱内压力过高时，大脑皮层解除对低级中枢的抑制，脊髓排尿中枢兴奋，冲动经盆神经传出，使膀胱平滑肌收缩、内括约肌舒张；同时阴部神经受到抑制，使外括约肌松弛。这样尿液在膀胱平滑肌所产生的较高压力下经过尿道被排出。当尿液经过尿道时，刺激尿道壁感受器，冲动经阴部神经传入，能反射性地引起排尿活动加强，直至膀胱内的尿液完全排出（图 8-19）。因此，排尿反射也是动物体内为数不多的正反馈调节过程。在排尿时，腹肌的强烈收缩可以使腹内压升高，能协助尿的排出。排尿完成后引起排尿反射的刺激因素解除，初级排尿中枢即在高位中枢的调控下受到抑制。膀胱平滑肌的紧张性减弱，内外括约肌的紧张性加强，膀胱又进入储存尿液的状态。

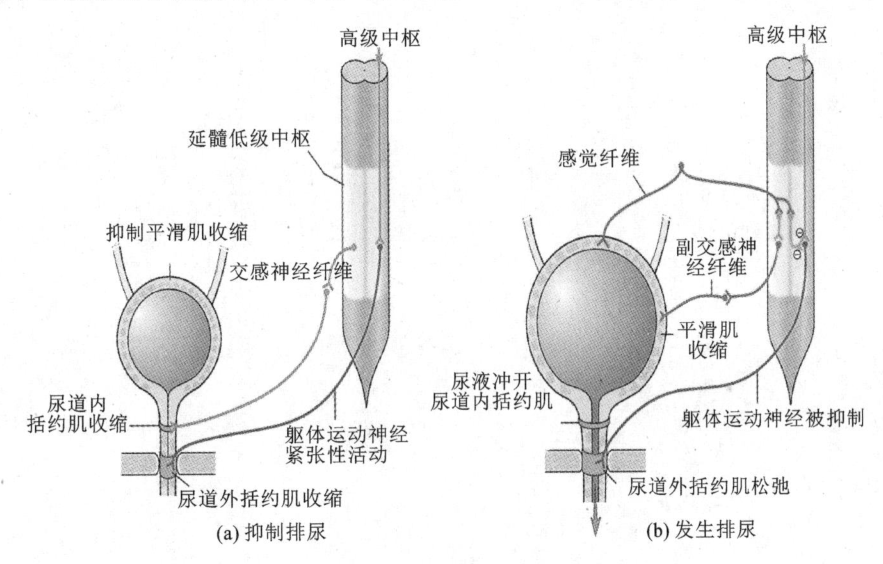


**图 8-19 排尿反射**

（仿 Sjaastad 等，2013）

排尿受大脑皮层的控制，容易建立条件反射。因此，通过对动物进行合理的调教，可以使其养成定时定点排尿的习惯，有利于舍内卫生。

## 复习思考题

1. 试述尿的生成过程。

2. 试述水利尿和渗透性利尿的机制。

3. 试分析动物脱水后，机体是如何通过抗利尿激素来维持血浆晶体渗透压和血容量相对稳定的。

4. 试述肾小球的滤过作用及其影响因素。

5. 影响肾小管、集合管重吸收的因素有哪些？

6. 试述在脱水和失血两种情况下，机体维持血液渗透压和血容量的调节过程及机理。

7. 试分析大量饮用清水、静注生理盐水、静注 50%葡萄糖溶液、大量出汗和急性失血时尿量的变化，说明其原理。

**码 8-6 第 8 章主要知识点思维路线图一**

**码 8-7 第 8 章主要知识点思维路线图二**

# 第9章 内分泌系统



对于动物机体功能调节而言,内分泌系统是与神经系统紧密关联的另一调节整合系统。一般来说,神经系统主要负责调节快速、精确的功能反应,在动物机体对外环境变化的适应中具有更重要的意义;内分泌系统则倾向于比较持久的调节,通过协调不同组织、器官、系统的活动,在维持内环境稳态方面更具有意义。在动物的进化历程中,内分泌系统是比神经系统更早出现的调节系统。

## 9.1 内分泌系统通过化学信号调节动物机体功能

### 9.1.1 脊椎动物的内分泌系统

**内分泌系统**(endocrine)由内分泌腺和散在分布的内分泌细胞组成。脊椎动物重要的内分泌腺有垂体、甲状腺、甲状旁腺、肾上腺、胰岛、性腺等(图9-1)。还有很多内分泌细胞散在分布于组织或器官内,如消化道黏膜、心、肺、肾及中枢神经系统等处。由内分泌腺或散在分布的内分泌细胞分泌的高效能生物活性物质,借由组织液或血液运输到靶器官而发挥其调节作用,此种化学物质称为**激素**或**荷尔蒙**(hormone)。

激素是内分泌系统发挥调节作用的物质基础。有些激素可直接释放入血液或组织液，调节组织细胞的某些代谢过程，而有些激素是对某几个代谢环节，甚至是对某一种酶的活性发生调节作用。激素传递信息的方式有多种(图 9-2)。

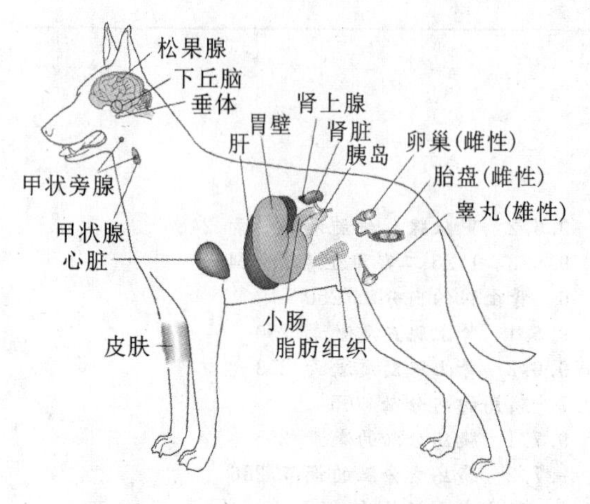


**图 9-1　哺乳动物主要内分泌腺**

(仿 Sjaastad 等,2013)

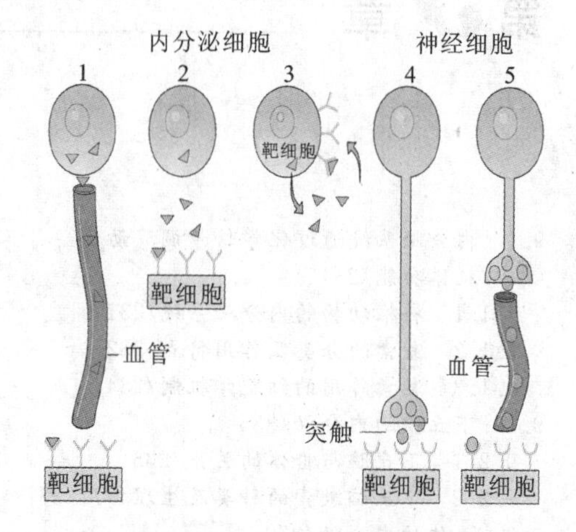


**图 9-2　激素传递信息的方式**

(仿 Sjaastad 等,2013)

①**远距分泌**(telecrine):大多数激素通过血液运输到距离较远的细胞而发挥作用，此种方式也称为经典的**内分泌**(endocrine)。

②**旁分泌**(paracrine):有的激素由组织间液直接弥散于邻近细胞而发挥作用。

③**神经分泌**(neurocrine):下丘脑某些核团的神经细胞，不仅具有神经元的结构与功能，而且兼有合成与分泌激素的功能，这些神经细胞分泌的激素经神经纤维轴浆流动运送至末梢释放，这类细胞称为神经内分泌细胞，它们产生的激素称为**神经激素**(neurohormone)。

④**自分泌**(autocrine):激素也可以作用于分泌它的自身细胞。

内分泌系统的主要功能:①调节体液和物质代谢，使其保持动态平衡，从而保持机体内环境的相对稳定;另一方面，内分泌腺也受体液和物质代谢的调节。这一功能主要通过中枢神经-下丘脑-垂体靶腺轴的调节来实现。②调节新陈代谢，多数激素都参与机体物质和能量代谢。③调节组织细胞分化，促进其成熟，保证机体的正常发育。④影响生殖器官发育及其功能。

## 9.1.2　激素的分类及作用特点

### 9.1.2.1　激素的分类

按化学性质可将激素分为两大类:含氮激素和**脂类激素**(lipid hormones)。

(1)含氮激素

因蛋白质、肽类和胺类等激素都含有氮元素，故统称为含氮激素。**蛋白质激素**(protein hormones)、**肽类激素**(peptide hormones)包括下丘脑调节性多肽、神经垂体激素、腺垂体激素、促黑素、胰岛素、胰高血糖素、胃肠激素、促肾上腺皮质激素等。

胺类激素主要为酪氨酸衍生物，有**儿茶酚胺类**(catecholamine,CA)激素(肾上腺素、去甲肾上腺素)、褪黑素和甲状腺激素等。

(2)脂类激素

脂类激素均为脂质衍生物，主要包括**类固醇激素**(steroid hormones)、**固醇激素**(sterol

hormones)和**脂肪酸衍生物**(fatty acid hormones)等。

类固醇激素主要是由肾上腺皮质与性腺分泌的激素,如皮质醇、醛固酮、雌激素、孕激素及雄激素等。

脂肪酸衍生物主要是指衍生于 20 碳不饱和脂肪酸的激素。该类激素包括广泛存在于各种组织中的**前列腺素**(prostaglandins,PG)、**血栓素**(thromboxanes,TX)和**白细胞三烯类**(leukotrienes,LT)。

### 9.1.2.2　激素作用的一般特点

(1)特异性

激素选择性地作用于某些器官、组织及细胞,该特征称为激素作用的特异性。激素的这种特异性归结于激素靶细胞上存在着其特异性受体,只有激素与特异性受体结合才能发挥其调节作用。

有些激素只有一种靶腺或靶细胞,有些激素可有若干靶细胞,广泛作用于全身的组织细胞。

(2)传递性

激素是一种化学信息物质,通过体液途径,将生物信息由内分泌细胞传递到靶细胞,以加强或减弱细胞内原有的功能活动。这一特点也称调节性。

(3)高效性

正常条件下,激素在血液中含量极少,只有纳摩尔每升(nmol/L)级,甚至皮摩尔每升(pmol/L)级,但其作用很强。例如类固醇分子,通过活化细胞核基因,可诱导生成许多 mRNA,每一种 mRNA 常有多种功能上相关蛋白质编码信息,在翻译过程中可同时合成几种酶蛋白,发挥高效能生物放大作用。

(4)激素间的相互作用

多种激素共同参与调节某一生理过程时,激素间的作用是相互联系、相互影响的,具体表现在以下 4 个方面。

①协同作用:多种激素调节同一生理过程时,共同引起一种生理功能的增强或减弱,如胰高血糖素与肾上腺素都有升高血糖作用。

②拮抗作用:两种激素调节同一生理过程,可产生相反的生理效应。如胰岛素能降低血糖,而胰高血糖素等则升高血糖,这些激素的作用相拮抗,共同维持正常血糖浓度。

③允许作用:有的激素本身并不能直接对某些器官、组织、细胞产生直接的生理效应,但是它的存在可使另一种激素作用明显增强,即为另一种激素的调节起支持作用。这种现象称为**允许作用**(permissive action)。如糖皮质激素对血管平滑肌无收缩作用,但是有它的存在,儿茶酚胺才能充分发挥收缩血管的生理效应(图 9-3)。

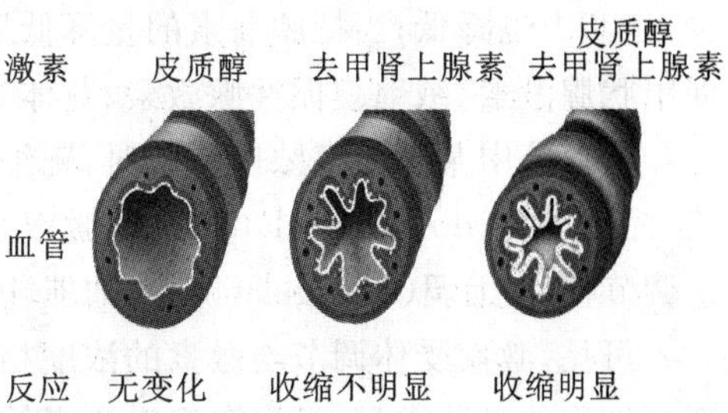

**图 9-3　激素的允许作用**

④竞争作用:化学结构类似的激素可通过竞争结合同一受体而发挥作用。如孕激素与醛固酮的化学结构具有相似性,所以可以与醛固酮竞争结合其受体。当醛固酮浓度较低时,由于醛固酮受体与醛固酮的亲和力远高于孕激素的,所以主要发挥醛固酮作用;反之,当孕激素浓度较高时,可竞争结合受体,而减弱醛固酮的作用。

### 9.1.3 激素作用的细胞学机制

激素按其化学性质分为含氮激素和脂类激素,而这两类激素对靶细胞的作用机制也截然不同。

9.1.3.1 激素的受体

激素的受体是一种蛋白质分子,可与激素发生特异性结合而形成激素-受体复合物,使激素发挥其生物效应。

(1)激素的受体分类

激素的受体根据靶细胞中受体存在的部位不同,可分为细胞膜受体和细胞内受体。

① 细胞膜受体:细胞膜受体是镶嵌在细胞膜上的一种糖蛋白,其结构一般分为三部分,即细胞膜外区段、质膜部分和细胞膜内区段。细胞膜外区段含有许多糖基,为亲水部分,是识别激素并与之结合的部位。肽链疏水区段插入双层脂质中。细胞膜外区段能识别激素并与之结合,激素与受体结合后,必须通过细胞膜 G 蛋白介导,才能发挥生物效应,所以这种受体称为 **G 蛋白偶联受体**(G-protein-coupled receptor)。

②细胞内受体:细胞内受体可分为细胞浆受体与细胞核受体。细胞浆受体含有两个亚基,它们以二聚体形式存在于细胞浆中,两个亚基能各自与一分子激素结合,形成激素-受体复合物,将激素转移到核内,结合到染色质上,发挥作用。

细胞核受体位于细胞核内,它由一条多肽链组成,有三个结构域,即激素结合结构域、DNA 结合结构域和转录激活结构域。激素与细胞核受体结合形成激素-受体复合物后,即可启动基因调节的过程,转录特异的 mRNA,合成相应的蛋白质。

(2)激素受体调节

激素与受体的结合力称为**亲和力**(affinity)。激素受体调节是指受体的数量及受体与激素的亲和力均可发生变化。通常来讲,相互结合是激素作用的第一步,所以亲和力与激素的生物学作用往往一致,但激素的类似物可与受体结合而不表现激素的作用,相反可阻断激素与受体的结合。

亲和力可随生理或药理因素的变化而改变,受体数目可受激素浓度的影响。受体数量愈多的靶细胞,对激素的反应愈敏感。长期使用大剂量的胰岛素,靶细胞膜上胰岛素受体数量减少,亲和力也降低;当把胰岛素的量降低后,受体的数量和亲和力可恢复正常。许多种激素(如促甲状腺激素、绒毛膜促性腺激素、黄体生成素、促卵泡激素等)都会出现上述情况。

当血液中某种激素浓度升高时,靶细胞中该激素受体数量减少及亲和力降低,称为减量调节,简称**下调**(down regulation);当激素浓度降低时,受体的数量和亲和力又迅速回升,称为增量调节,简称**上调**(up regulation)。如催乳素、促卵泡激素、血管紧张素等都可以出现上调现象。

可见,激素受体调节与激素的浓度相适应,受体的合成与降解处于动态平衡之中。通过调节靶细胞的受体数目,可以改变对激素的敏感性。

9.1.3.2 含氮激素的作用机制:第二信使学说

因含氮激素脂溶性低或相对分子质量大,故其不易透过细胞膜,所以该类激素只能与靶细胞膜上特异性受体结合,形成激素-受体复合物。该复合物可通过活化腺苷酸环化酶,提高细胞内 cAMP 水平,后者再激活蛋白激酶(PKA),通过催化、磷酸化作用激活酸化酶,使靶细胞内原有的生理效应加强或减弱(图 9-4)。这种由激素(第一信使)与膜受体结合,接着引发细胞内某些小分子(第二信使)浓度的改变,进而引起细胞作出反应的作用模式,称为第二信使学说。膜受体结合激素后,引发第二信使变化的信号转导,可有多种方式(详见第2章2.3)。

9.1.3.3　类固醇激素作用机制:基因表达学说

此类激素相对分子质量较小(仅为300左右),脂溶性高,可透过细胞膜到达靶细胞后,进入细胞内,经过两个步骤影响基因表达而发挥作用,故把此种作用机制称为二步作用原理,或称为基因表达学说(图9-5)。

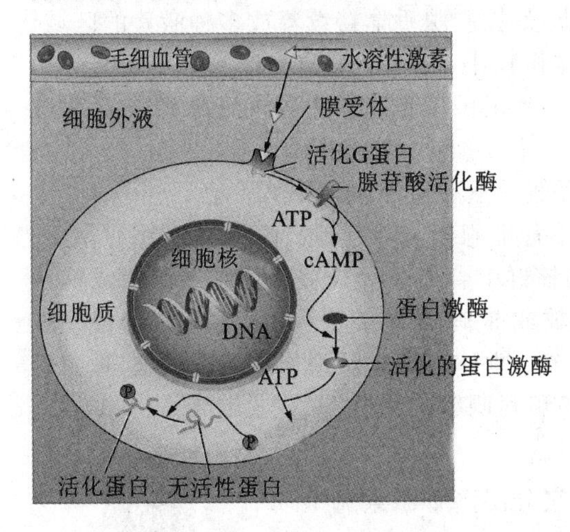


图9-4　含氮激素作用机制示意图

(仿Gerard等,2012)

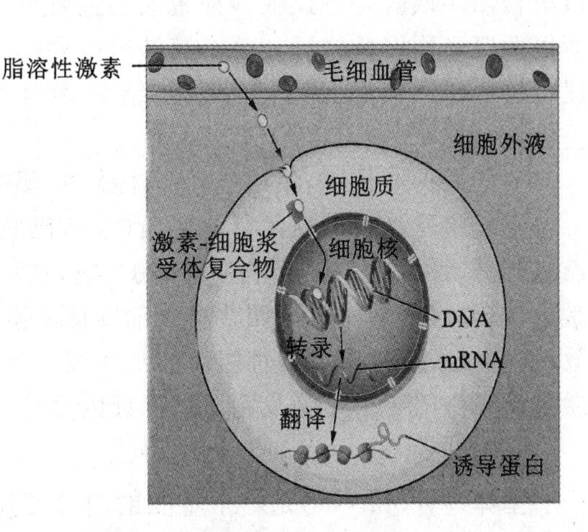


图9-5　类固醇激素作用机制示意图

(仿Gerard等,2012)

第一步是激素与细胞浆受体结合,形成激素-细胞浆受体复合物。在靶细胞浆中存在类固醇激素受体,它们是蛋白质,与相应激素结合的特点是专一性强、亲和力大。如糖皮质激素,其与细胞浆内特异性受体结合后形成激素-细胞浆受体复合物。该过程导致受体蛋白发生变构,继而增强激素-细胞浆受体复合物对染色质的亲和力,易透过核膜入核内,并与核内受体结合,形成激素-核受体复合物,进而启动特异性基因转录,促进特异性mRNA生成,诱导蛋白质或酶蛋白合成,发挥特定的生理功能。

还有些激素(如性激素),进入细胞后可直接穿过核膜进入细胞核,随之与核受体结合,调节基因表达。

激素的作用机制非常复杂,含氮激素可作用于转录与翻译阶段而影响蛋白质的合成;反过来,类固醇激素也可以作用于细胞膜引起基因表达。如甲状腺激素虽属含氮激素,但其作用机制与类固醇激素相似,极易透过细胞膜直接进入核内,通过调控基因表达发挥作用。另外,糖皮质激素也可不通过基因调节机制,作用于细胞膜而发挥生理效应,还可直接作用于靶细胞溶酶体,使溶酶体膜稳定而不易破裂。

## 9.2　下丘脑的内分泌

### 9.2.1　下丘脑与垂体的关系

9.2.1.1　下丘脑解剖和机能特点

**下丘脑**(hypothalamus)是间脑的一部分,位于间脑的腹侧,构成第三脑室侧壁的一部分和底部，其体积约为整个大脑的1/300。下丘脑主要包括视交叉、乳头体、灰结节、正中隆起等部分，下方的漏斗部和垂体相连。下丘脑功能的解剖分区一般按由前至后分为前区、中区、后区。

前区又称视上区或头区。前区的神经核团包括视前核、视交叉上核、视上核和室旁核等。由于其合成催产素和加压素的视上核和室旁核等神经内分泌细胞体积较大，故称大细胞神经内分泌系统。

中区又称结节区，位于下丘脑内侧底部接近垂体的区域。内有背内侧核、腹内侧核和弓状核等核团。该区是下丘脑多种激素的主要分泌部位，是控制腺垂体持续释放多种激素的区域，所以此区又称促垂体区。由于其神经内分泌细胞体积较小，故称小细胞神经内分泌系统。由促垂体区神经核团分泌的激素经结节-垂体束运送至正中隆起，再经垂体门脉系统到达腺垂体。

后区的神经核团，除结节乳头体核外，其他核团似乎不参与神经内分泌活动。

下丘脑受到中枢神经释放递质(如多巴胺、去甲肾上腺素、5-羟色胺、内源性鸦片类物质、乙酰胆碱、γ-氨基丁酸、P物质等)的影响，在下丘脑核群中合成或释放促垂体释放激素或抑制激素(或称因子)，然后来调节垂体前叶促激素的释放或抑制，再调节靶腺相应激素的合成及释放；这些激素通过全身多种组织参加代谢及生理调节。垂体可通过反馈作用于下丘脑，靶腺可通过反馈作用于下丘脑及垂体来保证内分泌功能的顺利调节。

9.2.1.2　垂体解剖和机能特点

码 9-1　下丘脑-垂体系统

**垂体**(hypophysis)是一个重要的内分泌器官，它分泌多种激素调节动物机体的生长、发育、代谢以及生殖活动。垂体很小，人的垂体质量为0.5～0.6 g，马、牛2～5 g，猪、羊0.4～0.5 g。垂体位于脑下部的蝶鞍内，以狭窄的垂体柄与下丘脑相连，因而又称脑下垂体。从解剖角度看，垂体是体内保护最好、不易受损伤的器官，也是最复杂的内分泌腺体。

垂体一般分为腺垂体和神经垂体两部分。腺垂体包括远侧部、结节部和中间部；神经垂体分为神经部和漏斗，漏斗包括漏斗柄、灰结节的正中隆起。远侧部和结节部合称为前叶，神经部和中间部合称为后叶。

腺垂体来自早期胚胎的口凹外胚层上皮，含有六种腺细胞，分别分泌不同的激素。远侧部是前叶的主要部分，为腺体组织，垂体促性腺激素和其他多种激素都在此分泌。中间部是介于远侧部和神经部之间的一窄条组织带，在哺乳类，特别是人，中间部不发达或不明显。按其分泌的激素不同称为生长素细胞、催乳素细胞、促甲状腺激素细胞、促肾上腺皮质激素细胞、促性腺激素细胞及促黑素细胞。

神经垂体来自第三脑室底部的漏斗，属神经组织，由下丘脑-垂体束的无髓神经纤维、神经垂体细胞和丰富的毛细血管组成。它不含腺细胞。催产素和加压素实际上由下丘脑合成后通过神经细胞轴突，顺着漏斗柄直接到达后叶储存和释放，所以后叶不是该激素的制造器官，而是储存器官。

垂体对调节体内各分泌腺的平衡发展起着重要的作用。由垂体释放各种激素通过靶腺(甲状腺、性腺、肾上腺)对身体各器官、组织起调节作用，当然这些内分泌腺还接受大脑皮层及下丘脑神经的直接调节。垂体还受靶腺的反馈影响。

9.2.1.3　下丘脑与垂体的联系

下丘脑与垂体之间，存在着结构与功能的密切联系，将神经调节与体液调节紧密结合在一起(图9-6)。从下丘脑机能来看，它把神经系统和内分泌系统联系在一起，执行着双重功能。

它不仅是重要的神经中枢(如摄食、饮水、体温调节、情绪等),也是一个重要的内分泌器官,分泌多种神经激素,直接控制垂体多种激素的分泌,同时也是激素的靶器官,性腺和垂体激素的反馈调节影响下丘脑的功能。一般认为,下丘脑的内分泌功能是通过垂体实现的,可见两者在解剖与生理上的联系是十分密切的。

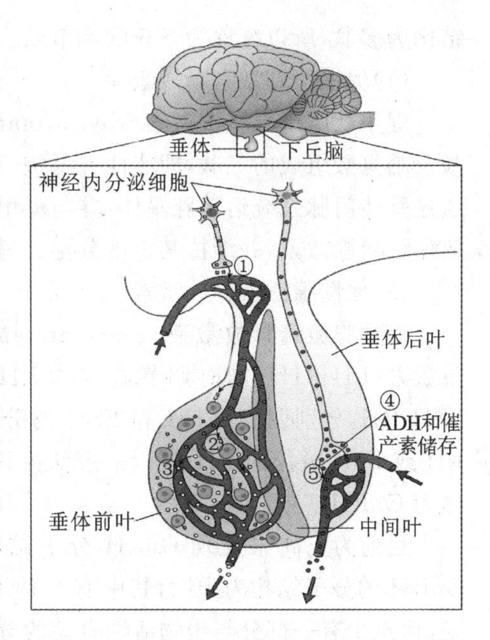


**图 9-6　下丘脑与垂体在结构上的联系**

(仿 Sjaastad 等,2013)

①下丘脑调节肽;②腺垂体内分泌细胞;③腺垂体激素;④储存的抗利尿激素和催产素;⑤释放入血液

(1)直接联系:下丘脑-神经垂体系统

位于下丘脑前部的视上核、室旁核既有典型的神经元功能,又具有合成、分泌加压素和催产素的功能。其轴突构成下丘脑-垂体束,不仅传导冲动,而且经轴浆将这两种激素运至神经末梢,终止于神经垂体的毛细血管壁上,并在神经垂体部位储存。当这些神经元兴奋时,神经垂体激素释放入血液,因此,可将神经垂体视为下丘脑的延伸部分,下丘脑与神经垂体在结构与功能上实为一体。

(2)间接联系:下丘脑-腺垂体系统

腺垂体的血液供应主要来自垂体上动脉。由第一级毛细血管网、垂体门微静脉及第三级毛细血管网构成垂体门脉系统。第二级毛细血管网再汇合成为垂体静脉,然后出腺垂体注入邻近的静脉。

下丘脑基底部的正中隆起、弓状核、腹内侧核、视交叉上核及室周核等处是促垂体区。这些核团的神经元分泌神经肽或肽类激素,称为肽能神经元。它们与来自中脑、边缘系统及大脑皮层等部位的神经纤维构成突触,接受高位中枢神经系统的控制。肽能神经元的短轴突末梢与垂体门脉系统第一级毛细血管网接触,将其自身合成的神经肽释放入血液,通过垂体门脉系统运输,调节腺垂体激素的分泌,腺垂体分泌的激素也可反馈影响下丘脑的神经内分泌功能。研究证明,这个系统是下丘脑调节腺垂体激素分泌的主要神经体液途径。它提供了下丘脑分泌的释放激素,经正中隆起的微血管丛而直接到达腺垂体的通道,可以保证极微量的下丘脑释放激素迅速而直接地运至腺垂体,不必通过体循环而遭到冲淡或由肾脏滤除而损耗。

## 9.2.2　下丘脑激素的种类及生理作用

下丘脑的神经分泌细胞具有内分泌功能,分为以下两类。

### 9.2.2.1　视上核及室旁核神经分泌细胞

视上核的神经分泌细胞分泌抗利尿激素,主要作用于肾小管,促进水的重吸收,具有抗利尿作用。室旁核的神经分泌细胞主要分泌**催产素**(oxytocin,OXT),促进子宫收缩,有利于分娩及乳腺射乳。这两种激素经常与其相应的激素运载蛋白以疏松的形式结合,被浓缩成分泌颗粒进入神经垂体,在适当的生理刺激时再释放到血液中(生理功能见 9.3 节)。

### 9.2.2.2　促垂体区神经分泌细胞

下丘脑促垂体区肽能神经元分泌的肽类激素,主要对腺垂体发挥调节作用。它们的化学结构为多肽,所以统称为下丘脑调节肽。现已证实的促垂体激素有以下几种。

(1)促甲状腺激素释放激素

**促甲状腺激素释放激素**(thyrotropin-releasing hormone,TRH)是由等量的谷氨酸、组氨酸及脯氨酸组成的三肽,即焦性谷氨酸-组氨酸-脯氨酰胺,相对分子质量为362。TRH合成后通过垂体门脉系统运至腺垂体,并与促甲状腺细胞膜上的受体结合,使促甲状腺细胞合成与释放促甲状腺激素,并维持其正常分泌。另外,TRH还能刺激垂体分泌催乳素(PRL)。

(2)促性腺激素释放激素

**促性腺激素释放激素**(gonadotropin-releasing hormone,GnRH)究竟是一种促黄体素释放激素(LH-RH),同时调节着垂体LH和FSH的分泌,还是存在着两种激素LH-RH和FSH-RH,分别调节着LH和FSH的分泌,目前尚无定论。其原因是尚未分离出单独调节LH或FSH分泌的RH,所以一般认为只有一种RH同时调节LH和FSH的释放与合成,统称为GnRH。

目前为止尚未发现GnRH分子结构的种属差异。从猪、牛、羊的下丘脑提纯并确定GnRH的分子结构为十肽,其中有9种不同的氨基酸残基。人类GnRH的分子结构尚未确定,但至少有一部分与生物活性有关的分子与猪的相同,因为人和猪的下丘脑提取物对实验动物具有相同的生物活性,给人注射猪的GnRH照样可以引起LH和FSH的释放。

GnRH在血液中的半衰期只有4 min,可见其降解很快。

目前人工合成的GnRH类似物已有200多种,有些类似物的效价比天然的GnRH大几十倍甚至上百倍,作用时间也长得多。同时也可人工合成GnRH的拮抗物。

(3)促肾上腺皮质激素释放激素

**促肾上腺皮质激素释放激素**(corticotropin releasing hormone,CRH)是由41个氨基酸组成的神经肽,它是一种与应激密切相关的神经内分泌肽,协调内分泌系统、自主神经系统、免疫系统、内脏反应及行为学各方面对应激的反应。下丘脑合成的CRH通过下丘脑-腺垂体神经分泌系统分泌进入垂体门脉系统,直接作用于腺垂体的内分泌细胞,促进相应激素的分泌。

(4)生长激素释放激素

**生长激素释放激素**(growth hormone-releasing hormone,GHRH)是由动物的下丘脑弓状核的神经细胞合成并分泌的多肽。成熟的GHRH(生长激素释放激素)一般含有40～44个氨基酸残基,是生长激素的正性调控因子,可与**生长激素释放抑制激素**(somatostatin,SS)共同调节生长激素(growth hormone,GH)的分泌。

(5)生长激素释放抑制激素

生长激素释放抑制激素(SS)是由14个氨基酸残基组成的多肽激素,存在于多种组织,如大脑皮层、下丘脑、脑干、胃肠道和胰腺等。SS的半衰期很短,仅2～3 min。SS能够抑制生长激素的分泌,胰岛D细胞中SS水平与下丘脑的水平相似或更高,可调节胰液分泌作用。研究证实,SS对垂体前叶、胰岛、胃肠黏膜、甲状腺滤泡细胞、球旁细胞的功能均有抑制作用。

SS对生长激素、促甲状腺激素、胃泌素、胃动素、胆囊收缩素、抑胃肽、肾素以及红细胞生成素等均有抑制作用。SS除抑制这些激素的基础分泌外,对应激状态下的分泌也有抑制作用。对于糖代谢的调节,SS主要通过抑制胰高血糖素和胰岛素来实现。

(6)催乳素释放抑制因子

**催乳素释放抑制因子**(prolactin release-inhibiting factor,PIF)不只是下丘脑提取物,还有氨基酸、金属离子以及神经递质等,也有研究证实松果腺中也有PIF。目前大多数人认为下丘脑多巴胺(DA)就是 PIF。PIF 能抑制催乳素(PRL)的分泌。

**催乳素释放因子**(prolactin releasing factor,PRF)也是目前尚未明晰其化学结构的下丘脑调节因子,其作用与 PIF 相反。还有另外两种下丘脑调节因子,目前尚未明晰其化学结构,分别是**促黑素细胞激素释放因子**(melanophore-stimulating hormone releasing factor,MRF)和**促黑素细胞激素释放抑制因子**(melanophore-stimulating hormone release inhibiting factor,MIF)。

## 9.3 垂体的内分泌

### 9.3.1 神经垂体

神经垂体不含腺细胞,无分泌功能。**加压素**(vasopressin,VP)主要由下丘脑视上核合成,**催产素**(oxytocin,OXT)主要由室旁核合成,两个核团的激素与同时合成的神经垂体激素运载蛋白结合形成复合物,包装于囊泡中,呈分泌小颗粒状,经下丘脑-垂体束轴浆流,运送至神经垂体储存。机体受到适宜刺激时,下丘脑神经元兴奋,神经冲动沿轴突传导到神经末梢,发生去极化,$Ca^{2+}$ 内流入末梢,促使神经末梢的分泌囊泡以出胞方式将神经垂体激素与运载蛋白一同释放入血液。

9.3.1.1 催产素与加压素的化学结构特点

催产素和加压素都是含有一个二硫键的九肽化合物。人和猪的加压素在结构上只有第 8 个氨基酸残基不同,分别称为精氨酸加压素(人)和赖氨酸加压素(猪)。而催产素和加压素分子结构也只有两个氨基酸残基不同,即第 3 位为异亮氨酸而不是苯丙氨酸,第 8 位为亮氨酸而不是精(或赖)氨酸。

由于催产素与加压素的化学结构非常相似,因而其生理作用也有类似之处。但活性大小差别很大。如两者对子宫平滑肌和乳腺导管肌上皮细胞都有收缩作用,但催产素的作用远远大于加压素的作用;相反,对血管平滑肌的收缩作用(加压作用)和抗利尿作用,催产素只有加压素的 0.5%~1%。这充分说明了激素的化学结构与功能之间的关系。

9.3.1.2 催产素的生理功能

(1)对子宫和输卵管的作用

催产素(OXT)对子宫平滑肌的作用,对不同种属的动物、未孕与已孕的子宫效果不同。如未孕子宫对 OXT 不敏感,妊娠子宫则比较敏感。OXT 是催产的主要激素,能强烈地刺激子宫平滑肌的收缩。OXT 对非孕子宫作用较弱,对妊娠末期子宫较敏感。在生理条件下这不是发动分娩的主要因素,而是分娩开始之后继发的维持和增强子宫收缩、促进分娩完成的主要激素。此外,已知雌激素可以增强平滑肌对 OXT 的敏感性,而孕酮则可抑制子宫对 OXT 的反应。妊娠后期,母体内雌激素与孕酮比例逐渐发生倒置变化,使子宫平滑肌“致敏”,进而使子宫对 OXT 的反应性增强。虽然对 OXT 在分娩中的作用研究很多,但其在分娩过程中和产后止血的生理意义尚无定论。临床上,在产后用 OXT,使子宫强烈收缩,减少产后流血,但所用剂量已超出生理范围,属药理效应。OXT 能使输卵管收缩频率增加。OXT 的这一功能,有利于两性配子运行。

(2)对乳腺的作用

哺乳期乳汁储存于腺泡中,OXT 促进乳腺腺泡和导管周围肌上皮细胞收缩,腺泡内压升高,将乳汁由输乳管排出。在生理条件下,OXT 是引起射乳反射的重要环节,在哺乳(或挤乳)过程中起重要作用。婴儿吸吮乳头时也是通过刺激乳头感觉神经末梢,神经冲动传到下丘脑后,不仅引起 PRL 释放,还刺激室旁核和视上核引起 OXT 的分泌。OXT 作用于乳腺周围的肌上皮细胞,使其收缩,促使储存于乳腺中的乳汁排出,并能维持乳腺分泌乳汁。

(3)OXT 分泌与射乳反射

OXT 分泌的调节过程一般是神经反射性的,在临产时子宫颈和阴道受压迫或牵引力刺激,哺乳时幼畜吮乳的刺激反射性地传至下丘脑,进而引起垂体后叶释放 OXT。

射乳反射即是神经内分泌反射的一个例子。吮乳或挤乳时所构成的视觉和触觉刺激是母畜泌乳的条件。这种条件能促使 OXT 释放进入血液循环,作用于乳腺的肌上皮细胞,引起的收缩对腺泡产生压力,使乳汁流入乳腺的管道系统而发生排乳(图 9-7)。在射乳反射中,传入的神经冲动引起中枢的兴奋,但此处中枢的兴奋不是通过传出纤维到达效应器,而是通过化学信号(OXT)经血液循环到达效应器(乳腺),引起乳腺反应,因而称之为**神经内分泌反射**(neuroendocrine reflex)。

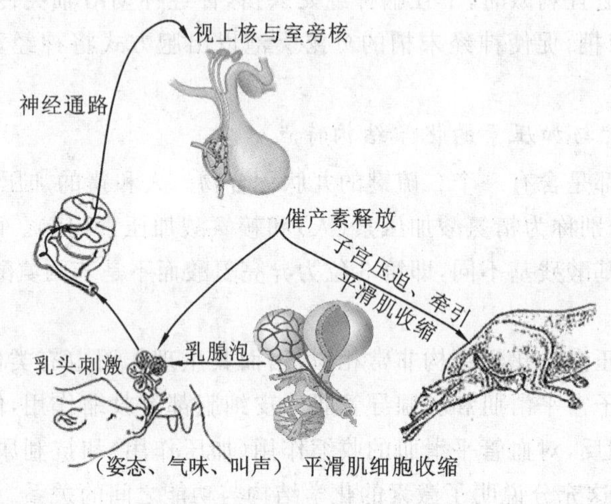


**图 9-7 催产素的分泌与射乳反射**

9.3.1.3 加压素的生理功能

生理状态时加压素(VP)浓度很低,它的作用主要有:①抗利尿作用,因此又称为抗利尿激素,其主要功能是根据体液渗透压以及血容量的变化,调节肾脏对滤液中水分的重吸收比例(详见第 8 章);②升血压作用,使小动脉平滑肌收缩,引起血压升高。

应激情况下,下丘脑视上核与室旁核 VP 分泌量增加,可引起外周小动脉收缩,在维持一定血压上具有意义。因此 VP 药用时,常用作肺、食管及子宫等微血管出血时的止血药。

## 9.3.2 腺垂体

对于腺垂体,各种激素的分泌都和固定的细胞类型有关。根据各类分泌细胞有无染色颗粒,将腺垂体细胞分为嗜色细胞和嫌色细胞两大类,一般认为细胞内部这种染色颗粒就是激素的前身。嗜色细胞根据其染色性质又分为嗜酸性细胞和嗜碱性细胞两种。嫌色细胞就是相应的嗜色细胞的后备细胞。当嗜色细胞释放出特殊的染色颗粒(即释放出所分泌的激素)后，就变成嫌色细胞了。如这些细胞再度积累特殊的染色颗粒，则又变成嗜色状态。说明这些细胞都有固定的、与其相互转化的对应细胞。

腺垂体含有多种内分泌细胞，分泌促甲状腺激素(TSH)、促肾上腺皮质激素(ACTH)、促卵泡激素(FSH)、黄体生成素(LH)、生长激素(GH)、催乳素(PRL)和促黑(素细胞)激素(MSH)等7种激素。其中，TSH、ACTH等可以通过作用于各自的靶腺，促进相关激素的分泌，又称为**促激素**(trophic hormone)。

9.3.2.1　生长激素

码 9-2　腺垂体与生长激素

各种动物的**生长激素**(growth hormone，GH)由约190个氨基酸残基组成，有很强的种属特异性。

(1)GH的生理功能

①促生长的作用：GH具有促进机体生长发育的作用。GH促进机体组织生长、促进蛋白质合成，对骨骼、肌肉及内脏器官的生长的影响尤为明显，因此GH也称为**躯体刺激素**(somatotropin)。

GH是通过诱导肝脏产生一种**生长介素**(somatomedin，SM)，即**胰岛素样生长因子**(insulin-like growth factor，IGF)来实现的。GH促进硫酸盐及氨基酸等物质进入软骨细胞；加强RNA、DNA及蛋白质合成，促进软骨细胞分裂增殖及骨化，使长骨增长，机体长高。

肝脏产生的SM释放入血液，在血液循环中与载体蛋白结合，输送到全身。SM在肌肉、肾及心等机体大多数组织中也可产生，经血液运送到机体各处组织细胞，也可以旁分泌或自分泌方式，促进内脏器官的生长，对脑组织发育一般无影响。

人幼年时期GH分泌量不足，则生长发育迟缓，甚至停滞，身材矮小，但智力发育不受影响，称为**侏儒症**(dwarfism)；若GH分泌量过多，则生长发育过度，身材高大，引起**巨人症**(giantism)。成年后GH分泌量过多，由于骨与骺钙化融合，长骨不再生长，只能刺激肢端骨和面骨边缘变厚及其软组织异常增生，以致形成指(趾)粗大、鼻大唇厚、下颌突出等症状，称为**肢端肥大症**(acromegaly)。

②促进代谢的作用：GH通过SM介导，加速组织蛋白质合成，有利于组织修复与生长。GH抑制糖的氧化和利用，使血糖升高，GH分泌量增多时可出现糖尿，称为垂体性糖尿。GH还能促进脂肪分解，加速脂肪酸氧化，为机体提供能量，GH过多时血中脂肪酸和酮体增多。

(2)分泌调节

腺垂体GH的分泌受下丘脑GHRH与SS的双重调节。正常时GHRH分泌量较多，促进GH的释放，而SS则抑制GH分泌。GH与GHRH分泌同步，呈脉冲式波动。GHRH对GH的分泌起经常性调节作用，而SS仅在机体应激时，GH分泌量过多，才对GH分泌有显著抑制作用。GH对下丘脑GHRH分泌与释放有反馈抑制作用，GHRH对其自身分泌也有反馈调节作用。近来发现，IGF-Ⅰ能刺激下丘脑分泌SS，而抑制GH分泌(图9-8)。

GH的分泌具有昼夜节律性。入睡后，GH分泌量明显增加，60 min左右达到高峰，之后逐渐降低。因此充分睡眠有利于GH的分泌，有助于生长及体力恢复。

饥饿、运动等使血糖降低，刺激GH分泌，代谢因素刺激作用最强。血中脂肪酸与氨基酸增多，均能促进GH分泌。这有利于机体在代谢中利用这些物质。

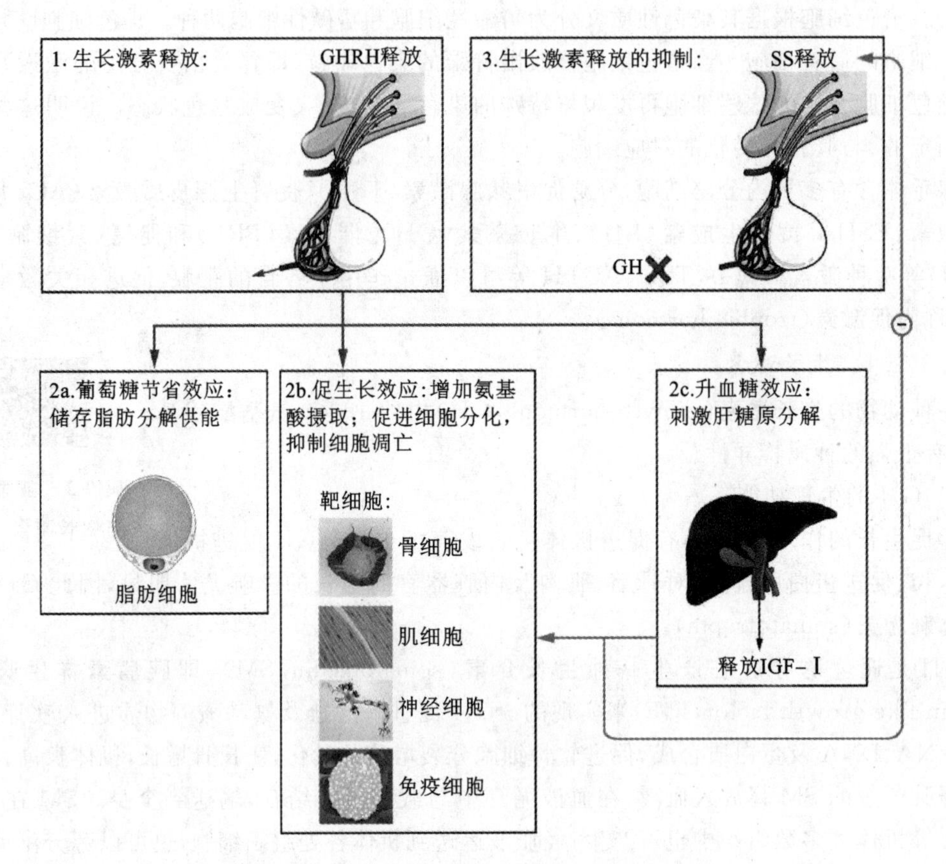


**图 9-8 生长激素的分泌调节及其作用机制**

(仿 Gerard 等,2012)

9.3.2.2 催乳素

**催乳素**(prolactin,PRL)是单链蛋白质激素,结构与 GH 类似。不同动物的催乳素氨基酸残基数目有所不同。哺乳类的催乳素主要作用于乳腺和性腺,而鱼类催乳素主要维持渗透压和水盐平衡。

(1)PRL 生理作用

PRL 促进乳腺生长发育,启动和维持乳腺泌乳。雌性动物乳腺的生长发育,主要是雌激素、孕激素、生长激素、甲状腺激素及 PRL 等共同作用的结果。在妊娠期血中 PRL 与雌激素和孕激素水平较高,多种激素互相配合使乳腺进一步生长发育,但过多的雌激素、孕激素对 PRL 的泌乳有抑制效应,这可能是妊娠期间不泌乳的原因之一。分娩后雌激素与孕激素分泌量迅速下降,PRL 得以发挥启动与维持泌乳机能。

PRL 与黄体生成素(LH)共同作用促进黄体形成,并维持黄体分泌孕激素,大剂量 PRL 则抑制卵巢雌激素与孕激素的合成。PRL 在此处起到允许作用。

(2)PRL 分泌调节

PRL 分泌受下丘脑的双重调节。PRF 促进其分泌,PIF 则抑制其分泌。妊娠期 PRL 分泌量显著增加。哺乳时,幼崽吸吮乳头,反射性引起 PRL 大量分泌,这是一种典型的神经内分泌反射。乳头受刺激时,传入冲动到下丘脑,进而促使 PRF 释放量增加,腺垂体分泌 PRL 的量增加。各种应激因素对泌乳的影响十分明显,当受到各种意外刺激引发剧烈情绪反应时,泌乳量明显减少。

9.3.2.3　黑色素细胞刺激素

**黑色素细胞刺激素**(melanophore stimulating hormone,MSH)属多肽类激素,MSH 结构与功能均与 ACTH 有密切关系,可能是由腺垂体同类细胞分泌的,两者都接受血中肾上腺皮质激素的负反馈影响。MSH 的主要作用是促进黑色素细胞中的酪氨酸酶的合成和激活,催化酪氨酸转变为黑色素,使皮肤、毛发、虹膜等部位颜色加深。

肾上腺皮质功能不足时,负反馈作用减弱,使 MSH 分泌量增加,发生皮肤色素沉着。MSH 的分泌还受下丘脑 MRF 和 MIF 双重调节,MRF 促进 MSH 的分泌,MIF 则抑制其分泌。平时以 MIF 作用占优势。

9.3.2.4　垂体促激素

垂体促激素的主要生理作用是促进另一分泌腺的分泌功能(靶腺功能)。

**促甲状腺激素**(thyroid-stimulating hormone,TSH)促进甲状腺滤泡细胞分泌甲状腺激素。TSH 分泌量过多或过少将引起甲状腺功能亢进或减退。

**促肾上腺皮质激素**(adrenocorticotropic hormone,ACTH)促进肾上腺皮质分泌肾上腺皮质激素。ACTH 分泌量过多,使肾上腺分泌皮质醇增多,引起肾上腺皮质功能亢进(库欣综合征)。ACTH 分泌量过少,引起肾上腺皮质功能低下,产生低血压、高热、昏迷、低血糖等乃至死亡。

促性腺激素有两种,包括**促卵泡激素**(follicle-stimulating hormone,FSH,又叫卵泡刺激素)与**促黄体生成素**(luteinizing hormone,LH)。

促激素具有促进相应的靶腺增生和分泌功能。它们分别作用于各自的靶腺形成下丘脑-垂体-靶腺轴调节方式。

## 9.4　甲状腺的内分泌

从圆口类动物到哺乳类动物的各个类群都有甲状腺,但形态和结构有所不同。甲状腺所分泌的激素主要包括四碘甲腺原氨酸(thyroxine,3,5,3′,5′-tetraiodothyronine,$T_4$)和三碘甲腺原氨酸(3,5,3′-triiodothyronine,$T_3$)两种,它们都是酪氨酸碘化物。一部分 $T_4$ 在肝脏经 5′-脱碘酶(D2)的作用产生 $T_3$,发挥其生物学作用,$T_3$ 的活性是 $T_4$ 的 3～8 倍。体内大部分的 $T_3$ 是由 $T_4$ 转化而来,因而也有人认为,$T_4$ 是激素原,$T_3$ 才是体内甲状腺激素的生物活性形式。

### 9.4.1　甲状腺激素的合成

甲状腺激素(TH)合成的主要原料是碘和酪氨酸,合成的部位在甲状腺球蛋白上。其合成过程主要包括以下 3 个步骤(图 9-9)。

9.4.1.1　聚碘作用

由肠道吸收的碘,以 $I^-$ 的形式存在于血液中,由 $Na^+$-$K^+$-ATP 酶活动提供的能量以主动转运形式通过甲状腺腺泡上皮基底膜进入细胞。

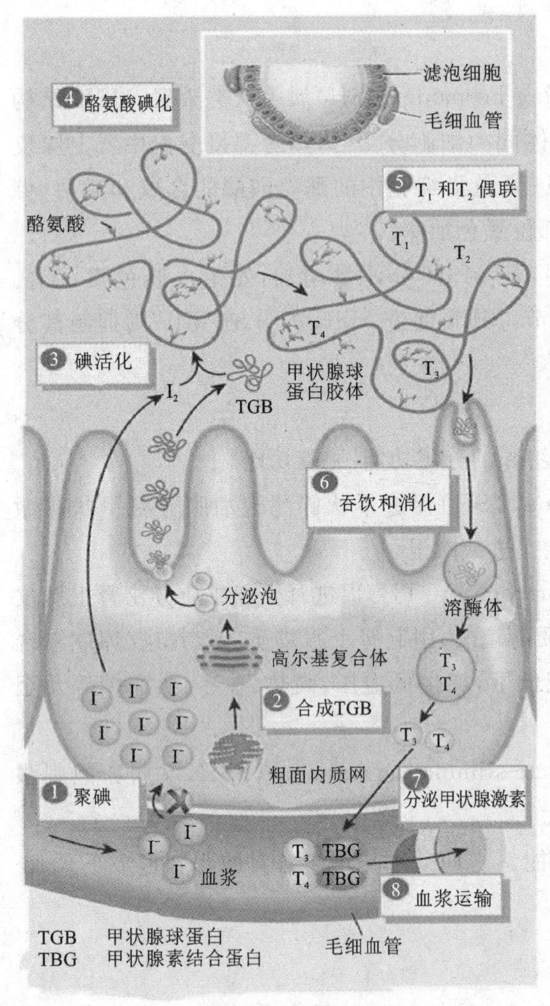


图 9-9 甲状腺激素的合成与分泌

(仿 Sherwood 等,2013)

9.4.1.2 碘的活化

**碘活化**(iodine activation)是一种氧化过程,摄入上皮细胞的 $I^-$ 被**甲状腺过氧化酶**(thyroperoxidase,TPO)催化,在甲状腺球蛋白的酪氨酸残基上,氢被碘取代。甲状腺功能亢进时,聚碘能力加强,摄入碘量增加。甲状腺功能低下时,聚碘能力明显减弱。促甲状腺激素加强聚碘过程。硫氰化物的 $SCN^-$ 及过氯酸盐的 $ClO_4^-$ 能与 $I^-$ 发生竞争性转运,因而抑制甲状腺聚碘。临床上常将甲状腺对 $^{131}I$ 摄取能力作为诊断甲状腺功能及治疗甲状腺功能亢进的方法之一。

9.4.1.3 酪氨酸碘化

甲状腺球蛋白的酪氨酸残基上的氢原子被碘原子取代或碘化,首先生成一碘酪氨酸残基(MIT)和二碘酪氨酸残基(DIT),然后两个 DIT 分子偶联生成 $T_4$(DIT+DIT),一个 MIT 分子与一个 DIT 分子偶联生成 $T_3$(MIT+DIT),还能合成少量反式三碘甲腺原氨酸($rT_3$)。

碘的活化、**酪氨酸的碘化**(iodination of tyrosine)和偶联过程,都是在甲状腺球蛋白分子上经过同一过氧化酶的催化完成的,因此,甲状腺滤泡上皮细胞内过氧化酶在甲状腺激素合成过程中起关键作用。此酶活性受腺垂体促甲状腺激素的调控,也可被硫氧嘧啶类药物抑制,使甲状腺激素合成量减少,以治疗甲状腺功能亢进。

## 9.4.2 甲状腺激素的分泌、转运和代谢

9.4.2.1 释放

甲状腺受到 TSH 的刺激时,腺上皮细胞伸出伪足,将滤泡腔中的甲状腺球蛋白吞饮入腺细胞,在细胞浆内与溶酶体融合形成吞饮小体,在溶酶体的蛋白水解酶作用下,甲状腺球蛋白水解,分离出来的 $T_3$ 与 $T_4$ 可透过毛细血管进入血液循环,也有微量的 MIT 和 DIT 释放入血。

9.4.2.2 运输

释放入血液的 $T_3$ 和 $T_4$,99.5%以上与血浆蛋白结合,与甲状腺激素结合的蛋白质有三种,即**甲状腺激素结合球蛋白**(thyroxine-binding globulin,TBG)、前蛋白(thyroxine-binding prealbumin,TBPA)、白蛋白(albumin)。其中以 TBG 为最多,占 60%。甲状腺激素以游离状态存在的不足 1%,结合状态与游离状态两者在血液中维持动态平衡。只有游离状态的甲状腺激素才能进入组织发挥生理作用。

9.4.2.3　代谢

甲状腺激素降解的主要途径是脱碘，80%的 $T_4$ 与 $T_3$ 在组织中脱碘酶的作用下脱碘，$T_4$ 脱碘生成 $T_3$ 与 $rT_3$，血液中 75%的 $T_3$ 来自 $T_4$。20%的 $T_4$ 与 $T_3$ 在肝中降解，与葡萄糖醛酸或硫酸结合后，随胆汁入肠道，由粪便排出。甲基硫氧嘧啶等药物能抑制外周组织脱碘生成 $T_3$ 的过程。妊娠、饥饿及代谢紊乱等应激情况下，均促进 $T_4$ 转化为 $rT_3$ 或 $T_3$。$rT_3$ 或 $T_3$ 继续脱碘时形成二碘、一碘或不含碘的甲状腺氨酸。脱下的碘可被再利用，作为合成甲状腺激素的原料，但大部分随尿液排出。

## 9.4.3　甲状腺激素的生理作用

甲状腺激素对于动物个体的生长、发育、代谢和组织分化具有重要的调节作用。其生理作用主要体现在以下几个方面。

9.4.3.1　调节新陈代谢

(1)氧化产热

甲状腺激素能使绝大多数的组织细胞耗氧量、产热量增加；氧化速度加快，基础代谢率提高，使机体的能量代谢维持在一定水平，调节体温使之恒定。甲状腺激素能加速体内细胞氧化的速度，从而释放能量，这称为产热效应。在禁食及休息状态下，动物体总热量的产生和氧气的消耗，约有一半是由甲状腺激素来调节的，这种情况通常用基础代谢率(BMR)来表示。甲状腺功能亢进时，组织耗氧量和二氧化碳产生量均增加，BMR 明显升高，对热环境不能耐受；而甲状腺功能减退时正好相反，BMR 降低，对寒冷环境耐受性差。

甲状腺激素是动物最主要和最直接参与体温调节的激素。动物通过甲状腺分泌活动的改变来调节代谢产热过程。如果动物长期处于寒冷环境中，会通过增加甲状腺激素的分泌量来提高基础代谢率使体温升高。若动物长期处于热紧张状态，会通过降低甲状腺激素的分泌量，使基础代谢率下降，此时摄食量下降、嗜睡以减少产热。由此可以得出，在高温环境中，甲状腺激素等激素还是参与体温调节的，只是通过分泌量的减少来减少产热。因此，在高温环境中，机体一方面通过神经调节以增加散热，另一方面通过减少甲状腺激素等激素的分泌量以减少产热，二者共同维持体温的相对平衡。

(2)糖代谢

甲状腺激素能促进小肠对葡萄糖和半乳糖的吸收、促进糖原分解、抑制糖原的合成，增强肾上腺素、胰高血糖素、皮质醇和生长素等的升糖作用。另外，甲状腺激素可通过促进胰岛素的降解而升高血糖。甲状腺激素还能加快胃肠排空，缩短小肠转化时间，增加蠕动。

(3)脂代谢

甲状腺激素促进脂肪酸氧化分解，加速肝组织胆固醇合成，又能促进胆固醇降解，但降解速度快于合成。甲状腺功能亢进时，血浆胆固醇降低，脂肪分解增强，产生大量热量。甲状腺功能减退时，血浆胆固醇明显升高，易患动脉硬化。

(4)蛋白质代谢

甲状腺激素作用于肌肉、骨骼、肝、肾等组织细胞的核受体，刺激 DNA 转录过程，促进 mRNA 形成，加强蛋白质及各种酶的合成，有利于早期机体生长与发育。甲状腺激素分泌量过多，则蛋白质分解加速，骨骼肌蛋白大量分解，肌肉收缩无力，消瘦乏力。骨骼蛋白分解，导致血钙升高和骨质疏松。甲状腺激素分泌量不足时,蛋白质合成量减少,但组织间隙的黏蛋白增多,黏蛋白具有多价负离子,可结合大量正离子和水分子,引起皮下组织水潴留,产生黏液性水肿。

9.4.3.2　调节生长发育

(1)甲状腺激素对中枢神经系统的影响

甲状腺激素对中枢神经系统的影响不仅表现在发育成熟方面,也表现在维持其正常功能方面。也就是说,神经系统功能的发生与发展,均有赖于适量甲状腺激素的调节。甲状腺功能亢进时,中枢神经系统兴奋性增高,主要表现为注意力不集中、烦躁不安等;相反,甲状腺功能减退时,中枢神经系统兴奋性降低,表现为行动迟缓。

(2)甲状腺激素对心血管功能的影响

适量的甲状腺激素是维持正常的心血管功能所必需的,可增加 $Na^{+}$-$K^{+}$-ATP 酶及 $Ca^{2+}$-ATP酶的活性、刺激心肌蛋白质的合成、增强心肌收缩力并增加心排血量。甲状腺功能减退使心脏收缩功能降低。

(3)甲状腺激素对繁殖功能的影响

甲状腺激素对于正常繁殖功能具有重要作用,甲状腺激素的失调可影响卵泡发育、受精、着床、妊娠维持及胚胎发育等诸多环节。幼龄动物甲状腺激素水平低下,可导致生殖系统发育不良甚至不发育。这也是人医临床呆小症患者丧失生育能力的主要原因。

(4)促生长和变态作用

甲状腺激素是促进组织分化、生长、发育和成熟的重要因素,这种效应可能继发于其对GH 的作用。

甲状腺激素促进两栖类和鱼类的变态反应,缺乏甲状腺激素时蝌蚪不能发育成蛙,鳗鲡不能由柳叶鳗发育成玻璃鳗,比目鱼的眼睛不能转移到一边。

## 9.4.4　甲状腺激素分泌的调节

甲状腺功能活动主要受下丘脑与腺垂体调节(图 9-10)。另外,神经调节和自身调节也有一定作用。

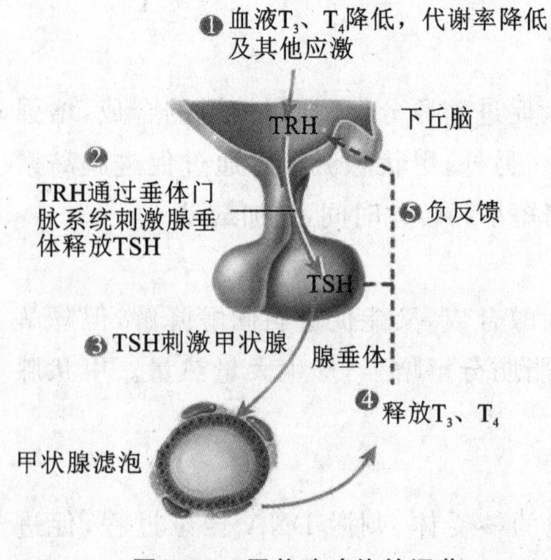


**图 9-10　甲状腺功能的调节**

(仿 Gerard 等,2012)

9.4.4.1　下丘脑-腺垂体-甲状腺功能轴

TRH 由下丘脑合成,经垂体门脉系统运送至腺垂体,与腺垂体促甲状腺细胞膜上特异性受体结合后激活腺苷酸环化酶,从而促使 cAMP 生成,后者可促进 TSH 分泌。下丘脑 TRH 神经元也可接受大脑及其他部位神经元的调控,如寒冷、紧张、缺氧等刺激可通过中枢神经系统刺激下丘脑,引起 TRH 分泌。

腺垂体分泌的 TSH 是调节甲状腺功能的主要激素,它呈脉冲式释放,每 2～4 h 出现一次波动,在此基础上呈日周期变化。血中 TSH 浓度在睡眠后开始升高,午夜达到高峰,日间降低。甲状腺功能亢进时,血中的 $T_3$ 与 $T_4$ 明显增多,但 TSH 未增多。

腺垂体 TSH 细胞对血液中 $T_3$ 和 $T_4$ 浓度变化极其敏感，血液中游离的 $T_3$ 和 $T_4$ 浓度升高时，可诱导腺垂体促甲状腺激素细胞合成抑制性蛋白质，其可使 TSH 合成与释放量减少，同时还可降低腺垂体对 TRH 的反应性。$T_3$ 与 $T_4$ 对腺垂体 TSH 分泌活动的负反馈作用是一个经常持续的调节因素。

甲状腺激素的合成与分泌量减少，将降低其对腺垂体的负反馈作用。在 TRH 作用下，增加腺垂体 TSH 的分泌量，后者使得甲状腺代偿性增生和肿大。

9.4.4.2　甲状腺自身调节

甲状腺具有自身调节功能，它是一个有限度的缓慢调节系统。当机体碘供应发生变化时，甲状腺能够调节腺体本身对碘的摄取，以及 $T_3$ 与 $T_4$ 合成、释放的能力，这种调节完全不受 TSH 浓度和神经调节的影响，称为甲状腺的自身调节。

当外源性碘不足时，甲状腺对碘的运转机制增强，$T_3$ 与 $T_4$ 合成与释放量也随之增加；当碘的供应量增加时，最初 $T_4$ 和 $T_3$ 合成速度反而明显降低。

过量的碘会引起抗甲状腺效应，该效应又称为 Wolff-Chaikoff 效应，此效应中抑制碘转运的机制尚不清楚。常利用大剂量碘产生抗甲状腺效应，作为甲状腺手术前常规用药。Wolff-Chaikoff 效应是一种暂时性现象，当继续增加外源性碘的供应时（24～46 h 后），抗甲状腺效应消失，$T_3$ 和 $T_4$ 合成量再次增加，出现对高碘的适应。

9.4.4.3　自主神经系统对甲状腺活动的调节

交感神经肾上腺素能纤维与副交感神经胆碱能纤维直接支配甲状腺腺泡，交感神经兴奋可促使甲状腺激素合成与释放；相反，副交感神经兴奋则引起抑制效应。

## 9.5　钙磷代谢调节激素

钙、磷是构成动物体骨骼组织的主要无机元素，也是内环境的重要功能组分。$Ca^{2+}$ 在动作电位的发生、肌肉细胞的收缩、化学信号的释放、细胞内信号的传导以及血液凝固等生理过程中均有重要的作用。细胞外液 $Ca^{2+}$ 浓度的相对稳定，是内分泌调节钙磷代谢的目标。这一调节是通过影响消化道对钙磷的吸收、肾小管的重吸收以及钙磷在骨骼的沉积与溶解过程实现的。参与动物机体生理性钙磷代谢调节的激素包括由甲状旁腺分泌的**甲状旁腺激素**（parathyroid hormone，PTH）、甲状腺 C 细胞分泌的**降钙素**（calcitonin，CT）以及由真皮层、肝脏和肾脏共同转化形成的 1,25-二羟维生素 $D_3$。

**码 9-3　钙磷代谢的内分泌调节**

### 9.5.1　甲状旁腺激素

甲状旁腺激素是由 84 个氨基酸残基构成的多肽激素，由甲状旁腺分泌。甲状旁腺一般位于甲状腺侧叶后方，腺细胞分为主细胞和嗜酸性细胞，腺细胞之间分布有丰富的有孔毛细血管网。当血液 $Ca^{2+}$ 浓度低于正常值时，甲状旁腺激素分泌量增多，其功能是升高血钙。

9.5.1.1　对骨骼的作用

骨骼是体内最大的钙储存库,PTH 动员骨钙入血。一方面促进钙、磷的吸收,增加血钙、血磷含量,刺激成骨细胞的活动,从而促进骨盐沉积和骨的形成;另一方面,当血钙浓度降低时,又能提高破骨细胞的活性,动员骨钙入血,使血钙浓度升高,其作用包括快速效应与延缓效应两个时相。

(1)快速效应

快速效应在 PTH 作用后数分钟即可发生,是将位于骨和骨细胞之间的骨液中的钙转运至血液中,骨细胞和成骨细胞在骨内形成一个膜系统,全部覆盖了骨表面和腔隙的表面,在骨质与细胞外液之间形成一层可通透性屏障。在骨膜与骨质之间含有少量骨液,骨液中含有 $Ca^{2+}$(只有细胞外流入的 1/3)。PTH 能迅速提高骨细胞膜对 $Ca^{2+}$ 的通透性,使骨液中的 $Ca^{2+}$ 进入细胞,进而使骨细胞膜上的钙泵活动增强,将 $Ca^{2+}$ 转运到细胞外液中。

(2)延缓效应

延缓效应在 PTH 作用后 2～14 h 出现,通常在几天甚至几周后达到高峰。PTH 既加强已有的破骨细胞的溶骨活动,又促进破骨细胞的生成。破骨细胞向周围骨组织伸出绒毛样突起,释放蛋白水解酶与乳酸,使骨组织溶解,钙与磷大量入血,使血钙浓度长时间升高。

PTH 的两个效应相互配合,不但能对血钙的急切需要作出迅速应答,而且能使血钙长时间维持在一定水平。

9.5.1.2　对肾的作用

PTH 促进远曲小管对钙的重吸收,使尿钙减少,血钙升高,同时还抑制近曲小管对磷酸盐的重吸收,增加尿磷酸盐的排出,使血磷降低。此外,PTH 对肾的另一重要作用是激活 α-羟化酶,促进 25-羟维生素 $D_3$(25-OH-$D_3$)转变为有活性的 1,25-二羟维生素 $D_3$(1,25-$(OH)_2$-$D_3$),从而间接加强消化道对钙磷的吸收。

## 9.5.2　甲状腺 C 细胞和降钙素

**降钙素**(calcitonin,CT)是由甲状腺 C 细胞分泌产生的一种 32 肽,血钙高于正常水平时分泌量增加。降钙素对体内钙磷代谢的调节作用与 PTH 相反,主要抑制破骨细胞活动,减弱溶骨过程,使钙磷沉积,因而降低血钙、血磷水平(图 9-11)。CT 还抑制肾小管对钙、磷、镁、钠及氯等离子的重吸收,导致这些离子从尿中排出量增加。CT 在高钙饮食后维持血钙的稳定中发挥重要作用,而 PTH 分泌高峰出现晚,对血钙浓度发挥长期调控作用。CT 因为促进骨盐的沉积,所以可用以治疗骨质疏松症。

## 9.5.3　1,25-二羟维生素 $D_3$

1,25-$(OH)_2$-$D_3$ 主要通过刺激小肠黏膜**钙结合蛋白**(calcium binding protein,CaBP)的形成,来促进小肠黏膜对钙磷的吸收;增加破骨细胞数量和骨溶解,并促进肾小管对钙磷的重吸收,减少排泄量,使血钙和血磷增加。另外,1,25-$(OH)_2$-$D_3$ 能增强 PTH 对骨的作用,在缺乏 1,25-$(OH)_2$-$D_3$ 时,PTH 的作用明显减弱。

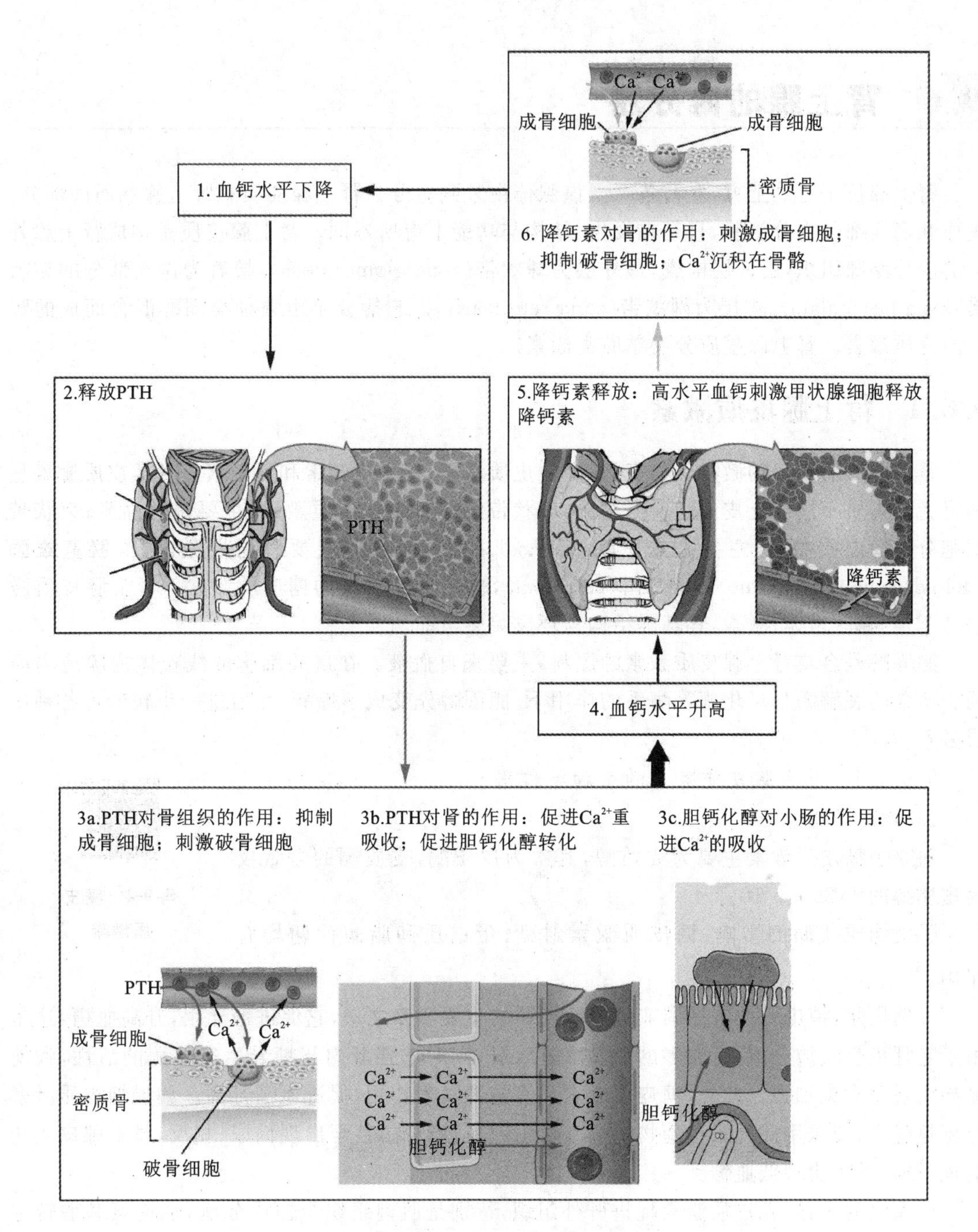


**图 9-11　血钙、血磷水平的调节**

（仿 Gerard 等，2012）

在真皮层，胆固醇脱氢形成的 7-脱氢胆固醇经紫外线照射转变成胆钙化醇（维生素 $D_3$），在肝脏内经羟化酶系的作用形成 25-羟胆钙化醇，再由肾脏中 α-羟化酶催化转变成 1，25-二羟胆钙化醇。PHT 可提高该酶的活性，CT 则抑制该酶的活性。集约化养殖条件下，动物往往得不到足够的阳光照射，因而必须从饲料中补充维生素 D。

儿童缺乏维生素 D 可患佝偻病（rickets），而成年人缺乏维生素 D 则易发生**骨软化症**（osteomalacia）和**骨质疏松症**（osteoporosis）。

## 9.6 肾上腺的内分泌

肾上腺位于肾的上方,左右各一。该腺体由外到里分为肾上腺皮质和肾上腺髓质两部分。皮质和髓质都是内分泌腺,只是在发生、结构与功能上有所不同。肾上腺皮质是构成肾上腺外层的内分泌腺组织,由 3 层构成,最外层为**球状带**(zona glomerulosa),接着为占大部分的**束状带**(zona fasciculata),内层为**网状带**(zona reticularis)。它能分泌由数种类固醇混合而成的肾上腺皮质激素。肾上腺髓质分泌单胺类激素。

### 9.6.1 肾上腺皮质激素

肾上腺皮质分泌的激素分为三类,即盐皮质激素、糖皮质激素和性激素。各类皮质激素是由肾上腺皮质不同层上皮细胞所分泌的,球状带细胞分泌盐皮质激素,主要是醛固酮;束状带细胞分泌糖皮质激素,主要是**皮质醇**(cortisol);网状带细胞主要分泌性激素,如**脱氢雄酮**(dehydroepiandrosterone)和**雌二醇**(estradiol),也能分泌少量的糖皮质激素。肾上腺皮质激素属于类固醇(甾体)激素,其基本结构为环戊烷多氢菲。

胆固醇是合成肾上腺皮质激素的原料,主要来自血液。在皮质细胞的线粒体内膜或内质网中所含的裂解酶与羟化酶等酶系的作用下,胆固醇先变成孕烯酮,然后进一步转变为各种皮质激素。

9.6.1.1 肾上腺皮质激素的生物学作用

码 9-4 糖皮质激素

(1)糖皮质激素

血浆中糖皮质激素主要为皮质醇,其次为皮质酮,皮质酮的含量仅为皮质醇的 1/20～1/10。

①对物质代谢的影响:糖皮质激素对糖、蛋白质和脂肪代谢均有作用。

a. 糖代谢:糖皮质激素是调节机体糖代谢的重要激素之一,它促进糖异生,升高血糖,这是由于它促进蛋白质分解,有较多的氨基酸进入肝,同时增强肝内与糖异生有关酶的活性,致使糖异生过程大大加强。此外,糖皮质激素又有抗胰岛素作用,促进血糖升高。如果糖皮质激素分泌量过多(或服用此类激素药物过多),可引起血糖升高,甚至出现糖尿;相反,肾上腺皮质功能低下时,则可出现低血糖。

b. 蛋白质代谢:糖皮质激素促进肝外组织,特别是肌肉组织蛋白质分解,加速氨基酸转移至肝生成肝糖原。糖皮质激素分泌量过多时,由于蛋白质分解增强,合成量减少,将出现肌肉消瘦、骨质疏松、皮肤变薄、淋巴组织萎缩等。

c. 脂肪代谢:糖皮质激素促进脂肪分解,增强脂肪酸在肝内氧化过程,有利于糖异生作用。肾上腺皮质功能亢进时,糖皮质激素对身体不同部位的脂肪作用不同,四肢脂肪组织分解增强,而腹、面、肩及背脂肪合成量有所增加,以致呈现面圆、背厚、躯干部发胖而四肢消瘦的特殊体形。

②对水盐代谢的影响:皮质醇有较弱的储钠排钾作用,即对肾远曲小管及集合管重吸收 $Na^+$ 和排出钾有轻微的促进作用。此外,皮质醇还可以降低肾小球入球血管阻力,增加肾小球

血浆流量而使肾小球滤过率增加,有利于水的排出。皮质醇对水过多时水的快速排出有一定的作用,肾上腺皮质功能不足时,排水能力明显降低,严重时可出现"水中毒",如补充适量的糖皮质激素即可得到缓解,而补充盐皮质激素则无效。有资料指出,在缺乏皮质醇时,ADH 释放量增多,集合管对水的重吸收增加。

③对血细胞的影响:糖皮质激素可使血中红细胞、血小板和中性粒细胞的数量增加,而使淋巴细胞和嗜酸性粒细胞减少,其原因各有不同。红细胞和血小板的增加,是由于骨髓造血功能增强;中性粒细胞的增加,可能是由于附着在小血管壁边缘的中性粒细胞进入血液循环的数量增多;至于淋巴细胞减少,可能是糖皮质激素使淋巴细胞 DNA 合成过程减弱,抑制胸腺与淋巴组织的细胞分裂。此外,糖皮质激素还能促进淋巴细胞与嗜酸性粒细胞破坏。

④对循环系统的影响:糖皮质激素对维持正常血压是必需的。这是由于:a. 糖皮质激素能增强血管平滑肌对儿茶酚胺的敏感性(允许作用),这可能由于糖皮质激素能增加血管平滑肌细胞膜上的儿茶酚胺受体数量以及调节受体介导的细胞内的信息传递过程;b. 糖皮质激素能抑制具有血管舒张作用的前列腺素的合成;c. 糖皮质激素能降低毛细血管的通透性,有利于维持血容量。肾上腺皮质功能低下时,血管平滑肌对儿茶酚胺的反应性降低,毛细血管扩张,通透性增加,血压下降,补充皮质醇后可恢复。

⑤在应激反应中的作用:当机体受到各种有害刺激,如缺氧、创伤、手术、饥饿、疼痛、寒冷以及精神紧张和焦虑不安等,均称为**应激**(stress)。血中 ACTH 浓度立即增加,糖皮质激素也相应增多。能引起 ACTH 与糖皮质激素分泌量增加的各种刺激称为应激刺激,而产生的反应称为**应激反应**(stress response)。在这一反应中,除垂体-肾上腺皮质系统参加外,交感-肾上腺髓质系统也参加,所以在应激反应中,血中儿茶酚胺含量也相应增加。切除肾上腺髓质的动物,可以抵抗应激而不产生严重后果,而当去掉肾上腺皮质时,机体应激反应减弱,对有害刺激的抵抗力大大降低,严重时可危及生命。

应激反应可能从以下几个方面调节机体的适应能力:a. 减少应激刺激引起的一些物质(缓激肽、蛋白水解酶及前列腺素等)的产生量及其不良作用;b. 使能量代谢运转以糖代谢为中心,保持葡萄糖对重要器官(如脑和心)的供应;c. 在维持血压方面起允许作用,增强儿茶酚胺对血管的调节作用。应该指出,在应激反应中,除了 ACTH、糖皮质激素与儿茶酚胺的分泌量增加外,β-内啡肽、生长激素、催乳素、抗利尿激素、胰高血糖素及醛固酮等均增加,说明应激反应是多种激素参与并使机体抵抗力增强的非特异性反应(图 9-12)。

糖皮质激素的作用广泛而复杂,以上仅简述了它们的主要作用。此外,还有多方面的作用,如促进幼体肺表面活性物质的合成,增强骨骼肌的收缩力,提高胃腺细胞对迷走神经与胃泌素的反应性,增加胃酸与胃蛋白酶原的分泌量,抑制骨的形成而促进其分解等。糖皮质激素及其类似物可用于抗炎、抗过敏、抗病毒和抗休克的对症治疗。

(2)盐皮质激素

盐皮质激素主要为醛固酮,对水盐代谢的作用最强,其次为脱氧皮质醇。

醛固酮是调节机体水盐代谢的重要激素,它促进肾远曲小管及集合管重吸收钠、水和排出钾,即保钠、保水和排钾作用。当醛固酮分泌量过多时,将使钠和水潴留,引起高血钠、高血压和血钾降低。相反,醛固酮缺乏时则钠与水排出量过多,血钠减少,血压降低,而尿钾排出量减少,血钾升高(详见第 8 章)。另外,盐皮质激素与糖皮质激素一样,可以增强血管平滑肌对儿茶酚胺的敏感性,且作用比糖皮质激素更强。

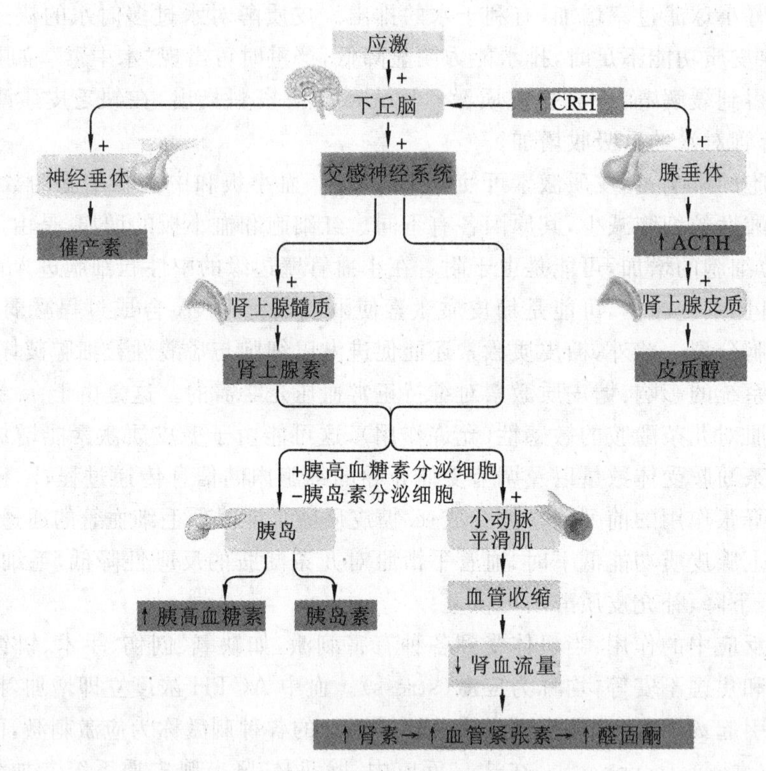


图 9-12 参与动物应激反应的主要激素

(仿 Sherwood 等,2013)

9.6.1.2 肾上腺皮质激素分泌的调节

肾上腺皮质分泌皮质激素的束状带及网状带,处于腺垂体促肾上腺皮质激素(ACTH)的经常性控制之下,无论是糖皮质激素的基础分泌以及昼夜节律,还是在应激状态下的分泌,都受 ACTH 的调控。切除动物的垂体后,束状带与网状带萎缩,糖皮质激素的分泌量显著减少,如及时补充 ACTH,可使已发生萎缩的束状带与网状带基本恢复,糖皮质激素的分泌量回升。

ACTH 调节糖皮质激素的分泌,而 ACTH 的分泌受下丘脑 CRH 的控制且与糖皮质激素有反馈调节。下丘脑 CRH 神经元和其他下丘脑调节肽神经元一样,又受脑内神经递质的调控。应激刺激作用于神经系统的不同部位,最后通过神经递质,将信息汇集于 CRH 神经元,然后借 CRH 控制腺垂体的促肾上腺皮质激素细胞分泌 ACTH。此外,当血中糖皮质激素浓度升高时,可使腺垂体释放 ACTH 的量减少,ACTH 的合成也受到抑制,腺垂体对 CRH 的反应性也减弱。糖皮质激素的负反馈调节主要作用于垂体,也可作用于下丘脑,后一种反馈称为长反馈。ACTH 还可反馈抑制 CRH 神经元,称为短反馈。至于是否存在 CRH 对 CRH 神经的超短反馈,尚不能确定。

综上所述,下丘脑、垂体和肾上腺皮质组成一个密切联系、协调统一的功能活动轴,从而维持血中糖皮质激素浓度的相对稳定和在不同状态下的适应性变化(图 9-13)。

醛固酮的分泌主要受肾素-血管紧张素系统的调节。另外,血钾、血钠浓度可以直接作用于球状带,影响醛固酮的分泌(详见第 8 章)。

在正常情况下,ACTH 对醛固酮的分泌并无调节作用。但切除垂体后,醛固酮的分泌反应减弱,这说明在应激情况下,ACTH 对醛固酮的分泌可能起到一定的支持作用。

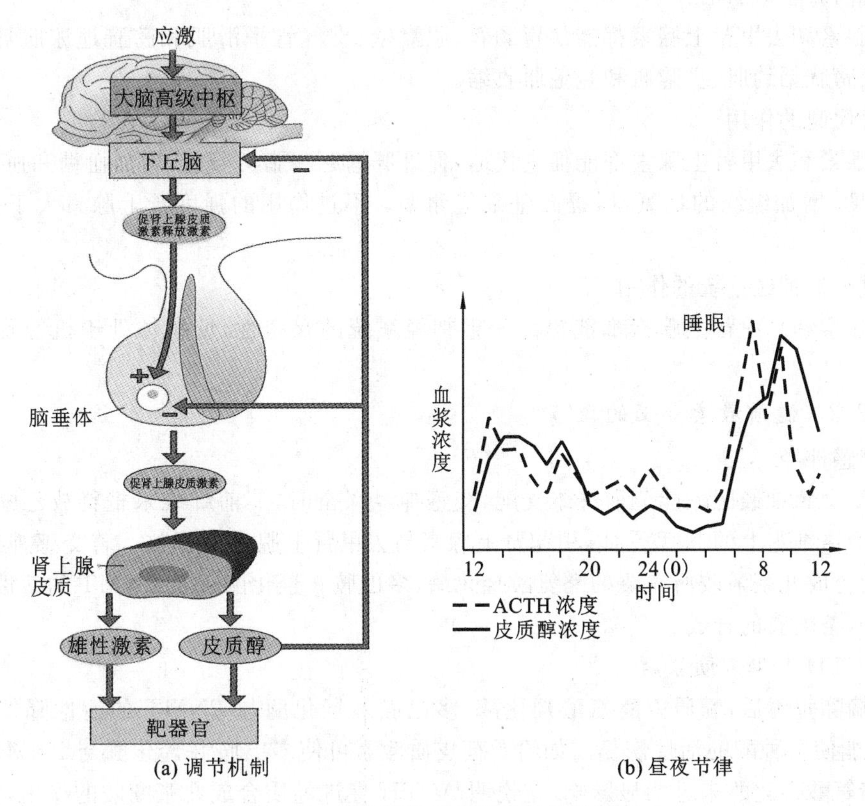


图 9-13　糖皮质激素分泌的调节示意图

## 9.6.2　肾上腺髓质激素

**肾上腺素**(epinephrine,E)是肾上腺髓质分泌的主要激素,其生物合成主要是在髓质嗜铬细胞中。该激素是在去甲肾上腺素(NE)合成基础上,进一步经**苯乙胺-N-甲基转移酶**(phenylethanolamine-N-methyl transferase,PNMT)的作用,使去甲肾上腺素甲基化形成肾上腺素。因而肾上腺释放的主要是肾上腺素,只有少量的去甲肾上腺素。交感神经节缺乏PNMT,只能合成去甲肾上腺素,作为神经递质。肾上腺髓质与交感神经节同起源于外胚层的神经嵴细胞。髓质细胞是变形的交感神经节后神经元,轴突消失,仍接受交感神经节前纤维的控制。肾上腺髓质与动物机体的交感神经构成**应急反应**(emergency reaction)或警戒系统。

9.6.2.1　髓质激素的生理作用

髓质激素的总效应是与交感神经系统协同动员机体应付紧急情况。肾上腺素和去甲肾上腺素由于与靶细胞膜上的不同受体起作用,因此其生理功能也不尽相同。

(1)对心血管的作用

肾上腺素和去甲肾上腺素都能使心肌收缩力增强,心率加快,心输出量增多,从而使血压升高,但肾上腺素对心脏的作用较强。对血管的作用,二者区别较大,肾上腺素使皮肤、内脏的小动脉收缩,冠状动脉、骨骼肌小动脉舒张,以保证机体在活动时主要器官的血液供应;去甲肾上腺素除引起冠状动脉舒张外,几乎使全身的小动脉收缩,总外周阻力增大,因此有明显的升压作用。

(2)对内脏平滑肌的作用

肾上腺素和去甲肾上腺素都能使胃肠管、胆囊壁、支气管平滑肌和膀胱逼尿肌舒张,使胃肠括约肌、膀胱括约肌、扩瞳肌和竖毛肌收缩。

(3)对代谢的作用

肾上腺素和去甲肾上腺素都能促进代谢,促进肝糖原和脂类分解,增加血糖和血浆游离脂肪酸的浓度,增加组织的耗氧量,提高基础代谢率。不过作用的强度肾上腺素大于去甲肾上腺素。

(4)对中枢神经系统的作用

肾上腺素和去甲肾上腺素都能提高中枢神经系统的兴奋性,使机体处于机警状态,反应灵敏。

#### 9.6.2.2 髓质激素分泌的调节

(1)交感神经

髓质受交感神经胆碱能节前纤维支配,交感神经兴奋时,节前纤维末梢释放乙酰胆碱,作用于髓质嗜铬细胞上的N型受体,引起肾上腺素与去甲肾上腺素的释放。若交感神经兴奋时间较长,则合成儿茶酚胺所需要的酪氨酸羟化酶、多巴胺β-羟化酶以及PNMT的活性均增强,从而促进儿茶酚胺的合成。

(2)ACTH与糖皮质激素

动物摘除垂体后,髓质中酪氨酸羟化酶、多巴胺β-羟化酶与PNMT的活性降低,而补充ACTH则能使这种酶的活性恢复。如给予糖皮质激素可使多巴胺β-羟化酶与PNMT活性恢复,而对酪氨酸羟化酶未见明显影响,这说明ACTH促进髓质合成儿茶酚胺的作用,主要通过糖皮质激素,也可能有直接作用。肾上腺皮质的血液经髓质后才流回循环,这一解剖特点有利于糖皮质激素直接进入髓质,调节儿茶酚胺的合成。

(3)自身反馈调节

去甲肾上腺素或多巴胺在髓质细胞内的量增加到一定数量时,可抑制酪氨酸羟化酶。同样,肾上腺素合成量增多时,也能抑制PNMT的作用。当肾上腺素与去甲肾上腺素从细胞内释放入血液后,细胞浆内含量减少,解除了上述的负反馈抑制,儿茶酚胺的合成量随即增加。

#### 9.6.2.3 应激反应与应急反应的关联

应激反应和应急反应都是动物机体对逆境因素所产生的非特异性防御反应,两者既有联系,不能截然分开,又有明显区别。应激反应主要是有害刺激通过下丘脑-腺垂体-肾上腺皮质系统引起的,主要是通过糖皮质激素发挥作用,减少有害刺激引起的某些不良作用,具有抗炎、抗病毒、抗过敏、抗休克等作用;应急反应则是通过交感-肾上腺髓质系统引发的,主要是通过交感神经系统及肾上腺素发挥作用,提高中枢神经系统兴奋性,加强循环、呼吸等功能,有利于机体保持觉醒和警觉状态,增强抗疲劳作用,迅速作出**战斗或逃跑**(fight or flight)反应,提高动物机体活动能力。

引起应急反应的刺激也是引起应激反应的刺激,两者无本质差别,都是对动物不利的刺激,很难严格地把应激反应和应急反应区分开来。在机体遇到伤害性刺激时,两个系统同时发生调节性反应。应急反应时全身总动员,使机体提前作好随时行动的准备性反应,其中包括在下丘脑或垂体水平,促使糖皮质激素分泌量增加;而糖皮质激素通过允许作用增强应激能力,维持并保证儿茶酚胺的反应性。两者密切联系,共同维持动物机体的适应能力。

事实上,应对逆境的刺激,当机体受到伤害性刺激时,在上述两个系统发生反应的同时,通过下丘脑-垂体的整合，还伴随增加肾素、生长激素和甲状腺激素等的分泌量，从而使动物机体对有害刺激作出全身性的综合反应(图 9-14)。

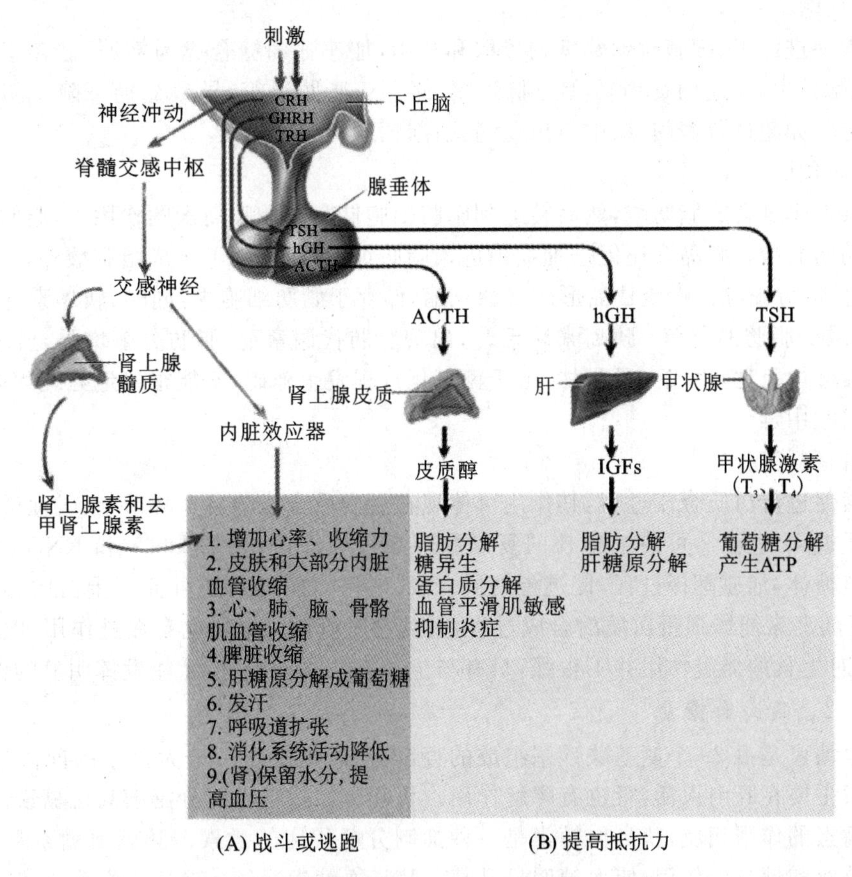


**图 9-14　应激反应时的全身性神经-体液调节**

(仿 Gerard 等，2012)

## 9.7　胰岛的内分泌

**胰岛**(pancreatic islets，islets of Langerhans)是胰腺的内分泌部分，是许多大小不等和形状不定的细胞团，散布在胰的各处。胰岛细胞按其染色和形态学特点，主要分为 A 细胞(α 细胞)、B 细胞(β 细胞)、D 细胞(δ 细胞)及 F 细胞(PP 细胞)。A 细胞约占胰岛细胞的 20%，分泌**胰高血糖素**(glucagon)；B 细胞占胰岛细胞的 60%～70%，分泌**胰岛素**(insulin)；D 细胞占胰岛细胞的 10%，分泌生长抑素；F 细胞数量很少，分泌**胰多肽**(pancreatic polypeptide)。

### 9.7.1　胰岛分泌的激素

#### 9.7.1.1　胰岛素

胰岛素是含有 51 个氨基酸残基的小分子蛋白质，包括靠两个二硫键结合的 A 链(21 个氨基酸残基)与 B 链(30 个氨基酸残基)，如果二硫键被打开则失去活性。胰岛素在血中的半衰期只有5 min,主要在肝中灭活,肌肉与肾等组织也能使胰岛素失活。胰岛素的主要作用是促进合成代谢,促进营养物质储存,降低血糖,具体如下。

(1)糖代谢

胰岛素促进组织、细胞对葡萄糖的摄取和利用,加速葡萄糖合成为糖原,储存于肝和肌肉中,并抑制糖异生,促进葡萄糖转变为脂肪酸,储存于脂肪组织,导致血糖下降。胰岛素缺乏时,血糖升高,如超过肾糖阈,尿中将出现糖,引起糖尿病。

(2)脂肪代谢

胰岛素促进肝合成脂肪酸,然后转运到脂肪细胞储存。在胰岛素的作用下,脂肪细胞也能合成少量的脂肪酸。胰岛素还促进葡萄糖进入脂肪细胞,除了用于合成脂肪酸外,还可转化为α-磷酸甘油,脂肪酸与α-磷酸甘油形成甘油三酯,储存于脂肪细胞中,同时,胰岛素还抑制脂肪酶的活性,减少脂肪的分解。胰岛素缺乏时,出现脂肪代谢紊乱,脂肪分解增强,血脂升高,加速脂肪酸在肝内氧化,生成大量酮体,由于糖氧化过程发生障碍,不能很好地处理酮体,以致出现酮血症与酸中毒。

(3)蛋白质代谢

胰岛素促进蛋白质合成过程,其作用可体现在蛋白质合成的各个环节上:①促进氨基酸通过膜的转运进入细胞;②可使细胞核的复制和转录过程加快,增加DNA和RNA的生成量;③作用于核糖体,加速翻译过程,促进蛋白质合成。另外,胰岛素还可抑制蛋白质分解和肝糖异生。由于胰岛素能增强蛋白质的合成过程,因此它对机体的生长也有促进作用,但胰岛素单独作用时,对生长的促进作用并不很强,只有与生长素共同作用时,才能发挥明显的作用。

#### 9.7.1.2 胰高血糖素

胰高血糖素是由29个氨基酸残基组成的直链多肽,也是由一个大分子的前体裂解而来。胰高血糖素主要在肝内灭活,肾也有降解作用。胃和十二指肠也能分泌胰高血糖素。

与胰岛素的作用相反,胰高血糖素是一种抑制分解代谢的激素。胰高血糖素具有很强的促进糖原分解和糖异生作用,使血糖明显升高。胰高血糖素通过cAMP-PK系统,激活肝细胞的磷酸化酶,加速糖原分解。糖异生增强是因为激素加速氨基酸进入肝细胞,并激活与糖异生过程有关的酶系。胰高血糖素还可激活脂肪酶,促进脂肪分解,同时又能加强脂肪酸氧化,使酮体生成量增多。胰高血糖素产生上述代谢效应的靶器官是肝,切除肝或阻断肝血流,这些作用便消失。另外,胰高血糖素可促进胰岛素和胰岛生长抑素的分泌。药理剂量的胰高血糖素可使心肌细胞内cAMP含量增加,心肌收缩力增强。

## 9.7.2 胰岛素分泌的调节

#### 9.7.2.1 底物调节

血糖是调节胰岛素分泌的最重要因素,血糖升高刺激B细胞释放胰岛素,抑制胰高血糖素的分泌。长期高血糖使胰岛素合成量增加甚至B细胞增殖。另外,血糖升高还可以作用于下丘脑,通过支配胰岛的迷走神经传出纤维,引起胰岛素分泌。

多种氨基酸能增强刺激胰岛素分泌的作用,其中以赖氨酸、精氨酸、亮氨酸作用最强。血中氨基酸增多,一方面促进胰岛素释放,可使血糖降低,另一方面还能同时刺激胰高血糖素分泌,这对防止低血糖有一定的生理意义。脂肪酸有较弱的刺激胰岛素分泌的作用。

#### 9.7.2.2 激素调节

各种激素影响胰岛素分泌。例如:①胃泌素、胰泌素、胆囊收缩素、抑胃肽等胃肠激素能促进胰岛素分泌,这是口服比静脉注射葡萄糖更易引进胰岛素分泌的原因。②生长素、雌激素、孕酮促进胰岛素分泌,而肾上腺素抑制胰岛素分泌。③胰高血糖素可通过对胰岛B细胞的直接作用和升高血糖的间接作用,引起胰岛素分泌。④皮质醇、甲状腺激素也可通过升高血糖而间接刺激胰岛素分泌,因此长期大剂量应用这些激素,有可能使B细胞衰竭而导致糖尿病。

9.7.2.3　神经调节

刺激迷走神经,可通过乙酰胆碱作用于M受体,直接促进胰岛素的分泌;迷走神经还可通过刺激胃肠激素的释放,间接促进胰岛素的分泌。交感神经兴奋时,则通过去甲肾上腺素作用于$\alpha_2$受体,抑制胰岛素分泌。

# 9.8　其他内分泌物质

## 9.8.1　松果体与褪黑素

松果体是由神经细胞衍化而来,且受交感神经节节后纤维支配,后者通过释放去甲肾上腺素调节松果体的功能。对于哺乳动物,松果体不仅是感光器官,而且与神经内分泌有关。它能把光照引起的神经活动,转变为内分泌激素(吲哚类和肽类等)信息,从而调节许多器官的功能活动。有学者根据其作用机制,提出了下丘脑-松果体-内分泌腺轴系的概念,并认为松果体是机体“生物钟”节律的组成部分。近年的研究表明,松果体能够调节机体免疫系统功能。

9.8.1.1　褪黑素的生物学作用

**褪黑素**(melatonin,MT)是松果体的主要分泌产物,能使两栖类等动物的皮肤颜色变浅,故而得名,其化学结构为N-乙酰-5-甲氧基色胺。褪黑素主要由松果体合成,另外视网膜、眼眶腔的副泪腺、唾液腺、肠的嗜铬细胞及红细胞等也可合成少量褪黑素。褪黑素主要通过旁分泌发挥作用。

(1)对生殖的影响

幼年动物切除松果体后,出现性早熟、性腺质量增加的现象。在日照相对较长的春、夏两季,光照可抑制松果体的活动,引起母羊发情、排卵。褪黑素可抑制下丘脑-垂体-性腺轴,使促性腺激素释放激素、促性腺激素、黄体生成素以及卵泡雌激素的含量均降低,并可直接作用于性腺,降低雄激素、雌激素及孕激素的含量,表现为抑制性腺和副性器官的发育,延缓性成熟。

(2)对神经系统的作用

褪黑素对中枢神经表现出镇静、催眠、镇痛、抗惊厥等作用。褪黑素信号被认为是昼夜节律的一部分,夜间分泌量明显增多。随着年龄的增长,松果体萎缩直至钙化,造成生物钟的节律性减弱或消失。

(3)对免疫功能的作用

褪黑素能显著抑制肿瘤细胞的增殖,增加主要组织相容性复合体Ⅱ分子、IL-1和TNF-α在脾细胞的表达,增加植物凝集素(PHA)刺激后淋巴细胞携带IL-2受体的比例,刺激CD4细胞释放类鸦片效应剂。另外,褪黑素通过胸腺T细胞表面的褪黑素受体,上调胸腺细胞周期依赖性激酶1β的表达。松果体能通过影响胸腺细胞死亡信号通路来调控大鼠胸腺细胞的凋亡,补充褪黑素能缓解相关影响。松果体摘除可引起大鼠胸腺萎缩,并随时间延长而加剧,补充褪黑素后胸腺质量逐渐恢复。

9.8.1.2 褪黑素分泌的调节

松果体分泌褪黑素呈现明显昼夜周期性变化。对于某些季节性繁殖的动物,光照对松果体功能的调节可能是一个重要因素。蜥蜴的**颅顶眼**(parietal eye)能直接感受光的刺激,鱼类、鸟类等的头骨能透光,也能影响到松果体的功能。头骨厚实的动物,则通过视觉信号传入发生影响。视交叉上核是控制褪黑素昼夜分泌节律的中枢,去甲肾上腺素则是光-暗影响褪黑素分泌的中介物。

## 9.8.2 胸腺与胸腺肽

胸腺是动物体内最大的免疫调节器官。胸腺随动物的成长而逐步发育,起始于胚胎后期,出生后其体积也逐步增加,性成熟后逐步退化萎缩。这意味着胸腺功能与性腺机能有着此消彼长的关系。另外,胸腺机能分别与肾上腺皮质和淋巴细胞有相互拮抗作用。

胸腺中含有两类细胞:淋巴细胞和上皮细胞。淋巴细胞位于上皮细胞形成的网状结构中,上皮细胞是产生胸腺激素的主要细胞。

胸腺肽(thymosin)是由胸腺组织上皮细胞分泌的一类多肽激素,其可通过调节淋巴细胞、IL-2 以及 NK 细胞等因子的活性影响机体的免疫功能。这类小分子活性肽的分泌及活性随年龄、光照、激素和微量元素水平的变化而发生改变,其成分主要包括胸腺素 α1、胸腺生成素、胸腺体液因子和血清胸腺因子。胸腺肽主要增强动物机体的免疫功能,具体表现在以下几个方面。

(1)胸腺肽对淋巴细胞的影响

胸腺肽的主要生物活性是连续诱导 T 细胞分化、成熟、发育,增强成熟 T 细胞对抗原或其他刺激物的反应,维持机体的免疫平衡状态。

(2)胸腺肽对 IL-2 的影响

胸腺肽在植物凝集素或单核细胞存在时可刺激 T 细胞产生 IL-2,并促进淋巴细胞表达 IL-2 的受体。

(3)胸腺肽对 NK 细胞的影响

胸腺肽能提高 NK 细胞的功能,而且干扰素能明显增强其功能。

(4)胸腺肽对内分泌的影响

Eugenio M. 等发现垂体前叶(AP)细胞中存在金属蛋白受体。血清胸腺因子(serum thymic factor,FTS)可以促进 AP 细胞的分泌活动,增加催乳素、促甲状腺激素和促肾上腺激素释放激素的释放。

## 9.8.3 前列腺素

**前列腺素类**(prostaglandins)是一类重要的内源性生理活性天然产物,包括前列腺素和血栓烷素。这些物质是 20 碳不饱和脂肪酸(如花生四烯酸)通过**环氧酶**(cyclooxygenase,COX)代谢的中间产物,最早从人类精液和羊的囊状腺体中发现,以为是前列腺所特有的分泌产物,故而命名。后来发现,前列腺素广泛存在于各组织器官,主要通过旁分泌的方式发挥作用。

当机体受多种因素刺激时,体内的多种细胞可以合成前列腺素并迅速释放出来,以旁分泌的方式作用于临近组织或外周组织来维持内环境的稳态,抵御外界应激对机体的损伤。前列腺素能引起平滑肌收缩,也能引起炎症及疼痛等防卫反应,是多种生理过程的重要介质。它可控制妊娠、高血压、溃疡、气喘病、疼痛等生理现象。

### 9.8.4 胃肠激素

胃肠道不仅是动物体内重要的消化器官,也是最大、最复杂的内分泌器官。胃肠激素产生于从胃到结肠黏膜中的一些内分泌细胞。这些内分泌细胞在生物化学、组织学等方面,和胰岛、肾上腺、甲状腺C等内分泌细胞,以及神经分泌细胞都具有共同的特征,特别是它们都具有摄取胺前体,进行脱羧反应,而产生肽类或活性胺的能力。它们与其他能产生肽类的内分泌细胞和神经细胞,均属于"胺前体摄入与脱羧细胞"(APUD)系统,广泛影响消化吸收及其他生理机能(详见第6章)。

### 9.8.5 瘦素

**瘦素**(leptin)是一种蛋白质激素,由肥胖基因编码,主要由脂肪细胞分泌。它对动物摄食、能量代谢、脂肪储存、生殖活动、神经内分泌和免疫反应等都有调控作用。

瘦素基因和瘦素受体基因的突变,可导致动物机体过度肥胖和不育症等。用瘦素可治疗动物的肥胖症和不育症,但对一些动物个体无效,表明存在瘦素抵抗。瘦素的生物学作用包括以下几个方面。

(1)瘦素对动物能量代谢的调控作用

瘦素具有降低动物食欲、提高能量代谢效率、增加能耗、减少体脂储积、减轻体重等作用。瘦素不仅可引起采食量减少,而且由于代谢率的提高而潜在地引起体重下降,这与节食引起的代谢率下降相反。

当血中瘦素维持正常水平时,瘦素主要通过下丘脑抑制采食,而对脂肪代谢无明显作用。如果血中瘦素高于正常水平,瘦素一方面通过下丘脑减少采食量,另一方面通过增强脂肪代谢来消耗体脂。

瘦素对肠道的作用也可分为两个方面:一是促进肠黏膜细胞的生长和营养物质的吸收;二是高脂饮食可通过升高血清瘦素水平促进结肠上皮的增殖和癌变。此外,有实验表明高剂量瘦素能够不通过中枢,而对肝细胞糖原合成发挥直接的慢性促进作用,并可与胰岛素的作用协同。

(2)瘦素对骨骼系统的作用

瘦素对骨骼系统的作用可分为两个方面:一方面它可以刺激骨的形成;另一方面瘦素又可以通过对中枢的作用抑制骨的形成。这主要是在比较瘦素缺乏小鼠(ob/ob)或瘦素受体缺乏小鼠(db/db)与野生型小鼠的骨密度的研究中发现的(前者比后者高出约23倍),提示瘦素与骨质疏松之间存在着密切的关系。

(3)瘦素对神经系统的作用

交感神经系统的兴奋可减少瘦素的合成量,而瘦素的增多可通过中枢和外周两种途径来提高交感神经系统的兴奋性,进而提高许多组织的代谢水平。副交感神经兴奋可促进胃黏膜上皮细胞分泌瘦素。另外,自主神经系统的失衡可能增加瘦素在胃肠道局部表达。

(4)瘦素对心血管系统的作用

瘦素对心脏的影响主要通过交感神经来实现,瘦素水平升高可提高交感神经的活性,使平均动脉压升高,心率增加。另外,瘦素可抑制下丘脑神经肽Y(NPY)的合成和释放,减弱其缩血管作用。研究表明,瘦素能促进肾脏水钠的排泄,通过RAAS对血压产生影响。在某些变异情况下，可以导致血压随着血浆瘦素浓度的增高而明显增高，而在另一些变异情况下，则不那么明显。由于瘦素与肥胖、高血压、胰岛素抵抗、高胰岛素血症、高甘油三酯等都有关系，而这些都是冠心病的危险因素，故推测瘦素与冠心病有关。最近的研究发现，血小板上有瘦素的短节段受体(Ob-Ra)的表达，从而导致血小板聚集、凝集；瘦素刺激成纤维细胞合成生长因子-2(FGF-2)，促进血管增生及胶原纤维合成，同时对血管基质进行重构。瘦素对血小板和成纤维细胞的作用也呈浓度依赖性。

(5)瘦素对内分泌系统的作用

瘦素在通过下丘脑、胰腺、肾上腺、甲状腺和性腺的 LR 发挥调节神经内分泌系统作用的同时，也受该系统的负反馈调控。瘦素通过 LR 直接刺激 B 细胞分泌胰岛素，而后者又促进瘦素的产生。葡萄糖浓度对这种作用也有影响：在葡萄糖生理浓度(5 mmol/L)下，瘦素可增加胰岛细胞的胰岛素分泌量；而当葡萄糖浓度增大 5 倍时，胰岛素分泌量无显著改变。从以上瘦素和胰岛素之间的种种联系可推测脂肪-瘦素-胰岛素-胰岛内分泌轴的存在，这个分泌轴在脂肪组织和胰岛 B 细胞之间建立了一个双向反馈环，对血糖和血脂水平的维持起重要作用。

(6)瘦素对动物生殖机能的调控作用

瘦素缺乏小鼠(ob/ob)表现为生殖器官萎缩和终生不育。体内脂肪增加会引起血液瘦素水平升高，后者刺激下丘脑 GnRH 分泌进而触发促性腺激素的释放、性腺类固醇激素合成，从而启动发情周期。另外，外源性瘦素可使大鼠初情期提前到来。在小鼠的初情期启动过程中以及男孩青春期前，血清中瘦素浓度都会提高。在遗传性缺乏功能性瘦素蛋白质表达的动物中，采用瘦素处理可恢复其生殖机能。瘦素也是维持正常发情周期的必需因子，外源性的瘦素能够使卵巢和子宫增重，并促进卵泡的发育。

由于动物的性腺(卵巢和睾丸)、腺垂体和下丘脑中都有瘦素受体的表达，因此瘦素对生殖机能的调控机制可能如下：瘦素与丘脑-垂体-性腺轴各水平瘦素受体结合而同时在不同水平上调控生殖活动；也可同生殖轴任一部位上瘦素受体结合而实现其调控生殖活动的作用。

另外，瘦素还具有类生长因子作用，可能参与某些免疫调节过程，而且其与肥胖、高血压、糖尿病和骨质疏松及其他多种疾病之间都存在着密切联系。

## 9.9 神经系统与内分泌系统的相互作用

### 9.9.1 神经系统对内分泌系统的调节控制作用

下丘脑合成分泌的激素作用于腺垂体后，促使后者分泌促激素并作用于靶腺的分泌细胞，使之分泌激素。下丘脑-腺垂体-靶细胞系统形成一种三级水平的调节系统，它集中体现了神经系统对内分泌系统的调控，并以下丘脑为神经冲动接受者，且受到更高级中枢，如海马、大脑皮层等部位的调节。

当更高一级中枢的传出神经冲动到达下丘脑时，下丘脑神经元分泌促垂体激素，此为一级激素。促垂体激素由垂体门脉到达腺垂体后，刺激或抑制腺垂体分泌多种促激素，该类激素为二级激素。二级激素经血液循环传至全身，作用于相应的外周靶腺后，其内分泌细胞释放外周激素，此类激素为三级激素。

一般情况下，上级内分泌细胞分泌的激素会影响下级内分泌细胞的活动，而后者所合成分泌的激素会对上级内分泌细胞活动起到正性或负性反馈调节作用，从而形成一个闭合调节环路，使得血液中各激素水平维持在相对稳定的状态。

下丘脑-腺垂体-靶细胞调节系统的典型表现包括三个“轴”：下丘脑-腺垂体-肾上腺轴、下丘脑-腺垂体-甲状腺轴及下丘脑-腺垂体-性腺轴。

### 9.9.2　内分泌系统对神经系统的影响

内分泌系统通过自身分泌的激素影响神经系统的功能活动，从而使神经系统更加精确、有效地发挥功能。广泛存在于脑和外周神经中的激素，虽然并不参与靶组织和靶细胞的内分泌调节，但其会影响神经作用，从而表现出更广泛的生理效应。许多激素在脑内有相应的受体，这些受体对神经系统功能的影响更大。例如促甲状腺激素释放激素（TRH）在脑内广泛存在，促肾上腺皮质激素释放激素（CRH）在大脑及边缘系统都有受体分布。

## 复习思考题

1. 简述激素的分类及其作用特点。
2. 简述下丘脑-垂体的结构与机能联系。
3. 简述甲状腺活动的调节。
4. 简述动物应激与应急反应时内分泌及各器官系统生理功能的变化。

码 9-5　第 9 章主要知识点思维路线图一

码 9-6　第 9 章主要知识点思维路线图二

码 9-7　第 9 章主要知识点思维路线图三

# 第10章 免疫系统



内环境稳态是动物机体细胞赖以生存并发挥各自生理功能的必要条件，而动物体内环境稳态的维持，反过来又依赖于动物体各个组织器官所形成的各机能系统的协调活动。应当指出的是，每一个内脏器官功能的正常发挥都依赖于其结构的完整性。构成组织器官的各个细胞都有其特定的寿命，这就意味着，每一个器官都处于新旧更替的动态平衡之中。在这个过程中，衰老或损伤的细胞需要及时被清理，同时也需要保证新生细胞的结构与功能是符合要求的。另一方面，动物在外环境中密切接触的微生物以及其他外源异物如果进入内环境，会影响组织器官的结构和功能的完整性。因而，及时清理衰老、受损的体细胞，识别并清除不正常的新生细胞，以及抵御外源性异物的入侵，是维持每个组织器官的结构完整性，发挥其正常生理机能的重要保障。这些功能都是由动物体的免疫系统来完成的。

## 10.1 免疫系统的三大功能

码 10-1 免疫系统的结构与功能

动物的免疫系统是由免疫器官、免疫细胞、免疫分子以及各种屏障结构组成的复杂体系。免疫器官包括中枢免疫器官和外周免疫器官。哺乳类的胸腺和骨髓、鸟类的骨髓和法氏囊是免疫细胞发生、分化和成熟的场所，称为中枢免疫器官。外周免疫器官包括淋巴结、脾脏、黏膜相关淋巴组织等，是成熟淋巴细胞定居的场所，也是这些细胞在抗原刺激下启动免疫应答的主要部位。免疫细胞和免疫分子种类繁多，其功能也各具特色。免疫系统通过识别和清除衰老、发生异常的自体细胞以及外源性异物，阻挡外源性异物的入侵，与动物机体其他系统相互协调，共同维持动物机体内环境稳态和生理功能的平衡。

清除机体衰老、死亡或破损的自体细胞的功能称为免疫系统的**免疫自稳**(immune homeostasis)功能。

新陈代谢是生命活动的基本特征之一。构成各器官的组织细胞在生命过程中会逐渐衰老,很多因素也会导致细胞损伤以至于死亡。如果这些衰老或死亡的细胞在体内不断堆积,就会干扰正常组织器官的形态结构,影响其生理功能的正常发挥。所以需要免疫自稳功能将其及时发现、清除。免疫自稳功能主要是由免疫系统的单核-巨噬细胞系统完成的。游离于血液中的单核细胞及存在于体腔和各种组织中的巨噬细胞均来源于骨髓干细胞。骨髓中的髓样干细胞经原单核细胞、前单核细胞分化发育为单核细胞,并进入血液循环。在血流中仅存留几小时至几十小时,然后黏附到毛细血管内皮,穿过内皮细胞接合处,移行至全身各组织并发育成熟,成为巨噬细胞。巨噬细胞在组织中寿命可达数月至数年。在不同组织中存留的巨噬细胞由于局部微环境的差异,其形态及生物学特征均有所不同,名称也各异。例如,在肝脏里称为**枯否细胞**(Kupffer cell,KC,又称库普弗细胞),骨骼组织里则称为**破骨细胞**(osteoclast,OC),神经组织里称为**小胶质细胞**(microglia ,MG)等。

个头较小的细胞,比如红细胞,衰老或损伤后可以被巨噬细胞直接整体吞噬。大部分衰老或发生损伤的体细胞则需要经历一个**细胞凋亡**(apoptosis)的过程。细胞凋亡是指为维持内环境稳定,由基因控制的细胞自主、有序的死亡,是涉及一系列基因的激活、表达以及调控等的主动过程。细胞凋亡时发生一系列的形态改变,细胞质内 $Ca^{2+}$ 浓度升高,脱水,细胞膜内陷,将细胞内容物包裹成许多凋亡小体,再由巨噬细胞清除。这样可以有效防止细胞内容物泄露到内环境。而**细胞坏死**(necrosis)则是细胞受到强烈理化或生物因素作用,发生无序变化的死亡过程。一般是发生细胞肿胀,最后细胞膜破裂,细胞裂解,释放出内容物。泄露到内环境的细胞内容物被免疫细胞识别为异常物质,常会引发炎症反应。

免疫自稳功能失调时,衰老或损伤的细胞不能及时被清理,或者误把正常的细胞清除掉,都会引起动物体机能紊乱。对凋亡细胞清除的任何一个环节发生障碍,都可导致凋亡细胞在机体内的堆积。早期的凋亡细胞碎片尚能保持质膜的完整性,但之后将经历二次坏死。二次坏死引起细胞内容物外流,就会被其他免疫细胞当作异物来处理,发生针对胞内抗原的免疫反应。一般认为人类的系统性红斑狼疮、1 型糖尿病、类风湿、强直性脊柱炎等自身免疫性疾病的发生,就与免疫自稳功能的失调有关。

免疫系统识别和清除体内突变产生的异常细胞的功能称为**免疫监视**(immune surveillance)。

动物机体就像一个工厂,每时每刻都在制造着各种新生细胞。在大批量的生产过程中,由于多种因素的干扰作用,总会产生一些变异的细胞,就像工厂里生产出的不合格产品。如果没有免疫监视功能及早将其识别、清除,这些变异的细胞会不受限制地生长,最后演变成肿瘤。所以当动物体的免疫监视功能低下时,肿瘤发生的概率大大增加。执行免疫监视功能的主要是**杀伤性 T 淋巴细胞**(cytotoxic T lymphocyte,CTL),也称为细胞毒性 T 细胞。这些 T 淋巴细胞识别了发生变异的细胞之后,就与这些细胞结合,抑制这些细胞的生长或者诱导肿瘤细胞发生凋亡。

另外,**自然杀伤细胞**(natural killer cell,NK)也参与变异细胞的清除。**辅助 T 细胞**(helper T cell)产生细胞因子,激活动物的细胞免疫,也在免疫监视功能中发挥重要的作用,共同构成抗肿瘤免疫。发生变异了的细胞在复杂的免疫监视功能的作用下,绝大多数被清除,但总会有个别的变异细胞通过再次发生变异,能够存活下来,其数量很少,不至于"兴风作浪",这种情况称为免疫监视的平衡。当免疫监视功能低下或者残留的变异细胞发生的突变足以躲避免疫细胞的识别时，这些发生变异的细胞就会大量增殖，甚至通过血液循环逃逸到其他的组织器官，这就是所谓肿瘤的转移。

**免疫防御**(immune defense)是指免疫系统通过正常免疫应答，阻止和清除入侵病原体、毒素及其他异物。免疫防御功能有两大表现：第一，抵抗各种外来的病原微生物，即传统的抗感染免疫；第二，排斥异体的细胞和器官，这是器官移植需要克服的主要障碍。

动物呼吸的空气、摄入的食物以及所接触周边环境等，即使表面上看来很干净，实际上存在着大量肉眼看不见的"敌人"——细菌、病毒、霉菌、寄生虫等。免疫防御功能就是阻挡、消灭这些"敌人"。如果免疫防御功能低下，动物机体就容易发生感染；而防御功能过强时，则可出现超敏反应性组织损伤，即人们常说的"过敏"，如支气管哮喘、荨麻疹、过敏性鼻炎等。根据抗感染机制的不同，动物机体对外来病原的免疫系统包括**固有免疫**(innate immunity)和**获得性免疫**(acquired immunity)两个方面。由外及内，动物体的屏障结构、固有免疫应答以及获得性免疫应答构成抵御异物入侵、确保内环境稳态的三道防线(图 10-1)。

图 10-1　机体免疫系统对病原微生物的防御作用

## 10.2 固有免疫通过屏障结构以及免疫细胞和分子防御病原入侵

固有免疫是动物机体在长期种系发育和进化过程中，不断与入侵微生物作斗争而逐渐形成的，是机体免疫防御、免疫监视、免疫自稳这三大功能最为重要的承担者，也是获得性免疫的基础和启动者，并在机体免疫平衡中发挥着重要作用。固有免疫发挥作用迅速，作用范围广，是动物机体免疫防御最先发挥作用的防线。相比于到脊椎动物才逐渐完善的获得性免疫体系，在物种进化历史上，固有免疫是最早出现的防御机制(图 10-2)。机体固有免疫的物质基础包括屏障结构、固有免疫分子以及固有免疫细胞等。

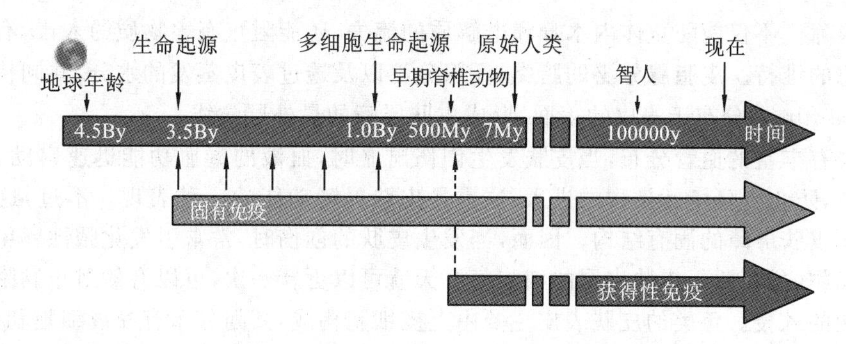


图 10-2 固有免疫与获得性免疫进化历史

(仿 Linde 等,2009)

## 10.2.1 皮肤和黏膜屏障是动物体抵御外环境威胁的第一道防线

动物的皮肤以及呼吸道、消化道、泌尿生殖道的黏膜是动物机体内、外环境的分界,是外环境中的各种病原体及其他异物进入机体内环境首先需要突破的屏障。

10.2.1.1 *皮肤及其附属结构是阻止微生物入侵的重要物理屏障*

皮肤覆盖于整个体表,起到重要的屏障作用。一方面,防止动物体内各种营养物质、水分、电解质等丧失;另一方面,保护机体免受外环境中物理的、化学的和生物的有害因素侵袭,从而保持机体内环境的相对稳定。完整的皮肤对外物起着机械阻挡作用,体表上皮细胞脱落和更新时也可清除大量黏附的细菌。

哺乳类的皮肤由表皮、真皮和皮下组织组成。表皮又由角质层和生发层组成(图 10-3)。皮肤的角质层位于表皮最外层,角质细胞内充满了致密聚集的角蛋白纤维束,细胞膜间发生广泛的交联,形成不溶性的坚韧外膜,即**角质包膜**(cornified envelope,CE),它是表皮作为防御屏障的基础。角质细胞由细胞间脂质(或称结构性脂质)黏合在一起,这种结构性脂质具有明显的生物膜双分子层结构,形成水、脂相间的多层夹心结构,是物质进出表皮时所必经的通透性

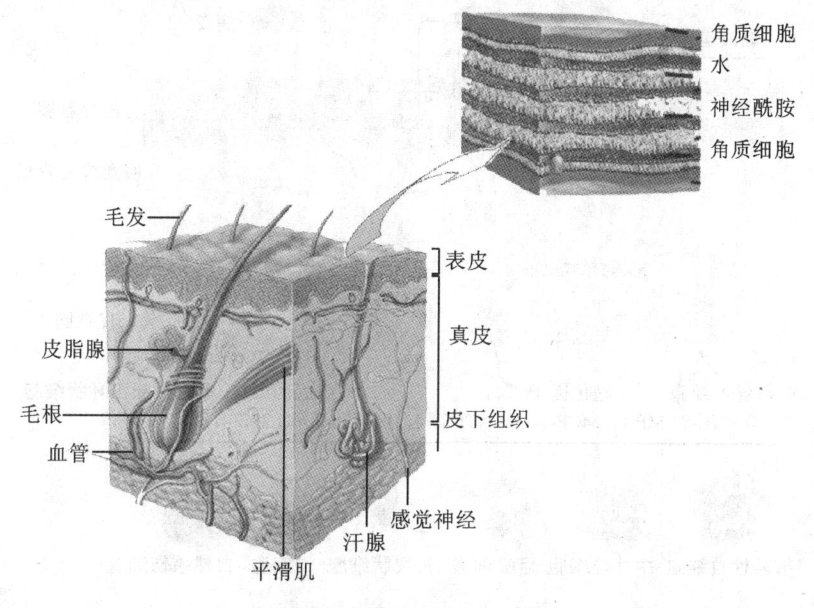


图 10-3 哺乳类皮肤屏障结构

和机械性屏障。不仅能防止体内水分和电解质的流失,还能阻止有害物质的入侵,有助于机体内环境稳态的维持。皮脂腺分泌的脂类、汗腺分泌以及透过表皮蒸发的水分,共同构成**水脂膜**(hydro-lipid film),分布于表皮的表面,形成皮肤屏障的最外层防线。

真皮层有丰富的血管分布,当皮肤发生创伤出血时,血液的凝血功能迅速启动,形成血凝块堵塞创口,防止外环境污染物的进入,这也是皮肤屏障功能的一种表现。不过,这种保护机能远赶不上皮肤屏障的固有结构。因而,当发生皮肤的创伤时,常常引发化脓性感染。

有些动物(如海豚),皮肤表层的细胞每 2 天就可以更新一次,可以有效阻止黏附于皮肤表面的微生物的入侵。鱼类的皮肤表皮主要由上皮细胞构成,其间分布有黏液细胞和囊状细胞,分泌的黏液覆盖于体表。一方面对水体环境中的病原体起到黏附、阻隔作用;另一方面,有些鱼类的皮肤和黏液中存在一些非特异性的抗菌物质,可对病原体起到广谱杀灭作用。

10.2.1.2　呼吸道黏膜屏障

呼吸道有三大防御机制:黏液-纤毛转运系统、咳嗽(喷嚏)反射和免疫学机制。其中,呼吸道的**黏液纤毛清除功能**(mucociliary clearance,MCC)是呼吸道黏膜重要的防御机制之一。呼吸道黏膜为假复层纤毛柱状上皮,由纤毛细胞、杯状细胞、基细胞、刷细胞和神经内分泌细胞等组成,是呼吸道黏液清除系统的主要组成部分。纤毛呈连续的波浪状向咽侧摆动,将表面的黏液及其所黏附的尘埃、细菌等异物推向咽部排出。正常情况下,吸入空气中的绝大部分颗粒物可经由该机制被清除。春秋干燥季节,或者生活小环境湿度过低,纤毛不能有效摆动时,会严重影响呼吸道黏膜的这一纤毛清除功能,导致呼吸道疾病多发。

咳嗽以及喷嚏是通过呼吸反射,借急促的外向性气流将黏膜表面的异物排出。黏膜细胞所产生的**干扰素**(interferon,IFN)、**乳铁蛋白**(lactoferrin)、β-**防御素**(β-defensin)、**一氧化氮**(nitric oxide,NO),黏膜下淋巴组织产生并分泌进入黏液的**分泌型免疫球蛋白** A(secretary immunoglobulin A,SIgA),以及位于黏膜下层的吞噬细胞等,共同构成呼吸道的免疫学屏障,可阻止未被及时清除的病原体的入侵(图 10-4)。

**码 10-2　佩戴口罩无关乎"自由呼吸"**

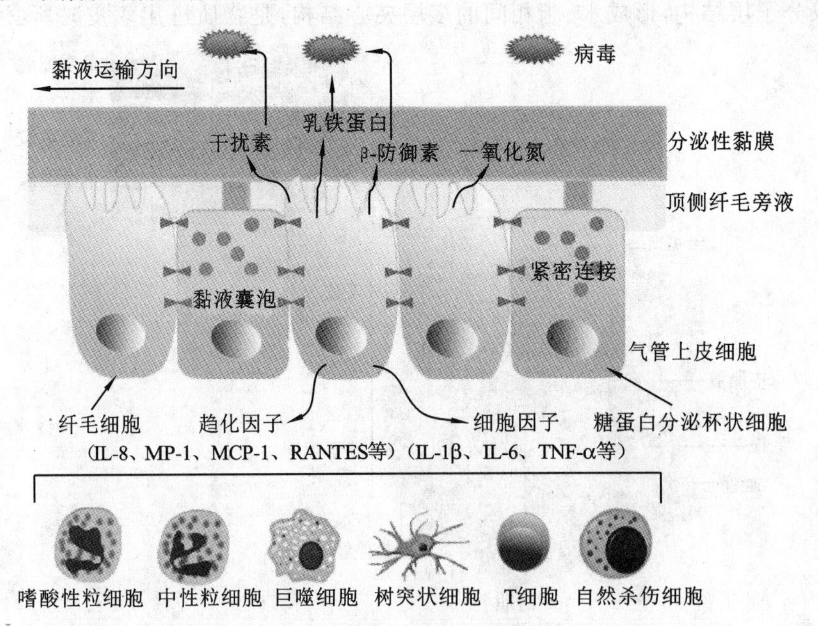


**图 10-4　呼吸道黏膜屏障**

(仿 Vareille 等,2011)

10.2.1.3 消化道黏膜屏障

胃肠道不仅是动物消化和吸收营养物质的消化器官，其黏膜还是一道分隔内、外环境，保护机体免受细菌、病毒、毒素等有害物质侵袭的重要屏障。消化道黏膜的屏障包括机械屏障、化学屏障、免疫学屏障和生物学屏障。

胃肠黏膜上皮细胞之间通透性很低的紧密连接、胃黏膜表面不断更新的黏液构成主要的机械屏障。唾液中的溶菌酶、胃液中的盐酸以及其他消化液中的消化酶等，对细菌发挥杀灭作用，形成主要的化学屏障。**消化道相关淋巴组织**(gut-associated lymphoid tissue，GALT)接受抗原刺激后，产生的 SIgA 分泌到黏膜表面，能够耐受蛋白酶的消化，对黏膜表面的病原体具有抵抗作用，构成消化道黏膜主要的免疫学屏障。正常情况下大量的肠道厌氧菌群与宿主肠腔的空间形成一个相互依赖又相互作用的微生态系统，称为**微生态平衡**(microeubiosis)。肠道菌群的定植性和排他性作用使外来菌无法在肠道黏膜定植并向肠外组织移位，构成消化道的生物学屏障。营养不良、霉菌毒素、应激以及抗生素的滥用等，常导致消化道黏膜屏障作用的破坏，引起消化道感染的发生。

10.2.1.4 泌尿生殖道黏膜屏障

泌尿生殖道上皮细胞有鳞状和柱状两种，呈单层或复层排列，形成坚韧而不规则的表层。泌尿生殖道表面通常保持湿润状态，其原因如下：①由糖蛋白和糖脂形成亲水层，即多糖-蛋白质复合物；②杯状上皮细胞分泌黏稠的亲水糖蛋白凝胶(黏液)。这些结构可以将微生物黏附起来，阻止其繁殖。另一方面，通过给其他的防御物质(如乳铁蛋白、溶菌酶、SIgA 等)提供适当的基础介质或提供适当的环境而发挥间接作用。在泌尿生殖道也存在常驻菌的微生态平衡，常驻菌会和入侵的致病菌争抢营养与生存空间，有时它们也会改变所处环境的 pH 值或铁含量以增加自己的优势，形成生物性屏障。这样使致病菌无法达到足够数量来造成疾病。

## 10.2.2 重要器官的内部屏障作用

(1)淋巴结的免疫屏障

淋巴结位于淋巴管行进途中，是产生免疫应答的重要器官之一。病原体突破皮肤、黏膜的屏障作用进入机体组织后，它们将随着淋巴运送到淋巴结内进行处理。淋巴结的主要功能是滤过淋巴，产生淋巴细胞和浆细胞。当淋巴缓慢地流经淋巴窦时，巨噬细胞可清除其中的异物，如对细菌的清除率可达 99%，阻止它们向深部组织扩散蔓延(图 10-5)。

(2)血脑屏障

**血脑屏障**(blood-brain barrier，BBB)，也称为脑血管障壁，是指在血管和脑之间有一种选择性地阻止某些物质由血进入脑的“屏障”。它由 3 层结构组成：①脑毛细血管的内皮细胞间衔接得十分紧密，不像其他组织的血管内皮细胞那样有较大的缝隙；②脑毛细血管的内皮细胞外的基底膜是连续的；③脑毛细血管壁外表面积的 85% 都被神经胶质细胞的终足包围(图 10-6)。除了 $O_2$、$CO_2$ 和葡萄糖、氨基酸，血脑屏障几乎不让所有的物质通过，大部分的药物和蛋白质由于分子结构过大，一般无法通过。血脑屏障的功能在于保证脑的内环境的高度稳定性，以利于中枢神经系统的机能活动，同时能阻止异物(微生物、毒素等)的侵入。幼龄动物的血脑屏障发育不完善，因而易发生流行性脑脊髓炎、乙型脑炎等神经系统感染。

(3)血-胎屏障

血-胎屏障是由母体子宫内膜的基蜕膜和胎儿的绒毛膜滋养层细胞共同构成,此屏障可防止母体内病原微生物进入胚体内,以保护胎儿免受感染。不过,这种屏障不是万能的,某些病原微生物(如布氏杆菌、蓝耳病病毒等)仍可通过胎盘感染胎儿。在其他一些器官(如生殖腺、胸腺等),也存在着类似的屏障,防止内环境中有害因素的影响。

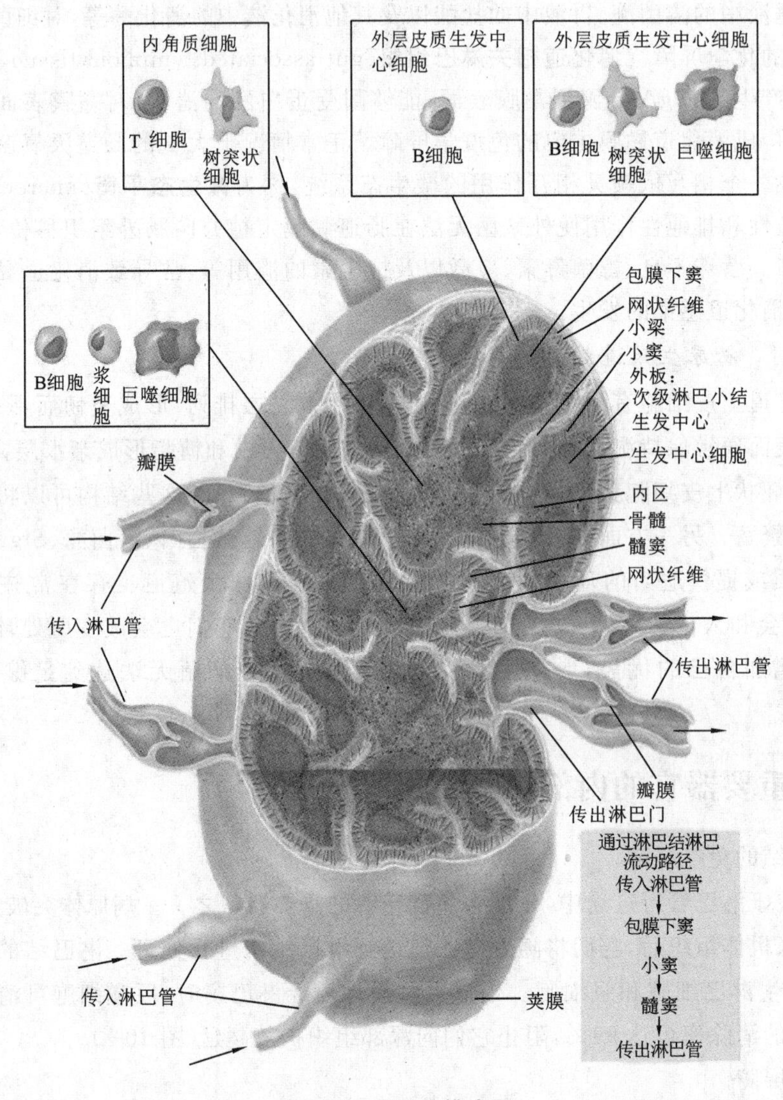


图 10-5 淋巴结模式图

(仿 Gerard 等,2012)

## 10.2.3 固有免疫对突破皮肤及黏膜屏障病原体的防御

一旦病原体突破黏膜屏障进入组织,固有免疫的效应分子和固有免疫细胞即开始发挥作用,形成防御病原体侵袭的第二道防线。这种防御作用包括两个方面:①通过对侵袭病原体的识别和信号转导,诱导相关细胞因子的表达,启动和调理获得性免疫;②通过吞噬细胞的吞噬作用以及抗微生物小分子的杀灭作用,限制、消灭、清除侵袭的微生物。

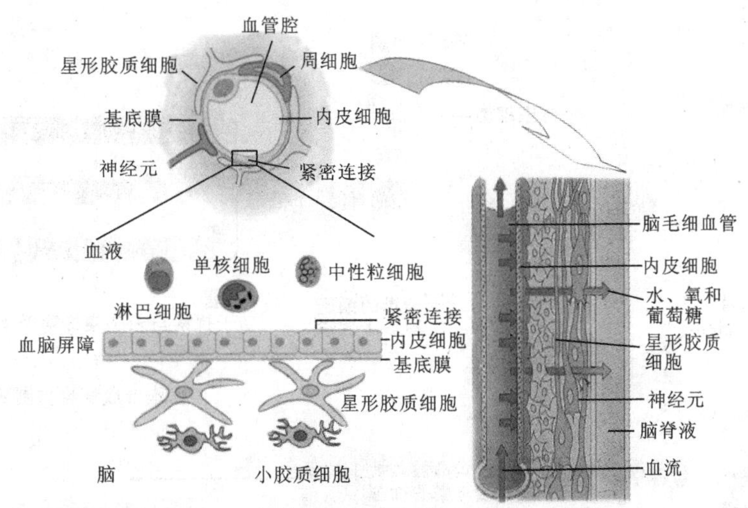


**图 10-6　血脑屏障的结构(横向与纵向剖面)**

#### 10.2.3.1　通过模式识别辨别侵袭的病原体

固有免疫反应应答的首要环节是对进入机体的病原体的有效识别。病原体种类繁多,结构各异而且突变频率很高,而负责对病原体进行辨别的识别分子数量有限。相对很少的识别分子如何能够识别众多的病原体,并将其与自身分子区别开呢?这是通过对病原体的保守性分子的**模式识别作用**(pattern recognition)来实现的。

首先,从病原体方面看,被天然免疫识别分子所识别的某一物质具备以下特点:①为某一或某几大组病原体所共有,其代表的是一种分子模式,而非某一特定结构;②肯定是病原体生存所必需的保守结构,一旦这些结构发生变异或缺失,即不能生存或失去致病性;③绝对不同于宿主机体自身成分。凡满足上述条件者称为**病原体相关分子模式**(pathogen-associated molecular pattern,PAMP)。如细菌的肽聚糖、**脂多糖**(lipopolysaccharide,LPS)、病毒增殖过程中出现的**双链** RNA(double strained RNA,dsRNA)等,都满足这些条件。

天然免疫向着识别病原体保守结构进化,产生了一套免疫识别分子来辨别不同的 PAMP 并发现病原体的存在。这些免疫识别分子能识别许多不同的配体,只要这些配体具备相同的保守性分子模式就能识别,所以天然免疫识别分子也称为**模式识别受体**(pattern recognition receptor,PRR),其对各种病原的识别作用称为模式识别作用。宿主天然免疫系统的这种进化策略,使数量有限的 PRR 能识别各种各样的具有 PAMP 的病原体,即使突变株也不例外。

#### 10.2.3.2　多种免疫分子参与杀灭、清除侵袭的病原体

PRR 识别侵袭的病原体后,经过复杂的信号转导,诱导多种细胞因子的表达。体液中存在的其他免疫分子也参与对病原体的杀灭和清除。

(1)干扰素

**码 10-3　非洲猪瘟病毒与干扰素体系抑制**

干扰素是由宿主有核细胞表达产生的一组糖蛋白信号分子,在抗病毒防御中发挥着重要的作用。双链 RNA 是病毒侵染时的重要 PAMP,可被多种 PRRs 识别,刺激干扰素基因的表达。表达出的干扰素作为一种化学信号分子在细胞间迅速扩散,与相邻细胞表面上的干扰素受体结合,进而活化这些细胞的**干扰素激活基因**(interferon stimulating genes,ISGs)。细胞表达或活化多种抑制病毒复制的酶,从而有效阻抑进入机体的多数病毒增殖(图 10-7)。

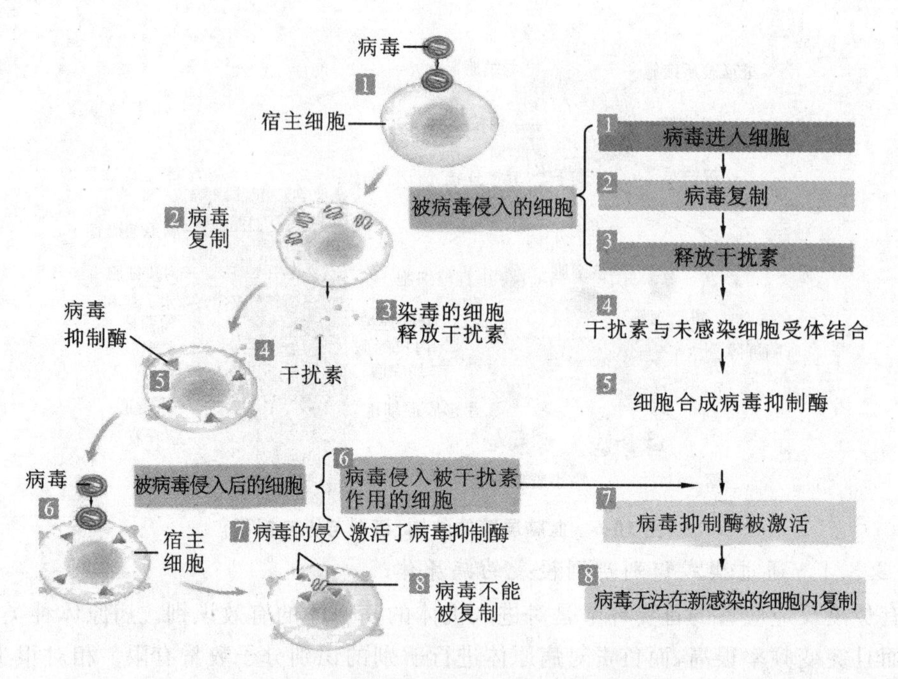


**图 10-7　干扰素的产生及其抗病毒机理**

(仿 Sherwood 等,2013)

(2)细胞因子

**细胞因子**(cytokine,CK)种类繁多,生物学作用广泛、复杂。它既是机体固有免疫应答的成分,又参与机体获得性免疫应答的调理。LPS 是革兰阴性菌特有的 PAMP,可被单核-巨噬细胞、内皮细胞等多种细胞膜上的 PRRs 识别。结合了 LPS 的 PRRs 启动胞内信号转导系统,引起多种细胞因子和炎性介质合成和释放,如肿瘤坏死因子 α(TNF-α)、白细胞介素(IL)、氧自由基、一氧化氮、组胺等,导致血管通透性增加,淋巴细胞移行到感染部位。

(3)补体系统

**补体系统**(complement system)是存在于新鲜血液中的由多种成分组成的一组不耐热的具有酶样活性的血清蛋白。体内许多不同的组织细胞均能合成补体蛋白,血浆中大部分补体组分由肝细胞分泌,炎症病灶中则主要来源于巨噬细胞。在感染早期,一些细菌 LPS 激活的补体产物能够直接导致细菌裂解,或通过细胞黏附作用增强吞噬细胞的吞噬功能,从而在特异性抗体形成之前就发挥防御作用。当机体产生特异性抗体时,可通过抗原-抗体复合物激活补体系统介导溶菌作用。

**码 10-4　补体系统的溶菌机理**

(4)防御素

**防御素**(defensin)是一类广泛分布于动物机体内的能耐受蛋白酶的小分子抗微生物多肽,也称为抗菌肽,其抗菌谱十分广泛,对细菌、真菌和有包膜的病毒具有广谱的直接杀伤活性。它主要通过增加细胞膜通透性,介导细胞膜穿孔或破裂,进而将微生物杀灭。

(5)溶菌酶

**溶菌酶**(lysozyme)是广泛分布于各种体液、外分泌液和巨噬细胞溶酶体中的一种不耐热的小分子碱性蛋白，也是机体内多种可溶性杀菌物质中数量最多、分布最广的一种。它主要通过水解细菌细胞壁肽聚糖成分，使细菌发生低渗性裂解，从而杀伤细菌。

10.2.3.3　多种免疫细胞参与杀灭、清除侵袭的病原体

参与动物机体固有免疫应答的细胞有很多种，在消灭侵袭病原体时各有特点。

(1)肥大细胞

**肥大细胞**(mast cell)来源于骨髓造血干细胞，以未成熟的状态(前体细胞)迁移至皮下及内脏黏膜下的微血管周围成熟。肥大细胞主要分布于呼吸道、泌尿生殖道和胃肠道的上皮下及皮肤下血管化的结缔组织。肥大细胞虽然吞噬能力较弱，但凭借细胞表达的多种 PRRs，可以识别微生物所特有的各种危险信号，之后通过分泌 TNF 等细胞因子以及释放组胺、前列腺素等介质，募集各种免疫细胞至被侵染组织部位，启动炎症过程。它可以看作守卫机体门户的"哨兵"细胞。

(2)巨噬细胞

**巨噬细胞**(macrophage)是由单核细胞透过血管内皮进入受损组织后转变而成的。巨噬细胞具有较强的吞噬和杀伤能力。巨噬细胞既可以清除入侵的病原体、坏死的细胞以及其他异物，也可以把相应抗原提呈给对应的辅助性 T 细胞，参与获得性免疫(图 10-8)。巨噬细胞可以看作分布于全身各组织之中的"边防部队"，是微生物穿过体表之后所遇到的第一道主要防线。

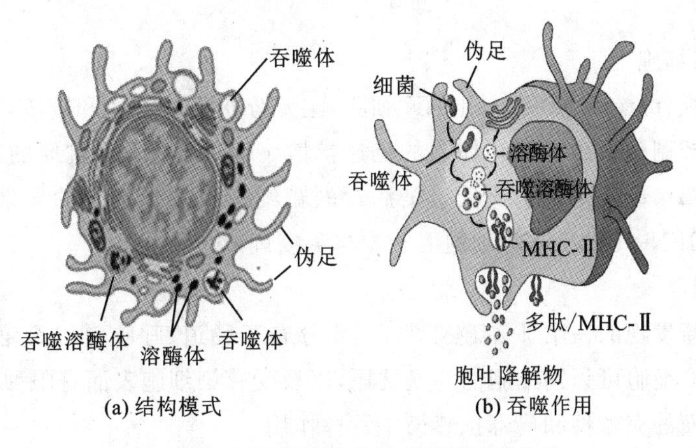


图 10-8　巨噬细胞结构模式及其吞噬作用

(3)树突状细胞

**树突状细胞**(dendritic cell，DC)是目前已知机体内功能最强的抗原提呈细胞，它能高效摄取、加工处理和提呈抗原。DC 起源于骨髓多功能造血干细胞，因其成熟时伸出许多树突样或伪足样突起而得名。未成熟 DC 具有较强的迁移能力，广泛分布于除脑组织外的非淋巴组织或器官，成熟 DC 主要分布于淋巴结、脾脏和扁桃体等二级淋巴组织。DC 表达多种具有不同功能的受体分子，可通过受体介导的内吞以及吞饮、吞噬等作用方式摄取抗原，对其进行加工处理和提呈，激活 T 细胞，启动获得性免疫应答。DC 还可通过分泌 IL-12、Ⅰ型干扰素、IL-1β、IL-10 等细胞因子参与天然和获得性免疫应答。

(4)中性粒细胞

**中性粒细胞**(neutrophil)是血液中比例最大的白细胞，是随血液循环的"野战部队"。一旦

机体的任何局部被微生物感染,中性粒细胞将迅速穿出血管,抵达"出事地点",吞噬并清除入侵的异物抗原。由于中性粒细胞内有大量溶酶体酶,因此能将吞噬入细胞内的细菌和组织碎片分解。这样,入侵的细菌被包围在一个局部并消灭,防止病原菌在体内扩散(图 10-9)。

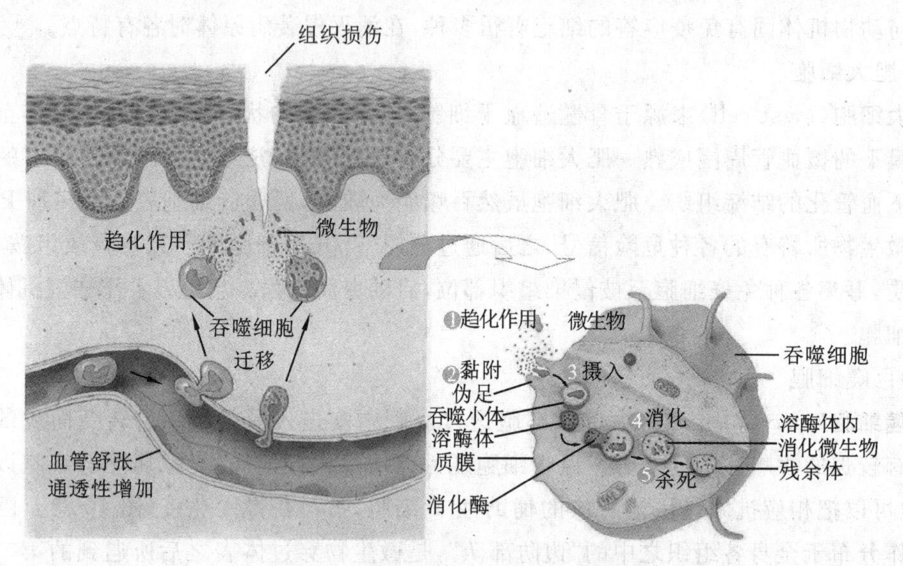


**图 10-9 中性粒细胞的趋化与吞噬作用**

(仿 Gerard 等,2012)

(5)自然杀伤细胞

**自然杀伤细胞**(natural killer cell,NK 细胞)主要分布于外周血和脾脏,能迅速被激活,在急性感染早期能控制病原微生物在体内的迅速扩散。NK 细胞不需抗原的预先致敏,通过释放**穿孔素**(perforin)、颗粒酶等消灭已感染病毒的靶细胞和发生癌变的异常细胞。同时,NK 细胞还通过分泌 IFN-γ、TNF-α 等细胞因子参与免疫调节。

(6)γδT 细胞

γδT 细胞是新发现的一个 T 细胞亚群,主要分布于肠道、呼吸道以及泌尿生殖道等黏膜和皮下组织。γδT 细胞可识别细胞的癌变抗原,以及受感染细胞表面有限种类的特殊抗原,主要在维护上皮表面的完整性和局部抗感染中发挥作用。

(7)M 细胞

**M 细胞**(microfold cell)存在于淋巴滤泡上皮之间,与肠黏膜上皮细胞紧密排列在一起,形成上皮屏障。M 细胞是一种特化的抗原转运细胞,在肠黏膜表面有短小、不规则毛刷状微绒毛。M 细胞的细胞质内溶酶体很少,非特异性脂酶活性很高。病原菌等外来抗原性物质通过对 M 细胞表面毛刷状微绒毛的吸附,或经 M 细胞表面蛋白作用后被摄取。这些外来抗原以吞饮泡形式转运至细胞质内,可在未经降解的情况下穿过 M 细胞,进入黏膜下结缔组织,被位于该处的巨噬细胞摄取,然后由巨噬细胞将抗原携带至局部淋巴组织——**派尔集合淋巴结**(Peyer's patches),诱导产生获得性免疫应答(图 10-10)。

此外,血液中的嗜酸性粒细胞、嗜碱性粒细胞在固有免疫中也发挥着重要作用,如嗜酸性粒细胞可吞噬抗原-抗体复合物,所含的碱性蛋白能直接杀伤寄生虫,嗜碱性粒细胞可介导 I 型变态反应等。

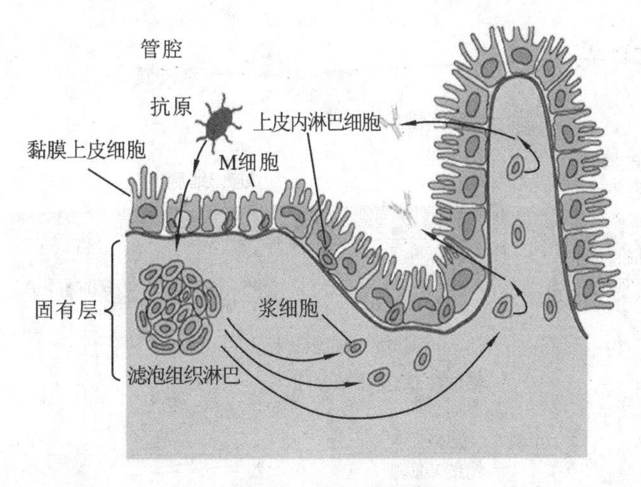


图 10-10　M 细胞的作用

尽管固有免疫防御体系具有免疫作用广泛、无抗原特异性、应答迅速等特点，但其抵御和清除病原体的能力具有一定的局限性。另一方面，许多病原体也进化出逃避免疫的机制，仍然可以进入动物机体。因而，有效防御病原体的侵袭，需要清除病原体能力更为强大的获得性免疫体系的参与。

码 10-5　新型冠状病毒肺炎与免疫学

# 10.3　获得性免疫是动物机体防御的最后防线

获得性免疫又称特异性免疫或适应性免疫，是经后天感染或人工预防接种而使机体获得抵抗感染的能力。它一般是在微生物等抗原物质刺激后才形成，并能与该抗原发生特异性反应。获得性免疫具有更强的针对性，能更有效地抵抗同一种微生物的重复感染。

## 10.3.1　获得性免疫的组成和作用特点

根据其作用的方式和特点，获得性免疫可分为两个子系统：一是利用在体液中循环的**抗体**(antibody，Ab)来消灭病原体，称为**体液免疫系统**(humoral immune system)；二是直接由免疫细胞杀灭病原体，称为**细胞免疫系统**(cellular immune system)(图 10-11)。制造抗体的细胞在骨髓中成熟，称为 **B 淋巴细胞**(bone marrow dependent lymphocyte，B lymphocyte)，又称 B 细胞。另一类还需要在胸腺中进一步成熟，称为 **T 淋巴细胞**(thymus-dependent lymphocyte，T lymphocyte)，又称 T 细胞。一种成熟的 B 细胞只产生一种抗体，此抗体就固定在细胞膜表面作为受体。当相应抗原进入动物体内与之相遇，就会在 T 细胞的帮助下激发这个 B 细胞增殖，制造大量抗体并分泌出来。抗体主要对付体液中的细菌和病毒，它可引发补体反应，在细菌细胞膜上穿孔造成细菌死亡，表面附有抗体的细菌也更易被吞噬细胞消灭。

T 细胞按照功能和表面标志可以分成很多种类。辅助性 T 细胞(Th 细胞)刺激 B 细胞增殖和产生抗体。细胞毒性 T 细胞(CTL)杀伤被病毒寄生的自体细胞、体内新生的肿瘤细胞以及移植的异体细胞。T 细胞也有特异性，它的受体结构和抗体(也是 B 细胞的受体)部分相似。但抗体识别的是由三级结构决定的抗原几何形状和表面电荷分布，而 T 细胞受体识别的

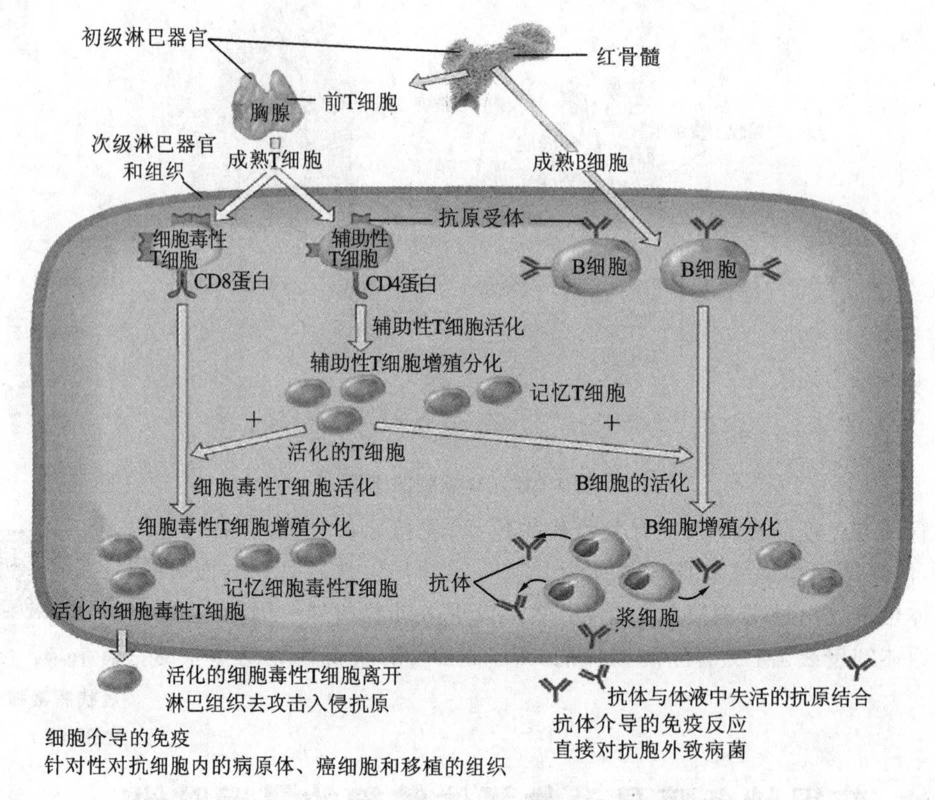


**图 10-11　获得性免疫应答的类型与基本过程**

(仿 Gerard 等,2012)

是抗原分子的降解片断(可能只有 10～20 个氨基酸残基)。因此,抗原分子必须先被其他细胞降解为片断后再提呈给 T 细胞,它才能对之作出反应。

B 细胞的增殖、分化和最终产生抗体必须得到 Th 细胞的帮助和筛选,才能精确地执行免疫清除机能。因为 B 细胞随机产生的抗体种类包括可以攻击、损伤自身组织的抗体,虽然这些"内讧"的 B 细胞大部分在骨髓内成熟时被清除,但仍会有一部分被保留下来。T 细胞在胸腺中"受教育"时,一切能同自身组织抗原结合的 T 细胞或被清除,或被抑制(阴性选择)。所以可能伤及自身的 B 细胞,因得不到相应 Th 细胞的帮助,也便不会产生自身抗体了。

获得性免疫是一个非常复杂、连续不可分割的生物学过程。为了描述方便,人为地将其划分为 3 个阶段,即致敏阶段(抗原识别阶段)、反应阶段(细胞的活化、增殖和分化阶段)和效应阶段(效应分子和效应细胞发挥体液免疫效应和细胞免疫效应阶段)。

## 10.3.2　抗原提呈细胞对抗原的加工和提呈

T 细胞和 B 细胞是获得性免疫应答的主要效应细胞,但像病毒、细菌等游离抗原并不能直接激活它们。特定的免疫细胞捕捉、摄取抗原后将其降解为小的片段,与本身所表达的**主要组织相容性复合体**(major histocompatibility complex,MHC)结合,提呈到细胞表面,进而被淋巴细胞识别,这一过程称为**抗原提呈**(antigen presentation)(图 10-12),承担这一抗原摄取、加工功能的细胞称为抗原提呈细胞(APC)。不同类型的抗原提呈细胞与不同类型的淋巴细胞群相互作用,激发产生不同的免疫应答。成熟树突状细胞是唯一能有效激活初始 T 细胞的 APC。

按照细胞表面的 MHC 分子的不同，可将 APC 分为两类：一类是带有 MHC-Ⅱ类分子的细胞，包括单核-巨噬细胞、树突状细胞、B 细胞等，主要进行外源性抗原的提呈；另一类是带有 MHC-Ⅰ类分子的细胞，包括所有的有核细胞，可作为内源性抗原的提呈细胞。

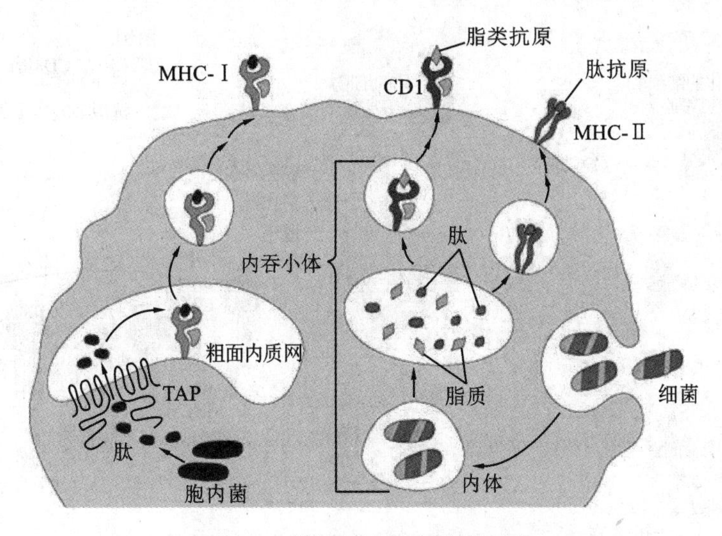


图 10-12　抗原的加工及提呈过程

## 10.3.3　T 细胞活化后通过吞噬、杀伤发挥细胞免疫效应

T 细胞经过活化后才具备免疫活性。对抗原的识别是活化的首要步骤。T 细胞识别抗原的分子基础是其 T **细胞抗原受体**（T cell receptor，TCR）和 APC 的 MHC 分子。它不能识别游离的、未经 APC 处理的抗原物质，只识别经过 APC 处理并与 MHC-Ⅰ类或Ⅱ类分子结合了的抗原肽，这一特性称为 MHC 限制性。抗原肽-MHC 分子复合物与 TCR 的结合是 T 细胞活化的第一信号。仅有 TCR 来源的抗原识别信号尚不足以有效激活 T 细胞，APC 与 T 细胞表面多种黏附分子对结合，可向 T 细胞提供第二激活信号，又称为共刺激信号。T 细胞在双信号的激发下，表达细胞因子及相应受体，进一步促进 T 细胞活化、增殖（图 10-13）。其中一类成为能够产生不同种类细胞因子的 Th 细胞，另一类成为具有杀伤靶细胞活性的细胞毒性 T 细胞（CTL），这是细胞免疫很重要的一类效应细胞。

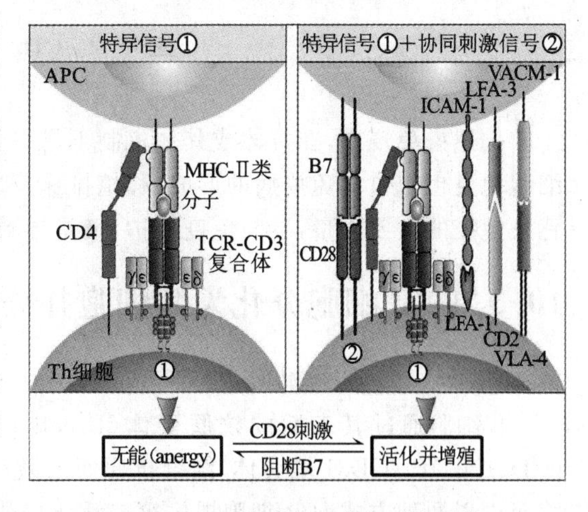


图 10-13　T 细胞对抗原的识别与活化

致敏 T 细胞对抗原的直接杀伤作用及致敏 T 细胞所释放的细胞因子的协同杀伤作用，统称为**细胞免疫**（cell-mediated immunity）。其作用机制包括两个方面：①致敏 T 细胞的直接杀伤作用。当致敏 T 细胞与带有相应抗原的靶细胞再次接触时，两者发生特异性结合，通过释放穿孔素、颗粒酶，使靶细胞膜通透性发生改变，引起靶细胞肿胀、溶解以致死亡（图10-14）。

此外,活化的 CTL 可表达 FasL(CD95L)与靶细胞表面的 Fas 分子(CD95)结合,启动靶细胞凋亡信号。②通过细胞因子相互配合、协同杀伤靶细胞。如皮肤反应因子可使血管通透性增高,使吞噬细胞易于从血管内游出;巨噬细胞趋化因子可募集相应的免疫细胞向抗原所在部位集中,以利于对抗原进行吞噬、杀伤、清除等。

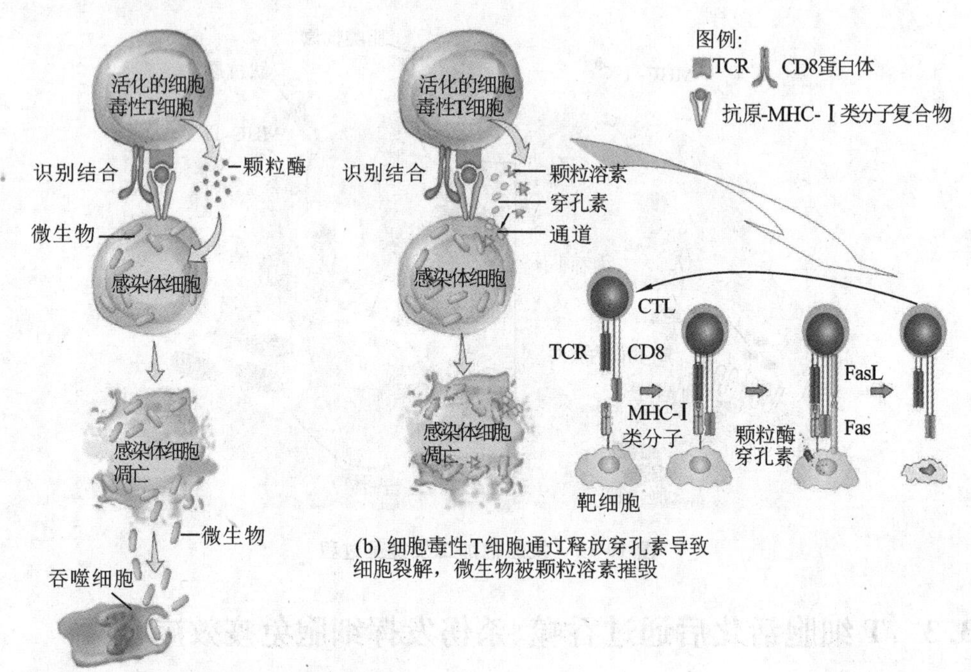


**图 10-14 CTL 杀伤靶细胞的过程**

(仿 Gerard 等,2012)

抗感染免疫中,在抗体或其他机制不易发挥作用时,细胞免疫是清除病原体的主要方式。细胞免疫也与自身免疫病的形成、移植排斥反应密切相关。在抗感染免疫中,细胞免疫既是抗感染免疫的主要力量,参与免疫防护,又是导致免疫病理的重要因素。

## 10.3.4 B 细胞分化为浆细胞并分泌抗体发挥体液免疫效应

### 10.3.4.1 B 细胞的活化与抗体分泌

B 细胞通过其表面的**抗原受体**(B cell receptor,BCR)复合物(BCR-Igα/Igβ)和共受体(CD21/CD19/CD81 聚合体)结合抗原而致敏,这是 B 细胞活化的第一信号(图 10-15)。Th 细胞至少以两种方式向 B 细胞提供第二活化信号:其一是通过其表面表达的跨膜分子与 B 细胞相应的跨膜分子形成**免疫突触**(immunological synapse);其二是 Th 细胞分泌的细胞因子作用于 B 细胞。通过这两种方式传递第二信号,使致敏的 B 细胞活化。活化的 B 细胞表面可表达 IL-2、IL-4 等多种细胞因子受体(CKR),并分别与 Th 细胞分泌的相应细胞因子(CK)结合,进而增殖、分化为成熟的浆细胞。部分 B 细胞以及相关联 Th 细胞可以进入休止状态转变为免疫记忆细胞,能长期保持对抗原刺激信息的记忆,一旦再次遇到相同抗原刺激,便迅速增殖成为具有免疫活性的淋巴细胞,大大加快获得性免疫应答。这也是二次免疫反应更为迅速的重要原因。致敏的 B 细胞可作为 APC 将抗原提呈给 Th 细胞,在提呈抗原的同时自身也被活化。

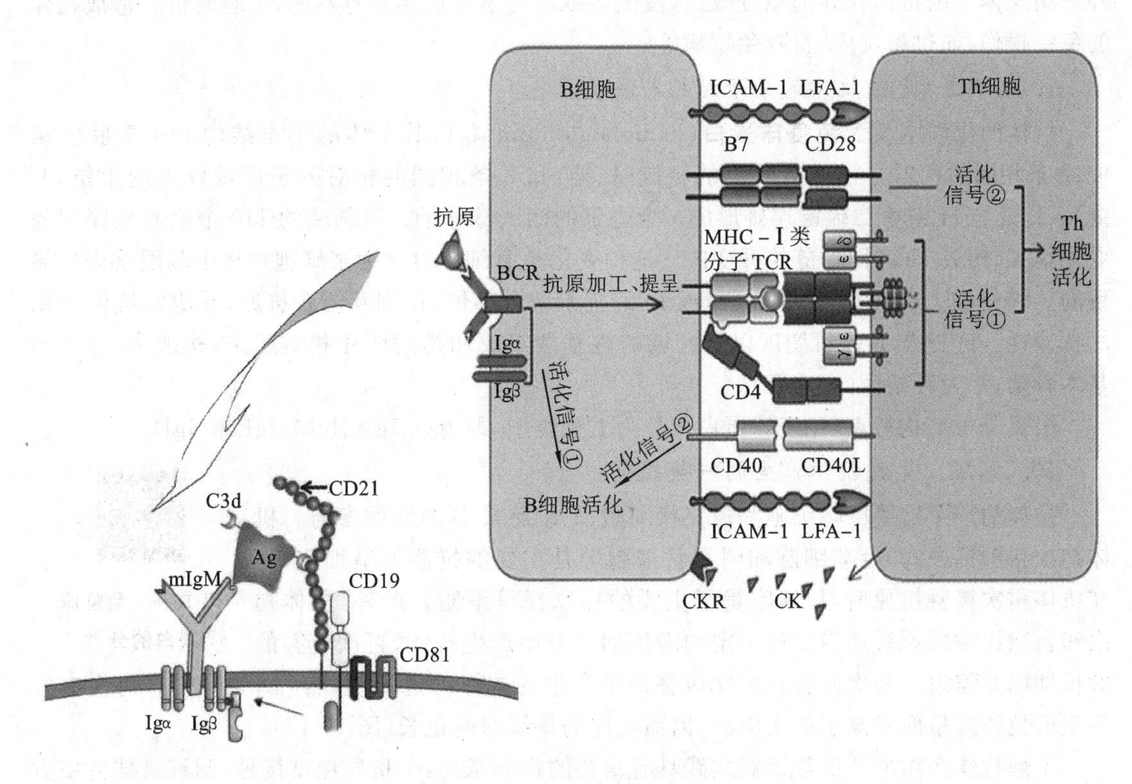


图 10-15　B 细胞对抗原的识别及与 Th 细胞间的相互作用

由浆细胞分泌产生的抗体是介导体液免疫效应的免疫分子。它在体内发挥多种免疫功能，主要包括中和作用、免疫调理作用、溶细胞或细胞毒作用、**抗体依赖的细胞介导细胞毒作用**(antibody-dependent cell-mediated cytotoxicity，ADCC)、局部黏膜免疫作用等(图 10-16)。

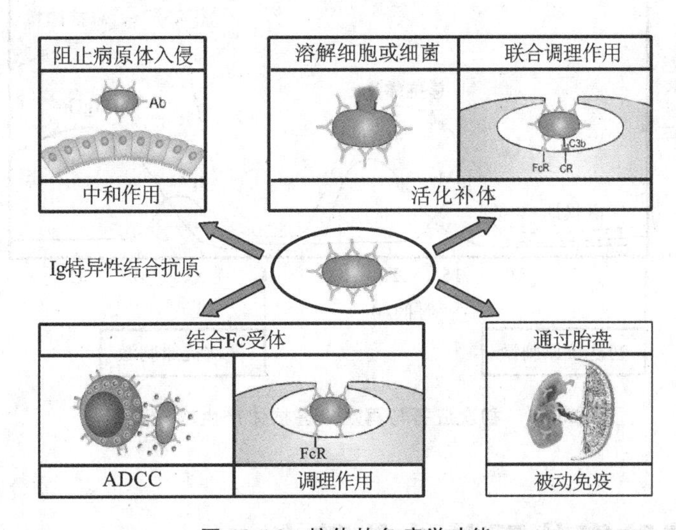


图 10-16　抗体的免疫学功能

体液免疫应答在清除细胞外病原体方面十分有效。通过体液免疫应答，机体产生大量针对外源性病原体的特异性抗体，最终通过由抗体介导的各种途径和相应机制从动物体内清除外来病原体。由抗体介导的免疫效应,在大多数情况下对机体是有利的,但有时也会造成机体的免疫损伤,如过敏反应、自身免疫病等。

10.3.4.2　免疫抗体的分子结构与种类

抗体的化学本质为**免疫球蛋白**(immunoglobulin,Ig),其单体的基本结构由4条肽链组成:2条相同的相对分子质量较小的轻链(L链)和2条相同的相对分子质量较大的重链(H链)。L链与H链由二硫键连接形成一个稳定的四肽链分子。氨基端约110个氨基酸序列的变化很大,构成H链和L链的可变区。这种变化是B细胞分化为浆细胞过程中基因重排所导致的。H链和L链的可变区共同组成Ig的抗原结合部位,识别及结合抗原,并决定抗体识别的特异性。H链和L链可变区以外区域的氨基酸组成和排列顺序相对稳定,构成Ig分子的基本骨架,称为骨架区(恒定区)。

根据分子结构特点,免疫球蛋白可分为五种类型,即IgG、IgA、IgM、IgE和IgD。

10.3.4.3　免疫抗体产生的一般规律

码 10-6　免疫球蛋白的分类

抗体的产生需要巨噬细胞和树突状细胞、T细胞及B细胞的参与。机体初次接触抗原时,巨噬细胞和树突状细胞等是主要的抗原提呈细胞,而在机体再次接触抗原时,B细胞是最主要的抗原提呈细胞。此外,机体初次和再次接触抗原后均需经过一定的潜伏期才开始产生抗体,再次应答的潜伏期明显缩短。初次应答和再次应答最早产生的抗体都是IgM,然后才是IgG。再次应答产生的抗体总量明显高于初次应答,因而抗体的持续时间也长(图10-17)。

了解抗体产生的一般规律对实践具有重要的指导意义:①指导免疫接种,制订最佳免疫方案;②在制备免疫血清时,可以根据再次应答的规律,采用多次加强免疫,以获得高效价的抗体;③血液中IgM升高可作为传染病早期感染的诊断依据之一;④监测抗体含量的变化可了解病程及评估疾病转归和疫苗免疫效果。

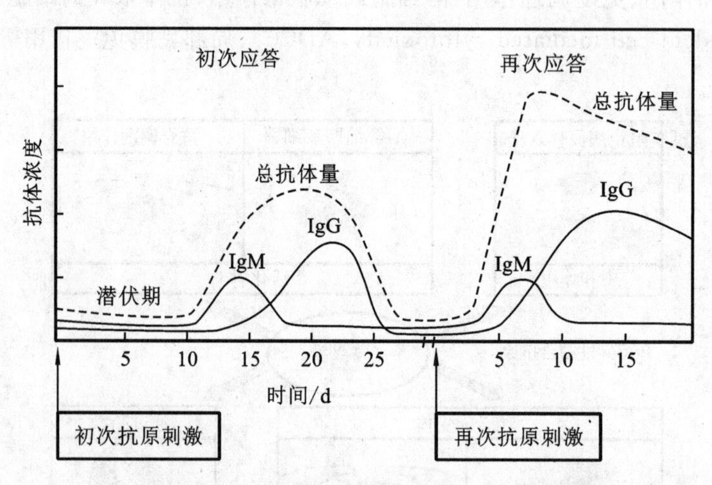


图 10-17　初次应答与再次应答抗体产生的一般规律

## 10.4　免疫防御体系的功能整合

固有免疫与获得性免疫既相互区别,又相互联系、协作,构成动物机体完整的免疫防御体系,以抵御外环境有害微生物的入侵并清理内环境“异物”。同时,免疫防御功能又受到动物机体的营养状态、所承受的内外环境应激等因素影响。免疫防御与神经、体液调节体系相互作用,共同构成动物机体神经-内分泌-免疫调节网络。

## 10.4.1　固有免疫与获得性免疫紧密关联

固有免疫应答与获得性免疫应答在主要作用范畴、作用方式以及进化起源等方面存在差异。固有免疫在几乎所有动物类群中均或多或少有所表现,而获得性免疫仅存在于脊椎动物。

### 10.4.1.1　固有免疫与获得性免疫的识别机制及其生物学起源

固有免疫通过病原相关分子模式(PAMP)的识别,针对外来“非己”病原体进行防御,这一机制比较公认的生物学起源,在于生物体通过排斥异己保持自身稳定的需要,在某种程度上是基于种属间的某些生态关系。固有免疫对病原体的识别、区别的基本模式主要是一种“非己”识别,其区分基础在于生物系统之间某些特征性分子的有或无,并由此展开防御。

获得性免疫的作用和功能更为复杂,其作用可针对自身的某些细胞并可表现记忆性,而且对外源性抗原的识别和清除也必须依赖宿主自身细胞所表达的分子结构(抗原提呈过程)。关于获得性免疫的起源,目前倾向于认为,获得性免疫是由进化史上动物机体变态发育调控系统改造演化形成的。获得性免疫的识别机制起源于系统发育过程中的“自己”识别,其区别则源于不同阶段细胞的特点。由于系统古老抗原在新种内不断改造或缺失,进化形成的“自己”识别谱系在个体内冗余,就形成了“非己”识别的基础。这一“冗余”与固有免疫体系通过进化性嫁接,形成动物机体复杂的免疫防御体系:既能识别外来信号,又依赖自身信号;既可防御入侵者,又可攻击自身细胞;既有细胞清除功能,又有细胞发育调节功能;既有特异性,又有记忆性等。

### 10.4.1.2　固有免疫启动并调控获得性免疫

固有免疫和获得性免疫是相辅相成、密不可分的。固有免疫是获得性免疫的先决条件,如树突状细胞和吞噬细胞吞噬病原微生物实际上是一个加工和抗原提呈的过程,为获得性免疫应答的识别和免疫应答准备了条件。

(1)固有免疫应答启动获得性免疫应答

如前所述,获得性免疫应答的启动需要双信号激活。巨噬细胞可视为连接固有免疫应答与获得性免疫应答的桥梁。侵入机体的病原微生物首先被巨噬细胞表面的多种模式识别受体(PRR)识别,通过内化摄入细胞内,继而与细胞浆中的溶酶体融合为吞噬溶酶体。在吞噬溶酶体内,微生物被消化降解的同时,其中未被降解的微生物组分形成抗原肽,进而与 MHC-Ⅱ类分子结合成复合物运送至细胞表面,提呈抗原给 T 细胞识别(T 细胞活化的第一信号);同时巨噬细胞表面的 TLR 识别 PAMP,启动胞内信号转导,一方面上调 MHC-Ⅱ类分子和共刺激分子的表达(T 细胞活化的第二信号),另一方面诱导细胞因子(如 IL-1、IL-12、趋化因子等)表达;如此,T 细胞在第一信号、第二信号以及细胞因子的作用下被充分活化,从而启动获得性免疫应答。

(2)固有免疫应答影响获得性免疫应答的类型

固有免疫细胞的模式识别受体(PRR)识别不同的病原相关分子模式(PAMP),通过信号转导,刺激抗原提呈细胞(APC)合成不同的提呈分子,并表达不同细胞因子谱,诱导初始 T 细胞分化为不同亚群,决定获得性免疫应答类型。

大多数细菌性病原体被位于免疫细胞膜外的 PRR 识别,通过信号转导上调白介素 4(IL-4)、白介素 10(IL-10)等细胞因子以及相应共刺激分子的表达。吞噬细胞处理过的细菌性抗原肽通过 MHC-Ⅱ提呈给 T 细胞,致敏的辅助性 T 细胞亚型通过产生 IL-4、白介素 5(IL-5)、白介素 6(IL-6)等促进 B 细胞的活化、增殖和分化,引起体液免疫应答(图 10-18)。

病毒和胞内感染菌(如结核杆菌)则由位于细胞内的 PRR 识别,通过信号转导主要引起白介素 2(IL-2)、白介素 12(IL-12)、γ-干扰素(IFN-γ)等细胞因子以及不同类型的共刺激分子的表达。病毒以及被侵染的细胞被 APC 吞噬处理后,通过 MHC-Ⅰ、MHC-Ⅱ提呈抗原(图 10-19)。通过这一方式致敏的 T 细胞,除了活化 B 细胞外,还促使部分 T 细胞致敏为细胞毒性 T 细胞(CTL),表现为细胞免疫与体液免疫的共同活化并发挥作用。

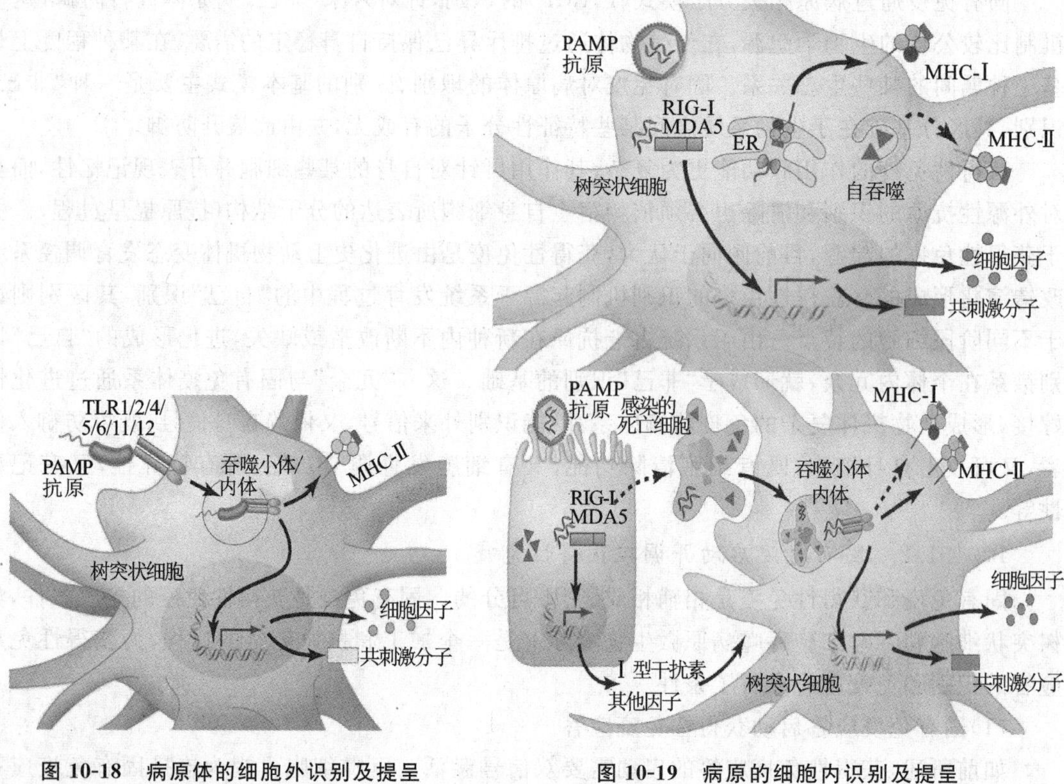


**图 10-18　病原体的细胞外识别及提呈**

(仿 Iwasaki 和 Medzhitov,2010)

**图 10-19　病原的细胞内识别及提呈**

(仿 Iwasaki 和 Medzhitov,2010)

(3)固有免疫应答协助获得性免疫应答发挥免疫效应

体液免疫的效应物质抗体不能直接清除抗原,必须借助固有免疫细胞,如巨噬细胞、NK 细胞等的调理吞噬以及细胞毒作用杀死病原菌等,还要借助固有免疫分子,如补体、溶菌酶等清除抗原。

由此,固有免疫应答参与并调控获得性免疫应答的启动,影响获得性免疫应答的强度和类型,维持 B 细胞记忆,参与阴性选择和自身耐受,从而完善机体免疫系统区分"自己"与"非己"的能力,维持机体自身内环境的稳定。

另一方面,获得性免疫应答的效应分子也可大大促进固有免疫应答。如抗体与抗原结合可增强吞噬细胞的吞噬能力(调理吞噬),或促进 NK 细胞的细胞毒作用(ADCC);又如,许多由 T 细胞分泌的细胞因子可促进参与固有免疫应答细胞的成熟、迁移和杀伤功能。

## 10.4.2　免疫系统的机能整合

码 10-7　免疫系统的机能整合

维持强有力的免疫防御功能对抵抗疾病和动物的生存至关重要。然而，动物的免疫防御功能不是静态的，而是会随动物机体内外环境的改变而发生变化。Sheldon 和 Verhulst 在 1996 年首先提出了**生态免疫学**(ecoimmunology)的概念，指出免疫防御功能的能量代价(也包括营养代价)是昂贵的，并从免疫的代价和**权衡**(trade-offs)角度来解释免疫防御变化的原因以及个体间、种群间免疫功能的差异。权衡的观点是生态免疫学的核心概念，它的假设是，动物需要相对稳定的能量或资源供应以维持其生物学功能，而有限的能量或资源必须在多种相互竞争的生理功能间进行合理分配，免疫防御功能与其他生理机能之间"投资"的权衡在决定动物体最佳生命活动中起重要作用。目前，在免疫与繁殖、免疫与生长发育、免疫与性选择等的权衡方面均已积累了大量的研究结果。从生理学角度理解，各种权衡的发生，均是通过动物体的神经内分泌调控来实现的。

免疫系统是动物机体主要的防御和自稳系统，免疫系统与神经、内分泌系统的联系十分紧密，三个系统之间相互影响，共同组成神经内分泌免疫网络，一起对生物适应外界环境、稳定内环境和维持机体的完整统一发挥重要生理作用(图 10-20)。

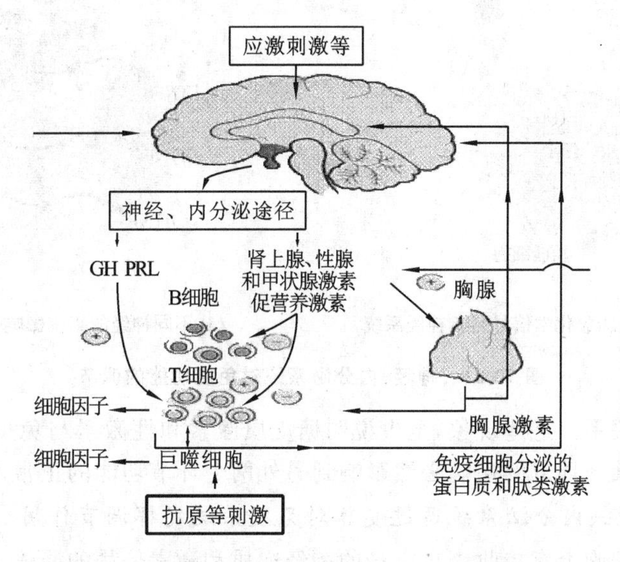


图 10-20　免疫系统与神经、内分泌系统之间的相互作用

10.4.2.1　神经、内分泌系统与免疫机能密切相关

大量研究资料表明，脑皮质和下丘脑是调节免疫应答的场所。完整的中枢神经系统是保障免疫系统正常功能的重要条件。所有的免疫器官都受到神经系统的支配(图 10-21)。中枢神经系统本身也存在免疫应答效应，这与星形胶质细胞的功能密切相关。星形胶质细胞可视为脑内的免疫细胞，可分泌众多的细胞因子，它具有抗原提呈功能，表达黏附分子，参与 T 细胞的激活等。脑内小胶质细胞与外周组织中的巨噬细胞类似，可视为脑内的免疫辅佐细胞。

免疫系统与内分泌系统之间也存在紧密联系，并相互影响。例如，垂体机能低下的动物常常伴有胸腺和外周淋巴组织的异常萎缩及细胞免疫功能缺陷。而切除新生小鼠的胸腺后，除了 T 细胞缺乏外，还可导致许多内分泌器官的功能紊乱。临床上也发现内分泌系统中的肾上腺皮质所分泌的糖皮质激素对治疗大多数自身免疫病有效，此外，许多自身免疫病的发生与性

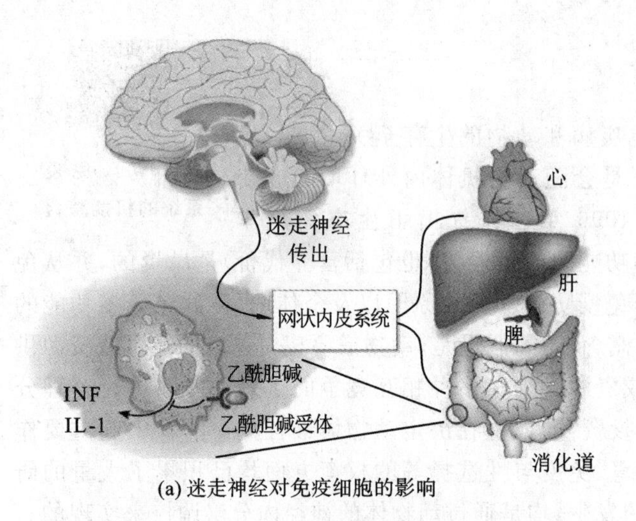


(a) 迷走神经对免疫细胞的影响

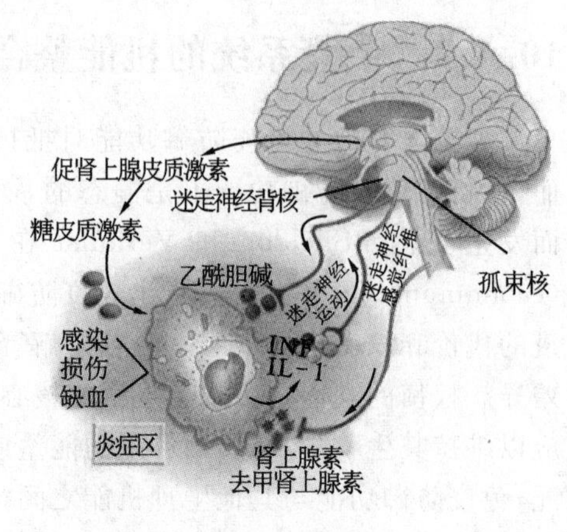


(b) 交感神经及内分泌对免疫细胞的影响

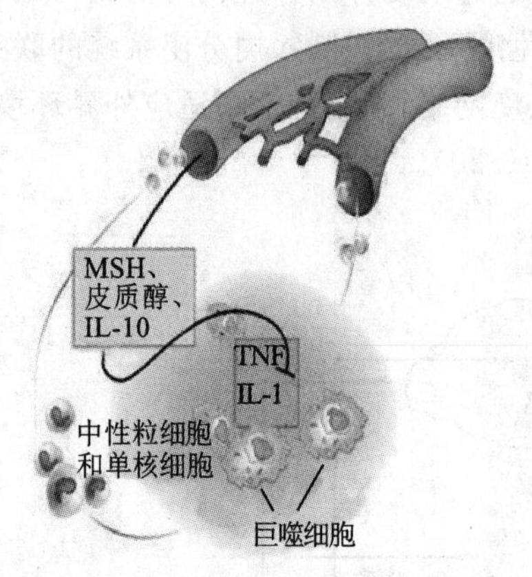


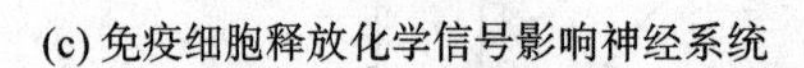
(c) 免疫细胞释放化学信号影响神经系统

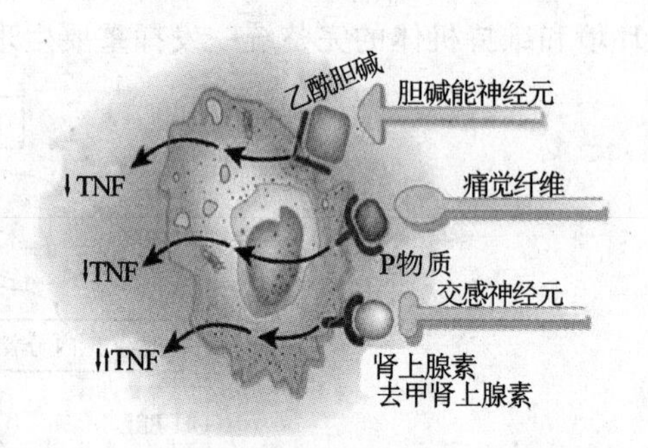


(d) 不同神经的兴奋影响免疫细胞释放细胞因子

**图 10-21　神经、内分泌系统对免疫功能的调节**

激素水平也有密切关系。这些现象，至少说明糖皮质激素和性激素与免疫系统存在着直接或间接的联系。其中某一环节的疾病必然影响到另外两个环节功能的正常发挥。

10.4.2.2　神经、内分泌系统通过受体对免疫系统发挥调节作用

现已证明免疫细胞上有接收来自全身的神经递质和激素信号的受体。神经递质受体包括肾上腺素能受体、多巴胺受体、胆碱能受体、5-羟色胺受体等。激素受体包括胰岛素、生长激素、雌激素、睾酮、糖皮质激素、内啡肽、脑啡肽等几乎所有激素的受体。免疫细胞上的这些受体，成为神经、内分泌系统作用于免疫细胞的物质基础，神经、内分泌系统正是通过这些受体作用于免疫系统，经内分泌化学信号分子通过内分泌、旁分泌和自分泌途径，影响或调节免疫应答(表 10-1)。应激条件下，糖皮质激素、儿茶酚胺类分泌量增加，免疫机能被抑制，相对有限的资源被调配至更为重要的器官系统，以增强动物机体对逆境的抵抗。

**表 10-1　神经内分泌激素对免疫功能的调节**

| 名　称 | 作用 | 效　应 |
|---|---|---|
| 糖皮质激素 | 一 | 抑制巨噬细胞的抗原提呈，抑制抗体产生，抑制细胞因子(IL-1、IL-2、IFN-γ)的产生，抑制 NK 细胞活性，减少中性粒细胞在炎症区积聚 |

续表

| 名　　称 | 作用 | 效　　应 |
|---|---|---|
| ACTH | +/− | 降低抗体生成，抑制 T 细胞产生 IFN-γ 及巨噬细胞活化，促进 NK 细胞的功能 |
| CRH | − | 抑制 NK 细胞的功能，阻断 IL-2 诱导的细胞增殖 |
| 雌二醇 | +/− | 促进抗体合成，逆转应激的免疫抑制，中和糖皮质激素的免疫抑制作用，抑制外周免疫细胞的增殖反应以及 IL-2 的产生，增强中枢免疫细胞(胸腺细胞)的功能 |
| 生长激素(GH) | + | 促进巨噬细胞活化，促使辅助 T 细胞增殖，增加抗体合成量，增强 NK 细胞和 CTL 的活性 |
| 甲状腺激素 | + | 促进胸腺细胞、淋巴细胞和脾细胞增殖 |
| 催产素 | + | 促进 T 细胞活化 |
| 多巴胺 | − | 减弱免疫反应，减少抗体生成量 |
| 5-羟色胺 | − | 减少抗体生成量 |
| 儿茶酚胺 | − | 抑制淋巴细胞增殖 |
| 乙酰胆碱 | + | 增加淋巴细胞和巨噬细胞的数量 |
| 升压素 | + | 促进巨噬细胞活化，T 细胞增殖 |
| 褪黑素 | + | 促进 T 细胞活化，促进抗体生成 |
| P 物质 | + | 刺激细胞因子(IL-1、IL-6、TNF)生成，增加抗体生成量，增强淋巴细胞增殖 |

#### 10.4.2.3　免疫系统通过细胞因子和内分泌激素影响神经内分泌活动

免疫系统主要通过所产生的细胞因子作用于神经、内分泌系统，也可以通过免疫细胞本身产生和释放内分泌激素影响全身各器官系统的功能活动(表 10-2)。

**表 10-2　免疫细胞产生的神经内分泌激素**

| 名称 | 产生细胞 | 名称 | 产生细胞 |
|---|---|---|---|
| ACTH | 淋巴细胞、巨噬细胞 | 绒毛膜促性腺激素 | T 细胞 |
| 脑啡肽 | 辅助 T 细胞 | 血管活性肠肽 | 单核细胞、肥大细胞等 |
| 内啡肽 | 淋巴细胞、巨噬细胞 | 生长抑制素 | 单核细胞、肥大细胞等 |
| 生长激素 | 淋巴细胞 | 催产素 | 胸腺 |
| TSH | T 细胞 | 神经垂体激素运载蛋白 | 胸腺 |

细胞因子对神经内分泌活动的调节具有复杂性和多样性的特点，主要表现在以下几个方面：①促进神经元和神经胶质细胞的生长和存活；②致发热作用；③影响摄食；④对运动或行为的影响；⑤镇痛效应；⑥影响神经元的电活动；⑦影响中枢递质的释放。

免疫细胞所产生的肽类激素物质与其所受到的免疫刺激的类型有关。免疫细胞产生神经内分泌激素的主要生理意义在于：当机体遭受不明外来物(如细菌、病毒、肿瘤细胞等)的侵袭时，及时将这种应激刺激传递给神经整合中枢，建立起免疫系统与神经、内分泌系统之间的相互联系，以便更准确、有效地抵抗疾病的发生。

总之，看似独立存在的神经、内分泌和免疫三大系统，实际上是一个有着广泛内在联系的有机整体，它们在体内构成一个复杂而精细的调节网络——神经-内分泌-免疫网络，共同维持机体内环境的平衡与稳定，并整合动物体所获得的资源(能量与营养)在免疫防御与生长发育、繁殖等功能之间的权衡。

## 10.4.3 微生物-肠-脑轴

正常成年动物生活过程中,与其紧密关联的微生物的数量约是宿主体细胞总数的十几倍。这些微生物大部分生活在宿主的肠道内,与宿主形成相对稳定的共生关系,不仅在胃肠道功能的稳定、动物体新陈代谢、免疫系统发育与功能完善等多方面起重要作用,还可对中枢神经及行为产生影响。大脑可自上而下调节胃肠道功能,肠道则自下而上参与情绪与行为的调控,形成所谓"**微生物-肠-脑轴**"(microbiota-gut-brain axis, MGBA)的双向信息交互网络(图 10-22)。

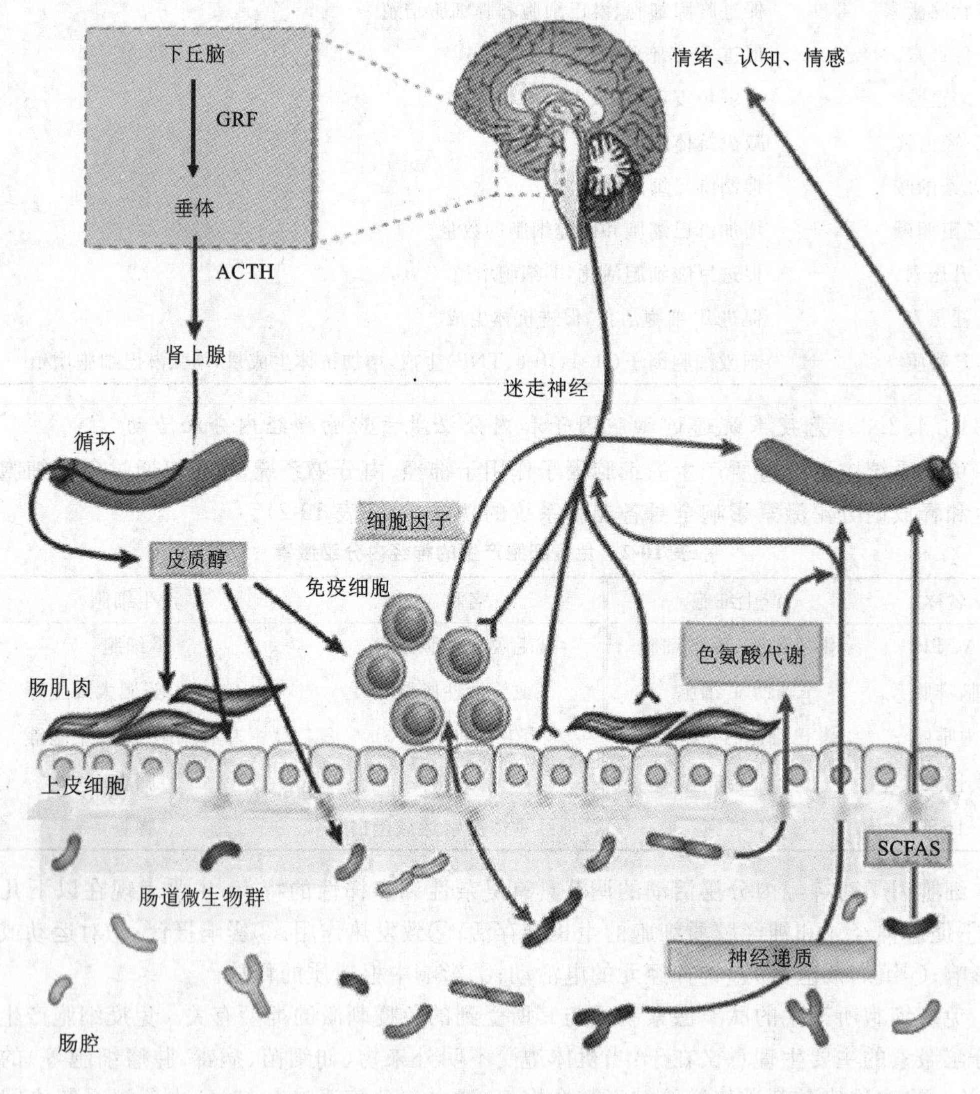


**图 10-22 微生物-肠-脑轴**

(仿 Agirman 等,2021)

首先,下丘脑-腺垂体-肾上腺皮质轴、迷走神经通过影响消化道平滑肌的运动以及肠黏膜相关淋巴组织免疫细胞的活动,影响、塑造肠道内微生物的区系结构。另一方面,肠道微生物通过其代谢产物(如短链脂肪酸、色氨酸代谢物等)参与神经递质的合成,影响神经递质受体基因的表达等调节 MGBA 的功能。肠道微生物的降解产物如脂多糖等，对于肠黏膜免疫细胞的活化、免疫平衡的维持是必要的刺激。实际上，正常的肠道微生态对于中枢神经元的发育、髓鞘的形成、血脑屏障的通透性等都存在影响。

因而，肠道微生物尽管被屏蔽于肠黏膜屏障之外，但通过 MGBA 交互的信息交流，对于动物机体内环境稳态的维持发挥重要的作用。近年来，通过研究、调理肠道微生态的平衡，实现动物保健功能，越来越引起人们的重视。

## 复习思考题

1. 动物机体固有免疫体系的组成是什么？
2. 动物机体获得性免疫防御主要过程是什么？
3. 抗体的产生规律、功能及其对生产实践的指导意义是什么？
4. 机体如何通过免疫学途径清除病毒感染？
5. 如何理解免疫系统在维持动物内环境稳态中的作用及其与神经、内分泌的关系？

码 10-8　第 10 章主要知识点思维路线图

# 第11章 生殖与泌乳



**生殖**(reproduction)是生命的最基本特征之一,指生物体生长发育到一定阶段后,产生后代和繁衍种族的过程,这是生物界普遍存在的一种生命现象。哺乳动物的生殖是由生殖系统来完成的。生殖系统是参与全部生殖过程的组织、器官的总称,包括雄性和雌性的性腺及附属性器官。**泌乳**(lactation)是妊娠雌性动物在生产后乳腺分泌乳汁的过程,乳汁是对新生动物的存活及生长发育具有重要影响的营养来源。

## 11.1 动物生殖机能的发育与变化

高等动物的有性生殖与低等生物的无性生殖不同,其后代个体的基因由双方提供,通过随机搭配可产生丰富的遗传变异供自然选择,从而加速进化,使物种得以不断增加其适应能力。有性生殖过程需要雌雄个体分别产生生殖细胞,并通过一定的生殖行为实现。因而,生殖功能是动物出生后生长发育成熟到一定阶段才能完成的生理活动。

### 11.1.1 性成熟与体成熟

哺乳动物生长发育到一定时期,生殖器官基本发育完全,并且具备繁殖能力,这一时期称为**性成熟**(sexual maturity)。性成熟过程的开始阶段称为**初情期**(puberty),即动物首次表现发情,第一次排卵或开始产生精子。初情期的动物虽然表现各种性行为,甚至有交配动作,但常常由于配子不成熟或公畜不射精而不具备生育力。性成熟的年龄随动物性别、气候、营养和管理而有所不同。一般而言，小动物比大动物性成熟早，如牛 8～12 个月，家兔 4～5 个月，羊 4～8 个月。气温高的地区家畜比气温低的地区家畜早。从初情期到最后性成熟（即具有正常生殖能力），需要经历几个月（如猪、羊等）或 0.5～2 年（如马、驴、牛、骆驼）。

**体成熟**（body maturity）是指动物的骨骼、肌肉和内脏各器官已基本发育成熟，而且具备成年时固有的形态和结构。家畜性成熟时，正常的生长发育仍在继续进行，即体成熟要比性成熟晚得多。家畜达到性成熟时，虽然已经具备生育能力，但一般不宜立即配种和繁殖，而应在体成熟后才允许配种和繁殖。如果过早配种，不仅妨碍配种动物本身的健康发育，还可能产生孱弱的后代。但是，初配年龄如果过分推迟，对公畜和母畜也可产生不良影响（如引起母畜不育和公畜自淫），而且也不利于畜牧生产。

## 11.1.2　性季节(繁殖季节)

雌性动物在性成熟后，生殖器官发生一系列的形态和机能的变化，同时动物还出现周期性的性反射和性行为过程，称为**性周期**（sexual cycle），又称**生殖周期**（reproductive cycle）。这种周期性的性活动过程除了妊娠期之外，一直延续到性机能停止的年龄。哺乳动物的性周期一般称为**发情周期**（estrous cycle）或动情周期，灵长类和人则称为**月经周期**（menstrual cycle），由前一次发情开始到下一次发情开始的整个时期称为一个发情周期。各种动物的发情周期和发情持续时间不同，具有各自的节律。

大多数动物的繁殖有季节性，这是长期自然选择的结果。在驯养前，处在原始的自然调节下，只有那些在全年中比较良好的环境条件下产仔的，才能保证其新生的幼仔能够活下来，如马发情在春季，妊娠 11 个月，则分娩在春季，绵羊的繁殖季节在秋季，妊娠 5 个月，则分娩季节也为春季。牛、猪、兔终年多次发情，马、羊、驴在一定季节呈多次发情。

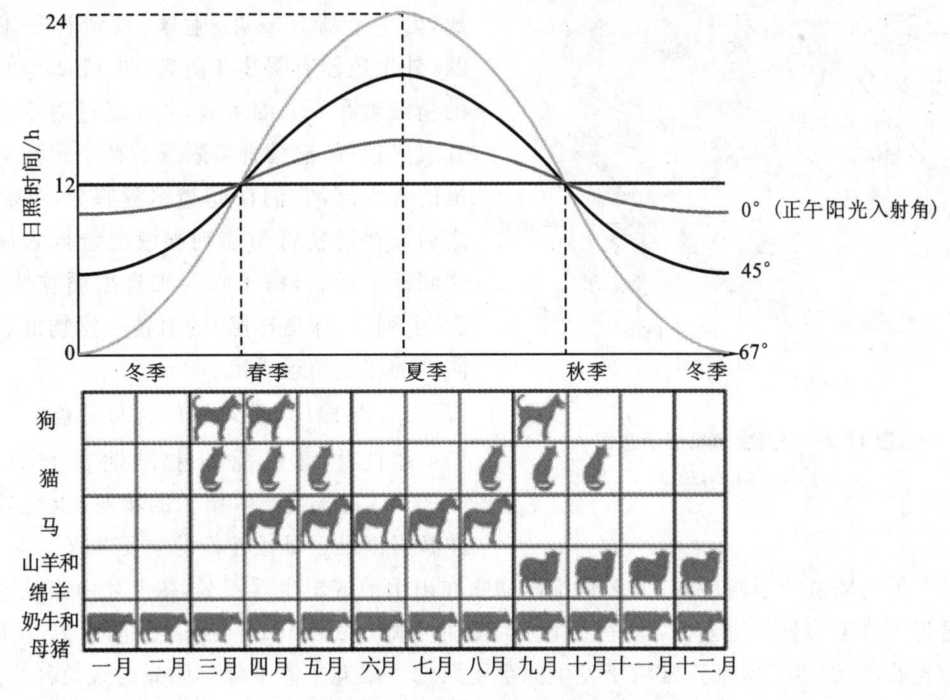


图 11-1　不同动物的繁殖季节

（仿 Sjaastad 等，2013）

动物的繁殖周期受光照、温度和食物来源等环境因素的影响(图 11-1)。野生动物一般在最适宜妊娠和幼仔生活的季节繁殖;家养动物由于环境因素和食物来源比较稳定,经过长期驯化,它们的繁殖季节逐渐延长。动物的**繁殖季节**(breeding season)可分为两大类:常年繁殖和季节繁殖。

常年繁殖的动物达到性成熟后,雌性动物全年有规律地多次发情,雄性动物则全年不断形成精子,因而终年都能繁殖而无明显的繁殖季节,如牛、猪、兔、鼠等。常年繁殖并不意味全年的繁殖活动毫无变化,而是在不同季节表现出有规律的高峰期和低潮期。例如,家兔已经成为常年繁殖动物,但它在 7—9 月间繁殖力明显降低。

典型的季节性繁殖动物每年只出现 1 个或 2 个繁殖季节。在繁殖季节内,雄性动物能不断形成精子,而雌性动物能一次或多次发情,如绵羊、马、驴、鹿、水貂、猫在一定季节里多次发情。而有些动物则在一定季节里单次发情,如狗、狐、熊等。野生动物如雪貂、紫貂则每年只在固定的时间发情一次。

## 11.2 雄性生殖系统与机能

动物的生殖器官按功能可分为主要性器官和附属性器官。前者主要为产生性激素和配子的性腺,后者则是为辅助性活动将配子运送到受精地点以及保障正常发育的各种器官。

### 11.2.1 雄性生殖器官

雄性生殖系统由内生殖器和外生殖器组成,内生殖器有睾丸、附睾、输精管和附属性腺,外生殖器有阴茎和阴囊(图 11-2)。单倍体的精细胞在睾丸内生成,并在通过附睾时完成其成熟过程,输精管将附睾的精子运送到生殖道的壶腹部,它们在此与精囊腺分泌物混合,之后又在射精管与前列腺液混合排入尿道前列腺部。最后,精子在与来自附属腺体(精囊腺、前列腺、尿道球腺)的射精分泌物混合后经阴茎的尿生殖道排出。

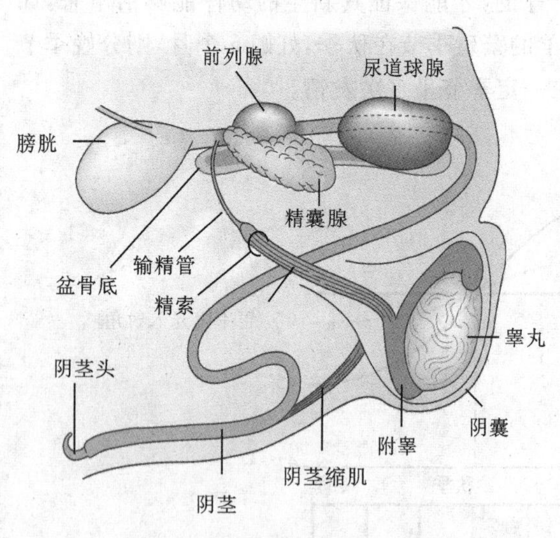


**图 11-2 公猪生殖系统示意图**

(仿 Sjaastad 等,2013)

#### 11.2.1.1 睾丸的结构与功能

雄性生殖系统的主要性器官是**睾丸**(testis),它既是产生精子的场所,也是分泌雄性激素以维系雄性性征的重要器官。

胎儿期的睾丸位于腹腔内,大多数雄性动物在出生前或出生后不久,睾丸才由腹腔通过腹股沟管进入位于腹壁的阴囊内,这一过程称为**睾丸下降**(descent of testis)。阴囊温度比体温低 4 ℃左右,该温度是保证正常精子发生的重要条件。睾丸未能下降到阴囊的现象称为隐睾,隐睾又有单侧和双侧之分。隐睾会使正常精子发生受阻,从而导致不育。但是,不同物种差异很大，如鸟类以及属于哺乳动物的海豚、鲸、大象等，其睾丸位于腹腔内，仍能够正常执行其生精功能。

睾丸形似卵圆体、表面光滑、左右各一，其外有阴囊包裹。睾丸由紧密盘绕在一起的曲细精管组成，其体积为睾丸体积的85%，睾丸间质和睾丸膜分别占总体积的7%和6%，而睾丸**间质细胞**(leydig cell)只占睾丸总体积的2%。**支持细胞**(sertoli cell)是睾丸曲细精管中唯一的体细胞，参与构成血睾屏障，防止精子自身抗原与机体免疫系统接触并避免有害因子进入曲细精管，以维持一个有利于精子发生的适宜的微环境。曲细精管在近睾丸纵隔处移行为较短的直精小管，在睾丸纵隔汇合成**睾丸网**(rete testis)。

11.2.1.2　附睾、输精管的构造及功能

附睾和输精管不仅仅是精子输出的管道，还是精子进一步成熟、储存甚至失活的重要场所。

附睾位于睾丸的后上外方，为长而粗细不等的圆柱体，分为三部分：位于睾丸上极的头部膨大而成钝圆形，睾丸的输出小管由此进入附睾；位于睾丸下极、呈细圆的部分称附睾尾，转向后上方，移行为输精管。头尾之间为附睾体，借疏松结缔组织与睾丸后缘相连，输精管起于附睾尾部，至射精管，但是，具体形态在不同物种具有较大的差异。

附睾主要由输出小管及附睾管构成，若干条输出小管起于睾丸网，通入附睾管。附睾管为长而弯曲的管道，起始段由输出小管汇入，尾部与输精管相连。输出小管及附睾管上皮外为基底膜，基底膜外为固有膜，内含少量的平滑肌，平滑肌收缩有助于精子的排出。

11.2.1.3　精囊腺、前列腺及尿道球腺的构造

精囊腺、前列腺和**尿道球腺**(Cowper gland，**库玻氏腺**)共称为附属性腺，它们参与维持精子的生命与活力，并保障其成功地运送到雌性生殖系统内，最终与卵子受精。射精后精液体积的95%以上源自附属性腺组织而不是来自睾丸。占精液量最大的部分是由精囊腺分泌的，它也是射出精液的最后一部分。

精囊腺为一对长椭圆形囊状腺体，位于膀胱底的后方，输精管壶腹的外侧，形状一般为上宽下窄，上端游离较膨大，为精囊底，下端直细，通往尿生殖道。

前列腺是雄性生殖器官中最大的单腺体，位于膀胱颈部下方，包绕尿道前列腺部。前列腺在幼年时不发达，随着性成熟而迅速生长。由于尿道贯穿前列腺，当前列腺发生病理性肥大时，常导致排尿困难。

尿道球腺为一对圆形小体，包埋在尿生殖膈的会阴深横肌内，大小与豌豆相似。每一腺体有一排泄管，开口于尿道的阴茎部，在性兴奋早期能够分泌少量黏液，有清理尿生殖道及润滑作用。

11.2.1.4　阴茎

**阴茎**(penis)分为三部分，即阴茎根、阴茎体及阴茎头，由三个圆柱形海绵体构成，周围有结缔组织被膜包裹。但是与人类不同，大多数动物都有一段阴茎骨，并在腹腔外有一个S状弯曲。

海绵体的内部由许多结缔组织构成的小梁和小梁间的腔隙组成，其中含有大量的胶原纤维、弹性纤维、平滑肌和迂曲行走的螺旋动脉。海绵体的腔隙又称海绵体窦，交互通连并与动静脉直接相通。阴茎的这种结构又称为勃起组织，性兴奋时由于充血可以使阴茎体积增大并勃起变硬，有利于性交时插入阴道。

11.2.1.5 阴囊

**阴囊**(scrotum)位于耻骨联合的下方,为阴茎与会阴间的皮肤囊袋,内有睾丸、附睾及精索下部,由阴囊的内膜隔开,将阴囊分为左、右两个囊。不同动物具有较大的差异,如公猪阴囊紧贴腹腔突出于肛门下方,而公牛则悬垂于两后腿之间。

阴囊不仅是一个体腔,而且是一个保障精子发生的环境调控装置,它通过一系列调控措施使睾丸处于一个比体温稍低的温度环境,而精子发生只能够在此条件下进行,已知高温(包括体温)是阻碍精子发生的主要因素,而且该阻碍是可逆的,即由高温下降到阴囊的正常温度一段时间后,睾丸的精子发生又能够逐渐重建。

## 11.2.2 睾丸的生精功能

11.2.2.1 精子的发生

**精子发生**(spermatogenesis)包括精原(干)细胞的自我更新和增殖,精母细胞经过一次DNA复制和两次连续的成熟分裂,形成单倍体的精细胞,再经变态形成精子。在这个过程中有着严格的周期性变化规律。因此,在同一时间内可以见到各个发育时期的生精细胞有秩序、有规律地排列在曲细精管的不同部位。精原细胞紧靠曲细精管的基底膜,由基底膜向管腔依次排列为不同发育时期的生精细胞:初级精母细胞、次级精母细胞、精细胞和分化中的精子(图11-3)。由精原细胞分化而来的精母细胞再经过一次遗传物质的复制和两次连续的成熟分裂(减数分裂),形成单倍体的圆形精细胞,后者经过改变形态(变态)形成明显具有头、颈、尾特征的精子,最后的形态变化过程又称为**精子形成**(spermiogenesis)。

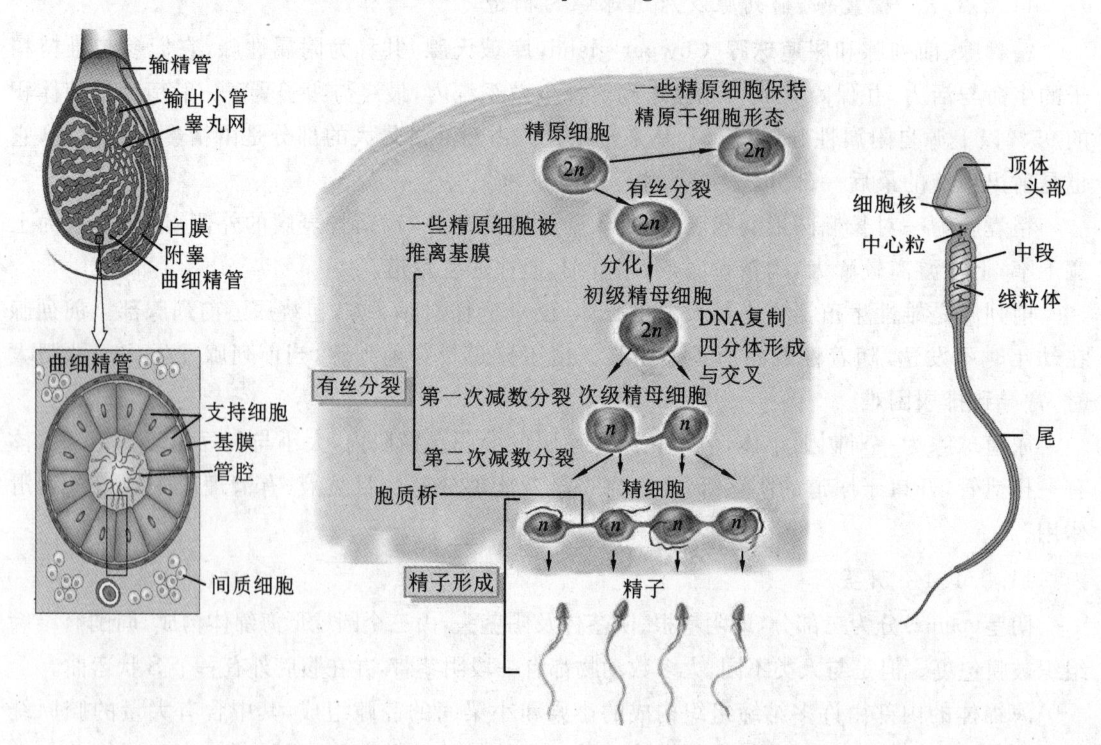


图 11-3 精子的发生与形态特点

并非所有生精细胞最后都能够形成精子，睾丸内具有一定的机制来保障精子的质量与数量，虽然其具体细节还不完全清楚，但是在细胞周期的各个检验点存在着一些“关卡”，未能顺利通过者将通过细胞凋亡等途径被降解。睾丸中的支持细胞具有很强的吞噬功能，主要负责清除“不合格”的生殖细胞及其残体。

精子由头部、颈部和尾部构成，是一种高度特化的细胞，核内染色质高度缩合、致密。精子头部的前端有一扁平膜性囊泡，由高尔基体演化形成一个帽状结构，覆盖精子头部大约前 2/3 部分，称为**顶体**(acrosome)，在进入卵子时发挥重要作用。精子的尾部又称鞭毛，是精子的运动结构，分颈段、中段、主段和末段。构成尾部的轴心是轴丝，其结构与纤毛的结构基本一致，由外周的 9 组双微管及 2 根中央微管构成。其中段由线粒体缠绕在外面，尾部是精子游动的动力来源。

11.2.2.2　精子的成熟与精液形成

虽然睾丸中的生精细胞经过精原细胞的增殖、精母细胞的减数分裂和精细胞的变态(改变形态)，形成染色体为单倍体的蝌蚪状的精子，但此时的精子功能尚未成熟，只有在进入附睾后，循附睾头、附睾体、附睾尾运行和在附睾的储存过程中，其形态结构、生化代谢和生理功能方面发生深刻的变化，最终获得运动能力、精卵识别能力和受精能力，这就是精子的成熟。

附睾各段上皮呈高度特异的区域化，各段有不同的吸收和分泌功能，创造了有利于精子成熟和储存的微环境。精子对卵子透明带的黏附和识别能力也是在附睾中发育的。附睾管细胞能够生成多种因子，参与精子和附睾上皮细胞渗透压的调节，也参与精子和附睾上皮细胞的代谢过程。附睾还具有在管道内运送精子和保护精子免受有害物质影响的作用。

精囊腺的分泌物是精液的主要成分，占精液总量的一半以上(各物种有所不同)，它是一种白色或淡黄色、具有弱碱性的黏稠液体。其分泌受雄激素的调节，分泌物中含果糖、前列腺素、凝固因子、去能因子、蛋白酶抑制剂等多种成分。其中果糖含量丰富，可被精子直接代谢，释放能量供精子运动所需。前列腺素能够引起子宫和输卵管平滑肌的收缩，经阴道吸收后，在雌性生殖道有助于精子和卵子的运输。在到达受精地点之前，精液的整体流动比单个精子自身的运动对配子运行的贡献更大。

前列腺分泌物的量仅次于精囊液，占精液量的 1/5 左右，它为乳白色、稀薄的液体，呈弱酸性，内含丰富的柠檬酸、酸性磷酸酶、纤维蛋白酶等。纤维蛋白酶可使凝固的精液液化，酸性磷酸酶可把磷酸胆碱水解成胆碱，这与精子的营养有关。

尿道球腺的分泌物为清亮的黏性液体，能拉成细长的丝，内含半乳糖、半乳糖胺、半乳糖醛酸、唾液酸、甲基氨糖、ATP 酶及 5-核苷酸酶。它受神经系统的精细调控，在性兴奋时首先分泌并排出(射精前)，有清理和润滑尿生殖道的功能。

## 11.2.3　睾丸的内分泌活动及其调节

睾丸的间质细胞分泌**睾酮**(testosterone，T)、**双氢睾酮**(dihydrotestosterone，DHT)和**雄烯二酮**(androstenedione)等雄激素，其中主要是睾酮，以双氢睾酮活性为最强。

雄激素的主要功能：①刺激雄性生殖器官的发育与成熟，维持生精作用；②刺激和维持雄性副性征的出现；③影响性欲和性行为；④刺激骨骼肌的蛋白质合成和肌肉的生长，促进促红细胞生成素的合成，从而促进红细胞的生成，促进骨骼钙磷沉积和生长；⑤对下丘脑分泌 GnRH 及腺垂体分泌 GtH 有负反馈抑制作用。

11.2.3.1 下丘脑-腺垂体-睾丸调节轴

生殖活动的基本中枢位于下丘脑。睾丸的生精与内分泌功能受下丘脑-腺垂体的调节,而下丘脑、腺垂体的活动又受到雄激素和抑制素的负反馈调节,从而构成**下丘脑-腺垂体-睾丸轴**(hypothalamus-adenohypophysis-testis axis)。从性成熟开始,下丘脑以脉冲方式分泌GnRH,每次持续数分钟,GnRH经垂体门脉到达腺垂体,与靶细胞膜受体结合,经细胞内第二信使$Ca^{2+}$以及**钙调蛋白**($Ca^{2+}$-calmodulin)介导,促进腺垂体分泌LH和FSH。

精子的生成和成熟需要FSH及睾酮的共同作用。FSH主要作用于睾丸的曲细精管中的支持细胞,通过G蛋白-AC-cAMP信号转导途径,刺激支持细胞发育,并促进其产生**雄激素结合蛋白**(androgen binding protein,ABP),ABP可提高和维持雄激素在曲细精管内的局部浓度。同时支持细胞还能分泌一种被称为**抑制素**(inhibin)的糖蛋白激素,它能反过来抑制垂体细胞分泌FSH。

LH经血液循环到达睾丸,以相同的信号转导途径促进间质细胞分泌大量的睾酮(T),并扩散至生精小管,促进精子生成。GnRH的脉冲式分泌使LH的分泌也呈明显的周期性变化(FSH分泌量的波动较小)。血液中游离的T主要反馈性抑制下丘脑分泌GnRH。而由支持细胞分泌的抑制素则反馈性抑制腺垂体分泌FSH,二者共同维持血液中T含量的稳定(图11-4)。

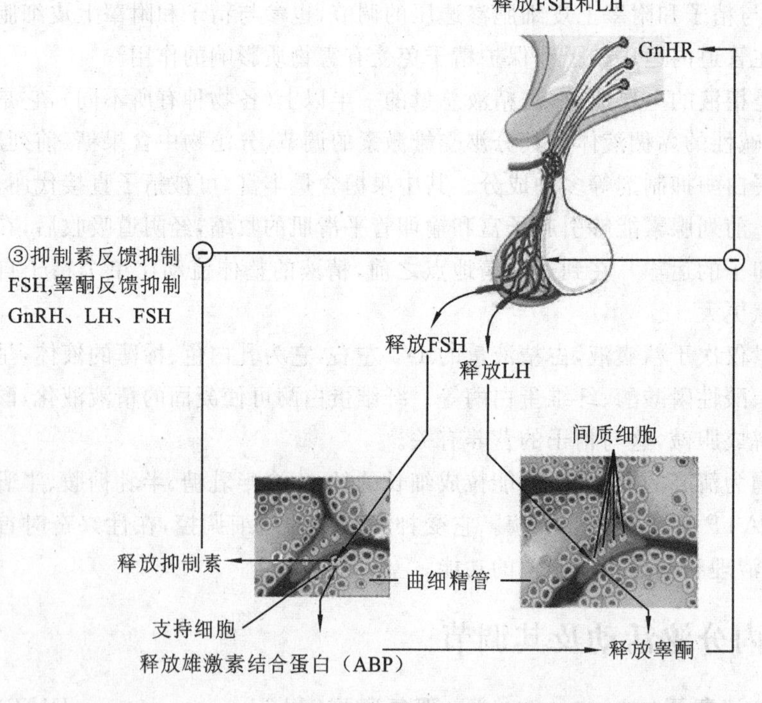


图 11-4 下丘脑-腺垂体-睾丸调节轴

(仿 Gerard 等,2012)

11.2.3.2 睾丸的局部调节

生殖细胞是睾丸中的主要细胞类群,虽然以睾酮为主的雄激素对于精子发生来说是必需的,但是各种生殖细胞本身并不直接需要睾酮,睾酮是通过支持细胞(抑或其他细胞)来间接影响精子发生的。

支持细胞具有众多参与精子发生所需各种激素的受体，如 FSH、雄激素、胰岛素及生长激素等受体，在这些激素或因子共同协调作用下，支持细胞参与生精功能的调节。ABP 与睾酮结合以维持曲细精管局部高浓度的睾酮环境，从而促进生精过程。此外，支持细胞对生精细胞具有支持和营养作用，对生精过程具有重要的调节作用，由它形成的微环境是精子发生必不可少的，如果破坏这个特殊的微环境，精子发生过程将会被阻断。

# 11.3　雌性生殖系统与机能

## 11.3.1　雌性生殖器官

雌性生殖系统的主要性器官是**卵巢**(ovary)。与睾丸类似，卵巢也具有双重功能，它既是产生和排放卵子的器官，又是合成和分泌雌性激素的内分泌腺体。

### 11.3.1.1　卵巢

卵巢为一对扁椭圆形的实质性器官，呈灰白色。卵巢表面有一层厚的纤维组织膜，称为白膜，膜下外层为皮质，含有卵泡及纤维结缔组织。髓质在卵巢中心部位，没有卵泡，为疏松结缔组织，含有丰富的血管、淋巴管和神经。卵巢在胚胎发育时便形成了大量的卵原细胞，青春期开始后，卵巢定期将一定数量的卵原细胞发育为卵泡，最终在卵巢形成成熟的优势卵泡。卵巢内还有大量的内分泌细胞，在不同阶段分泌相应的性激素，对子宫内膜、阴道等组织的周期性变化具有重要的调节作用，也通过负反馈影响腺垂体及下丘脑的调控激素分泌。因此，卵巢既是卵子发生的场所，也是雌激素和孕激素的分泌腺，是雌性生殖系统的关键器官。

### 11.3.1.2　输卵管与子宫

**输卵管**(oviduct)是一对细而长的弯曲管道，近端与**子宫**(uterus)两角相连，并开口于子宫腔内(图 11-5)，远端游离，开口向着腹腔，接近卵巢。它由子宫部、峡部、壶腹部与漏斗部(伞端)组成。子宫-输卵管连接部和峡部对通过其的精子在数量和活动能力方面具有一定的调控功能，而壶腹部则是精、卵结合的受精部位，输卵管壶腹部向外逐渐膨大呈漏斗状，称为**漏斗部**(infundibulum)。漏斗部中央的开口即输卵管-腹腔口。漏斗部周缘有多个放射状的不规则突起，称为**输卵管伞**(fimbria)。

哺乳类有袋目以上，才有胎生性子宫。胎生性子宫是胎儿生长发育的场所，由左、右输卵管末端膨大或愈合膨大而成。由上到下可分为子宫底、子宫体、峡部与子宫颈。不同动物的子宫，根据其构造和形态特点可以分为双子宫(象、兔)、二分子宫(反刍类、大部分肉食类和啮齿类)、双角子宫(部分肉食类、鲸类和食虫类)以及单子宫(灵长类)等类型。子宫及子宫角壁由内向外可分为黏膜(子宫内膜)、肌层和外膜三层。成年雌性的子宫内膜随发情周期呈规律性变化。

### 11.3.1.3　阴道

**阴道**(vagina)向内通往子宫颈，是沟通内、外生殖器的管道。阴道是连接子宫与体外的开口部分，既是接纳精子的性交器官，也是胎儿分娩的产道。在子宫颈旁的阴道部分称为穹窿，按部位分为前穹窿、后穹窿、左穹窿、右穹窿四部分。有些动物(如马)的阴道与子宫颈有明显

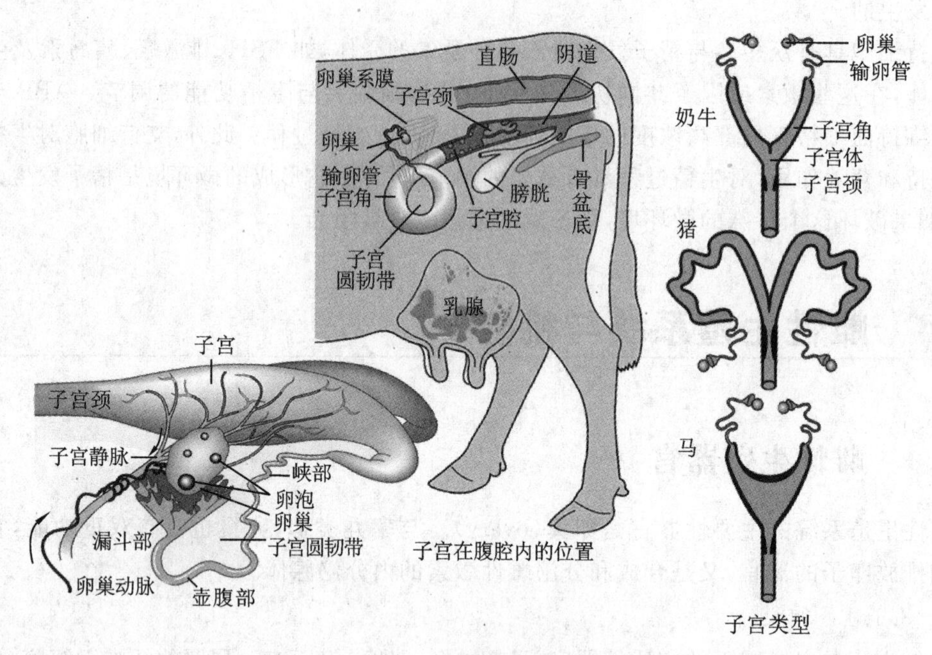


**图 11-5　雌性生殖器官**

(仿 Sjaastad 等,2013)

的界线,而另一些动物(如猪)则呈逐渐过渡状态(图 11-5)。

## 11.3.2　卵细胞的发生

卵巢的**卵子发生**(oogenesis)起源于**卵原细胞**(oogonium)。雌性动物早在胚胎期,就由移至卵巢内的卵囊分化为卵原细胞,并经多次有丝分裂,成为**初级卵母细胞**(primary oocyte),初级卵母细胞外面包一层扁平卵泡细胞,形成**原始卵泡**(primordial follicle),这个过程称为卵子发生或增殖期。

卵泡和卵母细胞的发育同时进行,但又不完全同步(图 11-6)。卵泡的发育分为初级卵泡、次级卵泡和成熟卵泡三个阶段。与此同时,卵母细胞逐步完成第一次减数分裂,形成次级卵母细胞并排出一个第一极体。次级卵母细胞紧接着进入第二次减数分裂,并停止在第二次减数分裂中期,直到从成熟的卵泡中排出且受精后才完成第二次减数分裂,排出第二极体,发育成成熟的卵母细胞。

卵母细胞发育的同时,周围的卵泡细胞由一层变为多层,细胞增大,细胞质内含有颗粒,称为颗粒细胞层。卵周围的结缔组织及间质细胞相继形成其内侧的卵泡膜细胞层。颗粒细胞层、卵泡细胞层都具有内分泌功能。

在雌性动物出生前,胎儿卵巢中有卵原细胞,它们在卵巢中生长发育。妊娠早期胎儿卵巢中很多卵原细胞进行减数分裂,成为初级卵母细胞,出生后所有雌性生殖细胞都成为初级卵母细胞,减数分裂停滞在分裂前期,并可长期停滞。然而,在雌性成熟后能够形成成熟卵泡的只是其中的一小部分,大多数细胞在发育的不同时期走向了凋亡。因而,与雄性动物可以产生数量巨大的精细胞不同,雌性动物产生卵细胞的数量要少得多。

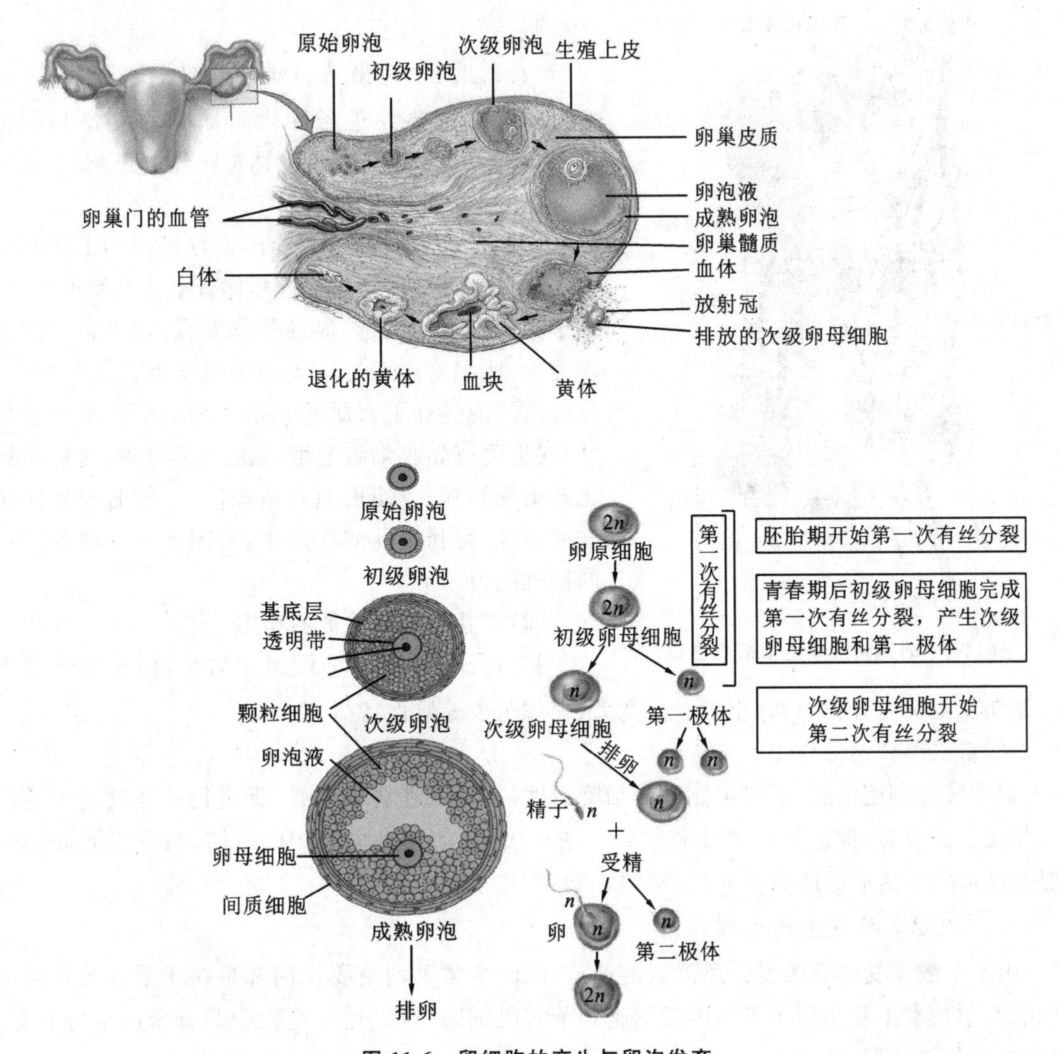


图 11-6　卵细胞的产生与卵泡发育

## 11.3.3　卵巢的内分泌

卵巢是雌性类固醇激素分泌的主要来源。在排卵前主要由卵泡颗粒细胞层分泌雌激素。排卵后的哺乳动物主要由黄体分泌孕激素和雌激素。卵巢也分泌少量的雄激素及抑制素。在卵泡液中还存在一种可促进 FSH 分泌的蛋白质，称为**促 FSH 释放蛋白**（FSH-releasing protein），与刺激 FSH 的分泌有关。

雌二醇、雌酮和雌三醇是卵巢分泌的三种主要雌激素，其中**雌二醇**（estradiol，$E_2$）最为重要。一般认为，雌激素的合成需要卵泡的颗粒细胞与卵泡内膜细胞层共同参与完成（双细胞学说）。在哺乳动物中，LH 可与卵泡内膜细胞上的 LH 受体结合，通过 G 蛋白-AC-cAMP-蛋白激酶系统，使胆固醇合成雄激素（雄烯二酮），后者通过扩散的方式转运到颗粒细胞，在 FSH 与各种生长因子的作用下，使颗粒细胞的发育和分化明显增强，产生芳香化酶，从而把雄烯二酮转化为雌激素（图 11-7）。雌激素的浓度随着卵泡的发育不断升高，在排卵前达到高峰，排卵期下降，而黄体期雌激素分泌量会再度升高。鱼类的雌激素也是由两种细胞共同产生的。

在哺乳动物，孕激素由黄体细胞分泌，主要有孕酮、20α-羟孕酮与 17α-羟孕酮，其中孕酮活

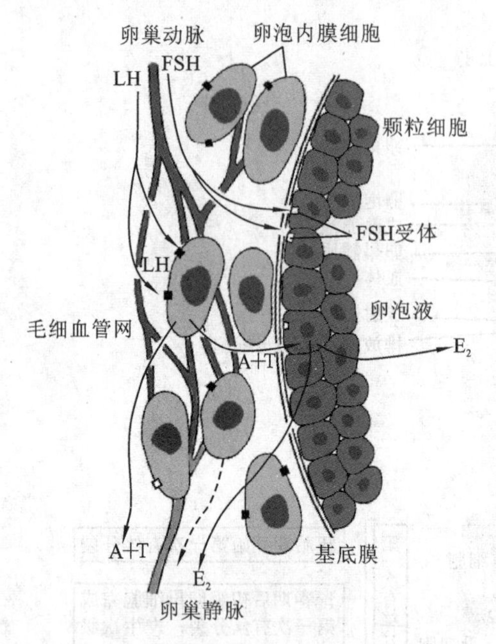


图 11-7 雌激素合成的双细胞学说

性最强。

11.3.3.1 雌激素的生理作用

雌激素主要促进雌性生殖器官的发育和副性征的出现,并且对机体代谢具有明显的影响。

(1)对生殖器官的作用

协同 FSH 促进卵泡发育,诱导排卵期 LH 高峰的出现,进而促进排卵;促进输卵管上皮细胞增生,有利于配子细胞的运行;促进子宫发育,使子宫内膜出现增生,肌细胞内肌纤维蛋白和肌动蛋白含量提高,分娩前还能提高子宫肌的兴奋性和对催产素的敏感性;促进阴道黏膜细胞增生,黏膜细胞增厚,细胞角质化并出现皱褶,也使糖原含量提高,分解时导致阴道酸度提高,有利于乳酸杆菌生长,因此可以增强阴道的抵抗能力。

(2)对乳腺和副性征的作用

刺激乳腺导管和结缔组织增生,使全身骨骼发育、脂肪及毛发特异性分布,出现骨盆宽大、臀部肥硕等雌性特征。

(3)对机体代谢的作用

促进成骨细胞活跃,同时抑制破骨细胞活性,从而加速骨骼生长,促进钙盐在骨骼中的沉积,促使骨骺愈合;促进肾小管对水和 $Na^+$ 的重吸收,使体液向组织间隙转移;促进胆固醇的利用,从而使血液胆固醇含量降低,抑制 β-脂蛋白合成。

11.3.3.2 孕激素的生理作用

由于孕激素受体含量受到雌激素的调节,因此孕激素的主要作用都是在雌激素的基础上完成的,孕激素主要作用于子宫内膜细胞和子宫肌细胞,使之适于受精卵的着床以维持妊娠,同时促进乳腺发育。

(1)对子宫的作用

孕激素能够在雌激素的作用下使子宫内膜进一步增厚,使子宫肌细胞膜电位超极化,兴奋性降低,对催产素的敏感性下降,抑制子宫肌的活动,增强子宫对胚胎的容受性,有利于胎儿的植入。

(2)对乳腺的作用

同样在雌激素作用的基础上,孕激素能够促进乳腺发育,主要是通过刺激乳腺腺泡的增生,为妊娠后期的泌乳活动提供保障。

(3)提高组织的基础代谢率

使机体的产热量提高,促进新陈代谢。

11.3.3.3 雄激素、松弛素和抑制素

无论是哺乳动物还是鱼类,雌性动物中的雄激素都是作为雌激素的前体形式存在,所以有时在卵巢中可以测到较高水平的雄激素。在人类,适量雄激素配合雌激素可刺激阴毛及腋毛的生长,雄激素过多则可出现男性化特征和多毛症。对于妊娠期哺乳动物,还可由妊娠黄体(牛、猪)或胎盘(兔)分泌松弛素,使雌性动物骨盆韧带松弛,子宫颈和产道扩张,有利于分娩。

另外，卵巢和睾丸一样，其颗粒细胞也能分泌抑制素，于卵泡成熟时抑制卵母细胞成熟，使其停留在第一次成熟分裂前期直至排卵前。

## 11.3.4　卵巢机能及生殖周期的调节

在哺乳动物中，静止期的原始卵泡池是各级发育期卵泡的源泉，并最终提供具有受精能力的卵子。卵泡的发育始于原始卵泡到初级卵泡的转化，原始卵泡可以在卵巢内处于休眠状态数十年，当原始卵泡进入生长通道，其体积、结构及在卵巢皮质中的位置发生显著变化。原始卵泡发育远在发情周期起始之前，从原始卵泡至形成初级卵泡所需的时间，动物由于物种的不同而具有很大的差别。卵泡的发育受到**下丘脑-腺垂体-卵巢轴**（hypothalamus-adenohypophysis-ovary axis）的调节，但在不同的阶段具有不同的特点。

11.3.4.1　下丘脑-腺垂体-卵巢轴

下丘脑分泌 GnRH，可促进腺垂体合成和分泌 GtH（包括 FSH 和 LH），而 GtH 能引起性腺合成和分泌性激素，从而影响性腺中卵泡发育、成熟和排卵；另一方面，性腺分泌的性激素对腺垂体和下丘脑的分泌具有反馈性作用（图 11-8）。

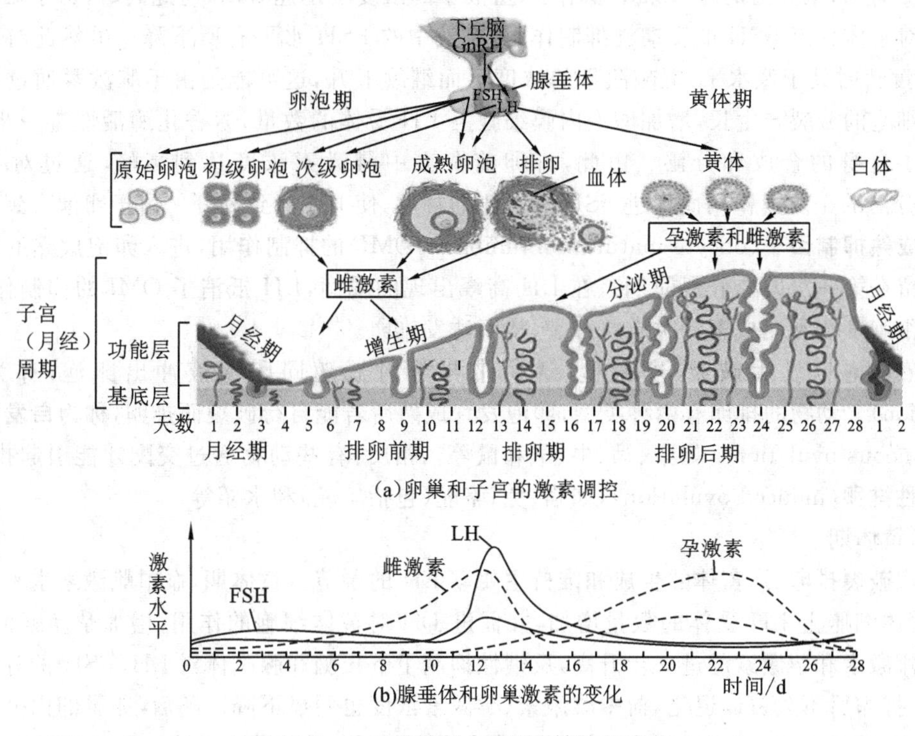


**图 11-8　生殖周期与内分泌激素水平变化**

（仿 Gerard 等，2012）

（1）原始卵泡及初级卵泡的早期发育阶段

此阶段基本上不受垂体的调控，主要取决于卵泡内部因子。如 GH、胰岛素或胰岛素样生长因子，可刺激颗粒细胞增生；颗粒细胞的分泌物又可促进卵泡膜的形成。初级卵泡发育期，卵泡中可能有一种促进 **FSH 分泌的蛋白**（FSH-releasing protein，FRP），它能使 FSH 的分泌量增加。

(2)初级卵泡发育后期

颗粒细胞上出现FSH和雌二醇受体;在FSH和雌二醇的协同作用下,诱发颗粒细胞与内膜细胞出现LH受体;在此期间仅有少量获得了FSH和LH受体的卵母细胞,才能得以发育。

(3)性成熟前

颗粒细胞合成并分泌黏多糖,形成透明带,此时卵巢激素分泌量并不大,但由于下丘脑对卵巢激素的反馈抑制作用比较敏感,而且GnRH神经元尚未发育成熟,GnRH分泌量很少,从而使腺垂体分泌GtH和卵巢的功能处于低水平状态。在卵泡发育成熟至排卵阶段,则受到垂体促性腺激素和卵巢激素的调控。

(4)性成熟阶段

此即次级卵泡发育后期,下丘脑神经元发育成熟,对卵巢的负反馈作用敏感性明显下降。随着GnRH分泌量的增加,FSH和LH分泌量也相应增加,卵巢功能活跃并呈周期性变化:①卵泡期初始:血液中的雌激素、孕激素的浓度均处于低水平,对垂体的FSH和LH分泌的反馈作用较弱,血液中的FSH含量逐渐升高,随之LH也有所增加。②排卵期前夕:卵泡液急剧增加,卵泡腔增大,卵泡体积显著增大,卵泡向卵巢表面突出,随即卵泡壁变薄,紧张度增强。排卵前1周,卵巢分泌的雌激素明显增多,血液中的浓度也迅速升高;与此同时,由于雌激素和抑制素对垂体分泌FSH的反馈性抑制作用,血液中的FSH水平有所下降。虽然此时血液中FSH浓度暂时处于低水平,但雌激素的浓度反而继续上升,这可能是由于雌激素通过加快卵泡内膜细胞的分裂与生长,增加卵泡内膜细胞上LH受体的数量,芳香化酶活性进一步增强,而增强了自身的合成和分泌。由此,排卵前夕血中雌激素浓度达到高峰,通过对下丘脑GnRH分泌的正反馈作用而促进FSH和LH的释放,使LH达到高峰。由于卵泡受到一种**卵母细胞成熟抑制因子**(oocyte maturation inhibitor,OMI)的抑制作用,进入卵泡成熟的卵母细胞仅停留在第一次成熟分裂前期。在LH高峰出现的瞬间,LH抵消了OMI的抑制作用,促使卵母细胞恢复和完成第一次成熟分裂,从而诱发排卵。

成熟卵泡壁发生破裂,卵细胞、透明带与放射冠随同卵泡液冲出卵泡,称为**排卵**(ovulation)。动物的排卵有两种类型,卵泡发育成熟后若能自行破裂而排卵,称为**自发性排卵**(spontaneous ovulation),如猪、马、牛、羊和鼠等。相反,有些动物通过交配才能引起排卵,称为**诱发性排卵**(induced ovulation),如猫、兔、骆驼(包括羊驼)和水貂等。

(5)黄体期

卵泡破裂排卵后,黄体的生成和维持主要靠LH的调节。黄体期,血中雌激素水平逐渐升高,使黄体细胞上LH受体的数量增加,并促进LH对黄体细胞的作用,增加孕激素的分泌。但随着雌激素和孕激素的进一步升高,反馈性抑制了下丘脑和腺垂体对LH、FSH的分泌。若未妊娠,排卵后不久黄体退化,血中雌激素、孕激素浓度也明显下降。随后,卵巢的内分泌功能完全终止,对下丘脑、脑垂体的负反馈作用消失,使下一个卵泡周期开始。如果胚胎在子宫内定植开始妊娠,则由胎盘组织分泌可替代LH的促性腺激素(如人绒毛膜促性腺激素(hCG)),以继续维持黄体的内分泌功能。

#### 11.3.4.2 生殖周期的变化

**生殖周期**(reproductive cycle)是哺乳动物普遍具有的生命现象,表现为雌性生殖能力出现周期性变化。而这种周期性的变化能够在各种雌性生殖器官中体现,包括卵巢、子宫、阴道和乳腺等。卵巢周期包括颗粒期、排卵期和黄体期,子宫内膜周期包括增殖期、分泌期和崩溃脱落(月经)期。生殖周期受下丘脑-腺垂体-卵巢轴调节,各种激素的周期变化,最终决定了生殖周期中各个时期的形成(图 11-8)。

与卵巢激素水平周期性变化相对应,子宫内膜的组织学特征、子宫颈黏液的组成和阴道黏膜的细胞学特征等都发生了显著的变化。

(1)增殖期

增殖期相当于颗粒的中、晚期。子宫内膜在雌激素的作用下增生,表现为内膜细胞数目增多、体积变大,内膜细胞层增厚、内膜腺体增加、内膜中出现大量的螺旋小动脉。

(2)分泌期

排卵后子宫内膜在孕酮和雌二醇的协同作用下继续增生,表现为:内膜细胞产生并储存了大量的糖原颗粒;腺体分泌大量含糖类丰富的黏液;内膜基质增厚,螺旋小动脉卷曲程度加剧。随着孕酮分泌高峰的出现,内膜厚度达到最大以待受精卵的植入。

(3)崩溃脱落(月经)期

如果卵子受精,则由胎盘分泌可替代 LH 的促性腺激素,同时使溶黄体激素 $PGF_{2\alpha}$ 的产生受到抑制,以保证黄体继续存在并成为妊娠黄体;若未受精,因没有取代的促性腺激素,黄体退化。随着黄体的萎缩,血浆雌二醇和孕酮水平降低,使子宫内膜细胞中的溶酶体破裂,释放出蛋白水解酶,前列腺素在水解酶的作用下被释放出来。蛋白水解酶将缺血的内膜组织进行消化,使血管破裂,内膜层脱落,于是血和细胞碎片一并由阴道排至体外。大部分雌性哺乳类出血量较少,仅在未受孕的生殖周期出现。人类以及其他灵长类性成熟后每隔一个月出现,称为月经。此期结束后,雌激素、孕激素分泌量继续下降直至终止,对下丘脑-腺垂体的负反馈作用消失,又开始下一生殖周期。

## 11.4　哺乳类的生殖活动

哺乳动物的生殖过程包括配子的形成、交配、受精、妊娠、分娩和哺乳等一系列过程。哺乳动物有几千种,它们的生殖过程常常具有不同的特点。

受精是雌雄个体产生的单倍体配子相结合,使双亲遗传物质重新组合,恢复为二倍体的**合子**(zygote),并决定个体性别的过程。它标志着新生命的开始,是有性生殖个体发育的起点。受精卵通过连续的有丝分裂产生大量的细胞,所产生的细胞聚集在一起,共同构建新生命所有必需的器官。

### 11.4.1　受精

精子穿入卵细胞并相互融合为合子的过程,称为**受精**(fertilization)。整个过程涉及精卵运行、精子获能、精卵相遇、顶体反应、精卵融合、透明带反应、卵黄膜反应和合子形成等重要生理过程。

(1)精卵运行

哺乳动物的受精通常发生在输卵管壶腹部,因此在受精前精子和卵子都必须向输卵管方向运动。大多数哺乳动物(如牛、羊、兔及灵长类)在交配期间精液大多聚集在阴道前庭部位(阴道射精型),而另一些动物(如猪、马、狗及啮齿类)在交配时大部分精液直接进入子宫腔(宫腔射精型),或通过宫颈管进入宫腔。精子被射入阴道或子宫后,其运行除了依靠精子自身的运动外,还要靠子宫颈、子宫及输卵管有节律的舒缩来实现。发情期,在雌激素的作用下,子宫和输卵管运动明显加强,有利于精子运行;另外,射精刺激和精液中高浓度前列腺素引起子宫的舒缩,在舒张时造成子宫腔内负压,能将精子吸入宫腔。

雄性动物每次可射出精子数以亿计,但最后能到达受精部位的只不过15～50个,最多也不超过100个。尽管精液射入阴道后1～2 min就变为胶冻样,可阻止精液外流,并保护精子不受酸性阴道液体的侵蚀,但仍有90%以上的精子被阴道内的酶以及白细胞杀伤,而失去活力。

精子和卵子在运往输卵管的过程中都要发生一系列变化,才能获得受精能力,如精子的获能作用和卵子的进一步成熟。马和狗等动物的卵子在排出时仅处于初级卵母细胞阶段,在输卵管中运行时需要进行成熟分裂;牛、猪和绵羊等动物排出的卵子虽然已经过第一次成熟分裂,但在输卵管中还需要进一步发育至成熟才能受精。

(2)精子的获能

大多数哺乳动物的精子必须在雌性生殖道内度过一段时间并发生一系列变化之后,才能获得受精能力,称为**精子获能**(capacitation of spermatozoa)。不同动物所需的获能时间不同。

在附睾及精浆中存在一种**去能因子**(decapacitation factor,可能是一种糖蛋白),与精子结合后,妨碍精卵识别,阻碍顶体反应,精卵不能结合,使精子失去受精能力,称为**精子去能**(decapacitation of spermatozoa)。在获能过程中,精子在子宫或输卵管中去除或改变精子表面覆盖的精浆物质(包括胆固醇及其脂类)及非共价键结合的糖蛋白(去能因子),使精子表面特异性受体、离子转运通道暴露,增强精子细胞膜流动性,从而获得受精能力。在兔、猪、牛、大鼠、小鼠等某些动物的血清中,发情母兔子宫液中出现的肽酶,以及子宫、输卵管液中出现的淀粉酶,均对精子获能有效。另外,有利于获能的因子可能还有丙酮酸、乳酸、葡萄糖、碳酸氢盐、白蛋白、$Ca^{2+}$、顶体素等蛋白复合物。不同的动物精子获能的部位存在差异,如猪、牛主要在输卵管。精子获能无严格的种间特异性,获能反应可在异种动物的雌性生殖道内完成。

(3)顶体反应和精卵融合

**顶体反应**(acrosome reaction)是指获能精子受到诱导物的刺激,其质膜与顶体外膜发生融合并释放出顶体内容物的过程。顶体是哺乳动物精子头部的一个帽状结构,它覆盖在精子核的前面,是精细胞的高尔基体衍化的囊性结构,其内充满各种水解酶类。当获能的精子接近卵子透明带时被激活,其头部发生胞吐,释放其内的水解酶,帮助精子穿过透明带。顶体反应发生是一个连续的过程,顶体帽部分质膜与顶体外膜在多处发生融合,使顶体内的物质从融合处释放出来。

哺乳动物精子的顶体内含有20种以上的酶,它们在精子穿透卵子放射冠和透明带时具有协同作用。其中放射冠穿透酶、透明质酸酶和顶体素是主要的溶解酶。放射冠穿透酶使精子冲破放射冠细胞使其松懈脱落;透明质酸酶使精子穿过残存的放射冠基质而抵达透明带;继而顶体素又使精子突破透明带的一个局部区域而到达卵黄膜,以发生精卵质膜融合。精子进入卵子后,激发卵质膜下的皮质颗粒发生胞吐。皮质颗粒的胞吐是"爆炸性的",从精子入卵点开始迅速向四周扩散。皮质反应在阻止多精子受精中发挥关键作用。一旦有精子进入卵细胞,迅速发生皮质反应,胞吐到卵周隙中的酶类引起透明带糖蛋白的变化,从而阻止其他精子的进入,此称为**透明带反应**(zona reaction),正在穿入的精子也被封固于透明带中(图11-9)。

对于小鼠、大鼠、兔和猪等动物,由于其透明带反应较慢,有时会有几个精子同时进入透明带,但当其中一个精子进入卵黄膜后,卵黄发生紧缩,卵黄膜增厚,并释放液体于周围,以阻止其他精子进入,这一反应称为**卵黄膜反应**(vitelline reaction),它是保证单精子受精的又一道封锁线。

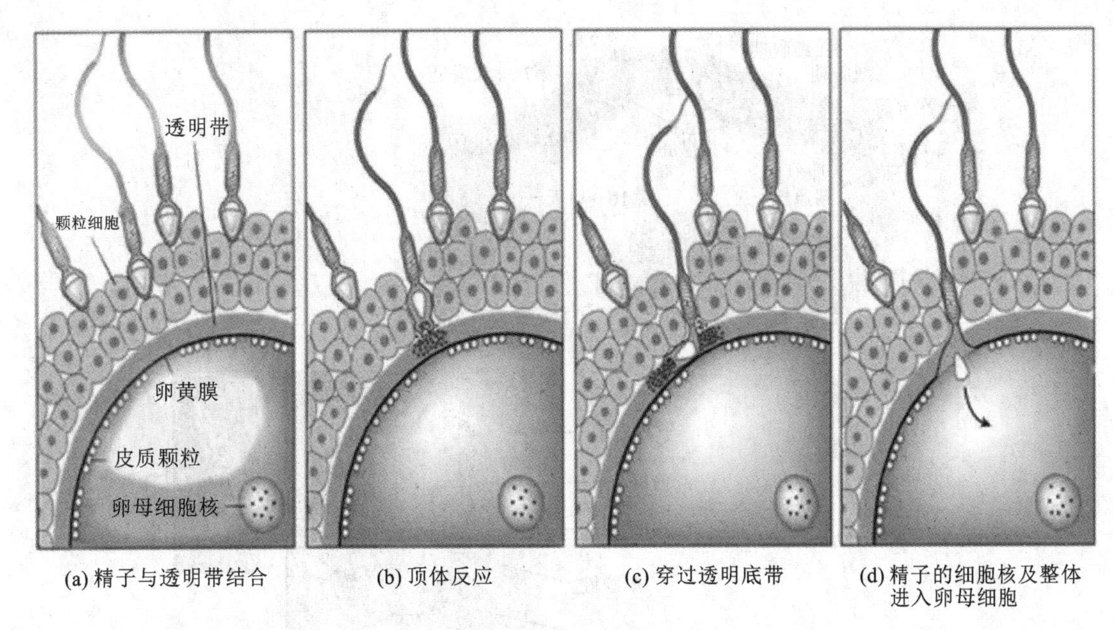


(a) 精子与透明带结合　(b) 顶体反应　(c) 穿过透明底带　(d) 精子的细胞核及整体进入卵母细胞

**图 11-9　受精与顶体反应**

(仿 Gerard 等,2012)

精子进入卵细胞后,立即激发卵细胞完成第二次成熟分裂,排出第二极体,成为**雌性原核**(female pronucleus)。精子尾部迅速退化,细胞核膨大,形成**雄性原核**(male pronucleus)。随即雌、雄原核融合,染色体重新组合形成受精卵($2n$),接着发生第一次卵裂。

## 11.4.2　妊娠与分娩

胚胎在雌性动物子宫内生长发育的过程称为**妊娠**(pregnancy)。妊娠从受精开始,包括卵裂、胚泡着床、胎盘的形成和胎儿的发育一系列生理过程。由于哺乳动物受精卵的能量储备很有限,胚胎必须在相当短的时间内植入子宫,才能保障其胚胎发育的正常进行。同时,乳房在妊娠期作必要的同步发育是子代出生后成长的基本需要。

11.4.2.1　植入

卵子由卵巢排出后,从输卵管伞向输卵管壶腹部运动,这一过程不仅依赖于输卵管伞的收缩及其上皮细胞纤毛的协调运动,还依赖于卵子放射冠中颗粒细胞的功能,并且受排卵期血浆雌二醇水平的影响。由于输卵管伞直接开口于腹腔中,若卵子在进入输卵管之前发生受精,则受精卵不能正常进入子宫,可能造成**不育**(infertility)或**宫外孕**(ectopic pregnancy)。

**植入**(implantation)也称着床,是胚胎经过与子宫内膜相互作用,最终在子宫内膜发生细胞和组织联系的过程。胚泡着床是妊娠的第一步,也是妊娠成功的关键,哺乳动物的受精卵只有在子宫内膜植入以后,才能从母体获取营养物质,逐步发育、分化、生长,并通过胎盘排泄代谢产物,最终发育为一个完整的新个体。

卵母细胞在输卵管壶腹部受精后,一边在输卵管内运行,一边分裂(图 11-10)。一般发育到**桑椹胚**(morula)时,通过输卵管峡部进入宫腔,从腺体分泌液吸取营养,并继续细胞分裂,内中出现囊腔,称为**胚泡**(blastocyst),并逐渐靠近宫壁。胚泡的一端有一团细胞聚集,称为内细胞体(团),是将来发育成胚胎的始基。胚泡周围有一层细胞,称为滋养层,是受精卵接触母体

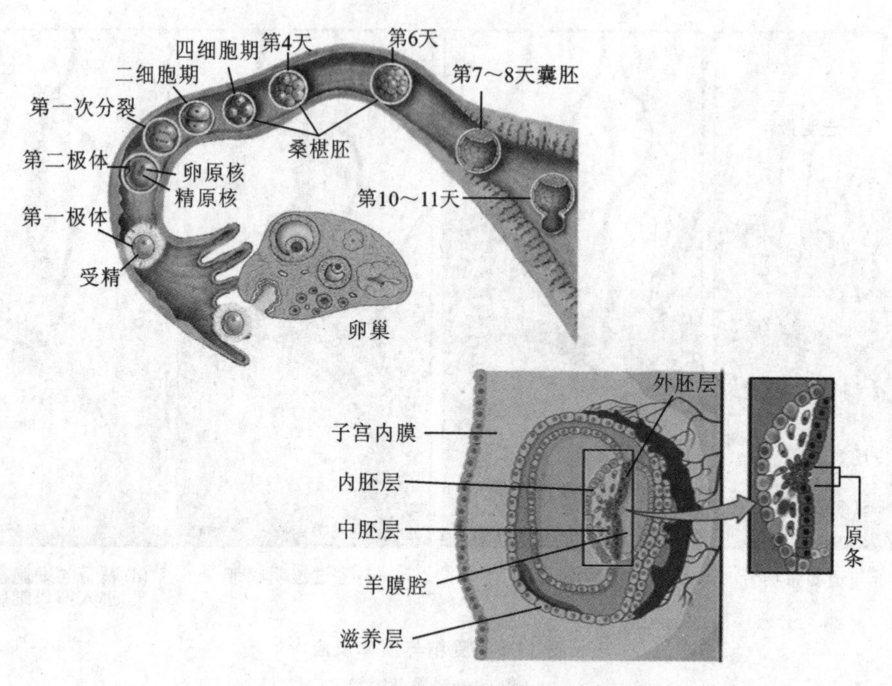


**图 11-10 (人类)卵的受精分裂与转运时间**

(仿 Gerard 等,2012)

的部分,日后形成胎盘和绒膜。滋养层参与了胚胎着床,还能分泌激素(如 hCG)。随着颗粒的发育,滋养层最终分化为两层:内层为细胞滋养层,由较大的多边形细胞构成;外层为合胞体滋养层,由大量的多核巨细胞构成,在合胞体滋养层细胞间存在大量的血窦。

胚泡的植入刺激子宫内膜的**蜕膜反应**(decidual reaction),此过程包括子宫内膜血管舒张,毛细血管通透性增大,内膜出现水肿,以及内膜腺体和细胞增生。

在哺乳动物雌性生殖周期中,子宫内膜只有在特定的时期才对胚胎具有接纳能力,这称为子宫内膜的容受性,此特定的时期称为子宫内膜的**着床窗**(window of implantation)。在此之前或一旦超过该时期,子宫内膜的着床窗就关闭对胚胎的容受性,不论胚胎发育得如何都无法发生植入过程了。对同一物种来说,母体对不同个体的受精卵并无选择性,因此,来源于不同个体的受精卵可以互相移植,但是要保证其生殖周期处于相同的阶段,如果两者不同,可以使用生殖激素将其发情周期调整为步调一致,这种技术称为同期发情。然而,啮齿类动物的雌性个体一旦有了交配刺激,无论其是否具有受精卵,雌性个体都表现出与受孕类似的身体变化(包括子宫对受精卵的容受性),这种现象称为假孕。

胎盘中血管如树枝状穿入蜕膜的血管中,胎儿分泌生殖激素,而人类为人绒毛膜促性腺激素(hCG),维持母体卵巢黄体的继续存在,并分泌其他免疫因子调节母体免疫功能,限制**主要组织相容性复合体**(major histocompatibility complex,MHC)及**干扰素**(interferon,IFN)等在母-胎交界表面上的表达,使胎盘不受排斥。胎盘是同种异体移植,具有父、母双方的抗原,并形成母方及胎儿血流的屏障,保证胎儿不为母体免疫系统所排斥。

11.4.2.2 妊娠

受精卵着床成功就意味着胎儿与母体间已经建立了实质性的联系,而这种关系的维系就是由妊娠期的临时性器官即胎盘来实现的,因此,胎盘的结构和功能对于妊娠中的母体状态和胎儿发育都是至关重要的。

胚胎和滋养层相连的胚外中胚层狭窄的基柄最终形成**脐带**(umbilical cord)。合胞体滋养层充分发育后,形成由滋养层组织和富含血管的中胚层构成的器官,即**绒毛膜**(chorion)。绒毛膜和子宫壁融合形成胎盘。因此,胎盘既含有母体成分(子宫内壁),又含有胎儿成分(绒毛膜)。根据绒毛膜和母体组织的结合特点等,可将哺乳动物的胎盘分为以下几种(图11-11):①弥散型胎盘(散布胎盘),如猪、马、骆驼、鼹鼠、鲸、海豚、袋鼠等的胎盘;②子叶型胎盘(叶状胎盘),如羊、牛、鹿等反刍类动物的胎盘;③环带型胎盘(带状胎盘),如海豹、猫、狗、狐等肉食性动物的胎盘;④盘状型胎盘,绒毛集中,呈饼形,如食虫类、翼手类、灵长类、啮齿类动物的胎盘。

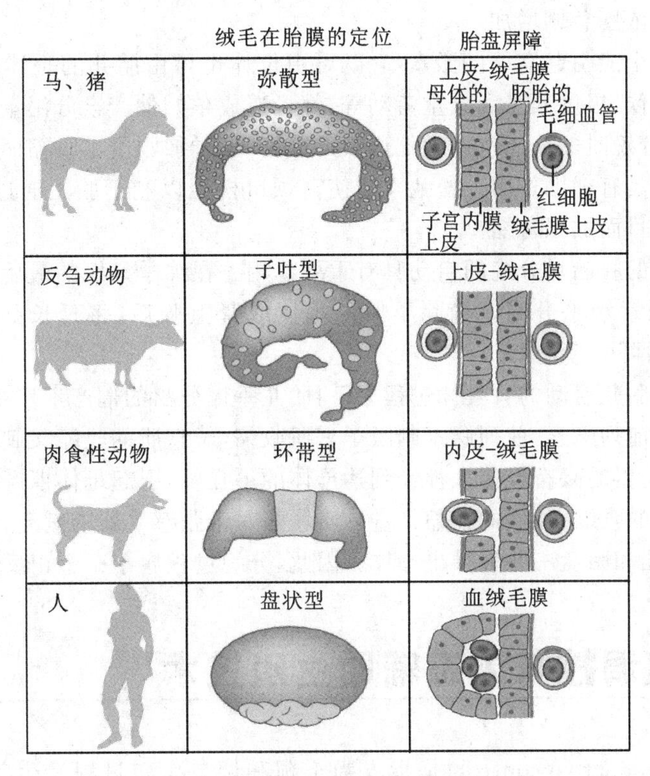


**图 11-11 哺乳动物胎盘类型模式图**

(仿 Sjaastad 等,2013)

胎盘不仅是母体与胎儿之间物质和能量的交换器官,而且是一个重要的内分泌器官,即信息交换单位,它能合成多种生物活性物质。胎盘的内分泌功能弥补了妊娠期下丘脑-腺垂体-卵巢轴功能的减弱,对维持正常妊娠起着重要作用。在妊娠早期,胎盘分泌的人绒毛膜促性腺激素(hCG)有效地延长了卵巢的黄体功能;在妊娠晚期,胎盘分泌的孕酮和雌激素替代了卵巢功能,使子宫内膜的结构能长时间维持,以适应胚胎发育的需要。此外,胎盘还能产生GnRH、**人胎盘催乳素**(human placental lactogen,hPL)、促肾上腺皮质激素释放激素(CRH)和胰岛素样生长因子等。

11.4.2.3 分娩

发育成熟的胎儿及其附属物(包括胎膜和胎盘)通过母体生殖道产出的过程称为**分娩**(parturition)。整个过程是通过胎儿和母体间的相互作用,调节子宫肌的收缩而完成的。分娩是由强烈而有节律的宫缩引起的,一般可持续几小时,最终将产生足够的力量使胎儿娩出。

分娩过程受多种因素的影响,包括孕酮、雌激素、前列腺素、催产素和松弛素等激素的调节,还包括子宫肌和子宫颈壁中的牵张感受器的作用。

孕酮的主要作用是降低子宫肌的兴奋性和收缩性,并抑制前列腺素的合成。雌二醇对子宫的作用与孕酮相反。因此孕酮是防止早产的主要激素,此作用称为孕酮阻断。在多数动物类群中,若血浆孕酮水平降低而雌二醇水平升高,将导致分娩。在人类,分娩前并不出现血浆孕酮水平的明显降低,而表现为胎盘中孕酮结合蛋白浓度增加及孕酮受体数目减少。

前列腺素 $F_{2\alpha}$ 和 $E_2$ 是引起子宫收缩的最有效的刺激剂,它通过增加平滑肌内 $Ca^{2+}$ 浓度而激活收缩机制。前列腺素可由子宫肌层、子宫蜕膜层和绒毛膜产生,在分娩前的很短时间内,羊水中前列腺素的浓度急剧增加。

催产素是另一个能引起宫缩的激素,它既可由母体也可由胎儿的垂体产生。任何应激刺激,如疼痛、恶劣气候、极度紧张和繁重劳动等,都可造成孕妇催产素分泌量增加而引起流产或先兆流产。同样,分娩时的阵痛将刺激催产素的分泌,通过加剧子宫收缩而促进分娩。

松弛素对分娩具有辅助作用。松弛素能使宫颈口松弛以利于胎儿通过,还能增加子宫肌层催产素受体的数目而加强宫缩。

绝大多数动物的胚胎对分娩的启动具有重要作用。在绵羊妊娠的最后 2~3 天,羊胎血浆 ACTH 和糖皮质激素水平升高。摘除羊胎的垂体或肾上腺后,将延长妊娠期;而体外注射 ACTH 或可的松则可引起早产。

分娩首先是由胎儿启动的。具体过程如下:胎儿垂体分泌的催产素作用于子宫内膜受体,引起子宫内膜分泌前列腺素,前列腺素刺激子宫肌收缩,子宫肌的收缩又刺激了子宫肌层的牵张感受器,牵张感受器的兴奋经传入神经到达母体的下丘脑,引起母体催产素的分泌。催产素进一步加剧子宫肌的收缩,强烈的宫缩又进一步增强对牵张感受器的刺激,引起更多催产素的分泌,直到最后胎儿和胎盘一并被排出母体。因此,分娩过程属于一个正反馈的调节环路。

## 11.5 生殖调控与人工辅助生殖技术

**生殖调控**(reproductive control)是指人为干预和调节生殖过程及生殖能力的方法或过程。在人类的生殖调控包括两个方面:其一是人为地降低生育能力,如避孕和绝育;其二是人为地提高生育能力,如不孕症的治疗、**人工授精**(artificial fertilization)和试管婴儿等**辅助生殖技术**(assisted reproductive technology, ART)。而动物的生殖调控则多指使用各种手段保存、提高和加强其生殖能力的过程。

### 11.5.1 人工授精

人工授精是指不通过雌雄个体的自然交配活动,而是通过人工手段将精子输入雌性生殖道相应部位以使其受孕的技术。按照精子输入部位,又可将其分为阴道人工授精、子宫颈人工授精、子宫内人工授精、输卵管人工授精,甚至卵泡内人工授精。此外,在人工授精过程中,一般为了提高成功率或效率都对精液进行一定的处理,包括浓缩、稀释和质量控制等操作。在动物生产实践中,为了按照育种工作的需要提高优良雄性后代的比例,还经常辅以精液品质鉴定和精液的低温储存技术。

人工授精技术主要是在雌性生殖道内的受精部位增加精子的数量和质量,通过克服功能性限制精子运送因素来达到提高受孕概率。在正常情况下，射精后精液大多存留在阴道穹窿，大多数精子在宫颈管腺体隐窝中可生存数天，并不断地被释放出来。一般认为精子可保持 48 h 的活力，而能够到达输卵管壶腹部（受精部位）的精子数量只有几十到上百个，而人工授精可以使雌性生殖道内局部精子浓度大幅度提高，从而增加与卵子相遇的机会。

人工授精时间的确定，主要是根据雌性动物的排卵时间。在一个性周期中，各种动物的排卵时间是各不相同的，同一种动物由于年龄等的差异，排卵时间也不相同，所以在生产实践中，必须掌握各种动物的排卵规律，然后确定其配种时间。对诱导排卵的动物施行人工授精之前，应先用输精管结扎的雄性动物进行交配，然后再进行输精，否则不能受孕。

### 11.5.2　胚胎移植

**胚胎移植**（embryonic transplantation）是指将雌性动物的早期胚胎，或者通过体外受精及其他方式得到的胚胎，移植到同种的、生理状态相同的其他雌性动物体内，使之继续发育为新个体的技术。

受精卵要在体外条件下培养发育一段时间，再移植到受体子宫内。因此，“试管动物”实际上要在体外进行三个阶段的培养：第一阶段是卵子成熟培养和精子获能培养；第二阶段是受精培养；第三阶段才是受精卵早期发育培养。根据目前的研究水平，还不能在体外模拟出子宫的环境供胚胎发育，因此，体外受精、胚胎移植的最晚时期是发育至胚泡期，试管动物或试管婴儿并非完全是在试管里产生的。受精卵或一定发育阶段的胚胎必须移植到子宫内才能够继续发育并最终产出婴儿。有时还会因为提供卵子的雌性本身（供体）生殖道障碍而无法自然受孕，则应该考虑将已经获得的胚胎转移到其他相应周期的雌性生殖道内（代孕母体）。

利用胚胎移植，可以开发遗传特性优良的母畜繁殖潜力，较快地扩大良种畜群。在自然情况下，牛、马等母畜通常一年产 1 胎，一生繁殖后代仅仅 16 头（匹）左右，猪也不过百头。采用胚胎移植则使优良母畜免去冗长的妊娠期，胚胎取出后不久即可再次发情、配种和受精，从而能在一定时间内产生较多的后代。

## 11.6　泌乳

泌乳虽然是生产之后的阶段，却是新生命诞生后最先需要的物质基础，对个体发育的质量具有重要的作用，同时还是乳用动物养殖的一个重要生产功能。

正常情况下，雌性哺乳动物在分娩后即开始分泌并排出乳汁（有的动物在分娩前就有少量乳汁分泌）。乳腺分泌细胞从血液中摄取营养物质，生成乳汁后分泌入腺泡腔内的过程称为**泌乳**（lactation，milk secretion）；当哺乳或挤乳时，储积在腺泡和导管系统内的乳汁迅速流向乳池的过程称为**排乳**（milk excretion，milk ejection）。泌乳和排乳是两个独立而又相互制约的过程。

### 11.6.1　乳腺的基本结构和发育

#### 11.6.1.1　乳腺的基本结构

**乳腺**（mammary gland）由皮脂腺体衍生而来，是皮肤的一部分。哺乳动物的雌雄两性都有乳腺，但只有雌性的乳腺才能充分发育并具备泌乳能力。羊只有一对乳腺，位于胸部或腹股沟部,而猪在腹白线两侧有多对乳腺。但就微观解剖而言,不同物种的乳腺大同小异。奶牛的乳腺包括 4 个乳区,每个乳区都有一个乳头。在一个乳区中形成的牛奶不能转移到另外一个乳区。

成年雌性动物的乳腺由多条输乳管构成,每条输乳管都以不同方式汇集到乳头上,而另一端与丰富的乳腺腺泡连接,乳腺腺泡由形态和功能高度特化的乳腺细胞构成。腺泡细胞的顶部有丰富的纤毛,基部被具有收缩能力的平滑肌上皮细胞包绕。乳腺受动脉和静脉系统支持。乳房的左侧和右侧通常都有自己的动脉系统以供给血液(图 11-12),但也有一些小动脉将左右两侧连通起来。动脉系统的主要作用是不断地给牛奶合成细胞提供养分。每生产 1 L 牛奶需要流过乳房的血液量为 500 L,当奶牛的日产量达到 60 L 时,就要求有 30000 L 的血液循环流过乳腺。

腺泡细胞内含有发达的内质网、高尔基体、线粒体和脂滴。腺胞细胞膜上存在催乳素受体,催乳素能刺激腺泡细胞的分裂和分化,并增加乳汁的合成量,它还能通过 mRNA 的表达刺激酪蛋白的分泌。

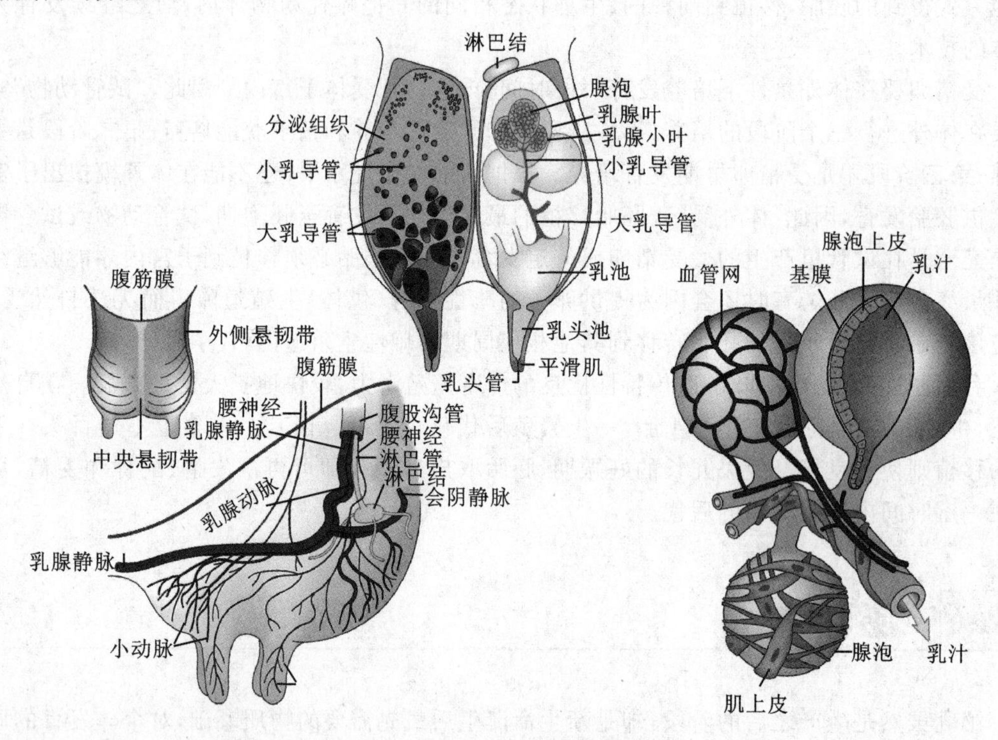


图 11-12　乳腺的血液供应及结构

11.6.1.2　乳腺的发育

虽然乳腺原基质的发育在出生前的胎儿时期就形成了,但是最显著的发育是从青春期才开始的,而其腺体的实质发育则只在妊娠期间进行。乳腺主要经历以下几个阶段的发育(图 11-13)。

①初情期之前:由于雌激素水平低,乳腺只有简单的导管。

②妊娠早期:雌激素分泌水平提高,乳腺快速增长,主要是导管系统的生长。

③妊娠后期:高水平的雌激素和孕激素使乳腺迅速生长,形成腺小叶和腺泡,并逐渐具备泌乳的功能。

④泌乳期:乳腺细胞数量继续增多,直到泌乳高峰期。

泌乳高峰期后，乳腺腺泡和导管逐渐萎缩，被结缔组织和脂肪取代，进入干奶期。

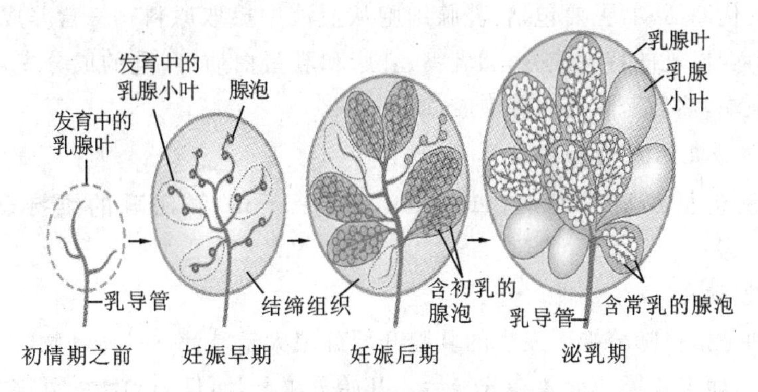


图 11-13　乳腺的不同发育阶段

(仿 Sjaastad 等，2013)

11.6.1.3　乳腺发育的调节

乳腺的生长发育主要受到内分泌和神经系统的调节。

(1)激素调节

主要由卵巢分泌的雌激素和孕酮对于乳腺的生长发育都是必需的。对于一些动物，如大鼠、小鼠、猫和兔等，单独给予雌激素只能引起导管系统的生长发育，而同时给予雌激素和孕酮则引起腺泡小叶生长。在山羊、绵羊、豚鼠和猴中，雌激素可使乳腺的导管和腺泡都同时发育，其中山羊和绵羊甚至能分泌少量乳汁，这是因为这些动物的肾上腺皮质能分泌一定数量的孕酮。雌激素对母牛的乳腺发育和诱发泌乳在一定程度上与山羊类似。雌激素和孕酮的比例对乳腺的正常发育具有重要影响，而且存在明显的种间差异。

由腺垂体分泌的催乳素具有发动和维持泌乳的作用，与生长激素和卵巢激素起着重要的协同作用。在所有已研究过的哺乳类中，切除垂体后给予雌激素和孕酮，都不能刺激乳腺生长发育。对大鼠乳腺发育的激素调控研究表明：除卵巢激素外，至少有五种腺垂体激素参与乳腺生长发育的调节，分别为促卵泡激素(FSH)、黄体生成素(LH)、生长素(GH)、促肾上腺皮质激素(ACTH)和催乳素(PRL)。

胎盘在妊娠后期对乳腺的生长发育有重要作用。其中除胎盘分泌的雌激素和孕酮起促进作用外，大鼠和灵长类的胎盘能分泌特殊的胎盘催乳素。另外，糖皮质激素、甲状腺激素和胰岛素等对乳腺的生长发育也起调节作用。

(2)神经调节

在山羊性成熟前、妊娠期和泌乳期切断支配乳腺的神经，可以分别导致乳腺停止发育、腺泡腔和小叶不能形成、腺泡的分泌活动停止等状况。刺激乳腺的感受器，发出神经冲动到中枢，通过下丘脑-垂体系统或直接支配乳腺的传出神经，能明显地影响乳腺的发育。在畜牧业生产中，按摩怀孕母牛和产后母牛的乳房，能够促进乳腺的发育和提高产乳量。

## 11.6.2　乳的分泌

11.6.2.1　乳的生成

乳的生成在乳腺腺泡上皮和终末乳导管的分泌上皮内进行。乳的前体来源于血液，但乳生成不是单纯的物质积聚，而是包括一系列物质合成和复杂的选择性吸收过程。因此，乳的生成是极其强烈的代谢活动，主要包括：乳腺细胞从血液中摄取原料——营养成分(乳前体)；乳腺细胞利用原料合成乳的特有成分，如乳糖、乳脂和乳蛋白质等；乳的成分先从合成部位运输到腺泡细胞膜顶端，然后跨膜进入腺泡腔。

#### 11.6.2.2　泌乳的发动和维持

乳汁的分泌包括**泌乳的发动**(initiation of lactation)和**泌乳的维持**(maintainance of lactation)两个阶段。

(1)泌乳的发动

泌乳的发动是指伴随分娩而发生的乳腺开始分泌大量乳汁。一些动物(如啮齿类)在临产时开始分泌乳汁，而灵长类一般要在分娩后才开始分泌乳汁，反刍动物的乳腺在分娩前若干时间就开始分泌乳汁，但也只有在分娩后才能分泌大量乳汁。

(2)泌乳的维持

泌乳发动后，乳腺能在相当长的一段时间内持续进行泌乳活动，称为泌乳的维持。母畜每次分娩后持续分泌乳汁的时期，称为泌乳期。对于役用动物来说，其泌乳期等于哺乳期，如役用母牛的泌乳期为 90～120 d，而人工培育的乳用牛其泌乳期远大于哺乳期，长达 300 d 左右。母牛产犊后，泌乳量迅速增加，并在 4～6 周内达高峰。

(3)神经和体液调节

腺垂体分泌的激素对于发动和维持泌乳是必不可少的。发动和维持泌乳的必需条件之一，是腺垂体不断分泌催乳素。分娩前后孕激素、雌激素水平的明显下降使它们对下丘脑-腺垂体的负反馈抑制作用解除，引起催乳素迅速释放；分娩后胎盘生乳素的下降，使其对催乳素受体的封闭作用解除。以上这些变化导致泌乳的发动。另外，甲状腺激素能提高机体的代谢，对泌乳有明显的促进作用；生长激素可提高泌乳量；肾上腺皮质激素对机体的蛋白质、糖类、无机盐和水代谢有显著的调节作用，因此对泌乳也有影响。

在泌乳的维持上，不同的动物之间有所差异。例如，人、兔等主要依赖 PRL 来维持泌乳，而牛、羊等动物主要依靠生长激素。

腺垂体分泌催乳素是由脑高级部位参与的反射活动。引起这种反射的有效刺激是哺乳或挤乳。从乳房感受器发出的冲动传到脑部后，能兴奋下丘脑的有关中枢，然后通过神经和体液途径，使腺垂体释放催乳素，促进泌乳。

#### 11.6.2.3　乳汁

母畜在分娩期或分娩后最初几天内分泌的乳称为**初乳**(colostrum)。初乳色黄而浓稠，稍有咸味和一种特有的腥味，煮沸时凝固。初乳内各种成分的含量与常乳相差悬殊。干物质含量很高，含有丰富的球蛋白、白蛋白、酶、维生素及溶菌素等，但乳糖较少，酪蛋白的相对比例较小。其中免疫球蛋白能直接被吸收，增强仔畜的抗病能力。初乳中的维生素 A 和维生素 C 比常乳高 10 倍，维生素 D 比常乳高 3 倍。初乳中含有较高的无机质，特别富含镁盐，能促使仔畜排出胎粪和促进消化道蠕动，有利于仔畜的消化活动。

初乳经过 6～15 d 的时间转变为常乳。初乳期过后，乳腺所泌乳汁称为**常乳**(ordinary milk)。所有哺乳动物的常乳都含有水分、脂类、蛋白质、糖、无机质、维生素和酶等成分。其中糖和无机质溶解于水中成为溶液；蛋白质在水中组成胶体溶液；脂类则以脂肪球的形式悬浮于乳汁中，成为悬浊液。

## 11.6.3 乳的排出

11.6.3.1 乳的积累

在仔畜吮乳或挤乳之前，乳腺上皮细胞生成的乳汁连续地分泌到腺泡腔内。随着腺泡腔和细小乳导管中乳汁的充满，依靠各种反射使乳汁进入乳导管和乳池积聚，最后整个容纳系统充满乳汁。在母牛乳房中，乳池内的乳占总乳量的 20%～30%，导管系统内的乳占总乳量的 15%～40%，而腺泡乳占总乳量的 20%～60%。当乳容纳系统被充盈到一定限度时，乳汁继续积聚将使容纳系统的内压迅速增大，从而压迫乳腺中的毛细血管和淋巴管，以致乳生成的速度显著减慢，而且乳的成分也受到影响。在挤乳后的最初 3～4 h 内，乳的生成最旺盛，以后就逐渐减弱。及时排乳是保证高效泌乳的必要条件。母牛的尿液中出现乳糖可以作为乳房过度充满的指标，因为当乳房容纳系统充满后，腺泡中的乳糖被吸收进血液，进而通过肾脏随尿排出。

11.6.3.2 排乳反射

(1)排乳反射时相

乳的排出至少包括两个先后出现的反射时相。

当哺乳或挤乳时，首先排出来的是储存在乳池和大导管中的乳，称为**乳池乳**(cistern milk)；随后，依靠排乳反射，腺泡和细小乳导管的肌上皮收缩，使腺泡中的乳流进导管和乳池系统，继而排至体外，称为**反射乳**(reflex milk)。乳牛的乳池乳一般约占排出乳量的 30%，反射乳约占排出乳量的 70%。可见，乳汁主要是在正压作用下主动排放的，而非由吸吮和挤压所造成的负压效应导致。

(2)排乳反射过程

排乳反射是一种典型的神经内分泌反射(图 11-14)。

感受器主要分布在乳头和乳房皮肤，传入神经为精索外神经，适宜刺激为吸吮和挤奶，此外温热刺激、生殖道刺激、仔畜对乳房的冲撞也可以引起排乳反射。除这些非条件刺激外，外界各种刺激可以通过听觉、视觉、嗅觉等建立促进或抑制排乳的条件反射。

中枢：视上核和室旁核是排乳反射的基本中枢。刺激信号经精索外神经传至脊髓，再上传到达下丘脑视上核和室旁核。

传出途径和效应器：视上核和室旁核兴奋，释放催产素，沿血液循环作用到乳腺平滑肌和肌上皮细胞，引起收缩，乳排出，此为神经体液途径。中枢还通过传出神经直接调节乳腺平滑肌和肌上皮细胞的活动，传出神经存在于精索外神经和交感神经中。

(3)排乳抑制

异常刺激主要是通过较高级中枢作用到下丘脑排乳反射中枢，使催产素释放量减少。机体还可以通过交感神经使乳腺血流量降低，抑制排乳。

排乳反射的高级中枢在大脑皮层，因而，在非条件排乳反射的基础上，可以形成大量条件反射。环境吵闹和不规范操作等异常刺激可以抑制排乳反射。挤乳的时间、地点、人员或设备的更换，以及疼痛、不安、恐惧和其他情绪性纷乱等都能抑制动物排乳。中枢的抑制性影响通常起源于脑的高级部位，导致神经垂体释放催产素受阻；外周性抑制效应通常通过交感神经系统兴奋和肾上腺髓质释放肾上腺素，导致乳房内小动脉收缩，结果使乳房循环血量下降，不能

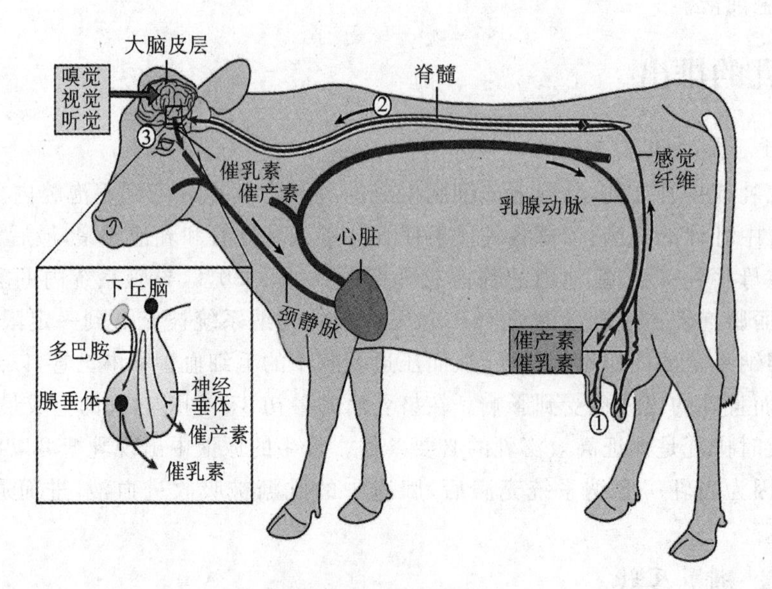


图 11-14　排乳反射

(仿 Sjaastad 等,2013)

输送足够的催产素到达肌上皮。外周性抑制效应是泌乳母牛受到惊扰时,泌乳量明显下降的主要原因。

## 复习思考题

1. 什么是性成熟、体成熟、性季节? 性成熟与体成熟的关系是什么?
2. 简述下丘脑-腺垂体-性腺调节轴对性腺发育和机能的调节。
3. 简述哺乳动物的生殖过程。
4. 简述乳腺的发育及其影响因素。
5. 什么是初乳? 初乳与常乳有什么不同?
6. 简述泌乳和排乳的调节。

码 11-1　第 11 章主要知识点思维路线图一

码 11-2　第 11 章主要知识点思维路线图二

# 第12章 禽类生理特点



鸟类是恐龙的后裔，适应于飞行的进化，其身体结构发生了独特的变化。在完成其生理功能方面，尽管与哺乳动物在许多地方是一致的，但也存在一些差异。了解禽类生理活动的规律对促进养禽业的发展和禽类的疾病防治具有重要意义。

## 12.1 神经系统

### 12.1.1 外周神经

禽类的外周神经系统与哺乳动物基本相似，分为脑神经和脊神经。禽大多数外周神经纤维直径为 8～13 $\mu$m，粗大的神经相对较少。神经传导速度较慢，成年鸡为 50 m/s（哺乳动物最快，为 120 m/s）。

12.1.1.1 脑神经

禽类的脑神经也有12对，其中第Ⅰ、Ⅱ、Ⅲ、Ⅴ、Ⅵ、Ⅶ对脑神经与哺乳动物基本相似，其余则存在一些差异。禽三叉神经最发达,鸭、鹅的眼神经较发达,舌咽神经分为舌支、咽喉支和食管降支,面神经不发达,舌下神经还有支配鸣管固有肌的分支。

12.1.1.2 脊神经

鸡的脊神经与椎骨数目接近,由前向后分为臂神经丛、腰荐神经丛和阴部神经丛。当出现神经性马立克病和维生素 $B_2$ 缺乏时,臂神经丛和坐骨神经肿大、变软。

12.1.1.3 植物性神经

在脑神经和脊神经中,都有支配内脏器官运动的神经纤维,即植物性神经。与哺乳动物一样,禽的植物性神经也由副交感神经和交感神经组成。禽还有一支特殊的肠神经,参与调节和控制肠道功能(图 12-1)。

禽类的羽毛有复杂的平滑肌系统,其中有的使羽毛平伏,有的使羽毛竖起,二者协同可使羽毛旋转。平伏肌和竖毛肌均受交感神经的支配,刺激交感神经可引起收缩,导致羽毛平伏或竖起。

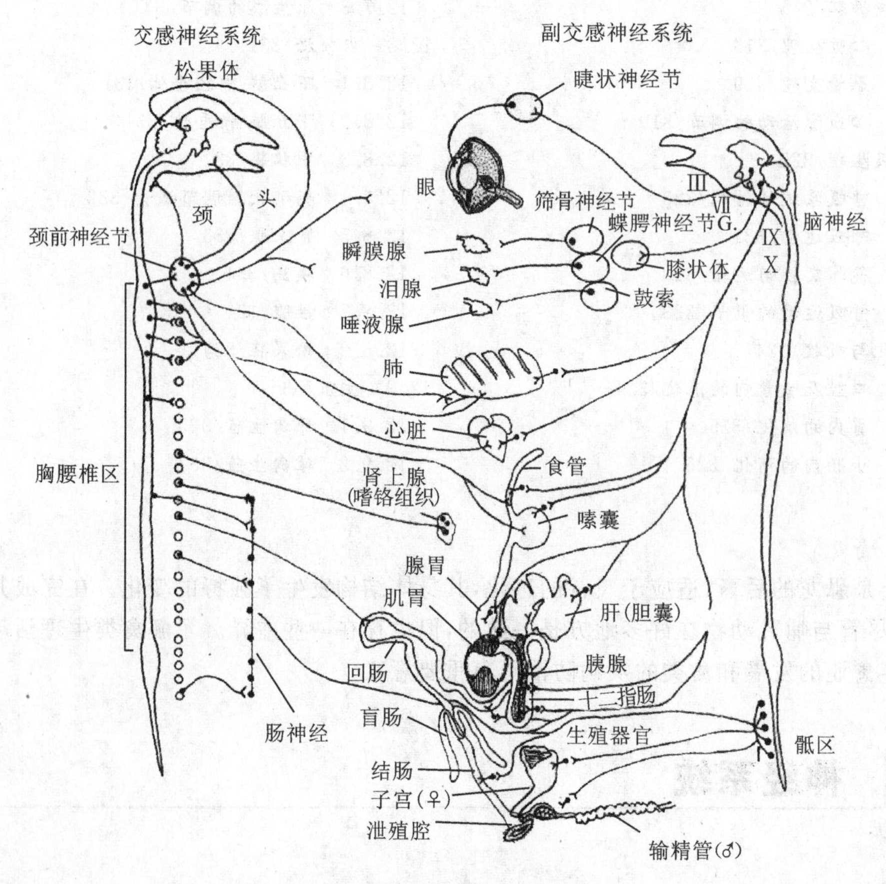


图 12-1 禽类植物性神经系统

## 12.1.2 中枢神经

12.1.2.1 脊髓

与哺乳类相比,禽类的颈部和腰荐部较长,胸部较短。禽类脊髓的长度几乎与椎管相同,因此脊神经不必向后而是向外侧直接到达相应的椎间孔,后端不像哺乳动物那样与脊神经形成马尾。

禽若被切断脊髓，短期内也会发生断面以下所有反射均消失的脊休克。一段时间后，典型的保护性脊髓反射和维持禽体平衡的尾部运动反射相继出现，即两腿反射运动交替发生，但不能行走，两翅膀反射运动尚能协调。

由于禽类脊髓的前行传导路径不发达，只有少数脊髓束纤维能到达延髓，因此躯干部的外周感觉较差。

12.1.2.2 脑

不同禽类之间脑的结构和外观存在差异，与哺乳动物相比，其共同的特点是特别发达的视丘。哺乳动物的大脑半球很大部分由皮层组成，而在禽类主要是由分区的、由纤维束和神经核聚合而成的纹状体组成(图 12-2)。

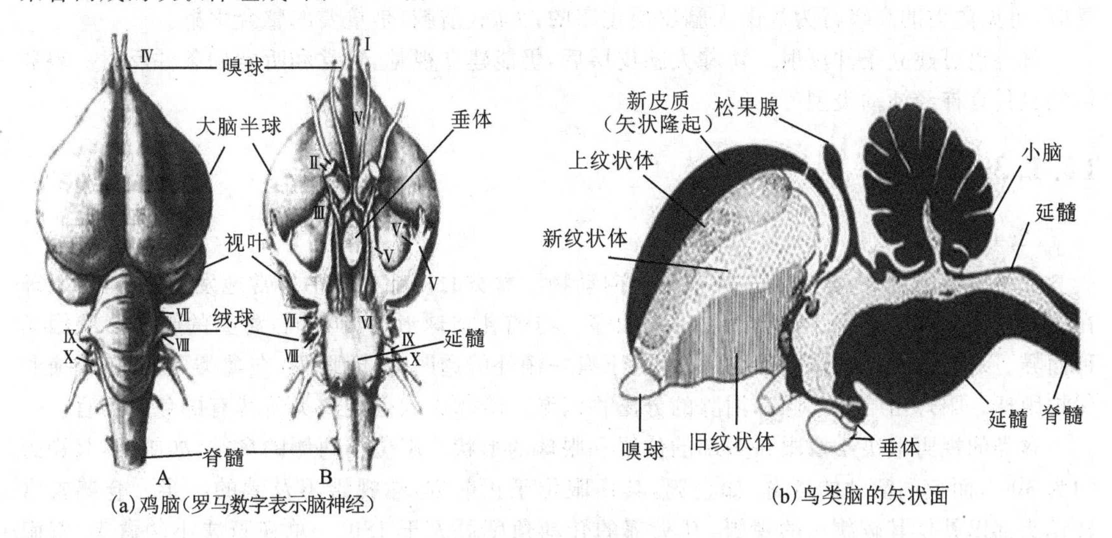


图 12-2 禽类脑的结构(背面、腹面与矢状面)

(1)延髓

禽类延髓发育良好，腹侧面隆凸，第Ⅴ～Ⅷ对脑神经向两侧发出。延髓具有维持和调节呼吸运动、心血管运动的基本中枢。家禽的前庭核还与内耳迷路相联系，在维持正常姿势和调节空间方位平衡方面具有一定作用。

(2)小脑

禽类小脑的蚓部很发达，两侧有一对小脑绒球，但没有小脑半球。小脑与延髓、延髓和大脑有着紧密的联系，在小脑上有控制躯体运动和平衡的中枢。切除小脑后，会引起颈和腿部肌肉痉挛，尾部紧张性增加，导致行走和飞翔困难。

(3)中脑

中脑后方与延髓直接融合，背侧顶盖形成一对发达的视叶，相当于哺乳动物的前丘。中脑是接受视觉冲动并进行整合的一个相当复杂的部分，破坏视叶会导致失明。禽类视觉与其他动物相比非常发达，视叶表面有运动中枢，和哺乳动物大脑的运动中枢相似，刺激视叶则可引起同侧肢体运动。

(4)间脑

禽类的间脑较短，位于视交叉背后侧，无乳头体，其背侧下丘脑与垂体紧密联系。一方面，其视上核和室旁核产生的神经垂体激素储存在神经垂体内；另一方面，背侧下丘脑分泌的调节肽控制着腺垂体的活动。体温中枢位于背侧下丘脑，营养中枢(包括饱中枢和摄食中枢)也位于背侧下丘脑。其中，饱中枢位于腹内侧，摄食中枢位于腹外侧，共同调节着摄食等生理过程。实验证明，损毁鸡和鹅的饱中枢，可引起贪食变胖。反之，损毁摄食中枢，会导致厌食、消瘦甚至死亡。背侧下丘脑以下部位还与各部躯体神经相连，破坏背侧下丘脑会引起屈肌紧张性增高。

(5)大脑(前脑)

与哺乳类具有发达的大脑皮层不同，禽的大脑半球不发达，表面光滑，无沟回，背面有一略斜的纵沟，皮质结构较薄。但由纤维束和神经核聚合而成的纹状体非常发达，其中上纹状体和外纹状体与视觉反射活动有关，新纹状体是听觉的高级中枢所在的部位。家禽被切除大脑后，虽然能站立和抓握等，但会出现长期站立不动等现象，也不能主动采食，对外界环境的变化无反应，可见禽类的高级行为是由大脑皮层主宰的，大脑(前脑)是重要的整合中枢。

禽类也可建立条件反射。切除大脑皮层后，仍能建立视觉、触觉和听觉的条件反射。鸡和信鸽也具有神经活动类型等特征。

## 12.1.3 感觉

### 12.1.3.1 视觉

除了少数的例外，禽类是一种视觉定向动物。禽类的视叶在脑中异常地发达和突出，眼球在头部所占的相对容积比哺乳动物的大很多。与哺乳类球形结构不同，禽类的眼球形状因禽种而异。与爬行类的眼球类似，在眼睑底下有一额外的透明睑，即瞬膜，在禽类飞翔时，遮掩和保护眼球。眼球由哈德氏腺和泪腺的分泌物润湿。哈德氏腺也是禽类所特有的免疫器官。

禽类的视野取决于双眼在头部的位置和眼球的形状。眼位于两侧的禽类，如鸽子，其视野约为300°，而夜间活动的猛禽，如仓鸮，其两眼位于正前方，总视野不及鸽的一半。仓鸮常常转动头部以补偿其较狭小的视野，其头部的转动角度可大于180°。总视野狭小的禽类，双眼视野有较多重叠，因而立体视觉发达，对距离感有精准的判断；而像鸽子那样的鸟类，则通过头部典型的前、后运动，包含从不同位置连续扫描，收集有关相对距离的视觉信息。

禽类行为受到光强度的影响。商品化养殖条件下，应合理控制光照强度以防止鸡啄癖的发生。笼养蛋鸡常采取断喙的措施，散养鸡则可采取佩戴眼罩，遮挡正面视线的措施以避免彼此的正面攻击。另外，蛋鸡的光照周期的变化，会影响其性腺的发育。

### 12.1.3.2 听觉

在所有禽类中，听觉信号不是适用于同一目的。仓鸮等猛禽利用听觉寻找食物，但许多雀形目的鸟类，其听觉的主要功能是在群居行为中。禽类及哺乳动物的听觉与动物的其他各纲相比，一般有了更高级的发育。声音感觉和转换为神经冲动的过程，看起来与其他脊椎动物的基本相似，但在结构上存在着一些本质的区别。禽类中耳内的听小骨位于充满气体的腔室内，因而几乎接收不到由骨传导的声波。

人和大多数禽类之间明显不同的是，禽类具有分辨短音程声音的能力。禽类分辨声音的速度超过人和大多数哺乳动物，但没有任何鸟类能超过蝙蝠。在铃声刺激下，雏鸡烦躁不安的情景不会引起母鸡的注意，但即使超出母鸡的视觉范围，雏鸡的痛苦鸣叫声却能立刻吸引母鸡走向发声的地方。

### 12.1.3.3 化学感觉

一般认为有三类化学感觉：嗅觉、味觉和一般化学感觉。嗅觉是远距离感受器，能感受相当远距离的、极其稀薄的、空气传导的化学刺激。味觉通常需要较高浓度的化学刺激与味觉感受器密切接触。一般化学感觉用于感受具有刺激性的非特异性刺激。

禽类的嗅觉系统发育程度取决于品种。鹬鸵、鹫、信天翁和海燕的嗅觉系统发育最好，鸡、鸽和大多数猛禽的次之，鸣禽的最差。一个极端的例子是鹬鸵，它在解剖上的发育情况和嗅闻行为都表明，嗅觉对寻找食物是有作用的。除鹬鸵外，所有禽类都缺乏嗅闻行为。

味觉的功能是促进动物摄取营养物，辨别有用的食物和避免可能的中毒。鸡的味觉感受器（味蕾）位于舌根和咽的底部，通常与唾液腺密切联系。其味蕾的形状介于鱼类和哺乳类之间，而与爬行类相似。与其他各纲相比，禽类味蕾数量相对较少。

# 12.2　血液

## 12.2.1　血液的组成与理化特性

### 12.2.1.1　血液的组成与血量

禽的血细胞比容较哺乳动物的小。血浆的主要成分为水，其次是蛋白质（白蛋白、球蛋白和纤维蛋白原）以及低相对分子质量物质。低相对分子质量物质包括电解质、一些营养物质、代谢产物和激素等，其中，有机成分有氨基酸、糖类、脂类、维生素、激素、酶和有机酸等。家禽血液中的非蛋白氮主要为氨基酸氮和尿酸氮，尿素氮很少，肌酐几乎没有；哺乳动物则主要为尿素氮和肌酐，氨基酸氮和尿酸氮含量极少。无机成分有钠、钾、镁、氯、碳酸盐和磷酸盐等。

公鸡的血量为其体重的 9%，母鸡为 7%，鸭为 10.2%，鸽为 9.2%。

### 12.2.1.2　血液的理化特性

禽血液呈红色。动脉血含氧多，呈鲜红色；静脉血含氧少，呈暗红色。

禽类血液与哺乳动物相似，呈弱碱性，pH 值在 7.35～7.50 的狭窄范围内变动。在正常情况下，血液酸碱度保持相对稳定，一方面取决于血液中多种缓冲物质的缓冲功能，另一方面肺的呼吸活动和肾的排泄功能也是其稳定性的重要调节方式。

禽类全血相对密度在 1.043～1.060。公鸡为 1.054，母鸡为 1.043，鹅为 1.050，鸭为 1.056。母鸡的全血密度显著低于公鸡的原因是其血浆中脂类含量明显高于公鸡。

禽类血液的黏滞性较大，为蒸馏水的 3～5 倍。如公鸡为 3.67 倍，母鸡为 3.08 倍，鹅为 4.6 倍，鸭为 4.0 倍。由于雄性血液中红细胞数量多于雌性，因此，雄性血液黏滞性大于雌性。

血浆总渗透压约相当于 159 mmol/L（0.93%）的 NaCl 溶液。由于禽类血浆中白蛋白的含量较少，因此，其形成的胶体渗透压较哺乳动物低，如鸡为 1.47 kPa，鸽为 1.079 kPa。

## 12.2.2　血细胞

禽类的血细胞分为红细胞、白细胞和凝血细胞（图 12-3）。

### 12.2.2.1　红细胞

禽类红细胞呈卵圆形，有核，其体积比哺乳动物的大，大小为（10.7～15.5）μm×（6.1～10.2）μm，并随种别、年龄和性别的不同而不同（表 12-1）。

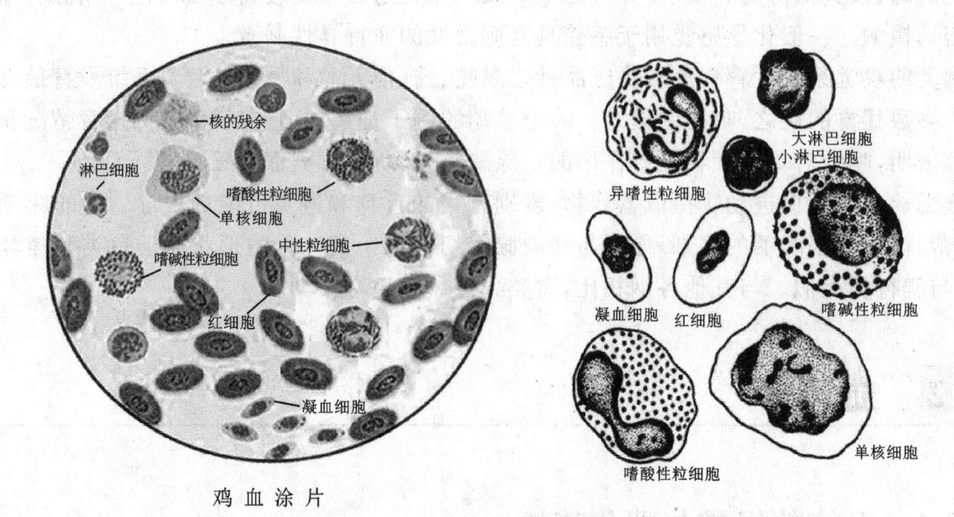


图 12-3 禽类成熟血细胞形态

表 12-1 几种家禽红细胞的大小

| 类别 | 日龄及性别 | 纵长/μm | 横长/μm | 厚度/μm |
| --- | --- | --- | --- | --- |
| 鸡 | 3 日龄 | 12.5 | 7.0 | 3.8 |
| | 25 日龄 | 13.0 | 7.2 | 3.5 |
| | 75 日龄 | 13.0 | 6.5 | 3.5 |
| | 成鸡 | 12.8 | 6.9 | 3.6 |
| 鸽 | 1 日龄 | 13.0 | 7.7 | 3.8 |
| | 成鸽 | 12.7 | 7.5 | 3.7 |
| 火鸡 | ♂ | 15.5 | 7.5 | |
| | ♀ | 15.5 | 7.0 | |
| 鸭 | | 12.8 | 6.6 | |

(自金天明,2012)

禽类的血细胞数目较哺乳动物的少,红细胞计数在 $2.5\times10^{12}\sim4.0\times10^{12}$/L。除鹅和火鸡外,一般雄性的血细胞数目较雌性的多(表 12-2)。

禽类的血细胞比容(压积)也比较低,成年鸡为 30%~33%,火鸡为 30.4%~45.6%,鸭为 9%~21%。血细胞比容受年龄、性别、激素和缺氧等因素的影响。雄激素可使血细胞比容增加,而雌激素则相反,可使成年雄性的红细胞数目减少,血细胞比容降低。

禽类血液中血红蛋白的含量为 130~150 g/L,其数值受年龄、性别、季节、环境、饲料和生产性能的影响(表 12-2)。

**表 12-2 几种成年家禽红细胞和白细胞数量**

| 种类 | 性别 | 红细胞计数/($10^{12}$/L) | 血红蛋白含量/(g/L) | 白细胞计数/($10^{9}$/L) | 各类白细胞所占百分比/(%) | | | | |
|---|---|---|---|---|---|---|---|---|---|
| | | | | | 嗜酸性粒细胞 | 嗜碱性粒细胞 | 异嗜性粒细胞 | 单核细胞 | 淋巴细胞 |
| 鸡 | ♂ | 3.8 | 117.6 | 16.6 | 1.4 | 2.4 | 25.8 | 6.4 | 64.0 |
| | ♀ | 3.0 | 91.1 | 29.4 | 2.5 | 2.4 | 13.3 | 5.7 | 76.1 |
| 北京鸭 | ♂ | 2.7 | 142.0 | 24.0 | 9.9 | 3.1 | 52.0 | 3.7 | 31.0 |
| | ♀ | 2.5 | 127.0 | 26.0 | 10.2 | 3.3 | 32.0 | 6.9 | 47.0 |
| 鹅 | | 2.7 | 149.0 | 18.2 | 4.0 | 2.2 | 50.0 | 8.0 | 36.2 |
| 鹌鹑 | ♂ | 2.4 | | 19.7 | 2.5 | 0.4 | 20.8 | 2.7 | 73.6 |
| | ♀ | 3.8 | 146.0 | 23.1 | 4.3 | 0.2 | 21.8 | 2.7 | 71.6 |
| 火鸡 | ♂ | 2.2 | 140.0 | 21.1 | 6.3 | 4.7 | 26.8 | 3.0 | 59.1 |
| | ♀ | 2.4 | 132.0 | | | | | | |
| 鸽 | ♂ | 4.0 | 159.7 | 13.0 | 2.2 | 2.6 | 23.0 | 6.6 | 65.6 |
| | ♀ | 2.2 | 147.2 | 21.0 | 6.3 | 4.7 | 59.1 | 3.0 | 26.8 |

在胚胎时期，禽类肾脏和腔上囊是重要的造血器官，出生后几乎完全依靠骨髓造血。禽类红细胞在循环血液中生存期较短。例如，鸡红细胞平均寿命只有 28～35 d，鸭为 42 d，鸽子为 35～45 d，鹌鹑为 33～35 d。禽类红细胞生存时间较大多数哺乳动物短，与其体温和代谢率较高有关。

12.2.2.2 白细胞

禽类白细胞包括有颗粒白细胞和无颗粒白细胞两类，共五种，白细胞总数为 $20\times10^{10}$～$30\times10^{10}$/L。其中，淋巴细胞的比例最高(除鸵鸟外)。各类白细胞在血液中的数目和百分比随禽种类和性别不同而不同(表 12-2)。

嗜酸性粒细胞在血液中较少，当禽类发生寄生虫感染时，血液中嗜酸性粒细胞增多。单核细胞与大淋巴细胞有时难以区分，但单核细胞有较多的细胞质，核轮廓不规则。典型的单核细胞是血液中体积最大的细胞，平均直径为 12 μm，最大可达 20 μm，能转变成吞噬能力最强的巨噬细胞。血液中嗜碱性粒细胞最少，约占白细胞总数的 2%。核圆形或卵形，有时分成小叶，细胞质中含有大而明显的深色嗜碱性颗粒。异嗜性粒细胞又称假嗜性颗粒白细胞，与嗜碱性粒细胞大小和形状相仿。鸡的异嗜性粒细胞呈圆形，细胞质中分布有暗红色嗜酸性杆状或纺锤状颗粒，数量仅次于淋巴细胞。这种细胞具有活跃的吞噬能力。禽类血液中大部分白细胞是淋巴细胞，呈球形，占总数的 40%～70%。淋巴细胞可分为大淋巴细胞和小淋巴细胞。

雌禽的白细胞总数较雄禽的多，室外饲养的鸡的白细胞总数较室内笼养的鸡的多，营养和一些疾病会使白细胞总数增加或减少以及百分比发生改变。例如：日粮中缺少叶酸，白细胞总数及各类白细胞均会减少；缺乏核黄素或发生结核杆菌感染时，异嗜性粒细胞数大大增加，而淋巴细胞数目减少；患鸡白痢和伤寒时，白细胞增多，尤其单核细胞增多明显；患淋巴白血病时可引起淋巴细胞增加;糖皮质激素可引起异嗜性粒细胞增加,而淋巴细胞减少。

12.2.2.3 *凝血细胞*

禽类的**凝血细胞**(thrombocyte)又称血栓细胞,相当于哺乳动物的血小板,在凝血过程中发挥重要作用。凝血细胞呈椭圆形,细胞被一个球形的核所充满,体积比哺乳动物的血小板大得多,但数量少,每升血液中鸡为 $26.0\times10^9$ 个,鸭为 $30.7\times10^9$ 个,鸵鸟为 $10.5\times10^9$ 个。

### 12.2.3 血液凝固

禽类血液凝固较为迅速,全血凝固时间为 2～10 min。如鸡,全血凝固时间平均为4.5 min。

一般认为禽类血液中存在与哺乳动物相似的凝血因子,但有人认为禽血浆中几乎不含有凝血因子Ⅸ(血浆凝血激酶)、因子Ⅻ(接触因子)和因子Ⅴ(前加速素),因而不易发生内源性凝血。禽血液凝固是通过外源性激活途径实现的,即主要依赖组织释放的促凝血酶原激酶,促进凝血酶的形成而发生血液凝固。

血液凝固的本质变化是可溶性纤维蛋白原转变为不溶性纤维蛋白的过程。与哺乳动物一样,禽血液凝固需要 $Ca^{2+}$ 和充足的维生素 K。如果维生素 K 缺乏,可引起鸡皮下和肌肉出血。

## 12.3 血液循环

禽类血液循环系统进化水平较高,是完全的双循环,通过心脏的节律性收缩和舒张活动,推动血液不断循环流动。

### 12.3.1 心脏生理

禽类心脏和哺乳类的一样,也分为左、右心房和左、右心室四部分,心脏容量大,心脏与体重的比值高于哺乳类。家禽右心房大于左心房,而右心室小于左心室。

禽类的心率比哺乳动物的快。心率快慢与个体大小、性别、日龄和其他生理状况有关(表12-3)。其中,个体愈大,心率愈慢;个体愈小,心率愈快。一般母禽的心率较公禽的快,但鸭和鸽的心率性别差异不显著。幼禽心率较快,随着年龄的增加,心率有下降趋势。禽类的心率晚上较慢,随光照和运动增强而增加。

表 12-3 几种家禽的心率

| 类别 | 禽龄 | 性别 | 心率/(次/min) |
|---|---|---|---|
| 鸡 | 7周 | ♂ | 422 |
| | | ♀ | 435 |
| | 13 周 | ♂ | 367 |
| | | ♀ | 391 |
| | 22 周 | ♂ | 302 |
| | | ♀ | 357 |

续表

| 类别 | 禽龄 | 性别 | 心率/(次/min) |
|---|---|---|---|
| 火鸡 | 成年 | | 93 |
| 鸭 | 4 个月 | ♂ | 194 |
| | | ♀ | 190 |
| | 12～13 个月 | ♂ | 189 |
| | | ♀ | 175 |
| 鹅 | 成年 | | 200 |
| 鸽 | 成年 | ♂ | 202 |
| | 成年 | ♀ | 208 |

禽类心输出量与年龄、性别和生理状态有关。安静状态下，组织对血液的需要量小，心输出量也较小；而当机体活动时，组织对血液的需要量增加，心输血量也相应增加。按单位体重计，母鸡的心输出量较大。环境温度也可影响心输出量，短期的热刺激能使心输出量增加，在热环境中生活 3～4 周后发生适应性变化，心输出量不增加反而减少。急性冷刺激可引起心输出量增加，使血压升高。运动对心输出量有显著影响，鸭潜水后比潜水前心输出量明显下降。

## 12.3.2 血管生理

禽类血液循环时间比哺乳动物短。来航鸡全身血液循环 1 周所用时间为 2.8 s，鸭为 2～3 s，潜水时血流速度明显变慢，体循环和肺循环 1 周所需时间增至 9 s。

禽类血压因品种、性别和年龄不同而有差异。成年公鸡的收缩压为 25.3 kPa(190 mmHg)，舒张压为 20.0 kPa(150 mmHg)，脉压为 5.3 kPa(40 mmHg)；成年母鸡的收缩压为 18.9 kPa(142 mmHg)，舒张压为 15.6 kPa(117 mmHg)，脉压为 3.3 kPa(25 mmHg)。雄性血压显著高于雌性，鸡血压的性别差异自 10～14 周龄开始显现，原因可能与性激素有关。禽成年后血压还随年龄增大而增高，尤以雌性明显，如从 10～14 月龄到 42～54 月龄，血压明显上升。和哺乳动物一样，禽血压随呼吸运动而发生变化，平均血压常随吸气而降低，随呼气而升高，变化范围为 0.133～1.33 kPa(1～10 mmHg)。鸡的血压受体温和环境温度的影响，体温过低时出现低血压，给鸡加温，即可引起体温和血压升高，直至体温恢复正常。进一步加温或体温过高，则血压下降，其原因是体温升高而导致血管舒张。

血压和心率之间没有必然关联，公鸡比母鸡血压高，但心率比母鸡慢。

## 12.3.3 心血管活动的调节

### 12.3.3.1 神经调节

禽类心血管活动的基本中枢位于延髓，包括心抑制中枢、心加速中枢和血管运动中枢。

禽类心脏受迷走神经和交感神经的双重支配。与哺乳动物不同的是，心房和心室同时受到交感神经与副交感神经的双重支配。另外比较特殊的是，在安静状态下，禽类迷走神经和交感神经对心脏的调节作用比较平衡。迷走神经对心脏的抑制程度与禽类品种和个体大小有很大差异，相对机体来说有较大心脏的禽类(如鸽、鸭、海鸥、鹰)，其迷走神经有强大的抑制作用。

在哺乳动物,颈动脉窦和主动脉体的压力感受器和化学感受器对血压的反射性调节非常重要,但禽类的颈动脉窦和主动脉体位置低,虽然也参与血压调节,但其敏感性较哺乳动物差,调节作用不显著。

12.3.3.2　体液调节

激素等化学物质对心血管的作用与哺乳动物的情况基本相同。小剂量肾上腺素可增加心率,大剂量则减缓心率,甚至出现心律不齐。缩宫素和加压素使哺乳动物的血管平滑肌收缩,血压上升,但对鸡有舒血管作用,使其血压降低。禽类血液中5-羟色胺和组胺含量高于哺乳动物,具有降压作用。

# 12.4 呼吸生理

禽类呼吸过程和哺乳动物一样,也包括外呼吸、气体运输、内呼吸(组织呼吸)三个环节。

## 12.4.1 呼吸系统的结构

禽类呼吸系统由呼吸道和肺两部分构成。

12.4.1.1　鼻腔和眶下窦

禽类鼻腔被软骨性鼻夹分割成曲折的腔道,被覆黏膜,形成很大的黏膜面积。鼻腔黏膜有黏液腺和丰富的血管,对吸入气体有加温和湿润作用;呼气时,呼出气体中的水汽又通过这一结构被冷凝回收。这一机制,对于家禽保持体内水分有重要意义。因而,集约化养殖中,如果育雏温度过高引起雏鸡张口喘息,则极易引起雏鸡脱水。

禽鼻腔内有**鼻腺**(nasal gland)。鸡的鼻腺不发达,鸭、鹅等水禽的鼻腺较发达,分泌排泄高浓度的NaCl,在机体渗透压的调节过程中发挥重要的作用。

眶下窦位于上颌外侧和眼球前下方,外侧壁为皮肤等软组织,它以较宽的口与后鼻甲腔相通,而以狭窄的口通鼻腔。鸡的眶下窦较小,鸭、鹅的较大。当禽类鼻或呼吸道发生炎症时往往波及眶下窦。

12.4.1.2　喉

禽类的喉位于咽的底壁,喉口呈缝状,由两黏膜褶围成,内有勺状软骨支架,没有会厌软骨和甲状软骨,喉腔内无声带。在吞咽过程中,喉软骨上的肌肉可反射性地关闭。

12.4.1.3　气管及支气管

禽气管长而粗,伴随食管后行,进入胸腔后分为两个支气管,分叉处形成鸣管,是禽类的发声器官。气管支架由O形的气管环构成,幼禽为软骨,随年龄增长而骨化。与哺乳动物不同,禽类的气管不形成支气管树,各级气管间连接成管道网。支气管进入胸腔后分为左、右两个支气管,肺外支气管较短,肺内支气管又称为初级支气管,末端直接开口于腹气囊。初级(第一级)支气管发出粗细不一的次级(第二级)支气管,部分次级支气管与前部气囊相通;另一部分次级支气管发出许多第三级支气管(副支气管),遍布全肺。

由于禽类的前肢用于飞行,摄取食物、清洁身体、修饰、筑巢等功能由喙行使,大多数鸟类进化中逐步形成一条长而灵活的颈项。相应地,其气管的长度大大增加。为了克服加长的气管所增加的气流阻力,又通过增大气管口径进行补偿。家禽这一生理特点决定了其呼吸空气与气管接触面积大，流动较慢，与气管黏膜接触时间长，为病原微生物在气管黏膜上附着和引发呼吸道感染提供了便利条件。

12.4.1.4 肺

禽的肺不分叶，背侧面有椎肋骨嵌入，故扩张性不大。副支气管相当于哺乳动物的肺泡管，是肺小叶的中心，与周围许多呈辐射状排列的**肺房**(atrium)相通，为直径 100～200 μm 的不规则囊腔，相当于哺乳动物的肺泡囊。肺房的底部又分出若干漏斗，其后形成丰富的肺毛细管，相当于哺乳类的肺泡，是进行气体交换的地方。其面积如按每克体重计，要比哺乳动物大得多(禽为 300 $cm^2$/g(体重)，哺乳动物为 15 $cm^2$/g(体重))。一个副支气管及其肺房、漏斗、肺毛细管构成一个肺小叶。

12.4.1.5 气囊

**气囊**(air sacs)是禽类特有的器官，是肺的衍生物，由初级或次级支气管出肺后形成的黏膜囊，多数与含气骨相通，容积比肺大 5～7 倍。多数禽类有 9 个气囊，从解剖和功能上将其分为前、后两组：前气囊包括前胸气囊、锁骨间气囊、颈气囊；后气囊包括后胸气囊和腹气囊。颈、前胸、后胸和腹气囊是左右对称的，锁骨间气囊则为单个(图 12-4)。

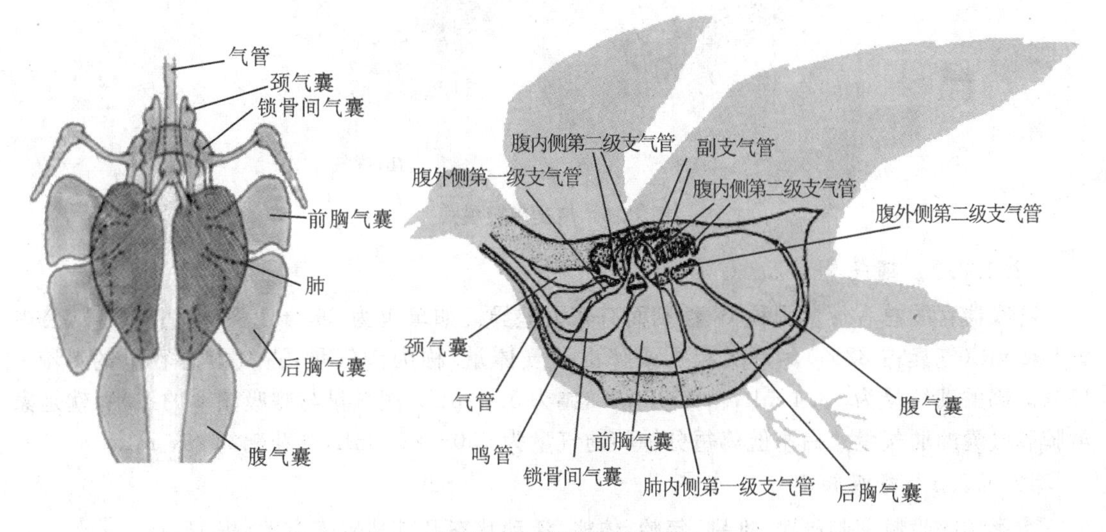


**图 12-4 鸽气囊模式图**

气囊有多种生理功能，最重要的是作为储气装置参与肺的呼吸运动。禽类不论吸气或呼气时，气囊内空气均通过肺进行气体交换，从而增加了肺通气量，以适应机体新陈代谢的需要。但由于气囊的血管分布较少，因此，气囊不进行气体交换。另外，气囊还具有减少体重、平衡体位、发散体热和调节体温的作用。雄性禽类的腹气囊紧靠睾丸，而使睾丸能维持较低温度，有利于精子的正常生成。水禽潜水时能利用气囊内的气体在肺内进行气体交换，同时也有利于在水上漂浮。

## 12.4.2 呼吸运动

12.4.2.1 呼吸机制

禽类胸腔内的压力几乎与腹腔内完全相同，没有经常性的负压存在。禽类的肺被相对地固定在肋骨间，弹性较差。呼吸运动主要通过强大的呼气肌和吸气肌的收缩，牵动胸骨和肋骨来完成。

禽类的吸气肌主要为肋间外肌，当其收缩时，胸骨、喙突、小叉和胸肋骨向前下方移动，脊椎肋骨被拉向前内方，使胸腔的垂直径大大增加，而横径减少很少，胸腔容积加大，肺受牵拉而稍微扩张，内压降低，气体即进入肺。同时气囊容积也加大，气囊内压下降，大部分新鲜空气进入后气囊，也有一部分新鲜空气进入背支气管。前气囊虽然也扩张，但并不直接接受新鲜空气，而是接受副支气管和毛细支气管的气体。

呼气肌收缩时则发生相反的过程。呼气肌主要为肋间内肌，当其收缩时，胸骨、喙突、小叉和胸肋骨向后上方移动，使脊椎肋骨后移，胸廓缩小，胸腔内压升高，气囊收缩，后气囊的气体经肺排出。在第二次吸气时，肺内空气才进入前气囊，前气囊的气体才直接呼出(图 12-5)。因此，禽类必须经过两个呼吸周期才能把 1 次吸入的气体从呼吸系统排出。在每一个呼吸周期中，气体进出肺和气囊的动力取决于气囊和肺内压与大气压的差值。吸气时气囊和肺内压为－866.59～－533.29 Pa，低于大气压，气体被吸入；呼气时气囊和肺内压为533.29～799.93 Pa，高于大气压，气体被呼出。

图 12-5　鸟类呼吸模式

12.4.2.2　通气量

呼吸器官的总容气量因种类、性别而有较大差异。如母鸡为 298 mL(气囊占 87%)，公鸡为 502 mL(气囊占 82%)。每次吸入或呼出的气体量，称为潮气量，占气囊总容量的 8%～15%。鸡的潮气量为 15.4 mL，鸭为 58 mL，鸽为 5.2 mL。潮气量与呼吸频率的乘积，就是家禽肺和气囊的通气量。白来航鸡每分钟肺通气量为 550～650 mL，芦花鸡约 337 mL。

12.4.2.3　呼吸频率

禽类的呼吸频率与种类、性别、年龄、体格、活动状态及其他因素有关(表 12-4)。

表 12-4　几种家禽的呼吸频率

| 种　别 | 呼吸频率/(次/min) | |
|---|---|---|
| | ♂ | ♀ |
| 鸡 | 12～20 | 20～36 |
| 鸭 | 42 | 110 |
| 鹅 | 20 | 40 |
| 鸽 | 25～30 | 25～30 |
| 火鸡 | 28 | 49 |
| 金丝雀 | 96～120 | 96～120 |

通常禽类体格越大，呼吸频率越小；相反，体格越小，则呼吸频率越大。如秃鹰和金丝雀的呼吸频率分别为 6 次/min 和 100 次/min。其中，雌性高于雄性，且随环境气温的升高而增加，当气温升至 43.4℃时，鸡呼吸频率可升至 155 次/min。

禽类吸气相和呼气相因种类而异。鸭无真正的呼气和吸气间歇，它们的吸气和呼气动作相互紧密衔接，但呼气相比吸气相长。雌、雄火鸡都是吸气相比较长。雌鹅的吸气相为呼吸相的 3 倍，但雄鹅两相的持续时间相近。

## 12.4.3　气体交换与运输

12.4.3.1　气体交换

禽的副支气管及上部的呼吸通道不能进行气体交换，为解剖无效腔。副支气管之后反复分支形成的毛细气管网才具有气体交换的作用。毛细气管与副支气管动脉分支间紧密接触，形成很大的气体交换面积。母鸡每克体重的气体交换面积达 17.9 $cm^2$，鸽的则高达 40.3 $cm^2$。按肺每单位体积的交换面积计算，禽类比哺乳动物大 10 倍以上。

气体交换的动力同样来自 $O_2$ 和 $CO_2$ 的分压差。如鸡的静脉血氧分压为 6.7 kPa(50 mmHg)，肺和气囊中为 12.5 kPa(94 mmHg)，于是，$O_2$ 从肺向血液扩散，血液离开肺时即成为含氧丰富的动脉血。据计算，在 101.325 kPa 的分压差下，每分钟将有 11 mL 的 $O_2$ 扩散通过 200 $cm^2$ 的呼吸表面。通常 $CO_2$ 的弥散能力是 $O_2$ 的 3 倍，故 $CO_2$ 更易向毛细气管中扩散。

12.4.3.2　气体运输

禽类气体在血液中的运输方式与哺乳动物基本相同。鸡血氧饱和度比哺乳动物低，为 88%～90%，氧离曲线偏右，表明在相同氧分压条件下，血红蛋白易于释放氧，以供组织利用。禽类的较高体温同样有助于血红蛋白的氧气释放功能。

## 12.4.4　呼吸运动的调节

12.4.4.1　神经调节

禽类的延髓是基本呼吸中枢，脑桥和延髓的前部调节正常呼吸节律。前脑视前区有兴奋中枢，在背侧丘脑原核附近还有抑制中枢，刺激时引起呼吸变慢。中脑前部背区有喘气中枢，刺激时出现浅快的急促呼吸。

禽类肺和气囊壁上存在牵张感受器，可以调整呼吸深度，维持适当的呼吸频率。此外，禽类还具有化学感受器。禽类的呼吸中枢对血液中 pH 值的变化敏感，肺内存在 $CO_2$ 感受系统，还有颈动脉体化学感受器，可感受血液中 $p_{O_2}$、$p_{CO_2}$ 和 $H^+$ 浓度的变化。

禽类呼吸性传入神经分别位于迷走神经、舌咽神经和交感神经干中。传出神经为支配呼吸肌的运动神经。

12.4.4.2　化学因素对呼吸的调节

血液中的 $p_{O_2}$ 和 $p_{CO_2}$ 对呼吸运动有显著的影响。当血液中 $p_{CO_2}$ 增高时，可使呼吸中枢兴奋，呼吸增强，排出过多的 $CO_2$；反之，使呼吸减弱。缺氧使呼吸中枢受抑制，但可通过外周化学感受器增强呼吸。在动脉血液内 $p_{O_2}$ 降低到 8 kPa 以下，或 $p_{CO_2}$ 升高都能增加潮气量以及肺和气囊的通气量。但当吸入 $CO_2$ 的浓度达到 6%～12%时，可引起呼吸中枢麻痹或使上呼吸道感受器受到伤害，从而出现呼吸抑制或通气障碍。鸡在热应激时发生热喘呼吸，使肺通气加大，导致严重的 $p_{CO_2}$ 过低，甚至造成呼吸性碱中毒。

## 12.5 消化与吸收

禽类的消化器官包括喙、口、唾液腺、舌、咽、食管、嗉囊、胃(腺胃和肌胃)、小肠、大肠、盲肠、直肠、泄殖腔以及肝脏和胰腺(参见图 6-1)。禽消化道较短,饲料通过消化道较快。

### 12.5.1 口腔及嗉囊内的消化

#### 12.5.1.1 口腔内的消化

禽没有牙齿,口腔消化较简单。鸡喙为锥形,便于啄食;鸭和鹅的喙扁而长,边缘呈锯齿状互相嵌合,便于水中滤食。食物入口腔后,被唾液稍稍润湿,即借助于舌的帮助而迅速吞咽。各种禽类吞咽动作各不相同,鹅、鸡和鸭抬头伸颈时,借食物和水的重力将其咽下。

口腔壁和咽壁分布有丰富的唾液腺,能分泌唾液。唾液除水以外主要是黏蛋白,在吞咽时有润滑食物的作用。主食谷物的禽类,唾液中含有淀粉酶,可分解淀粉。唾液呈弱酸性,如鸡唾液的 pH 值为 6.77。鸡多食干饲料,唾液腺较发达,可分泌较多的唾液。成年鸡一昼夜能分泌 7~25 mL 唾液,平均为 12 mL,进食时唾液分泌量增加。鸭、鹅多食鲜湿饲料,唾液腺不发达,唾液分泌量较少。唾液分泌主要受神经调节。

#### 12.5.1.2 嗉囊内的消化

禽类消化器官的特点之一是具有**嗉囊**(crop)。

嗉囊是食管的扩大部分,位于颈部和胸部交界处的腹面皮下。鸡、鸽的嗉囊发达,鸡的偏于右侧,鸽的嗉囊分为对称的两叶。鸭和鹅没有真正的嗉囊,只在食管颈段形成一纺锤形膨大部。有些食虫禽类嗉囊不发达或没有。嗉囊的出、入口较近,有时食料可经此直接入胃。

嗉囊的主要功能是储存、润湿和软化食物,并进行一定程度的化学性消化和微生物消化。嗉囊分泌的黏液中不含有消化酶,主要通过唾液淀粉酶对淀粉进行消化。嗉囊内食物常呈酸性,平均 pH 值在 5.0 左右。嗉囊内的环境适于微生物生长繁殖,成年鸡嗉囊内细菌数量大、种类多,并形成一定的微生物区系。其中,乳酸菌占优势,每克内容物可高达 $10^9$ 个,其次是肠球菌和产气大肠杆菌,还有少量小球菌、链球菌和酵母菌等。微生物主要对饲料中的糖类进行发酵分解,产生有机酸,随食物至下段消化道再被吸收。

禽咽下的食物有一部分经过嗉囊直接进入腺胃,另一部分则停留在嗉囊内。这一过程依靠嗉囊蠕动和排空运动,以及胃的充盈程度和收缩状态来实现。食物在嗉囊停留的时间一般约为 2 h,最长可达 16 h。停留时间的长短取决于食物的性质、数量和饥饿程度。胃空虚时,蠕动波的波群节律可随饥饿程度的增大而增加,每群收缩波的数量也增加。而胃充盈时,则产生抑制作用。湿、软饲料通过嗉囊较为迅速,肉类较谷物停留时间长。

嗉囊受迷走神经和交感神经的双重支配。刺激迷走神经,则嗉囊强烈收缩,食物排空加快;切断两侧迷走神经,则嗉囊肌肉麻痹,运动减弱或者消失。刺激交感神经对嗉囊和食管的影响不明显。在中枢神经极度兴奋、惊恐或出现挣扎时,可使嗉囊的收缩出现抑制。

母鸽在育雏期间,嗉囊分泌的一种乳白色液体物质称为嗉囊乳,用以哺育幼鸽。

禽被切除嗉囊时,采食量明显减少,消化率降低,一些食物未经消化就随粪便排出。因此,嗉囊出现病变会对消化功能造成不良影响。

## 12.5.2　胃内的消化

禽的胃分前、后两部分，前部分为**腺胃**（glandular stomach）或称前胃，后部为**肌胃**（gizzard）。

12.5.2.1　腺胃内的消化

腺胃呈纺锤形，前面与食管相通，后面与肌胃相通，容积小而壁厚。黏膜层有两种类型的细胞：一种是分泌黏液的黏液细胞；另一种是分泌黏液、盐酸和胃蛋白酶原的细胞。这些细胞构成禽的**复腺**（compound gland），其输出管开口呈圆形乳头状突起。鸡的腺胃乳头较大，有30～40 个。鸭、鹅的乳头较小，数量较多。禽类胃液呈连续性分泌，其分泌量大约为 8.8 mL/(kg · h)，显著高于哺乳动物。消化液中主要含有盐酸和胃蛋白酶原，pH 值为 2～3.5。盐酸可使饲料变性，激活胃蛋白酶原转变为胃蛋白酶，并保持胃内的酸性环境，有利于胃蛋白酶对蛋白质的水解。

由于腺胃容积小，饲料停留时间短，因此饲料在腺胃内基本上不消化。胃液随食物进入肌胃和十二指肠后发挥作用。刺激迷走神经则引起胃液分泌量增加，而刺激交感神经则引起胃液分泌量减少。

禽类胃液分泌也受化学因素的调节。与哺乳动物相似，胃泌素是主要的促分泌物质，幽门部和十二指肠黏膜 G 细胞产生胃泌素，均可刺激胃液分泌。胆囊收缩素也使胃液分泌量增加。促胰酶素具有较强的刺激胃酸分泌的作用。饥饿或禁食 12～24 h，鸡和鸭的胃液分泌量减少。

12.5.2.2　肌胃内的消化

肌胃紧接腺胃，为近圆形或椭圆形的双凸体，质地坚实，肌层发达，平滑肌因富含肌红蛋白而呈暗红色。肌胃黏膜中有许多小腺体，分泌的胶样物质能迅速硬化，形成一层坚硬的角质膜覆盖在黏膜表面，形成粗糙的摩擦面，加上肌肉收缩时的压力及肌胃内存留的砂粒，能磨碎饲料，这是肌胃的主要功能。砂粒能使谷物的消化率提高 10%，缺乏砂粒时，饲料的消化时间延长，消化率降低。

不论在饲喂或饥饿状态下，肌胃的收缩运动都具有自动节律性，平均每分钟 2～3 次，进食时，节律加快。肌胃收缩时胃腔内压力很高，据测定，鸡为 18.6 kPa，鸭为 23.4 kPa，鹅为 35.2 kPa。高压可使坚硬饲料（如贝类等）外壳被压碎，有利于消化。

肌胃运动受自主神经的支配，刺激迷走神经，肌胃收缩力增强，而交感神经兴奋，则抑制肌胃的运动。

## 12.5.3　小肠内的消化

禽类小肠包括十二指肠、空肠、回肠，前接肌胃，后连盲肠。禽类的肠道相对较短，鸡的肠道是体长的 4.7 倍，食物在消化道内停留的时间一般不超过一昼夜。但在整条肠管中小肠占的比例很大，因而全段肠壁都有肠腺和绒毛分布，同时胰脏和胆囊有输出管开口于十二指肠，分泌的胰液和胆汁进入小肠，与小肠液一同参与化学性消化，因此，小肠是消化和吸收营养物质的主要部位。

12.5.3.1　胰液

禽的胰腺相对体积比家畜大得多，其分泌的胰液通过 2 条（鸭、鹅）至 3 条（鸡）胰导管输入十二指肠。胰液为透明、碱性、味咸的液体,pH 值为 7.5～8.4。除水以外,胰液含有高浓度的碳酸氢盐、氯化物和消化酶。胰液的消化酶种类多、含量丰富,与哺乳动物的相似。

鸡的胰液呈连续分泌,平时每小时分泌 0.4～0.8 mL。饲喂后第 1 h 内的分泌水平可增至 3 mL,持续 9～10 h 后,逐渐恢复至原来的水平。

胰液的分泌受神经和体液的调节,但以体液调节为主,胰泌素是刺激胰液分泌的主要体液因素。迷走神经与胰液分泌的关系尚无直接证据。

12.5.3.2　胆汁

禽类胆汁苦味强烈,pH 值为 5.0～6.8。胆汁中所含的胆汁酸主要是鹅胆酸、少量的胆酸和异胆酸,但缺少脱氧胆酸,8 周龄以上的鸡胆汁中都含有淀粉酶。胆汁颜色由金黄色至暗绿色,颜色多由其中所含胆色素(主要是胆绿素,胆红素很少)的种类和含量决定。胆汁可促进脂肪的消化与吸收。

禽类的肝脏连续地分泌胆汁。在非消化期,由肝脏分泌的胆汁除一部分流入胆囊,并在胆囊中储存和浓缩外,另有少量直接经胆管流入小肠。进食时胆囊的胆汁输入小肠,使胆汁量显著增加,可持续 3～4 h。4～6 月龄的鸡一昼夜分泌胆汁量为 9.5 mL/kg(体重)。

禽类的胆汁分泌与排出受神经的反射性调节,反射的传出途径是迷走神经,它的兴奋可引起肝胆汁的分泌和胆囊的收缩。胆囊收缩素和蛙皮素可刺激胆囊收缩,使胆汁从胆囊中排出。

12.5.3.3　小肠腺

禽类的小肠黏膜分布有肠腺,分泌消化液,pH 值为 7.39～7.53,其中含有黏液、肠肽酶、脂肪酶、淀粉酶、双糖酶和肠激酶等。禽类肠液呈连续分泌,成年鸡(2.5～3.5 kg)平均分泌率约为 1.1 mL/h。刺激迷走神经可引起浓稠肠液的分泌,但对分泌率的影响很小,机械刺激和给予胰泌素可引起分泌率显著增加。

12.5.3.4　小肠运动

小肠通过运动进行的机械性消化,能促进消化后产物的吸收。禽类的小肠运动有蠕动和分节运动两种基本类型。蠕动是由肠壁纵行肌与环行肌交替产生收缩与舒张引起的,其作用主要是推送食糜向后移动。禽类小肠逆蠕动比较明显,食糜可在小肠内前后移动,这样可进一步延长食糜在胃肠道内的停留时间,有利于食物的充分消化和吸收。和哺乳动物一样,禽类小肠运动受神经和体液因素的调节。

## 12.5.4　大肠内的消化

禽类没有结肠,大肠包括两条发达的盲肠和一条短的直肠,直肠末端开口于泄殖腔。泄殖腔是直肠、输尿管、输精管(或输卵管)的共同开口处。

食糜经小肠消化后,先进入直肠,然后依靠逆蠕动将部分食糜推入发达的盲肠,开始大肠消化。大肠消化主要在盲肠内进行。禽类盲肠容积很大,能容纳大量的粗纤维,在盲肠内经微生物发酵分解,此过程对食草禽类(如鹅)尤为重要。

盲肠内 pH 值为 6.5～7.5,严格厌氧,内容物可在盲肠内停留 6～8 h,这些条件都适宜于厌氧微生物的生长繁殖。据测定,1 g 盲肠内容物中约含细菌 $10^9$ 个,因此,在盲肠内主要是粗纤维的消化。微生物将纤维素分解为挥发性脂肪酸,生成的量可达 100 mg/kg,其中包括乙酸、丙酸、丁酸,还有少量的高级脂肪酸,这些有机酸可在盲肠内被吸收,进入肝脏代谢。鸡对盲肠内粗纤维的利用率可高达 43.5%,草食性禽类的利用率则更高。但小肠内容物只有少量经过盲肠，所以鸡对粗纤维的消化率比哺乳类低得多。另外，盲肠内还产生二氧化碳和甲烷等气体。

此外，盲肠内的蛋白质和氨基酸在细菌的作用下生成氨，细菌能利用非蛋白氮合成菌体蛋白，有些细菌还可合成维生素 K 和大部分 B 族维生素等。

盲肠内容物呈粥样、均质、黏稠、腐败状，一般呈黑褐色，以此与直肠粪便相区别。禽的直肠较短，和盲肠共同吸收食糜中的水分和盐分，最后形成粪便进入泄殖腔，与尿混合后排出。

### 12.5.5 吸收

消化管不同部位的吸收能力和吸收速度存在差异：口腔和食管不具有吸收功能；嗉囊和盲肠仅能吸收少量水、无机盐和有机酸；腺胃和肌胃的吸收能力也较弱；直肠和泄殖腔只能吸收较少的水和无机盐；小肠是大量营养物质吸收的主要场所。因为食物在小肠内停留时间较长，且已被消化到适于吸收的低分子物质，另一方面，禽类的小肠黏膜形成乙字形横皱襞，扩大了食糜与肠壁的接触面积，再加上小肠绒毛的运动，使消化后的食糜能被充分吸收。

#### 12.5.5.1 碳水化合物的吸收

碳水化合物(包括淀粉、糖类和纤维素)分解产物主要在小肠上段被吸收。鸡消化道中只含有淀粉酶，不含破坏植物细胞壁的酶类，所以对纤维素的消化能力低。糖以单糖形式被吸收。当食糜进入空肠下段时，仅有 60% 的淀粉被消化，因此，由淀粉分解产生的葡萄糖的吸收慢于直接来自饲料中的葡萄糖的吸收。糖都以主动转运方式被吸收，机制与哺乳动物相似。食物中的抗营养因子、禽类的年龄以及小肠的 pH 值均影响糖类的吸收。

#### 12.5.5.2 蛋白质分解产物的吸收

家禽采食的饲料蛋白质，在消化道中分解成氨基酸或寡肽，在小肠上皮刷状缘被吸收。与糖的吸收相似，大多数氨基酸是以主动转运的方式被吸收，在小肠壁上已确认三种转运氨基酸的转运系统，分别转运中性、酸性或碱性氨基酸。一般来讲，中性氨基酸的转运速度比酸性或碱性氨基酸快。氨基酸的吸收速度还取决于氨基酸侧链的极性，有非极性侧链的氨基酸被吸收的速度比有极性侧链的快。

#### 12.5.5.3 脂肪的吸收

在小肠内，脂肪被分解为脂肪酸、甘油或甘油一酯和甘油二酯后被吸收，吸收的部位在回肠上段。由于禽类肠道的淋巴系统不发达，绒毛中没有中央乳糜管，因此，脂肪的吸收不经过淋巴途径，而是直接进入血液。吸收之后的脂肪酸不在肠上皮细胞内重新合成甘油三酯，大部分以极低密度脂蛋白形式，直接进入门静脉入肝。肝脏合成的甘油三酯，可储存利用；产蛋母鸡的脂肪，则大多被转运到蛋黄中。伴随着脂类的吸收，胆汁中的胆酸大约 93% 在回肠后段被小肠重吸收。

#### 12.5.5.4 水和无机盐的吸收

水和无机盐大部分被小肠和大肠吸收，禽类嗉囊、腺胃、肌胃和泄殖腔只吸收少许水分和盐类。水吸收的动力是渗透压梯度，由于肠上皮细胞对溶质的吸收，细胞内渗透压升高，水顺着渗透压梯度而转移。

与哺乳动物相似，禽类消化道只吸收溶解状态的无机盐，吸收速度除与被吸收的无机盐浓度有关外，还受其他因素的影响，如 1,25-二羟维生素 $D_3$ 和**钙结合蛋白**(calcium binding protein,CaBP)可促进钙的吸收，并进一步增加磷的吸收。产蛋母鸡对铁的吸收高于非产蛋母鸡,但非产蛋母鸡与成年公鸡无差异。

## 12.6 能量代谢和体温调节

### 12.6.1 能量代谢及其影响因素

12.6.1.1 能量代谢

禽类的能量代谢与哺乳动物基本相同。食物通过消化和吸收,转化为体内的代谢能被机体利用。代谢能除去粪、尿和食物特殊动力效应消耗的能量外,其余 79%～90%的能量用于维持基础代谢、生产活动和维持体温。

家禽的基础代谢率可用间接测热法来测定。测定时,使禽类处于清醒、安静和饥饿 48 h(小鸡禁食 12 h,并随其成长增加禁食时间)状态,环境温度保持在 20～30 ℃。基础代谢水平通常用每千克体重(或每平方米体表面积)在 1 h 的产热量来表示,也称基础代谢率。基础代谢率与体重和体表总面积关系密切。几种家禽的基础代谢率见表 12-5。

表 12-5 几种家禽的基础代谢率

| 种别 | 体重/kg | 基础代谢率/[kJ/(kg·h)] |
|---|---|---|
| 公鸡 | 2.0 | 196.65 |
| 母鸡 | 2.0 | 209.20 |
| 鹅 | 5.0 | 234.3 |
| 鸽 | 0.3 | 527.18 |
| 火鸡 | 3.7 | 209.20 |

12.6.1.2 影响能量代谢的因素

(1)年龄

鸡的基础代谢率在出生后的 4～5 周龄时最高。刚孵出的雏鸡基础代谢率比成年鸡低,随着生长发育,其基础代谢率逐渐增高并超过成年鸡,1 个月后再逐渐下降到成年鸡水平。

(2)温度

环境温度对能量代谢有显著影响。据测定,12 周龄以上的鸡,温度在 12.2～26.7 ℃时,随着温度的升高,代谢率下降。温度升至 26.7～29.4 ℃时,代谢率又回升。温度每升高 1 ℃,饲料消耗减少 1.6%,但高于 29.5 ℃时,产蛋性能则下降。

(3)性别

在同样条件下,成年公鸡的基础代谢率(以单位体表面积计算)较母鸡高 6%～13%。

(4)繁殖、换羽及活动

产蛋时母鸡的代谢水平上升。鸡在换羽期间,能量代谢水平最高,较平时增加 45%～50%。任何形式的运动(站立、头颈运动和啼叫)都将使代谢水平上升。鸡将头藏在翼下睡眠时,代谢率下降 12%。

(5)食物的特殊动力效应

特殊动力效应又称热增耗。禽饥饿后进食,尽管仍处于安静状态,其产热量在短时间内有

“额外”增加的现象，其 80% 热量由内脏器官的活动产生。

(6)昼夜节律及季节

禽类的能量代谢水平呈现明显的昼夜变化。早晨的代谢率要比下午或晚上高，通常在 8 时左右最高，20 时左右最低，夜间的产热水平降低 18%～30%。鸡的代谢自 10 月开始稳步上升，至次年 2 月达至顶峰，在 7 月或 8 月基础代谢率降至低点。这种季节性变化与产蛋和甲状腺功能等因素的变化有关。

(7)营养状况

营养优良的禽类，其基础代谢率比营养不良者高。

### 12.6.2 体温及其调节

12.6.2.1 禽类的体温

禽类是恒温动物，其平均体温比哺乳动物高，为 40.6～43.9 ℃。如鸡的体温为 39.6～43.6 ℃，鸭为 41.0～42.5 ℃，鹅为 40.0～41.3 ℃，鸽为 41.3～42.2 ℃，火鸡为 41.0～41.2 ℃。鸡的体温可随生长发育而变化。初出壳的雏鸡由于体热大量发散，体温最低，在 30 ℃以下，3 周龄后接近成年水平。成年鸡的体温也有昼夜节律，17 时体温最高(41.44 ℃)，24 时最低(40.5 ℃)。

禽类体热的主要来源是内脏器官和肌肉活动产生的热量。安静时以肝脏产生热量最多，运动时骨骼肌是主要的产热器官。环境温度在适当范围内，代谢水平基本稳定，当周围的环境温度超过或低于某点时机体的产热量都会增加。成年鸡的等热区为 16～28 ℃，1 周龄雏鸡为 30～33 ℃，2 周龄雏鸡为 27～30 ℃。火鸡为 20～28 ℃，鹅为 18～25 ℃。羽毛被覆情况和群集对等热区温度有明显影响。

12.6.2.2 体温调节

家禽的体温调节中枢位于下丘脑视前区。

当环境温度超过上限临界温度时，禽类即开始喘息，通过呼吸加快、双翅下垂和腿部、冠、肉髯血管舒张来加强散热。在环境温度低于下限临界温度时，表现羽毛蓬松、伏坐并藏头于翅下，防止散热过多，甚至通过颤抖在短时间内产生较多的热量。通常家禽对体温升高的耐受性较强，成年鸡的致死体温高达 47 ℃，1 日龄雏鸡为 46.6 ℃。

体感温度与空气的相对湿度关系密切。幼雏保温和体温调节能力差，在规模化养殖条件下，经常由于忽视湿度而盲目提高育雏温度，引起雏鸡张口喘息，极易导致呼吸道疾病的发生。

## 12.7 排泄

禽类泌尿系统包括肾脏和输尿管，不具有膀胱。因此，尿在肾脏内生成后经输尿管直接进入泄殖腔与粪便一起排出。

### 12.7.1 尿的理化特性、组成和尿量

禽尿一般为奶油色、浓稠状的半流体，但在某种情况下，如利尿或饮水多时也可能呈稀薄如水状。禽尿 pH 值为 5.4～8.0，黏稠度随 pH 值降低而增加。一般鸡尿呈弱酸性，pH 值为

6.2～6.7,变动范围较大,在产卵期,钙沉积形成蛋壳,尿呈碱性,pH 值约为 7.6。

正常给水的鸡,其输尿管内的尿的渗透压变动范围(用氯化钠的百分比表示)为 0.1%～1.3%,而血液则为 0.92%～0.94%。失水时渗透压提高呈高渗液,而过量饮水则渗透压降低。由于禽类没有膀胱,尿生成后进入泄殖腔,在泄殖腔内大量的水被重吸收形成高渗透压的终尿。

禽类蛋白质代谢的主要终产物是尿酸,而非尿素,其尿酸氮可占尿中总氮量的 60%～80%。禽类尿量少,成年鸡一昼夜排尿量为 60～180 mL。

## 12.7.2 尿的生成

#### 12.7.2.1 禽类肾脏的结构特点

禽类肾脏占体重的比例较大(占 1%～2.6%),分为前、中、后三部分。颜色通常为淡红至褐红色,质脆。肾表面可见不规则形状的肾小叶。肾的血液供应与哺乳动物不同,入肾的血管有肾门静脉和肾动脉,出肾的血管是肾静脉。肾单位的数量较哺乳动物多,但体积较小。**皮质肾单位**(cortical nephron)数量较多,不具有深入髓质的髓袢;**髓质肾单位**(medullary nephron)数量较少,髓袢深入髓质。禽类肾脏无肾盂,肾小球滤过液经肾小管和集合管后直接汇入输尿管。输尿管沿肾的腹侧向后延伸,最后开口于泄殖腔顶壁两侧。输尿管管壁很薄,有时因管内的尿液含有较浓的尿酸盐而呈白色。

#### 12.7.2.2 尿的生成与浓缩

血液流经肾小球时通过滤过作用产生小管液(原尿)。禽肾小球有效滤过压为 1～2 kPa (7.5～15 mmHg),比哺乳动物低。小管液在经过肾小管时,其中 99%的水分、全部葡萄糖、部分 $Cl^-$、$Na^+$ 和 $HCO_3^-$ 以及盐酸盐和其他血浆成分,可被肾小管和集合管重吸收。

禽类肾小管的分泌与排泄机能比哺乳动物旺盛,在尿生成过程中较为重要。肾小管除分泌和排泄马尿酸、$K^+$ 外,最主要的是分泌和排泄 90%左右的尿酸。因为尿酸可溶性差,所以禽类尿不宜在肾中被浓缩,需要依靠小管液中的水将这些尿酸冲运至泄殖腔。当饲料中蛋白质过高、维生素 A 缺乏、肾损伤(如鸡肾型传染性支气管炎、法氏囊炎病毒感染等)时,大量的尿酸盐将沉积于肾脏,甚至关节及其他内脏器官表面,导致痛风。

大量饮水时,肾小管对水的重吸收率仅为 6%。但在缺水时,重吸收率可高达 99%。在泄殖腔内也可重吸收大量的水,据估计,鸡自泄殖腔吸收的水分每小时可达 10～30 mL,且渗透压较高,从而使终尿的量和组成与输尿管内的尿液有显著差别。

## 12.7.3 尿生成的调节

肾血流量的增减、肾小球有效滤过压的大小以及肾小管重吸收作用的强弱都可影响尿的生成。这些活动分别受到神经和激素的调节。神经性调节主要通过改变肾血管口径而调节肾血流量,体液性调节主要靠激素调节肾小管的吸收和排泄功能。由下丘脑进入神经垂体的神经纤维末梢释放的抗利尿激素能降低肾小球的滤过率,增强肾小管对水分的重吸收,使尿量减少。肾间腺(肾上腺皮质)分泌的醛固酮能促进肾小管对 $Na^+$ 的重吸收和 $K^+$ 的排出,以维持禽体内 $Na^+$、$K^+$ 平衡。随着 $Na^+$ 的重吸收,也控制了过多水分随尿排出。

## 12.8 内分泌

与哺乳动物相似，禽类内分泌系统也由下丘脑、垂体、甲状腺、甲状旁腺、肾上腺、胰岛、性腺等腺体，以及散布的内分泌细胞构成，并且与神经系统和免疫系统构成相互作用的调节网络。

### 12.8.1 下丘脑-神经垂体

禽类的神经垂体主要储存和释放由下丘脑分泌的 8-**精催产素**(8-arginine oxytocin，AVT)和少量的 8-**异亮催产素**(mesotocin)。其中，AVT 为禽类所特有。AVT 主要由位于下丘脑的视上核前部的神经细胞生成，8-异亮催产素则在视上核侧区，特别是室旁核部位生成。

AVT 有催产和加压双重作用。一方面，AVT 促进输卵管收缩，引发母鸡产蛋。母鸡产蛋前血中 AVT 升高，在神经垂体内含量减少。另一方面，AVT 能降低泌尿活动引起水潴留、血管收缩而起到加压作用。另外，AVT 还能诱发公鸡的爬跨行为。增加血浆渗透压或 $Na^+$ 浓度可刺激鸡 AVT 的分泌。8-异亮催产素也具有促进输卵管收缩的生理作用，但作用不如 AVT 强。

### 12.8.2 下丘脑-腺垂体

禽类下丘脑-垂体系统与哺乳动物有大体相似的结构和功能，但也有其特点。禽类垂体有前叶和后叶，没有中叶。垂体前叶是腺垂体，为重要的激素分泌部位。它接受来自下丘脑的各种神经内分泌信号，并调节相关的靶腺体功能，构成生理功能的调节轴。

#### 12.8.2.1 下丘脑-垂体-生长激素调节轴

禽类垂体的 GH 呈脉冲式释放，与哺乳动物一样，它也受下丘脑 GH 释放因子和抑制因子调节。前者的结构至今还不清楚，TRH 可能是重要的兴奋性因子。后者则为生长抑素。GH 参与禽类生长的调节，但鸡的生长很大程度上并不依赖于 GH 水平，例如蛋用鸡的 GH 水平要高于肉用鸡。对生长的调节是通过肝脏产生的 IGF-Ⅰ起作用的。因此，肝脏的 GH 受体及受体后机制是调节鸡生长的关键因素。

#### 12.8.2.2 下丘脑-垂体-甲状腺轴

与哺乳动物一样，甲状腺激素的分泌受控于 TRH-TSH 轴，随着 $T_3$ 和 $T_4$ 水平的提高，可以反馈性抑制 TRH-TSH 的功能。鸡的甲状腺对 TSH 的反应较为敏感，用哺乳动物的 TSH 处理 1 日龄雏鸡，5 h 后血中甲状腺激素水平开始升高。

#### 12.8.2.3 催乳素的分泌

在禽类中，催乳素(PRL)对生殖活动、肾上腺皮质活动、渗透压调节、生长和皮肤代谢等具有调节作用。

禽类 PRL 的分泌与性周期密切相关。PRL 可抑制母鸡的性腺功能，进而抑制母鸡的生殖活动。以火鸡为例，产蛋期和抱窝期 PRL 明显增加(500～1500 ng/mL)，而静止期较低(5～10 ng/mL)。禽的 PRL 可促进鸽嗉囊乳的分泌。PRL 也影响鸡的皮肤，特别是对**尾脂腺**(uropygial gland)的发育和分泌起主要作用。另外，PRL 还对鸡换羽具有促进作用。

PRL 的分泌受下丘脑 VIP 调节,促进 PRL 分泌的因子 5-羟色胺、强啡肽(DYH)和抑制因子多巴胺的作用都经 VIP 介导。与哺乳动物不同,引起禽类 PRL 释放的主要是兴奋性因子,而不是抑制因子的消除。

12.8.2.4　促性腺激素

与哺乳动物类似,禽类促性腺激素也包括促卵泡激素(FSH)和黄体生成素(LH)。鸡的 FSH 和 LH 的作用与哺乳动物相似,具有刺激性腺生长和发育的作用,切除垂体可使禽类性腺衰退。FSH 具有刺激雄禽睾丸曲细精管的生长和精子形成,以及刺激雌禽卵泡生长的作用。LH 具有促进雌性排卵和刺激雄性睾丸间质细胞增殖的作用。

成熟雄禽垂体 FSH 和 LH 的效价比雌性高,未产蛋母鸡的效价比产蛋母鸡高。雄性垂体含有的 FSH 为产蛋母鸡的 11 倍,为未产蛋母鸡的 7 倍;雄鸡 LH 的效价为产蛋母鸡的 11.7 倍,为未产蛋母鸡的 8 倍。在血清中,未成熟公鸡、未成熟母鸡和未产蛋母鸡促性腺激素的效价大致相同,而成熟公鸡比产蛋母鸡高。

下丘脑分泌的 GnRH 可使促性腺激素分泌量增加。母鸡卵巢所分泌的雌激素能使垂体产生的促性腺激素减少。公鸡日粮中缺少维生素 E 会造成睾丸缩小,并降低精子的生成和垂体促性腺激素的效价。

## 12.8.3　甲状腺

禽类的甲状腺呈椭圆形,暗红色,位于颈部腹外侧,胸腔外面的气管两侧。与哺乳动物一样,禽类甲状腺合成的激素也是 $T_3$ 和 $T_4$。

甲状腺激素促进禽体代谢。甲状腺激素能促进肝、肾、心和肌肉内糖原的分解,提高血糖浓度,加强细胞呼吸,增大耗氧量,提高代谢率。

甲状腺激素参与生长发育和生殖的调节。禽类甲状腺功能低下或亢进都会引起生长缓慢或停滞。换羽能诱发甲状腺分泌,而分泌的激素又能促进换羽。切除禽类的甲状腺,会降低羽毛的生长率,引起羽毛结构的改变,羽毛表现为稀疏和延长。

下丘脑释放的促甲状腺激素释放激素控制着腺垂体分泌促甲状腺激素,从而又影响着甲状腺的活动。营养不良和饥饿可使 $T_4$ 和 $T_3$ 在血中浓度降低,而 TSH 浓度不发生改变。

## 12.8.4　钙磷代谢调节激素

与哺乳动物相似,禽类血液中钙磷水平受到甲状旁腺等分泌的激素调控。

12.8.4.1　甲状旁腺

鸡、鸭、鹅有 2 对甲状旁腺,体积小,如芝麻粒大,呈黄色或淡褐色,位于甲状腺之后。鸡的甲状旁腺紧贴于甲状腺,但鸭和鸽子的是分离的。甲状旁腺分泌甲状旁腺激素(PTH),其结构、合成和分泌基本上与哺乳动物相同。

PTH 促进禽体破骨细胞的活动,使骨骺端、骨内板的骨盐溶解,引起血钙升高。PTH 对蛋壳形成、血液凝固、维持酶系统正常功能、组织钙化和神经肌肉兴奋性的维持等发挥重要作用。

PTH 的分泌主要受血浆钙浓度变化的调节,并且受到日粮钙磷水平的影响。不给鸡、鸭及鸽紫外光线和维生素 D,或使日粮中缺钙,则甲状旁腺发生肥大和增生并超过正常的 2 倍,随后退化缩小。鸭于黑暗环境饲养数月,甲状旁腺比正常的大 10 倍,这些都将影响其正常分泌和机能调节作用。如果给产蛋母鸡喂高钙日粮(50 g/kg),则可抑制 PTH 的分泌。另外,镁、儿茶酚胺和前列腺素等其他因素也能影响 PTH 的分泌。

12.8.4.2　鳃后腺

禽类有单独的**鳃后腺**(ultimobranchial gland),位于甲状腺和甲状旁腺后方,是一对较小的腺体(鸡为 2～3 mm),分泌降钙素(CT),参与体内钙的代谢。

CT 的靶器官主要是骨,其生理作用主要是降低血钙、磷酸盐和镁的浓度,促进钙在骨质中的沉积,并可抑制骨钙的溶解。

CT 在血中的浓度与年龄有关,例如,日本鹌鹑血中 CT 的浓度在 6 周龄时很高,然后逐渐下降。CT 还与性别有关,如成年雄性鹌鹑血中 CT 浓度高于雌性。CT 分泌主要受血钙浓度的影响,血钙浓度升高时,降钙素分泌量增加。但禽类的鳃后腺对高血钙的敏感性比哺乳动物的甲状腺 C 细胞低。

12.8.4.3　胆钙化醇

胆钙化醇也是禽类调节钙磷代谢的重要激素,其活性形式是 1,25-二羟维生素 $D_3$。禽类在体内将 7-脱氢胆固醇转化为胆钙化醇的效率较低。在集约化养殖条件下,往往不能为家禽提供充足的光照,因而从日粮中的补充成为主要来源。

## 12.8.5　肾上腺

禽类的肾上腺是成对的卵圆形或扁平不规则的器官,位于两肾前端。肾上腺的皮质和髓质界限不如哺乳动物明显,但能分泌不同的激素。

12.8.5.1　肾上腺皮质

与哺乳动物一样,禽类肾上腺皮质分泌的激素包括糖皮质激素和盐皮质激素。

(1)糖皮质激素

主要有皮质醇,促进蛋白质的分解,造成负氮平衡;增强肝糖原的异生,提高代谢率,增加采食量,引起血糖浓度升高;增加体内脂肪蓄积,提高禽类对恶劣环境的适应能力。此外,皮质醇分泌过多可抑制垂体促性腺激素分泌,具有抑制性腺的效应。

(2)盐皮质激素

主要有醛固酮,其作用是促进肾小管对 $Na^+$ 的重吸收,同时促进 $K^+$ 排出,维持禽体内水分和 $Na^+$ 的稳定。

肾上腺皮质激素的分泌受下丘脑-垂体-肾上腺皮质轴的控制。但皮质激素分泌量增加时,又通过负反馈机制抑制 ACTH 的产生。皮质醇的分泌包括基础分泌和应激分泌两种形式,前者是在静息状态下的一般分泌,后者则是在伤害性刺激下的加强分泌。皮质醇的分泌也呈明显的昼夜节律。

12.8.5.2　肾上腺髓质

肾上腺髓质主要分泌肾上腺素(E)和去甲肾上腺素(NE)。两种激素的分泌情况与哺乳动物不同,哺乳动物以分泌肾上腺素为主,而家禽则以分泌去甲肾上腺素为主。

肾上腺素能促进糖原分解,升高血糖,增加呼吸系统的活动,增强心缩力、增加心搏率和升高血压。去甲肾上腺素有很强的缩血管效应。

禽肾上腺髓质激素的分泌受交感神经的支配,交感神经兴奋时肾上腺素和去甲肾上腺素释放量增加。在受到冷、痛、惊恐或其他兴奋性刺激时分泌量也会增加。ACTH 促进髓质激素的合成,糖皮质激素(可的松)可加强去甲肾上腺素的甲基化。

## 12.8.6 胰岛

禽类的胰腺也分为外分泌部和内分泌部,内分泌部即胰岛。

家禽的胰岛内含有 $\alpha_1$、$\alpha_2$和 β 三种细胞。$\alpha_1$细胞能分泌胃泌素,胃泌素可促进腺胃中胃酸和蛋白酶的分泌,增强腺胃的消化作用。$\alpha_2$细胞能分泌胰高血糖素,胰高血糖素可提高肝、心和脂肪组织细胞酶的活性,增强糖原、脂肪和蛋白质的分解,使血糖升高。β 细胞分泌的胰岛素可增加组织细胞膜的通透性,使葡萄糖易于进入细胞,加强肌肉和肝脏内糖原的生成和蓄积。

胰高血糖素和胰岛素的分泌受血糖浓度的影响。低血糖或胰岛素增多时,可促进 $\alpha_2$细胞分泌胰高血糖素;高血糖或胰高血糖素增多时,则又促进 β 细胞分泌胰岛素。

## 12.8.7 性腺

禽类性腺也包括睾丸和卵巢,其生殖内分泌功能与哺乳动物相似,具有产生生殖细胞与内分泌双重功能,其活动由下丘脑-垂体-性腺轴调节。

### 12.8.7.1 雄性激素

由睾丸间质细胞分泌的睾酮能刺激雄性的性器官发育,促进雄性鸡冠的生长,出现第二性征。睾酮对视前区的刺激,可诱发公鸡的交配行为。睾酮还可以诱发公鸡的展翅、竖尾及啄斗行为等。

光照可引起下丘脑释放 GnRH,使腺垂体分泌 LH,通过 LH 促进睾酮释放。

### 12.8.7.2 雌性激素

雌性激素主要有雌激素(雌二醇和雌酮)和孕酮。

雌激素由卵泡内膜细胞分泌,能促进母鸡卵黄磷脂蛋白生成,增加脂肪沉积,有助于肥育,增加血脂、血钙和血清蛋白的含量,增强羽毛色泽,促进第二性征的发育,并能使输卵管生长发育。

禽类无黄体,其孕酮由卵泡内颗粒细胞产生,可直接作用于腺垂体,引起 LH 释放,诱发排卵。但大量注射孕酮反而阻断排卵和产蛋,也能导致换羽。

雌激素和孕酮的分泌受光照和温度的影响。下丘脑释放的 GnRH 使腺垂体分泌 FSH 和 LH,后者再使卵泡产生雌激素和孕酮。

## 12.8.8 松果腺

禽类**松果腺**(pineal gland)为一钝圆锥形小腺体,淡红色,位于大脑背侧和小脑之间的三角地带。松果腺分泌多种物质,其中,最主要的是褪黑素。多数禽类与爬行动物的日周期节律是由松果腺决定的。禽类褪黑素可影响睡眠、行为和脑电活动,使雄鸡能够记忆明和暗的规律,进行周期性的鸣叫活动。

褪黑素在雏鸡生长初期有促进性腺生长的作用,但在 40～60 日龄时则有抗性腺效应,可抑制 GnRH 的活性,使鸡的生殖腺延迟发育,抑制性腺和输卵管的生长。

# 12.9 生殖

禽类生殖的最大特点是卵生。大部分禽类为一雄多雌的繁殖类型。卵中含有大量卵黄和蛋白质,可满足胚胎发育的全部需要,卵外形成壳膜和卵壳等保护性结构。

## 12.9.1 雌禽生殖

### 12.9.1.1 雌禽的生殖器官

雌禽一般只有左侧卵巢和输卵管发育,右侧的卵巢和输卵管在发育过程中逐渐退化,孵出时仅留下残迹。只有个别禽类存在双侧性卵巢和输卵管。

(1)卵巢

卵巢以短的系膜附着在左肾上腺的腹侧。未成熟的卵巢很小,表面呈颗粒状。成熟的卵巢上有大小不等的卵泡突出于表面,因而使卵巢呈结节状(图 12-6)。当左侧卵巢机能衰退或丧失时,右侧残留的生殖腺有时能重新发育,但不是形成卵巢,而是形成睾丸。此时母鸡终止产卵,出现公鸡的第二性征,称为性逆转。

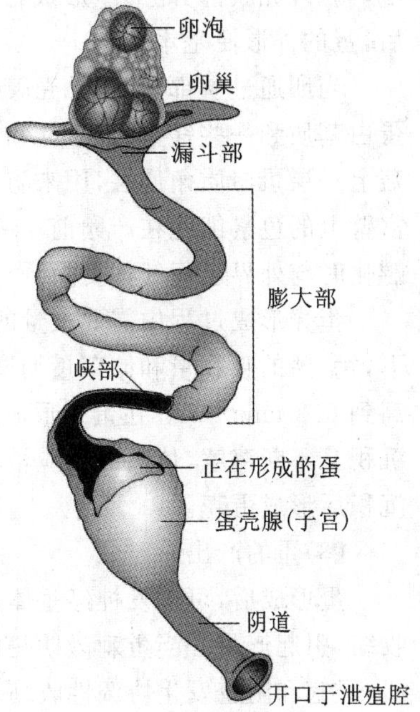

(2)输卵管

禽类的输卵管为一条长而弯曲的管道。根据输卵管的构造和功能,可分为五部分,分别为漏斗部、膨大部(蛋白分泌部)、峡部、子宫(蛋壳分泌部)和阴道。膨大部是输卵管最长和最弯曲的一段,能分泌黏稠的胶性蛋白,形成卵的蛋白部分。子宫内蛋壳腺产生的碳酸钙和色素,可形成色泽不同的蛋壳。蛋壳沉积的色素源于血红蛋白降解产生的胆色素,主要与遗传因素有关。阴道是输卵管的最后一段,开口于泄殖道的左侧,能存留进入其中的精子。

图 12-6　雌禽的生殖系统

(仿 Sjaastad 等,2013)

### 12.9.1.2 卵泡的生长发育和蛋白形成

(1)卵细胞的生长、成熟和排卵

卵巢分为内、外两层,内层为髓质,外层为皮质。鸡的卵巢内约有 12000 个卵细胞,有些家禽的卵细胞较少,有 200～300 个。皮质上长有很多大小不等的白色球状突起物,称为卵泡。卵泡膜上有特别发达的血管系统,这是保证卵泡生长和成熟的基础。禽类卵巢中卵泡很多,但只有极少数发育成熟而排卵。根据生长时期,卵泡分为卵泡静止期、慢速生长卵泡期、卵泡选择期和终分化期。卵泡膜由最内层、放射带、颗粒层、内膜和外膜组成,随着卵细胞的发育而逐渐发育。

每个卵泡内包含 1 个卵原细胞,发育成熟后即成为卵细胞。禽类卵泡的生长包括卵泡细胞的生长和卵细胞成熟两部分。通常当卵泡生长成熟后,卵母细胞也进入成熟期,在排卵前 2.0～2.5 h,初级卵母细胞发育成熟并进行第一次减数分裂,释放第一极体,生成次级卵母细胞。这时,卵泡发育成熟,次级卵母细胞从卵巢排出,即完成排卵。次级卵母细胞进入输卵管,到达漏斗部后，如果遇到精子并发生受精，则发生第二次成熟分裂，释出第二极体，卵细胞完全成熟。如果没有受精，卵细胞则停留在次级卵母细胞阶段并产出。

卵母细胞从发育到排卵，一般需 7～10 d。家禽的排卵周期比较固定，鹌鹑一般为 24 h，鸭为 25～26 h。一般产蛋后 15～75 min 内，卵巢释放第二个卵子。如果卵巢功能旺盛，而输卵管机能不活泼，就可能同时成熟 2～3 个卵子，故形成双黄蛋或三黄蛋，反之，也可能产生无黄蛋。

(2)蛋的形成

卵子进入输卵管后，经过 25～26 h，蛋黄外形成蛋白、壳膜和蛋壳而排至体外。

蛋白由输卵管膨大部分泌形成。蛋白由内向外分为 4 层，即卵带膜层、内稀薄层、中间浓稠层和外稀薄层，其中中间浓稠层蛋白含量最高。蛋白容积占蛋产出时的 50%左右。

输卵管峡部的腺体分泌角蛋白，包围在蛋白外层，形成半透性内壳膜和外壳膜。在蛋的钝端，内、外壳膜部分分开，形成存有空气的**气室**(air cell)，供胚胎早期发育的需要。壳膜形成后，蛋的外形便基本确定。

当卵通过峡部后，在外壳膜的基础上开始钙化。进入子宫后，壳腺分泌大量的碳酸钙、糖蛋白基质和一些镁盐、磷酸盐和柠檬酸盐，形成另一层真壳。随着真壳的产生，又在真壳表面盖上一层蛋白质角质层，用来防止细菌的侵入，至此，形成完整的蛋壳。蛋壳上的颜色是由子宫壁上的色素细胞在产卵前 4～5 h 内所分泌的色素形成的。蛋壳表面有大量小孔，保证卵在孵化时与外界进行气体交换。

蛋壳形成过程中需要大量的钙，每枚鸡蛋要沉积 2 g 左右的钙。产蛋前，在雌激素的作用下，钙、磷的吸收量和储存量均增加，空肠可吸收饲料中 40%的钙，血钙水平由 2.5 mmol/L 升高到 6.2 mmol/L。在蛋壳形成阶段，空肠对饲料中钙的吸收可增加到 72%。另外，骨钙不断沉积又不断溶解，使钙的供应量增加，壳腺分泌 $Ca^{2+}$ 与 $CO_3^{2-}$，在蛋壳腺液中结合生成 $CaCO_3$，沉积后形成蛋壳。

(3)蛋的产出

蛋形成后，可诱发神经垂体产生 AVP(下丘脑正中隆起也释放 AVP)，促进输卵管子宫部收缩，引起产蛋。当蛋刺激阴道时，引起神经反射，出现产蛋行为：使腹部伏卧，呼吸加快，腹肌、子宫和阴道发生协调性收缩，将蛋产出。

12.9.1.3　雌禽的生殖周期

雌禽产蛋具有周期性，并受采食、代谢、神经及内分泌等因素的影响。

鸡的排卵周期为 25～26 h，产蛋率高的母鸡，可缩短到 24 h 或少于 24 h。这种周期能持续几天，然后停 1 天或几天，再重新开始排卵。排卵周期的差异，决定了禽类产蛋的间隔时间和产蛋节律的不同。排卵和产蛋有较高的相关性，但并非绝对一致，因为有高达 11%～20%的卵不能进入输卵管而被排入腹腔，最后在腹腔内被吸收。当发生严重的输卵管炎症或其他感染时，常发生卵黄性腹膜炎。

在自然光照情况下，排卵常在早晨进行。卵在输卵管内形成蛋需要 25～26 h，因此，产蛋大部分在中午之前。

LH 是诱导排卵的主要激素。LH 水平在每次排卵前 4～7 h 出现高峰，称为 LH 排卵峰。同时，孕酮和雌二醇也在排卵前 4～7 h 出现峰值。孕酮是诱导 LH 释放的必要条件，而释放的 LH 又反过来促进母鸡颗粒细胞释放孕酮。因此，在排卵前，可以看到两种激素出现“瀑布现象”。对于大部分哺乳动物，孕酮常抑制 LH 的释放。

光照可影响下丘脑和腺垂体的内分泌活动，从而影响卵巢活动的变化，进而引起禽类生殖活动的改变。在自然条件下，禽类有明显的繁殖季节，在光照逐渐延长的春季生殖活动开始活跃，在光照逐渐缩短的秋季生殖活动减退，但光线一般并不增加总产卵量。家禽由于长期驯化和选育的结果，繁殖季节已不明显。

12.9.1.4　抱窝

**抱窝**(broodiness)又称就巢性，是家禽繁衍后代的重要习性。鸟类和土种家禽显得尤为突出，但随着人工选育，一些高产蛋鸡的这种行为实际上已经消失。

禽在抱窝期表现为恋巢，卵巢萎缩，产蛋停止。采食量和饮水量比产蛋期显著降低，体重减轻，羽毛蓬松。抱窝后期食欲有所增加，待雏禽孵出后采食量和饮水量迅速上升，体重逐渐恢复。

禽类的抱窝受神经和体液的因素影响，主要是催乳素。在抱窝行为开始前的几天，血液中PRL的水平明显提高，而FSH、LH、孕酮和雌激素水平则下降。随着PRL水平的降低，就巢结束，进入恢复期。有关促进禽类PRL释放的调节机制尚不十分清楚。

## 12.9.2　雄禽生殖

12.9.2.1　雄禽的生殖器官

雄禽的生殖系统包括一对睾丸、附睾、输精管和发育不全的阴茎。

鸡的睾丸位于腹腔内，以睾丸系膜悬挂于同侧肾脏前叶的腹侧。结构上没有隔膜和小叶，而由曲细精管、精管网和输出管组成。睾丸的大小因年龄和性活动的周期变化而有很大差别。幼雏只有米粒大，淡黄色，成年公鸡睾丸的体积比幼雏大300倍，颜色变为白色。

除鸵鸟、天鹅、鸭和鹅等少数种类外，大多数禽类无真正的交配器。公鸭和公鹅有较发达的阴茎，长达6～9 cm，呈螺旋状扭曲。

12.9.2.2　精子的生成及受精

(1)精子的发生和成熟

刚孵出的雄性雏鸡，精细管中就已经有精原细胞。到5周龄时，精细管中出现精母细胞。到10周龄时，初级精母细胞经减数分裂，出现次级精母细胞。在12周龄时，次级精母细胞发生第二次成熟分裂，形成精细胞。一般在20周龄左右时，曲细精管内可观察到精子。

精子在曲细精管形成后，进入附睾管和输精管逐渐发育成熟。输精管是禽类精子成熟的主要部位，只有从输精管后段取得的精子才有使卵子受精的能力。因此，禽类精子成熟所需时间比较短(因精子从睾丸通过附睾和输精管到达泄殖腔只需24 h)。

由于禽类没有附性腺，因此普遍认为精清主要来源于交配器的海绵组织中的淋巴滤过液和输精管的分泌物，生成的精子在经过时与之混合，形成精液并储于输精管中。

公鸡的精液通常为白色、不透明状，但在精子浓度低时也可呈清净如水状，pH值为7～7.6。公鸡1次排出的精液量为0.11～1.0 mL，平均为0.5 mL，每毫升约含40亿个精子。与哺乳动物相比，家禽的精子要长1/3，但体积比哺乳动物的小，整体呈线形结构。

雄禽的精液几乎不含果糖、柠檬酸、磷酸胆碱和甘油磷酸胆碱，氯化物含量很低，而钾和谷氨酸含量高。

(2)交配和受精

交配时，雄性和雌性的泄殖孔相互贴近，精液被摄入或被吸入雌体泄殖腔内，精子很快沿输卵管移动到漏斗部,在这里与卵子相遇并进行授精。鸡的精子在漏斗部可存活 3 周以上,在交配后或受精后 20～25 h 就可以得到一些受精的蛋,但在 2～3 d 内受精率最高,在最后一次交配或受精后的 5～6 d 内仍有较高的受精率,最迟在 35 d 收得的蛋中,仍然可以发现有受精的蛋。如果给鸡做人工授精,为了保证良好的受精率,应每 4～5 d 实施 1 次,输精和交尾应限制在 15:00 以后进行,避开产蛋高峰期。

12.9.2.3 *雄性生殖活动的调节*

睾丸的生长发育和活动受垂体分泌的促性腺激素的控制。FSH 主要作用于曲细精管,促进精子的发生。LH 主要作用于睾丸的间质细胞,刺激睾酮的产生。当血液中睾酮含量升高到一定程度时,可反馈性抑制 FSH 和 LH 的分泌,从而使睾酮的分泌量维持在一定的水平。

家禽的排精(或称射精)受盆神经和交感神经支配。禽自然交配时,盆神经兴奋使交配器官勃起,通过交感神经促进输精管收缩而发生排精。人工采精时,常采用由背部、腹部向尾部方向按摩,通过外感受性排精反射采集到精液。

## 复习思考题

1. 比较家禽与哺乳动物血细胞的种类和形态特征。
2. 简述禽类血液循环的特点。
3. 简述禽类呼吸器官的构成与呼吸模式特点。
4. 简述家禽消化与吸收的特点。
5. 简述家禽含氮废物排泄的特点。
6. 简述家禽生殖的特点。

码 12-1　第 12 章主要知识点思维路线图一

码 12-2　第 12 章主要知识点思维路线图二

码 12-3　第 12 章主要知识点思维路线图三

# 参考文献


[1] 杨秀平，肖向红. 动物生理学[M]. 2 版. 北京：高等教育出版社，2012.

[2] 姚泰. 生理学[M]. 北京：人民卫生出版社，2002.

[3] 赵茹茜. 动物生理学[M]. 北京：中国农业出版社，2011.

[4] 周定刚. 动物生理学[M]. 北京：中国林业出版社，2011.

[5] 朱文玉. 生理学[M]. 北京：北京大学医学出版社，2009.

[6] 周光炎. 免疫学原理[M]. 4 版. 北京：科学出版社，2018.

[7] A Linde, B Wachter, O P Honer, et al. Natural history of innate host defense peptides [J]. Probiotics and Antimicrobial Proteins, 2009, 1: 97-112.

[8] Alitto H J, Usrey W M. Corticothalamic feedback and sensory processing[J]. Curr Opin Neurobiol, 2003, 13: 440.

[9] A C Guyton, J E Hall. Text Book of Medical Physiology[M]. 11th ed. Philadelphia, PA, USA: Elsevier Inc. , 2008.

[10] E P Widmaier, H Raff, K T Strang. Vander's Human Physiology[M]. 11th ed. New York: McGraw Hill Higher Education, 2007.

[11] Gerard J Tortora, Bryan Derrickson. Principles of Anatomy and Physiology[M]. 13th ed. New York: Wiley, 2012.

[12] Iwasaki A, Medzhitov R. Regulation of adaptive immunity by the innate immune system[J]. Science, 2010, 327(5963): 291-295.

[13] T DLamb, S P Collin, E N Pugh Jr. Evolution of the vertebrate eye: opsins, photoreceptors, retina and eye cup[J]. Nature Reviews Neuroscience, 2007, 8(12): 960-975.

[14] L Sherwood, H Klandorf, P H Yancey. Animal Physiology: From Genes to Organisms [M]. 2nd ed. California: Cengage Learning, 2011.

[15] A Mania , S A Kushner, A J Silva. Genetic approaches to molecular and cellular cognition: A focus on LTP and learning and memory[J]. Annual Review of Genetics, 2002, 36: 687-720.

[16] M Vareille, E Kieninger, M R Edwards, et al. The Airway Epithelium: Soldier in the Fight against Respiratory Viruses[J]. Clinical Microbiology Reviews, 2011, 24(1): 210-229.

[17] B C Sheldon, S Verhulst . Ecological immunology: costly parasite defences and trade-offs in evolutionary ecology[J]. Trends in Ecology & Evolution, 1996, 11: 317-321.

[18] O V Sjaastad, O Sand, K Hove. Physiology of Domestic Animals[M]. 2nd ed. Oslo: Scandinavian Veterinary Press, 2013.

[19] G C Whittow. Sturkie's Avian Physiology[M]. 5th ed. Salt Lake City: Academic Press, 1999.

[20] J F Cryan, K J O'Riordan, C S M Cowan, et al. The microbiota-gut-brain axis[J]. Physiological Reviews, 2019, 99(4): 1877-2013.